西门子的硬件、软件和监控在工程中的综合应用

范爱军　周雪军　主编

汕頭大學出版社

图书在版编目（CIP）数据

西门子的硬件、软件和监控在工程中的综合应用 / 范爱军，周雪军主编．-- 汕头 ：汕头大学出版社，2023.2

ISBN 978-7-5658-4953-4

Ⅰ．①西… Ⅱ．①范… ②周… Ⅲ．①自动化系统 Ⅳ．① TP27

中国国家版本馆 CIP 数据核字（2023）第 039489 号

西门子的硬件、软件和监控在工程中的综合应用

XIMENZI DE YINGJIAN RUANJIAN HE JIANKONG ZAI GONGCHENGZHONG DE ZONGHE YINGYONG

主　　编：范爱军　周雪军
责任编辑：郑舜钦
责任技编：黄东生
封面设计：蒋凯瑞
出版发行：汕头大学出版社
　　　　　广东省汕头市大学路 243 号汕头大学校园内　邮政编码：515063
电　　话：0754-82904613
印　　刷：廊坊市海涛印刷有限公司
开　　本：787mm × 1092 mm　1/16
印　　张：27
字　　数：495 千字
版　　次：2023 年 2 月第 1 版
印　　次：2024 年 5 月第 1 次印刷
定　　价：98.00 元
ISBN 978-7-5658-4953-4

编委会

主　　编　范爱军　周雪军

副 主 编　张柳枝　兑幸福　肖一博　崔婧姝

主　　审　赵文龙　于红丽

目 录

第一章　SH23梗丝低速气流干燥系统的硬件、软件和监控的概述

一、SH23B梗丝低速气流干燥系统的分析与描述

梗丝经加料回潮机回潮后（水分35%～38%，温度55±3℃），由进料振槽均匀地将梗丝送入进料气锁，经气锁落下的梗丝由饱和蒸汽将梗丝吹入文氏管，梗丝与蒸汽进行充分热交换，梗丝能得以迅速膨化。膨化后的梗丝通过汽料分离器进入干燥进料气锁，然后落入进料管道。

闪蒸膨化后的梗丝落入进料管道以后，由热风将物料送入干燥管，在进料管道的出口处有一个均料辊，均料辊在电机的带动下旋转，将物料均匀地抛洒在干燥管内。物料被均匀抛洒进干燥管后，另一路热风由干燥管底部吹入，使物料悬浮在塔内向上移动，由于干燥管是上大下小的倒锥形结构，风速从下到上是逐渐减小的，而梗丝不断地脱水，重量由重变轻，不会因风速降低而往下沉，基本上是处于匀速向上运动，水分少的较轻梗丝会运动快点，水分多较重的梗丝将运动慢一点，因此采用这种干燥方法会自行调节梗丝水分，使干燥后的梗丝趋于一致。较重的梗头、团块等重物将直接落到干燥管道底部由除杂装置排出。

干燥后的梗丝经切向落料器实现气料分离，成品梗丝由出料气锁排出，经两个旋风除尘器除尘后，由循环风机抽回，经排潮后分两路（由伺服气缸控制），一路进入热风炉加热，另一路不进热风炉加热，两路风在混合箱混合后再次作为工艺干燥热风利用。

SH23梗丝低速气流干燥系统主要有6个PI工艺控制点，这6个工艺控制点正常工作时均处于自动调节状态：

（1）出口水分控制：根据设定的出口水分与实际水分的比较，调节冷热风分配风门的开度，使出口水分达到工艺要求。预热阶段冷热风分配风门开度设定为0，以便让系统快速升温，当热风炉出口温度达到设定温度时，冷热风风门开度设定为20%。当出料水分接近设定水分时，冷热风风门根据干燥机出口水分自动调节其开度。

（2）炉膛负压控制：点火前，引风机固定运行在12 Hz的频率，点火后，固定15 HZ的频率6秒钟，然后跟踪炉膛负压设定5 mbar，小火转大火时，引风机先开到固定25 Hz运行10秒，再跟踪炉膛负压10 mbar，系统自动调整尾气风机的工作频率，使炉膛负压稳定在10 mbar左右。

（3）闪蒸蒸汽流量控制：PID控制闪蒸蒸汽薄膜调节阀的开度，使实际蒸汽流量达到设定值。有5种情况闪蒸蒸汽会开通。

① 预热完成时，闪蒸蒸汽以800 kg/h的流量喷射2分钟，快速排掉；

② 生产条件具备，开始生产时，闪蒸蒸汽开始以设定流量喷射，流量一般按照料（干料）汽比2∶1的比例确定；如果本设备已经点了生产按钮，而上下游还未启动，则闪蒸喷射蒸汽流量固定在600 kg/h，直到上下游均具备生产条件，闪蒸蒸汽流量就自动按生产设定值喷射；

③ 生产过程中，中途断料，设备进入待料状态，闪蒸喷射蒸汽流量固定在600 kg/h；

④冷却停机时，闪蒸喷射蒸汽流量固定在800 kg/h，直到蒸汽加热器炉膛温度降低至150 ℃时停止喷射；

⑤ 设备清洗时，点触摸屏上面是“闪蒸清洗”按钮，蒸汽以生产设定流量喷射，一般设定为2分钟左右。

（4）增湿蒸汽流量控制：有两种情况开增湿蒸汽。

① 预热时，当热风炉出口温度到达180℃时，开启湿蒸汽，流量为200 kg/h，蒸汽压力为0.5 MPa，一直持续到开始生产、电子秤有流量为止；

② 生产过程中，中途断料，设备进入待料状态开启增湿蒸汽，流量为200 kg/h，一直持续到再次开始生产、电子秤有流量为止。

（5）增湿水流量控制：有3种种情况开增湿水。

① 预热时，当热风炉出口温度达到160 ℃时开始加水，流量为300 kg/h，当热风炉出口温度比设定温度低10 ℃时，流量增加到550 kg/h，一直到开始生产、电子秤有流量为止；

② 生产过程中，中途断料，设备进入待料状态开启增湿蒸汽，流量为550 kg/h，一直持续到再次开始生产、电子秤有流量为止；

③ 冷却停机时，当热风炉出口温度比设定温度低10 ℃以内，流量为550 kg/h，当风炉出口温度比设定温度低10 ℃以上，流量为300 kg/h，直到设备达到设定停机温度停止为止。

（6）蒸汽加热温度控制：用于加热闪蒸蒸汽，按下“生产”按钮后，闪蒸蒸汽开启，当下游设备运行后，自动启动蒸汽加热器，加热器的出口温度传感器测量实际温度，并和加热器的设定温度作比较，调节电力调整器的输出值，控制输出电流，达到稳定温度的目的。生产中途断料时，设备进入待料状态，加热器停止工作；冷却时，蒸汽加热器也停止工作。

二、系统总体设计

SH23梗丝低速气流干燥系统采用西门子S7-416-3PN-DP作为主控制器，上层主干网络采用工业以太网，用于中控与现场PLC数据采集，也与梗丝段其他PLC进行通讯；本控制段采用PROFINET网络，由PLC作为主站，设备按功能及相对位置划分从站，包括I/O子站箱（ET200S）、变频器和工控机。

S7-416-3PN-DP作为控制系统的核心，通过输入信号模块采集现场的开关量和模拟量信号，通过输出信号模块输出控制信号，控制现场设备，并通过工业以太网完成与上位机监控系统的通信。PLC安装在工业控制柜中，以保护控制电路，隔离现场的信号干扰。使用PROFINET总线连接通信模块和交换机，通过工业以太网将数据传送到管理级。只有增湿水流量计（E+H 电磁流量计）使用PROFBUS-DP网络。

工程师站使用普通PC，通过工业以太网连接控制系统，利用编程软件和表图辅助软件对控制系统进行维护。此外，该站还连接打印机完成报表的打印输出。

操作员站利用WinCC组态软件实现整个系统的监控功能。使用可靠性较高的工业控制计算机，以保证监控系统的稳定性。

三、系统硬件设计

系统硬件由3部分组成：监控单元、控制单元、现场设备。

1. 监控单元

监控单元由操作员站和工程师站组成。操作员站是一台安装了WnCC组态软件的工业控制计算机，用于监控“SH23梗丝低速气流干燥系统”。工程师站是一台安装了STEP 7编程软件的普通计算机，用于程序的编辑和下载。

2. 控制单元

由1个西门子S7-416-3PN-DP的CPU和对应的I/O模块以及3个由ET200S控制的子站箱组成，以实现各种动作控制和过程控制。

3. 现场设备

包括传感器、执行器和变频器等的现场设备。图1-1为PLC的硬件组态图。

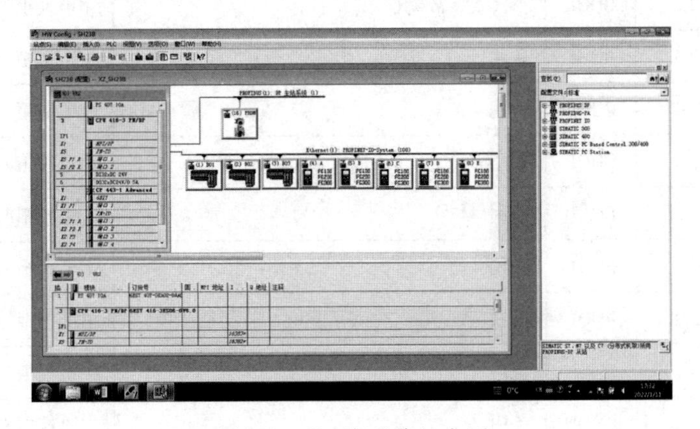

图1-1　PLC的硬件组态图

4. SH23梗丝低速气流干燥系统使用的数字量和模拟量的数量

SH23梗丝低速气流干燥系统所有的I/O地址分配见表1-1。

表1-1 数字量和模拟量的输入输出地址

DI1	I 0.0	BOOL	主动力电源检测	主电控柜 DI32xDC 24V
DI2	I 0.1	BOOL	循环风机动力电检测	主电控柜 DI32xDC 24V
DI3	I 0.2	BOOL	空调器供电电源	主电控柜 DI32xDC 24V
DI4	I 0.3	BOOL	智能表 1 动力电源检测	主电控柜 DI32xDC 24V
DI5	I 0.4	BOOL	智能表 2 动力电源检测	主电控柜 DI32xDC 24V
DI6	I 0.5	BOOL	电加热器电源检测	主电控柜 DI32xDC 24V
DI7	I 0.6	BOOL	电加热器接触器检测信号	主电控柜 DI32xDC 24V
DI8	I 0.7	BOOL	电加热器热继电器检测信号	主电控柜 DI32xDC 24V
DI9	I 1.0	BOOL	电加热器调压模块异常报警	主电控柜 DI32xDC 24V
DI10	I 1.1	BOOL	排潮风机电源检测	主电控柜 DI32xDC 24V
DI11	I 1.2	BOOL	均料辊电源检测	主电控柜 DI32xDC 24V
DI12	I 1.3	BOOL	水泵电源检测	主电控柜 DI32xDC 24V
DI13	I 1.4	BOOL	引风机电源检测	主电控柜 DI32xDC 24V
DI14	I 1.5	BOOL	主站急停信号	主电控柜 DI32xDC 24V
DI15	I 1.6	BOOL	循环风机急停信号	主电控柜 DI32xDC 24V
DI16	I 1.7	BOOL	故障消音	主电控柜 DI32xDC 24V
DI17	I 2.0	BOOL	火焰探测器报警信号	主电控柜 DI32xDC 24V
DI18	I 2.1	BOOL	下游设备启动信号	主电控柜 DI32xDC 24V
DI19	I 2.2	BOOL	下游设备故障信号	主电控柜 DI32xDC 24V
DI20	I 2.3	BOOL	备用	主电控柜 DI32xDC 24V
DI21	I 2.4	BOOL	备用	主电控柜 DI32xDC 24V
DI22	I 2.5	BOOL	备用	主电控柜 DI32xDC 24V
DI23	I 2.6	BOOL	备用	主电控柜 DI32xDC 24V
DI24	I 2.7	BOOL	备用	主电控柜 DI32xDC 24V
DI25	I 3.0	BOOL	备用	主电控柜 DI32xDC 24V
DI26	I 3.1	BOOL	备用	主电控柜 DI32xDC 24V
DI27	I 3.2	BOOL	备用	主电控柜 DI32xDC 24V

续表

DI28	I 3.3	BOOL	备用	主电控柜 DI32xDC 24V
DI29	I 3.4	BOOL	备用	主电控柜 DI32xDC 24V
DI30	I 3.5	BOOL	备用	主电控柜 DI32xDC 24V
DI31	I 3.6	BOOL	备用	主电控柜 DI32xDC 24V
DI32	I 3.7	BOOL	备用	主电控柜 DI32xDC 24V
DI40	I 4.0	BOOL	B01 动力电源检测	一号子站第二槽
DI41	I 4.1	BOOL	B01 急停信号	一号子站第二槽
DI42	I 4.2	BOOL	备用	一号子站第二槽
DI43	I 4.3	BOOL	备用	一号子站第二槽
DI44	I 4.4	BOOL	6250M1 振动输送机本地开关	一号子站第三槽
DI45	I 4.5	BOOL	6250M1 振动输送机手动启动	一号子站第三槽
DI46	I 4.6	BOOL	6250M1 振动输送机手动停止	一号子站第三槽
DI47	I 4.7	BOOL	备用	一号子站第三槽
DI48	I 5.0	BOOL	6251M1 膨化进料气锁本地开关	一号子站第四槽
DI49	I 5.1	BOOL	6251M1 膨化进料气锁手动启动	一号子站第四槽
DI50	I 5.2	BOOL	6251M1 膨化进料气锁手动停止	一号子站第四槽
DI51	I 5.3	BOOL	备用	一号子站第四槽
DI52	I 5.4	BOOL	6251M2 排潮风机电机本地开关	一号子站第五槽
DI53	I 5.5	BOOL	6251M2 排潮风机电机手动启动	一号子站第五槽
DI54	I 5.6	BOOL	6251M2 排潮风机电机手动停止	一号子站第五槽
DI55	I 5.7	BOOL	备用	一号子站第五槽
DI56	I 6.0	BOOL	6251M3 切向落料器本地开关	一号子站第六槽
DI57	I 6.1	BOOL	6251M3 切向落料器手动启动	一号子站第六槽
DI58	I 6.2	BOOL	6251M3 切向落料器手动停止	一号子站第六槽
DI59	I 6.3	BOOL	备用	一号子站第六槽
DI60	I 6.4	BOOL	进料皮带机漫反射光电管	一号子站第七槽
DI61	I 6.5	BOOL	膨化进料气锁堵料检测	一号子站第七槽
DI62	I 6.6	BOOL	膜片式流量开关	一号子站第七槽
DI63	I 6.7	BOOL	行程开关 1	一号子站第七槽

续表

DI64	I14.0	BOOL	B02 动力电源检测	二号子站第二槽
DI65	I14.1	BOOL	B02 急停信号	二号子站第二槽
DI66	I14.2	BOOL	燃烧器动力电源检测	二号子站第二槽
DI67	I14.3	BOOL	备用	二号子站第二槽
DI68	I14.4	BOOL	6251M4 均料辊减速机本地开关	二号子站第三槽
DI69	I14.5	BOOL	6251M4 均料辊减速机手动启动	二号子站第三槽
DI70	I14.6	BOOL	6251M4 均料辊减速机手动停止	二号子站第三槽
DI71	I14.7	BOOL	备用	二号子站第三槽
DI72	I15.0	BOOL	6251M5 水泵电机本地开关	二号子站第四槽
DI73	I15.1	BOOL	6251M5 水泵电机手动启动	二号子站第四槽
DI74	I15.2	BOOL	6251M5 水泵电机手动停止	二号子站第四槽
DI75	I15.3	BOOL	备用	二号子站第四槽
DI76	I15.4	BOOL	6251M6 干燥进料气锁减速机本地开关	二号子站第五槽
DI77	I15.5	BOOL	6251M6 干燥进料气锁减速机手动启动	二号子站第五槽
DI78	I15.6	BOOL	6251M6 干燥进料气锁减速机手动停止	二号子站第五槽
DI79	I15.7	BOOL	备用	二号子站第五槽
DI80	I16.0	BOOL	6251M7 循环风机本地开关	二号子站第六槽
DI81	I16.1	BOOL	6251M7 循环风机手动启动	二号子站第六槽
DI82	I16.2	BOOL	6251M7 循环风机手动停止	二号子站第六槽
DI83	I16.3	BOOL	备用	二号子站第六槽
DI84	I16.4	BOOL	干燥机进料气锁堵料检测	二号子站第七槽
DI85	I16.5	BOOL	行程开关 2	二号子站第七槽
DI86	I16.6	BOOL	备用	二号子站第七槽
DI87	I16.7	BOOL	备用	二号子站第七槽
DI88	I17.0	BOOL	备用	二号子站第八槽
DI89	I17.1	BOOL	备用	二号子站第八槽
DI90	I17.2	BOOL	备用	二号子站第八槽
DI91	I17.3	BOOL	备用	二号子站第八槽
DI92	I17.4	BOOL	检修翻板门 1 开	二号子站第九槽

续表

DI93	I17.5	BOOL	检修翻板门 1 关	二号子站第九槽
DI94	I17.6	BOOL	检修翻板门 1 开到位	二号子站第九槽
DI95	I17.7	BOOL	检修翻板门 1 关到位	二号子站第九槽
DI96	I18.0	BOOL	检修翻板门 2 开	二号子站第九槽
DI97	I18.1	BOOL	检修翻板门 2 关	二号子站第十槽
DI98	I18.2	BOOL	检修翻板门 2 开到位	二号子站第十槽
DI99	I18.3	BOOL	检修翻板门 2 关到位	二号子站第十槽
DI100	I18.4	BOOL	助燃风机运行	二号子站第十一槽
DI101	I18.5	BOOL	油气切换信号	二号子站第十一槽
DI102	I18.6	BOOL	燃烧器运行信号	二号子站第十一槽
DI103	I18.7	BOOL	管理器故障	二号子站第十一槽
DI104	I19.0	BOOL	比调议超温报警	二号子站第十二槽
DI105	I19.1	BOOL	备用	二号子站第十二槽
DI106	I19.2	BOOL	备用	二号子站第十二槽
DI107	I19.3	BOOL	备用	二号子站第十二槽
DI112	I22.0	BOOL	B03 动力电源检测	三号子站第二槽
DI113	I22.1	BOOL	B03 急停信号	三号子站第二槽
DI114	I22.2	BOOL	备用	三号子站第二槽
DI115	I22.3	BOOL	备用	三号子站第二槽
DI116	I22.4	BOOL	6251M8 除杂减速机本地开关	三号子站第三槽
DI117	I22.5	BOOL	6251M8 除杂减速机手动启动	三号子站第三槽
DI118	I22.6	BOOL	6251M8 除杂减速机手动停止	三号子站第三槽
DI119	I22.7	BOOL	备用	三号子站第三槽
DI120	I23.0	BOOL	6251M9 落料器出料速机 1 本地开关	三号子站第四槽
DI121	I23.1	BOOL	6251M9 落料器出料速机 1 手动启动	三号子站第四槽
DI122	I23.2	BOOL	6251M9 落料器出料速机 1 手动停止	三号子站第四槽
DI123	I23.3	BOOL	备用	三号子站第四槽
DI124	I23.4	BOOL	6251M10 落料器出料速机 2 本地开关	三号子站第五槽
DI125	I23.5	BOOL	6251M10 落料器出料速机 2 手动启动	三号子站第五槽

续表

DI126	I23.6	BOOL	6251M10 落料器出料速机 2 手动停止	三号子站第五槽
DI127	I23.7	BOOL	备用	三号子站第五槽
DI128	I24.0	BOOL	6251M11 引风机本地开关	三号子站第六槽
DI129	I24.1	BOOL	6251M11 引风机手动启动	三号子站第六槽
DI130	I24.2	BOOL	6251M11 引风机手动停止	三号子站第六槽
DI131	I24.3	BOOL	备用	三号子站第六槽
DI132	I24.4	BOOL	6252M1 振动输送机本地开关	三号子站第七槽
DI133	I24.5	BOOL	6252M1 振动输送机手动启动	三号子站第七槽
DI134	I24.6	BOOL	6252M1 振动输送机手动停止	三号子站第七槽
DI135	I24.7	BOOL	备用	三号子站第七槽
DI136	I25.0	BOOL	6252.1M1 振动输送机本地开关	三号子站第八槽
DI137	I25.1	BOOL	6252.1M1 振动输送机手动启动	三号子站第八槽
DI138	I25.2	BOOL	6252.1M1 振动输送机手动停止	三号子站第八槽
DI139	I25.3	BOOL	备用	三号子站第八槽
DI140	I25.4	BOOL	6252.1M1 振动输送机翻板门手动开	三号子站第九槽
DI141	I25.5	BOOL	6252.1M1 振动输送机翻板门手动关	三号子站第九槽
DI142	I25.6	BOOL	备用	三号子站第九槽
DI143	I25.7	BOOL	备用	三号子站第九槽
DI144	I26.0	BOOL	除杂减速机堵料检测	三号子站第十槽
DI145	I26.1	BOOL	落料器 1 出料器堵料检测	三号子站第十槽
DI146	I26.2	BOOL	落料器 2 出料器堵料检测	三号子站第十槽
DI147	I26.3	BOOL	行测开关 3	三号子站第十槽
DI148	I26.4	BOOL	行测开关 4	三号子站第十一槽
DI149	I26.5	BOOL	行测开关 5	三号子站第十一槽
DI150	I26.6	BOOL	行测开关 6	三号子站第十一槽
DI151	I26.7	BOOL	备用	三号子站第十一槽
DI152	I27.0	BOOL	备用	三号子站第十二槽
DI153	I27.1	BOOL	备用	三号子站第十二槽
DI154	I27.2	BOOL	备用	三号子站第十二槽

续表

DI155	I27.3	BOOL	备用	三号子站第十二槽
DO1	Q 0.0	BOOL	报警组合红灯	主电控柜 DO32xDC24V
DO2	Q 0.1	BOOL	报警组合绿灯	主电控柜 DO32xDC24V
DO3	Q 0.2	BOOL	报警组合黄灯	主电控柜 DO32xDC24V
DO4	Q 0.3	BOOL	报警组合警笛	主电控柜 DO32xDC24V
DO5	Q 0.4	BOOL	电铃	主电控柜 DO32xDC24V
DO6	Q 0.5	BOOL	电机热器信号输出	主电控柜 DO32xDC24V
DO7	Q 0.6	BOOL	上游设备启动	主电控柜 DO32xDC24V
DO8	Q 0.7	BOOL	上游设备故障	主电控柜 DO32xDC24V
DO9	Q 1.0	BOOL	备用	主电控柜 DO32xDC24V
DO10	Q 1.1	BOOL	备用	主电控柜 DO32xDC24V
DO11	Q 1.2	BOOL	备用	主电控柜 DO32xDC24V
DO12	Q 1.3	BOOL	水分仪 1 压空阀	主电控柜 DO32xDC24V
DO13	Q 1.4	BOOL	水分仪 2 压空阀	主电控柜 DO32xDC24V
DO14	Q 1.5	BOOL	备用	主电控柜 DO32xDC24V
DO15	Q 1.6	BOOL	备用	主电控柜 DO32xDC24V
DO16	Q 1.7	BOOL	备用	主电控柜 DO32xDC24V
DO17	Q 2.0	BOOL	备用	主电控柜 DO32xDC24V
DO18	Q 2.1	BOOL	备用	主电控柜 DO32xDC24V
DO19	Q 2.2	BOOL	备用	主电控柜 DO32xDC24V
DO20	Q 2.3	BOOL	备用	主电控柜 DO32xDC24V
DO21	Q 2.4	BOOL	备用	主电控柜 DO32xDC24V
DO22	Q 2.5	BOOL	备用	主电控柜 DO32xDC24V
DO23	Q 2.6	BOOL	备用	主电控柜 DO32xDC24V
DO24	Q 2.7	BOOL	备用	主电控柜 DO32xDC24V
DO25	Q 3.0	BOOL	备用	主电控柜 DO32xDC24V
DO26	Q 3.1	BOOL	备用	主电控柜 DO32xDC24V
DO27	Q 3.2	BOOL	备用	主电控柜 DO32xDC24V
DO28	Q 3.3	BOOL	备用	主电控柜 DO32xDC24V
DO29	Q 3.4	BOOL	备用	主电控柜 DO32xDC24V

续表

DO30	Q 3.5	BOOL	备用	主电控柜 DO32xDC24V
DO31	Q 3.6	BOOL	备用	主电控柜 DO32xDC24V
DO32	Q 3.7	BOOL	备用	主电控柜 DO32xDC24V
DO33	Q 4.0	BOOL	故障指示	一号子站第九槽
DO34	Q 4.1	BOOL	6250M1 振动输送机运行指示灯	一号子站第九槽
DO35	Q 4.2	BOOL	6251M1 膨化进料气锁运行指示灯	一号子站第九槽
DO36	Q 4.3	BOOL	6251M2 排潮风机运行指示灯	一号子站第九槽
DO37	Q 4.4	BOOL	6251M3 切向落料器运行指示灯	一号子站第十槽
DO38	Q 4.5	BOOL	压空用隔膜阀电磁阀	一号子站第十槽
DO39	Q 4.6	BOOL	回风冷却阀关	一号子站第十槽
DO40	Q 4.7	BOOL	主蒸汽切断阀	一号子站第十槽
DO41	Q 5.0	BOOL	出料气锁消防水电磁阀手动控制	一号子站第十一槽
DO42	Q 5.1	BOOL	水阀 1	一号子站第十一槽
DO43	Q 5.2	BOOL	水阀 2	一号子站第十一槽
DO44	Q 5.3	BOOL	水阀 3	一号子站第十一槽
DO45	Q 5.4	BOOL	水阀 4	一号子站第十二槽
DO46	Q 5.5	BOOL	备用	一号子站第十二槽
DO47	Q 5.6	BOOL	备用	一号子站第十二槽
DO48	Q 5.7	BOOL	备用	一号子站第十二槽
DO49	Q 6.0	BOOL	备用	一号子站第十三槽
DO50	Q 6.1	BOOL	备用	一号子站第十三槽
DO51	Q 6.2	BOOL	备用	一号子站第十三槽
DO52	Q 6.3	BOOL	备用	一号子站第十三槽
DO53	Q13.0	BOOL	故障指示	二号子站第十三槽
DO54	Q13.1	BOOL	6251M4 均料辊运行指示灯	二号子站第十三槽
DO55	Q13.2	BOOL	6251M5 水泵运行指示灯	二号子站第十三槽
DO56	Q13.3	BOOL	6251M6 干燥进料气锁运行指示灯	二号子站第十三槽
DO57	Q13.4	BOOL	6251M7 循环风机运行指示灯	二号子站第十四槽
DO58	Q13.5	BOOL	回风管冷却风门蝶阀开	二号子站第十四槽
DO59	Q13.6	BOOL	回风管冷却风门蝶阀关	二号子站第十四槽
DO60	Q13.7	BOOL		二号子站第十四槽
DO61	Q14.0	BOOL	检修门 2 开电磁阀	二号子站第十五槽

续表

DO62	Q14.1	BOOL	检修门 2 关电磁阀	二号子站第十五槽
DO63	Q14.2	BOOL	备用	二号子站第十五槽
DO64	Q14.3	BOOL	备用	二号子站第十五槽
DO65	Q14.4	BOOL	允许管理器启动	二号子站第十六槽
DO66	Q14.5	BOOL	允燃烧器启动	二号子站第十六槽
DO67	Q14.6	BOOL	燃烧器大火切换	二号子站第十六槽
DO68	Q14.7	BOOL	备用	二号子站第十六槽
DO69	Q15.0	BOOL	备用	二号子站第十七槽
DO70	Q15.1	BOOL	备用	二号子站第十七槽
DO71	Q15.2	BOOL	备用	二号子站第十七槽
DO72	Q15.3	BOOL	备用	二号子站第十七槽
DO73	Q18.0	BOOL	故障指示	三号子站第十三槽
DO74	Q18.1	BOOL	6251M8 除杂减速机运行指示灯	三号子站第十三槽
DO75	Q18.2	BOOL	6251M9 落料器出料速机 1 运行指示灯	三号子站第十三槽
DO76	Q18.3	BOOL	6251M10 落料器出料速机 2 运行指示灯	三号子站第十三槽
DO77	Q18.4	BOOL	6251M11 引风机运行指示灯	三号子站第十四槽
DO78	Q18.5	BOOL	6252M1 振动输送机运行指示灯	三号子站第十四槽
DO79	Q18.6	BOOL	6252.1M1 振动输送机运行指示灯	三号子站第十四槽
DO80	Q18.7	BOOL	备用	三号子站第十四槽
DO81	Q19.0	BOOL	6252.1M1 振动输送机翻板门开	三号子站第十五槽
DO82	Q19.1	BOOL	6252.1M1 振动输送机翻板门关	三号子站第十五槽
DO83	Q19.2	BOOL	备用	三号子站第十五槽
DO84	Q19.3	BOOL	备用	三号子站第十五槽
DO85	Q19.4	BOOL	备用	三号子站第十六槽
DO86	Q19.5	BOOL	备用	三号子站第十六槽
DO87	Q19.6	BOOL	备用	三号子站第十六槽
DO88	Q19.7	BOOL	备用	三号子站第十六槽
PI1	PIW512	INT	涡街流量计 1	一号子站第十四槽
PI2	PIW514	INT	涡街流量计 2	一号子站第十四槽
PI3	PIW516	INT	热风炉出口温度	一号子站第十五槽
PI4	PIW518	INT	热风管道温度	一号子站第十五槽
PI5	PIW520	INT	回风管道温度	一号子站第十六槽

续表

PI6	PIW522	INT	回风管道负压	一号子站第十六槽
PI7	PIW524	INT	水箱液位计	一号子站第十七槽
PI8	PIW526	INT	备用	一号子站第十七槽
PI9	PIW528	INT	现场温度仪 1	一号子站第十八槽
PI10	PIW530	INT	现场温度仪 2	一号子站第十八槽
PI11	PIW532	INT	热风炉负压	二号子站第十八槽
PI12	PIW534	INT	热风炉炉膛温度	二号子站第十八槽
PI13	PIW536	INT	热风炉尾气	二号子站第十九槽
PI14	PIW538	INT	电加热器出口温度	二号子站第十九槽
PI15	PIW540	INT	电加热器温度传感器	二号子站第二十槽
PI16	PIW542	INT	备用	二号子站第二十槽
PI17	PIW544	INT	风阀执行器反馈信号	二号子站第二十一槽
PI18	PIW546	INT	备用	二号子站第二十一槽
PQ1	PQW512	INT	电力调整器动作信号	一号子站第十九槽
PQ2	PQW514	INT	电气定位器 1	一号子站第十九槽
PQ3	PQW516	INT	电气定位器 2	一号子站第二十槽
PQ4	PQW518	INT	电气定位器 3（伺服气缸）	一号子站第二十槽
PQ5	PQW520	INT	比调仪实际温度	二号子站第二十二槽
PQ6	PQW522	INT	比调仪设定温度	二号子站第二十二槽
PQ7	PQW524	INT	排潮风门执行器动作信号	二号子站第二十三槽
PQ8	PQW526	INT	备用	二号子站第二十三槽

在SH23梗丝低速气流干燥系统共使用数字量输入模块的点数为133个，数字量输出模块的点数为88个，双通道模拟量输入模块18块，双通道模拟量输出模块8块。

四、系统软件设计

1. 系统程序结构设计

根据SH23梗丝低速气流干燥系统工艺要求，设计的控制系统程序的系统数据如图1-2所示。所使用的组织块包括OB1、OB35、OB80 ~ OB87、OB100 ~ OB102和OB121、OB122。OB80用于处理时间错误；OB81用于处理电源错误；OB82用于诊断中断；OB83用于处理删除和或插入模块；OB84 用于处理硬件故障；OB85用于处理优先级错误；OB86用于处理机架故障；OB87用于处理通讯错误；OB100～OB102在系统启动时运行，完成系统初始化的功能；OB121和OB122用于处理同步错误。

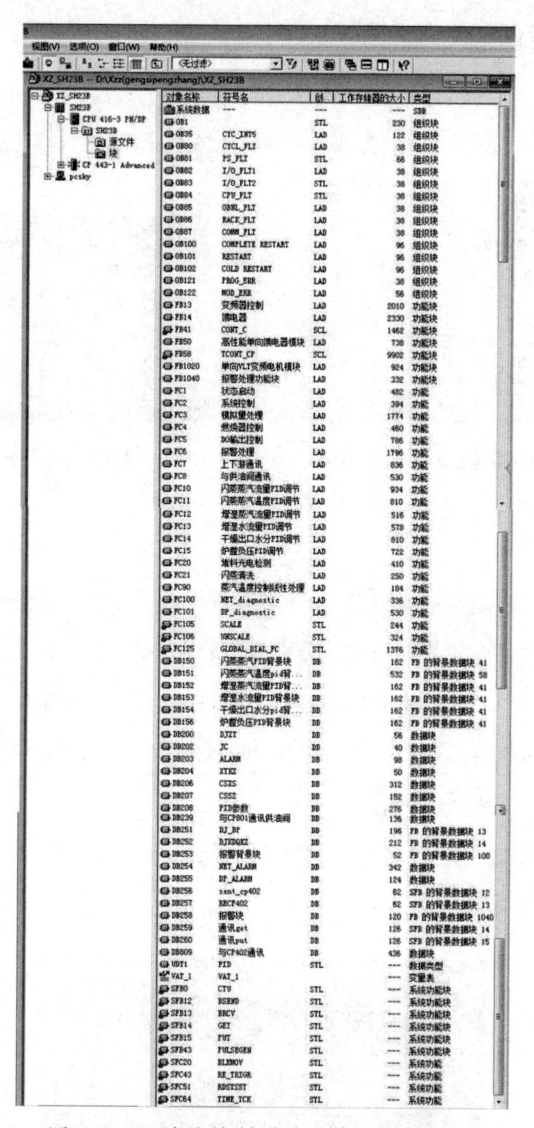

对象名称	符号名	创	工作存储器的大小	类型
系统数据	---	---	---	SDB
OB1		STL	230	组织块
OB35	CYC_INT5	LAD	122	组织块
OB80	CYCL_FLT	LAD	38	组织块
OB81	PS_FLT	STL	66	组织块
OB82	I/O_FLT1	LAD	38	组织块
OB83	I/O_FLT2	STL	38	组织块
OB84	CPU_FLT	STL	38	组织块
OB85	OBNL_FLT	LAD	38	组织块
OB86	RACK_FLT	LAD	38	组织块
OB87	COMM_FLT	LAD	38	组织块
OB100	COMPLETE RESTART	LAD	96	组织块
OB101	RESTART	LAD	96	组织块
OB102	COLD RESTART	LAD	96	组织块
OB121	PROG_ERR	LAD	38	组织块
OB122	MOD_ERR	LAD	56	组织块
FB13	变频器控制	LAD	2010	功能块
FB14	馈电器	LAD	2330	功能块
FB41	CONT_C	SCL	1462	功能块
FB50	高性能单向馈电器模块	LAD	738	功能块
FB58	TCONT_CP	SCL	9902	功能块
FB1020	单向VLT变频电机模块	LAD	924	功能块
FB1040	报警处理功能块	LAD	332	功能块
FC1	状态启动	LAD	482	功能
FC2	系统控制	LAD	394	功能
FC3	模拟量处理	LAD	1774	功能
FC4	燃烧器控制	LAD	460	功能
FC5	DO输出控制	LAD	786	功能
FC6	报警处理	LAD	1796	功能
FC7	上下游通讯	LAD	836	功能
FC8	与供油间通讯	LAD	530	功能
FC10	闪蒸蒸汽流量PID调节	LAD	934	功能
FC11	闪蒸蒸汽温度PID调节	LAD	810	功能
FC12	增湿蒸汽流量PID调节	LAD	516	功能
FC13	增湿水流量PID调节	LAD	578	功能
FC14	干燥出口水分PID调节	LAD	810	功能
FC15	炉膛负压PID调节	LAD	722	功能
FC20	堵料光电检测	LAD	410	功能
FC21	闪蒸清洗	LAD	250	功能
FC90	蒸汽温度控制线性处理	LAD	184	功能
FC100	NET_diagnostic	LAD	336	功能
FC101	DP_diagnostic	LAD	530	功能
FC105	SCALE	STL	244	功能
FC106	UNSCALE	STL	324	功能
FC125	GLOBAL_DIAL_FC	STL	1376	功能
DB150	闪蒸蒸汽PID背景块	DB	162	FB 的背景数据块 41
DB151	闪蒸蒸汽温度pid背...	DB	532	FB 的背景数据块 58
DB152	增湿蒸汽流量PID背...	DB	162	FB 的背景数据块 41
DB153	增湿水流量PID背景块	DB	162	FB 的背景数据块 41
DB154	干燥出口水分pid背...	DB	162	FB 的背景数据块 41
DB156	炉膛负压PID背景块	DB	162	FB 的背景数据块 41
DB200	DJZT	DB	56	数据块
DB202	JC	DB	40	数据块
DB203	ALARM	DB	98	数据块
DB204	XTKZ	DB	50	数据块
DB206	CSXS	DB	312	数据块
DB207	CSSZ	DB	152	数据块
DB208	PID参数	DB	276	数据块
DB239	与CP801通讯供油间	DB	136	数据块
DB251	DJ_BP	DB	196	FB 的背景数据块 13
DB252	DJKDQKZ	DB	212	FB 的背景数据块 14
DB253	报警背景块	DB	52	FB 的背景数据块 100
DB254	NET_ALARM	DB	342	数据块
DB255	DP_ALARM	DB	124	数据块
DB256	sent_cp402	DB	62	SFB 的背景数据块 12
DB257	RECP402	DB	62	SFB 的背景数据块 13
DB258	报警块	DB	120	FB 的背景数据块 1040
DB259	通讯get	DB	126	SFB 的背景数据块 14
DB260	通讯put	DB	126	SFB 的背景数据块 15
DB809	与CP402通讯	DB	436	数据块
UDT1	PID	STL	---	数据类型
VAT_1	VAT_1		---	变量表
SFB0	CTU	STL	---	系统功能块
SFB12	BSEND	STL	---	系统功能块
SFB13	BRCV	STL	---	系统功能块
SFB14	GET	STL	---	系统功能块
SFB15	PUT	STL	---	系统功能块
SFB43	PULSEGEN	STL	---	系统功能块
SFC20	BLKMOV	STL	---	系统功能
SFC43	RE_TRIGR	STL	---	系统功能
SFC51	RDSYSST	STL	---	系统功能
SFC64	TIME_TCK	STL	---	系统功能

图1-2　设计的控制系统程序的系统数据

OB1为主程序。OB1主要包括系统控制、模拟量处理、DO输出控制、报警处理、堵料光电检测、燃烧器控制、上下游控制、与供油间通讯、馈电器和变频器等控制程序。如图1-3所示。

OB35为周期中断，周期为100ms，主要包括闪蒸蒸汽流量PID调节、增湿蒸汽流量PID调节、干燥出口水分PID调节、炉膛负压PID调节、闪蒸蒸汽温度PID调节和增湿水流量PID调节等控制程序。如图1-4所示。

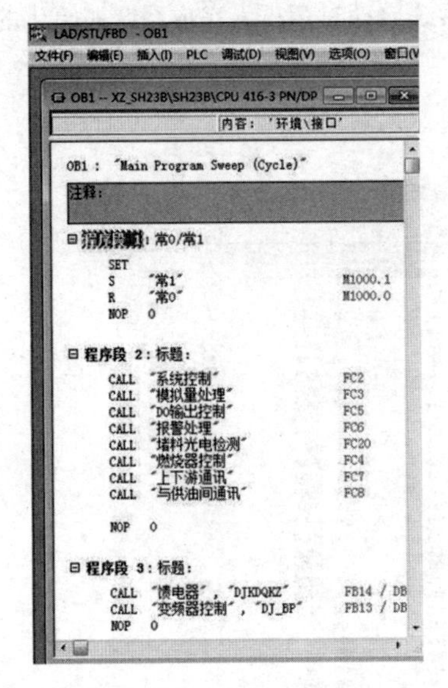

图1-3 OB1中的主要控制程序

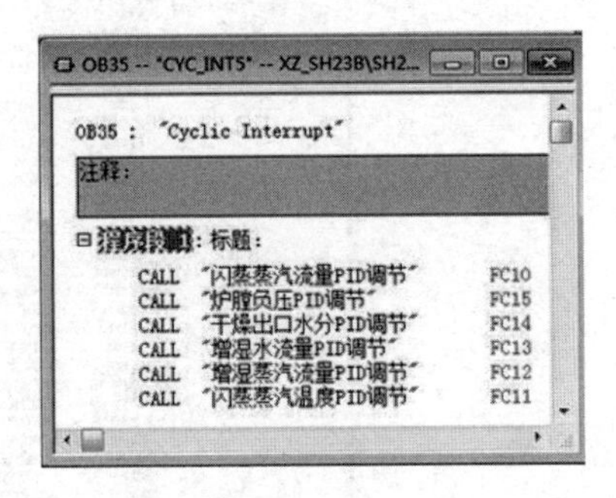

图1-4 OB35中的控制程序

五、监控软件的设计

SH23B梗丝低速气流干燥系统使用WinCC监控程序来设计监控。根据项目对于监控系统的要求，监控界面总体由19个子界面组成，分别是“ALARM”“main”“PID”“start”“SYS_login”“其他参数曲线”“出口水分PID控制”“参数设定”“增湿水流量曲线”“干燥机出口水分曲线”“循环风机电流”“手动操作”“曲线记录”“来料电子秤”“流量曲线”“登录”“网络图”“负压曲线”“风温曲线”。

系统上电以后，监控系统自动进入“登录”界面，如图1-5所示，需要输入正确的口令和密码才能进入监控主界面。

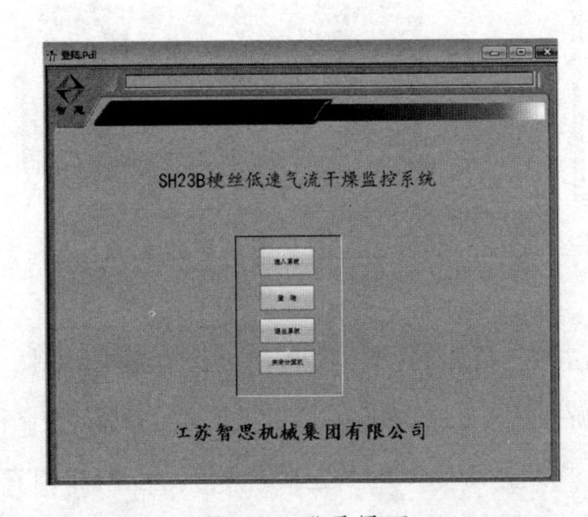

图1-5 登录界面

监控主界面如图1-6所示。主界面包含整个系统，在这里可以看到整个系统的运行情况。

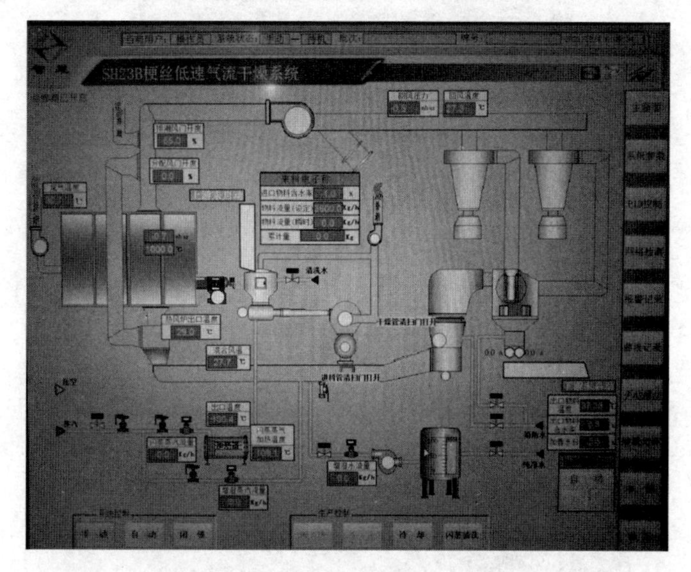

图1-6　监控主界面

通过点击主界面上面不同的按钮，显示不同的子界面，如图1-7—图1-24所示。

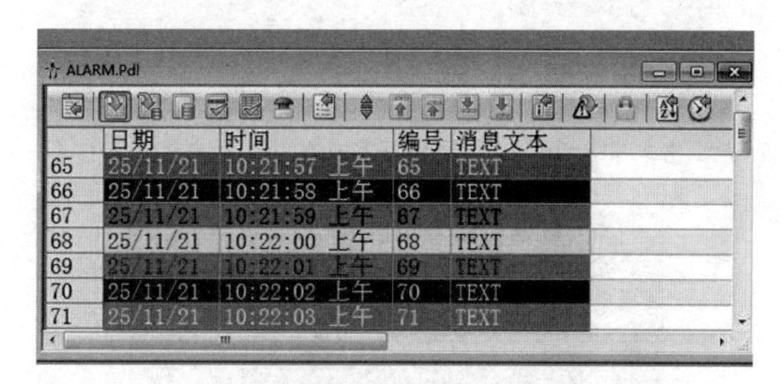

图1-7　ALARM

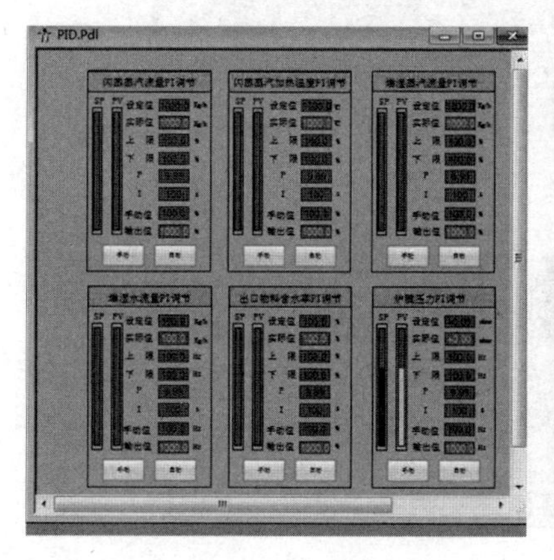

图1-8　PID　　　　图1-9　SYS_login

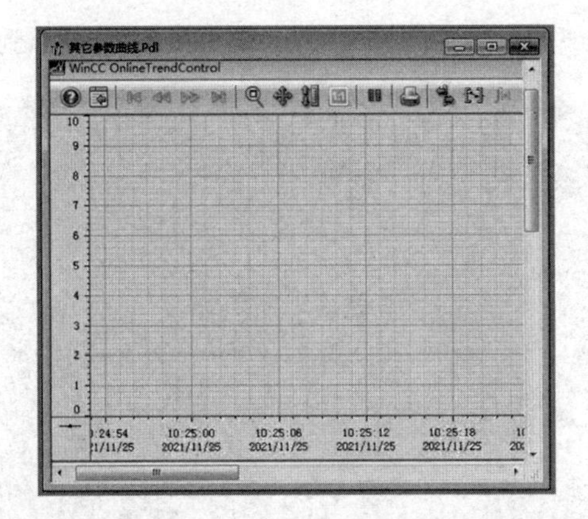

图1-10　其他参数曲线

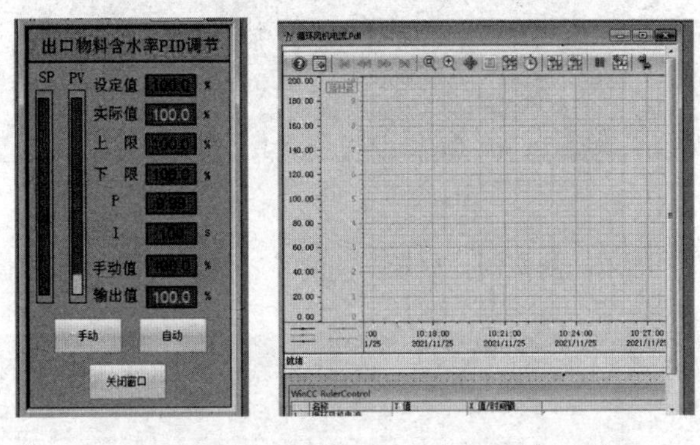

图1-11　出口水分PID控制　　图1-12　循环风机电流

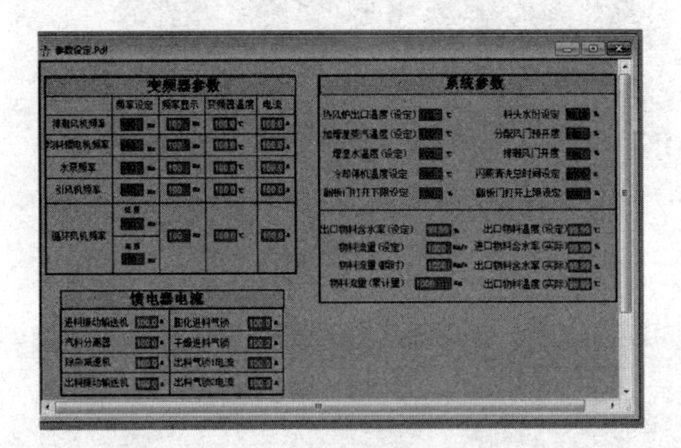

图1-13　参数设定

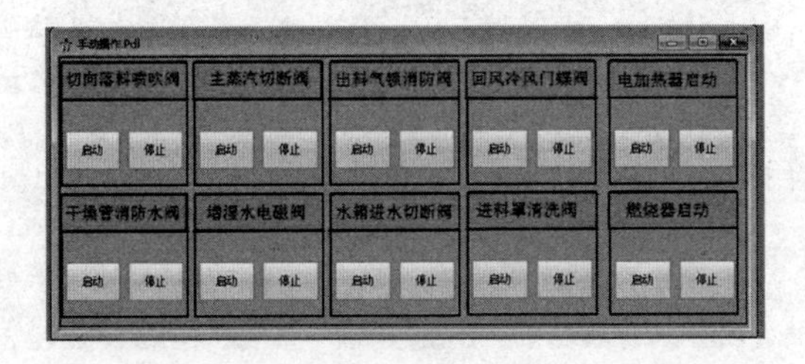

图1-14　手动操作

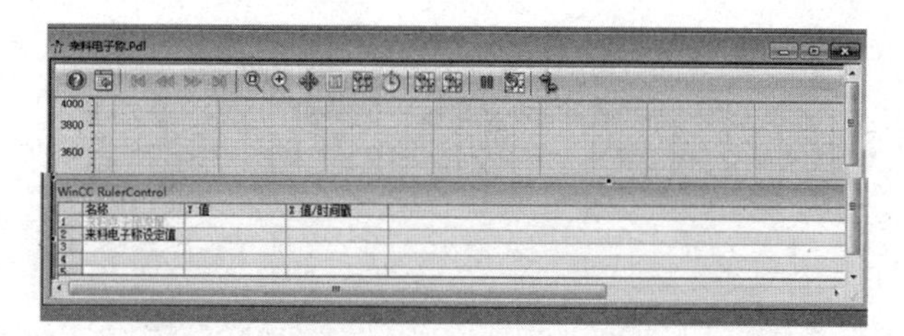

图1-15　来料电子秤

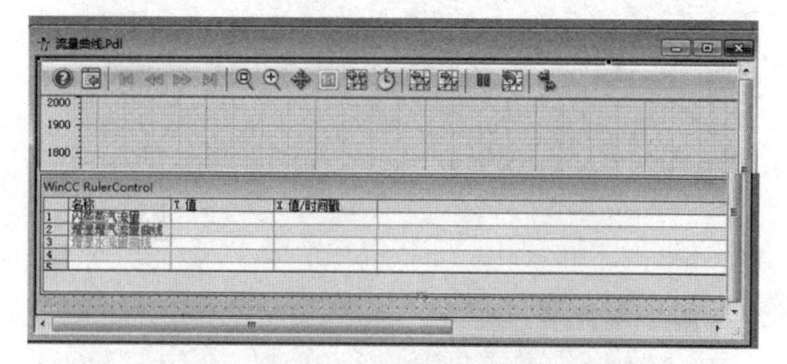

图1-16　流量曲线

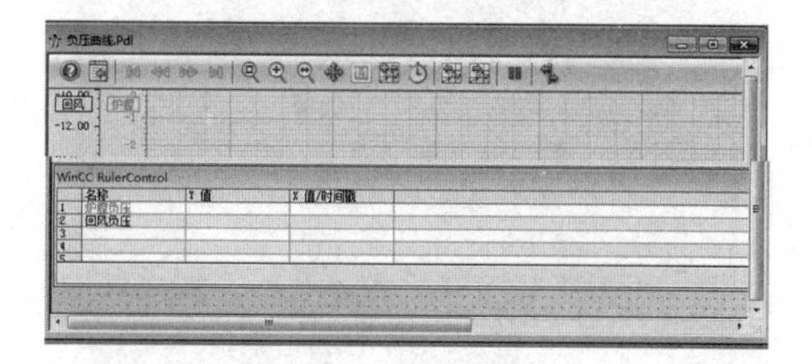

图1-17　负压曲线

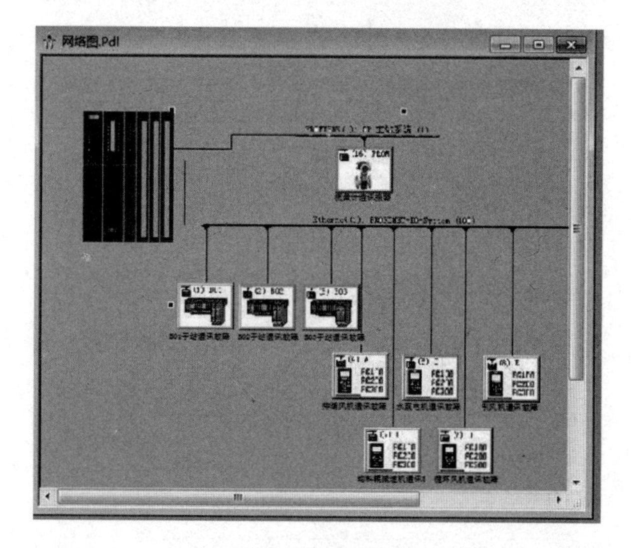

图1-18　网络图

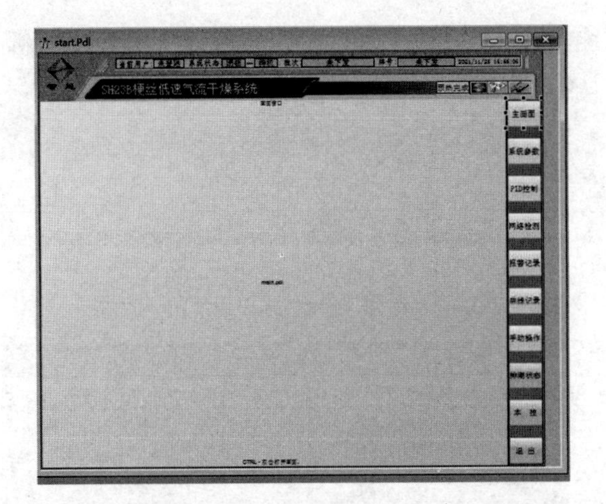

图1-19 start

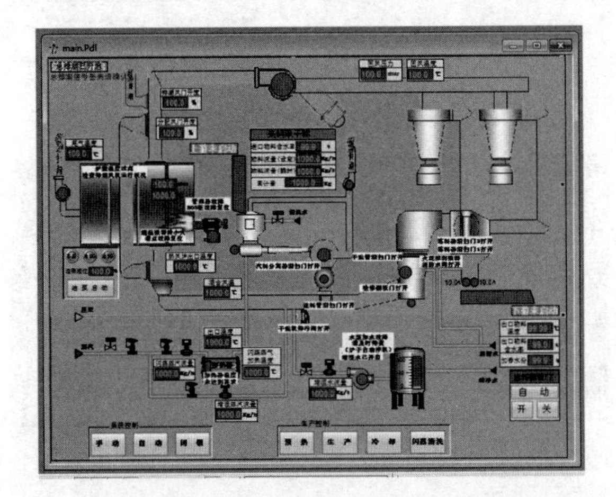

图1-20 main

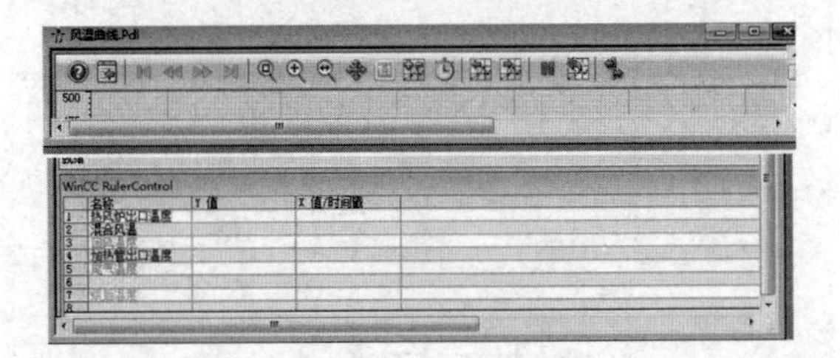

图1-21 风温曲线

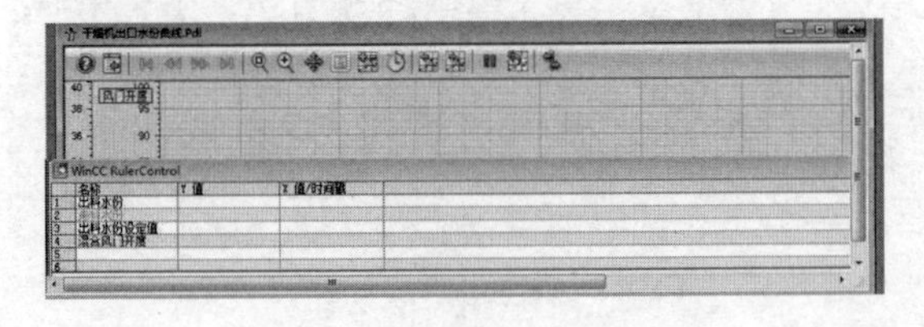

图1-22 干燥机出口水分曲线

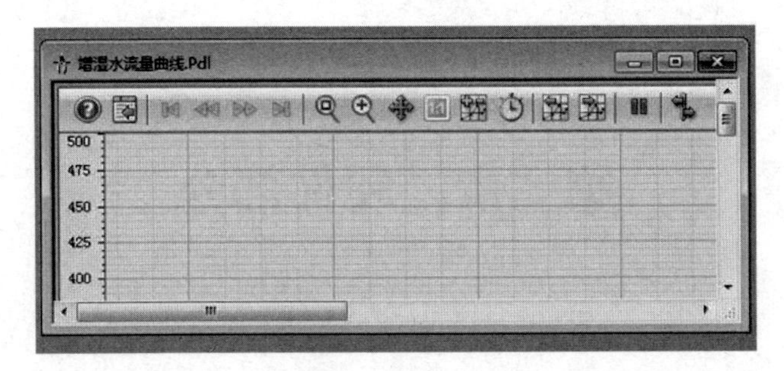

图1-23　增湿水流量曲线

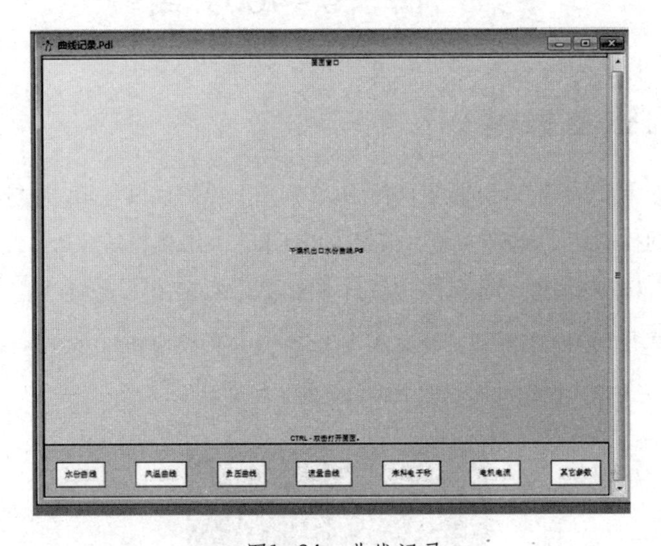

图1-24　曲线记录

以上是对SH23梗丝低速气流干燥系统的硬件、软件和监控的概述，具体的细节在后面介绍。

第二章　硬件部分

第一节　S7-400介绍

一、S7-400 PLC基本结构

S7-400是具有中高档性能的PLC，采用模块化无风扇设计，适用于对可靠性要求极高的大型复杂的控制系统。S7-400由机架（RACK）、电源模块（PS）、中央处理单元（CPU）、数字量输入/输出（DI/DO）模块、模拟量输入/输出（AI/AO）模块、通信处理器（CP）、功能模块（FM）和接口模块（IM）组成。DI/DO模块和AI/AO模块统称为信号模块（SM）。图2-1为SH23B梗丝低速气流干燥系统的主机架。

图2-1　SH23B梗丝低速气流干燥系统的主机架

机架用来固定模块、提供模块工作电压和实现局部接地，并通过信号总线将不同的模块连接在一起。S7-400的模块插座焊在机架的总线连接板上，模块插在模块插座上，有不同槽数的机架供用户选用，如果一个机架容纳不下所有的模块，可以增设一个或数个扩展机架，各机架之间用接口模块和通信电缆交换信息。

电源模块应安装在机架的最左边的1号槽，有冗余功能的电源模块是一个例外。10A和20A的电源模块分别占2个和3个槽。中央机架只能插入最多6块发送型的接口模块，每个模块

有2个接口，每个接口可以连接4个扩展机架，最多能连接21个扩展机架。中央机架中同时传送电源的发送接口模块（IM460-1）不能超过两块，IM460-1的每个接口只能带一个扩展机架。

扩展机架中的接口模块只能安装在最右边的槽（第18槽或第9槽）。通信处理器CP只能安装在编号不大于6的扩展机架中。

二、S7-400的特点

（1）运行速度高。CPU 416-3PN/DP执行一条位操作指令、字操作指令或定点运算指令只要30ns（纳秒，即十亿分之一秒）。

（2）存储器容量大。例如CPU 416-3PN/DP集成的工作存储器为16MB，可以扩展64MB的装载存储器（FEPROM或RAM）。

（3）IO扩展功能强。可以扩展21个机架，CPU 416-3PN/DP最多可以扩展262144点数字量I/O和16384点模拟量I/O。

（4）有极强的通信能力。有的CPU集成了多种通信接口，容易实现分布式结构和冗余控制系统。使用ET200分布式I/O，可以实现远程扩展。

三、S7-400的机架——UR2

S7-400的模块是用机架上的总线连接起来的。机架上的P总线（I/O总线）用于I/O信号的高速交换和对信号模块数据的高速访问。C总线［通信总线，或称K总线，C和K分别是英语单词Communication和德语单词Kommunikation（通信） 的缩写］与CPU的MPI接口连接，具有通信总线接口的FM和CP模块通过C总线进行通信，这样就可以通过CPU的编程设备接口对这些模块编程。两种总线分开后，控制和通信分别有各自的数据通道，通信任务不会影响控制的快速性。

SH23B梗丝低速气流干燥系统使用的是UR2机架。UR1/UR2都是通用机架，UR1是18槽，UR2是9槽，都有P总线和K总线，可以用作中央机架和扩展机架。图2-2是UR1/UR2机架与总线。

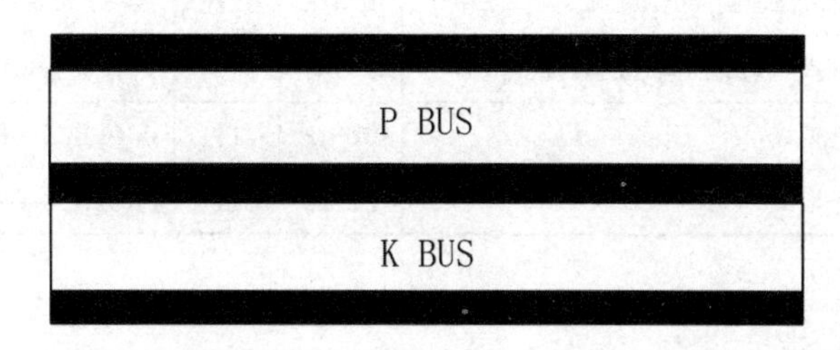

图2-2　UR1/UR2机架与总线

电源模块可能占用1～3个插槽，首先将电源模块安装在机架最左边的插槽，然后依次安装CPU模块和IO模块。并不要求将模块紧密排列，允许模块之间有空槽。各模块插槽通过P总线和K总线相互连接。

五、CPU模块的指示灯与模式选择开关

S7-400有7种不同型号的CPU，分别适用于不同等级的控制要求。不同型号的CPU面板上的元件不完全相同。CPU面板上有状态和故障指示LED、模式选择开关和通信接口。存储卡插槽可插入多达数十兆字节的存储卡。图2-3是CPU416-3PN/DP的面板。

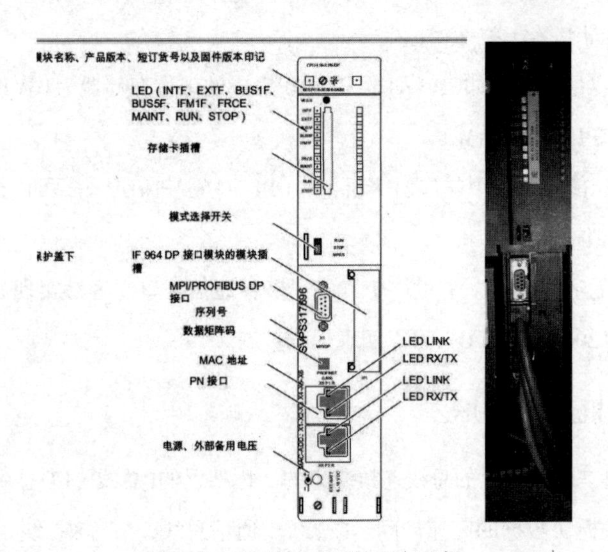

图2-3 CPU416-3PN/DP的面板

1. CPU模块的指示灯

S7-400 CPU模块面板上的LED指示灯的功能见表2-1。

表2-1 S7-400 CPU的指示灯

指示灯	颜色	说明	指示灯	颜色	说明
INTF	红色	内部故障，例如用户程序运行超时	IFM1F	红色	接口子模块 1 故障
EXIF	红色	外部故障，例如电源故障，模块故障	IFM2F	红色	接口子模块 2 故障
FRCE	黄色	有输入 / 输出处于被强制的状态	MAINT	—	当前不起作用
RUN	绿色	运行模式	BUS1F	红色	PROFBUS-DP 接口 1 的总线故障
STOP	黄色	停止模式	BUS2F	红色	PROFBUS-DP 接口 2 的总线故障

2. 模式选择开关

CPU的模式选择开关各位置的意义如下：

RUN（运行）位置：CPU执行用户程序。

STOP（停止）位置：CPU不执行用户程序。

MRES（复位存储器）：MRES位置不能保持，在这个位置松手时开关将自动返回STOP位置。将模式选择开关从STOP位置扳到MRES位置，可以复位存储器，使CPU回到初始状态。工作存储器和S7-400的RAM装载存储器中的用户程序和地址区被清除，全部存储器位、定时器、计数器和数据块均被复位为零，包括有保持功能的数据，CPU检测硬件，初始化硬件和系统程序的参数，系统参数、CPU和模块的参数被恢复为默认的设置，MPI接口的参数被保留。CPU在复位后将MMC（微存储卡）里的用户程序和系统数据复制到工作存储区。

复位存储器时按下述顺序操作：PLC通电后将模式选择开关从STOP位置扳到MRES位置，STOP LED熄灭1s，亮1s，再熄灭1s后保持常亮，松开开关，使它回到STOP位置。3s内又扳到MRES位置，STOP LED以2Hz的频率至少闪动3s，表示正在执行复位，最后STOP LED一直亮，复位结束后松开模式选择开关。

3. CPU的操作模式

（1）STOP（停机）模式：模式选择开关在STOP位置时，PLC上电后自动进入STOP模式，在该模式不执行用户程序。

（2）RUN（运行）模式：执行用户程序，刷新输入和输出，处理中断和故障信息服务。

（3）HOLD模式：在启动和RUN模式执行程序时遇到调试用的断点，用户程序的执行被挂起（暂停），定时器被冻结。

（4）STARTUP（启动）模式：可以用模式选择开关或STEP7启动CPU。如果模式选择开关在RUN位置，通电后自动进入启动模式。

（5）老式的CPU使用钥匙开关来选择操作模式，它还有一种RUN-P模式，允许在运行时读出和修改程序。现在的CPU的RUN模式包含了RUN-P模式的功能。仿真软件PLCSIM的仿真PLC也有RUN-P模式，某些监控功能只能在RUN-P模式进行。

六、存储卡

在CPU模块的存储卡插槽内插入FEPROM或RAM存储卡，可以增加装载存储器的容量。RAM卡没有内置的备用电池，从CPU卸下RAM卡后，卡上所有的数据将会丢失。电池或“EXT.BATT.”插口输入的外部备用电压为RAM存储卡提供后备电源。FEPROM卡不需要备用电源，即使从CPU取下它，也能保持存储在其中的信息。

如果想将数据存储在RAM中，并在RUN模式下编辑程序，应使用RAM卡。如果想用存储卡永久性存储用户程序（有掉电保护功能），应使用FEPROM卡。

执行存储器复位操作后，在SIMATIC管理器执行“PLC”菜单的命令，可以将用户程序下载到存储卡。

七、电源模块

1. 电源模块

S7-400的电源模块通过背板总线向各模块提供DC5V和DC24V电源，有输出电流额定值为4A、10A和20A的模块。PS405的输入为直流电压，PS407的输入为直流电压或交流电压。图2-4为PS407 10A电源模块的面板图。

图2-4　PS407 10A电源模块的面板图

如果没有使用传送5V电源的接口模块，每个扩展机架都需要一块电源模块。电源模块上的LED指示灯的功能如下：

LED“INTF”：内部故障。

LED“BAF”：电池故障，背板总线上的电池电压过低。

LED“BATT1F”和“BATT2F”：电池1或电池2接反、电压不足或电池不存在。

LED“DC5V”和“DC24V”：相应的直流电源电压正常时亮。

电源模块上的开关的功能如下：

FMR开关用于故障解除后确认和复位故障信息；ON/OFF保持开关通过控制电路把输出的DC24V/5V电压切断，LED熄灭。在进线电压没有切断时，电源处于待机模式。

2. 后备电源

可以根据模块类型，在S7-400的电源模块中安装一块或两块备用电池。备用电池能确保在发生电源故障时，存储在CPU内的用户程序、有断电保持功能的数据区、位存储器、定时器和计数器的值不会受到影响。在更换电源模块时，如果想保存RAM中的用户程序和数据，可以将外部的DC5～15 V电源连接到“EXT.-BATT.”（外接电池）插孔。接入外部电源时应确保插头的极性正确。

八、CPU的通信接口

CPU模块上都有一个MPI/DP接口，可以组态为使用MPI或DP协议。有的CPU还有PROFIBUS-DP和PROFINET接口。MPI和DP接口可以连接计算机、操作员面板和其他S7PLC。DP接口和PN接口可以连接分布式I/O。CPU 416-3PN/DP集成有1个MPI/DP接口、1个DP接口，还有1个PROFINET接口。

九、S7-400 CPU 416-3PN/DP模块的技术规范

S7-400 CPU416-3PN/DP模块的技术参数如表2-2所示。过程映像最多可以分为15个区。

表2-2　CPU416-3PN/DP模块的技术参数

用于程序 / 用于数据的集成 RAM 工作存储器	8MB/8MB
转载存储器：集成 /FLASH 卡 /RAM 卡	1MB/64MB/64MB
位操作 / 字操作 / 定点运算指令执行时间	30ns
浮点数运算指令执行时间	90ns
S7 定时器 / 计数器	2048/2048
位存储器	16KB
OB 最大容量	64KB
FB 最大块 / 最大容量	5000/64KB
FC 最大块 / 最大容量	5000/64KB
DB 最大块 / 最大容量（DB0 保留）	10000/64KB
最大输入 / 输出地址区	16KB/16KB
MPI/DP 接口最大分布式输入 / 输出	2KB/2KB
DP 接口最大分布式输入 / 输出	8KB/8KB
PN 接口最大分布式输入 / 输出	8KB/8KB
过程映像输入输出，可调节	16KB/16KB
过程映像输入输出，预制	512B/512B
最大数字量 I/O 点	131072/131072
最大模拟量 I/O 点	8992/8192
集成的 DP 主站个数	1

第二节　硬件组态的任务

“Configuring”（配置、设置）在STEP 7中被翻译为“组态”。集成在STEP 7中的硬件组态工具HWConfig用于对自动化工程使用的硬件进行配置和参数设置。

硬件组态的任务就是在STEP 7中生成一个与实际的硬件系统完全相同的系统，组态的模块和实际的模块的插槽位置、型号、订货号和固件版本号应完全相同。硬件组态还包括生成网络、生成网络中各个站点和它们的模块，以及设置各硬件组成部分的参数，即给参数赋值。所有模块的参数都是用STEP 7来设置的。硬件组态确定了PLC输入/输出变量的地址，为设计用户程序打下了基础。

一、硬件组态内容

（1）系统组态：从硬件目录中选择机架，将模块分配给机架中的插槽。用接口模块连接多机架系统的各个机架。对于网络控制系统，需要生成网络和网络上的站点。

（2）CPU的参数设置：设置CPU模块的多种属性，例如启动特性、扫描监视时间等，设置的数据在系统数据中。如果没有特殊要求，可以使用默认的参数。

（3）模块的参数设置：定义模块所有的可调整参数。组态的参数下载后，CPU之外的其他模块的参数一般保存在CPU中。在PLC启动时，CPU自动地向其他模块传送设置的参数，因此在更换CPU之外的模块后不需要重新对它们组态和下载组态信息。

对于已经安装好硬件的系统，可以通过通信从CPU上载实际的组态和参数。

二、硬件组态工具HW Config

选中SIMATIC管理器左边的站对象，双击右边窗口的“硬件”图标，打开硬件组态工具HW Config。图2-5是SH23B梗丝低速气流干燥系统的硬件组态。

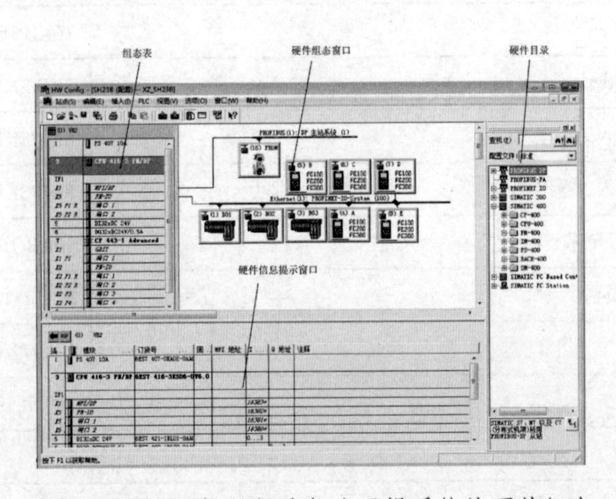

图2-5　SH23B梗丝低速气流干燥系统的硬件组态

1. 硬件目录

可以用工具栏上的按钮打开或关闭右边的硬件目录窗口。选中硬件目录中的某个硬件对象，硬件目录下面的小窗口是它的订货号和简要信息。

硬件目录中的CP是通信处理器，FM是功能模块，IM是接口模块，PS是电源模块，RACK是机架或导轨。SM是信号模块，其中的DI、DO分别是数字量输入模块和数字量输出模块，AI、AO分别是模拟量输入模块和模拟量输出模块。

2. 硬件组态窗口

图2-5中间的窗口是硬件组态窗口，可以在该窗口放置主机架和扩展机架，用接口模块将它们连接起来。也可以在该窗口生成PROFIBUS-DP、PROFINET网络，并在网络上放置远程I/O站点。

3. 硬件信息显示窗口

选中硬件组态窗口中的某个机架或远程I/O的站点，硬件信息显示窗口将显示选中的对象的详细信息，例如模块的订货号、CPU的固件版本号和MPI网络中的站地址、I/O模块的地址和注释等。该窗口左上角的 ⇆ 按钮用来切换硬件组态窗口中的机架或远程I/O站点。

4. 组态表

组态表来表示机架或导轨，可以用鼠标将右边硬件目录窗口中的模块放置到组态表的某一行，就好像将真正的模块插入机架的某个槽位一样。

三、放置硬件对象的方法

有两种放置硬件对象到组态表的方法：

1. 用“拖放”的方法放置硬件对象

用鼠标打开硬件目录中的文件夹“\SIMATIC 400\PS-400”，单击其中的电源模块“PS 407 10A”，该模块被选中，其背景变为蓝色。此时硬件组态窗口的机架中允许放置该模块的1号槽变为绿色，其他插槽为灰色。用鼠标左键按住该模块不放，移动鼠标，将选中的模块“拖”到组态表的1号槽，或拖到硬件信息显示窗口的1号槽。光标没有移动到允许放置该模块的插槽时，其形状为 ⊘（禁止放置）。拖到组态表或硬件信息显示窗口的1号槽时，光标的形状变为 ，表示允许放置。此时松开鼠标左键，电源模块被放置到1号槽。

选中机架中的某个模块后按删除键，可以删除该模块。

2. 用双击的方法放置硬件对象

放置模块还有另外一个简便的方法：首先用鼠标左键单击机架中需要放置模块的插槽，

使它的背景色变为蓝色，再用鼠标左键双击硬件目录中允许放置在该插槽的模块，该模块便出现在选中的插槽，同时自动选中下一个插槽。

四、模块信息

硬件信息显示窗口显示S7-400站点中各模块的详细信息，例如模块的订货号、I/O模块的字节地址和注释等。图2-5中CPU的型号为CPU416-3PN/DP，订货号为6ES7 416-3ES06 0AB0，固件版本号为V6.0，“MPI/DP”行的16383是CPU把“MPI/DP”口设置成了PROFIBUS-DP接口的诊断地址，“PN-IO”行的16382是CPU的PROFINET-IO接口的诊断地址，“端口1”行的16381是CPU集成的接口的诊断地址，“端口2”行的16380是CPU集成的接口的诊断地址。

用鼠标右键单击I/O模块“DI32×DC24V”，执行出现的快捷菜单中的“编辑符号”命令，可以在出现的“编辑符号”对话框中编辑该模块各I/O点的符号，如图2-6所示。

编辑符号 - DI32xDC 24V

	地址		符号	数据类型	注释
1	I	0.0	DI1	BOOL	主动力电源检测
2	I	0.1	DI2	BOOL	循环风机动力电检测
3	I	0.2	DI3	BOOL	空调器供电电源
4	I	0.3	DI4	BOOL	智能表1动力电源检测
5	I	0.4	DI5	BOOL	智能表2动力电源检测
6	I	0.5	DI6	BOOL	电加热器电源检测
7	I	0.6	DI7	BOOL	电加热器接触器检测信号
8	I	0.7	DI8	BOOL	电加热器热继电器检测信号
9	I	1.0	DI9	BOOL	电加热器调压模块异常报警
10	I	1.1	DI10	BOOL	排潮风机电源检测
11	I	1.2	DI11	BOOL	均料辊电源检测
12	I	1.3	DI12	BOOL	水泵电源检测
13	I	1.4	DI13	BOOL	引风机电源检测
14	I	1.5	DI14	BOOL	主站急停信号
15	I	1.6	DI15	BOOL	循环风机急停信号
16	I	1.7	DI16	BOOL	故障消音
17	I	2.0	DI17	BOOL	火焰探测器报警信号
18	I	2.1	DI18	BOOL	下游设备启动信号
19	I	2.2	DI19	BOOL	下游设备故障信号
20	I	2.3	DI20	BOOL	备用

添加符号(Y)　删除符号(L)　排序(S)　按升序排列地址

显示列 R、O、M、C、CC (D)

使用‘确定’或‘应用’更新符号。

确定(O)　应用(A)　关闭(C)　帮助

图2-6　I/O模块“DI32×DC24V”的编辑符号对话框

执行菜单命令“视图”→“地址总览”，在“地址总览”对话框中，将会列出各I/O模块所在的机架号（R）、插槽号（S）或DP从站的网络编号和从站地址，信号模块的起始字节地址和结束字节地址，以及通信接口的诊断地址等。图2-7是SH23B梗丝低速气流干燥系统的地址总览的一部分。

组态结束后，单击工具栏上的“编译并保存”按钮，首先对组态信息进行编译。如果组态存在问题，将会显示错误信息或警告信息。改正错误后，才能成功地编译。警告信息并不影响下载和运行。编译成功后，在SIMATIC管理器右边显示块的窗口中，可以看到保存硬件组态信息和网络组态信息的“系统数据”。可以在SIMATIC管理器中将它下载到CPU，也可以在HWConfig中将硬件组态信息下载到CPU。

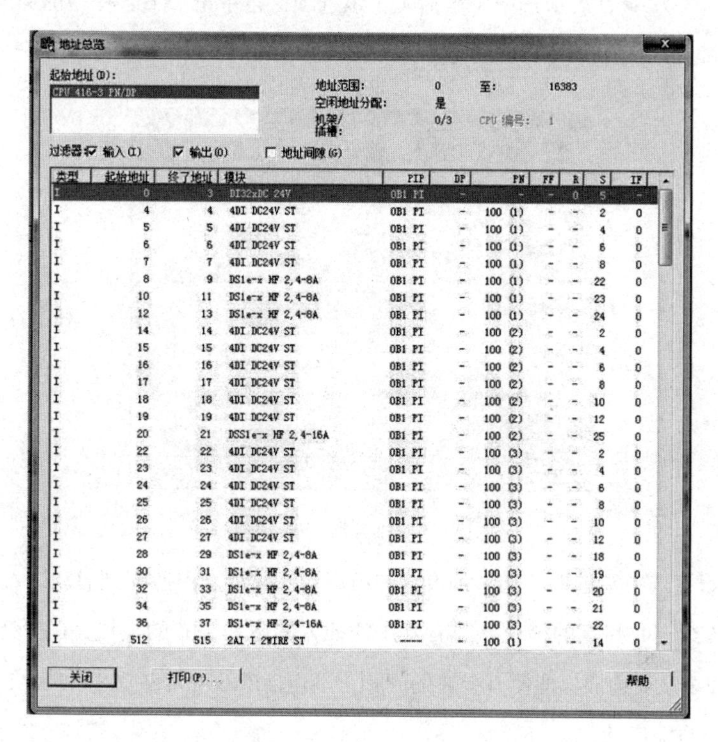

地址总览
起始地址(D):
CPU 416-3 PN/DP
地址范围: 0 至: 16383
空闲地址分配: 是
机架/插槽: 0/3 CPU 编号: 1
过滤器 输入(I) 输出(O) 地址间隙(G)
类型 起始地址 终了地址 模块 PIP DP PN FF R S IF
I 0 3 DI32xDC 24V OB1 PI - - - 0 5 -
I 4 4 4DI DC24V ST OB1 PI - 100 (1) - - 2 0
I 5 5 4DI DC24V ST OB1 PI - 100 (1) - - 4 0
I 6 6 4DI DC24V ST OB1 PI - 100 (1) - - 6 0
I 7 7 4DI DC24V ST OB1 PI - 100 (1) - - 8 0
I 8 9 DS1e-x HF 2,4-8A OB1 PI - 100 (1) - - 22 0
I 10 11 DS1e-x HF 2,4-8A OB1 PI - 100 (1) - - 23 0
I 12 13 DS1e-x HF 2,4-8A OB1 PI - 100 (1) - - 24 0
I 14 14 4DI DC24V ST OB1 PI - 100 (2) - - 2 0
I 15 15 4DI DC24V ST OB1 PI - 100 (2) - - 4 0
I 16 16 4DI DC24V ST OB1 PI - 100 (2) - - 6 0
I 17 17 4DI DC24V ST OB1 PI - 100 (2) - - 8 0
I 18 18 4DI DC24V ST OB1 PI - 100 (2) - - 10 0
I 19 19 4DI DC24V ST OB1 PI - 100 (2) - - 12 0
I 20 21 DSS1e-x HF 2,4-16A OB1 PI - 100 (2) - - 25 0
I 22 22 4DI DC24V ST OB1 PI - 100 (3) - - 2 0
I 23 23 4DI DC24V ST OB1 PI - 100 (3) - - 4 0
I 24 24 4DI DC24V ST OB1 PI - 100 (3) - - 6 0
I 25 25 4DI DC24V ST OB1 PI - 100 (3) - - 8 0
I 26 26 4DI DC24V ST OB1 PI - 100 (3) - - 10 0
I 27 27 4DI DC24V ST OB1 PI - 100 (3) - - 12 0
I 28 29 DS1e-x HF 2,4-8A OB1 PI - 100 (3) - - 18 0
I 30 31 DS1e-x HF 2,4-8A OB1 PI - 100 (3) - - 19 0
I 32 33 DS1e-x HF 2,4-8A OB1 PI - 100 (3) - - 20 0
I 34 35 DS1e-x HF 2,4-8A OB1 PI - 100 (3) - - 21 0
I 36 37 DS1e-x HF 2,4-16A OB1 PI - 100 (3) - - 22 0
I 512 515 2AI I 2WIRE ST ---- - 100 (1) - - 14 0
关闭
打印(P)...
帮助

图2-7 SH23B梗丝低速气流干燥系统的地址纵览

五、CPU模块的参数设置

在HWConfig界面上，双击CPU416-3PN/DP模块所在的行，在弹出的“属性”对话框中单击某一选项卡，便可以设置相应的属性，如图2-8所示。下面介绍CPU416-3PN/DP主要参数的设置方法。

属性 - CPU 416-3 PN/DP - (R0/S3)
存储器
中断
时间中断
循环中断
诊断/时钟
保护
Web
常规
启动
等时周期中断
周期/时钟存储器
保持存储器
简短描述: CPU 416-3 PN/DP
work memory 8 MB code and 8 MB data; 0.030 ms/1000 instructions; 16 KB DI/O; 96 connections; 1*DP/MPI, 1*PN and 1 slot for IF modules; send and receive capability for direct data exchange; constant bus cycle time and
订货号/固件: 6ES7 416-3ES06-0AB0 / V6.0
名称(N): CPU 416-3 PN/DP
设备标识(P):
位置标识(L):
注释(C):
确定
取消
帮助

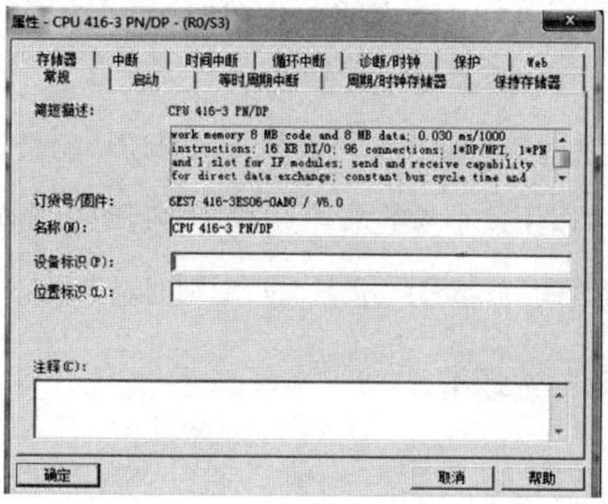

图2-8 CPU 416-3PN/DP模块的属性对话框

1. “启动”选项卡

单击“属性”对话框的“启动”选项卡，设置启动特性。用鼠标单击某小正方形的复选框□，复选框变为☑，表示选中（激活）了该选项；再单击一下，框中的钩消失，表示没有选中该选项，该选项被禁止。如图2–9所示。

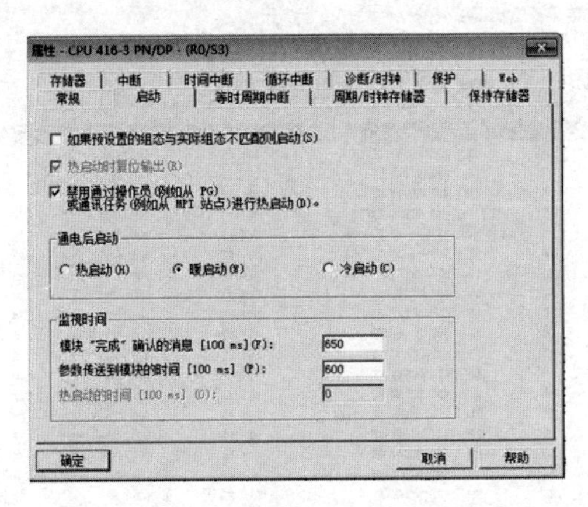

图2–9　“启动”选项卡

● 如果没有选中复选框“如果预设置的组态与实际组态不匹配则启动”，并且至少1个模块没有插入组态时指定的槽位，或者某个槽插入的不是组态的模块，CPU将进入STOP模式。如果选中了该复选框，即使有上述的问题（不包括PROFIBUS–DP接口模块），CPU不会检查I/O组态，也能启动。

● S7–CPU416–3PN/DP可以在“通电后启动”区用单选框选择热起动、暖启动或冷启动，S7–400热启动时如果超过设置的“热启动的时间”，CPU不能热启动。

● 电源接通后，CPU等待所有被组态的模块发出“准备就绪消息”的时间如果超过“模块‘完成’确认的消息”设置的时间，表明实际的硬件系统不同于组态的系统。该时间的单位100ms， 默认值为650 ms。如果超过了上述的设置时间，CPU按“如果预设置的组态与实际组态不匹配则启动”的设置进行处理。远程I/O站如果带有FM模块，上电时CPU接收到FM模块准备就绪的时间可能较长，需要延长监控时间。

● “参数传送到模块的时间”是CPU将参数传送给模块的最长时间，单位为100ms。对于有DP主站接口的CPU，可以用这个参数来设置DP从站起动的监视时间。如果超过了设置的时间，CPU按“如果预设置的组态与实际组态不匹配则启动”的设置进行处理。

2. “周期/时钟存储器”选项卡

（1）扫描循环时间的设置

单击“属性”对话框的“周期/时钟存储器”选项卡，如图2–10所示。

- “扫描周期监视时间”的默认值为150ms。如果实际的扫描时间超过设定值，CPU将进入STOP模式。

- “最小扫描周期时间”，如果实际扫描时间小于最小扫描时间，达到该时间后CPU才进入下一个扫描周期。

- “来自通讯的扫描周期负载”用来限制通信处理占扫描周期的百分比，默认值为20%。

- “过程映像输入区（输出区）的大小”用来设置过程映像输入/输出的字节数（从0号字节开始）。如果超出设置的范围，只能用PI/PO（外设输入/输出）来访问I/Q地址。

（2）时钟存储器的设置

时钟脉冲是可供用户程序使用的占空比为1∶1的方波信号，一个字节的时钟存储器的每一位对应一个时钟脉冲，见表2-3。

如果要使用时钟脉冲，单击图2-10中“周期/时钟存储器”选项卡的“时钟存储器”左边的复选框，然后设置时钟存储器（M）的字节地址。图中设置的地址为0（即MB0），由表2-3可知，M0.7的周期为2s，在SH23B梗丝低速气流干燥系统FC7（上下游通讯）的程序段5中，时钟存储器“M0.7两秒脉冲”以通1秒断1秒的周期运行，当时钟存储器“M0.7两秒脉冲”导通的1 s，激活了线圈“DB809. DBX360.0　通讯检测与CP402通讯. sh23b_To_CP402. Wave_1S1”，并把这个信号通过SFB13发送给CP402控制器。

表2-3　时钟存储器各位对应的时钟脉冲周期与频率

位	7	6	5	4	3	2	1	0
周期 S	2	1.6	1	0.8	0.5	0.4	0.2	0.1
频率 Hz	0.5	0.625	1	1.25	2	2.5	5	10

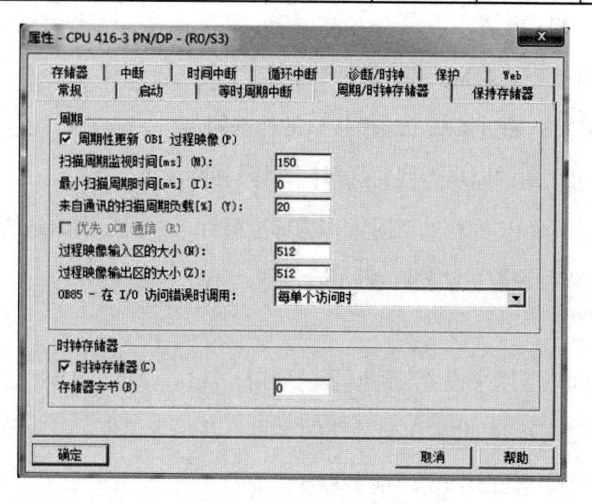

图2-10　“周期/时钟存储器”选项卡

3.“诊断/时钟”选项卡

（1）系统诊断参数的设置

单击“属性”对话框的“诊断/时钟”选项卡，如图2-11，系统诊断是指对系统中出现的故障进行识别、评估和作出相应的响应，并保存诊断的结果。通过系统诊断可以发现用户程序的错误、模块的故障和传感器、执行器的故障等。

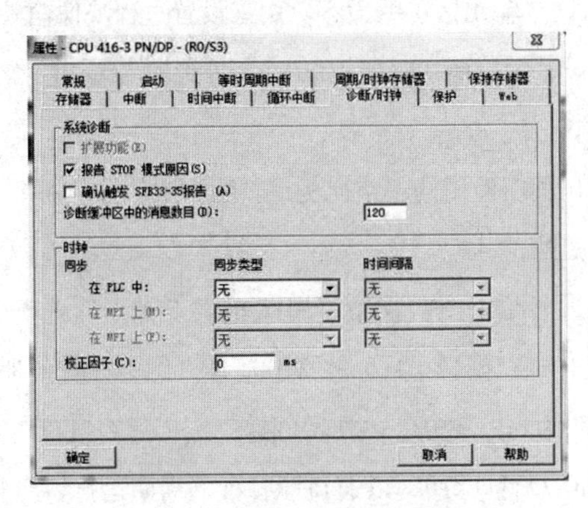

图2-11 “诊断/时钟”选项卡

“报告STOP模式原因”等选项。PCS 7可以用SFB 33～SFB 35来产生文本消息。如果激活复选框“确认触发SFB33～35报告”，在上一条消息被确认后，才传送新的消息。这样可以防止频繁地产生消息，并保证消息得到处理。

（2）实时钟的设置

为了准确地记录事件顺序，系统中各计算机的实时钟必须定期作同步调整。如图2-11在“时钟”区提供了同步的3种方法：

① 在PLC中：在PLC内部。

② 在MPI上（M）：通过MPI接口的外部同步。

③ 在MFI上（F）：通过第二个通信接口的外部同步。

每种同步方法可以用“同步类型”选择框选择3种同步类型：

① 作为主站：用该CPU模块的实时钟作为标准时钟，去同步别的站的时钟。

② 作为从站：该时钟被主站的时钟同步。

③ 无：不同步。

选择框“时间间隔”用来设置时钟同步的周期，从1s～24h，有7个选项可供选择。

“校正因子”是对每24h时钟误差补偿的时间（以ms为单位），补偿值可正可负。例如当实时钟每24h慢3s时，校正因子应为+3000ms。

4.“保持存储器”选项卡

在电源掉电或CPU从STOP模式进入RUN模式之后，其内容保持不变的存储区称为保持存储区。S7-400的保持功能需要后备电池，S7-300掉电后数据保存在MMC（微存储卡）中。在图2-12“保持存储器”选项卡的“可保持性”区，可以设置从MB0、T0和C0开始的需要断电保持的存储器字节数、定时器和计数器的个数，允许设置的范围与CPU的型号有关，设置超限将会给出提示。带有后备电池的S7-400和使用MMC的S7-300所有的数据块（DB）都有掉电保持功能，不需要设置。

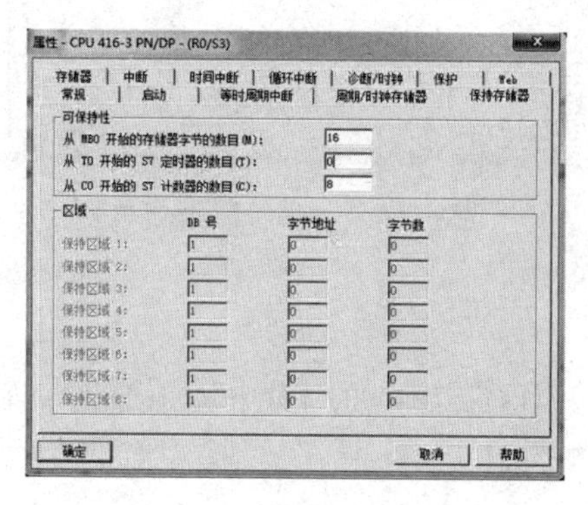

图2-12　“保持存储器”选项卡

5.“存储器”选项卡

在S7-CPU416-3PN/DP的属性对话框的“存储器”选项卡的“本地数据”区，如图2-13所示，可以设置各优先级的组织块的临时局部数据堆栈的字节数。

在“通讯资源”区，可以设置已组态的S7连接进行的通信作业的最大个数。每个通信功能块都需要1个背景数据块，通信作业的个数与上述的背景数据块的个数相同。

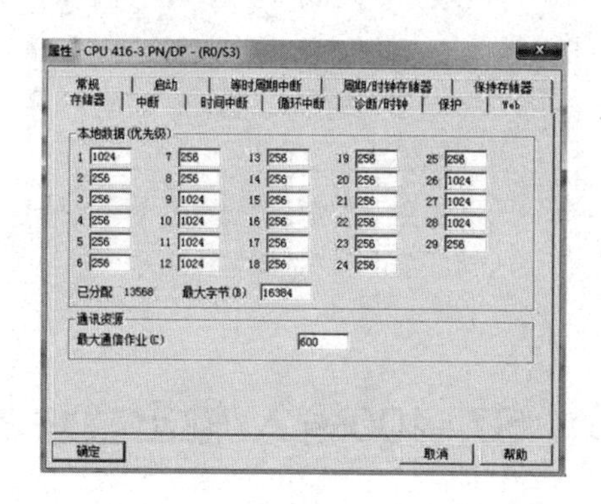

图2-13　“存储器”选项卡

6.“保护”选项卡

在“保护”选项卡的“保护等级”区，如图2-14所示，可以选择3个保护等级。保护等级1是默认的设置，没有口令。不知道口令的人员，只能读保护等级2的CPU，不能读写保护等级3的CPU。被授权的用户输入口令后可以读、写被保护的CPU。

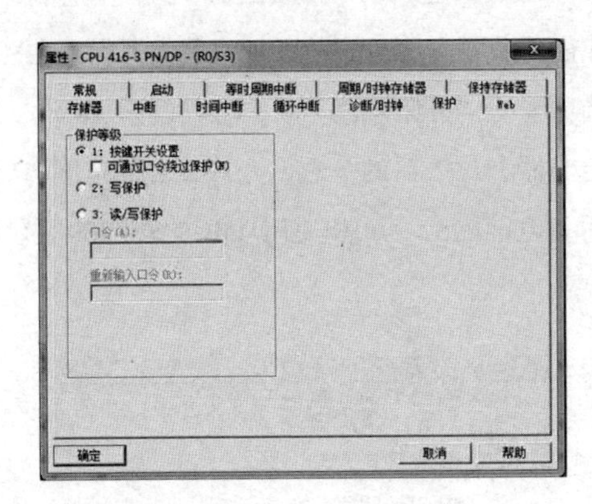

图2-14 “保护”选项卡

7.“中断”选项卡

在“中断”选项卡，可以设置S7-400的部分中断的优先级，如图2-15所示。“——”表示不设置过程映像分区。

S7-300不能修改默认的中断优先级，可以设置S7-400的硬件中断、延时中断、DPV1 中断和异步错误中断OB的优先级。可以用优先级“0”来删除中断。

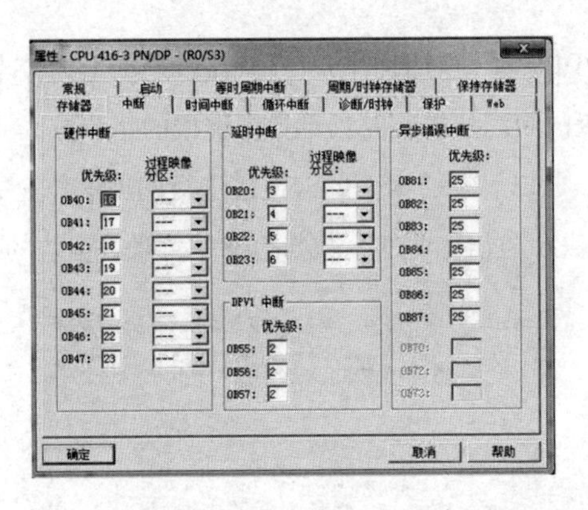

图2-15 “中断”选项卡

第三节 S7-400输入/输出模块的概述

数字量（或称开关量）输入（DI）模块、数字量输出（DO）模块、模拟量输入（AI）模块和模拟量输出（AO）模块，此外还有DI/DO模块和AI/AO模块，这些模块统称为信号模块（SM）。

S7-400的输入/输出模块的外部接线接在插接式的前连接器的端子上，前连接器插在前盖板后面的凹槽内。更换模块时不需要断开前连接器上的外部连线，只需拆下前连接器，将它插到新的模块上，不用重新接线。模块上有两个带顶罩的编码元件，第一次插入时，顶罩永久性地插入到前连接器上。为了避免更换模块时发生错误，第一次插入前连接器时，它被编码，以后该前连接器只能插入同样类型的模块。20针的前连接器用于除32点模块以外的信号模块和功能模块。40针的前连接器用于32点的信号模块。

模块面板上的SF LED用于显示故障和错误，数字量I/O模块面板上的LED用来显示各数字量输入/输出点的信号状态，前面板上有标签区。S7-400的模块插座焊在机架的总线连接板上，模块插在模块插座上，各个模块用机架上的总线连接起来。S7-400的信号模块和接口模块的尺寸为25mm（宽）×290mm（高）×210mm（深）。

一、S7-400输入/输出模块的地址分配

S7-400的数字量（或称开关量）I/O点地址由地址标识符、地址的字节部分和位部分组成，一个字节由0～7这8位组成。地址标识符I表示输入，Q表示输出，M表示位存储器。例如I3.2是一个数字量输入点的地址，小数点前面的3是地址的字节部分，小数点后面的2表示这个输入点是字节中的第2位。I3.0～I3.7组成一个输入字节IB3。

硬件组态窗口下面的硬件信息显示窗口中的“I 地址”列和“Q地址”列分别是模块的输入和输出的起始和结束字节地址。

在模块的属性对话框的“地址”选项卡中，用户可以修改STEP 7自动分配的地址，一般采用系统分配的地址，而且必须根据组态时确定的I/O点的地址来编程。

下面是组态时S7-400的信号模块的地址分配原则，用户可以修改自动分配的模块地址。

（1）分配给模块的地址与模块所在的机架号和插槽号无关。

（2）硬件组态工具HW Config自动统一分配PLC的中央机架、扩展机架、DP网络上的非智能从站、PROFINET I/O设备的模块的I/O地址。

（3）I/O地址：分为4类，即数字量输入、数字量输出、模拟量输入和模拟量输出。按组态的先后次序，自动分配的同类I/O模块的字节地址依次排列。

数字量I/O模块的起始地址从0号字节开始分配，模拟量I/O模块的起始地址从512号字节开始分配，每个模拟量I/O点占2B的地址。

二、数字量输入模块的输入电路

在SH23B梗丝低速气流干燥系统的主控柜中使用一块SM421数字量输入（DI）模块用于连接外部的机械触点和电子数字式传感器，例如光电开关和接近开关，将来自现场的外部数

字量信号的电平转换为PLC内部的信号电平。输入电流一般为数毫安。

图2-16是直流输入模块的内部电路和外部接线图，图中只画出了一路输入电路，M是同一输入组内各内部输入电路的公共点。当图中的外部电路接通时，光耦合器中的发光二极管（LED）点亮，光敏晶体管饱和导通，相当于开关接通；外部电路断开时，光耦合器中的LED熄灭，光敏晶体管截止，相当于开关断开。信号经背板总线接口传送给CPU模块。

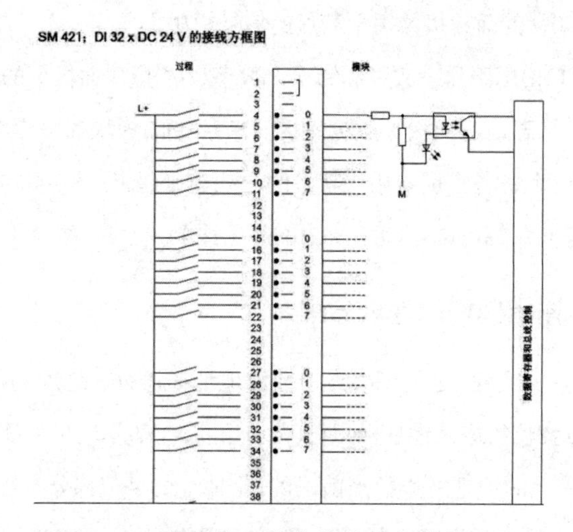

图2-16　直流输入的数字量输入模块电路

图2-17是交流输入模块的额定输入电压为AC120V或230V的内部电路和外部接线图。内部电路用电阻限流，交流电流经桥式整流电路转换为直流电流。信号经光耦合器和背板总线接口传送给CPU模块。

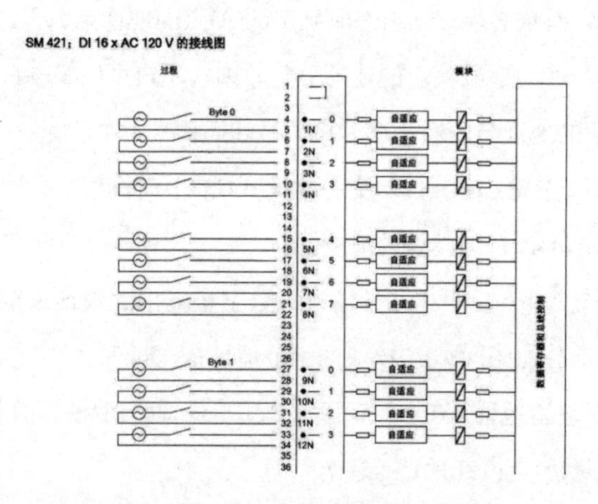

图2-17　交流输入的数字量输入模块电路

直流输入电路的延迟时间较短，可以直接连接接近开关、光电开关等电子传感器。DC24V是一种安全电压。如果信号线不是很长，PLC所处的物理环境较好，应考虑优先选用DC24V的输入模块。交流输入方式适合于在有油雾、粉尘的恶劣环境下使用。

直流输入的DI模块可以直接连接两线式BERO接近开关，后者的输出信号为0状态时，其输出电流（空载电流）不为0。在选型时应保证两线式接近开关的空载电流小于输入模块允许的静态电流，否则将会产生错误的输入信号。

根据输入电流的流向，可以将输入电路分为源输入电路和漏输入电路。漏输入电路的输入回路电流从模块的信号输入端流进来，从模块内部输入电路的公共点M流出去。PNP集电极开路输出的传感器应接到漏输入的DI模块。

在源输入电路的输入回路中，电流从模块的信号输入端流出去，从模块内部输入电路的公共点M流进来。NPN集电极开路输出的传感器应接到源输入的DI模块。数字量模块的输入/输出电缆的最大长度为1000m（屏蔽电缆）或600m（非屏蔽电缆）。

如图2-18所示为漏输入电路和源输入电路。

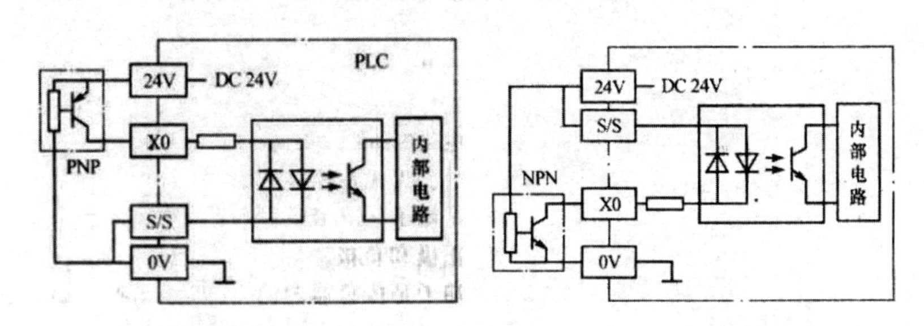

图2-18　漏输入电路和源输入电路

三、数字量输入模块的参数设置

在SIMATIC管理器中，选中S7-400站，双击右边窗口中的“硬件”图标，进入HW Config界面。双击机架中的DI模块“DI32xDC24V”，如图2-19所示。打开它的模块属性对话框，“常规”选项卡里有模块的基本信息。

单击“地址”选项卡，可以在“开始”文本框来修改模块的起始地址。建议采用STEP 7自动分配的模块地址，不要修改它们，但是在编程时必须使用组态时分配的地址。

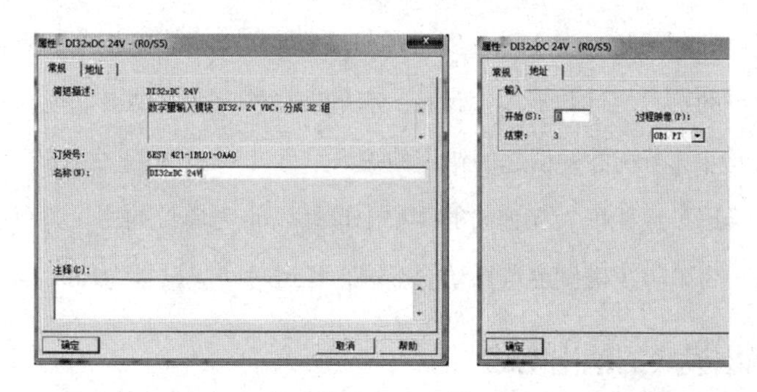

图2-19　数字量输入模块“DI32xDC24V”的参数设置

有的高档输入模块具有诊断和中断功能，例如“DI16×DC 24V Interrupt”模块。

1. 诊断中断的设置

在“DI16×DC 24V Interrupt”模块的“输入”选项卡，如图2-20所示，用鼠标单击复选框，可以设置是否启用诊断中断和硬件中断，复选框内出现“√”表示启用中断。启用诊断中断后，在“诊断”区可以分组设置是否诊断“引线断开”和“无负载电压”。如果激活了诊断中断，故障事件将会触发诊断中断，CPU的操作系统将调用诊断中断组织块OB82。

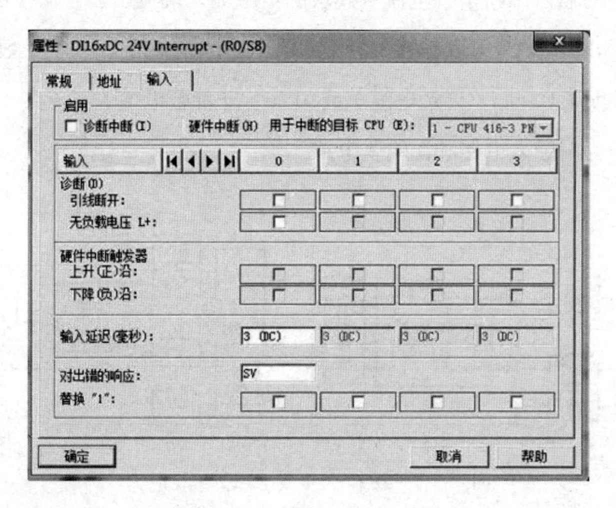

图2-20 “输入”选项卡

2. 硬件中断的设置

启用硬件中断后，可以用复选框在“硬件中断触发器”区设置上升沿中断、下降沿中断，或上升沿和下降沿均产生中断。出现硬件中断时，操作系统将调用硬件中断组织块（例如OB40）。

3. 输入延迟时间

机械触点接通和断开时，由于触点出现抖动现象，可能会影响程序的正常执行，例如扳动一次开关，触点的抖动使计数器多次计数。有的DI模块有数字滤波功能，以防止由于外接的机械触点抖动或外部干扰脉冲引起的错误的输入信号。

单击“输入延迟”选择框，在弹出的菜单中选择以ms为单位的用于整个模块的数字滤波的输入延迟时间。为了防止机械触点抖动的影响，延迟时间应设置为15或20ms。

四、数字量输出模块的输出电路

在SH23B梗丝低速气流干燥系统的主控柜中使用一块SM 422数字量输出（DO）模块用于

驱动电磁阀、接触器、小功率电动机、灯和电动机起动器等负载。输出（DO）模块将内部信号电平转化为控制过程所需的外部信号电平，同时有隔离和功率放大的作用。输出模块的功率放大元件有驱动直流负载的大功率晶体管和场效应晶体管、驱动交流负载的双向晶闸管或固态继电器，以及既可以驱动交流负载又可以驱动直流负载的小型继电器。输出电流的额定值为0.5～8A（与模块型号有关），负载电源由电源模块或外部现场提供。

图2-21是继电器输出电路，某一输出点为1状态时，梯形图中对应的线圈“通电”，通过背板总线接口和光耦合器，使模块中对应的微型继电器的线圈通电，其常开触点闭合，使外部负载工作。输出点为0状态时，梯形图中的线圈“断电”，微型继电器的线圈也断电，其常开触点断开。

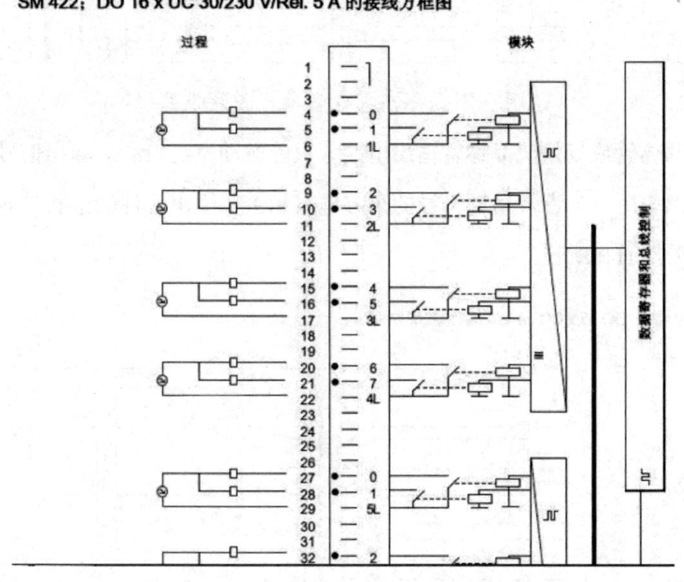

图2-21 继电器输出模块电路图

图2-22是固态继电器（SSR）输出电路，光敏双向晶闸管和双向晶闸管等组成固态继电器。SSR的输入功耗低， 输入信号电平与CPU内部的电平相同，同时又实现了隔离，并且有一定的带负载能力。梯形图中某一输出点Q为1状态时，其线圈“通电”，通过背板总线接口和光耦合器，使光敏晶闸管中的发光二极管点亮，光敏双向晶闸管导通，使另一个容量较大的双向晶闸管导通，模块外部的负载得电工作。内部采用RC 电路用来抑制晶闸管的关断过电压和外部的浪涌电压。这类模块只能用于交流负载，其响应速度较快，工作寿命长。有的输出模块还有使用光耦合器作隔离器件的双向晶闸管，双向晶闸管由关断变为导通的延迟时间小于1ms，由导通变为关断的最大延迟时间为10ms（工频半周期）。负载电流过小可能使晶闸管不能导通，可以在负载两端并联电阻。

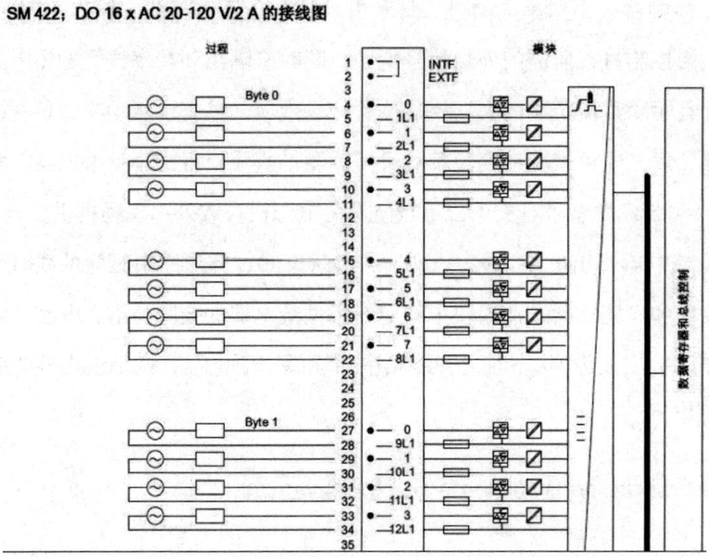

SM 422；DO 16 x AC 20-120 V/2 A 的接线图

过程
模块
Byte 0
1 2 3 4 5 6 7 8 9 10 11 12 13 14 15 16 17 18 19 20 21 22 23 24 25 26
INTF
EXTF
0 1L1 1 2L1 2 3L1 3 4L1
4 5L1 5 6L1 6 7L1 7 8L1
Byte 1
27 28 29 30 31 32 33 34 35
0 9L1 1 10L1 2 11L1 3 12L1
数据寄存器和总线控制

图2-22　固态继电器输出模块电路

图2-23是晶体管或场效应晶体管输出电路，只能驱动直流负载。输出信号经光耦合器送给输出元件（图中用一个带三角形符号的小方框表示）。输出元件的饱和导通状态和截止状态相当于触点的接通和断开。

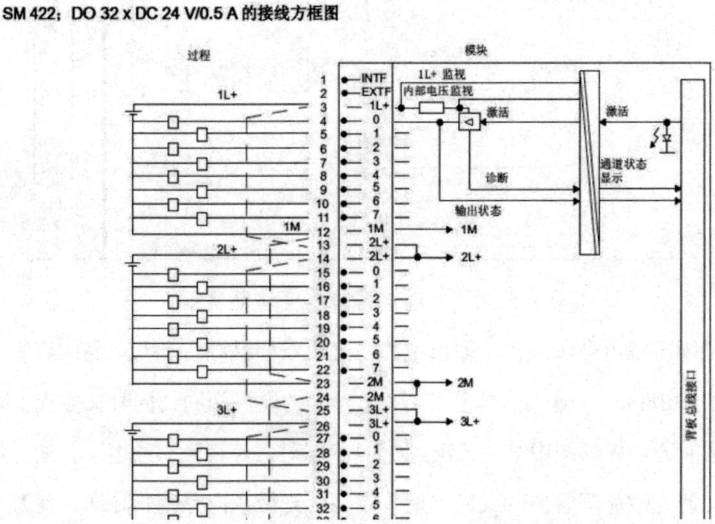

SM 422；DO 32 x DC 24 V/0.5 A 的接线方框图

过程
模块
1L+
1M
2L+
3L+
1 INTF
2 EXTF
3 1L+
4 0
5 1
6 2
7 3
8 4
9 5
10 6
11 7
12 1M
13 2L+
14 2L+
15 0
16 1
17 2
18 3
19 4
20 5
21 6
22 7
23 2M
24 2M
25 3L+
26 3L+
27 0
28 1
29 2
30 3
31 4
32 5
1L+ 监视
内部电压监视
激活
诊断
输出状态
激活
通道状态显示
1M
2L+
2M
3L+
背板总线接口

图2-23　晶体管或场效应管输出模块电路

各种型号的输入、输出模块的具体电路请查阅《S7-400模块数据设备手册》。

继电器输出模块的负载电压范围宽，导通压降小，承受瞬时过电压和瞬时过电流的能力较强。但是动作速度较慢，寿命（动作次数）有一定的限制。如果负载的状态变化不是很频繁，建议优先选用继电器型输出模块。

固态继电器型输出模块只能用于交流负载，晶体管型、场效应晶体管型输出模块只能用于直流负载，它们的可靠性高，响应速度快，寿命长，但是过载能力稍差。

在选择DO模块时，应注意负载电压的种类和大小、工作频率和负载的类型（电阻性、电感性负载或白炽灯）。除了每一点的输出电流外，还应注意每一组的最大输出电流。

五、数字量输出模块的参数设置

图2-24所示为DO32×DC24V/0.5A模块的属性对话框。用“输出”选项卡的“诊断中断”复选框设置是否启用诊断中断，在“诊断”区逐点设置是否诊断断线、空载电压、对M短路和对L+短路的故障。低档的DO模块的属性对话框没有“输出”选项卡。

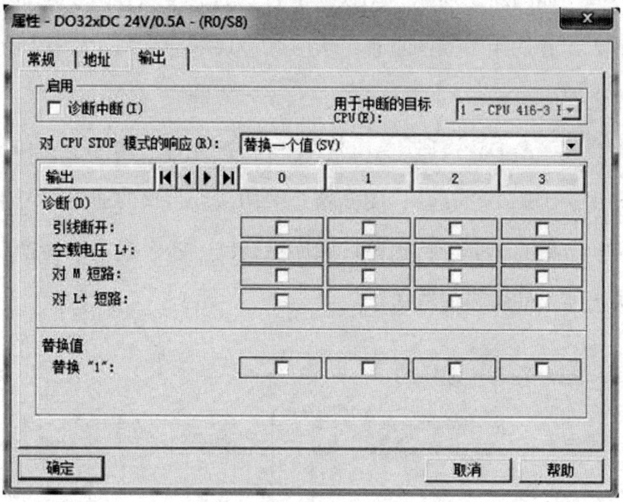

图2-24 数字量输出模块的参数设置

“对CPU STOP模式的响应”选择框用来选择CPU进入STOP模式时，模块各输出点的处理方式。如果选择“保持前一个有效的值”，CPU进入STOP模式后，模块将保持最后的输出值。如果选中“替换值”，CPU进入STOP模式后，可以使各输出点分别输出“0”或“1”。在对话框下面的“替换值”区的“替换‘1’行”，为每个输出点设置替换值，复选框内的“√”表示CPU进入STOP后该点为1状态，反之为0状态。应按确保系统安全的原则来组态替换值。

六、模拟量输入模块

S7-400的模拟量I/O模块包括模拟量输入模块SM431、模拟量输出模块SM432。

1. 模拟量变送器

生产过程中大量的连续变化的模拟量需要用PLC来测量或控制。有的是非电量，例如温度、压力、流量、液位、物体的成分和频率等。有的是强电量，例如发电机组的电流、电压、有功功率和无功功率、功率因数等。变送器用于将传感器提供的电量或非电量转换为标准量程的直流电流或直流电压信号，例如DC0～10V的电压和DC4～20mA的电流。

2. SM431模拟量输入模块的基本结构

模拟量输入（AI）模块用于将模拟量信号转换为CPU内部处理用的数字，其主要组成部分是A-D（Analog-Digit）转换器。AI模块的输入信号一般是变送器输出的标准量程的直流电压、直流电流信号，有的模块也可以直接连接不带附加放大器的温度传感器（热电偶或热电阻）。这样可以省去温度变送器，不但节约了硬件成本，控制系统的结构也更加紧凑，但是抗干扰能力较差。如图2-25所示，AI模块的各个通道可以分组设置为电流输入、电压输入或温度传感器输入，并选用不同的量程。大多数模块的分辨率（转换后的二进制数字的位数）可以在组态时设置。

AI模块由多路开关、A-D转换器（ADC）、光隔离元件、内部电源和逻辑电路组成。各模拟量输入通道共用一个A-D转换器，用多路开关切换被转换的通道，AI模块各输入通道的A-D转换过程和转换结果的存储与传送是按顺序进行的。各个通道的转换结果被保存到各自的存储器，直到被下一次的转换值覆盖。

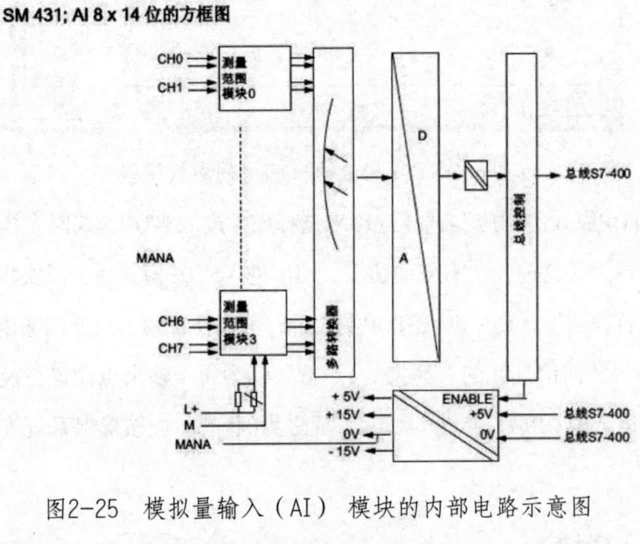

图2-25　模拟量输入（AI）模块的内部电路示意图

3. 传感器与AI模块的接线

传感器与AI模块的连接分为下列各种情况：连接带电隔离的传感器、连接不带电隔离的传感器、连接电压传感器、连接电流传感器、连接电阻和热电阻、连接带内部补偿的热电偶、连接带外部补偿的热电偶。

各种情况的接线方式和注意事项参阅《S7-300模块数据设备手册》的第4章。

4. AI模块的量程卡

AI模块用量程卡（或称为量程模块）来切换不同类型的输入信号的输入电路。量程卡安装在AI模块的侧面，每两个通道为一组，共用一个量程卡，图2-26中的模块有8个通道，因此有4个量程卡。量程卡插入输入模块后，如果量程卡上的标记C与AI模块上的箭头标记相对，则量程卡被设置在C位置。各位置对应的测量类型和测量范围都印在AI模块上。供货时模块的量程卡在默认位置，如果与组态时给出的量程卡位置不同，用螺钉旋具将量程卡从AI模块中撬出来，按组态时要求的位置将量程卡插入AI模块。如果没有正确地设置量程卡，可能会损坏AI模块。

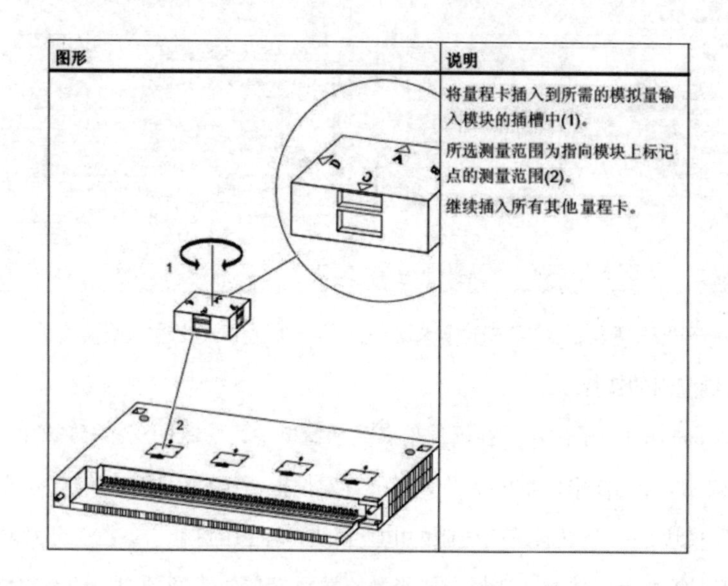

图2-26　AI模块的量程卡

5. 模拟量输入模块的参数设置

通道的转换时间由基本转换时间、模块的电阻测试和断线监控时间组成，基本转换时间取决于AI模块的转换方法（例如积分法和瞬时值转换法）。积分转换法的积分时间直接影响转换时间，可以在STEP 7中设置积分时间。扫描时间是指AI模块对所有被激活的模拟量输入通道进行转换和处理的时间的总和。

在SH23B梗丝低速气流干燥系统中的主机架上没有使用模拟量模块，都在分布式I/O中的1号和2号子站箱中。用到的模拟量输入模块有“2AI I 2WIRE ST”“2AI I 4WIRE ST”“2AI U ST”和“2/4 AI RTD ST；2ch”共4种，分别双击HW Config中1号子站箱第18槽的2通道AI模块（2AI I 4WIRE ST）以及2号子站箱第18槽的2通道AI模块（2AI I 2WIRE ST）、第20槽2通道AI模块2/4 AI RTD ST；2ch和第21槽2通道AI模块2AI U ST。打开各自的属性对话框。模块的参数主要在“输入”选项卡中设置，如图2-27所示。

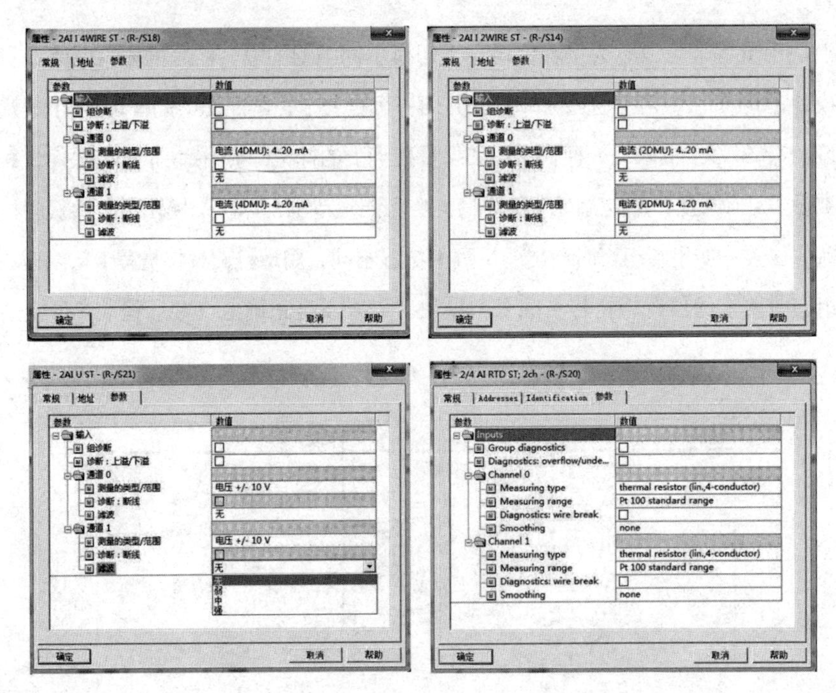

图2-27　SH23B梗丝低速气流干燥系统使用的分布式I/O的2通道AI模块的参数设置

（1）测量范围的选择

点击HWConfig中1号子站箱，在硬件信息显示窗口中，用鼠标双击第18槽的2通道AI模块（2AI I 4WIRE ST），出现图2-27的左上角的属性对话框，从对话框中的信息可以知道，“2AI I 4WIRE ST”模块是一个双通道四线制的电流模块，左边的8个“参数”分别对应着右边的“数值”，根据需要可以选择。选择与“测量的类型/范围”参数项对应的右边数值项，在弹出的菜单中选择测量的类型：“取消激活”“电流（4DMU）：4.20mA”“电流（4DMU）：+/-20mA”。如果未使用某一组的通道，应选择测量的类型/范围中的“取消激活”，禁止使用该通道组，以减少模块的扫描时间。

同样的方法，“2AI I 2WIRE ST”模块是一个双通道二线制的电流模块，对应的数值项为：“取消激活”“电流（2DMU）：4.20mA”“电流（2DMU）：+/-20mA”；“2AI U ST”模块是一个双通道电压模块，对应的数值项为：“取消激活”“电压：+/-10V”“电压：+/-5V”“电压：1.5V”。“2/4 AI RTD ST；2ch”模块是一个双通道温度模块，如图2-28所示。

（2）设置模拟值的滤波等级

“2AI I 4WIRE ST”AI模块可以设置A-D转换得到的模拟值的滤波等级。模拟值的滤波处理可以保证得到稳定的模拟值。这对缓慢变化的模拟量信号（例如温度测量信号）是很有意义的。

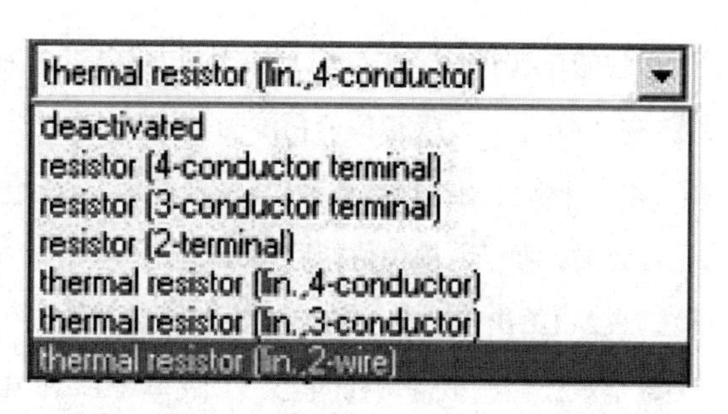

图2-28　“2/4 AI RID ST；2ch”模块

滤波处理用平均值数字滤波来实现，即根据系统规定的转换次数来计算转换后的模拟值的平均值。用户可以在滤波的4个等级［无（1 x 周期时间）、低（4 x 周期时间）、中（32x 周期时间）、高（64 x 周期时间），周期时间=每个模块中激活的通道数 x 转换时间］中进行选择。这4个等级决定了用于计算平均值的模拟量采样值的数量。所选的滤波等级越高，滤波后的模拟值越稳定，但是测量的快速性越差。如图2-27的左下角。

（3）状态、中断、诊断的设置

“2AI I 4WIRE ST”AI模拟量模块有诊断中断和硬件中断的功能。在模块属性对话框的“参数”选项卡设置是否启用中断。

① 诊断中断

在“参数”选项卡的“输入”区，可以用复选框设置各组是否有组诊断功能。AI模块在出现下列故障时发出诊断消息：外部辅助电源故障、组态/参数设置出错、共模错误、断线。

在出现故障时，有诊断功能的模块的响应如下：

● 模拟量模块中的SF（组错误）LED亮；故障被全部排除后，SF LED熄灭。

● 将诊断消息写入模拟量模块的诊断缓冲区，然后送入CPU。使用STEP 7的模块信息诊断功能，可以查看故障原因。

● 检测到错误时，不管参数如何设置，AI模块都将输出测量值7FFFH。此测量值指示上溢出、出错或禁用的通道。如果启用了诊断中断，在故障刚出现和刚消失时，出现诊断中断，CPU暂时停止用户程序的执行，去处理诊断中断组织块OB82。

② “上溢/下溢”触发的硬件中断

图2-27中某个通道的模拟值超出限制值时产生硬件中断。如果过程信号（例如温度）超出上限或低于下限，模块将触发一个中断，CPU将会自动调用硬件中断组织块OB40。应在OB40中编程，对超出上限或下限的异常情况进行处理。

C. 模拟量转换后的模拟值表示方法

模拟量输入/输出模块中模拟量对应的数字称为模拟值，模拟值用16位二进制补码（整数）来表示。最高位（第15位）为符号位，正数的符号位为0，负数的符号位为1。

模拟量经A-D转换后得到的数值的位数（即转换精度）可以设置为9～16位（与模块的型号和组态有关），如果小于16位（包括符号位），则模拟值被自动左移，使其符号位和转换得到的位在16位字的高端，模拟值左移后低端空出来的位则填入“0”，这种处理方法称为“左对齐”。设模拟值的精度为12位加符号位，左移3位后未使用的低3位（第0～2位）为0，相当于实际的模拟值被乘以8这种处理方法使模拟值与模拟量的关系与组态的A-D转换的位数无关，便于对模拟值的后续处理。

表2-4给出了AI模块的模拟值与以百分数表示的模拟量之间的对应关系，其中最重要的关系是双极性模拟量量程的上、下限（100%和-100%）分别对应于模拟值27648和-27648，和单极性模拟量量程的上、下限（100%和0%）分别对应于模拟值27648和0。

表2-4　模拟量输入模块的模拟值

范围	双极性						单极性					
	百分比	十进制	十六进制	±5V	±10V	±20mA	百分比	十进制	十六进制	0～10V	0～20mA	4～20mA
上溢出	118.515%	32767	7FFFH	5.926	11.851	23.70	118.515%	32767	7FFFH	11.852	23.70	22.96
超出范围	117.598%	32511	7EFFH	5.879	11.759	23.52	117.598%	32511	7EFFH	11.759	23.52	22.81
正常范围	100.00%	27648	6C00H	5	10	20	100.00%	27648	6C00H	10	20	20
	0%	0	0H	0	0	0	0%	0	0H	0	0	4
	-100.00%	-27648	9400H	-5	-10	-20						
低于范围	-117.593%	-32512	8100H	-5.879	-11.759	-23.52	-17.593	-4864	ED00H		-3.52	1.185
下溢出	-118.519	-32768	8000H	-5.926	-11.851	-23.70						

在AI模块通电前或模块参数设置完成后第一次转换之前，或上溢出时，其模拟值为7FFFH，下溢出时模拟值为8000H。

在“闪蒸蒸汽流量控制”中，用于测量闪蒸蒸汽流量的涡街流量计测量出来的蒸汽流量转换为4～20mA的信号，通过外设输入PIW516传送到1号子站箱第15号槽“2AI I 4WIRE ST”模块中，FC105［库文件夹\Standard Library\TI-S7 Converting Blocks中的 “SCALE”（缩放）］将来自AI模块的整数输入参数IN转换为以工程单位表示的实数值OUT。BOOL输入参数BIPOLAR为1时为双极性，AI模块输出值的下限K1为-27648.0，上限K2为27648.0。BIPOLAR为0时为单极性，AI模块输出值的下限K1为0，上限K2为27648.0。HI_LIM和LO_LIM分别是以工程单位表示的实数上、下限值。计算公式为：

OUT=（IN-K1）（HI_LIM-LO_LIM）/（K2-K1）+LO_LIM

输入值IN超出上限K2或下限K1时，输出值将被箝位为HI_LIM或LO_LIM。

FC105的STL格式：

```
CALL  “SCALE”
IN    : = “PI3”              //AI通道的地址，PIW516，热风炉出口温度。
HI_LIM：=4.000000e+002       //上限值400.0℃
LO_LIM：=0.000000e+000       //下限值0.0℃
BIPOLAR：=0                  //单极性
```

RET_VAL：=#tp3　　　　　　//错误信息存放在#tp3

OUT　：=“CSXS”.SH23_PV_58　　　　//℃为单位的输出值存放在”CSXS”.SH23_PV_58

“CSXS”.SH23_PV_58 =（IN-K1）（HI_LIM-LO_LIM）/（K2-K1）+LO_LIM=（PIW516 热风炉出口温度　“PI3”）×400/27648。所以，“DB206.DBD224 热风炉出口温度“CSXS”.SH23_PV_32等于（PIW516 热风炉出口温度　“PI3”）×400/27648。

七、模拟量输出模块

1. 模拟量输出模块的基本结构

S7-400的模拟量输出（AO）模块用于将数字转换为成比例的电流信号或电压信号，对执行机构进行调节或控制，其主要组成部分是D-A转换器，见图2-29中的DAC。可以用传送指令“T PQW…”向AO模块写入要转换的数值。

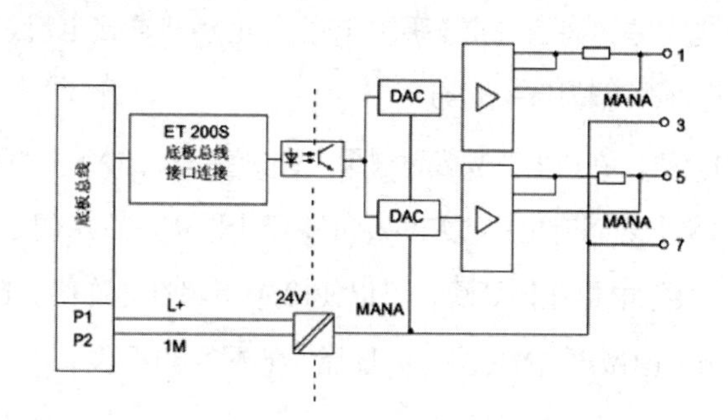

图2-29　2AO I ST 模块电路示意图

2. AO模块的响应时间

AO模块在上、下溢出时模块的输出值均为0mA或0V。

模拟量输出通道的转换时间由内部存储器传送数字输出值的时间以及数字值转换为模拟量的转换时间组成。

循环时间TZ是模块所有被激活的通道的转换时间的总和。应关闭没有使用的通道，以减小循环时间。

建立时间TE（稳定时间）是指从转换结束到模拟量输出到达指定的值的时间，它与负载的性质（阻性负载、容性负载或感性负载）有关。模块的技术规范给出了AO模块的建立时间与负载之间的函数关系。

响应时间TA是指内部存储器得到数字量输出值到模拟量输出达到指定值的时间，在最坏的情况下，该时间为循环时间TZ和建立时间TE之和。如表2-5所示为2AO I ST（6ES7135-

4GB01-0AB0）各个时间值。

表2-5 2AO I ST（6ES7135-4GB01-0AB0）各个时间值

循环时间	最长 1.5 ms
稳定时间	
·对于阻性负载	0.1 ms
·对于容性负载	0.5 ms
·对于感性负载	0.5 ms
可以应用替换值	是

3. AO模块与负载或执行器的接线

模拟量信号应使用屏蔽双绞线电缆来传送。电压输出时电缆线应分别绞接在一起，这样可以减轻干扰的影响。

如果电缆两端有电位差，将会在屏蔽层中产生等电动势连接电流，干扰传输的模拟信号。在这种情况下应将电缆屏蔽层一点接地。

对于带隔离的AO模块，在CPU的M端和测量电路的参考点MANA之间没有电气连接。如果MANA点和CPU的M端子之间有电位差EISO，必须选用隔离型的AO模块。在MANA端子和CPU的M端子之间接一根等电位连接导线，可以使EISO不超过允许值。这在模块的“属性”对话框中“参数”选项卡中做出“M短路”的选择。如图2-30所示。

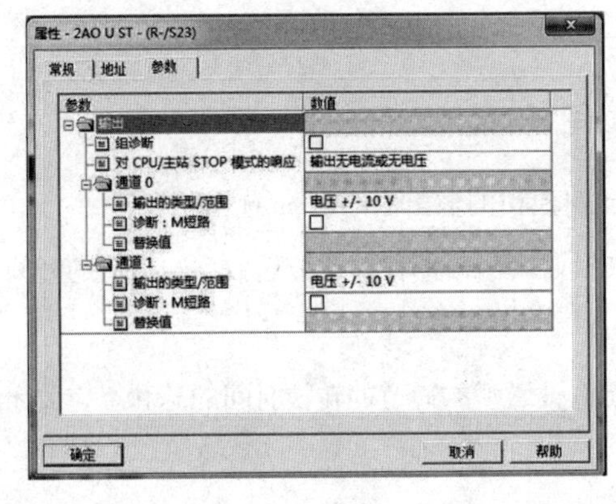

图2-30 2AO I ST “属性”对话框中“参数”选项卡中做出“M短路”的选择

4. AO模块的技术参数

AO模块均有诊断中断功能，用红色LED指示故障。额定负载电压均为DC24V。模块与背板总线有光隔离，使用屏蔽电缆时最大距离为200m。AO模块有短路保护，短路电流最大25mA，最大开路电压18V。

5. AO模块的中断

如果启用了“组诊断”和“诊断”，AO模块无外部负载电压、有组态/编程错误、断线或对M点短路时，诊断消息写入模块的诊断缓冲区。模块触发一个诊断中断，CPU将调用OB82。可以设置各通道是否允许组诊断，如图2-30所示。

每一通道的输出类型/范围中，可选择“电压±10V”“电压5V”和“取消激活”。

“替换值”用来选择CPU进入STOP模式时，模块各输出点的处理方式，CPU进入STOP模式后，模块将保持最后的输出值。如果选中“替换值”，CPU进入STOP模式后，可以使各输出点分别输出“0”或“1”。应按确保系统安全的原则来组态替换值。在图2-30中没有使用“替换值”。

6. 模拟量转换后的模拟值表示方法

FC106是库文件夹\Standard Library\TI-S7 Converting Blocks中的“UNSCALE”（反向缩放），将以工程单位表示的实数输入值IN转换为整数输出值OUT，送给AO模块。BOOL输入参数BIPOLAR为1时为双极性，AO模块输出值的下限K1为-27648.0，上限K2为27648.0。BIPOLAR为0时为单极性，AO模块输出值的下限K1为0.0，上限K2为27648.0。HI_LIM和LO_LIM分别是以工程单位表示的实数上、下限值。计算公式为：

OUT=（IN-LO_LIM）（K2-K1）/（HI_LIM -LO_LIM）+K1

输入值IN超出上限HI_LIM或下限LO_LIM时，输出值将被箝位为K2或K1。

FC106的STL格式：

```
CALL  “UNSCALE”
IN：= MD288                    //浮点数输入值
HI_LIM ：=1.000000e+002        //上限值100.0
LO_LIM ：=0.000000e+000        //下限值0.0
BIPOLAR：=0                    //单极性
RET_VAL：=#TP11                //错误信息存放在# TP11
OUT：= “PQ7”                   //开度为单位的输出值存放在PQ2
```

PQ7=（IN-LO_LIM）（K2-K1）/（HI_LIM -LO_LIM）+K1=（MD288×27648）/100。系统把“PQ7”值传输给2号子站箱中23槽的模拟量输出模块PQW524-2 AO I ST中，再控制干燥排潮风门的角执行器的开度。

八、分布式 IO 系统

1. 分布式 IO 系统概述

对系统进行组态时，来自过程和/或到过程的 I/O 通常会在自动化系统中中心集成。跨越

I/O 和自动化系统之间的长距离电路接线可能变得非常复杂和混乱，因此，电磁干扰会削弱可靠性。分布式 I/O 提供了用于此类系统的理想解决方案：

● 控制器 CPU 位于中央位置。

● I/O 系统（输入和输出）在现场分散运行。

● 高性能 PROFIBUS-DP 系统提供了高速数据传输，从而可在控制器 CPU 和 I/O 系统之间进行可靠的通讯。

PROFINET IO 是开放式传输系统，它具有根据 PROFINET 标准定义的实时功能。该标准定义了制造商专用的通讯、自动化和工程模型，用于对 PROFINET 组件进行接线的附件具有工业品质。

● PROFINET 未使用层级式 PROFIBUS 主站/从站原理，而是使用了供应者/客户原理。计划过程指定 IO 设备的哪些模块将使用 IO 控制器。

● 数据容量已扩展为 256 个字节。

● 传输率总计为 100 Mbps 全双工。

● 用户组态界面与 PROFIBUS-DP（STEP 7 -> HW CONFIG 中的组态）上的组态界面基本相同。

● 可以构建线性网络结构。

● 切换功能

SIMATIC ET 200 分布式自动化系统是自动化系统的基础，现场层的各个组件和相应的分布式设备通过PROFINET和PROFIBUS和上层的可编程控制器（PLC）实现快速的数据交换，是可编程控制器系统的重要组成部分。开放PROFINET和PROFIBUS通信标准，给自动化系统带来灵活的连接方式。SIMATIC ET200具有丰富的产品线，从用于控制柜内的IP20产品到无须控制柜的IP67产品，可以节省电缆，并且具有快速的反应时间。通讯采用PROFINET和PROFIBUS，工程开发统一，诊断透明，完美实现与SIMATIC控制器和HMI的集成。

ET 200S 分布式 I/O 系统是离散型模块化、高度灵活的从站，用于连接中央控制器或现场总线上的过程信号。ET 200S 支持现场总线类型 PROFIBUS-DP 和 PROFINET IO。

ET200S的特点：

● 同时支持 PROFIBUS 和 PROFINET 现场总线。

● 每个接口模块最大可以扩展 63 个模块或 2 m 宽。

● ET 200S 中拥有 CPU314 功能的集成 PROFIBUS-DP 通讯口的 IM151-7 CPU 和具有 3 个 PROFINET 接口的 IM151-8 PN/DP CPU接口模块。

● ET 200S 中可以扩展最大 7.5 kW 的电机启动器和最大 4.0 kW 的变频器。

● 拥有丰富的诊断功能，包括断线、短路和通道级的诊断功能。

● 支持故障安全型与标准模块共存于一个 ET 200S 站点。

● 支持丰富的数字量、模拟量、功能模块。

● 支持带电热插拔功能，使得在运行情况下也可以轻松完成模块的更换。

● 标准的 DIN35 安装导轨。

SH23B梗丝低速气流干燥系统共使用了“b01子站”“b02子站”和“b03子站”3个ET 200S 分布式 I/O，并且使用PROFINET IO和主控制柜之间进行通讯。如图2-31为b02子站的ET 200S 分布式 I/O的模块分布图，图2-32为b02子站的具体模块的配置图。

图2-31 SH23B梗丝低速气流干燥系统b02子站的ET 200S 分布式 I/O的模块分布图

SH23B (配置) -- XZ_SH23B

(2) B02

数据包地址(A)

插...	模块	订货号	I 地址	Q 地址	诊断地址	注...	访问
0	B02	6ES7 151-3AA23-0AB0			16359*		完全
X1	PN-IO				16358*		完全
X1	端口 1				16361*		完全
X1	端口 2				16360*		完全
1	PM-E DC24V	6ES7 138-4CA01-0AA0	16357*		16357*		完全
2	4DI DC24V ST	6ES7 131-4BD01-0AA0	14.0...14.3				完全
3	4DI DC24V ST	6ES7 131-4BD01-0AA0	14.4...14.7		16356*		完全
4	4DI DC24V ST	6ES7 131-4BD01-0AA0	15.0...15.3				完全
5	4DI DC24V ST	6ES7 131-4BD01-0AA0	15.4...15.7		16355*		完全
6	4DI DC24V ST	6ES7 131-4BD01-0AA0	16.0...16.3				完全
7	4DI DC24V ST	6ES7 131-4BD01-0AA0	16.4...16.7		16354*		完全
8	4DI DC24V ST	6ES7 131-4BD01-0AA0	17.0...17.3				完全
9	4DI DC24V ST	6ES7 131-4BD01-0AA0	17.4...17.7		16353*		完全
10	4DI DC24V ST	6ES7 131-4BD01-0AA0	18.0...18.3				完全
11	4DI DC24V ST	6ES7 131-4BD01-0AA0	18.4...18.7		16352*		完全
12	4DI DC24V ST	6ES7 131-4BD01-0AA0	19.0...19.3				完全
13	4DO DC24V/0,5A ST	6ES7 132-4BD02-0AA0		13.0...13.3			完全
14	4DO DC24V/0,5A ST	6ES7 132-4BD02-0AA0		13.4...13.7	16351*		完全
15	4DO DC24V/0,5A ST	6ES7 132-4BD02-0AA0		14.0...14.3			完全
16	4DO DC24V/0,5A ST	6ES7 132-4BD02-0AA0		14.4...14.7	16350*		完全
17	4DO DC24V/0,5A ST	6ES7 132-4BD02-0AA0		15.0...15.3			完全
18	2AI I 2WIRE ST	6ES7 134-4GB01-0AB0	532...535				完全
19	2AI I 2WIRE ST	6ES7 134-4GB01-0AB0	536...539				完全
20	2/4 AI RTD ST: 2ch	6ES7 134-4JB51-0AB0	540...543				完全
21	2AI U ST	6ES7 134-4FB01-0AB0	544...547				完全
22	2AO I ST	6ES7 135-4GB01-0AB0		520...523			完全
23	2AO U ST	6ES7 135-4FB01-0AB0		524...527			完全
24	PM-D DC24V	3RK1 903-0BA00			16344*		完全
25	DSS1e-x MF 2,4-16A	3RK1 301-0CB20-0AB4	20.0...21.7	16.0...17.7			完全
26							
27							
28							
29							

图2-32 b02子站的具体模块的配置图

由图2-32可以得知，图2-31中的模块依次为 IM151-3PN接口模块、PM-E DC24V电源模块、电子模块（11块4点数字量输入模块、5块4点数字量输出模块、3块2通道模拟量输入模块和2块2通道模拟量输出模块）和PM-D 电机启动器的电源模块、端接模块、电子模块的TM-E 端子模块和电源模块的 TM-P 端子模块。以上提到的所有模块都安装在符合 EN 50022 的 DIN 导轨上。

2. IM151-3PN 接口模块

如图2-33为IM151-3PN 接口模块图，ET 200S 接口模块中的PROFINET接口模块主要用于：

图2-33 IM151-3PN 接口模块

● 用于将 ET 200S 连接至 PROFINET 的接口模块。

● 与 PROFINET IO 控制器进行所有的数据交换。

● 4 种型号：

- IM151-3 PN 标准型。
- IM151-3 PN 高性能型。
- IM151-3 PN 高速型。
- IM151-3 PN FO。

● 集成双端口交换机，用于总线形拓扑结构。表2-6为4种IM151-3 PN接口模块的主要数据。

表2-6 四种类型IM151-3 PN接口模块的主要数据

接口模块订货号 6ES7 151-	IM151-3 标准型 3AA23-0AB0	IM151-3 高性能型 3BA23-0AB0	IM151-3 高速型 3BA60-0AB0	IM 151-3 FO 3BB23-0AB0
电源电压	24 V	24 V	24 V	24 V
功耗，典型值	3.3 W	3.3 W	3.3 W	5 W
I/O 模块的最大数量	63	63	32	63
最大参数数量	1440 字节	244 字节	244 字节	244 字节
输入 / 输出地址空间	256 / 256 字节	256 / 256 字节	180 / 180 字节	256 / 256 字节
协议	PROFINET IO	PROFINET IO	PROFINET IO	PROFINET IO
PROFINET 接口	2 x RJ45	2 x RJ45	2 x RJ45	光纤 2x SC RJ
是否支持 Profisafe 故障	—	√	—	√

续表

接口模块订货号 6ES7 151-	IM151-3 标准型 3AA23-0AB0	IM151-3 高性能型 3BA23-0AB0	IM151-3 高速型 3BA60-0AB0	IM 151-3 FO 3BB23-0AB0
诊断功能	√	√	√	√
诊断显示 LED				
• 组故障 SF（红色）	√	√	√	√
• 总线错误 BF（红色）	√	√	√	√
• 维护显示 MT（黄色）	√	√	√	√
• 24 V 电源电压 ON（绿色）	√	√	√	√
• 连接到交换机或者 IO 控制器（绿色）	√	√	√	√
尺寸 W×H×D（mm）	60×119.5×75	60×119.5×75	60×119.5×75	60×119.5×75

（1）属性

IM151-3 PN 接口模块具有以下特性：

● 连接使用 PROFINET IO 的 ET 200S。

● 为装入的电子模块和电机启动器准备数据。

● 提供背板总线。

● 传送并备份 SIMATIC 微型存储卡上的设备名称。

● 使用 SIMATIC 微型存储卡更新固件。

● IM151-3 PN 的额定电源电压对导轨（保护导体）的参考电位 M 是通过 RC 组合进行连接的，因此允许在不接地的情况下进行组态。

● 支持的以太网服务：

- ping。

- arp。

- 网络诊断（SNMP）/MIB-2。

● 中断。

- 诊断中断。

- 过程中断。

- 插入/卸下模块中断。

● 最大地址空间为 256 个字节的 I/O 数据。

● 使用 IM151-3 PN 最多可操作 63 个模块。

● 背板总线的最大长度为 2 m。

● 在一个字节内对模块进行编组（包装）。

● IO 模块的记录。

（2）引脚分配

表2-7显示了 24 VDC 电压电源的 IM151-3 PN 接口模块和 ROFINET IO 的 RJ45 接口的引脚分配：

表2-7　IM151-3 PN 接口模块的属性

视图	信号名称	名称
屏蔽	1 TD	发送数据 +
	2 TD_N	发送数据 –
	3 RD	接收数据 +
	4 GND	接地
	5 GND	接地
	6 RD_N	接收数据 –
	7 GND	接地
	8 GND	接地
1L+ 2L+ 1M 2M	1L+	24 VDC
	2L+	24 VDC（用于环路直通）
	1M	底盘接地
	2M	接地（用于环路直通）

（3）IM151-3 PN 的 SIMATIC 微型存储卡

SIMATIC 微型存储卡可用作 IM151-3 PN 的存储介质。技术数据和更新数据可以保存在一个 SIMATIC 微型存储卡上。当环境温度高达 60 ℃，写入/删除次数最多为 100000 次时，SIMATIC 微型存储卡的使用寿命为 10 年。SIMATIC 微型存储卡 有64k、128K、512K、2M、4M和8M共6种规格，64k SIMATIC 微型存储卡足以存储设备名称。当进行固件更新时，需要存储容量至少为 2MB的 SIMATIC 微型存储卡。IM 151-3 PN 上的模块插槽位于前门后面。前门上有一个凸沿，用于打开前门。模块插槽的插座带有弹出装置，以便取出插卡。要弹出插卡，请使用合适的物体（例如小型螺丝刀或圆珠笔）推压弹出装置。图2-34为IM151-3 PN 上 SIMATIC 微型存储卡的模块插槽的位置。图中①为SIMATIC 微型存储卡，②为模块插槽，③弹出装置。

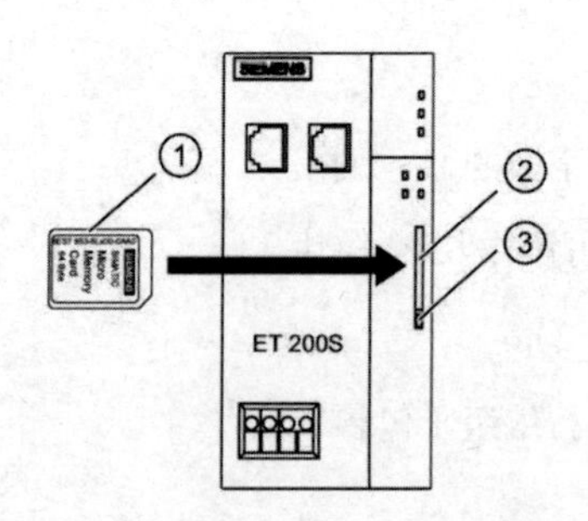

图2-34　IM151-3 PN 的 SIMATIC 微型存储卡的模块插槽的位置

（4）更新 IM151-3 PN 的固件

① 将更新文件传送到 SIMATIC 微型存储卡：

● 使用 Windows 资源管理器创建新目录。

● 从 Internet 上将所需的更新文件下载至该目录下。

● 将此更新文件解压至该目录下。该目录下包含三个扩展名为 UPD 的文件。

● 将 SIMATIC 微型存储卡（≥ 2 MB）插入编程设备或写入设备中。

● 在 SIMATIC 管理器中，使用“File”（文件）>“S7 Memory Card”（S7 存储卡）>“Delete”（删除）菜单命令删除 SIMATIC 微型存储卡。

● 在 SIMATIC 管理器中，选择“PLC”>“Update operating system”（更新操作系统）菜单命令。

● 在显示的对话框中选择包含 UPD 文件的目录。

● 双击其中一个 UPD 文件。数据将被写入 SIMATIC 微型存储卡。

更新文件现在已包含在 SIMATIC 微型存储卡中。

② 执行固件更新

● 切断 IM151-3 PN 的电源，然后将包含固件更新的 SIMATIC 微型存储卡插入插槽中。

● 接通 IM151-3 PN 接口模块的电源。IM151-3 PN 将自动识别包含固件更新的 SIMATIC 微型存储卡，并启动模块更新。在系统更新期间，SF 和 BF LED 将亮起而 ON LED 将熄灭。完成更新后，BF LED 将以 0.5 Hz 的频率闪烁。

● 切断 IM151-3 PN 的电源，然后插入包含固件更新的 SIMATIC 微型存储卡。

● 插入包含设备名称的 SIMATIC 微型存储卡，然后再次接通电源。

IM 151-3 PN 使用新的固件启动，并且现在可以运行。

（5）IM151-3 PN 的终端模块

终端模块通过接口模块和端接模块来实现 I/O 模块的电气连接和机械连接。

● 插入的 I/O 模块确定接线端 1 到 16、A3、A4、A7、A8、A11、A12、A15、A16 的信号。

● 根据所选终端模块，仅特定的接线端可用。

根据所需要的电位，选择所需的终端模块。

有关信号赋值的更多信息，请参阅《ET 200S 分布式 I/O 系统》手册中有关特定 I/O模块的说明。

终端模块中集成了 AUX（辅助）总线 AUX1。 任何所需电位（最高 230VAC）均可在此应用。也可单独使用 AUX 总线：

- 作为保护导体棒。
- 用于额外要求的电压。
- 适配于电子模块的机械模块。
- 通过自组配电压总线可配置固定接线。
- 键控连接技术保证高抗振性，最大 5 g。
- 不同的型号，可用于电源模块和电子模块。
- 电子模块自动编码。
- 背板总线自屏蔽，以获得高数据安全性。
- 彩色编码有助于端子以及插槽号码的识别。
- 可选的螺钉型，弹簧型及快速连接型端子具体订货号参见《ET 200分布式IO产品样本》。

在SH23B梗丝低速气流干燥系统使用的终端模块主要有TM-P、TM-E和PM-D3种：

① 终端模块 TM-P15x23-A1（6ES7193-4CCx0-0AA0）：

- 方框图

如图2-35为终端模块 TM-P15x23-A1的方框图。

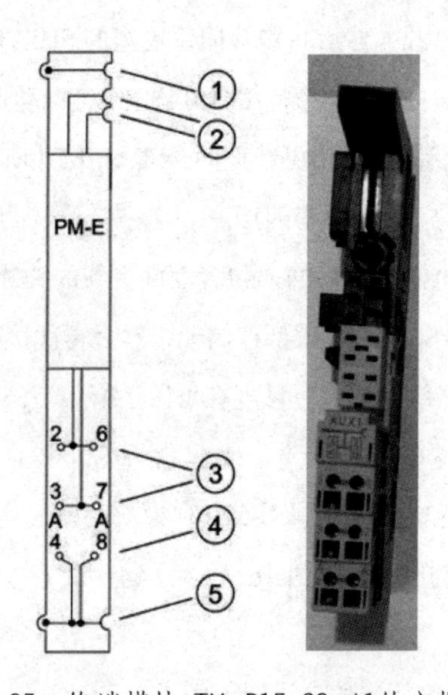

图2-35 终端模块 TM-P15x23-A1的方框图

① 底板总线。

② 电子模块的功率总线馈入。

③ 连接到功率模块的接线端。

④ 将接线端 A4 和 A8 用作保护导体接线端或任何种类的电位接线端。

⑤ 通过接线端 A4 和 A8 进行的 AUX1 总线馈入。

● 属性

用于功率模块的终端模块。

直到下一个 TM-P 终端模块的新电位组馈入。

以三种形式提供：螺钉型接线端、弹簧接线端、“快速连接”免剥线快速连接方法

AUX1 总线的信号赋值由此电位组的功率模块馈电指定。

电气连接到左侧下一个电位组的 AUX1 总线。

通过接线端 A4 和 A8 的 AUX1 电位接入。

② 通用终端模块 TM-E15x26-A1（6ES7193-4CAx0-0AA0）

● 方框图

如图2-36为终端模块 TM-E15x26-A1的方框图。

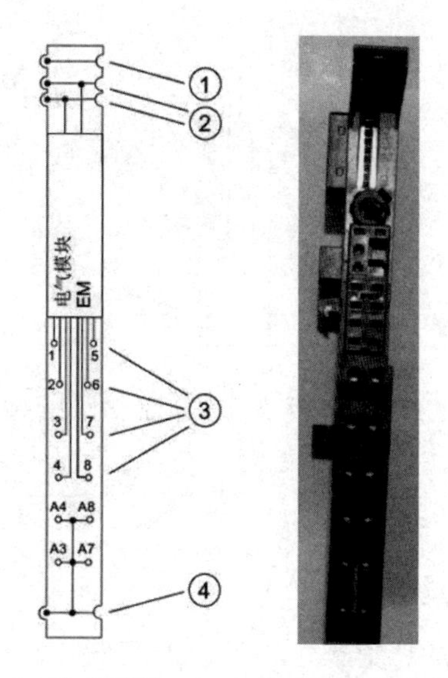

图2-36 终端模块 TM-E15x26-A1的方框图

① 底板总线。

② 功率模块的功率总线。

③ 连接到电子模块的接线端。

④ 连接到接线端 A4、A8 和 A3、A7 的 AUX1 总线。

● 属性

适用于所有 15 mm 宽电子模块的通用终端模块。

以3种形式提供：螺钉型接线端、弹簧接线端、“快速连接”免剥线快速连接方法。

电子模块确定接线端 1 到 8 的分配。

电气连接到左侧下一个电位组的 AUX1 总线。

通过接线端 A4、A8 和 A3、A7 的 AUX1 电位接入。

③ 适用于 PM-D F DC24V PROFIsafe 的 TM-PF30S47-F1终端模块（3RK1903-3AA00）

● 方框图

如图2-37为终端模块 TM-PF30S47-F1的方框图。

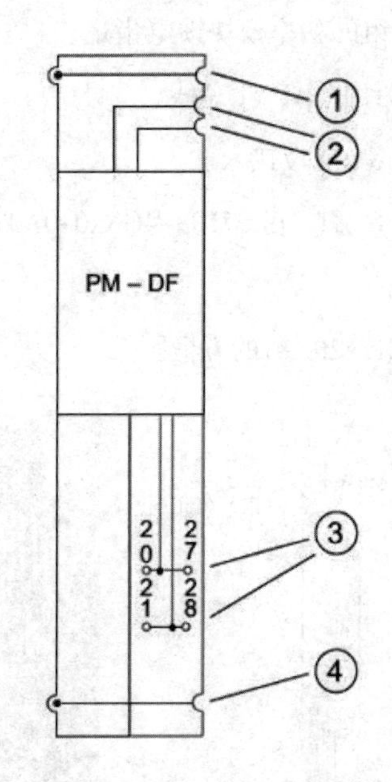

图2-37　终端模块 TM-PF30S47-F1的方框图

① 底板总线。

② 电子模块的功率总线馈入。

③ 连接到功率模块的接线端。

④ 未连接到接线端的 AUX1 总线。

3. PM-E 24 VDC 功率模块（6ES7138-4CA01-0AA0）

（1）属性

① PM-E 24 VDC 功率模块监视电压组中所有电子模块的电源电压。电源电压通过 TM-P 终端模块提供。

② 可以使用 PM-E 24 VDC 功率模块电压组中除 2DI 120 VAC 标准型、2DI 230 VAC标准型和 2DO 24-230 VAC/1 A 之外的所有电子模块。

③ 功率模块的当前状态存储在过程输入映像（PII）的状态字节中。无论是否启用了“空载电压”诊断，均会对其进行更新。

④ PM-E 24 VDC 功率模块适用于故障安全模块。

（2）常规接线端分配，如表2-8所示。

表2-8　常规接线端分配

接线端	分配	接线端	分配	备注
2	L+	6	L+	• L+：额定负载电压 24 VDC • M：底盘接地 • AUX1：保护导体接线端或电位总线（可自由使用，最高 230 VAC）
3	M	7	M	
A4	AUX1	A8	AUX1	

接线端 A4 和 A8 仅可用于指定的终端模块。

（3）PM-E 24 VDC（6ES7138-4CA01-0AA0）的可用终端模块，如表2-9所示。

表2-9　PM-E 24 VDC（6ES7138-4CA01-0AA0）的可用终端模块

TM-P15C23-A1（6ES7193-4CC30-0AA0）	TM-P15C23-A0（6ES7193-4CD30-0AA0）	TM-P15C22-01（6ES7193-4CE10-0AA0）	← 弹簧接线端
TM-P15S23-A1（6ES7193-4CC20-0AA0）	TM-P15S23-A0（6ES7193-4CD20-0AA0）	TM-P15S22-01（6ES7193-4CE00-0AA0）	← 螺钉型接线端
TM-P15N23-A1（6ES7193-4CC70-0AA0）	TM-P15N23-A0（6ES7193-4CD70-0AA0）	TM-P15N22-01（6ES7193-4CE60-0AA0）	← 快速连接
AUX1 A4 A8 2 6 3 7 AUX1 A4 8	AUX1 A4 A8 2 6 3 7 A4 A8 AUX1	AUX1 2 6 3 7	接线实例 24VDC　24VDC M PE (AUX1)

（4）组态地址空间

选中SIMATIC管理器左边的站对象，双击右边窗口的“硬件”图标，打开硬件组态工具HW Config，在“硬件组态窗口”选择1号子站的图标（1）B01，在 “硬件信息提示窗口”选择“PM-E 24 VDC”，弹出如图2-38所示的“属性 PM-E 24DC-（R-/S1）”的窗口。

在图2-38中，在“地址”栏目中勾选 “状态字节（A）”选项，控制和监视选项处理，并使用控制接口（PIQ）和反馈接口（PII）评估功率模块的状态字节。控制接口（PIQ）和反馈接口（PII）的地址范围取决于组态软件中相应条目的组态或选择。

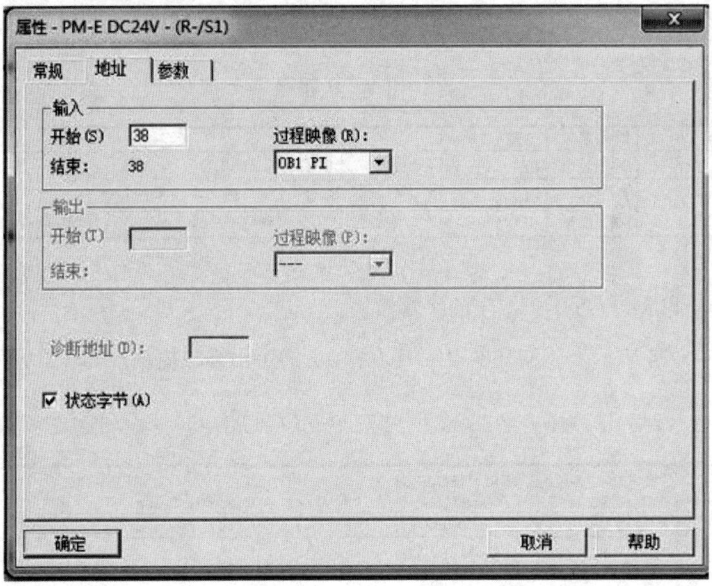

图2-38 “属性 PM-E 24DC-（R-/S1）”的“地址”选项卡

（5）PM-E 24VDC 功率模块参数

图2-39所示为“属性 PM-E 24DC-（R-/S1）”的“参数”选项卡，使用此参数启用由于缺少负载电压而引起的诊断消息。如果没有负载电压，则仅会将受影响的功率模块的诊断消息发送到主站。相关电位组中所有模块的 SF 错误 LED 均会亮起。

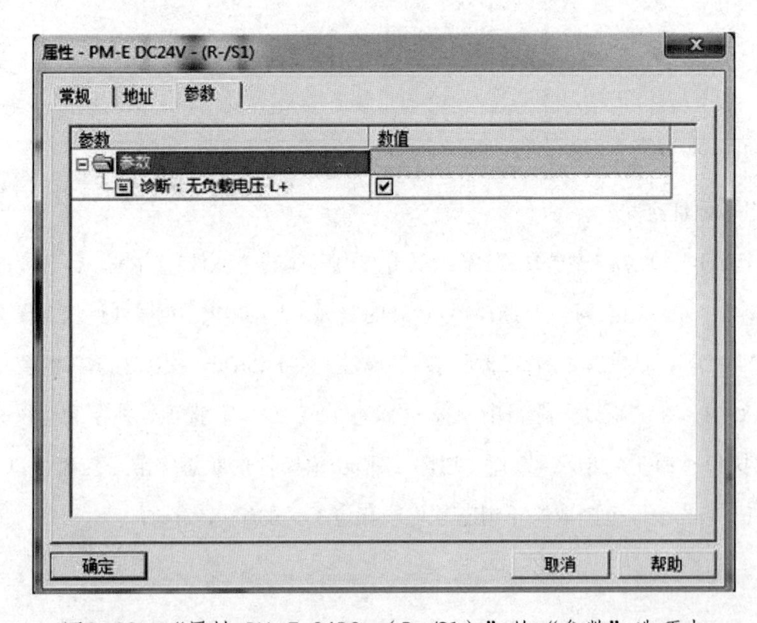

图2-39 “属性 PM-E 24DC-（R-/S1）”的“参数”选项卡

4. 4DI 24 VDC 标准型数字量输入电子模块（6ES7131-4BD01-0AA0）

（1）属性：

① 带4个输入的数字电子模块。

② 额定输入电压 24 VDC。

③ 适用于开关以及近接开关（BERO）。

（2）4DI 24 VDC ST（6ES7131-4BD01-0AA0）的接线端分配，如表2-10所示。

接线端 4、8、A4、A8、A3 和 A7 仅在指定的终端模块上可用。

表2-10 4DI 24 VDC ST（6ES7131-4BD01-0AA0）的接线端分配

接线端	分配	接线端	分配	备注
1	DI_0	5	DI_1	• DI_n：输入信号，通道 n • L+：24 VDC 传感器电源 • AUX1：保护导体接线端或电位总线（可自由使用，最高 230 VAC）
2	DI_2	6	DI_3	
3	L+	7	L+	
4	L+	8	L+	
A4	AUX1	A8	AUX1	
A3	AUX1	A7	AUX1	

（3）4DI 24 VDC ST（6ES7131-4BD01-0AA0）的可用终端模块，如表2-11所示。

表2-11 4DI 24 VDC ST（6ES7131-4BD01-0AA0）的可用终端模块

TM-E15C26-A1（6ES7193-4CA50-0AA0）	TM-E15C24-A1（6ES7193-4CA30-0AA0）	TM-E15C24-01（6ES7193-4CB30-0AA0）	TM-E15C23-01（6ES7193-4CB10-0AA0）	← 弹簧接线端
TM-E15S26-A1（6ES7193-4CA40-0AA0）	TM-E15S24-A1（6ES7193-4CA20-0AA0）	TM-E15S24-01（6ES7193-4CB20-0AA0）	TM-E15S23-01（6ES7193-4CB00-0AA0）	← 螺钉型接线端
TM-E15N26-A1（6ES7193-4CA80-0AA0）	TM-E15N24-A1（6ES7193-4CA70-0AA0）	TM-E15N24-01（6ES7193-4CB70-0AA0）	TM-E15N23-01（6ES7193-4CB60-0AA0）	← 快速连接
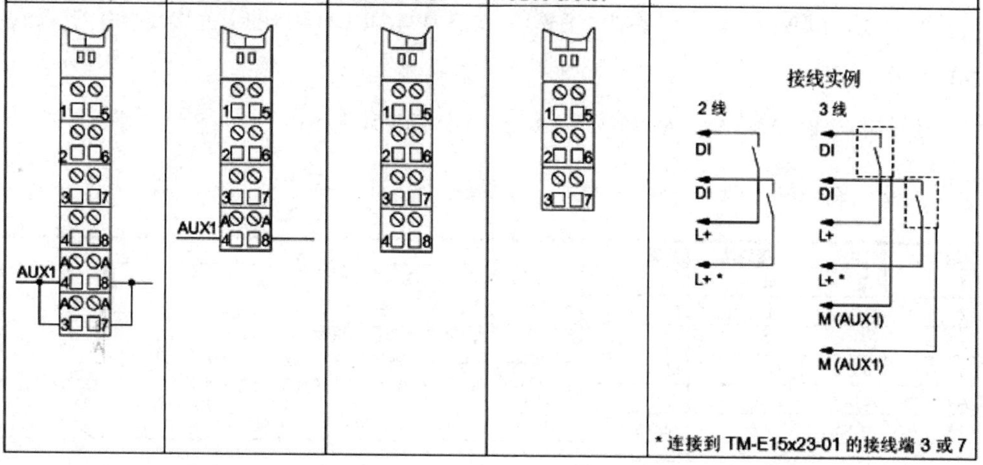 AUX1	AUX1			接线实例 2 线：DI、DI、L+、L+ * 3 线：DI、DI、L+、L+ *、M (AUX1)、M (AUX1) * 连接到 TM-E15x23-01 的接线端 3 或 7

（4）4DI 24 VDC ST（6ES7131-4BD01-0AA0）的方框图，如图2-40所示。

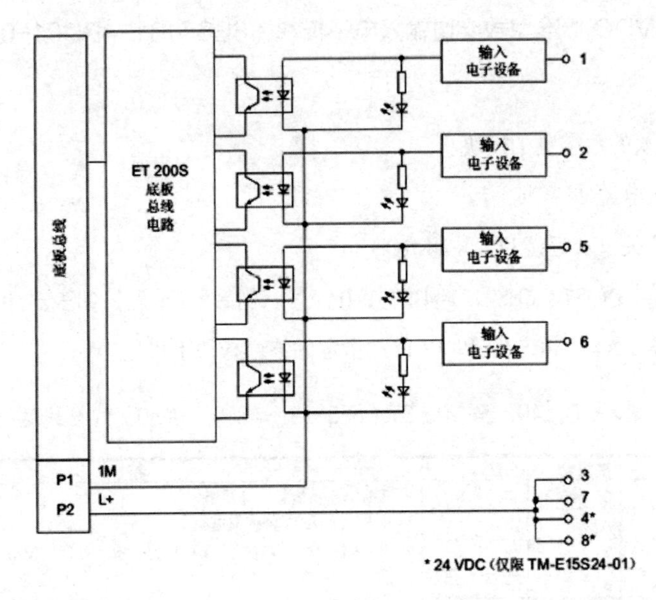

图2-40 4DI 24 VDC ST（6ES7131-4BD01-0AA0）的方框图

5. 2AI I 4WIRE 标准型模拟电子模块（6ES7134-4GB11-0AB0）

（1）属性：

① 2 个用于测量电流的输入。

② 输入范围：

- ±20 mA，精度为 13 位 + 符号

- 4 mA 至 20 mA，精度为 13 位

③ 允许的共模电压：2 VACSS。

（2）2AI I 4WIRE 标准型模拟电子模块（6ES7134-4GB11-0AB0）的接线端分配，如表2-12所示。

接线端 4、8、A4、A8、A3 和 A7 仅在指定的终端模块上可用。

表2-12 2AI I 4WIRE 标准型模拟电子模块（6ES7134-4GB11-0AB0）的接线端分配

接线端	分配	接线端	分配	备注
1	M_{0+}	5	M_{1+}	• M_{n+}：输入信号"+"，通道 n • M_{n-}：输入信号"-"，通道 n • L+：四线制测量传感器的电源 • M_{ana}：接地（功率模块） • AUX1：保护导体接线端或电位总线（可自由使用，最高 230 VAC）
2	M_{0-}	6	M_{1-}	
3	L+	7	L+	
4	M_{ana}	8	M_{ana}	
A4	AUX1	A8	AUX1	
A3	AUX1	A7	AUX1	

（3）2AI I 4WIRE 标准型模拟电子模块（6ES7134-4GB11-0AB0）的可用终端模块，如表2-13所示。

表2-13　2AI I 4WIRE 标准型模拟电子模块（6ES7134-4GB11-0AB0）的可用终端模块

TM-E15C26-A1（6ES7193-4CA50-0AA0）	TM-E15C24-01（6ES7193-4CB30-0AA0）	←弹簧端子
TM-E15S26-A1（6ES7193-4CA40-0AA0）	TM-E15S24-01（6ES7193-4CB20-0AA0）	←螺钉型端子
TM-E15N26-A1（6ES7193-4CA80-0AA0）	TM-E15N24-01（6ES7193-4CB70-0AA0）	←快速连接
1 5 2 6 3 7 4 8 AUX1 A A 4 8 A A 3 7	1 5 2 6 3 7 4 8	实例连接 4线 M+ mA M- L+ Mana

（4）2AI I 4WIRE 标准型模拟电子模块（6ES7134-4GB11-0AB0）的方框图，如图2-41所示。

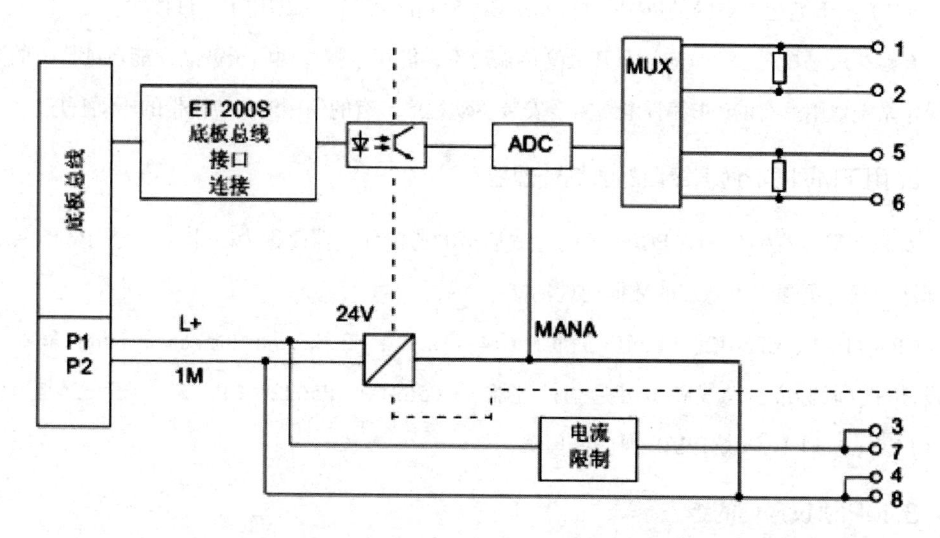

图2-41　2AI I 4WIRE 标准型模拟电子模块（6ES7134-4GB11-0AB0）的方框图

第四节　STEP与PLC通信

STEP 7与PLC通信是通过组态完成的，主要有MPI、DP和以太网3种组态方式。

一、使用MPI和DP接口通信的组态

所有的S7-300/400 CPU都可以通过集成的MPI接口与STEP 7通信。有PROFIBUS-DP（以下简称为DP）接口的CPU可以通过集成的DP接口与STEP 7通信。用于MPI和DP通信接口的适配器和通信处理器可以使用MPI或DP协议。为了实现CPU与STEP 7的通信，需要通过组态来设置有关的通信参数。

1. 用于MPI和DP接口通信的适配器

曾经使用过的适配器有以下几种：

（1）订货号为6ES7 972-0CA23-0XA0的PC/MPI适配器用于连接计算机的RS-232接口和PLC的MPI或DP接口。现在的计算机有RS-232接口的已经很少了，PC/MPI适配器已经基本上被USB接口的PC适配器取代。

（2）订货号为6ES7 972-0CB20-0XA0的PC适配器USB用于连接计算机的USB接口和S7-200/300/400的PPI、MPI、DP接口。

（3）订货号为6GK1571-0BA00-0AA0的新一代PC适配器USB A2可以用于S7-200/300/400/1200/1500，支持USB V3.0。

（4）用于笔记本电脑的PCMCIA接口的CP5511和CP5512可以用CP5711替代。

在购买PC适配器USB时应注意其最高传输速率，能用于哪些西门子产品，能在计算机的哪些操作系统使用。有的USB编程电缆需要安装驱动程序，有的使用STEP 7自带的驱动程序。

2. 用于MPI/DP通信接口的通信处理器

安装在编程器/计算机（PG/PC）的总线插槽的通信处理器简称为CP卡。部分CP卡自带微处理器，具有更强、更稳定的数据处理功能。

CP5611 A2、CP5612、CP5613 3和CP5614 A3是PCI（Peripheral Component Interconnect，外设部件互联标准）总线MPI/DP通信处理器。CP5621、CP5622、CP5623、CP5624是PCIe（PCI Express x1）总线MPI/DP通信处理器。

3. MPI协议通信的组态

（1）设置CPU

打开HW Config，双击CPU 416-3PN/DP中的“MPI/DP”行，打开“属性-MPI/DP”对话框，设置接口的类型为MPI，如图2-42所示。单击“属性”按钮，在打开的接口属性对话框中，可以设置接口在MPI网络中的地址，默认的地址为2。MPI接口有编程器/操作面板通信功能，不用选中子网列表中的“MPI（1）”，即不用将CPU连接到MPI网络上，也能与编程计算机通信。

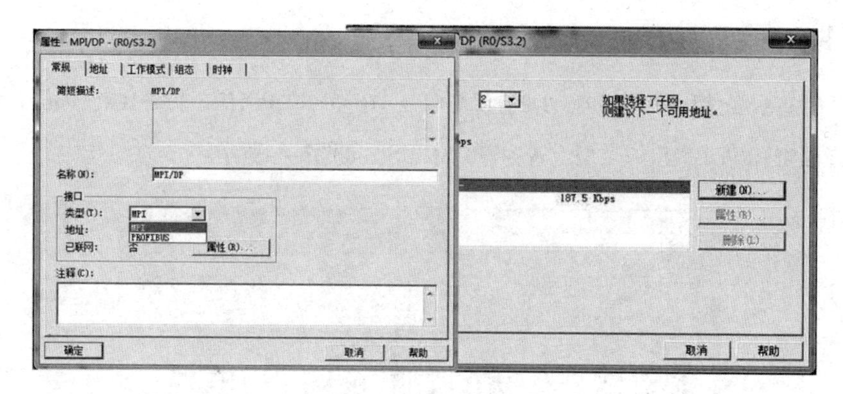

图2-42　MPI/DP接口属性对话框

（2）设置PG/PC接口

在SIMATIC管理器中执行菜单命令“选项”→“设置PG/PC接口”，打开“设置PG/PC接口”对话框。如图2-43所示，单击选中“为使用的接口分配参数”列表中的“PC Adapter（MPI.1）”。

单击“属性”按钮，打开“属性- PC Adapter（MPI.1）”对话框。可以使用“MPI”选项卡中默认的参数，运行STEP 7的计算机在MPI网络中默认的站地址为0。MPI网络中各个站的地址不能相同。

“超时”选择框用来设置与PLC建立连接的最长时间。MPI网络的传输速率应与原来下载到CPU中的一致，一般选用默认的187.5kbit/s。如果PG/PC是网络中唯一的主站，应选中复选框“PG/PC是总线上的唯一主站”。

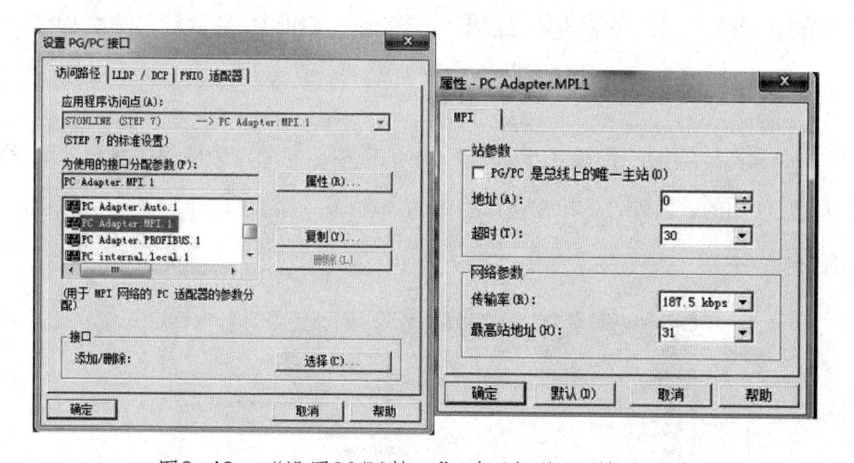

图2-43　“设置PG/PC接口”对话框的MPI协议通信

完成上述的组态后，用PC适配器USB连接计算机的USB接口和CPU 416-3PN/DP的MPI/DP接口。型号中有2DP的CPU有一个MPI接口和一个DP接口，如果使用MPI协议，适配器应连接到这类CPU的MPI接口。

4. PROFIBUS-DP协议通信的组态

如果计算机要使用PROFIBUS-DP协议与CPU 416-3PN/DP通信，打开HW Config，在“类型”选择框将MPI/DP接口的类型设置为PROFIBUS，如图2-44所示。

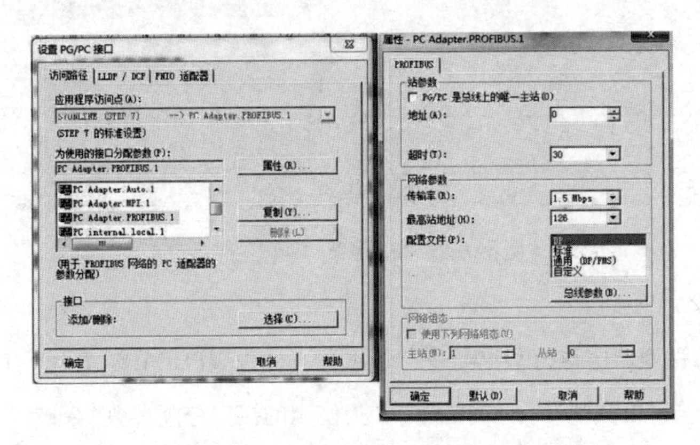

图2-44　“设置PG/PC接口”对话框的DP协议通信

使用DP协议通信时，PC适配器USB应连接到CPU 416-3PN/DP这类CPU的DP接口。

在SIMATIC管理器中，执行菜单命令“选项”→“设置PG/PC接口”，出现“设置PG/PC接口”对话框。选中“为使用的接口分配参数”列表中的“PC Adapter PROFIBUS.1”，单击“属性”按钮，打开“属性- PC Adapter（PROFIBUS）”对话框。一般采用默认的通信参数，设置的传输速率应与原来下载到CPU中的一致。

更改PG/PC接口参数后，单击“确定”按钮，退出“设置PG/PC接口”对话框时，会出现“下列访问路径已更改”的警告信息。单击“确定”按钮退出对话框，设置生效。

5. 安装/删除接口

在图2-43和图2-44的“设置PG/PC接口”对话框中，如果“为使用的接口分配参数”列表中没有实际使用的通信硬件，单击接口栏中的“选择”按钮，打开“安装/删除接口”对话框，如图2-45所示。

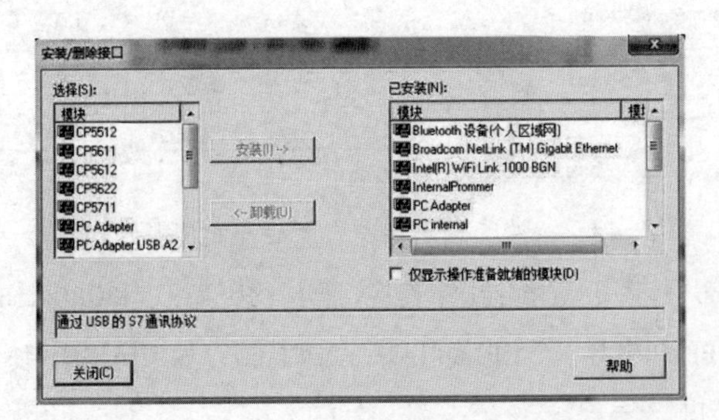

图2-45　“安装/删除接口”对话框

选中左边的“选择”列表框中待安装的通信硬件，例如PC Adapter（PC适配器）。单击中间的“安装[I]->”按钮，将安装该通信硬件的驱动程序。安装好后，PC Adapter出现在右边的“已安装”列表框中。

如果要卸载“已安装”列表框中某个已安装的通信硬件的驱动程序，首先选中它，然后单击中间的“<-卸载[U]”按钮，该通信硬件在“已安装”列表框中消失，其驱动程序被卸载。单击“关闭”按钮，返回PG/PC接口设置对话框。

如果使用了“选择”列表框中没有的通信硬件，需要单独安装其驱动程序。

6. 自动检测通信参数

如果不知道CPU接口的网络类型和波特率，可以选中“设置PG/PC接口”对话框中间列表中的“PC Adapter（Auto）”，单击“属性”按钮，在打开的适配器属性对话框的“自动总线配置文件检测”选项卡中，单击“启动网络检测”按钮，将会自动检测出网络参数，如图2-46所示。

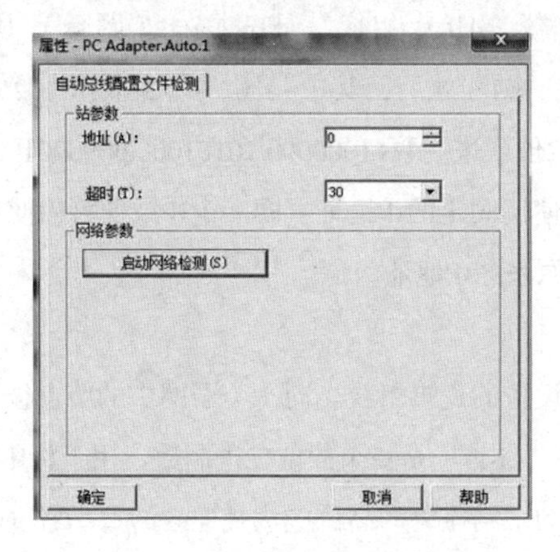

图2-46　检测网络属性

二、使用以太网接口通信的组态

1. 以太网基础知识

（1）以太网

S7-300/400可以用以太网与编程计算机、人机界面和其他PLC的通信。通过交换机，S7-300/400可以与多台以太网设备进行通信，实现数据的快速交互。S7-300/400链接到基于TCP/IP（Transmission Control Protocol/Internet Protocol）通信标准的工业以太网后，自动检测全双工或半双工通信，自适应10M/100Mbit/s通信速率。

西门子的工业以太网最多可以有32个网段、1024个节点。以太网可以实现100Mbit/s 的高速长距离数据传输。

（2）MAC地址

MAC（Media Access Control，媒体访问控制）地址是以太网接口设备的物理地址。通常由设备生产厂家将MAC地址写入EEPROM或闪存芯片。在网络底层的物理传输过程中，通过MAC地址来识别发送和接收数据的主机。MAC地址是48位二进制数，分为6个字节（6B），一般用十六进制数表示，例如00-05-BA-CE-07-0C。其中的前3个字节是网络硬件制造商的编号，它由IEEE（国际电气与电子工程师协会）分配，后3个字节是该制造商生产的某个网络产品（例如网卡）的序列号。MAC地址就像我们的身份证号码具有全球唯一性。

每个型号中带“PN”的CPU和以太网通信处理器（CP）在出厂时都装载了一个永久的唯一的MAC地址。可以在模块上看到它的MAC地址。

（3）IP地址

为了使信息能在以太网上快捷准确地传送到目的地，连接到以太网的每台计算机必须拥有一个唯一的IP地址。

IP地址由32位二进制数（4B）组成，是Internet（网际）协议地址。IP地址通常用“点分十进制数”表示成“a.b.c.d.”，其中a、b、c、d都是0～255之间的十进制数，例如192.168.2.117，实际上是32位二进制数11000000.10101000.00000010.01110101。

在控制系统中，一般使用固定的IP地址。同一个IP地址可以使用具有不同MAC地址的网卡，更换网卡后可以使用原来的IP地址。

（4）子网掩码

子网是连接在网络上设备的逻辑组合。同一个子网中的节点彼此之间的物理位置通常相对较近。子网掩码（Subnet mask）是一个32位二进制数，用于将IP地址划分为子网地址和子网内节点的地址。二进制的子网掩码的高位应该是连续的1，低位应该是连续的0。以子网掩码255.255.255.0为例，其高24位二进制数（前3个字节）为1，表示IP地址中的子网地址（类似于长途电话的地区号）为24位；低8位二进制数（最后一个字节）为0，表示子网内节点的地址（类似于长途电话的电话号）为8位。

（5）网关

网关（或IP路由器）是局域网（LAN）之间的链接器。局域网中的计算机可以使用网关向其他网络发送消息。如果数据的目的地不在局域网内，网关将数据转发给另一个网络或网络组。网关用IP地址来传送和接收数据包。

2. 使用以太网接口通信的组态

（1）硬件连接

以太网可以使用普通的网线下载和监控PLC。如果只是用于下载和监控，可以使用计算机普通的以太网卡与PLC通信。笔记本电脑可以用家用无线路由器通过无线网卡与PLC通信，型号中有PN的CPU或配备有以太网通信处理器（CP）的PLC可以通过以太网接口与STEP 7通信。

西门子的工业以太网通信卡可用于实时通信、同步实时通信和冗余系统。CP1612 A2和CP1613 A2使用PCI总线，CP1623和CP1628使用PCIe总线。CP1613 A2和CP1623可以用于冗余系统。

可以用一条交叉连接或直通连接的RJ-45电缆连接PLC和计算机的以太网接口。也可以用直通连接的RJ-45电缆和交换机连接多台设备的以太网接口。

（2）设置PLC的以太网接口的参数

打开项目“CPU416-3PN/DP”的硬件组态工具，双击CPU的“PN-IO”所在的行，在出现的“属性-PN-IO”对话框中单击“属性”按钮。如果与编程计算机通信的只有一个CPU，在“属性-Ethernet接口PN-IO”对话框中，可以采用默认的IP地址和子网掩码，不使用路由器。关闭各对话框后单击工具栏上的按钮，保存和编译组态信息。如图2-47所示。

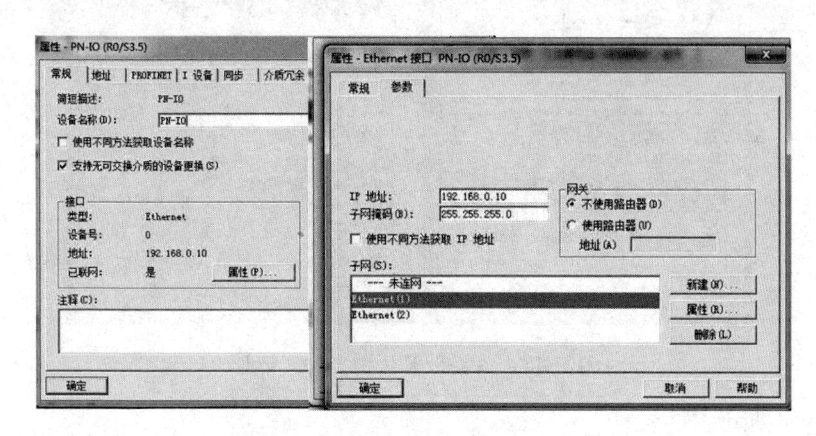

图2-47　组态以太网接口参数

带以太网接口的CPU有编程器/操作员面板通信功能，组态时不用将它连接到以太网上，也能与编程计算机通信。

如果连接到互联网，编程设备、网络设备和IP路由器可以与全球通信，但是必须分配唯一的IP地址，以免与其他网络用户冲突。应请公司IT部门熟悉工厂网络的人员分配IP地址。

（3）设置PG/PC接口

在SIMATIC管理器中，执行菜单命令“选项”→“设置PG/PC接口”，选中“为使用的接口分配参数”列表中实际使用的计算机网卡和TCP/IP协议。设置“设PG/PC接口”对话框后，单击“确定”按钮，使TCP/IP协议生效。

（4）设置计算机网卡的IP地址

如果操作系统是Windows 7，用以太网电缆连接计算机和CPU，打开“控制面板”，单击“查看网络状态和任务”，再单击“本地连接”，打开“本地连接状态”对话框。单击其中的“属性”按钮，在“本地连接属性”对话框中，双击“此连接使用下列项目”列表框中的“Internet协议版本4（TCP/IPv 4）”，打开“Internet协议版本4（TCP/IPv 4）属性”对话框，用单选框选中“使用下面的IP地址”，键入PLC以太网接口默认的子网地址192.168.0.10，应与CPU的相同，IP地址的第4个字节是子网内设备的地址，可以取0～255中的某个值，但是不能与子网中其他设备的IP地址重复。单击“子网掩码”输入框，会自动出现默认的子网掩码255.255.255.0。一般不用设置网关的IP地址。

设置结束后，单击各级对话框中的“确定”按钮，最后关闭“网络连接”对话框。如图2-48所示。

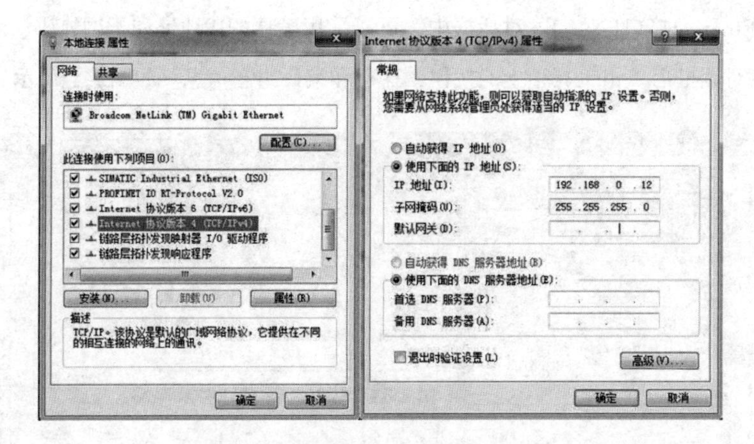

图2-48　设置计算机网卡的IP地址

（5）下载用户程序

完成上述的设置后，用以太网电缆连接PLC和计算机的RJ45接口。单击SIMATIC管理器工具栏上的下载按钮，就可以将用户程序和系统数据下载到CPU。

第五节　PROFIBUS 网络

一、通讯中的几个概念

1. 串行通信和异步通信

串行通信是以二进制的位（bit）为单位的数据传输方式，每次只传送一位，最少只需要两根线（双绞线）就可以连接多台设备，组成控制网络。

按同步方式的不同，串行通信分为异步通信和同步通信。

异步通信采用字符同步的方式，发送的字符由一个起始位、7个或8个数据位、1个奇偶校验位（可以没有）和停止位（1位或2位）组成。通信双方需要对采用的信息格式和数据的传输速率作相同的约定。接收方检测到停止位和起始位之间的下降沿后，将它作为接收的起始点，在每一位的中点接收信息，其字符信息格式如图2-49所示。PLC一般采用异步通信。

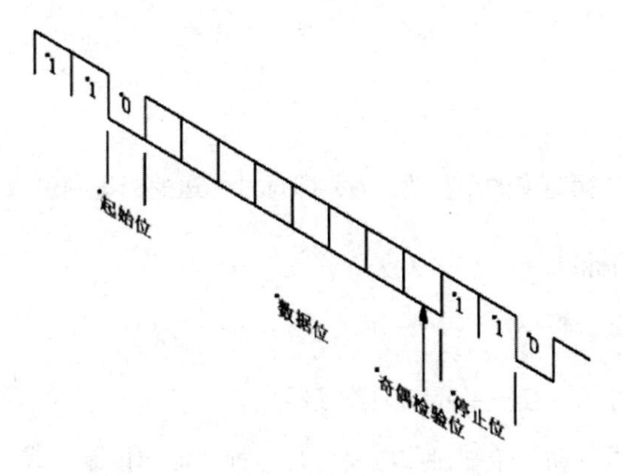

图2-49　异步通信的字符信息格式

2. 单工通信和双工通信

单工通信方式只能沿单一方向传输数据。双工通信方式的信息可以沿两个方向传送，每一个站既可以发送数据，也可以接收数据。

双工方式又分为全双工方式和半双工方式。

全双工方式数据的发送和接收分别用两组不同的数据线传送，通信的双方都能在同一时刻接收和发送信息，如图2-50所示。

半双工方式用同一组线接收和发送数据，通信的双方在同一时刻只能发送数据或只能接收数据，如图2-51所示。通信方向的切换过程需要一定的延迟时间。

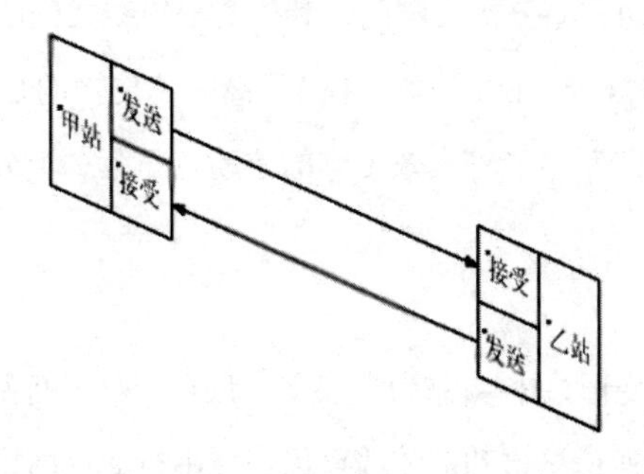

图2-50　全双工方式

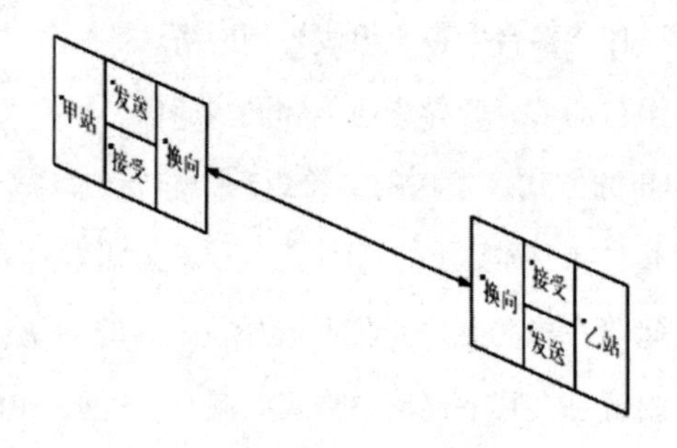

图2-51 半双工方式

3. 传输速率

在串行通信中，传输速率的单位为bit/s，即每秒传送的二进制位数。

4. 串行通信接口标准

（1）RS-232C

工业控制中RS-232C一般使用9针D型连接器。

RS-232C使用单端驱动、单端接收电路，是一种共地的传输方式，容易受到公共地线上的电位差和外部引入的干扰信号的影响。RS-232C有被淘汰的趋势。如图2-52为RS-232C接线方法和针脚的含义。

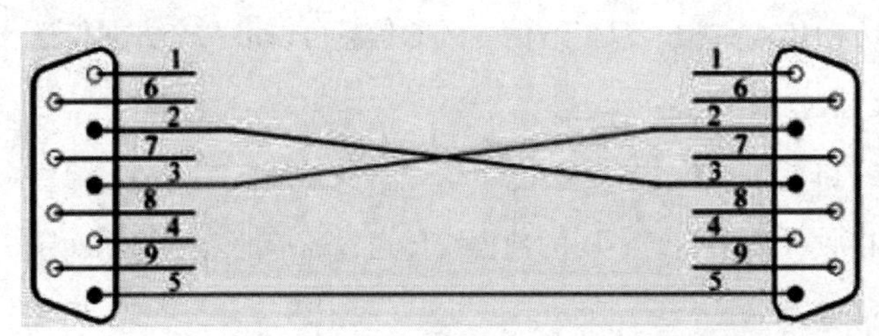

针脚	符号	输入/输出	说明
1	DCD	输入	数据载波检测
2	RXD	输入	接收数据
3	TXD	输出	发送数据
4	DTR	输出	数据终端准备好
5	GND	-	信号地
6	DSR	输入	数据装置准备好
7	RTS	输出	请求发送
8	CTS	输入	允许发送
9	RI	输入	振铃指示

图2-52 RS-232C接线方法和针脚的含义

（2）RS-422A

RS-422A采用平衡驱动、差分接收电路，利用两根导线之间的电位差传输信号。这两根导线称为A线和B线。一般规定，B线的电压比A线高时，传输的是数字“1”；B线的电压比A线低时，传输的是数字“0”。能够有效工作的差动电压范围十分宽广，可以从零点几伏到接近10伏。

（3）RS-485

RS-485是RS-422A的变形。RS-485为半双工，只有一对平衡差分信号线，不能同时发送和接收信号。使用RS-485通信接口和双绞线可以组成串行通信网络构成分布式系统，总线上最多可以有32个站。表2-14是RS-485的针脚接线图。

表2-14　RS-485的针脚接线表

针脚号	信号名称	说明	针脚号	信号名称	说明
1	SHIELD	屏蔽或功能地	6	VP+	供电电压正端
2	24V-	24V 辅助电源输出的地	7	24V+	24V 辅助电源输出正端
3	RXD/TXD-P	接收 / 发送数据的正端，B 线	8	RXD/TXD-N	接收 / 发送数据的负端，A 线
4	CNTR-P	方向控制信号正端	9	CNTR-N	方向控制信号负端
5	DGND	数据基准电位（地）			

二、使用的现场总线及其国际标准

1. 现场总线的基本概念

IEC（国际电工委员会）对现场总线（Fieldbus）的定义是："安装在制造和过程区域的现场装置与控制室内的自动控制装置之间的数字式、串行、多点通信的数据总线。"

2. IEC 61158与IEC 62026

2007年7月通过的IEC 61158第4版采纳了20种现场总线，其中的类型3（PROFIBUS）和类型10（PROFINET）由西门子公司支持。

2000年6月通过的IEC 62026是供低压开关设备与控制设备使用的控制器电气接口标准，西门子公司支持其中的执行器–传感器接口（Actuator Sensor Interface，AS–i）。

三、 西门子通信网络与通信服务

1. 工厂自动化通信网络

大型的工厂自动化通信网络一般采用三级网络结构。

（1）现场设备层

现场设备层的主要功能是连接现场设备，例如分布式I/O、传感器、驱动器、执行机构和开关设备等，完成现场设备控制及设备间的联锁控制。

主站（PLC、PC或其他控制器）负责总线通信管理以及与从站的通信。总线上所有的设备生产工艺控制程序存储在主站中，并由主站执行。

西门子的SIMATIC NET网络系统的现场设备层主要使用PROFIBUS–DP，并将执行器和传感器单独分为一层，使用AS–i网络。

以太网已经越来越多地在现场设备层的分布式I/O和驱动设备中使用。

（2）车间监控层

车间监控层用来完成车间主生产设备之间的连接，实现车间级设备的监控。车间级监控包括生产设备状态的在线监控、设备故障报警及维护等。通常还具有诸如生产统计、生产调度等车间级生产管理功能。车间级监控用PROFIBUS或工业以太网将PLC、PC和HMI（人机界面）连接到一起。

（3）工厂管理层

车间管理网作为工厂主网的一个子网，通过交换机、网桥或路由器等连接到厂区主干网，将车间数据集成到工厂管理层。管理层处理的是对于整个系统的运行有重要作用的高级别的任务。除了保存过程值以外，还包括优化和分析过程等功能。工厂管理层通常采用符合IEC 802.3标准的以太网，即TCP/IP通信协议标准。

2. 西门子的自动化通信网络

S-300/400有很强的通信功能，CPU模块都集成了MPI（多点接口），有的CPU模块还集成了PROFIBUS-DP、PROFINET或点对点通信接口，此外还可以使用PROFIBUS-DP、工业以太网、AS-i和点对点通信处理器（CP）模块。通过PROFINET、PROFIBUS-DP或AS-i现场总线，CPU与分布式I/O模块之间可以周期性地自动交换数据。在自动化系统之间，PLC与计算机和HMI站之间，均可以交换数据。数据通信可以周期性地自动进行，或者基于事件驱动。

图2-53是西门子的工业自动化通信网络示意图。PROFINET是基于工业以太网的现场总线，可以高速传送大量的数据。PROFIBUS用于少量和中等数量数据的高速传送。AS-i是底层的低成本网络。各个网络之间用链接器或有路由器功能的PLC连接。

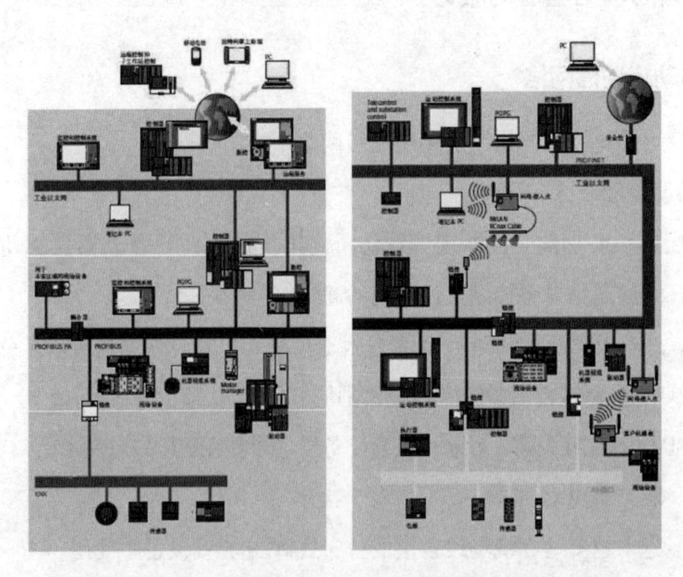

图2-53　西门子的工业自动化通信网络

此外MPI是SIMATIC产品使用的内部通信协议，用于PLC之间、PLC与HMI和PG/PC（编程设备/计算机）之间的通信，可以建立传送少量数据的低成本网络。PPI（点对点接口）是用于S7-200和S7-200 SMART的通信协议。点对点（PtP）通信用于特殊协议的串行通信。

3. PG/OP通信服务

PG/OP（编程设备/操作面板）通信服务是集成的通信功能，用于SIMATIC PLC与SIMOTION（西门子运动控制系统）、编程软件（例如STEP 7）和HMI设备之间的通信。工业以太网、PROFIBUS-DP和MPI均支持PG/OP通信服务。

PG/OP通信服务支持S7 PLC与各种HMI设备或编程设备（包括编程用的PC）的通信。PG/OP通信服务提供以下功能：

（1）PG/PC功能：下载、上传硬件组态和用户程序，在线监视S7站，进行测试和诊断。

（2）OP功能：HMI设备和PG/PC读取或改写S7 PLC的变量，S7 PLC在通信中是被动的，不用编写通信程序。

（3）S7路由属于PG/OP通信服务功能。通过S7路由功能，可以实现跨网络的编程设备通信。PG可以在某个固定点访问所有在S7项目中组态的S7站点，下载用户程序和硬件组态，或者执行测试和诊断功能。

四、PROFIBUS网络

以下重点介绍SH23B梗丝低速气流干燥系统中使用的PROFIBUS-DP。

PROFIBUS-DP可以用于分布式IO设备、传动装置、PLC和基于PC 的自动化系统。

PROFIBUS-DP最大的优点是使用简单方便，在绝大多数实际应用中，只需要对网络通信作简单的组态，不用编写任何通信程序，就可以实现DP网络的通信。用户对远程I/O的编程，与对集中式系统的编程基本上相同。

PROFIBUS-DP技术是唯一可以满足两类通信应用（制造业和过程工业应用）的现场总线。

1. PROFIBUS-DP的物理层

PROFIBUS-DP可以使用多种通信媒体（电、光、红外、导轨以及混合方式），传输速率为9k～12Mbit/s。每个DP从站的输入数据和输出数据最大为244B。使用屏蔽双绞线电缆时最长通信距离为9.6km，使用光缆时最长90km，最多可以连接127个从站。

PROFIBUS可以使用灵活的拓扑结构，支持线形、树形、环形结构以及冗余的通信模型，支持基于总线的驱动技术和符合IEC 61508的总线安全通信技术。

（1）PROFIBUS-DP的RS-485传输

PROFIBUS-DP使用符合EIA RS-485标准、价格便宜的屏蔽双绞线电缆，标准PROFIBUS电缆一般都是A类电缆，其A线为绿色，B线为红色。

A、B线之间是220Ω终端电阻，根据传输线理论，终端电阻可以吸收网络上的反射波，有效地增强信号强度。两端的终端电阻并联后的值应基本上等于传输线相对于通信频率的特性阻抗。390Ω的下拉电阻与数据基准电位DGND相连，上拉电阻与DC5V电压的正端（VP）相连。在总线上没有站发送数据（即总线处于空闲状态）时，上拉电阻和下拉电阻用于确保A、B线之间有一个确定的空闲电位。如图2-54所示。

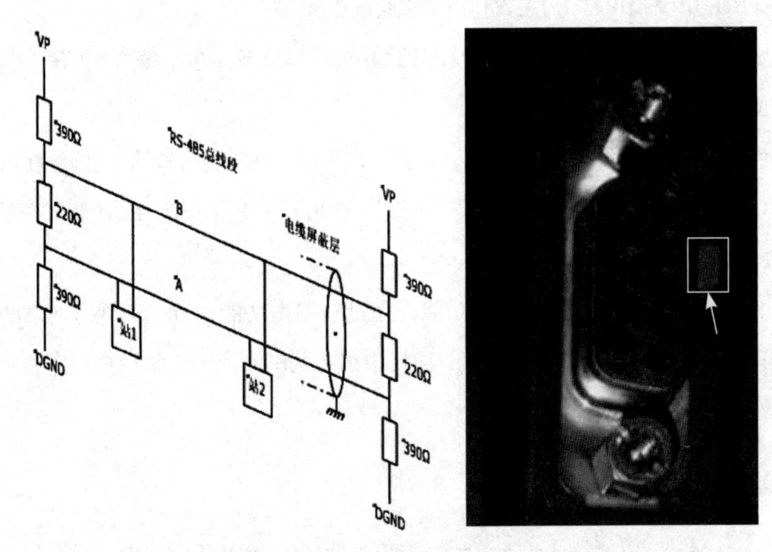

图2-54　PROFIBUS-DP总线段的结构和终端电阻

大多数PROFIBUS-DP总线连接器都集成了终端电阻，连接器上的开关（图2-54中的方框）在On位置时终端电阻被连接到网络上，开关在Off位置时终端电阻从网络上断开。每个网段两端的站必须接入终端电阻，中间的站不能接入终端电阻。

9.6kbit/s ~ 12Mbit/s共有10个传输速率可供选择，在组态时所选的传输速率用于总线段上的所有设备。传输速率大于1.5Mbi/s时，由于连接的站的电容性负载引起导线反射，必须使用附加有轴向电感的总线连接插头。

PROFIBUS-DP的1个字符帧由8个数据位、1个起始位、1个停止位和1个奇偶校验位组成。

PROFIBUS-DP的站地址空间为0 ~ 127，其中的127为广播用的地址，所以最多能连接127个站点。一个总线段最多32个站，超过了必须分段，段与段之间用中继器连接。中继器没有站地址，但是被计算在每段的最大站数中。

表2-15所示为每个网段的电缆最大长度与传输速率的关系。表2-16所示为分支电缆的最大长度，使用中继器隔离的分支网段的长度不受该表的限制。

表2-15 传输速率与总线长度的关系

传输速率（kbit/s）	9.6 ~ 93.75	187.5	500	1500	300 ~ 12000
A型电缆长度（m）	1200	1000	400	200	100
B型电缆长度（m）	1200	600	200	70	

表2-16 网络中分支电缆的长度

传输速率（kbit/s）	9.6	93.75	187.5	500	1500
分支电缆长度（m）	500	100	33	20	6.6

（2）D型总线连接器

PROFIBUS标准推荐总线站与总线的相互连接使用9针D型连接器。连接器的引脚分配如表2-14所示。在传输期间，A线和B线对“地”（DGND）的电压波形相反。各报文之间的空闲（Idle）状态对应于二进制“1”信号。总线连接器上有一个进线孔（In）和一个出线孔（Out），分别连接至前一个站和后一个站。

（3）PROFIBUS-DP的光纤电缆传输

PROFIBUS可以通过光纤中光的传输来传送数据。单芯玻璃光纤的最大连接距离为15km，价格低廉的塑料光纤为80m。光纤电缆对电磁干扰不敏感，并能确保站与站之间的电气隔离。近年来，由于光纤的连接技术已大为简化，这种传输技术已经广泛地用于现场设备的数据通信。许多厂商提供专用总线插头来转换RS-485信号和光纤导体信号。

光链路模块（OLM）用来实现单光纤环和冗余的双光纤环。在冗余的双光纤环中，OLM通过两个双工光纤电缆相互连接，如果两根光纤线中的一根出了故障，总线系统将自动地切换为线性结构。光纤导线中的故障排除后，总线系统返回到正常的冗余环状态。

（4）PROFIBUS-PA的IEC 1158-2传输

PROFIBUS-PA［Process Automation（过程自动化）］采用符合IEC 1158-2标准的传输技术，即曼彻斯特码编码与总线供电传输技术。这种技术确保本质安全，并通过总线直接给现场设备供电，能满足石油化学工业的要求。用曼彻斯特编码传输数据时，从1（+9mA）到0（-9mA）的下降沿发送二进制数“1”，从0到1的上升沿发送二进制数“0”，如图2-55（左）所示。每一位的前半位电平对应于传送的二进制数（高电平为1，低电平为0），后半位与前半位的电平相反。传输速率为31.25kbit/s。传输媒体为屏蔽或非屏蔽的双绞线，允许使用线性、树形和星形网络。

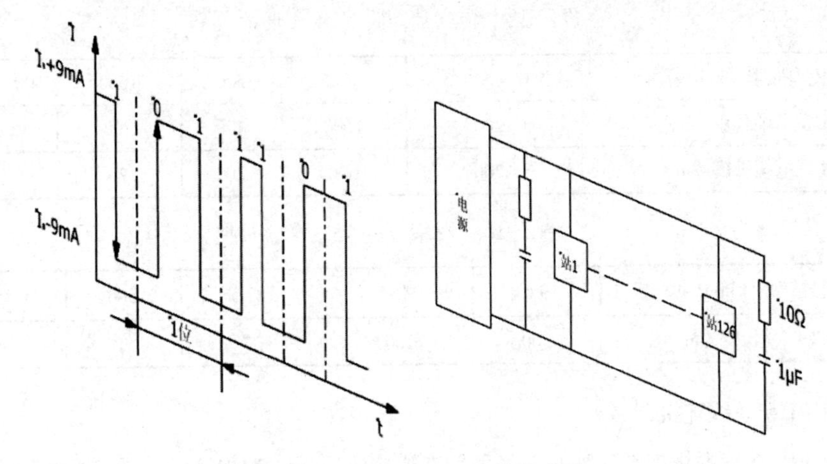

图2-55　PROFIBUS-PA的数据传输

总线段的两端用一个无源的RC总线终端器来终止，如图2-55（右）所示。一个PA总线段最多可以连接32个站，最多可以扩展4台中继器，站的总数最多为126个。为了增加系统的可靠性，可以用冗余总线段作总线段的备份。

使用DP/PA链接器可以将PROFIBUS-PA设备集成到DP网络中。

2. PROFIBUS的通信服务

（1）PROFIBUS-DP

PROFIBUS-DP（Decentralized Periphery，分布式外部设备，简称为DP）主要用于制造业自动化系统中单元级和现场级通信，特别适合于PLC与现场级分布式IO设备之间的通信，例如ET200和变频器。将它们放置在离传感器和执行机构较近的地方，可以减少大量的接线。PROFIBUS-DP还用于连接编程计算机和HMI。PROFIBUS-DP的响应速度快，适合于在制造行业使用。

PROFIBUS-DP采用混合的总线访问控制机制，如图2-56所示，包括主站之间的令牌传递方式和主站与从站之间的主-从方式。令牌实际上是一条特殊的报文，它在所有的主站上循环一周的时间是事先规定的。主站之间构成令牌逻辑环，令牌传递仅在各主站之间进行。

当某个主站得到令牌报文后，该主站可以在一定时间内执行主站工作。在这段时间内，它可以依照主-从通信关系表与它所有的从站通信，也可以依照主-主通信关系表与所有的主站通信。令牌传递程序保证每个主站在一个确切规定的时间内得到总线访问权（即令牌）。

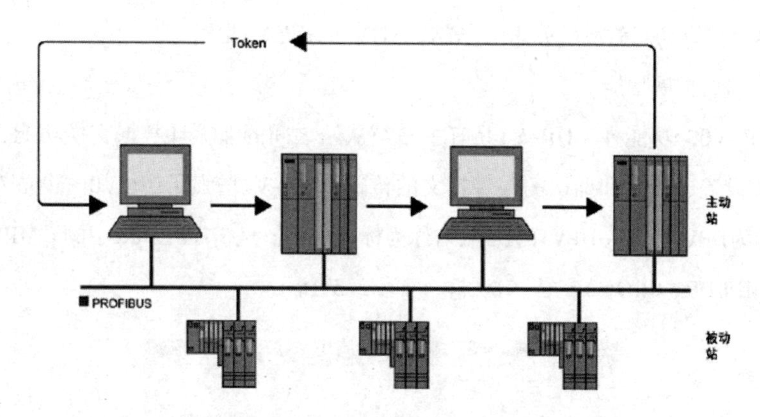

图2-56　PROFIBUS现场总线的总线访问方式

在总线初始化和起动阶段，主站媒体访问控制（MAC）通过辨认主站来建立令牌环，首先自动地判定总线上所有主站的地址，并将它们的节点地址记录在主站表中。在总线运行期间，从令牌环中去掉有故障的主站，将新上电的主站加入到令牌环中。

PROFIBUS媒体访问控制还要监视传输媒体和收发器是否有故障，检查站点地址是否出错（例如地址重复），以及令牌是否丢失或有多个令牌。

DP主站按轮询表依次访问DP从站，主站与从站之间周期性地交换用户数据。DP主站与DP从站之间的一个报文循环，由DP主站发出的请求帧（轮询报文）和由DP从站返回的应答帧（或称响应帧）组成。

（2）PROFIBUS-DP的功能

PROFIBUS-DP协议主要用于PLC与分布式I/O和现场设备的高速数据通信。DP的功能经过扩展，一共有3个版本：DP-V0、DP-V1和DP-V2。

① 基本功能（DP-V0）

DP-V0支持单主站或多主站系统，总线上最多126个站。可以采用点对点用户数据通信、广播方式和循环主-从用户数据通信。

DP-V0可以实现中央控制器（PLC、PC等）与分布式现场设备之间的快速循环数据交换，主站发出请求报文，从站收到后返回响应报文。每个从站最多可以传送224B的输入或输出。

经过扩展的PROFIBUS-DP诊断，能对站级、模块级、通道级这3级故障进行诊断和快速定位，诊断信息在总线上传输并由主站采集。

DP主站用监控定时器监视与从站的通信，对每个从站都设置有独立的监控定时器。在规定的监视时间间隔内，如果没有执行用户数据传送，监控定时器将会超时，通知用户程序进行处理。DP从站用监控定时器检测与主站的数据传输，如果在设置的时间内没有完成数据通信，从站自动地将输出切换到故障安全状态。

通过网络可以动态激活或关闭DP从站，对DP主站进行配置。

② DP-V1的扩展功能

除了DP-V0的功能外，DP-V1具有主站与从站之间的非循环数据交换功能，可以用它来进行参数设置、诊断和确认的报警报文的传输。DP-V1增强了DP-V0的设备专用诊断。DP-V1简称为DPV1，支持DPV1的DP从站称为标准从站。点击HWconfig中的“MPI/DP”，出现“属性-MPI/DP-（RO/S3.2）”对话框，如图2-57所示。

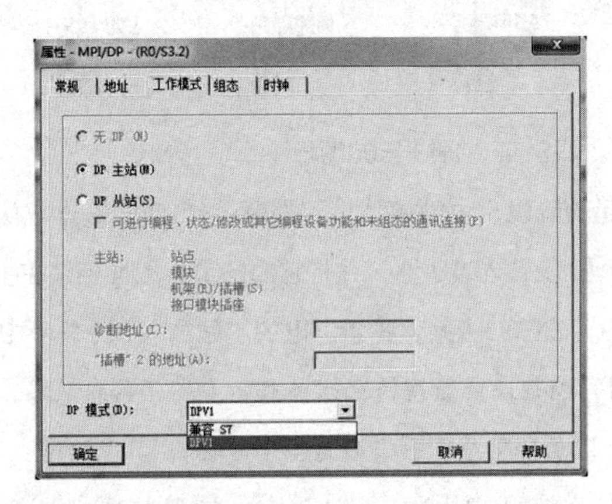

图2-57　“属性-MPI/DP-（RO/S3.2）”对话框

在“工作模式”选项卡的“DP模式”中，选择“DPV1”。

③ DP-V2的扩展功能

A. 从站之间的直接数据交换（DX）通信使智能从站或其他主站可以读取别的从站发送给主站的数据。

B. 同步功能可以实现主站与从站中的时钟同步。此功能可以实现高精度定位处理，其时钟误差小于1μs。通过“全局控制”广播报文，使所有有关的设备循环与总线主循环同步。

C. 实时时间（Real Time）主站将时间标记（Time stamp）发送给所有的从站，将从站的时钟同步到系统时间，误差小于1ms。可以实现高精度的事件跟踪和事件顺序记录。

D. HART规范将现场总线HART的客户-主机-服务器模型映射到PROFIBUS。

E. 上载与下载功能用少量的命令装载任意现场设备中任意大小的数据区。不需要人工装载就可以更新程序或更换设备。

F. 功能请求服务用于对DP从站的控制（起动、停止、重新启动）和功能调用。

G. 冗余的从站有两个PROFIBUS接口，一个是主接口，一个是备用接口。在正常情况下，通信发送给被组态的主要从站和后备从站。在主要从站出现故障时，后备从站接管它的功能。冗余从站设备可以在一条PROFIBUS总线或两条冗余的PROFIBUS总线上运行。

3. PROFIBUS-DP设备

PROFIBUS网络的硬件由主站、从站、网络部件和网络组态与诊断工具组成。网络部件包括通信媒体（电缆），总线连接器、中继器、耦合器，以及用于连接串行通信、以太网、AS-i、EIB等网络系统的网络链接器。PROFIBUS-DP设备可以分为3种不同类型的站。

（1）DP主站与DP从站

① 1类DP主站

1类DP主站（DPM1）是系统的中央控制器。DPM1在预定的周期内与DP从站循环地交换信息，并对总线通信进行控制和管理。DPM1可以发送参数给DP从站，读取从站的诊断信息，用全局控制命令将它的运行状态告知给各从站。此外，还可以将控制命令发送给个别从站或从站组，以实现输出数据和输入数据的同步。下列设备可以做1类DP主站：

集成了DP接口的PLC；

支持DP主站功能的通信处理器（CP）；

插有PROFIBUS网卡的PC；

连接工业以太网和PROFIBUS-DP的IE/PB链接器模块；

ET200S的主站模块。

② 2类DP主站

2类DP主站（DPM2）是DP网络中的编程、诊断和管理设备。PC和操作员面板/触摸屏（OP/TP）可以作2类主站。DPM2除了具有1类主站的功能外，在与1类DP主站进行数据通信的同时，可以读取DP从站的输入/输出数据和当前的组态数据。

③ DP从站

DP从站是采集输入信息和发送输出信息的外围设备，只与它的DP主站交换用户数据，向主站报告本地诊断中断和过程中断。支持DPV1的DP从站称为“标准”从站。ET200和变频器是用得最多的标准DP从站。某些CPU集成的DP接口可以做DP智能从站。

④ 具有PROFIBUS-DP接口的其他现场设备

西门子的数控系统、现场仪表、变频器和直流传动装置都有DP接口或可选的DP接口卡，可以做DP从站。其他厂家带DP接口的输入/输出模块、传感器、执行器或其他智能设备，也可以做DP从站。

（2）PROFIBUS通信处理器

S7-300/400的DP通信处理器（CP）用于将SIMATIC PLC连接到DP网络，可以提供S7通信、S5兼容通信（FDL）和PG/OP（编程器/操作员面板）通信，实现同步/冻结和恒定总线周期功能。通信处理器可以扩展PLC的过程I/O，还有很强的诊断功能。通过S7路由功能，可以实现不同网络之间的通信。

EM277是S7-200的DP从站模块，S7-300的CP342-5、CP343-5和带光纤接口的CP342-5 FO可以作DP主站或从站。S7-400的PROFIBUS通信处理器有CP443-5基本型、CP443-5扩展型和IM467。

（3）RS-485中继器

RS-485中继器用于将PROFIBUS网络中的两段总线连在一起，以增加站点的数目。中继器用于信号传送和总线段之间的电气隔离，最高传输速率为12Mbit/s。

下列情况需要使用RS-485中继器：多于32个站点（包括中继器），或者超过了网段允许的最大长度（见表2-15）。两个节点之间最多可以安装9个中继器。不需要对RS-485中继器组态，但是在计算总线参数时应考虑它。

（4）DP/DP耦合器

DP/DP耦合器用来将两条PROFIBUS子网络连接在一起，在DP主站之间交换数据。这两个子网络在电气上是隔离的，它们可以有不同的传输速率。可以交换的最大输入、输出数据均为244B。DP/DP耦合器用STEP 7来组态。

（5）ET200

西门子的ET200是基于现场总线PROFIBUS-DP或PROFINET的分布式I/O，在组态时，STEP 7自动分配ET200的输入/输出地址。DP主站或IO控制器的CPU分别通过DP从站或IO设备的IO模块的地址直接访问它们。使用不同的接口模块，ET200SP、ET200S、ET200M、ET200MP和ET200pro均可以分别接入PROFIBUS-DP和PROFINET网络。

ET200S是模块化的分布式I/O。PROFINET接口模块集成了双端口交换机。IM 151-7 CPU接口模块的功能与CPU314相当，IM151-8 PN/DP CPU接口模块的PROFINET接口有3个RJ45端口。ET200S有数字量和模拟量I/O模块、技术功能模块、通信模块、最大7.5kW的电动机起动器、最大4.0kW的变频器和故障安全模块。每个站最多63个I/O模块，每个数字量模块最多8点。有热插拔功能和丰富的诊断功能，可以用于危险区域Zone 2。ET200S COMPACT紧凑型模块有32点数字量I/O，可以扩展12个I/O模块。

4. 主站与标准DP从站通信的组态

（1）组态硬件

选中SH23B梗丝低速气流干燥系统的SIMATIC管理器中的“SH23B站点”，双击右边窗口的“硬件”， 打开硬件组态工具HW Config，可以看到已经存在的9槽UR2机架和CPU416-3PN/DP模块。在机架中有电源模块、32点DI模块（DI32×DC 24V）和32点DO模块（DO32×DC 24V/0.5A）。DI、DO模块的地址分别为IW0和QW0。

（2）生成PROFIBUS子网络

用鼠标双击机架中CPU 416-3PN/DP下面“MPI/DP”所在的行，在出现的“属性-MPI/DP（RO/S3.2）”对话框的“工作模式”选项卡中，可以看到默认的工作模式为“DP主站”。单击“常规”选项卡中的“属性”按钮，在出现的“属性-PROFIBUS接口 MPI/DP（RO/S3.2）”对话框中，可以设置CPU在DP网络中的站地址，默认的站地址为3（MPI的默认的站地址为2）。

单击“新建”按钮，在出现的“属性-新建子网PROFIBUS”对话框的“网络设置”选项卡中，采用系统默认的传输速率（1.5Mbit/s）和默认的总线配置文件（DP）。传输速率和配置文件将用于整个PROFIBUS子网络。

单击“确定”按钮，返回“属性-PROFIBUS接口 MPI/DP（RO/S3.2）”对话框。单击“删除”按钮，可以删除选中的子网列表框中的子网络。单击“属性”按钮，将打开选中的子网的“属性-PROFIBUS”对话框。如图2-58所示。

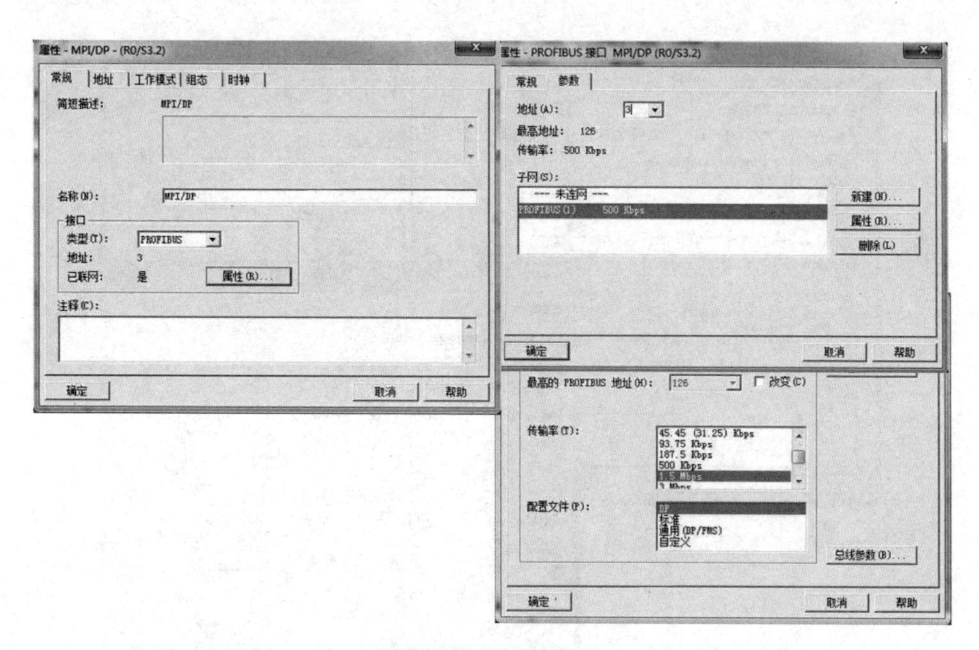

图2-58 新建DP网络

图2-58中的“最高的PROFIBUS地址：”用来优化多主站总线存取控制（令牌管理），建议使用STEP 7分配的最高PROFIBUS地址。选中复选框“改变”后可以修改该参数。

单击“确定”按钮，返回“属性-PROFIBUS接口 MPI/DP（RO/S3.2）”对话框。可以看到“子网”列表框中出现了新生成的名为“PROFIBUS（1）”的子网。两次单击“确定”按钮，返回HWConfig窗口，此时只能看到S7-CPU 416-3PN/DP的机架和新生成的“PROFIBUS（1）”网络线。如图2-59所示。

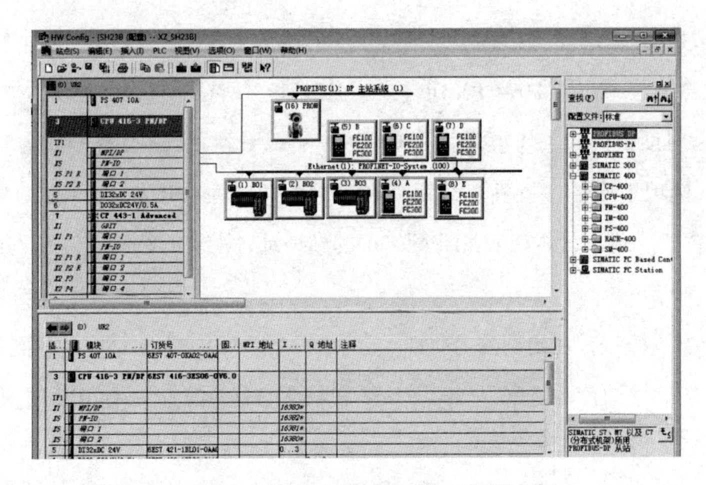

图2-59　已经组态好的PROFIBUS网络

单击图2-59中的“选项”按钮，打开“选项”对话框。其中的参数用于优化PROFIBUS的总线参数，站点很少的简单PROFIBUS网络可以采用默认的参数，不用打开该对话框，如图2-60所示。

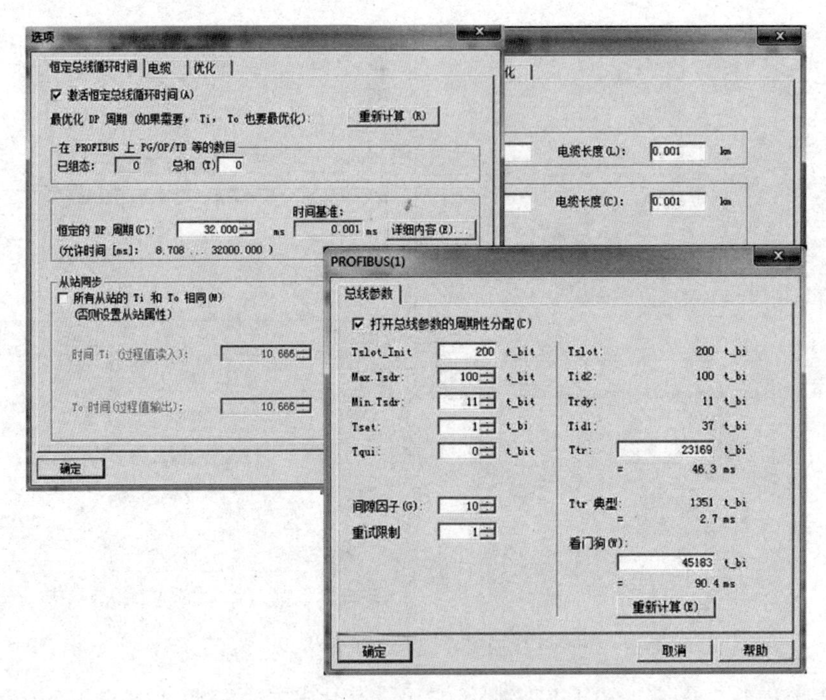

图2-60　PROFIBUS网络“选项”对话框

在“恒定总线循环时间”选项卡，如果选中“激活恒定总线循环时间”复选框，可以确保PROFIBUS-DP的总线周期恒定，即DP主站与从站以完全相同的时间间隔交换数据。

如果网络中有光链接模块（OLM）、光总线终端（OBT）和RS-485中继器，则应在“选项”对话框的“电缆”选项卡中激活“考虑下列电缆组态”选项，这样就可以设置图中所示的参数。在计算STEP 7总线参数时将会用到这些信息。

单击图2-58中的“总线参数”按钮，可以查看总线参数。只有选中图2-58的“自定义”配置文件，才能修改总线参数。

五、SH23B梗丝低速气流干燥系统使用的PROFIBUS网络

在SH23B梗丝低速气流干燥系统使用PROFIBUS DP网络的地方只有检测增湿水流量的质量流量计，经过和厂家联系，2013年之所以使用PROFIBUS DP网络，是因为当时E+H公司检测增湿水流量的质量流量计没有相应的PROFINET接口的产品，所以才使用了PROFIBUS DP网络。

六、PLC与变频器DP通信的组态与编程

1. 用DP总线监控G120变频器

西门子的SINAMICS系列驱动器包括低压、中压变频器和直流调速产品。所有的SINAMICS驱动器均基于相同的硬件平台和软件平台。

G120是模块化通用的低压变频器，主要由功率模块和控制单元组成。控制单元CU240B-2DP、CU240E-2DP、CU240E-2DP F有集成的DP接口，支持基于PROFIBUS-DP 的周期性过程数据交换和变频器参数访问。

2. 通过DP总线通信监控G120的基本方法

本部分介绍S7-400通过DP通信，控制G120 CU240E-2DP的起停、调速以及读取变频器的状态和电机的实际转速的方法。

DP主站发送请求报文，变频器收到后处理请求，并将处理结果立即返回给主站。主站通过周期性过程数据交换，将控制字和主设定值字发送给变频器，变频器接收到后立即将状态字和实际转速返回给DP主站。

3. 生成G120变频器从站

安装好GSD文件后，双击打开硬件目录中的文件夹“\PROFIBUS DP\Additional Field Devices\Drives\SINAMICS”，将其中的“SINAMICS G120 CU240x-2DP（F） V4.5”拖放到DP网络上。在自动打开的“属性-PROFIBUS接口”对话框中，设置从站地址为17，如图2-61所示。组态的变频器从站如图2-62所示。

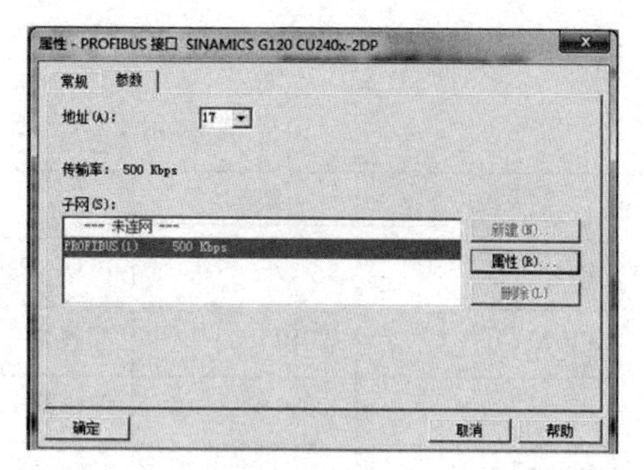

图2-61　“属性-PROFIBUS接口”对话框

4. 变频器的通信报文选择

在图2-62中，“SINAMICS G120 CU240x-2DP（F） V4.5”文件夹列出了可以选用的报

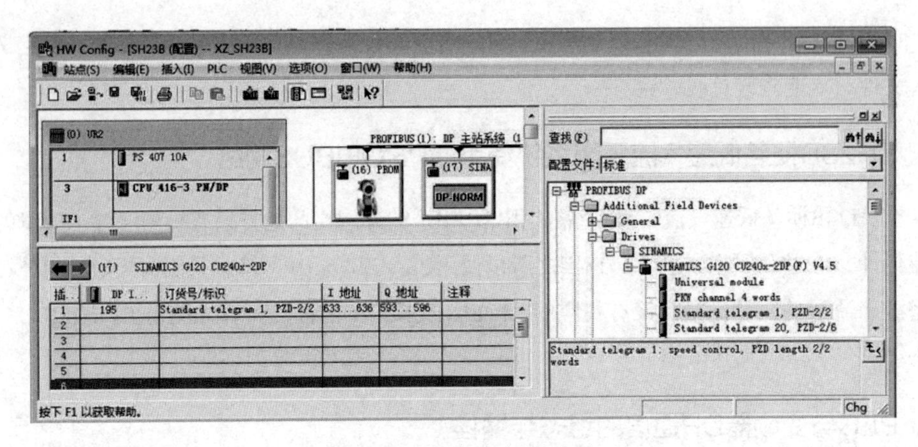

图2-62　组态变频器从站

文。选中硬件组态窗口中的变频器，就像将模块插入ET200M的插槽一样，将图2-62中的“Standard telegram 1，PZD-2/2”（标准报文1）拖放到下面窗口的1号槽。可以看到自动分配给变频器的两个字的过程数据（PZD） 输入地址和两个字的过程数据PZD输出地址。通信被启动时主站将控制字和转速设定值字发送给变频器，变频器接收到后立即返回状态字和滤波后的转速实际值字。标准报文1相当于西门子老系列变频器的报文PPO3。

除了标准报文1，比较常用的还有标准报文20（即图2-62中的Standard telegram 20，PZD-2/6），它的两个PZD输出字是控制字和转速设定值字，6个PZD输入字分别是状态字、滤波后的转速实际值、滤波后的电流实际值、当前转矩、当前有功功率和故障字。

5. 设置变频器与通信有关的参数

可以用变频器上的DIP开关来设置PROFIBUS地址，如果所有的DIP 开关都被设置为On或Off状态，用参数P918设置PROFIBUS地址，DIP开关设置的其他地址优先。组态时设置的站地址应与用DIP开关设置的站地址相同，本站设置为17。

将变频器的参数P10设为1（快速调试），P0015设为6（执行接口宏程序6），然后设置P10为0。宏程序6（PROFIBUS控制，预留两项安全功能）自动设置的变频器参数见表2-17。

表2-17　自动设置的变频器参数

参数号	参数值	说明
P922	1	PLC 与变频器通讯采用标准报文 1
P1070［0］	r2050.1	变频器接受的第 2 个过程值为速度设定值
P2051［0］	r2089.0	变频器发送的第 1 个过程值为状态字 1
P2051［1］	R63.0	变频器发送的第 2 个过程值为速度实际值

参数P2000（参考转速）设置的转速对应于第二个过程数据字PZD2（转速设定值）的值16#4000，参考转速一般设为50Hz对应的浮点数格式的电机同步转速，P2000的出厂设置为1500.0 rpm。

如果转速设定值为750.0rpm，主设定值PZD2 =（750.0/1500.0）× 16#4000=16#2000。

6. 变频器的控制字与状态字

控制字1各位的意义见表2-18，状态字1各位的意义见表2-19。

表2-18　过程数据中的控制字1各位的意义

位	意义
0	上升沿时起动，为 0 时为 OFF1（斜坡下降停车）
1	OFF2，为 0 时惯性自由停车
2	OFF3，为 0 时快速停车
3	为 1 时逆变器脉冲使能，运行的必要条件
4	为 1 时斜坡函数发生器使能
5	为 1 时斜坡函数发生器继续
6	为 1 时使能转速设定值
7	上升沿时确认故障
8	未使用
9	未使用
10	为 1 时由 PLC 控制
11	为 1 时换向（变频器的设定值取反）
12	未使用
13	为 1 时用电动电位器升速
14	为 1 时用电动电位器降速
15	未使用

表2-19　过程数据中的状态字1各位的意义

位	意义
0	为 1 时开关接通就绪
1	为 1 时运行准备就绪
2	为 1 时正在运行
3	为 1 时变频器有故障
4	为 0 时自然停车（OFF 2）已激活
5	为 0 时紧急停车（OFF 3）已激活

续表

位	意义
6	禁止合闸
7	变频器报警
8	为 0 时频率设定值与实际值之差过大
9	为 1 时主站请求控制变频器
10	为 1 时达到比较转速
11	为 1 时达到转矩极限值
12	为 1 时抱闸打开
13	为 0 时电机过载报警
14	为 1 时电机正转
15	为 0 时变频器过载

7. 读写过程数据区的程序

双击图2-62下面窗口的1号槽，打开如图2-63所示的DP从站属性对话框。数据的单位为字，一致性为“总长度”。因为是灰色的字和背景色，不能修改一致性属性。主站需要调用SFC15和SFC14发送和接收数据。图2-64是OB1中的程序，LADDR（过程数据的输入/输出起始地址）为W#16#279（即633，见图2-62）。在M1.0为1状态时调用SFC15，将MW30和MW32中的控制字和转速设定值打包后发送；调用SFC14，将接收到的状态字和转速实际值解包后保存到MW34和MW36。

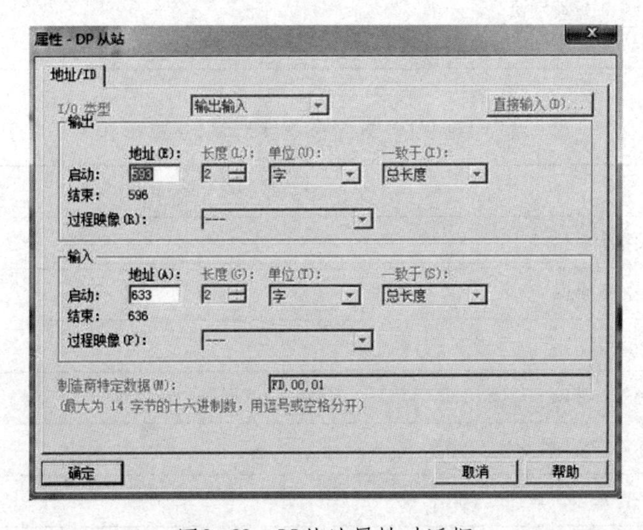

图2-63 DP从站属性对话框

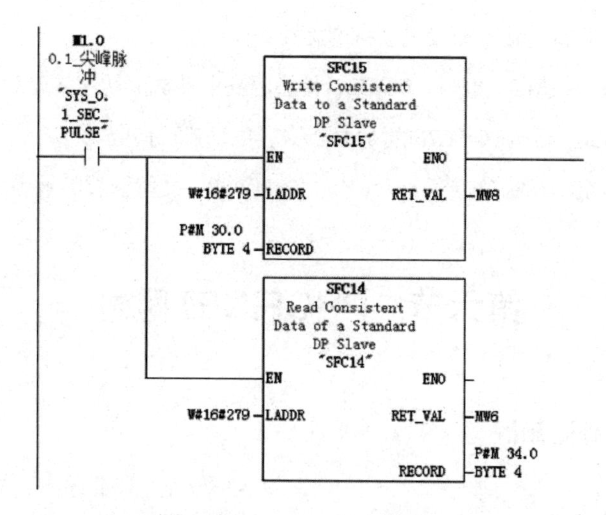

图2-64 OB1中的程序

8. PLC监控变频器的实验

PLC与变频器的DP通信不能仿真，只能做硬件实验。设置好变频器的参数，将项目Convert的程序和组态数据下载到CPU 416-3PN-DP后运行程序。用变量表监控十六进制格式的过程数据字MW30～MW36。

（1）电动机启动

控制字的第10位必须为1，表示变频器用PLC控制，对于4级电动机，设置参考转速p2000为1500rpm，启动变量表的监控功能，将控制字16#047E、转速设定值16#2000（750rpm）和1（true）分别写入MW30、MW32和M1.0的“修改数值”列。单击工具栏上的按钮，M1.0变为“1”状态，设置的数据被写入MW30和MW 32，SFC15将它们打包后发送给变频器，使变频器运行准备就绪，

然后将16#047F写入MW30，变频器控制字的第0位由0变为1，产生一个上升沿，变频器被起动，电动机转速上升后在750rpm附近小幅度波动。

变频器接收到控制字和转速设定值后，马上向PLC发送状态字和转速实际值，CPU接收到数据后，SFC14将数据解包并保存到MW34和MW36。

（2）电动机停机

将16#047E写入MW 30，控制字的第0位（OFF 1）变为“0”状态，电动机按P1121设置的斜坡下降时间减速后停机，停机后的状态字为16#EB31，转速为0。

在变频器运行时，将16#047C写入MW30，控制字的第1位（OFF 2）为“0”状态，电动机惯性自由停车，在变频器运行时，将16#047A写入MW 30，控制字的第2位（OFF3）为“0”状态，电动机快速停车。

（3）调整电动机的转速和改变电动机的旋转方向

用变量表将新的转速设定值写入MW32，将会改变电动机的转速。先后将控制字16*047E和16#0C7F写入MW30，因为16#0C7F的第11位为1，电动机反向起动。

有故障时将控制字16#04FE（第7位为1）写入MW30，变频器故障被确认。

第六节　PROFINET网络

一、工业以太网基础知识

1. 工业以太网概述

工业以太网（Industrial Ethernet，IE）是遵循国际标准IEEE 802.3的开放式、多供应商、高性能的区域和单元网络。工业以太网已经广泛地应用于控制网络的最高层，并且越来越多地在控制网络的中间层和底层（现场设备层）使用。

西门子的工控产品已经全面地“以太网化”，S7-300/400的各级CPU和新一代变频器SINAMICS的G120系列、S120系列都有集成了PROFINET以太网接口的产品。新一代小型PLC S7-1200、S7-200 SMART，大中型PLC S7-1500，新一代人机界面精智系列、精简系列和精彩系列都有集成的以太网接口。分布式I/O ET200SP、ET200S、ET200MP、ET200M、ET200Pro、ET200ecoPN和ET200AL都有PROFINET通信模块或集成的以太网通信接口。

在SH23B梗丝低速气流干燥系统中除了检测增湿水流量的电磁流量计用的是PROFIBUS-DP网络通信之外，其他的3个分布式I/O子站箱和5台变频器用的都是PROFINET以太网。

工业以太网采用TCP/IP协议，可以将自动化系统连接到企业内部互联网（Intranet）、外部互联网（Extranet）和因特网（Internet），实现远程数据交换。可以实现管理网络与控制网络的数据共享。通过交换技术可以提供实际上没有限制的通信性能。

2. TP电缆与RJ-45连接器

西门子的工业以太网可以采用双绞线、光纤和无线方式进行通信。

TP Cord电缆是8芯的屏蔽双绞线，直通连接电缆两端的RJ-45连接器采用相同的线序，用于PC、PLC等设备与交换机（或集线器）之间的连接。交叉连接电缆两端的RJ-45连接器采用不同的线序，用于直接连接两台设备（例如PC和PLC）的以太网接口。

西门子交换机采用自适应技术，可以自动检测线序，连接西门子交换机时可以采用上述的任意一种连接方式。

3. 快速连接双绞线

快速连接双绞线（Fast Connection Twist Pair，FC TP）是一种4芯电缆。使用专用的剥线工具，一次就可以剥去电缆外包层和编织的屏蔽层，连接长度可达100m。

通过导线和IE FC RJ-45接头上的透明接点盖上的彩色标记，可以避免接线错误。将双绞线按接头上标记的颜色插入连接孔，可以快速、方便地将数据终端设备（DTE）连接到以太网上。

4. 光纤

光纤（FOC）通过光学频率范围内的电磁波，沿光缆无辐射传输数据，不受外部电磁场的干扰，没有接地问题，重量轻、容易安装。光缆的传导芯是一种低衰减的光学透明材料，包裹在一层保护套内。即使线缆被弯曲，光束也能在芯体和周围材料之间，通过完全反射来传输。有两种不同类型的光缆，标准玻璃光缆可以在室内和室外使用；拖曳式玻璃光缆还可以用于需要移动的应用场合。

5. 中继器和集线器

中继器又称为转发器，用来增加网络的长度。中继器仅工作在物理层，对同一协议的相同或不相同的传输介质之间的信号进行中继放大和整形。共享式集线器（Hub）是多端口的中继器。它们将接收到的信号进行整形和中继，不加区别地广播输出，传送给所有连接到中继器或集线器的站点。它们不对接收到的报文进行过滤和负载隔离，不会干扰通信，不能解决以太网的冲突问题。它们只能在一个冲突域内使用。

6. 交换机和网桥

交换机是工作在物理层和数据链路层的智能设备。工业以太网采用星形网络拓扑结构，用交换机将网络划分为若干个网段，交换机之间通过主干网络进行连接。互连不同体系的局域网的交换机称为网桥，例如PROFIBUS的DP/PA耦合器就是一种网桥。

交换机和网桥可以对报文进行存储、过滤和转发，有一定的自学习能力，自动记录端口所有设备的MAC地址。在一个完整的交换网络中，整个网络只有交换机和通信节点，没有集线器。节点之间的数据通过交换机转发。单个站出现故障时，仍然可以进行数据交换。

7. 路由器

路由器是在网络层存储转发数据帧的设备，支持不同的网络协议，在进行异构网络的互联时，实现网络协议的转换。它适用于大规模网络和复杂的拓扑结构，路由器最重要的功能是实现路由选择，可以实现负载共享和最优路径，提高安全性，隔离不需要的通信量，节约局域网的频宽，减少主机的处理工作量。

8. 网关

网关是不同协议之间的转换设备，网关设备需要理解双方协议的全部含义，并对报文进行转换。网关可以提供防火墙和代理服务器等安全机制。网关包含用于连接不同网络的硬件和软件，可以对OSI（Open Systerm Interconnection Reference Model）参考模型所有7层进行完全的协议转换。

9. IT通信服务

SIMATIC通信网络通过工业以太网将IT（Information technology，信息技术）功能集成到控制系统。CP443-1 Advanced-IT和CP343-1 Advanced IT有IT通信服务功能，将它们称为有IT通信功能的CP。

（1）FTP服务

使用FTP（文件传输协议）可实现PLC之间、PLC与PC之间的高效文件传输。有IT 功能的CP既可以作FTP服务器，也可以作FTP客户机。

（2）电子邮件服务

有IT通信功能的CP通过SMTP（简单邮件传输协议），可以在工业以太网上发送包含过程信息的电子邮件，发送邮件时可以带附件，但是不能接收电子邮件。

（3）SNMP服务

SNMP（简单网络管理协议）是以太网的一种开放的标准化网络管理协议。网络管理包括监视、控制和组态网络节点的所有功能。网络管理可以防止有SNMP功能的网络节点组成的网络发生故障，以确保网络的高质高效。

10. SIMATIC工业以太网的硬件

典型的工业以太网由以下网络器件组成：

（1）连接部件，包括FC快速连接插座、电气链接模块（ELM）、电气交换模块（ESM）、光纤交换模块（OSM）和光纤电气转换模块（MC TP11）。

（2）通信媒体可以采用普通双绞线、快速连接双绞线、工业屏蔽双绞线和光纤。

（3）CPU集成的PN接口和工业以太网通信处理器用于将PLC连接到工业以太网。

（4）PG/PC的工业以太网通信处理器用于将PG/PC连接到工业以太网。

工业以太网的网络结构、组网方法、网络元件的参数和选型资料“通信手册”文件夹中的“工业通信产品目录”中。

①交换技术与全双工模式

实时以太网通过采用交换机和全双工通信，解决了CSMA/CD（带冲突检测的载波侦听多路访问技术）机制带来的冲突问题。

在共享局域网（LAN）中，所有站点共享网络性能和数据传输带宽，所有的数据包都经过所有的网段，同一时刻只能传送一个报文。

在交换式局域网中，用交换模块将一个网络分为若干个网段，在每个网段中可以分别同时传输一个报文，每个网段都能达到网络的整体性能和数据传输速率。本地数据通信在本网段内进行，只有指定的数据包可以超出本地网段的范围，从而降低了各网段和主干网的网络负荷。利用交换技术易于扩展网络的规模，并且可以限制子网内的错误在整个网络上的传输。

交换机可以同时处理不同网段之间的多个数据包，在通信设备之间建立多个动态连接，实现并行数据交换。使用具有全双工功能的交换机，在两个节点之间可以同时发送和接收数据，消除了冲突的可能，全双工以太网的数据传输速率增加到200Mbit/s。

具有自适应功能的网络站点（终端设备和网络部件）能自动检测出信号传输速率（10Mbits或100Mbis），自适应功能可以实现所有以太网部件之间的无缝互操作性。

自协商是高速以太网的配置协议，该协议使有关站点在数据传输开始之前就能协商，以确定它们之间的数据传输速率和工作方式，例如全双工或半双工。

②电气交换模块与光纤交换模块

电气交换模块（ESM）与光纤交换模块（OSM）用来构建10Mbits/100Mbt/s交换网络，能低成本、高效率地在现场建成具有交换功能的线性结构或星形结构的工业以太网。级联深度和网络规模仅受信号传输时间的限制，使用ESM，可以使网络总体规模达5km；使用OSM，网络长度可达150km。

可以将网络划分为若干个部分或网段，并将各网段连接到ESM或OSM上，这样可以分散网络的负担，实现负载解耦，改善网络的性能。利用ESM或OSM的网络冗余管理器，可以构建环形冗余工业以太网。

③交换机

A. SCALANCE X005是非网络管理型交换机，有5个RJ-45接口，价格低廉。

B. SCALANCE X-100系列是非网络管理型交换机，带有冗余电源和信号触点。

C. SCALANCE X-200系列是网络管理型交换机，可以用于环形冗余网。

D. SCALANCE X-200IRT是网络管理型交换机，可以用于具有严格的实时要求的网络。

E. SCALANCE X-300是网络管理增强型千兆交换机。

F. SCALANCE X-400是高性能模块化的千兆交换机，可扩展。

如果在系统的快速性和冗余控制方面没有什么要求，现场环境较好，工业以太网可以使用普通的交换机和普通的网卡，反之则应选用西门子公司的交换机和网卡。

④ S7-300/400的工业以太网通信处理器

CP443-1 Advanced-IT是用于S7-400的全双工以太网通信处理器，通信速率为10Mbit/或100Mbit/s。通信服务包括PG/OP、TCP/IP、ISO、UDP、S7通信（可作客户机和服务器）、开放式通信、S7路由、高级Web诊断，支持PROFIenergy功能和时钟同步等。有的可以作PROFINET IO控制器，有的还可以作IO设备。

CP443-1 Advanced-IT还有IT通信功能，用于Industrial Ethernet的S7 CP，带有 2 个接口、一个千兆位接口（端口 1，10/100/1000 Mbps）以及一个 PROFINET 接口（4 端口交换机，10/100 Mbps）。

⑤ 用于PC的工业以太网通信处理器

西门子的工业以太网通信卡CP1612 A2和CP1613 A2使用PCI总线，CP1623和CP1628使用PCIe总线。CP1613 A2和CP1623可用于冗余系统。

⑥ 带PROFINET接口的CPU

CPU的型号中带PN的都有一个集成的PROFINET接口，可以作PROFINET IO控制器，支持PROFINET CBA（基于组件的自动化），还可以作CBA的DP智能设备的PROFINET代理服务器。支持S7通信，集成了Web服务器。通过TCP/IP、Iso-on-TCP和UDP协议，可进行开放的IE通信。具体的功能与CPU的订货号和固件版本号有关。

二、PROFINET通信的组态

1. PROFINET简介

PROFINET是基于工业以太网的开放的现场总线（IEC 61158的类型10）。使用PROFINET，可以将分布式IO设备直接连接到工业以太网。PROFINET可以用于对实时性要求更高的自动化解决方案，例如运动控制。PROFINET通过工业以太网，可以实现从公司管理层到现场层的直接的、透明的访问，PROFINET融合了自动化世界和IT世界。

PROFINET吸纳了PROFIBUS和工业以太网的技术诀窍，采用开放的IT标准，与以太网的TCP/IP标准兼容，并提供了实时功能，能满足所有自动化的需求。

使用PROFINET IO，现场设备可以直接连接到以太网，与PLC进行高速数据交换。PROFINET正在逐渐成为主流的现场总线。

2. PROFINET在实时控制中的应用

PROFINET使用以太网和TCP/UDP/IP协议作为通信基础，TCP/UDP/IP是IT领域通信协议事实上的标准。对快速性没有严格要求的数据使用TCP/IP协议，响应时间在100ms数量级，可以满足工厂控制级的应用。

PROFINET的实时（RealTime，RT）通信功能适用于对信号传输时间有严格要求的场合，例如用于传感器和执行器的数据传输。通过PROFINET，分布式现场设备可以直接连接到工业以太网，与PLC等设备通信。其响应时间比PROFIBUS-DP等现场总线相同或更短，典型的更新循环时间为1～10ms，完全能满足现场级的要求。PROFINET的实时性可以用标准组件来实现。

PROFINET的同步实时（Isochronous Real-Time，IRT）功能用于高性能的同步运动控制。IRT提供了等时执行周期，以确保信息始终以相等的时间间隔进行传输。IRT的响应时间为0.25～1 ms，波动小于1 μs。IRT通信需要特殊的交换机（例如SCALANCE X-200IRT）的支持，等时同步数据传输的实现基于硬件。PROFINET的通信循环被分为两个部分，即时间确定性部分和开放性部分，循环的实时报文在时间确定性通道中传输，而TCP/IP报文则在开放性通道中传输。PROFINET能同时用一条工业以太网电缆满足3个自动化领域的需求，包括IT集成化领域、实时（RT）自动化领域和同步实时（IRT）运动控制领域，它们不会相互影响。使用铜质电缆最多126个节点，网络最长5km。使用光纤多于1000个节点，网络最长150km。无线网络最多8个节点，每个网段最长1000m。

3. PROFINET IO系统

PROFINET IO系统由IO控制器和IO设备组成，如图2-65所示。

PROFINET IO与PROFIBUS都使用STEP 7组态，它们的属性都用GSD文件描述。

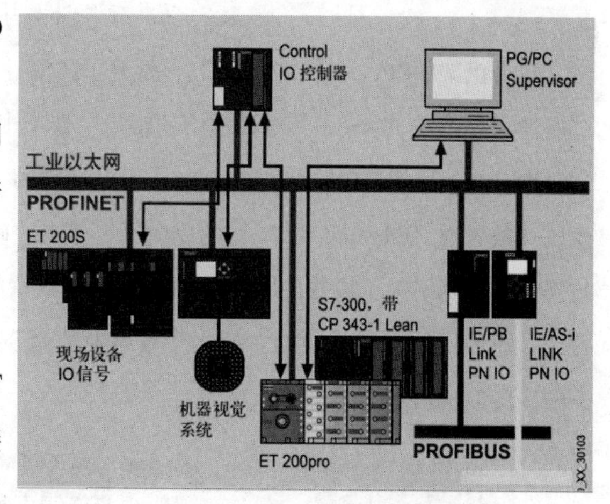

图2-65 PROFINET IO系统

4. PROFINET IO控制器

（1）CPU 416-3PN/DP等带PROFINET接口的CPU用于处理过程信号，以及直接将现场设备连接到工业以太网。

（2）新型号的CP443-1、CP443-1 Advanced-IT用于将S7-400连接到PROFINET。

（3）IE/PB LINK PN IO，见图2-65，是将现有的PROFIBUS设备连接到PROFINET的代理设备。就像访问IO设备一样，I/O控制器可以通过它访问从站。

（4）IE/AS-i Link是将AS-i设备连接到PROFINET的代理设备。

5. PROFINET IO设备

ET200SP、ET200S、ET200MP、ET200M、ET200Pro、ET200ecoPN、ET200AL均有PN接口模块，或集成的PN接口，它们可以作PROFINET IO设备。

6. PROFINET通信的组态

（1）组态PROFINET IO控制器

打开现有的SH23B梗丝低速气流干燥系统的“XZ_SH23B”项目文件，CPU为CPU 416-3PN/DP，打开硬件组态工具HWConfig，如图2-66所示。

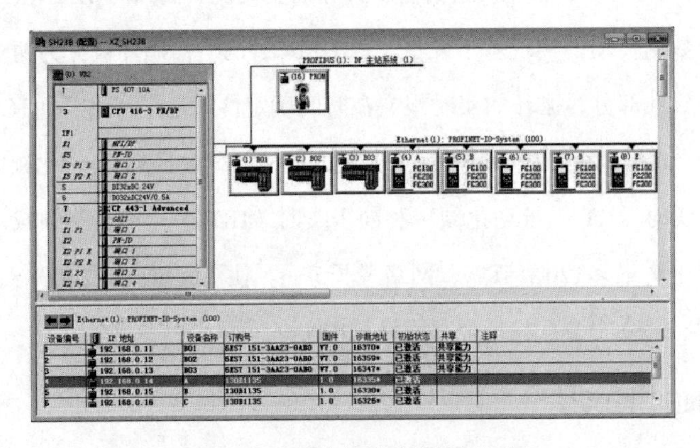

图2-66　硬件组态与网络组态

双击机架中CPU内的“PN-IO”，打开了“属性-PN-IO（RO/S3.5）对话框，单击打开的“属性-PN-IO（RO/S3.5）对话框中“常规”选项卡，点击里面的“属性”按钮，在打开的“属性-Ethernet接口PN-IO（RO/S3.5）”对话框的“参数”选项卡中，单击“新建”按钮，生成一条名为“Ethernet（1）”的以太网，单击“确定”按钮，返回“参数”选项卡，CPU被连接到该网络上。设置IP地址192.168.0.10和默认的子网掩码255.255.255.0，单击“确定”按钮，返回HWConfig。执行“插入”菜单中的命令，生成PROFINET IO系统（100）。如图2-67、图2-68所示。

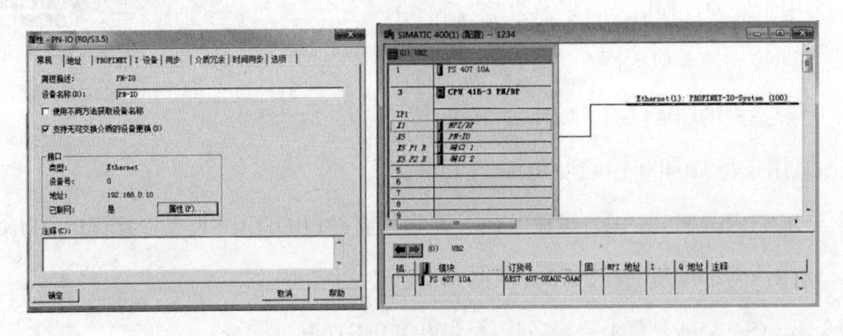

图2-67　生成PROFINET 网络

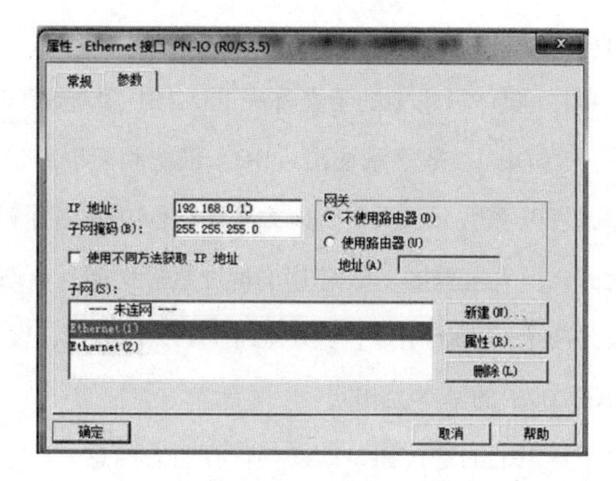

图2-68　网络组态

（2）组态ET200S

打开HWConfig右边的硬件目录窗口中的文件夹“\PROFINET IO I/O\ET200 S”，将其中接口模块IM151-3PN，订货号为IM151-3AA23-0AB0的模块拖放到以太网上。IM151-3PN需要配MMC卡。如图2-69所示。

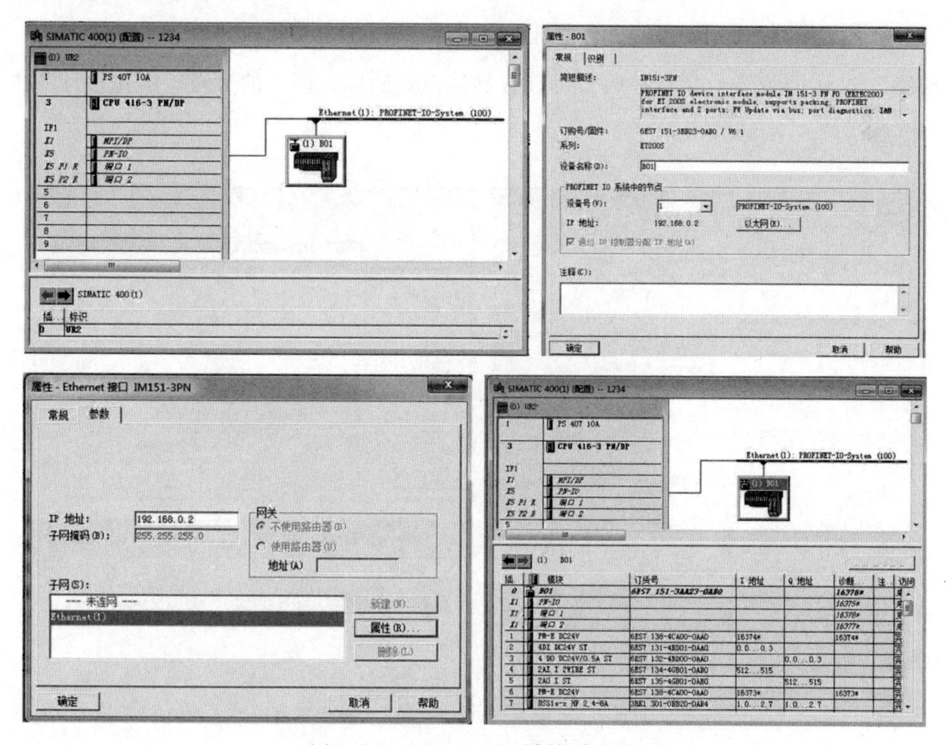

图2-69　IM151-3PN属性对话框

双击刚生成的站，单击打开的“属性-B01”对话框中的“以太网”按钮，如图2-69所示，在出现的“属性-Ethernet接口 IM151-3PN”对话框中，设置IP地址为192.168.0.11。单击“确定”按钮，返回“属性-B01”对话框。将对话框中的设备名称修改为B01，在分配设备名称时将会用到它。STEP 7按照组态的先后次序，自动分配以太网上各个IO设备的设备号。

返回HW Config后，打开硬件目录中的子文件夹“IM151-3PN ST V7.0”，将其中的电源模块（PM）、数字量输入（DI）、数字量输出（DO）模块和模拟量输出（AO）模块拖放到下面的插槽中。在组态时可以看出，主机架、以太网和DP网络中各个站点的输入、输出模块的地址是自动统一分配的，没有重叠区，CPU用I/O地址直接访问各个站的I/O模块。

用同样的方法组态另两个ET200S站点，其IP地址为192.168.0.3，设备号为2，设备名称为B02。各模块的型号与图2-69中的基本上相同。

组态结束后，单击工具栏上的按钮，编译与保存组态信息。

（3）编辑以太网节点

首先在SIMATIC管理器执行菜单命令“选项”→“设置PG/PC接口”，将实际使用的计算机网卡的通信协议设置为TCP/IP。此外还应设置该网卡的IP地址和子网掩码，使它和CPU的以太网接口在同一个子网内。

在HWConfig中执行菜单命令“PLC”→“Ethernet”（以太网）→“编辑Ethernet节点”，打开“编辑Ethernet节点”对话框，如图2-70所示。单击“浏览”按钮，出现“浏览网络”对话框。等待几秒钟后，可以看到搜索到的以太网上的节点（不包括计算机本身）信息。

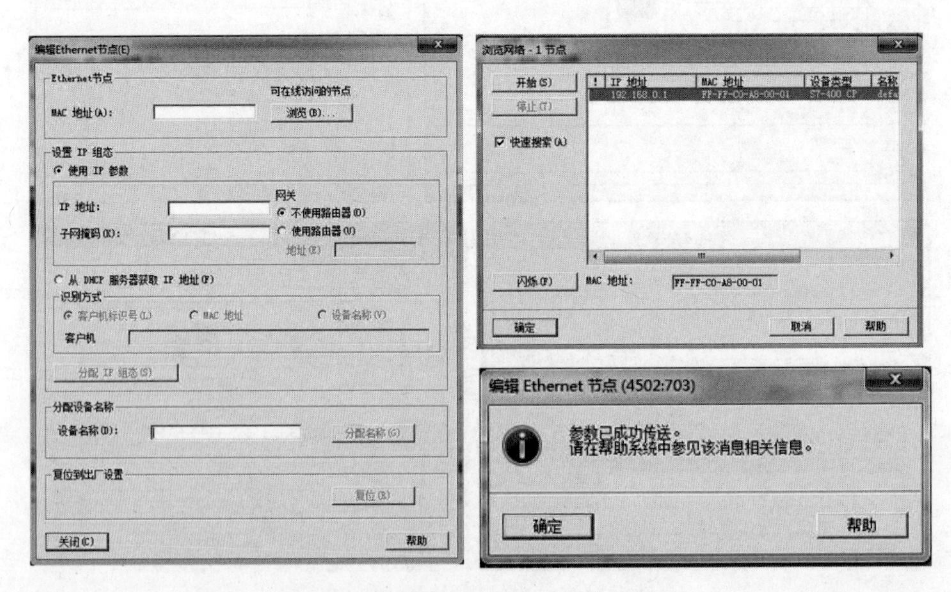

图2-70　编辑以太网节点对话框

出厂时带PN接口的CPU的IP地址为0.0.0.0，“浏览网络”对话框里显示出PLC的MAC 地址。选中PLC以后，单击“确定”按钮，返回“编辑以太网节点”对话框。输入要设置的PLC的IP地址和子网掩码，单击“分配IP组态”按钮，出现的对话框显示“参数已成功传送”。关闭以太网节点对话框，可以通过分配的IP地址和以太网下载硬件组态和程序。

（4）分配IO设备的名称

在PROFINET通信中，各IO设备是用设备名称来识别的，因此在组态时应为每个设备分配好设备名称，并将组态信息下载到CPU中。

在HWConfig中执行菜单命令“PLC”→“Ethernet”（以太网）→“分配设备名称”，打开“分配设备名称”对话框，如图2–70所示。

对话框上面的“设备名称”选择框给出了STEP 7中已组态和编译的设备名称。在“可用的设备”列表中，列出了STEP 7搜索到的以太网子网上所有可用的IO设备，包括在线获得的各设备的IP地址、MAC地址、设备类型和原有的设备名称。

下面是分配设备名称的操作步骤：

①用“设备名称”选择框选中硬件组态中设置的某个设备名称。

②选中“可用的设备”列表中搜索的某个需要分配名称的IO设备。

③单击“分配名称”按钮，“设备名称”选择框指定的设备名称被分配给“可用的设备”列表选中的IO设备。新分配的设备名称显示在“可用的设备”列表的“设备名称”列中。

如果不能确认“可用的设备”列表中的MAC地址对应的硬件IO设备，选中该列表中的某个设备，单击“闪烁开”按钮，被选中的IM151–3PN上绿色的Link LED闪烁，可以将闪烁持续的时间设置在3～60s之间。闪烁时“持续时间”下面的进度条显示已闪烁的时间。单击“闪烁关”按钮，将会提前停止闪烁。如图2–70的下部所示。

（5）验证PROFINET通信

上述操作全部成功完成后，将程序和组态信息下载到系统断电后再上电时，IM151–3PN的BFLED闪烁，PM、DI、DO、AO模块的SFLED亮。几秒后CPU的BF2LED 闪烁，SFLED亮。最后所有设备的红色故障LED熄灭，绿色的RUN LED亮。

可以用变量表来监视CPU与PROFINET IO设备的通信是否成功。也可以在OB1中用IO设备输入点的常开触点来控制IO设备输出点的线圈。如果用该输入点外接的小开关能控制对应的输出点，说明CPU与IO设备的通信是成功的。

（6）基于CP 443–1 Advanced IT的PROFINET通信

图2–71所示是SH23B梗丝低速气流干燥系统的网络结构，CP 443–1 Advanced 是PROFINET控制器。CP 443–1 Advanced有4个RJ–45接口，相当于自带一个有4个端口的交换机。ET200S PN、IE/PB Link和计算机的以太网接口直接连接到CP 443–1的RJ–45连接器上。在图2–71中，有两条以太网Ethernet（1）和Ethernet（2）， Ethernet（1）用于连接3个子站

箱和5变频器，Ethernet（2）主要用于上下游设备的电控设备的通信连接，例如和CP402的网络连接。

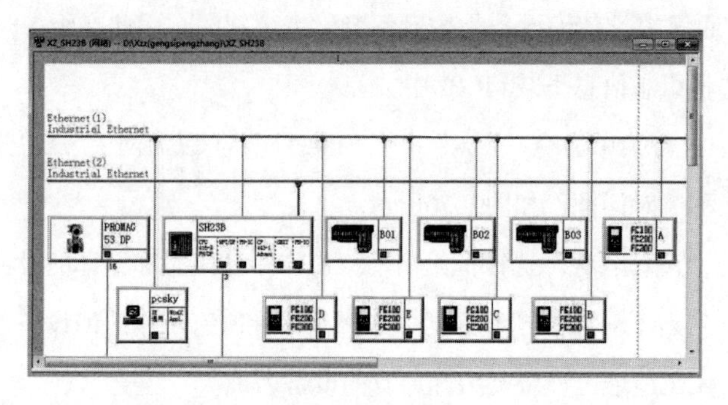

图2-71　SH23B梗丝低速气流干燥系统硬件组态与网络组态

组态时可以看出，主机架、以太网上的IO设备和DP网络上各从站的IO模块的地址是自动统一分配的，没有重叠区。就像CPU集成的PROFINET接口一样，CPU通过CP 443-1 Advanced，用I/O地址直接访问各远程站的I/O模块。

硬件和网络的组态、分配设备名称和验证通信是否实现的方法与前面介绍的相同。

第三章　软件部分

第一节　系统控制

图3-1是SH23B梗丝低速气流干燥系统的主画面，在主画面的下部是“系统控制”和“生产控制”，在“系统控制”里面有“手动”“自动”和“闭锁”三个软按钮，在“生产控制”里面有“预热”“生产”“冷却”和“闪蒸清洗”四个软按钮。

“手动”功能用于维修和设备清扫；“自动”功能用于正常生产；“闭锁”时设备无法起动。手动控制状态时，操作员可以在通过本地箱上的启动/停止按钮启停电机，通过面板开关电磁阀。自动控制状态时，操作员在画面上按动相应的命令按钮，由程序按工艺要求自动启停相应设备。

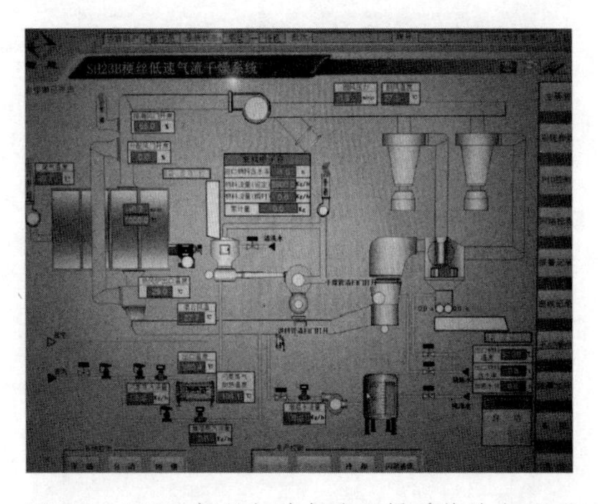

图3-1　SH23B梗丝低速气流干燥系统的主画面

下面把就画面中出现的“系统控制”和“生产控制”方式以及其中的“手动”“自动”“闭锁”“预热”“生产”“冷却”和“闪蒸清洗”八个软按钮在SIMATIC中的控制程序予以介绍。

一、功能FC2——系统控制

在SIMATIC管理器中，鼠标右键单击功能FC2，出现功能FC2的属性对话框，图3-2为常规-第1部分，显示出符号名为“系统控制”，即功能FC2的主要功能就是用于系统控制。

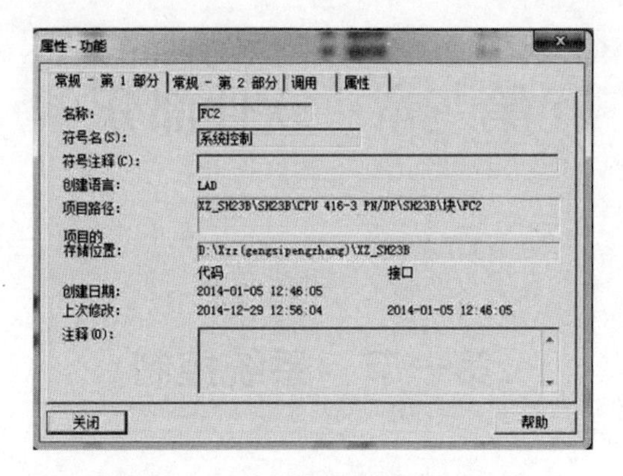

图3-2　功能FC2常规-第1部分

1.总故障复位按钮的使用

在功能FC2的程序段1、2主要讲述“总故障复位”按钮的使用和控制，如图3-2。在图3-1中的右上角有软按钮，用于复位出现的故障。

当PLC被上电以后，最先被扫描的是功能FC2的程序段1、2，如果这时系统中有故障，检查设备，人工把故障消除以后，再按动软按钮，故障自动消除。如图3-3所示。

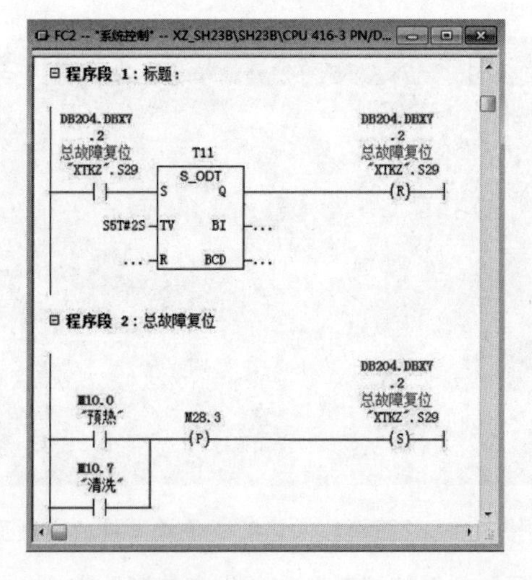

图3-3　功能FC2的程序段1、2中总故障复位按钮

当要正常生产时，先让设备进行预热，这时操作人员点动操作屏上的预热按钮；当生产结束时，要先对设备进行冷却，再进行清洗，这时操作人员点动操作屏上的清洗按钮，即程序段2中的常开触点“M10.0‘预热’”和“M10.7‘清洗’”闭合，其中的任意一个都能置位线圈“DB204.DBX7.2总故障复位XTKZ.S29”。在程序段1中，线圈“DB204.DBX7.2总故障复位XTKZ.S29”的常开触点闭合，经过定时器T11的2秒钟延时以后，线圈“DB204.DBX7.2

总故障复位XTKZ.S29”被重新复位，消除所有存在的故障。

至于怎样消除故障，在后面的功能FC6（报警处理）中介绍。

2. 系统控制

如图3-4，程序段3，主要是对系统进行控制，就是对图中下面的几个软按钮操作以后，产生的一系列动作。

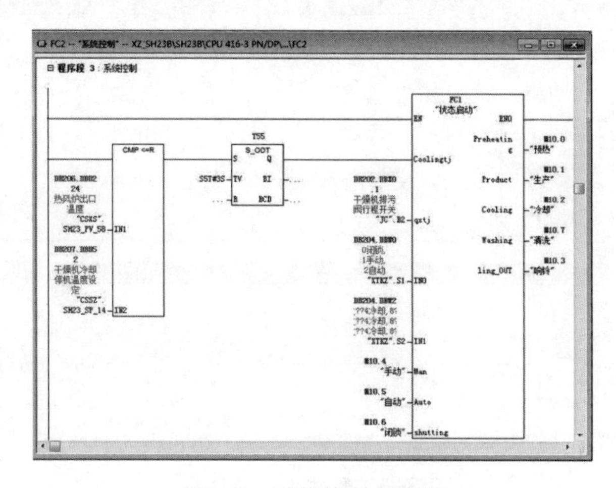

图3-4　系统控制程序段

当点击“闭锁”时，与之对应的“闭锁"”变成绿色按钮，也就是程序段3中的常开点“M10.6‘闭锁’”输入信号到PLC中，这时所有对系统的操作都被禁止。

当点击“手动”时，“冷却”和“闪蒸清洗”两个按钮变成高亮，这时当分别点击“冷却”或“闪蒸清洗”后，与之对应的“冷却”或“闪蒸清洗”变成绿色按钮，系统就按照各自设定好的程序自动进行“冷却”或“闪蒸清洗”。

当点击“自动”时，“预热”和“生产”两个按钮变成高亮，这时先点击“预热”按钮，这时“预热”按钮变成绿色，系统就按照设定的程序自动进行“预热”，直到达到设定的“预热”的条件；再点击“生产”按钮，这时“生产”按钮变成绿色，系统就按照设定的程序自动进行“生产”。

当不管什么原因，只要“DB206.DBD224热风炉出口温度CSXS.SH23_PV_58的检测值小于设定值“DB207.DBD52干燥机冷却停机温度设定CSSZ.SH23_SP_14”的时候，经过定时器T55的3秒钟的延时，系统自动进入到“冷却”程序，主要用于保护设备的安全。

具体的控制程序在“功能FC1——系统启动”中介绍。

3. 预热

如图3-5，在程序段4中，当主画面下面的“自动”和“预热”两个按钮被按动以后，热风炉自动点燃，系统就按照设定的程序自动进行“预热”。当“DB206.DBD224热风炉出口温度CSXS.SH23_PV_58”的检测值和设定值“DB207.DBD56炉温设定CSSZ.SH23_SP_15”之差的绝对值小于等于5℃时，经过定时器T10的2分钟的延时和定时器T44的2分钟的延时后，没有出现异常情况，线圈“DB204.DBX5.5预热完成XTKZ.S16”和“DB204.DBX5.7预热完成显示XTKZ.S18”被激活，系统的预热完成。

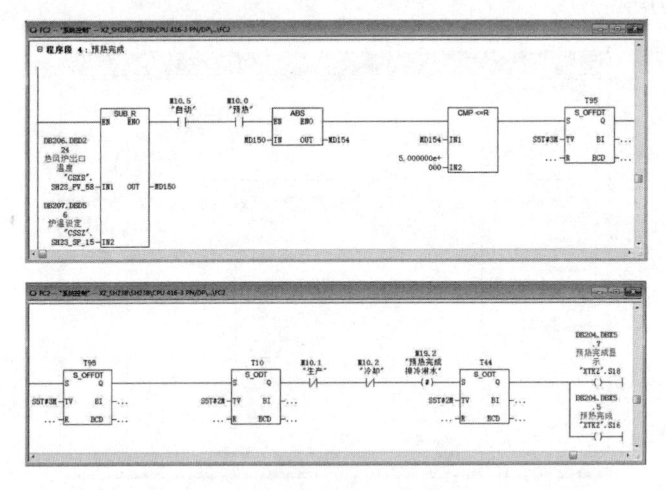

图3-5　预热控制程序段

当预热完成以后，这时如果正式生产，或其他原因要进行冷却，程序段4中的常闭点“M10.1‘生产’”或“M10.2‘冷却’”都能够让线圈“DB204.DBX5.5预热完成XTKZ.S16”和“DB204.DBX5.7预热完成显示XTKZ.S18”被失电，结束预热。

在程序段4中，当“DB206.DBD224热风炉出口温度CSXS.SH23_PV_58的检测值出现波动，和设定值“DB207.DBD56炉温设定CSSZ.SH23_SP_15”之差的绝对值大于5℃时或者“M10.5‘自动’”或“M10.0‘冷却预热’”发生异常时，断电延时定时器T95以前的程序断开，如果定时器T95在断电延时3分钟之内信号又恢复了，说明只是信号的扰动，如果定时器T95在3分钟之内信号没有恢复，系统认为是正常的操作。

3. 闪蒸清洗

如图3-6，在程序段5中，调用了功能FC21，系统为“闪蒸清洗”专门写了功能FC21。

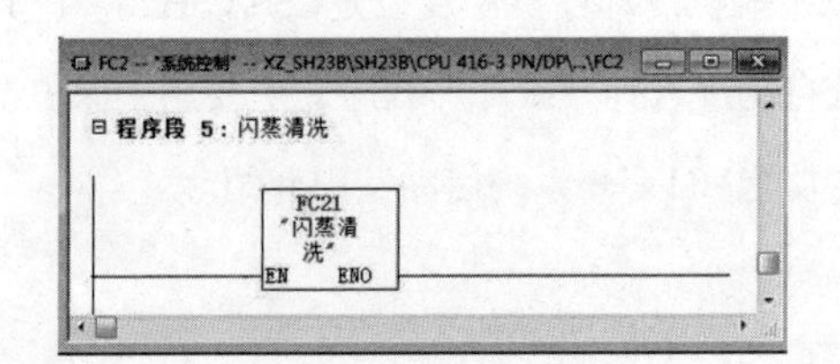

图3-6　闪蒸清洗程序

二、功能FC1——系统启动

1. 系统的初始化

如图3-7，在功能FC1的程序段1中，带扩展的脉冲定时器T1，不管是由于什么原因造成“1000.0 ‘常0’ ”的输入脉冲宽度小于带扩展的脉冲定时器T1的预设时间值1秒钟时，也能输出指定宽度的脉冲，并且在定时期间，即使“1000.0 ‘常0’ ”变为0状态，仍然继续定时，这就保证了初始化工作的顺利完成。

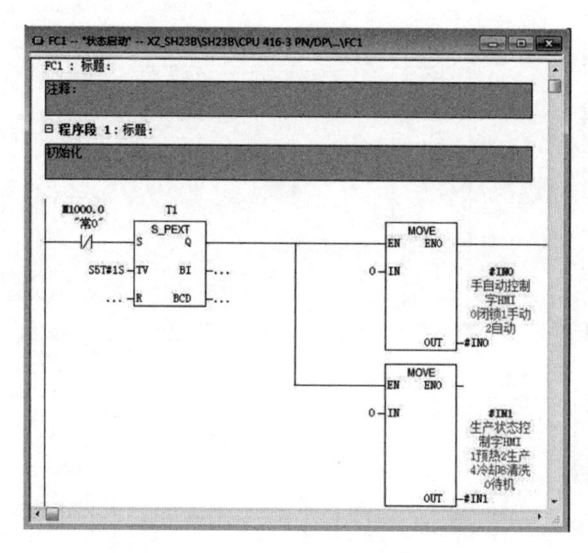

图3-7　系统的初始化

在主画面中，如果在“系统控制”分别点击了“手动”“自动”“闭锁”，即在功能FC2中激活了“M10.4‘手动’”“M10.5‘自动’”“M10.6‘闭锁’”以后，系统即把“M10.4‘手动’”“M10.5‘自动’”“M10.6‘闭锁’”分别当成三个位存储器，又把它们当成一个整体，也就是根据不同的选择分别赋值“0”“1”和“2”，便于后面的控制。“生产控制”方式中的“预热”“生产”“冷却”和“闪蒸清洗”四个方式的选择和“系统控制”一样，最终对应“1”“2”“4”“8”和“0”。

为了设备的安全，系统上电以后，在程序段1中，就把“系统控制”赋值为“0”，即“闭锁”状态，把“生产控制”赋值为“0”，即“待机”状态。

2.“生产控制”方式中的“预热”“生产”“冷却”和“闪蒸清洗”

（1）如图3-8，“生产控制”方式中的“预热”，当在“生产控制”中点击了“预热”按钮以后，局部变量“#IN1生产状态控制字 HMI 1预热2 生产 4冷却 8清洗 0待机 #IN1”被系统赋值为1，即在程序段2中，局部变量“#IN1生产状态控制字HMI 1预热 2生产 4冷却 8

清洗 0待机 #IN1”=1，程序段2具有了向后面传递能流的条件，首先激活了中间输出位“#tp1预热响铃 #tp1”，在程序段7中，用中间输出位“#tp1预热响铃#tp1”的常开触点激活了线圈“#ling_OUT 响铃输出 #ling_OUT”，在功能FC2中的程序段3中，通过线圈“M10.3‘响铃’”的常开触点激活了功能FC6（报警功能）程序段1中生产警铃“Q0.3报警组合警笛‘DO4’”，

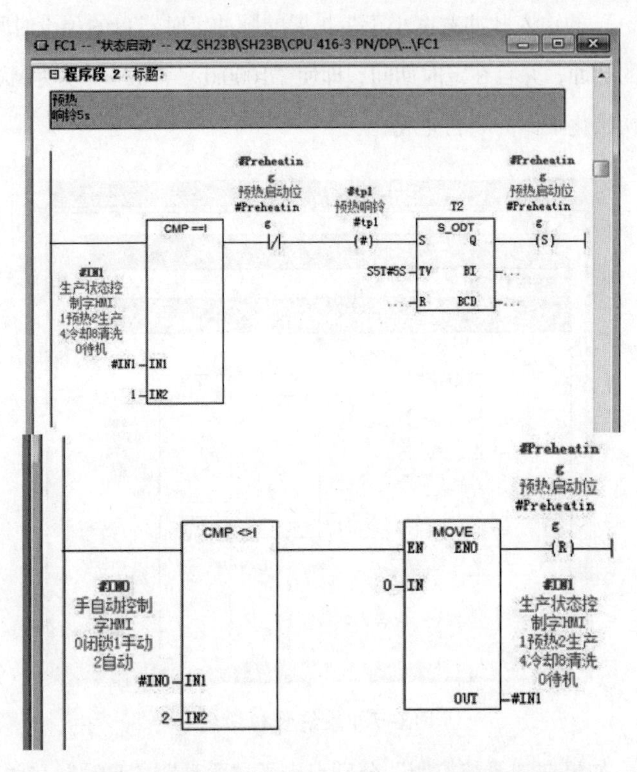

图3-8 “生产控制”方式中的“预热”程序段

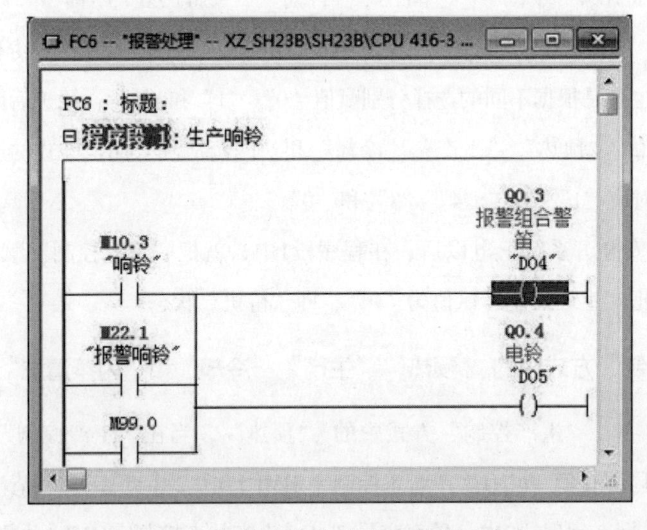

图3-9 报警处理中的生产警铃程序段

如图3-9所示。在功能FC2中的程序段3中，通过线圈“M10.0‘预热’”的常开触点激活了功能FC6（报警功能）程序段2中的生产警铃“Q0.1报警组合绿灯‘DO2’”，如图3-10所示。

经过定时器T2的5秒钟延时以后，局部变量线圈“#Preheating 预热启动位 #Preheating”被置位，系统按照设定的步骤开始预热。

当SH23B梗丝低速气流干燥系统正在预热的时候，不管什么原因，在“系统控制”中点击了“手动”或“闭锁”按钮，只要不是按下“自动”按钮，即在程序段4中，“#IN0 手自动控制字HMI 0闭锁1手动2自动 #IN0”不等于2，已经被置位的线圈“#Preheating 预热启动位 #Preheating”重新被复位，即停止预热，局部变量“#IN1生产状态控制字HMI 1预热2生产4冷却8清洗0待机 #IN1”被赋值为0，即处于待机状态。

（2）如图3-10，“生产控制”方式中的“生产”，当在“生产控制”中点击了“生产”按钮以后，局部变量“#IN1生产状态控制字HMI 1预热2生产4冷却8清洗0待机 #IN1”被系统赋值为2，即在程序段3中，局部变量“#IN1生产状态控制字HMI 1预热2生产4冷却8清洗0待机 #IN1”=2，程序段3具有了向后面传递能流的条件，首先激活了中间输出位“#tp2 生产响铃 #tp2”，在程序段7中，用中间输出位“#tp2 生产响铃 #tp2”的常开触点激活了线圈“#ling_OUT 响铃输出 #ling_OUT”，在功能FC2中的程序段3中，通过线圈“M10.3‘响铃’”的常开触点激活了功能FC6（报警功能）程序段2中的生产警铃“Q0.1报警组合警笛‘DO4’”，如图3-9所示。在功能FC2中的程序段3中，通过线圈“M10.1‘生产’”的常开触点激活了功能FC6（报警功能）程序段2中的生产警铃“Q0.1报警组合绿灯‘DO2’”，如图3-11所示。

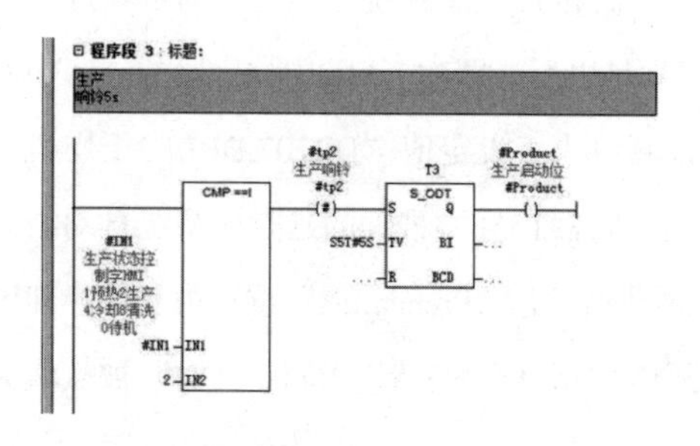

图3-10　“生产控制”方式中的“生产”

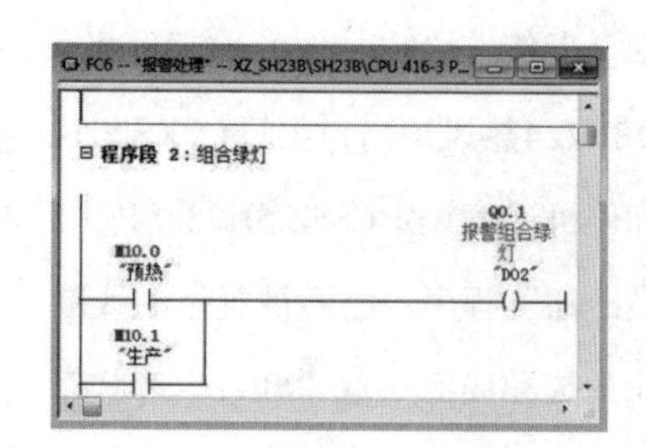

图3-11　报警处理中的报警组合绿灯程序段

经过定时器T3的5秒钟延时以后，局部变量线圈“#Product 生产启动位 #Product”被置位，系统按照设定的步骤开始生产。

（3）如图3-12所示，“生产控制”方式中的“冷却”，在程序段5中，当SH23B梗丝低速气流干燥系统正在生产的时候，不管什么原因，在“系统控制”中点击了“手动”或“闭锁”按钮，只要不是按下“自动”按钮，即在程序段5中，“#IN0 手自动控制字HMI 0闭锁1手动2自动 #IN0”不等于2，局部变量“#IN1生产状态控制字HMI 1预热 2生产 4冷却 8清洗 0待机 #IN1”被赋值为0，已经被置位的线圈“#Preheating 预热启动位 #Preheating”重新被复位，即停止预热，经过定时器T75的2秒钟延时以后，局部变量“#IN1生产状态控制字HMI 1预热 2生产 4冷却 8清洗 0待机 #IN1”被赋值为0，即处于待机状态。这个程序设计的时候和程序段4有点重复。

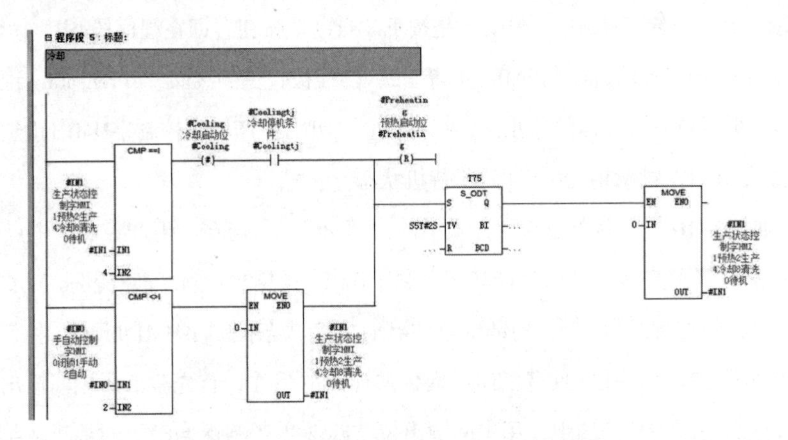

图3-12 “生产控制”方式中的 “冷却”

当生产结束以后，在“生产控制”中点击了“冷却”按钮，局部变量“#IN1生产状态控制字HMI 1预热 2生产 4冷却 8清洗 0待机 #IN1”被系统赋值为2，即在程序段5中，局部变量“#IN1生产状态控制字HMI 1预热 2生产 4冷却 8清洗 0待机 #IN1”=4，程序段5具有了向后面传递能流的条件，首先激活了中间输出位“#Cooling 冷却启动位 #Cooling”，即在功能FC2中的程序段3中，激活线圈“M10.2‘冷却’”，以便控制系统按照设定的步骤进行冷却。当条件“#Coolingtj 冷却停机条件 #Coolingtj”满足以后，即功能FC2中程序段的“DB206.DBD224热风炉出口温度CSXS.SH23_PV_58”的检测值小于设定值“DB207.DBD52干燥机冷却停机温度设定CSSZ.SH23_SP_14”的时候，经过定时器T55的3秒钟的延时，系统自动结束“冷却”程序。已经被置位的线圈“#Preheating 预热启动位 #Preheating”重新被复位，即停止预热和局部变量“#IN1生产状态控制字HMI 1预热2生产4冷却8清洗0待机 #IN1”被赋值为0，即处于待机状态。

（4）“生产控制”方式中的“清洗”（闪蒸清洗）

如图3-13，“生产控制”方式中的 “清洗”， 当在“系统控制”中点击了“自动”，在“生产控制”中点击了“清洗”按钮以后，局部变量“#IN1生产状态控制字HMI 1预热2生产4冷却8清洗0待机 #IN1”被系统赋值为8，即在程序段6中，局部变量“#IN1生产状态控制字HMI 1预热 2生产 4冷却 8清洗 0待机 #IN1”=8，程序段3具有了向后面传递能流的条件；

并且“#qxtj 清洗条件 #qxtj”已经满足，即功能FC2程序段3中“DB202.DBX0.1干燥机排污阀行程开关’‘JC.B2’”已经满足，对“DB202.DBX0.1干燥机排污阀行程开关‘JC.B2’”鼠标右击→“跳转到”→“应用位置”，打开了功能FC6的（报警处理）程序段6中的程序段，“DB202.DBX0.1干燥机排污阀行程开关‘JC.B2’”对应的是数字量输入点I7.0，如图3-14所示。当以上的三个条件满足以后，首先激活了中间输出位“#tp3清洗响铃 #tp3”，在程序段7中，用中间输出位“#tp3 清洗响铃 #tp3”的常开触点激活了线圈“#ling_OUT 响铃输出 #ling_OUT”，在功能FC2中的程序段3中，通过线圈“M10.7‘清洗’”的常开触点激活了功能FC6（报警功能）程序段2中的生产警铃“Q0.1报警组合警笛‘DO4’”，如图3-10所示。

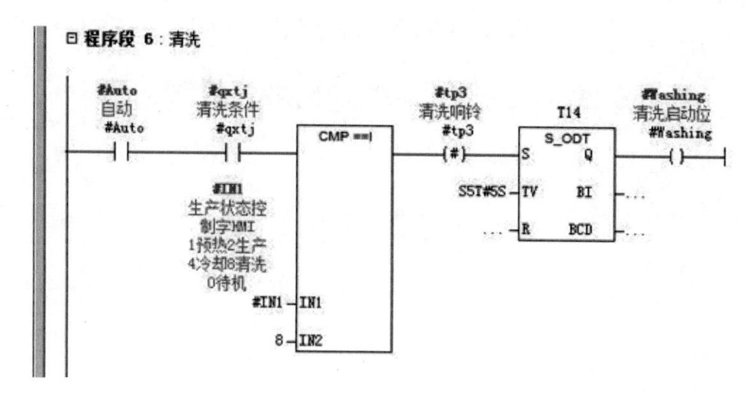

图3-13　“生产控制”方式中的“清洗”

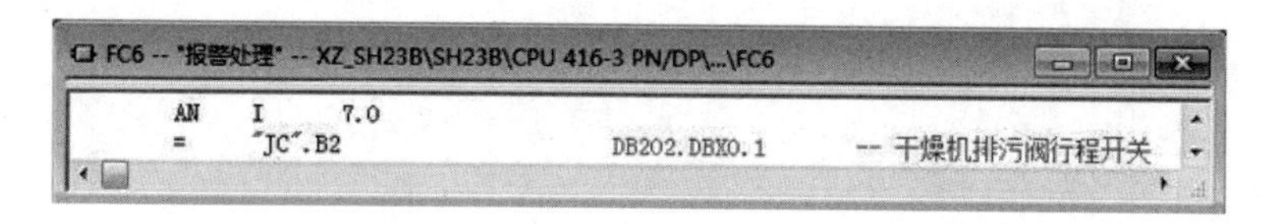

图3-14　干燥机排污阀行程开关对应的数字量输入点

经过定时器T14的5秒钟延时以后，激活了线圈“#Washing 清洗启动位 # Washing”，以便后面程序使用。

3. 响铃输出

如图3-15所示，当“生产控制”方式选择“预热”或“生产”或“清洗”以后，在上面的解释中，分别激活了中间输出位“#tp1预热响铃 #tp1”、中间输出位“#tp2生产响铃 #tp2”和中间输出位“#tp3清洗响铃 #tp3”，它们的常开触点分别置位了线圈“#ling_OUT 响铃输出 #ling_OUT”，即功能FC2中的线圈“M10.3‘响铃’”，通过对“M10.3‘响铃’”标右击→“跳转到”→“应用位置”，在功能FC2中的程序段3中，通过线圈“M10.3‘响铃’”的常开触点激活了功能FC6（报警功能）程序段2中的生产警铃“Q0.1报警组合警笛‘DO4’”，如图3-10所示。

在中间输出位“#tp1预热响铃 #tp1”、中间输出位“#tp2生产响铃 #tp2”和中间输出位“#tp3清洗响铃 #tp3”，被激活5秒钟以后，又分别激活了线圈“#Preheating 预热启动位 #Preheating”、线圈“#Product 生产启动位 #Product”、线圈“#Washing 清洗启动位 #Washing”，它们的常开触点分别复位了线圈“#ling_OUT 响铃输出 #ling_OUT”，即功能FC2中的线圈“M10.3‘响铃’”失电，功能FC6（报警功能）程序段2中的生产警铃“Q0.1报警组合警笛‘DO4’”也失电停止生产报警。

在图3-15中，在“系统控制”分别点击了“手动”或“闭锁”，这时，“#IN0 手自动控制字HMI 0闭锁1手动2自动 #IN0”不等于2，即上面的介绍都是建立在“自动”控制模式，只要不是“自动”控制模式，生产警铃“Q0.1报警组合警笛‘DO4’”都失电停止生产报警。

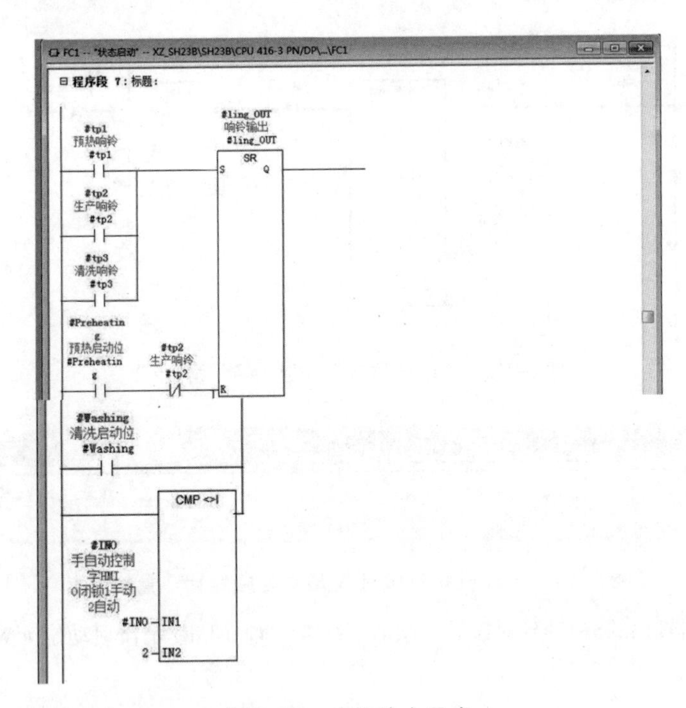

图3-15　响铃输出程序

在图3-10中，还有一组报警，在功能FC2中的程序段3中，通过线圈“M10.1 生产或者线圈“M10.0‘预热’”的常开触点激活了功能FC6（报警功能）程序段2中的生产警铃“Q0.1报警组合绿灯‘DO2’”，并且这个报警组合绿灯伴随着“生产”或“预热”的始终。

4.“系统控制”按钮的选择

图3-16是“系统控制”按钮的选择的程序，这三个程序段本应该放在功能FC1的前面，即选择了“系统控制”以后，再选择“生产控制”，这也反映了PLC程序的特点。在PLC的存储器中，设置了一片区域用来存放输入信号和输出信号的状态，它们分别称为过程映像输

入区和过程映像输出区。只要这些输入信号和输出信号的状态不发生变化，不管是在哪一个扫描周期置位的输入信号和输出信号的状态都起作用，所以，编制程序时不分前后次序，这也增加了灵活性。

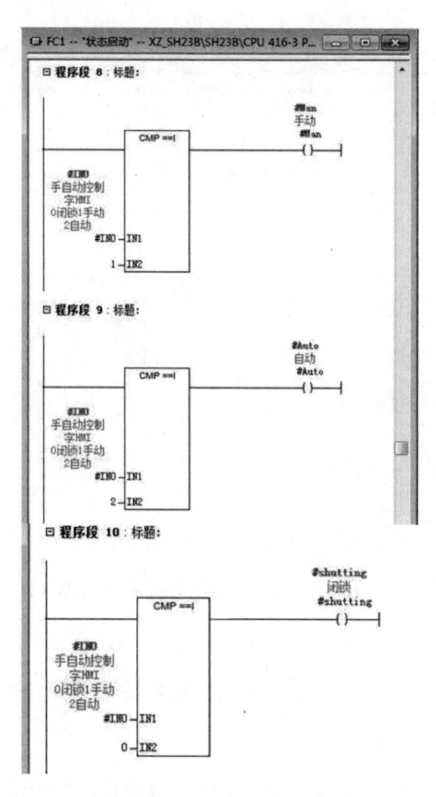

图3-16　“系统控制”程序

当在“系统控制”里面选择了“闭锁”或“手动”或“自动”三个软按钮中的一个时，相应的“#IN0 手自动控制字HMI 0闭锁1手动2自动 #IN0”分别赋值为“0”“2”“1”，相应的在程序段8、9、10中激活了线圈“#Man”“自动”“闭锁”，也即激活了功能FC2程序段中的“M10.4‘手动’”“M10.5‘自动’”“M10.6‘闭锁’”，以便其他程序使用。

三、功能FC21—闪蒸清洗

图3-17是功能FC21闪蒸清洗的程序，“生产控制”中的“清洗”按钮被点击以后，功能FC2的程序段3中的线圈“M10.7‘清洗’”被激活，它的常开触点作为功能FC21闪蒸清洗程序的得电运行条件，在程序段1中，在监控画面上输入的实数型清洗时间被赋值给“DB207.DBD76 闪蒸清洗时间设定CSSZ. SH23_SP_20”，这个值经过ROUND的双精度取整、I_BCD的整数转换成BCD码、与16#2000（B#10 0000 0000 0000）的逐位相或后传送给存储器MW108中，定时器T73就以MW108中的值作为延时值，当定时器T73的延时值到了以后，系统把0

赋值给“DBD204.DBW2 1预热2生产4冷却8清洗0待机‘XTKZ’.S2”，即当清洗时间到了以后，系统处于待机状态。

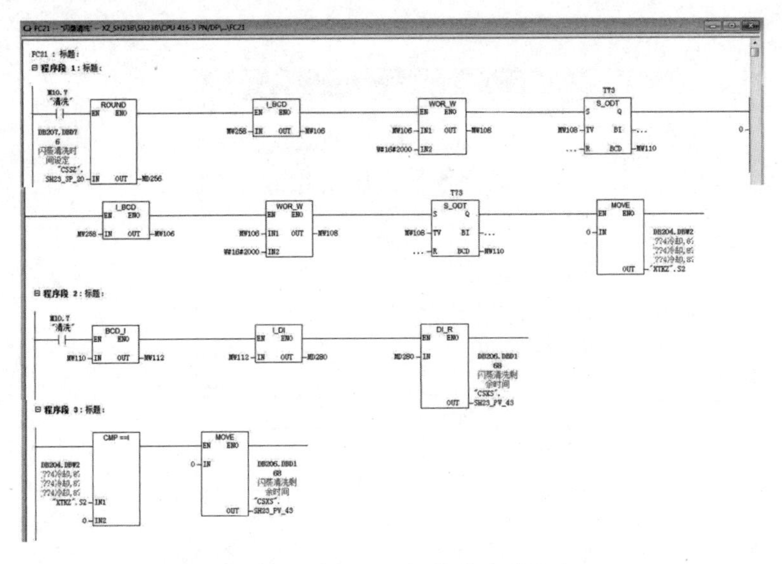

图3-17　功能FC21闪蒸清洗的程序

在程序段1中的定时器T73的剩余时间被赋值给存储器MW110，在程序段2中，在存储器MW110中存储的定时器T73的剩余时间通过BCD_I的BCD码转换成整型、I_DI的整型装换成双整形、DI_R的双整型转换成实数，把剩余时间以实数的形式赋值给“DB206.DBD168 闪蒸清洗剩余时间 “CSXS. SH23_PV_43”。

在程序段3中，当“DBD204.DBW2 1预热2生产4冷却8清洗0待机XTKZ.S2”=0，即处于待机时候，系统把0赋值给“DB206.DBD168 闪蒸清洗剩余时间CSXS. SH23_PV_43”，便于下一个系统控制。

第二节　增湿水控制

增湿水流量控制：预热时，当热风炉出口温度到达加水设定温度时（当热风炉实际出口温度比设定值低10℃以上时加300 kg/h，以便系统快速预热；当热风炉实际出口温度比设定值低10℃以下时，增湿水按设定值加），加增湿水，一直持续到进入生产阶段。并且当来料电子称流量超过100kg/h时，停止加增湿水。生产过程中，由于各种原因暂停进料，设备进入待料状态，此时系统自动设定流量加增湿水。重新开始进料时，当来料电子称流量超过100kg/h时，停止加增湿水。冷却时，按下“冷却”按钮，开始加增湿水（当热风炉实际出口温度比设定值低40℃时增湿水流量由设定值降低到400 kg/h），直至热风炉实际出口温度小于加水设定温度时停止加增湿水。

一、功能FC3——模拟量处理

在功能FC3的模拟量处理中，把SH23B梗丝低速气流干燥系统使用的“模拟加水量”“闪蒸蒸汽流量”“增湿蒸汽流量”“热风炉出口温度”“混合风温”“回风温度”“回风管道负压”“水箱液位计”“炉膛负压”“炉膛温度”“尾气温度”“电加热器出口温度”“电加热器内温度”“干燥排潮风门开度调整”“干燥排潮风门”“比调仪实际温度”“比调仪设定温度”共17个模拟量进行处理。

模拟加水量

在SH23B梗丝低速气流干燥系统中，使用了PROFINET和PROFIBUS-DP两种网络，由PLC作为主站，设备按功能及相对位置划分从站，包括I/O子站箱（ET200S）、变频器和工控机，采用PROFINET网络；用于检测模拟加水量的电磁流量计使用的是PROFIBUS-DP网络，图3-18是SH23B梗丝低速气流干燥系统的硬件配置。

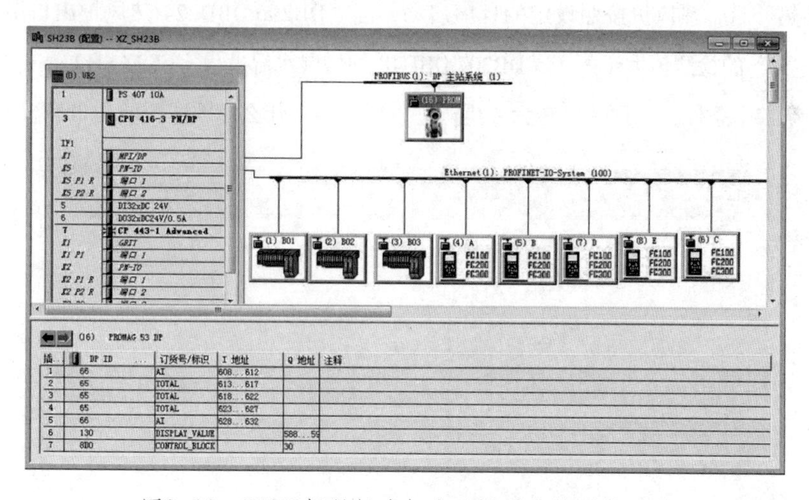

图3-18 SH23B梗丝低速气流干燥系统的硬件配置

如图3-19，在程序段1中，PID628就是图3-1中I地址，通过DP网络把PID628内部电磁流量计检测值读取出来。系统把从PID628中读取出来电磁流量计检测值直接赋值给DB206.DBD128 模拟加水流量 “CSXS”.SH23_PV_33”，这个值不经转换直接赋值给“DB208.DBD124 实际值PID参数.P4.PV”。鼠标右击“‘DB206.DBD128 模拟加水流量’CSXS.SH23_PV_33”→“跳转”→“应用位置”→功能块FB13（变频器控制），再鼠标右击“DB208.DBD124 实际值PID参数.P4.PV”→“跳转”→“应用位置”→功能FC13（增湿水流量PID调节）。

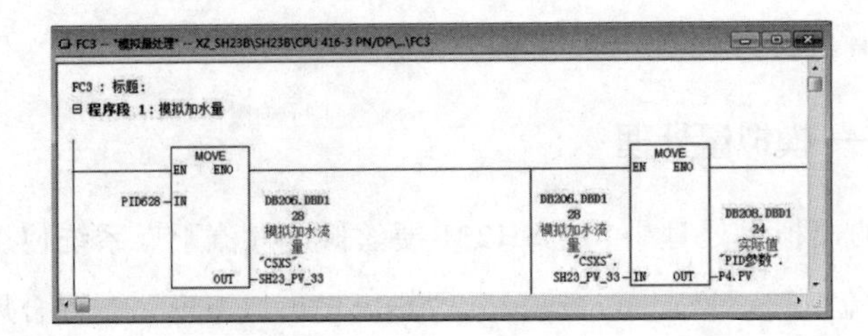

图3-19　通过DP网络把PID628内部电磁流量计检测值读取出来的程序

二、功能FC13——增湿水流量PID调节

1. 增湿水的PID启动条件

为了给气流干燥系统提供不同要求的增湿水，专门设置了一个水箱，使用电磁感应开关检测水箱水位的高低，使用齿轮泵泵水，电磁流量计检测流量值。

图3-20，在程序段1中，只有“系统控制”在“自动”的情况下，才向SH23B梗丝低速气流干燥系统中加入增湿水。有三个条件置位线圈“M20.5增湿水PID启动”：第一个条件，开始“预热”后，热风炉按照设定的程序启动，当“DB206.DBD224 热风炉出口温度CSXS.SH23_PV_58”的检测值大于等于“DB207.DBD48 加增湿水温度设定CSSZ.SH23_SP_13”的设定值时；第二个条件，“预热”转为“生产”以后，不管什么原因造成的皮带秤检测到的实

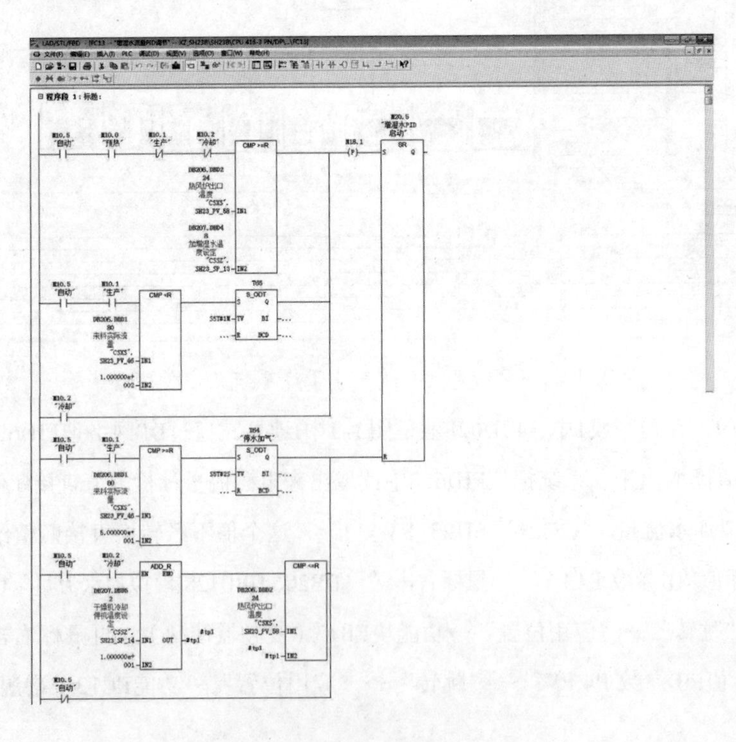

图3-20　增湿水的PID启动条件程序

际流量“DB206.DB180 来料实际流量CSXS.SH23_PV_46”小于100kg/h，为了防止干燥系统内部过热，经过定时器T65的1分钟的延时以后；第三个条件，点击“冷却”后，没有增加任何条件。这三个条件，都能够置位线圈“M20.5增湿水PID启动”，以便控制增湿水电磁阀的打开和变频器驱动水泵电机。

也有三个条件复位线圈“M20.5增湿水PID启动”：第一个条件，当SH23B梗丝低速气流干燥系统由“预热”转为“生产”时，皮带秤检测到的实际流量DB206.DB180 来料实际流量 “CSXS.SH23_PV_46”大于50kg/h，这时为了避免湿团烟丝或者水分超标，经过定时器T64的2秒钟的延时，停止加水；第二个条件，当“DB206.DBD224 热风炉出口温度 CSXS.SH23_PV_58”的检测值小于“DB207.DBD52　干燥机冷却温度设定CSSZ.SH23_SP_14”加10℃时，停止加水；第三个条件，只要不是“自动”的情况下。这三个条件，都能够复位线圈“M20.5增湿水PID启动”，以便控制增湿水电磁阀的关闭和变频器停止水泵电机。

2. PID控制器的设定值输入

如图3-21，当线圈“M20.5增湿水PID启动”被置位以后，线圈“M20.5增湿水PID启动”的常开触点作为程序段2的运行条件，因为增湿水的量是根据不同的条件变化的，后面的PID控制器使用的设定值也是随条件而变化的，所以程序设计了用“DB153.DBD6 internal setpoint ‘增湿水流量PID背景块’.SP_INT”向PID控制器传输设定值。有四个条件向PID控制器传送设定值：第一个条件，当“DB206.DBD224 热风炉出口温度CSXS.SH23_PV_58”的检测值大于等于“MD158 炉温”减10℃时，把设定值“DB208 DBD120 设定值PID参数.P4.SP”赋值给“DB153.DBD6 internal setpoint增湿水流量PID背景块.SP_INT”；第二个条件，不在“冷却”的时候，当“DB206.DBD224 热风炉出口温度CSXS.SH23_PV_58”的检测值小于“MD158 炉温”减10℃时，把300kg/h赋值给“DB153.DBD6　internal setpoint增湿水流量PID背景块.SP_INT”；第三个条件，在“冷却”的时候，直接把400kg/h赋值给“DB153.DBD6 internal setpoint增湿水流量PID背景块.SP_INT”；第四个条件，使用了取反指令/NOT/，当线圈“M20.5增湿水PID启动”的常开触点成为闭点时，取反指令/NOT/变成开点，后面的传送指令不起作用，当线圈“M20.5增湿水PID启动”的常开触点成为开点时，取反指令/NOT/变成闭点，把“0”赋值给“DB153.DBD6 internal setpoint增湿水流量PID背景块.SP_INT”，相应的PID输出值为“0”。

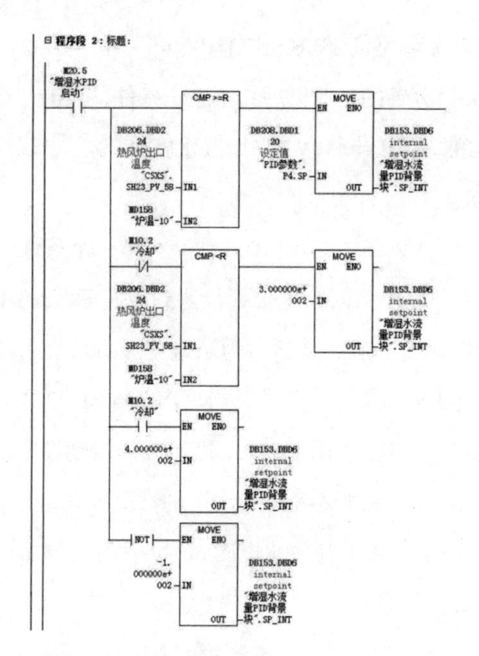

图3-21　PID控制器的设定值控制程序

3. 增湿水流量PID控制模块

如图3-22，在程序段3中，使用了功能块FB41对增湿水流量进行PID控制。功能块FB41是个连续控制器，其输出为连续变量。可用FB41作为单独的PID恒值控制器，或者在多闭环控制中实现级联控制器、混合控制器和比例控制器。控制器的功能基于模拟信号采样控制器的PID控制算法，如果需要的话，FB41可以用脉冲发生器FB43 进行扩展，产生脉冲宽度调制的输出信号，来控制比例执行机构。下面对FB41简单介绍。

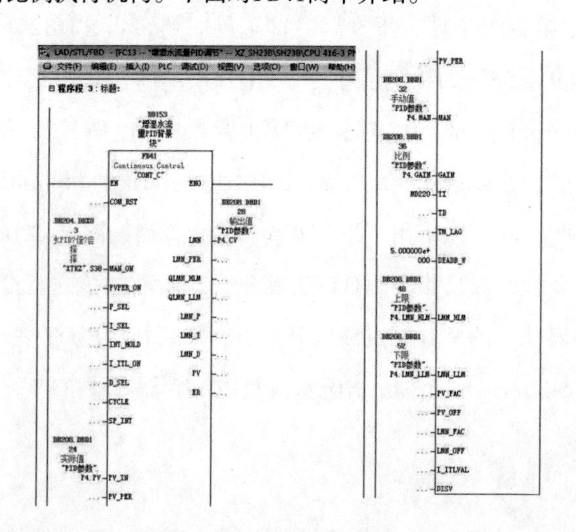

图3-22　FB41控制器及其解释

```
注释：A  "XTKZ".S38
=    L4.1
BLD  103
CALL "CONT_C" ,  "增湿水流量PID背景块"
COM_RST : =                              //启动标志，在OB100被复位
MAN_ON  : =L4.1                          //初始化为FALSE，自动运行
PVPER_ON: =                              //采用默认值FALSE，使用浮点数过程值
P_SEL   : =                              //采用默认值TRUE，启用比例（P） 操作
I_SEL   : =                              //采用默认值TRUE，启用积分（I） 操作
INT_HOLD: =                              //采用默认值FALSE，不冻结积分输出
I_ITL_ON: =                              //采用默认值FALSE，未设积分器的初值
D_SEL   : =                              //在OB 100被初始化为TRUE，启用微分操作
CYCLE   : =                              //采样时间，在OB100被设置为T#200MS
SP_INT  : =                              //在OB1中修改此设定值
PV_IN   : =" PID参数".P4.PV              //浮点数格式输出值作为PID的过程变量输入
PV_PER  : =                              //外部设备输入的I/O格式的过程变量值，未用
MAN     : =" PID参数".P4.MAN             //操作员接口输入的手动值，
GAIN    : =" PID参数".P4.GAIN            //增益，初始值为2.0，可用PID控制参数赋值工具修改
TI      : =MD220                         //积分时间，初始值为4s，可用PID控制参数赋值工具修改
TD      : =                              //微分时间，初始值为0.2s，可用PID控制参数赋值工具
                                         修改
TM_LAG  : =                              //微分部分的延迟时间，被初始化为0s
DEADB_W : =5.000000e+000                 //死区宽度，采用默认值0.0（无死区）
LMN_HLM : =" PID参数".P4.LMN_HLM         //控制器输出上限值，采用默认值100.0
LMN_LLM : =" PID参数".P4.LMN_LLM         //控制器输出下限值，在OB100被初始化为-100.0
PV_FAC  : =                              //外设过程变量格式化的系数，采用默认值1.0
PV_OFF  : =                              //外设过程变量格式化的偏移量，采用默认值0.0
LMN_FAC : =                              //控制器输出量格式化的系数，采用默认值1.0
LMN_OFF : =                              //控制器输出量格式化的偏移量，采用默认值0.0
I_ITLVAL: =                              //积分操作的初始值，未用
DISV    : =                              //扰动输入变量，采用默认值0.0
LMN     : =" PID参数".P4.CV              //控制器浮点数输出值，被送给被控对象的输入变量
                                         INV
```

```
LMN_PER : =                              //I/O格式的控制器输出值，未用
QLMN_HLM: =                              //控制器输出超过上限
QLMN_LLM: =                              //控制器输出小于下限
LMN_P   : =                              //控制器输出值中的比例分量，可用于调试
LMN_I   : =                              //控制器输出值中的积分分量，可用于调试
LMN_D   : =                              //控制器输出值中的微分分量，可用于调试
PV      : =                              //格式化的过程变量，可用于调试
ER      : =                              //死区处理后的误差，可用于调试
NOP   0
```

（1）设置FB41控制器的结构

FB41采用位置式PID算法，PID控制器的比例运算、积分运算和微分运算3部分并联，P_SEL、I_SEL和D_SEL为1状态时分别启用比例、积分和微分作用，反之则禁止对应的控制作用，因此可以将控制器组态为P、PI、PD和PID控制器。很少使用单独的I控制器或D控制器，默认的控制方式为PI控制。

LMN_P、LMN_I和LMN_D分别是PID控制器输出量中的比例分量、积分分量和微分分量，它们供调试时使用。

GAIN为比例部分的增益（或称为比例系数）。TI和TD分别为积分时间和微分时间。

输入参数TM_LAG为微分操作的延迟时间，FB41的帮助文件建议将TM_LAG设置为TD/5，这样可以减少一个需要整定的参数。

扰动量DISV（Disturbance）可以实现前馈控制，DISV的默认值为0.0。

（2）积分器的初始值

FB41有一个初始化程序，在输入参数COM_RST（完全重新启动）为1状态时该程序被执行。在初始化过程中，如果BOOL输入参数I_ITL_ON（积分作用初始化）为1状态，将输入参数I_ITLVAL作为积分器的初始值，所有其他输出都被设置为其默认值。INT_HOLD为1时积分操作保持不变，积分输出被冻结，一般不冻结积分输出。

（3）实际值与过程变量的处理

在FB41内部，PID控制器的设定值SP_INT、过程变量输入PV_IN（流量计检测到的实际值）和输出值LMN都是浮点数格式的百分数。可以用两种方式输入过程变量（即反馈值）：

① BOOL输入参数PVPER_ON（外部设备过程变量ON）为0状态时，用PV_IN（过程变量输入）输入以百分数为单位的浮点数格式的过程变量。

② PVPER_ON为1状态时，用PV_PER输入外部设备（IO格式）的过程变量，即用模拟量输入模块输出的数字值作为PID控制的过程变量。在实际的功能块FC41中，有一个转换

器就是把外部设备过程变量PV_PER的0～27648或±27648（对应于模拟量输入的满量程）数值转换为0～100%或±100%的浮点数格式的百分数，即PV_PER×100/27648（%）×PV_FAC+PV_OFF。PV_FAC为过程变量的系数，默认值为1.0；PV_OFF为过程变量的偏移量，默认值为0.0。PV_FAC和PV_OFF用来调节外设输入过程变量的范围。

（4）误差的计算与死区特性

SP_INT（设定值）是以百分数为单位的浮点数设定值。用SP_INT减去浮点数格式的过程变量PV（即反馈值），得到误差值。

在控制系统中，某些执行机构如果频繁动作，将会导致小幅振荡，造成严重的机械磨损。从控制要求来说，很多系统又允许被控量在一定范围内存在误差，以SH23B梗丝低速气流干燥系统出口水分13±0.5%为例，其中±0.5%就是误差。当死区环节的输入量（即误差）的绝对值小于输入参数死区宽度DEADB_W时，死区的输出量（即PID控制器的输入量）为0，这时PID控制器的输出分量中，比例部分和微分部分为0，积分部分保持不变，因此PID控制器的输出保持不变，控制器不起调节作用，系统处于开环状态。当误差的绝对值超过DEADB_W时，死区环节的输入、输出为线性关系，为正常的PID控制。如果令DEADB_W为0，死区被关闭，死区环节能防止执行机构的频繁动作。为了抑制由于控制器输出量的量化造成的连续的较小的振荡，也可以用死区非线性对误差进行处理。误差ER（error）为FB41输出的中间变量。

（5）手动模式

BOOL变量MAN_ON为1状态时为手动模式，为0状态时为自动模式。在手动模式，控制器的输出值被手动输入值MAN代替。

在手动模式，控制器输出中的积分分量被自动设置为LMN-LMN_P-DISV，而微分分量被自动设置为0。这样可以保证手动到自动的无扰切换，即切换前后PID控制器的输出值LMN不会突变。

（6）输出量限幅

输出量超出控制器输出值的上限值LMN_HLM时，BOOL输出QLMN_HLM（输出超出上限）为1状态；小于下限值LMN_LLM时，BOOL输出QLMN_LLM （输出超出下限）为1状态。LMN_HLM和LMN_LLM的默认值分别为100.0%和0.0%。

（7）增湿水PID调节参数

在功能块FB41中，一共有7个参数可以调整，如图3-23所示。Bool变量DB204.DBX8.3增湿水PID手动/自动选择 XTKZ.S38作为FB41的手动/自动输入选择，Bool变量DB204.DBX8.3增湿水PID手动/自动选择XTKZ.S38手动/自动的选择在操作站监视屏幕上操作，“DB208.

DBD124 实际值PID参数.P4.PV”就是通过DP网络把PID628内部电磁流量计检测值读取出来，没有经过转换的值，即“DB206.DBD128 模拟加水流量CSXS.SH23_PV_33”。“DB208.DBD124 手动值‘PID参数’.P4.MAN”是当bool变量“DB204.DBX8.3增湿水PID手动/自动选择XTKZ.S38”被选择为“1”时，FB41是处于手动控制状态时，把“DB208.DBD124 手动值PID参数.P4.MAN”中的值赋值给“LMN”即DB208.DBD128 输出值PID参数.P4.CV，作为控制值。“DB208.DBD136 比例PID参数.P4.GAIN”作为比例部分的增益（或称为比例系数），就是图3-23中的P。“MD220”是积分的输入值，由于从图3-23中输入的值需要转换，所以，实际的输入值“DB208.DBD140 积分PID参数.P4.TI ”通过下面程序段5中的转换，再赋值给“MD220”。“DB208.DBD148上限PID参数.P4.LMN_HLM”和“DB208.DBD152 下限PID参数.P4.LMN_LLM”分别是输出的上限值和下限值，如图3-23中的上限和下限。“DB20 8.DBD128 输出值PID参数.P4.CV”作为执行机构的执行值，在这里是水泵的运行频率。

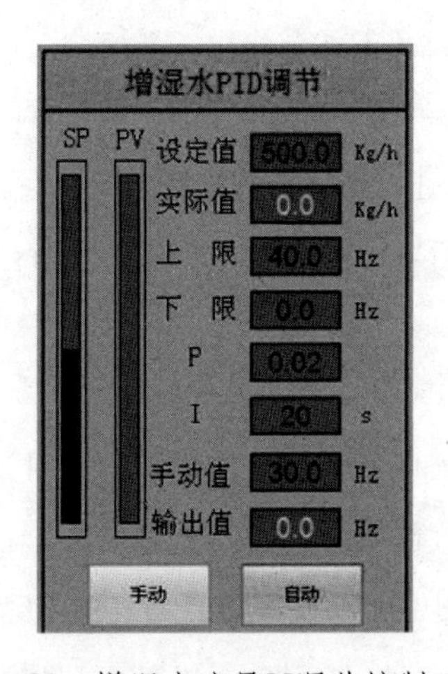

图3-23　增湿水流量PI调节控制画面

4. 水泵频率的设定和积分值的转换

如图3-24，在程序段4中，在“自动”的情况下，由功能块FB41计算出的结果“DB20 8.DBD128 输出值PID参数.P4.CV”直接传送给“DB207.DBD8 水泵电机频率设定CSSZ.SH23_SP_3”，作为下面“功能块FB13——变频器控制”中的“水泵电机频率设定值”。

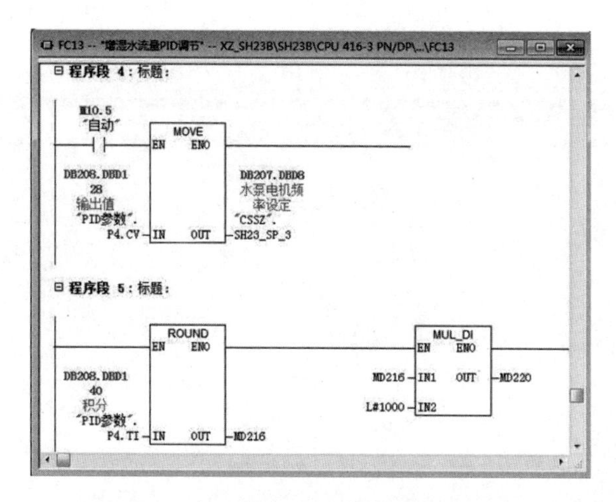

图3-24　水泵频率的设定和积分值的转换

在程序段5中，由于从图3-23中输入的I值是秒钟数，可能不符合FB41的数据格式，需要转换，所以，实际的输入值“DB208.DBD140 积分PID参数.P4.TI ”乘以1000后，再赋值给“MD220”。“MD220”才是PID控制模块FB41的积分输入值。

三、功能块FB13——变频器控制

在功能块FB13（变频器控制）中，以多重背景的方式把SH23B梗丝低速气流干燥系统使用的“排潮风机”“均料辊减速机”“水泵电机”“循环风机”“排烟引风机”共5个变频器进行处理。

1. 水泵启动条件

如图3-25，在程序段4中，有四个条件可以激活线圈“M22.0 水泵启动条件”。第一个条件，当水箱的“DB206.DBD152 水箱水位 CSXS.SH23_PV_39”大于等于10的时候。第二个条件，“DB202.DBX2.0 增湿水电磁阀打开JC.B17”触点闭合，经过鼠标右击“DB202.DBX2.0 增湿水电磁阀打开 JC.B17”触点→“跳转”→“应用位置”→功能FC5（DO输出控制），如图3-26所示，在程序段6中，在“自动”的情况下，还是在“M22.0水泵启动条件”闭合以后，控制增湿水阀门的电磁阀“Q5.2 水阀2 DO43”得电，线圈“DB202.DBX2.0 增湿水电磁阀打开JC.B17”主要用于监视屏的显示，在程序段7中，当水箱的“DB206.DBD152 水箱水位CSXS.SH23_PV_39”小于等于15时，向水箱中加水阀门的电磁阀“Q5.2 水阀2DO43”得电，向水箱中加水，线圈“DB202.DBX2.1 水箱加水电磁阀打开 JC.B18”主要用于监视屏的显示。第三个条件，线圈“M20.5增湿水PID启动”的触点闭合，这是主要条件。第四个条件，“DB203.DBX7.7 水泵加水故障ALARM.ALM64”不断开，即加水不出现故障。当这四个条件都具备以后，线圈“M22.0水泵启动条件”被激活，为后面的变频器的启动提供条件。

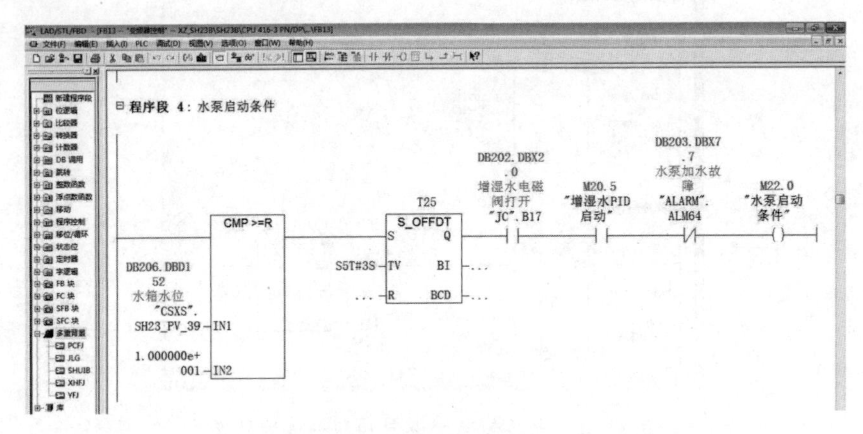

图3-25　水泵的启动条件

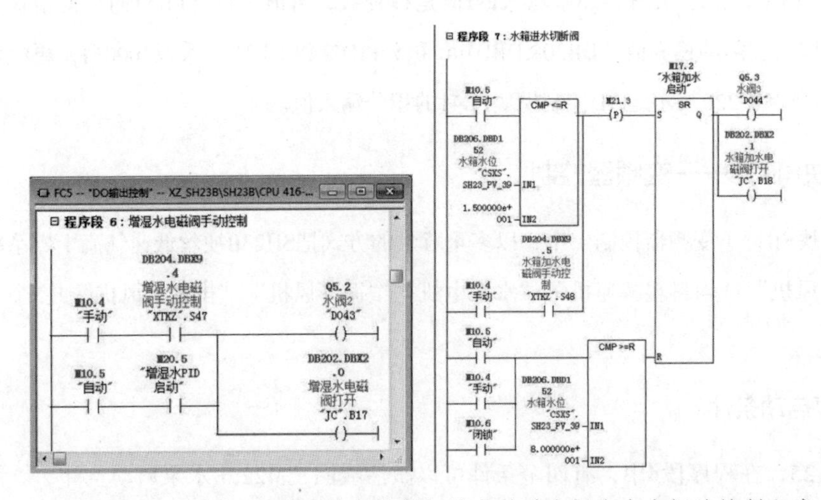

图3-26　功能FC5（DO输出控制）的水箱进水阀和出水阀的控制程序

2. 加水故障

如图3-27，线圈“DB203.DBX7.7 水泵加水故障ALARM.ALM64”被激活，说明水泵加水时出现故障。第一个条件，当“DB206.DBD224 热风炉出口温度 “CSXS”.SH23_PV_58”的检测值大于等于“DB207.DBD48 加增湿水温度设定CSSZ.SH23_SP_13”的设定值时。第二个条件，电机的实际输出频率“DB206.DBD8 水泵电机频率实际值CSXS.SH23_PV_3”大于等于15Hz。第三个条件，电磁流量计测量到的实际值“DB206.DBD128 模拟加水流量CSXS.SH23_PV_33”小于等于20kg/小时，当第一个条件和第二个条件都满足以后，第三个条件即电磁流量计测量到的实际值却达不到实际要求，说明供水系统出现了问题，需要检修，随之就要报警。

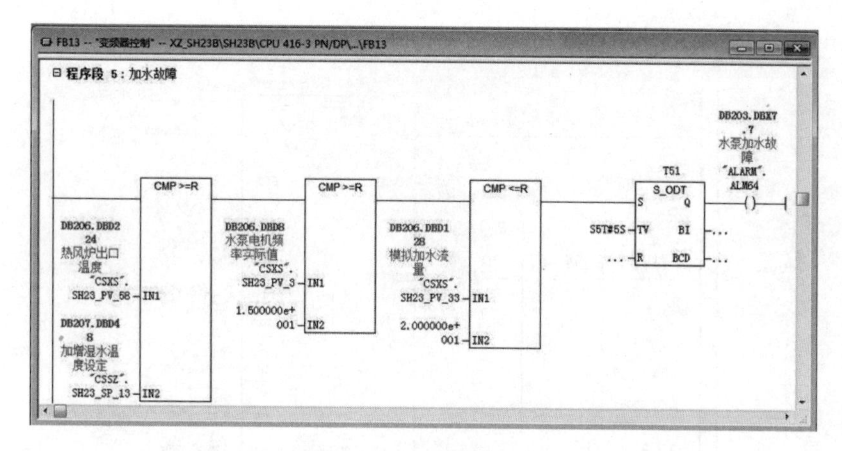

图3-27　加水故障程序

3. 水泵电机的变频器控制

图3-28是用到的5个变频器的参数设置和现实的监控画面。从监控画面上可以看到，“频率设定”“频率显示”“变频器温度”和“电流”中，只有“频率设定”是控制变频器的主要设定参数，也即对应的水泵输出流量是可以随之调节的。

变频器参数

	频率设定	频率显示	变频器温度	电流
排潮风机	50 Hz	50 Hz	36.0 ℃	3.4 A
均料辊	30 Hz	30 Hz	36.0 ℃	0.9 A
水泵	0 Hz	0 Hz	29.0 ℃	0.0 A
引风机	41 Hz	41 Hz	46.0 ℃	14.7 A
循环风机	低频 32 Hz 高频 38 Hz	38 Hz	57.0 ℃	109.3 A

图3-28　5个变频器的参数设置和现实的监控画面

图3-29是水泵电机的变频器控制程序，在程序段6中，变量声明表中的“TRIPPED”（总开）也是程序段6中的“形参”，是以“I1.3 水泵电源检测 DI12”作为“实参”输入变频器控制程序。“I1.3 水泵电源检测 DI12”是数字量输入点，经过鼠标右击“I1.3 水泵电源检测 DI12”→“跳转”→“应用位置”→功能FC6（报警处理）的程序段6中的“ALARM.ALM85”，即“I1.3 水泵电源检测 DI12”被断开以后有报警输出。

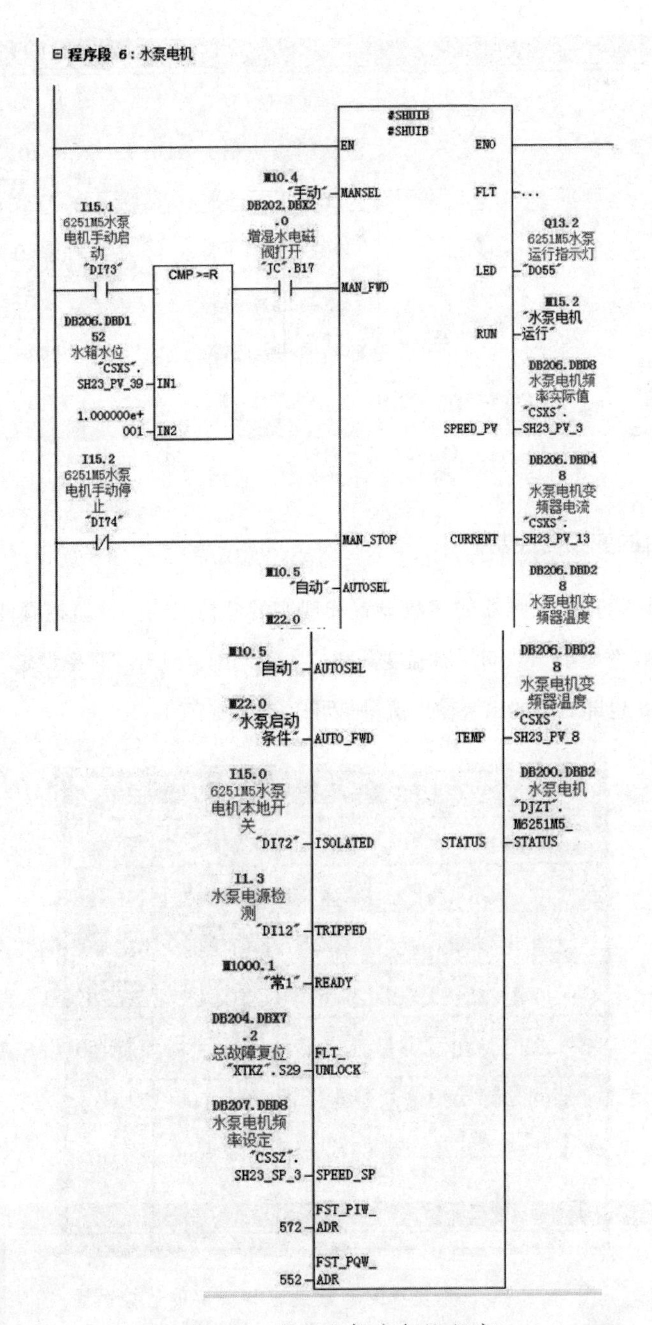

图3-29 水泵电机变频器程序

变量声明表中的“ISOLATED”（本地开关）也是程序段6中的“形参”，是以“I15.0 6251M5水泵电机本地开关 DI72”作为“实参”输入变频器控制程序。“I15.0 6251M5水泵电机本地开关 DI72”是数字量输入点，是子站箱上面的转换开关，它控制着水泵的启动和停止。

当整个干燥系统被选择为“I10.4 手动”时，“DB206.DBD152 水箱水位 CSXS.SH23_

PV_39”大于等于10和“DB202.DBX2.0 增湿水电磁阀打开JC.B17”触点闭合这两个条件满足以后，点击子站箱中的启动按钮“I15.1 6251M5水泵电机手动启动DI73”，变频器驱动电机以图3-28中设定的频率开始运行，“DB200 DBD2 水泵电机DJZT.M6251M5_STATUS”作为监控画面的电机运行变量使用。这时，点击子站箱中的停止按钮“I15.2 6251M5水泵电机手动停止 DI74”，电机停止运行，监控画面的水泵电机运行点变成红色点。

变量声明表中的“LED”（运行指示）也是程序段6中的“形参”，是以“Q13.2 6251M5水泵电机运行指示 DO55”作为“实参”输出，控制子站箱按钮开关中间的电机运行状态指示灯。

变量声明表中的“SPEED_PV”（ 变频器实际运行频率）也是程序段6中的“形参”，是以“DB206 DBD8水泵电机频率实际值CSXS.SH23_PV_3”作为“实参”输出，以控制其他程序。在图3-28中“DB206 DBD8水泵电机频率实际值CSXS.SH23_PV_3”作为监控画面的频率显示变量使用。

变量声明表中的“TEMP”（变频器温度）也是程序段6中的“形参”，是以“DB206 DBD28水泵电机变频器温度CSXS.SH23_PV_8”作为“实参”输出，以控制其他程序。在图3-28中“DB206 DBD28水泵电机变频器温度CSXS.SH23_PV_8”作为监控画面的变频器温度变量使用。

变量声明表中的“CURRENT”（变频器运行电流）也是程序段6中的“形参”，是以“DB206 DBD84水泵电机变频器电流CSXS.SH23_PV_13”作为“实参”输出。在图3-28中“DB206 DBD84水泵电机变频器电流CSXS.SH23_PV_13”作为监控画面的变频器电流变量使用。

变量声明表中的“RUN”（运行输出）也是程序段6中的“形参”，是以“M15.2 水泵电机运行”作为“实参”输出。在图3-28中“DB206 DBD84水泵电机变频器电流”CSXS”.SH23_PV_13”作为监控画面的变频器电流变量使用。经过鼠标右击“M15.2 水泵电机运行”→“跳转”→“应用位置”，除了在这个程序段使用外，没有找到其他使用的地方。

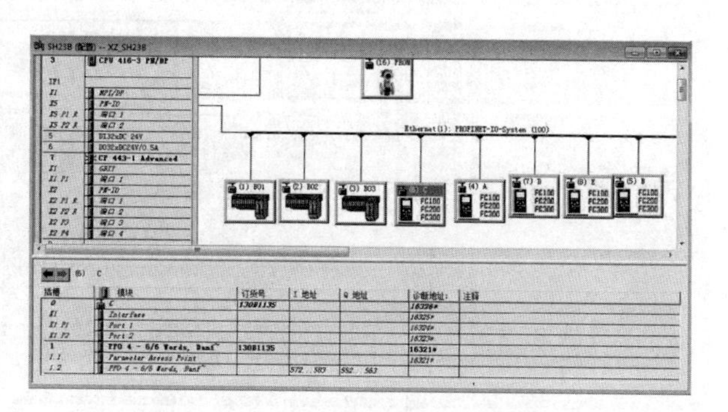

图3-30　水泵驱动变频器的组态图

图3-30是水泵驱动变频器的组态图，变量声明表中的“FST_PIW_

ADR”（PP04类型PIW起始地址）也是程序段6中的“形参”，其中的“572”是变频器的输入地址。变量声明表中的“FST_PQW_ADR”（PP04类型PQW起始地址）也是程序段6中的“形参”，其中的“552”是变频器的输出地址。

第三节　闪蒸蒸汽流量控制

闪蒸蒸汽流量控制：当系统预热完成后，按下“生产”按钮，饱和蒸汽开始喷射，闪蒸蒸汽设定流量为1400kg/h（对应来料流量为4200kg/h），通过蒸汽流量反馈来调节薄膜阀的开度，从而保证蒸汽实际流量稳定在设定值上。

一、功能FC3——模拟量处理

在功能FC3的模拟量处理中，把SH23B梗丝低速气流干燥系统使用的“模拟加水量”“闪蒸蒸汽流量”“增湿蒸汽流量”“热风炉出口温度”“混合风温”“回风温度”“回风管道负压”“水箱液位计”“炉膛负压”“炉膛温度”“尾气温度”“电加热器出口温度”“电加热器内温度”“干燥排潮风门开度调整”“干燥排潮风门”“比调仪实际温度”“比调仪设定温度”共17个模拟量进行处理。

1. 涡街流量计的硬件配置

在SH23B梗丝低速气流干燥系统中，使用了PROFINET和PROFIBUS-DP两种网络，由PLC作为主站，设备按功能及相对位置划分从站，包括I/O子站箱（ET200S）、变频器和工控机，采用PROFINET网络；在SH23B梗丝低速气流干燥系统，使用涡街流量计检测闪蒸蒸汽流量，涡街流量计检测出的闪蒸蒸汽流量值传输给1号子站箱中14槽中的模拟量模块——“2AI I 2WIRE ST”，图3-31是SH23B梗丝低速气流干燥系统的硬件配置。

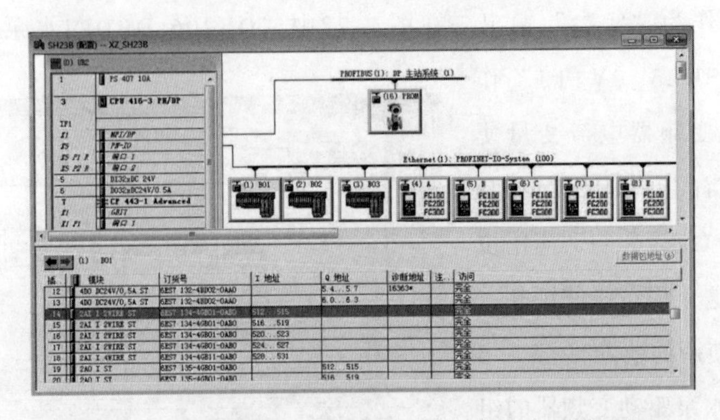

图3-31　SH23B梗丝低速气流干燥系统的硬件配置

2. 闪蒸蒸汽流量

如图3-32，在程序段1中，第一部分程序是“增湿水控制”中从PID628中读取出来电磁流量计检测值直接赋值给“DB206.DBD128 模拟加水流量 CSXS.SH23_PV_33”，它和后面的两个涡街流量计检测出来的值没有直接的联系，只是把三个流量计放在一起便于理解。

如图3-32，在程序段1中，PIW514就是图3-31中I地址，模拟量模块——“2AI I 2WIRE ST”把涡街流量计检测出的闪蒸蒸汽流量值经过A/D转换，存放在以PIW514为外设输入地址的模拟量输入模块中，以便程序调用，PIW514中的闪蒸蒸汽流量值被传送个存储器字“MW120”中，在程序段2中，由于存储器字“MW120”中的闪蒸蒸汽流量值的形式不是PLC程序要求的形式，所以要经过“数值转换功能FC105”的转换以后，才能被程序使用。鼠标右击“DB206.DBD120闪蒸蒸汽流量CSXS.SH23_PV_31”→“跳转”→“应用位置”→功能块FC6（报警处理），再鼠标右击“DB208.DBD4 实际值PID参数.P1.PV”→“跳转”→“应用位置”→功能FC10（闪蒸蒸汽流量PID调节）。

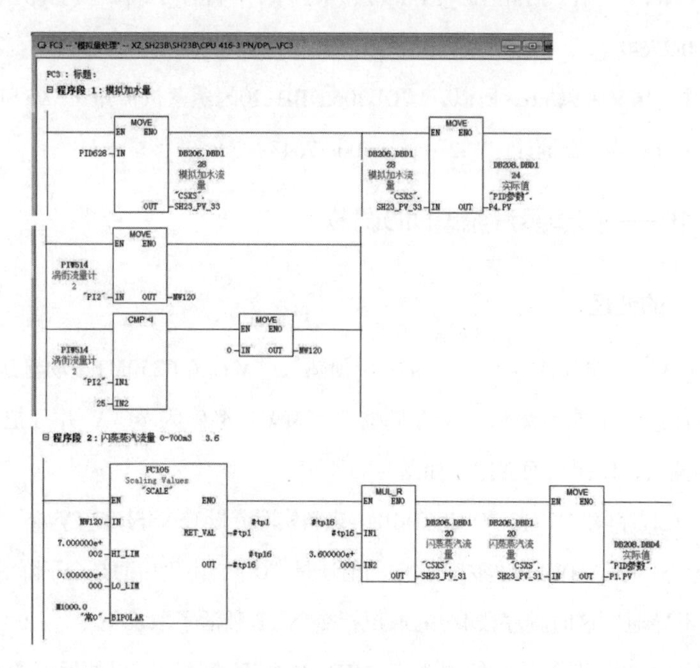

图3-32　闪蒸蒸汽流量程序

二、FC105——数值转换

FC105是库文件夹\Standard Library\TI-S7 Converting Blocks中的“SCALE”（缩放），将来自AI模块的整数输入参数IN转换为以工程单位表示的实数值OUT。BOOL输入参数BIPOLAR为1时为双极性，AI模块输出值的下限K1为-27648.0，上限K2为27648.0。BIPOLAR为0时为单极性，AI模块输出值的下限K1为0.0，上限K2为27648.0。HI_LIM和LO_LIM分别是以工程单位表示的实数上、下限值。计算公式为：

OUT=（IN-K1）（HI_LIM-LO_LIM）/（K2-K1）+LO_LIM

输入值IN超出上限K2或下限K1时，输出值将被箝位为HI_LIM或LO_LIM。

图3-32中的FC105的STL格式：

```
CALL  "SCALE"
IN     ：=MW120               //AI通道的地址
HI_LIM ：=7.000000e+002       //上限值700.0kg
LO_LIM ：=0.000000e+000       //下限值0.0kg
BIPOLAR：=0                   //单极性
RET_VAL：=#tp1                //错误信息存放在#tp1
OUT    ：=#tp16               //kg为单位的输出值存放在#tp16
```

tp16=（IN-K1）（HI_LIM-LO_LIM）/（K2-K1）+LO_LIM=（PIW514 涡街流量计“PI2”）×700/27648。

在图3-32中tp16又乘以3.6，所以，“DB206.DBD120闪蒸蒸汽流量 CSXS.SH23_PV_31”等于3.6×（PIW514 涡街流量计 “PI2”）×700/27648。

三、功能FC10——闪蒸蒸汽流量PID调节

1. 来料变少的处理

在程序段1中，“M10.1 生产”“M10.0 预热”“M15.6 6250M1振动输送机运行” 这三个条件中的任意一个能够激活一个存储器字“MW114 停闪蒸”，并且把“0”赋值给“MW114 停闪蒸”，以便后面使用，如图3-33所示。

图3-33中，在程序段3中，当“DB206.DB180 来料实际流量 CSXS.SH23_PV_46”大于等于50kg/小时的时候，存储器字“MW114 停闪蒸”中的值还是“0”，由于后面是个下降沿“M18.7”，后面的程序段不导通。这时程序段4中的取反指令/NOT/激活了取反指令，把“DB208.DBD0设定值 PID参数.P1.SP”赋值给存储器双字“MD276 闪蒸流量”，以便后面的程序使用。

在程序段3中，不管什么原因，当“DB206.DB180 来料实际流量 CSXS.SH23_PV_46”小于50kg/h的时候，断电定时器T81经过30秒钟的延时以后，来料流量还小于50kg/h，这时下降沿“M18.7”之前的程序段断开，但是由“M18.7”的下降沿激活了后面的程序，即把“1”赋值给“MW114 停闪蒸”。

在程序段4中，如果 “M15.6 6250M1振动输送机运行” 这时正在运行，并且“MW114停闪蒸”中的值为“1”，这两个条件满足以后，把“DB208.DBD0 设定值PID参数.P1.SP赋

值给存储器双字MD276 闪蒸流量”，以便后面的程序使用。

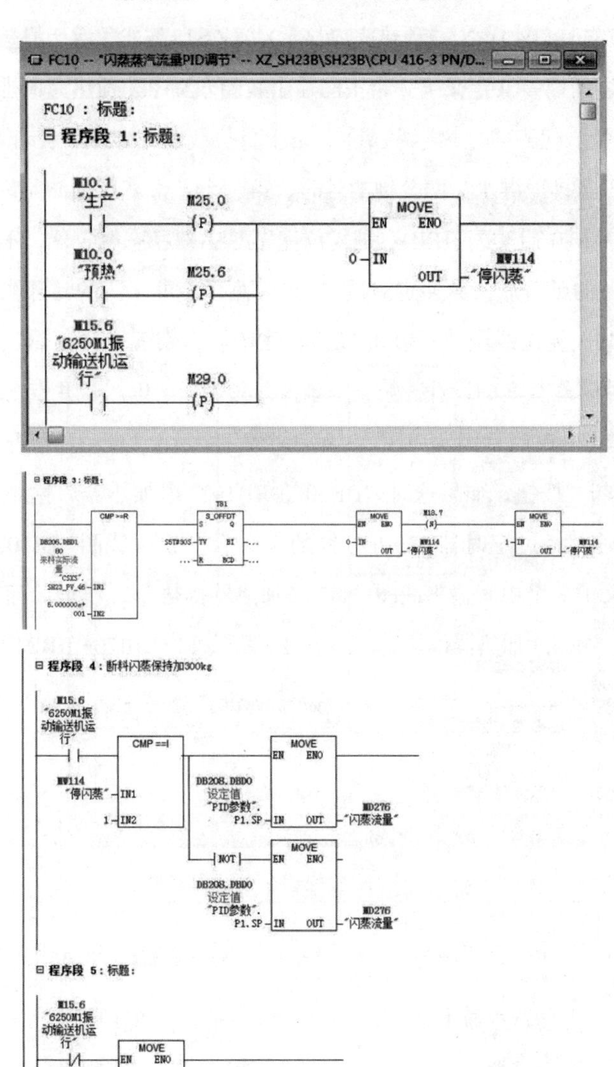

图3-33　来料变少的处理程序

在程序段5中，程序运行到这里，有隐含的条件在里面，例如自动、预热、生产等条件，当“M15.6 6250M1振动输送机运行” 处于停止状态时，把“DB208.DBD0 设定值 PID参数.P1.SP”赋值给存储器双字“MD276 闪蒸流量”，以便后面的程序使用。

2. 闪蒸蒸汽流量的PID启动条件

如图3-34，在程序段2中，只有“系统控制”在“自动”的情况下，才向SH23B梗丝低速气流干燥系统中加入闪蒸蒸汽。有四个条件置位线圈“M20.5增湿水PID启动”。第一个条件，“预热”完成以后［在功能FC2（系统控制）的程序段4中，线圈“DB204.DBX5.5预热完成XTKZ.S16”和“DB204.DBX5.7预热完成显示XTKZ.S18”被激活，但是，这两个变量只是用于WinCC显示，所以，又定义了一个中间输出线圈“M19.2 预热完成排冷淋水”，作为后面程序使用的变量，代表“预热”完成］，马上置位线圈“M20.0 启动闪蒸PID”。经过脉冲定时器“T12闪蒸排冷淋水”两分钟的延时，第一个条件就在存储器位“M21.7 ”后面断开，由于线圈“M20.0 启动闪蒸PID”是复位优先型SR双稳态触发器，不会自己失电。脉冲定时器T12两分钟的延时后，脉冲定时器“T12闪蒸排冷淋水”的常开触点和存储器位“M23.6”的下降沿共同复位线圈“M20.0启动闪蒸PID”，实现了“预热”完成以后，向干燥系统中喷吹2分钟闪蒸蒸汽的设计。第二个条件，只要开始生产，并点击了“生产”按钮，马上置位线圈“M20.0 启动闪蒸PID”。第三个条件，在“自动”情况下，生产已经结束，并点击了“冷却“按钮，如果这时“DB206.DBD192 电加热器炉膛温度CSXS.SH23_PV_49”大于155℃时，经过定时器T79五秒钟的延时后，置位线圈“M20.0 “启动闪蒸PID””，同时又定义了一个中间输出线圈“M24.3加热器排热”，作为后面程序使用的变量，当中间输出线圈“M24.3 加热器排热”的闭点变成开点和“DB206.DBD192 电加热器炉

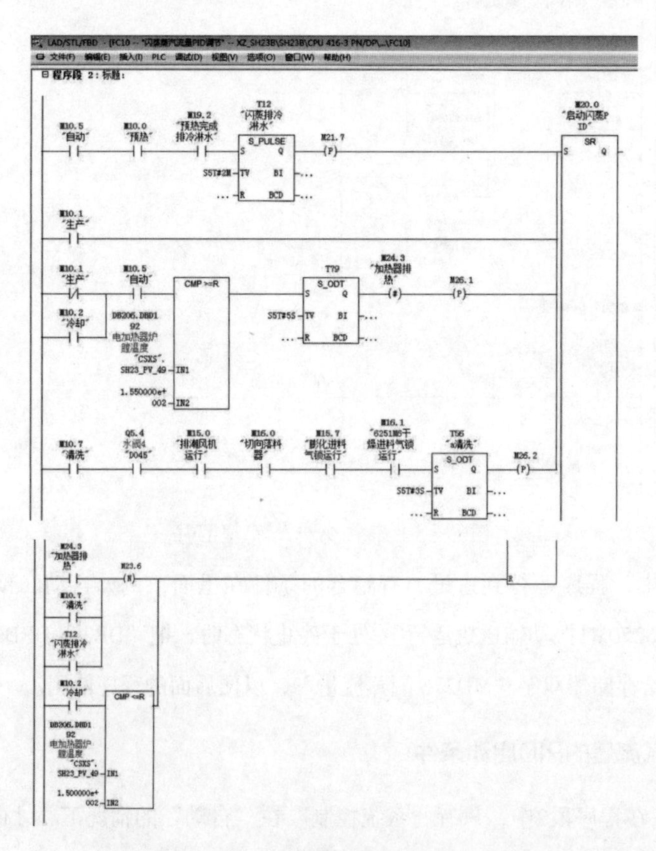

图3-34　闪蒸蒸汽流量的PID启动条件的程序

膛温度CSXS.SH23_PV_49”小于155℃时，马上复位线圈“M20.0 启动闪蒸PID”。第四个条件，点击“清洗”按钮以后，这时“Q5.4　水阀4　DO45”打开，“M15.4 排潮风机运行”，“M16.0 切向落料器”正在运行，“M15.7 膨化进料气锁运行”，“16.1 6251M6干燥进料气锁运行”这五个条件都满足，经过定时器T53的3秒钟延时后，置位线圈“M20.0 启动闪蒸PID”，清洗完成以后，“M10.7 清洗”的下降沿复位线圈“M20.0 启动闪蒸PID”。

3. 闪蒸蒸汽流量中PID手/自动选择

图3-35是闪蒸蒸汽流量的手/自动选择程序，在程序段8中，线圈“DB204.DBX8.0 闪蒸蒸汽流量PID手动/自动选择 XTKZ.S35”是置位优先型RS双稳态触发器。当点击“生产”按

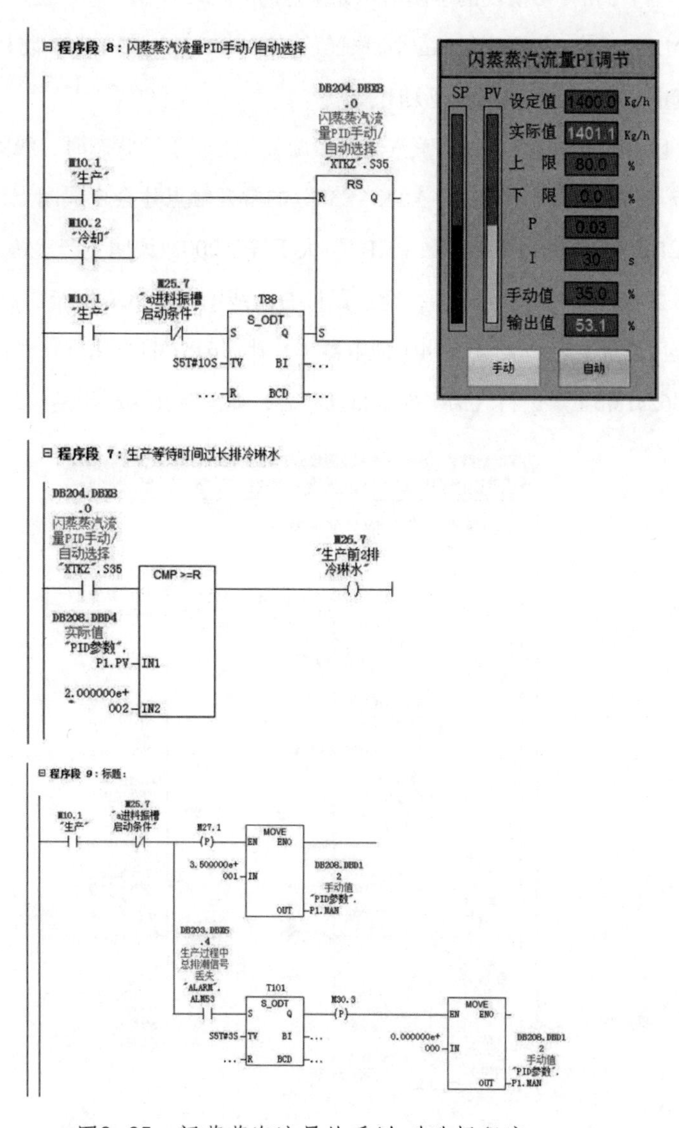

图3-35　闪蒸蒸汽流量的手/自动选择程序

钮后，如果进料振槽启动条件“M25.4 a进料振槽启动条件”不具备，经过定时器T88的10秒钟延时后，线圈DB204.DBX8.0 闪蒸蒸汽流量PID手动/自动选择 XTKZ.S35置位为“1”，即“闪蒸蒸汽流量PI调节”栏目中处于手动状态。当进料振槽启动条件“M25.4 a进料振槽启动条件”具备以后，这时要么处于生产状态，要么处于冷却状态，这两个条件中的任意一个条件都能复位线圈“DB204.DBX8.0 闪蒸蒸汽流量PID手动/自动选择 XTKZ.S35”，结果就是“闪蒸蒸汽流量PI调节”处于自动状态。

在程序段9中，进料振槽启动条件“M25.4 a进料振槽启动条件”不具备，“闪蒸蒸汽流量PI调节”处于手动状态，这时，程序把35kg/小时赋值给“DB208.DBD12 PID参数.P1.MAN”，作为后面的PID模块的手动值。如果这时“DB204.DBX6.4 生产过程中总排潮信号丢失ALARM.ALM53”，程序把0kg/小时赋值给“DB208.DBD12 PID参数.P1.MAN”，这时，闪蒸蒸汽流量管路上的气动薄膜阀关闭。

在程序段7中，只有当“闪蒸蒸汽流量PI调节”处于手动状态时，线圈“DB204.DBX8.0 闪蒸蒸汽流量PID手动/自动选择 XTKZ.S35”的常开触点才会变成闭点，如果这时检测到的“DB208.DBD4 实际值 PID参数.P1.PV”大于等于200，说明生产等待时间过长，激活了线圈“M26.7 生产前2排冷琳水”，经过鼠标右击线圈“M26.7 生产前2排冷琳水”→“跳转”→“应用位置”→功能块FB14（馈电器），让“6251M1膨化进料气锁”“6251M3切向落料器”“6251M6干燥进料气锁”处于自动状态，如图3-36所示。

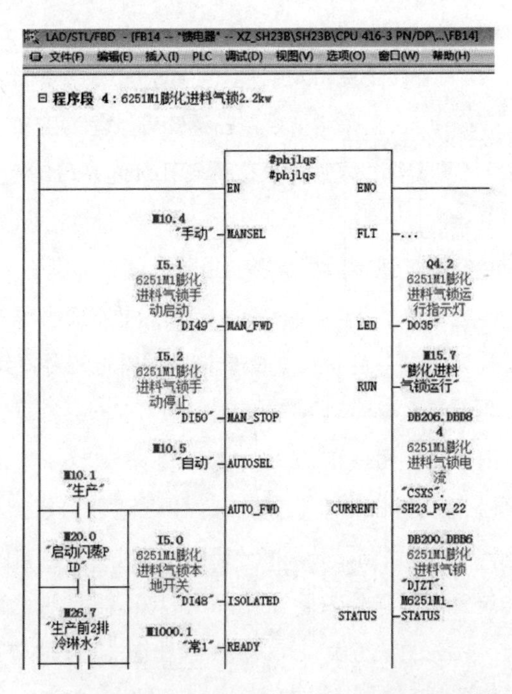

图3-36 功能块FB14（馈电器）中6251M1膨化进料气锁程序

4. PID控制器的设定值输入

如图3–34中，当线圈“M20.0启动闪蒸PID”被置位以后，线圈“M20.0启动闪蒸PID”的常开触点作为程序段6的运行条件，因为闪蒸蒸汽流量是根据不同的条件变化的，后面的PID控制器使用的设定值也是随条件而变化的，所以程序设计了用“DB150.DBD6 internal setpoint “闪蒸蒸汽PID背景块”.SP_INT”向PID控制器传输设定值。有三个条件向PID控制器传送设定值：

第一个条件，在上面“闪蒸蒸汽流量的PID启动条件”中，脉冲定时器“T12 闪蒸排冷淋水”是为了实现预热完成后及时地停止喷射闪蒸蒸汽而设置的，它的常闭点意思就是不在预热时；中间输出线圈“M24.3 加热器排热”是为了检测“冷却”时电加热器内部的温度高而设置的，它的常闭点意思就是电加热器内部的温度不高时；即程序运行在非“预热”和非“冷却”时，把程序段4和程序段5中的“MD276 闪蒸流量”赋值给“DB153.DBD6 internal setpoint 闪蒸蒸汽PID背景块.SP_INT”。

第二个条件，即程序运行在“预热”和“冷却”时，把“700”赋值给“DB153.DBD6 internal setpoint 闪蒸蒸汽PID背景块.SP_INT”。

第三个条件，使用了取反指令/NOT/，当线圈“M20.0启动闪蒸PID”的常开触点成为闭点时，取反指令/NOT/变成开点，后面的传送指令不起作用，当线圈“M20.0启动闪蒸PID”的常开触点成为开点时，取反指令/NOT/变成闭点，把“–100”赋值给“DB153.DBD6 internal setpoint 闪蒸蒸汽PID背景块.SP_INT”，相应的PID输出值为“0”。

5. 闪蒸蒸汽流量PID控制模块

如图3–37，在程序段10中，使用了功能块FB41对闪蒸蒸汽流量进行PID控制。经过对功能块FB41进行“F1（帮助）”可以知道，功能块FB41是个连续控制器，顾名思义FB41的输出为连续变量。用FB41作为单独的PID恒值控制器，或者在多闭环控制中实现级联控制器、混合控制器和比例控制器。控制器的功能基于模拟信号采样控制器的PID控制算法，如果需要的话，FB41可以用脉冲发生器FB43进行扩展，产生脉冲宽度调制的输出信号，来控制比例执行机构。下面对FB41简单介绍。

（1）设置FB41控制器的结构

FB41采用位置式PID算法，PID控制器的比例运算、积分运算和微分运算三部分并联，P_SEL、I_SEL和D_SEL为1状态时分别启用比例、积分和微分作用，反之则禁止对应的控制作用，因此可以将控制器组态为P、PI、PD和PID控制器。很少使用单独的I控制器或D控制器，默认的控制方式为PI控制。

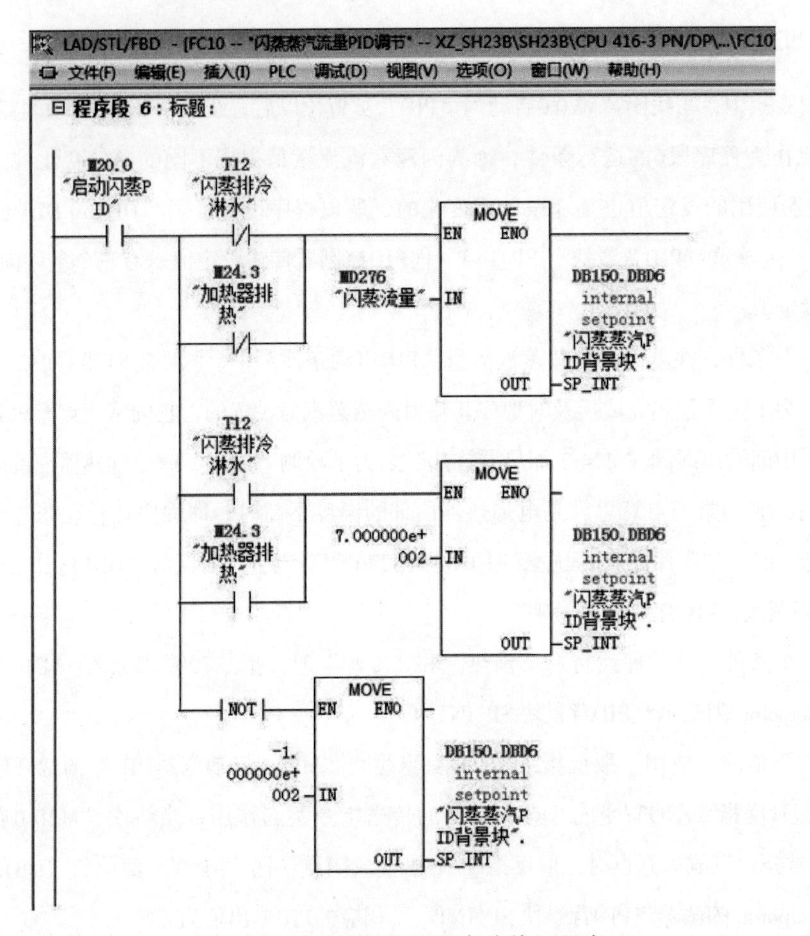

图3-37　PID控制器的设定值输入程序

LMN_P、LMN_I和LMN_D分别是PID控制器输出量中的比例分量、积分分量和微分分量，它们供调试时使用。

GAIN为比例部分的增益（或称为比例系数）。TI和TD分别为积分时间和微分时间。

输入参数TM_LAG为微分操作的延迟时间，FB41的帮助文件建议将TM_LAG设置为TD/5，这样可以减少一个需要整定的参数。

扰动量DISV（Disturbance）可以实现前馈控制，DISV的默认值为0.0。

（2）积分器的初始值

FB41有一个初始化程序，在输入参数COM_RST（完全重新启动）为"1"状态时该程序被执行。在初始化过程中，如果BOOL输入参数I_ITL_ON（积分作用初始化）为"1"状态，将输入参数I_ITLVAL作为积分器的初始值，所有其他输出都被设置为其默认值。INT_HOLD为"1"时积分操作保持不变，积分输出被冻结，一般不冻结积分输出。

（3）实际值与过程变量的处理

在FB41内部，PID控制器的设定值SP_INT、过程变量输入PV_IN（流量计检测到的实际值）和输出值LMN都是浮点数格式的百分数。可以用两种方式输入过程变量（即反馈值）：

① BOOL输入参数PVPER_ON（外部设备过程变量ON） 为“0”状态时，用PV_IN（过程变量输入）输入以百分数为单位的浮点数格式的过程变量。

② PVPER_ON为“1”状态时，用PV_PER输入外部设备（IO格式） 的过程变量， 即用模拟量输入模块输出的数字值作为PID控制的过程变量。在实际的功能块FC41中，有一个转换器就是把外部设备过程变量PV_PER的0～27648或±27648（对应于模拟量输入的满量程）数值，转换为0～100%或±100%的浮点数格式的百分数，即PV_PER×100/27648（%）×PV_FAC+PV_OFF。PV_FAC为过程变量的系数，默认值为1.0；PV_OFF为过程变量的偏移量，默认值为0.0。PV_FAC和PV_OFF用来调节外设输入过程变量的范围。

（4）误差的计算与死区特性

SP_INT（设定值） 是以百分数为单位的浮点数设定值。用SP_INT减去浮点数格式的过程变量PV（即反馈值，得到误差值。

在控制系统中，某些执行机构如果频繁动作，将会导致小幅振荡，造成严重的机械磨损。从控制要求来说，很多系统又允许被控量在一定范围内存在误差，以SH23B梗丝低速气流干燥系统出口水分13±0.5%为例，其中±0.5%就是误差。当死区环节的输入量（即误差）的绝对值小于输入参数死区宽度DEADB_W时，死区的输出量（即PID控制器的输入量） 为0，这时PID控制器的输出分量中，比例部分和微分部分为0，积分部分保持不变，因此PID控制器的输出保持不变，控制器不起调节作用，系统处于开环状态。当误差的绝对值超过DEADB_W时，死区环节的输入、输出为线性关系，为正常的PID控制。如果令DEADB_W为0，死区被关闭，死区环节能防止执行机构的频繁动作。为了抑制由于控制器输出量的量化造成的连续的较小的振荡，也可以用死区非线性对误差进行处理。误差ER（error） 为FB41输出的中间变量。

（5）手动模式

BOOL变量MAN_ON为1状态时为手动模式，为0状态时为自动模式。在手动模式，控制器的输出值被手动输入值MAN代替。如图3–38所示。

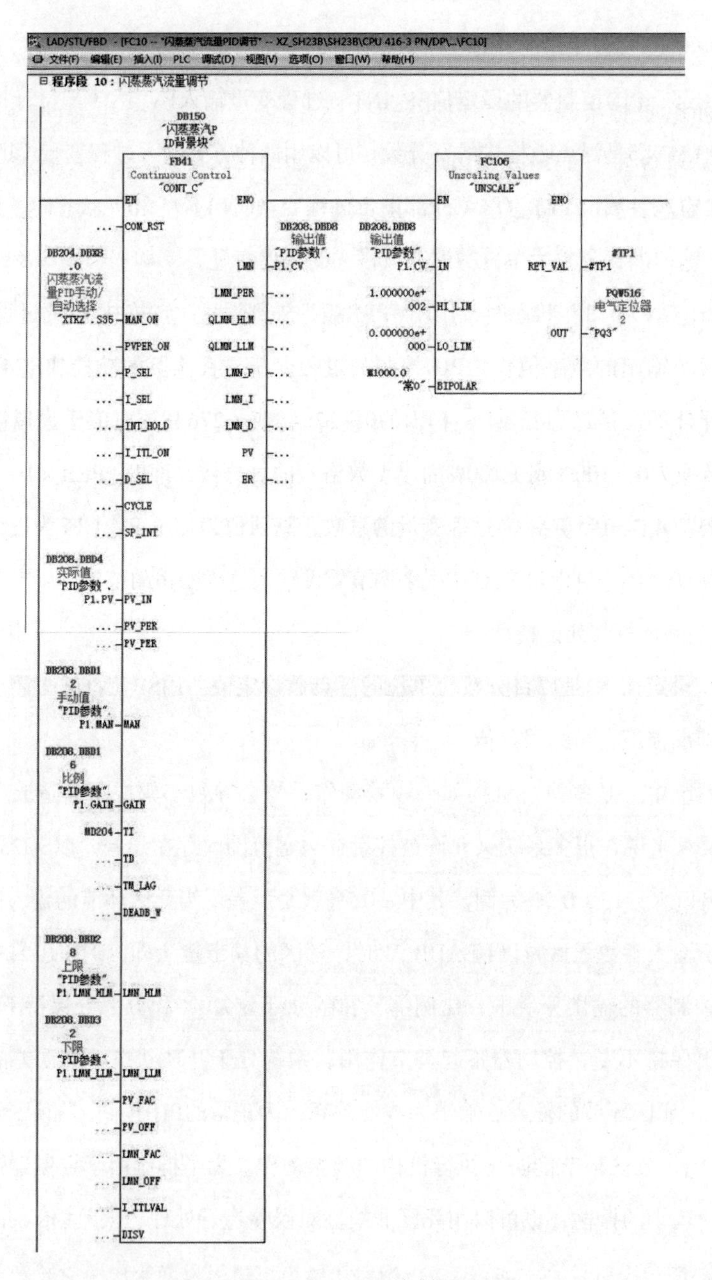

图3-38　FC41控制器

注释：A　"XTKZ".S35

=　　L10.2

BLD　103

CALL　"CONT_C"　，　"闪蒸蒸汽PID背景块"

COM_RST　：=　　　　　　　　　　　　//启动标志，在OB100被复位

MAN_ON　：=L10.2　　　　　　　　　　//初始化为FALSE，自动运行

```
PVPER_ON: =                      //采用默认值FALSE，使用浮点数过程值
P_SEL    : =                     //采用默认值TRUE，启用比例（P） 操作
I_SEL    : =                     //采用默认值TRUE，启用积分（I） 操作
INT_HOLD: =                      //采用默认值FALSE，不冻结积分输出
I_ITL_ON: =                      //采用默认值FALSE，未设积分器的初值
D_SEL    : =                     //在OB 100被初始化为TRUE，启用微分操作
CYCLE    : =                     //采样时间，在OB100被设置为T#200MS
SP_INT   : =                     //在OB1中修改此设定值
PV_IN    : =”PID参数”.P1.PV      //浮点数格式输出值作为PID的过程变量输入
PV_PER   : =                     //外部设备输入的I/O格式的过程变量值，未用
MAN      : =”PID参数”.P1.MAN     //操作员接口输入的手动值，
GAIN     : =”PID参数”.P1.GAIN    //增益，初始值为2.0，可用PID控制参数赋值工具修改
TI       : =MD204                //积分时间，初始值为4s，可用PID控制参数赋值工具
                                 修改
TD       : =                     //微分时间，初始值为0.2s，可用PID控制参数赋值工具
                                 修改
TM_LAG   : =                     //微分部分的延迟时间，被初始化为0s
DEADB_W : =5.000000e+000         //死区宽度，采用默认值0.0（无死区）
LMN_HLM : =”PID参数”.P1.LMN_HLM  //控制器输出上限值，采用默认值100.0
LMN_LLM : =”PID参数”.P1.LMN_LLM  //控制器输出下限值，在OB100被初始化为-100.0
PV_FAC   : =                     //外设过程变量格式化的系数，采用默认值1.0
PV_OFF   : =                     //外设过程变量格式化的偏移量，采用默认值0.0
LMN_FAC : =                      //控制器输出量格式化的系数，采用默认值1.0
LMN_OFF : =                      //控制器输出量格式化的偏移量，采用默认值0.0
I_ITLVAL: =                      //积分操作的初始值，未用
DISV     : =                     //扰动输入变量，采用默认值0.0
LMN      : =”PID参数”.P1.CV      //控制器浮点数输出值，被送给被控对象的输入变量
                                 INV
LMN_PER : =                      //I/O格式的控制器输出值，未用
QLMN_HLM: =                      //控制器输出超过上限
QLMN_LLM: =                      //控制器输出小于下限
LMN_P    : =                     //控制器输出值中的比例分量，可用于调试
LMN_I    : =                     //控制器输出值中的积分分量，可用于调试
```

```
LMN_D  : =                  //控制器输出值中的微分分量，可用于调试
PV     : =                  //格式化的过程变量，可用于调试
ER     : =                  //死区处理后的误差，可用于调试
NOP  0
```

在手动模式，控制器输出中的积分分量被自动设置为LMN-LMN_P-DISV，而微分分量被自动设置为0。这样可以保证手动到自动的无扰切换，即切换前后PID控制器的输出值LMN不会突变。

（6）输出量限幅

输出量超出控制器输出值的上限值LMN_HLM时，BOOL输出QLMN_HLM（输出超出上限）为1状态；小于下限值LMN_LLM时，BOOL输出QLMN_LLM（输出超出下限）为1状态。LMN_HLM和LMN_LLM的默认值分别为100.0%和0.0%。

（7）实际的闪蒸蒸汽流量PID调节参数

在功能块FB41中，一共有7个参数可以调整，如图3-39所示。Bool变量“DB204.DBX8.0 闪蒸蒸汽流量PID手动/自动选择XTKZ.S35”作为FB41的手动/自动输入选择，Bool变量“DB204.DBX8.0 闪蒸蒸汽流量PID手动/自动选择XTKZ.S35”的手动/自动的选择在操作站监视屏幕上操作。“DB208.DBD124 实际值 PID参数.P1.PV”是涡街流量计测量出来的闪蒸蒸汽流量值通过模拟量模块——“2AI I 2WIRE ST”读取出来，并经过图3-32中的程序段2的转换而来。“DB208.DBD12 手动值 PID参数.P1.MAN”是当Bool变量“DB204.DBX8.0 闪蒸蒸汽流量PID手动/自动选择XTKZ.S35”被选择为“1”，FB41处于手动控制状态时，把“DB208.DBD12 手动值 PID参数.P1.MAN”中的值赋值给“LMN”即“DB208.DBD8 输出值 PID参数.P1.CV”，作为控制值。“DB208.DBD16 比例 PID参数.P1.GAIN”作为比例部分的增益（或称为比例系数），就是图3-39中的P。“MD204”是积分的输入值，由于从图3-39中输入的值需要转换，所以，实际的输入值“DB208.DBD20 积分 PID参数.P1.TI ”通过下面程序段11中的转换，再赋值给“MD204”。“DB208.DBD28 上限 PID参数.P4.LMN_HLM”和“DB208.DBD32 下限 PID参数.P4.LMN_LLM”分别是输出的上限值和下限值，如图3-38中的上限和下限。“DB208.DBD8 输出值 PID参数.P1.CV”作为执行机构的执行值，要经过FC106的转换成为气动薄膜阀的开度值。

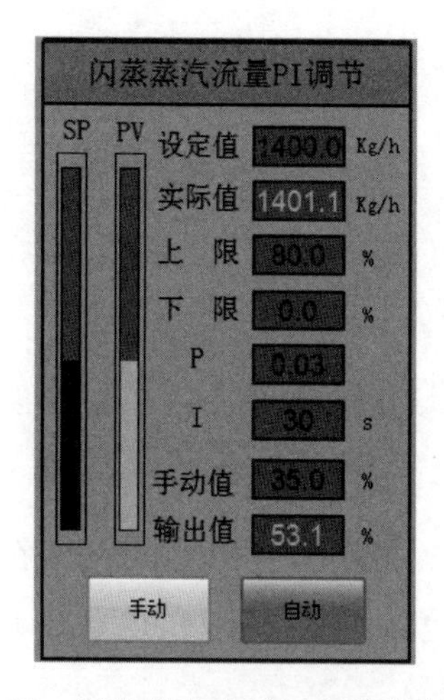

图3-39　闪蒸蒸汽流量PI调节控制画面

6. 积分值的转换

如图3-40，在程序段11中，由于从图3-39中输入的I值是秒钟数，可能不符合FB41的数据格式，需要转换，所以，实际的输入值“DB208.DBD20 积分 PID参数.P1.TI ”乘以1000后，再赋值给“MD204”，　“MD204”才是PID控制模块FB41的积分输入值，如图7所示。

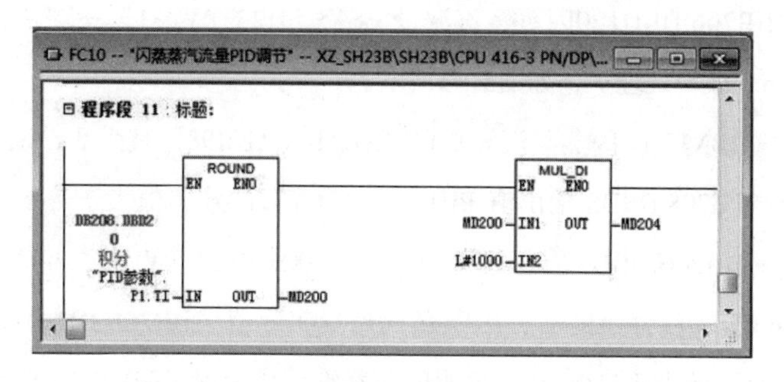

图3-40　闪蒸蒸汽流量积分值的转换

四、FC106——数值转换

FC106是库文件夹\Standard Library\TI-S7 Converting Blocks中的 “UNSCALE”（反向缩放），将以工程单位表示的实数输入值IN转换为整数输出值OUT，送给AO模块。BOOL输入参数BIPOLAR为1时为双极性，AO模块输出值的下限K1为-27648.0，上限K2为27648.0。BIPOLAR为“0”时为单极性，AO模块输出值的下限K1为0.0，上限K2为27648.0。HI_LIM和LO_LIM分别是以工程单位表示的实数上、下限值。计算公式为：

OUT=（IN-LO_LIM）（K2-K1）/（HI_LIM -LO_LIM）+K1

输入值IN超出上限HI_LIM或下限LO_LIM时，输出值将被箝位为K2或K1。

图3-38中的FC106的STL格式：

CALL “UNSCALE”

IN   ：＝ “PID参数”.P1.CV //浮点数输入值

HI_LIM ：=1.000000e+002   //上限值100.0

LO_LIM ：=0.000000e+000   //下限值0.0

BIPOLAR：=0   //单极性

RET_VAL：=#TP1   //错误信息存放在#TP1

OUT ：＝ “PQ3”   //kg为单位的输出值存放在PQ3

PQ3=（IN-LO_LIM）（K2-K1）/（HI_LIM -LO_LIM）+K1=（“PID参数”.P1.CV×27648）/100

系统把“PQ3”值传输给图1中20槽的模拟量输出模块PQW516---2 AO I ST中，再控制气动薄膜阀的开度。

五、功能块FC6——报警处理

（1）闪蒸蒸汽异常报警

鼠标右击“DB206.DBD120闪蒸蒸汽流量 CSXS.SH23_PV_31”→“跳转”→“应用位置”→功能块FC6（报警处理），如图3-41所示。

线圈“DB203.DBX12.1 闪蒸蒸汽异常报警ALARM.ALM98”被激活，说明闪蒸蒸汽喷射时出现故障。当“DB208.DBD8 输出值 PID参数.P1.CV”的输出值大于等于30时，但是闪蒸蒸汽流量实际值“DB206.DBD120 闪蒸蒸汽流量 CSXS.SH23_PV_31”小于100kg/小时，并且经过定时器T63的10秒钟延时后，闪蒸蒸汽流量实际值“DB206.DBD120 闪蒸蒸汽流量CSXS.SH23_PV_31”还小于100kg/h，说明闪蒸蒸汽系统出现了问题，需要检修，随之就会报警。

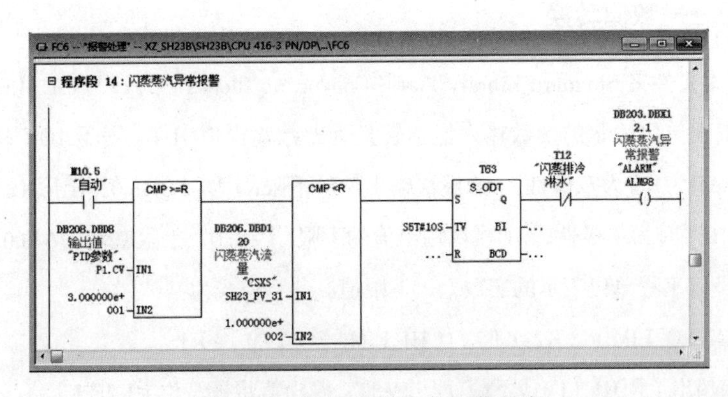

图3-41 闪蒸蒸汽异常报警程序

第四节　增湿蒸汽流量控制

增湿蒸汽流量控制：预热时，当热风炉出口温度到达设定温度时，开启增湿蒸汽阀门，流量为200kg/h，蒸汽压力为0.5Mpa。生产开始后，当来料电子称流量超过100kg/h，停止增湿蒸汽喷射。冷却时，增湿蒸汽停止喷射。

一、功能FC3——模拟量处理

在功能FC3的模拟量处理中，把SH23B梗丝低速气流干燥系统使用的“模拟加水量”“闪蒸蒸汽流量”“增湿蒸汽流量”“热风炉出口温度”“混合风温”“回风温度”“回风管道负压”“水箱液位计”“炉膛负压”“炉膛温度”“尾气温度”“电加热器出口温度”“电加热器内温度”“干燥排潮风门开度调整”“干燥排潮风门”“比调仪实际温度”“比调仪设定温度”共17个模拟量进行处理。

1. 涡街流量计的硬件配置

在SH23B梗丝低速气流干燥系统中，使用了PROFINET和PROFIBUS-DP两种网络，由PLC作为主站，设备按功能及相对位置划分从站，包括I/O子站箱（ET200S）、变频器和工控机，采用PROFINET网络；在SH23B梗丝低速气流干燥系统，使用涡街流量计检测闪蒸蒸汽流量，涡街流量计检测出的闪蒸蒸汽流量值传输给1号子站箱中14槽中的模拟量模块——“2AI I 2WIRE ST”，图3-42是SH23B梗丝低速气流干燥系统的硬件配置。

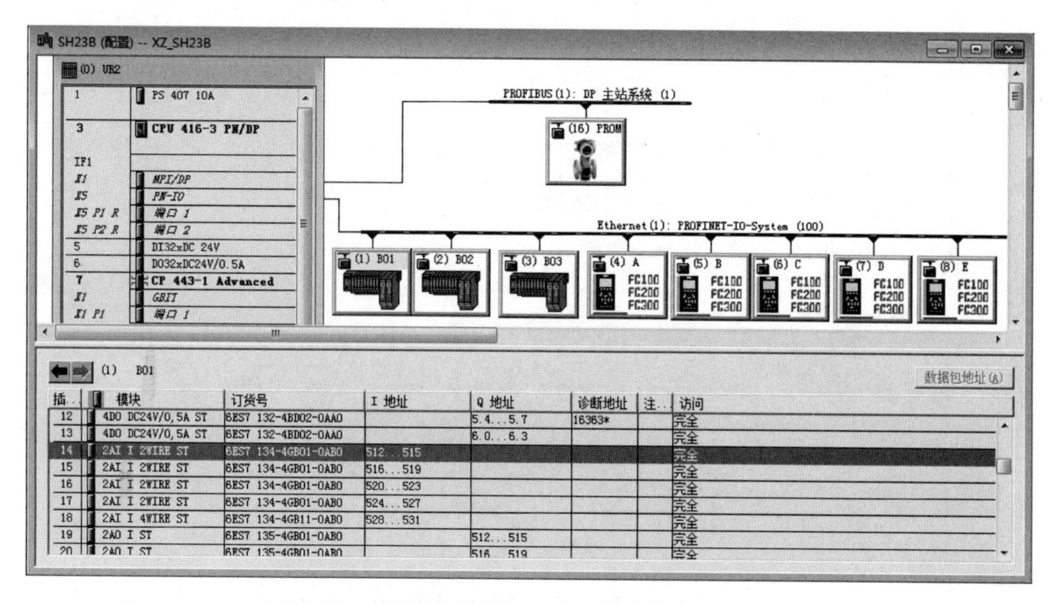

图3-42　SH23B梗丝低速气流干燥系统的硬件配置

2. 闪蒸蒸汽流量

如图3-43，在程序段1中，第一部分程序是“增湿水控制”中从PID628中读取出来电磁流量计检测值直接赋值给“DB206.DBD128 模拟加水流量 CSXS.SH23_PV_33”，它和后面的两个涡街流量计检测出来的值没有直接的联系，只是把三个流量计放在一起便于理解。

如图3-43，在程序段1中，PIW512就是图3-42中I地址，模拟量模块——“2AI I 2WIRE ST”把涡街流量计检测出的增湿蒸汽流量值经过A/D转换，存放在以PIW512为外设输入地址的模拟量输入模块中，以便程序调用，PIW512中的增湿蒸汽流量值被传送给存储器字“MW122”中。在程序段2中，由于存储器字“MW122”中的增湿蒸汽流量值的形式不是PLC程序要求的形式，所以要经过“数值转换功能FC105”的转换以后，才能被程序使用。鼠标右击“DB206.DBD124增湿蒸汽流量CSXS.SH23_PV_32”→“跳转”→“应用位置”→功能块FC6（报警处理），再鼠标右击“DB208.DBD84 实际值PID参数.P3.PV”→“跳转”→“应用位置”→功能FC12（湿蒸汽流量PID调节）。

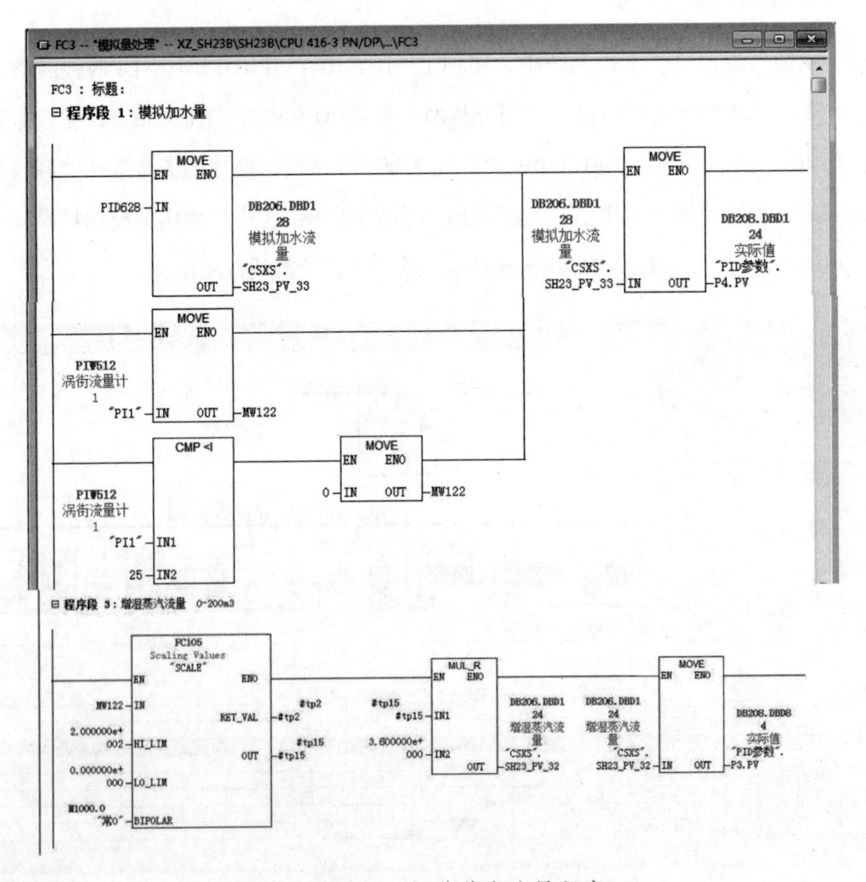

图3-43　闪蒸蒸汽流量程序

二、FC105——数值转换

FC105是库文件夹\Standard Library\TI-S7 Converting Blocks中的“SCALE”（缩放），将来自AI模块的整数输入参数IN转换为以工程单位表示的实数值OUT。BOOL输入参数BIPOLAR为1时为双极性，AI模块输出值的下限K1为-27648.0，上限K2为27648.0。BIPOLAR为0时为单极性，AI模块输出值的下限K1为0.0，上限K2为27648.0。HI_LIM和LO_LIM分别是以工程单位表示的实数上、下限值。计算公式为：

OUT=（IN-K1）（HI_LIM-LO_LIM）/（K2-K1）+LO_LIM

输入值IN超出上限K2或下限K1时，输出值将被箝位为HI_LIM或LO_LIM。

图3-43中的FC105的STL格式：

```
CALL  "SCALE"
IN     : =MW122              //AI通道的地址
HI_LIM : =7.000000e+002      //上限值700.0kg
LO_LIM : =0.000000e+000      //下限值0.0kg
BIPOLAR: =0                  //单极性
RET_VAL: =#tp2               //错误信息存放在#tp2
OUT    : =#tp15              //kg为单位的输出值存放在#tp15
```

tp15=（IN-K1）（HI_LIM-LO_LIM）/（K2-K1）+LO_LIM=（PIW512 涡街流量计“PI1”）×700/27648

在图3-31中tp15又乘以3.6，所以，“DB206.DBD124增湿蒸汽流量“CSXS”.SH23_PV_32等于3.6×（PIW512 涡街流量计“PI1”）×700/27648。

三、功能FC12——增湿蒸汽流量PID调节

1. 增湿蒸汽流量的PID启动条件

如图3-44，在程序段2中，只有“系统控制”在“自动”的情况下，才向SH23B梗丝低速气流干燥系统中加入增湿蒸汽。有两个条件置位线圈“M20.4增湿蒸汽PID启动”：

第一个条件，当点击了“预热”按钮以后，按照预定的程序进行预热，当“DB206.DBD224热风炉出口温度CSXS.SH23_PV_58”已经大于“DB207.DBD44 加增湿蒸汽温度设定 CSSZ.SH23_SP_12”，经过定时器T43的2秒钟延时后，马上置位线圈“M20.4‘增湿蒸汽PID启动’”。

第二个条件，在正常生产时，不管什么原因，只要来料实际流量“DB206.DBD180 来料实际流量CSXS.SH23_PV_46”小于等于100kg/h，经过定时器T76五十秒钟的延时，马上置位线圈“M20.4‘增湿蒸汽PID启动’”。

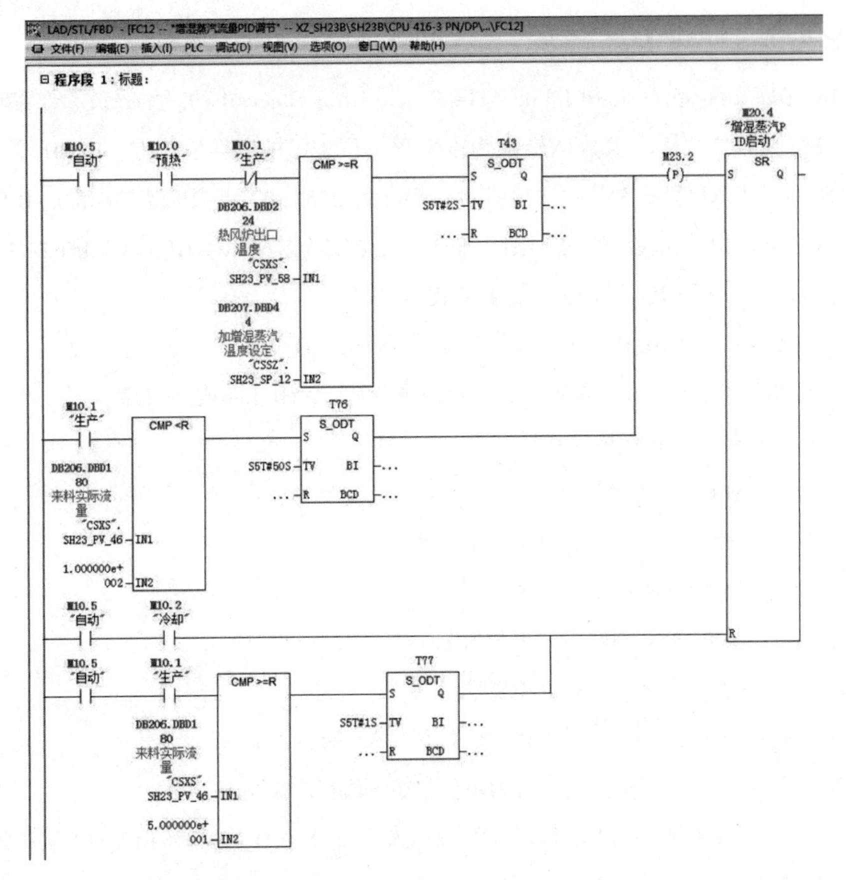

图3-44　增湿蒸汽流量的PID启动条件的程序

复位线圈“M20.4‘增湿蒸汽PID启动’”也有两个条件：第一个条件，在“自动”情况下，生产已经结束，并点击了“冷却“按钮，无条件的复位线圈“M20.4‘增湿蒸汽PID启动’”。第二个条件，在“自动”情况下，并点击了“冷却”按钮，当来料实际流量“DB206.DBD180 来料实际流量CSXS.SH23_PV_46”大于等于50kg/h，经过定时器T77的1秒钟延时，线圈“M20.4 ‘增湿蒸汽PID启动’”复位。

2. PID控制器的设定值输入

如图3-45，当线圈“M20.4增湿蒸汽PID启动”被置位以后，线圈“M20.0‘启动闪蒸PID’”的常开触点作为程序段2的运行条件，因为增湿蒸汽流量是根据不同的条件变化的，后面的PID控制器使用的设定值也是随条件而变化的，所以程序设计了用“DB152.DBD6 internal setpoint 增湿蒸汽PID背景块.SP_INT”向PID控制器传输设定值。只有一个条件向PID控制器传送设定值：只要线圈“M20.4‘增湿蒸汽PID启动’”被置位，就把“DB208.DBD80设定值PID参数.P3.SP”赋值给“DB152.DBD6 internal setpoint 增湿蒸汽PID背景块.SP_INT”。

当线圈“M20.4 增湿蒸汽PID启动”的常开触点成为闭点时，取反指令/NOT/变成开点，后面的传送指令不起作用，当线圈“M20.0‘启动闪蒸PID’”的常开触点成为开点时，取反指令/NOT/变成闭点，把“DB152.DBD6 internal setpoint 增湿蒸汽PID背景块.SP_INT”，相应的PID输出值为“0”。

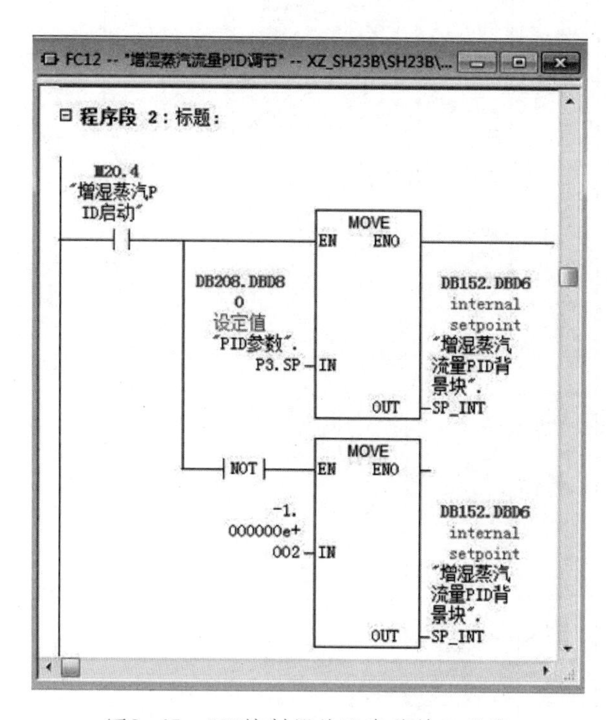

图3-45 PID控制器的设定值输入程序

3. 增湿蒸汽流量PID控制模块

如图3-46，在程序段3中，使用了功能块FB41对增湿蒸汽流量进行PID控制。经过对功能块FB41进行“F1（帮助）”可以知道，功能块FB41是个连续控制器，顾名思义FB41的输出为连续变量。用FB41作为单独的PID恒值控制器，或者在多闭环控制中实现级联控制器、混合控制器和比例控制器。控制器的功能基于模拟信号采样控制器的PID控制算法，如果需要的话，FB41可以用脉冲发生器FB43 进行扩展，产生脉冲宽度调制的输出信号，来控制比例执行机构。下面对FB41简单介绍。

（1）设置FB41控制器的结构

FB41采用位置式PID算法，PID控制器的比例运算、积分运算和微分运算三部分并联，P_SEL、I_SEL和D_SEL为1状态时分别启用比例、积分和微分作用，反之则禁止对应的控制作用，因此可以将控制器组态为P、PI、PD和PID控制器。很少使用单独的I控制器或D控制器，默认的控制方式为PI控制。

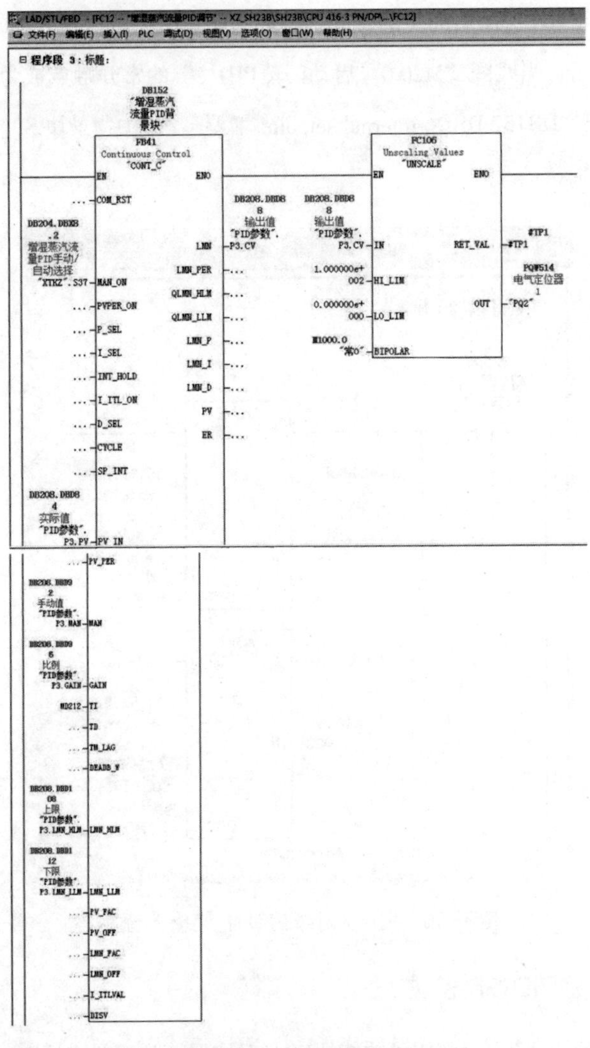

图3-46 FC41控制器

```
注释：A    "XTKZ".S37
=     L2.2
BLD   103
CALL "CONT_C"，  "增湿蒸汽PID背景块"
COM_RST  : =                      //启动标志，在OB100被复位
MAN_ON   : =L2.2                  //初始化为FALSE，自动运行
PVPER_ON: =                       //采用默认值FALSE，使用浮点数过程值
P_SEL    : =                      //采用默认值TRUE，启用比例（P）操作
I_SEL    : =                      //采用默认值TRUE，启用积分（I）操作
INT_HOLD: =                       //采用默认值FALSE，不冻结积分输出
```

```
I_ITL_ON：=                              //采用默认值FALSE，未设积分器的初值
D_SEL   ：=                              //在OB 100被初始化为TRUE，启用微分操作
CYCLE   ：=                              //采样时间，在OB100被设置为T#200MS
SP_INT  ：=                              //在OB1中修改此设定值
PV_IN   ：=”PID参数”.P3.PV               //浮点数格式输出值作为PID的过程变量输入
PV_PER  ：=                              //外部设备输入的I/O格式的过程变量值，未用
MAN     ：=”PID参数”.P3.MAN              //操作员接口输入的手动值，
GAIN    ：=”PID参数”.P3.GAIN             //增益，初始值为2.0，可用PID控制参数赋值工具修改
TI      ：=MD212                         //积分时间，初始值为4s，可用PID控制参数赋值工具
                                         修改
TD      ：=                              //微分时间，初始值为0.2s，可用PID控制参数赋值工具
                                         修改
TM_LAG  ：=                              //微分部分的延迟时间，被初始化为0s
DEADB_W ：=5.000000e+000                 //死区宽度，采用默认值0.0（无死区）
LMN_HLM ：=”PID参数”.P3.LMN_HLM          //控制器输出上限值，采用默认值100.0
LMN_LLM ：=”PID参数”.P3.LMN_LLM          //控制器输出下限值，在OB100被初始化为-100.0
PV_FAC  ：=                              //外设过程变量格式化的系数，采用默认值1.0
PV_OFF  ：=                              //外设过程变量格式化的偏移量，采用默认值0.0
LMN_FAC ：=                              //控制器输出量格式化的系数，采用默认值1.0
LMN_OFF ：=                              //控制器输出量格式化的偏移量，采用默认值0.0
I_ITLVAL：=                              //积分操作的初始值，未用
DISV    ：=                              //扰动输入变量，采用默认值0.0
LMN     ：=”PID参数”.P3.CV               //控制器浮点数输出值，被送给被控对象的输入变量
                                         INV
LMN_PER ：=                              //I/O格式的控制器输出值，未用
QLMN_HLM：=                              //控制器输出超过上限
QLMN_LLM：=                              //控制器输出小于下限
LMN_P   ：=                              //控制器输出值中的比例分量，可用于调试
LMN_I   ：=                              //控制器输出值中的积分分量，可用于调试
LMN_D   ：=                              //控制器输出值中的微分分量，可用于调试
PV      ：=                              //格式化的过程变量，可用于调试
ER      ：=                              //死区处理后的误差，可用于调试
NOP   0
```

LMN_P、LMN_I和LMN_D分别是PID控制器输出量中的比例分量、积分分量和微分分量，它们供调试时使用。

GAIN为比例部分的增益（或称为比例系数）。TI和TD分别为积分时间和微分时间。

输入参数TM_LAG为微分操作的延迟时间，FB41的帮助文件建议将TM_LAG设置为TD/5，这样可以减少一个需要整定的参数。

扰动量DISV（Disturbance）可以实现前馈控制，DISV的默认值为0.0。

（2）积分器的初始值

FB41有一个初始化程序，在输入参数COM_RST（完全重新启动）为“1”状态时该程序被执行，在初始化过程中，如果BOOL输入参数I_ITL_ON（积分作用初始化）为“1”状态，将输入参数I_ITLVAL作为积分器的初始值，所有其他输出都被设置为其默认值。INT_HOLD为“1”时积分操作保持不变，积分输出被冻结，一般不冻结积分输出。

（3）实际值与过程变量的处理

在FB41内部，PID控制器的设定值SP_INT、过程变量输入PV_IN（流量计检测到的实际值）和输出值LMN都是浮点数格式的百分数。可以用两种方式输入过程变量（即反馈值）：

① BOOL输入参数PVPER_ON（外部设备过程变量ON）为“0”状态时，用PV_IN（过程变量输入）输入以百分数为单位的浮点数格式的过程变量。

② PVPER_ON为“1”状态时，用PV_PER输入外部设备（IO格式）的过程变量，即用模拟量输入模块输出的数字值作为PID控制的过程变量。在实际的功能块FC41中，有一个转换器就是把外部设备过程变量PV_PER的0～27648或±27648（对应于模拟量输入的满量程）数值，转换为0～100%或±100%的浮点数格式的百分数，即PV_PER×100/27648（%）×PV_FAC+PV_OFF。PV_FAC为过程变量的系数，默认值为1.0；PV_OFF为过程变量的偏移量，默认值为0.0。PV_FAC和PV_OFF用来调节外设输入过程变量的范围。

（4）误差的计算与死区特性

SP_INT（设定值）是以百分数为单位的浮点数设定值。用SP_INT减去浮点数格式的过程变量PV（即反馈值），得到误差值。

在控制系统中，某些执行机构如果频繁动作，将会导致小幅振荡，造成严重的机械磨损。从控制要求来说，很多系统又允许被控量在一定范围内存在误差，以SH23B梗丝低速气流干燥系统出口水分13%±0.5%为例，其中±0.5%就是误差。当死区环节的输入量（即误差）的绝对值小于输入参数死区宽度DEADB_W时，死区的输出量（即PID控制器的输入量）为0，这时PID控制器的输出分量中，比例部分和微分部分为0，积分部分保持不变，因此PID控制器的输出保持不变，控制器不起调节作用，系统处于开环状态。当误差的绝对值超过DEADB_W时，死区环节的输入、输出为线性关系，为正常的PID控制。如果令DEADB_W为0，死区被关闭，死区环节能防止执行机构的频繁动作。为了抑制由于控制器输出量的量化造成的连续的较小的振荡，也可以用死区非线性对误差进行处理。误差ER（error）为FB41输出的中间变量。

（5）手动模式

BOOL变量MAN_ON为1状态时为手动模式，为0状态时为自动模式。在手动模式，控制器的输出值被手动输入值MAN代替。

在手动模式，控制器输出中的积分分量被自动设置为LMN-LMN_P-DISV，而微分分量被自动设置为0。这样可以保证手动到自动的无扰切换，即切换前后PID控制器的输出值LMN不会突变。

（6）输出量限幅

输出量超出控制器输出值的上限值LMN_HLM时，BOOL输出QLMN_HLM（输出超出上限）为1状态；小于下限值LMN_LLM时，BOOL输出QLMN_LLM（输出超出下限）为1状态。LMN_HLM和LMN_LLM的默认值分别为100.0%和0.0%。

（7）实际的闪蒸蒸汽流量PID调节参数

在功能块FB41中，一共有7个参数可以调整，如图3-47所示。Bool变量“DB204.DBX8.2 增湿蒸汽流量PID手动/自动选择XTKZ.S37”作为FB41的手动/自动输入选择，操作站监视屏幕上操作。“DB208.DBD84 实际值PID参数.P3.PV”是涡轮流量计测量出来的增湿蒸汽流量值通过模拟量模块——“2AI I 2WIRE ST”读取出来，并经过图3-47中的程序段3的转换而来。“DB208.DBD92 手动值 PID参数.P3.MAN”是当Bool变量“DB204.DBX8.2 增湿蒸汽流量PID手动/自动选择XTKZ.S37”被选择为“1”，FB41处于手动控制状态时，把“DB208.DBD92 手动值PID参数.P3.MAN”中的值赋值给“LMN”即“DB208.DBD88 输出值PID参数.P3.CV”，作为控制值。“DB208.DBD96 比例PID参数.P3.GAIN”作为比例部分的增益（或称为比例系数），就是图3-47中的P。“MD212”是积分的输入值，由于从图3-47中输入的值需要转换，所以，实际的输入值“DB208.DBD100 积分PID参数.P3.TI”通过下面程序段4中的转换，再赋值给“MD212”。“DB208.DBD180 上限PID参数.P3.LMN_HLM”和“DB208.DBD112 下限PID参数.P3.LMN_LLM”分别是输出的上限值和下限值，如图3-47中的上限和下限。“DB208.DBD88 输出值PID参数.P3.CV”作为执行机构的执行值，要经过FC106的转换成为气动薄膜阀的开度值。

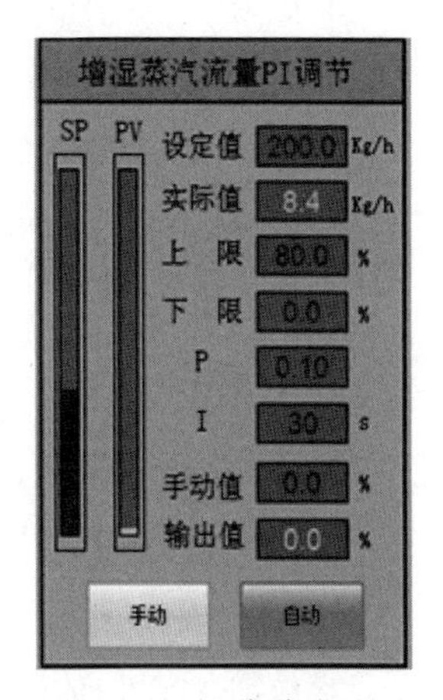

图3-47　闪蒸蒸汽流量PI调节控制画面

（4）积分值的转换

如图3-48，在程序段4中，由于从图3-47中输入的I值是秒钟数，可能不符合FB41的数据格式，需要转换，所以，实际的输入值

“DB208.DBD100 积分PID参数.P3.TI ”乘以1000后，再赋值给“MD212”，“MD212”才是PID控制模块FB41的积分输入值，如图3-48所示。

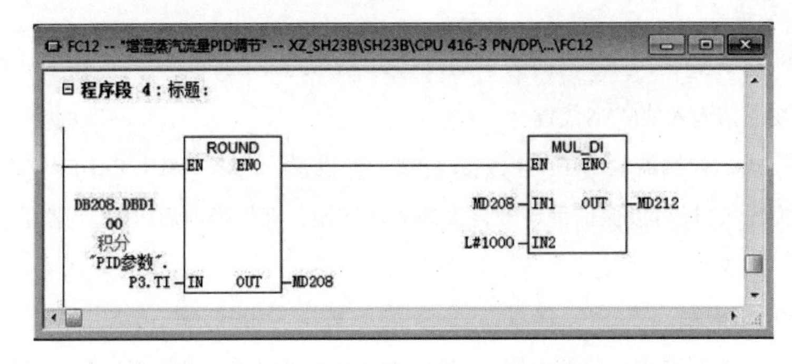

图3-48　增湿蒸汽流量积分值的转换

四、FC106——数值转换

FC106是库文件夹\Standard Library\TI-S7 Converting Blocks中的“UNSCALE”（反向缩放），将以工程单位表示的实数输入值IN转换为整数输出值OUT，送给AO模块。BOOL输入参数BIPOLAR为“1”时为双极性，AO模块输出值的下限K1为-27648.0，上限K2为27648.0。BIPOLAR为“0”时为单极性，AO模块输出值的下限K1为0.0，上限K2为27648.0。HI_LIM和LO_LIM分别是以工程单位表示的实数上、下限值。计算公式为：

OUT=（IN-LO_LIM）（K2-K1）/（HI_LIM -LO_LIM）+K1

输入值IN超出上限HI_LIM或下限LO_LIM时，输出值将被箝位为K2或K1。

图3-47中的FC106的STL格式：

```
CALL  "UNSCALE"
IN      : = "PID参数".P3.CV   //浮点数输入值
HI_LIM : =1.000000e+002     //上限值100.0
LO_LIM : =0.000000e+000     //下限值0.0
BIPOLAR: =0                 //单极性
RET_VAL: =#TP1              //错误信息存放在# TP1
OUT     : = "PQ2"           //kg为单位的输出值存放在PQ2
```

PQ2=（IN-LO_LIM）（K2-K1）/（HI_LIM -LO_LIM）+K1=（“PID参数”.P3.CV × 27648）/100

系统把“PQ2”值传输给图3-41中19槽的模拟量输出模块PQW514——2 AO I ST中，再控制气动薄膜阀的开度。

五、功能块FC6——报警处理

1. 闪蒸蒸汽异常报警

鼠标右击“DB206.DBD124增湿蒸汽流量CSXS.SH23_PV_32”→“跳转”→“应用位置”→功能块FC6（报警处理）。如图3-49所示。

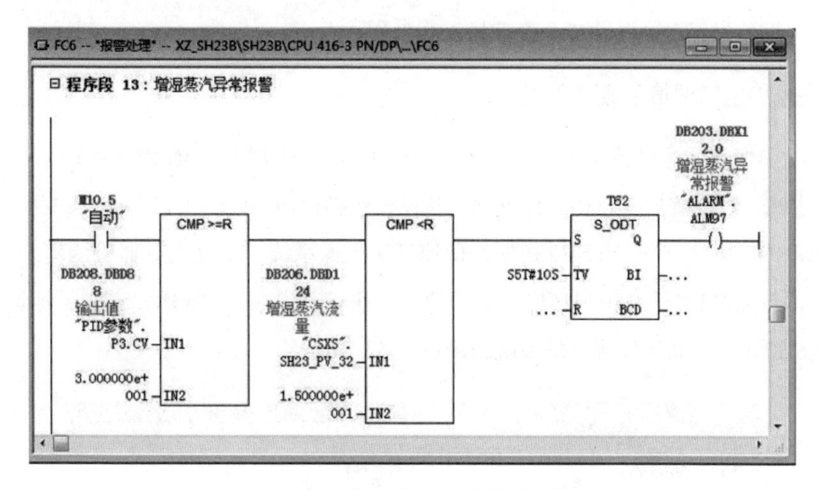

图3-49　增湿蒸汽异常报警程序

线圈“DB203.DBX12.0 增湿蒸汽异常报警ALARM.ALM97”被激活，说明增湿蒸汽喷射时出现故障。当“DB208.DBD88 输出值PID参数.P3.CV”的输出值大于等于30，但是增湿蒸汽流量实际值“DB206.DBD124 增湿蒸汽流量CSXS.SH23_PV_32”小于15kg/h，并且经过定时器T62的10秒钟延时后，增湿蒸汽流量实际值“DB206.DBD124增湿蒸汽流量CSXS.SH23_PV_32”还小于15kg/h，说明增湿蒸汽系统出现了问题，需要检修，随之就要报警。

第五节　干燥出口水分控制

出口水分控制：根据设定的出口水分与实际水分的比较，调节冷热风分配风门的开度，使出口水分达到工艺要求。预热阶段冷热风分配风门开度设定为0，以便让系统快速升温，当热风炉出口温度达到设定温度时，冷热风分配风门开度转为设定值。预设一个料头时间，料头时间内经过手动干预后，使出口水分接近设定值，料头时间过后冷热风分配风门调节变为自动，根据干燥机出口水分自动调节其开度。在生产过程中，可根据实际情况，手动干预调节冷热风分配风门开度。

一、功能FC3——模拟量处理

在功能FC3的模拟量处理中，对SH23B梗丝低速气流干燥系统使用的“模拟加水量”“闪蒸蒸汽流量”“增湿蒸汽流量”“热风炉出口温度”“混合风温”“回风温度”“回风管道负压”“水箱液位计”“炉膛负压”“炉膛温度”“尾气温度”“电加热器出口温度”“电加热器内温度”“干燥排潮风门开度调整”“干燥排潮风门”“比调仪实际温度”“比调仪设定温度”共17个模拟量进行处理。

1. 热风炉出口温度的硬件配置

在SH23B梗丝低速气流干燥系统中，使用了PROFINET和PROFIBUS-DP两种网络，由PLC作为主站，设备按功能及相对位置划分从站，包括I/O子站箱（ET200S）、变频器和工控机，采用PROFINET网络；在SH23B梗丝低速气流干燥系统，温度传感器检测出来的热风炉出口温度值传输给1号子站箱中15槽中的模拟量模块——“2AI I 2WIRE ST”，地址为516，图3-50是SH23B梗丝低速气流干燥系统的硬件配置。

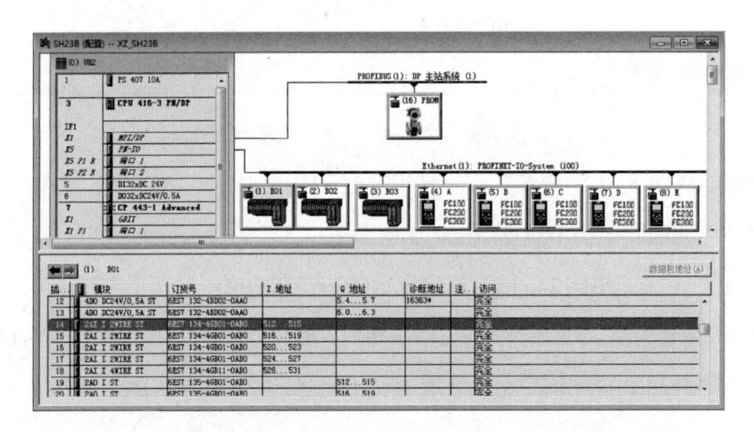

图3-50 SH23B梗丝低速气流干燥系统的硬件配置

2. 热风炉出口温度的处理

如图3-51，在程序段4中，PIW516就是图3-50中I地址，模拟量模块——“2AI I 2WIRE ST”把温度传感器检测出来的热风炉出口温度值经过A/D转换，存放在以PIW516为外设输入地址的模拟量输入模块中，以便程序调用，PIW516中的热风炉出口温度值的形式不是PLC程序要求的形式，所以要经过“数值转换功能FC105”的转换以后，才能被程序使用，并存放在“DB206.DBD224 热风炉出口温度CSXS.SH23_PV_58”中。鼠标右击“DB206.DBD224 热风炉出口温度CSXS.SH23_PV_58”→“跳转”→“应用位置”→功能FC3（模拟量处理）的程序段15～21、功能FC14（干燥出口水分PID调节）、功能块FB13（变频器控制）、功能FC4（燃烧器控制）和功能FC5（DO输出控制）。

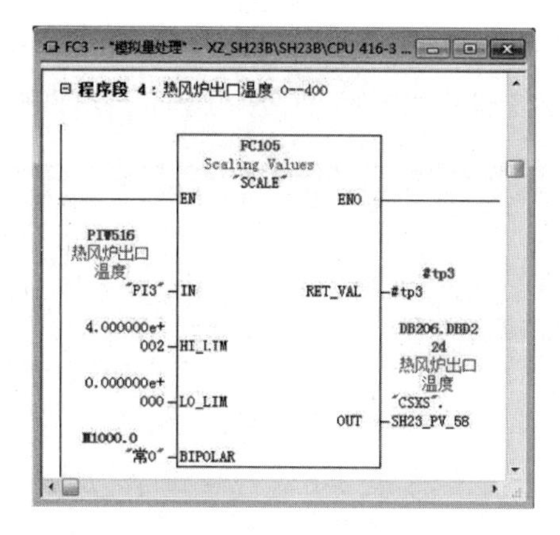

图3-51　热风炉出口温度的处理

FC105是库文件夹\Standard Library\TI-S7 Converting Blocks中的 “SCALE”（缩放），将来自AI模块的整数输入参数IN转换为以工程单位表示的实数值OUT。BOOL输入参数BIPOLAR为“1”时为双极性，AI模块输出值的下限K1为-27648.0，上限K2为27648.0。BIPOLAR为“0”时为单极性，AI模块输出值的下限K1为0.0，上限K2为27648.0。HI_LIM和LO_LIM分别是以工程单位表示的实数上、下限值。计算公式为：

OUT=（IN-K1）（HI_LIM-LO_LIM）/（K2-K1）+LO_LIM

输入值IN超出上限K2或下限K1时，输出值将被箝位为HI_LIM或LO_LIM。

图3-51中的FC105的STL格式：

```
CALL “SCALE”
IN     ：= “PI3”                      //AI通道的地址
HI_LIM ：=4.000000e+002               //上限值400.0℃
LO_LIM ：=0.000000e+000               //下限值0.0℃
BIPOLAR：=0                           //单极性
RET_VAL：=#tp3                        //错误信息存放在#tp3
OUT：= “CSXS”.SH23_PV_58              //℃为单位的输出值存放在”CSXS”.SH23_PV_58
```

“CSXS”.SH23_PV_58 =（IN-K1）（HI_LIM-LO_LIM）/（K2-K1）+LO_LIM=（PIW516 热风炉出口温度 “PI3”）×400/27648

所以，“DB206.DBD224 热风炉出口温度CSXS.SH23_PV_32”=PIW516 热风炉出口温度“PI3” ×400/27648。

3. 功能FC3（模拟量处理）的程序段15～21

（1）干燥排潮风门开度调整

图3-52为干燥排潮风门开度程序，在程序段15、16、17、18、19中共使用了存储器双字MD284、存储器双字MD288、“DB207.DBD64 干燥排潮风门开度CSSZ.SH23_SP_17”（用于

监控画面的显示）、“DB206.DBD164 排潮风门实际开度CSXS.SH23_PV_42 ”（用于监控画面的显示）四个变量。干燥排潮风门开度调整分为手动和自动两种情况。

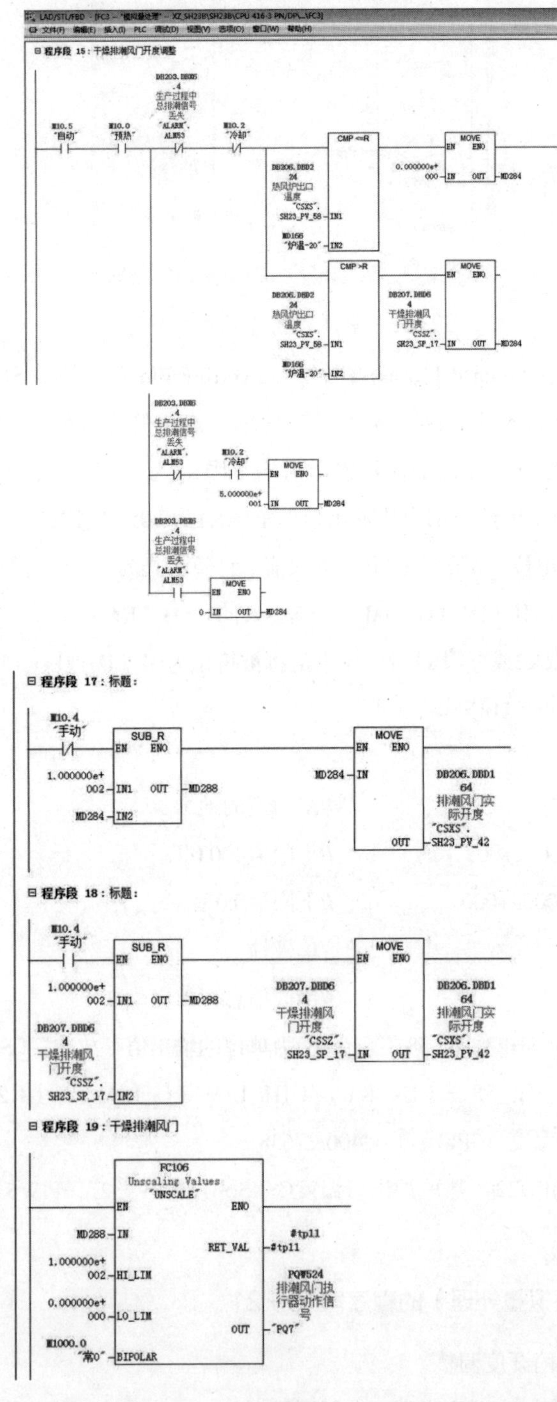

图3-52 干燥排潮风门开度程序

当手动时，在程序段18中，把干燥排潮风门开度的设定值“DB207.DBD64干燥排潮风门开度 CSSZ.SH23_SP_17”赋值给干燥排潮风门开度的“DB206.DBD164 排潮风门实际开度CSXS.SH23_PV_42 ”，100减去“DB207.DBD64 干燥排潮风门开度 CSSZ.SH23_SP_17”赋值给存储器双字MD288。在程序段19中，存储器双字MD288中的值经过FC106转换，然后赋值给模拟量输出模块的外设输出字PQW524中，程序用外设输入字PQW524 的值“PQW524 排潮风门执行器动作信号 PQ7”驱动干燥排潮风门的角执行器，如图3-53所示为地址524的模拟量输出模块。这个模拟量输出模块在2号子站箱的23槽（2AO U ST）。“DB207.DBD64 干燥排潮风门开度 CSSZ.SH23_SP_17”赋值给“DB206.DBD164 排潮风门实际开度 CSXS.SH23_PV_42”作为监控画面的变量。

FC106是库文件夹\Standard Library\TI-S7 Converting Blocks中的 “UNSCALE”（反向缩放），将以工程单位表示的实数输入值IN转换为整数输出值OUT，送给AO模块。BOOL输入参数BIPOLAR为“1”时为双极性，AO模块输出值的下限K1为-27648.0，上限K2为27648.0。BIPOLAR为“0”时为单极性，AO模块输出值的下限K1为0.0，上限K2为27648.0。HI_LIM和LO_LIM分别是以工程单位表示的实数上、下限值。计算公式为：

OUT=（IN-LO_LIM）（K2-K1）/（HI_LIM -LO_LIM）+K1

输入值IN超出上限HI_LIM或下限LO_LIM时，输出值将被箝位为K2或K1。

图3-52中的FC106的STL格式：

```
CALL  “UNSCALE”
IN     : = MD288              //浮点数输入值
HI_LIM : =1.000000e+002       //上限值100.0
LO_LIM : =0.000000e+000       //下限值0.0
BIPOLAR: =0                   //单极性
RET_VAL: =#TP11               //错误信息存放在# TP11
OUT    : = “PQ7”              //开度为单位的输出值存放在PQ2
```

PQ7=（IN-LO_LIM）（K2-K1）/（HI_LIM -LO_LIM）+K1=（MD288 × 27648）/100

系统把“PQ7”值传输给图3-50中23槽的模拟量输出模块PQW524——2 AO I ST中，再控制干燥排潮风门的角执行器的开度。

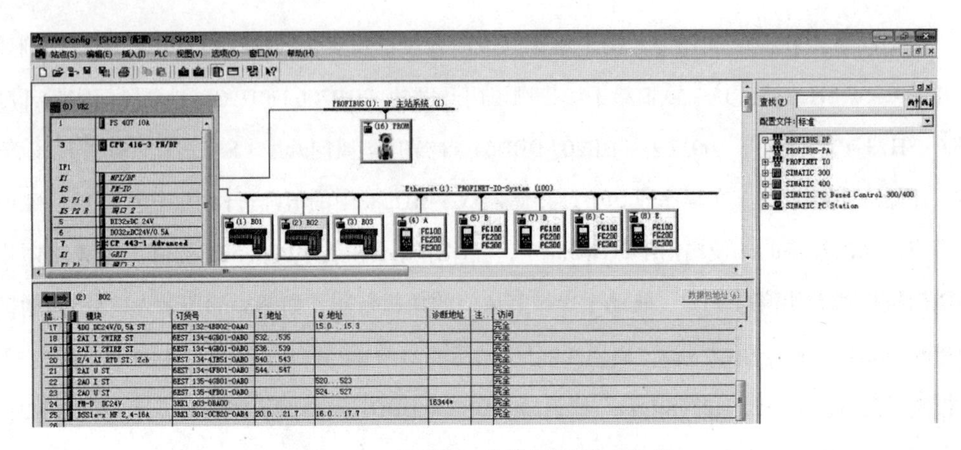

图3-53　地址524的模拟量输出模块

（2）比调仪用值

图3-54是比调仪用值，在SH23B梗丝低速气流干燥系统中，用到了一台比调仪，在程序段20中，温度计检测出来的热风炉出口温度“DB206.DBD224 热风炉出口温度 CSXS.SH23_PV_58”经过FC106转换以后赋值给模拟量输出模块的外设输出字PQW520中，外设输出字PQW520 的值“PQW520 比调仪实际温度PQ5”输入到比调仪中，作为比调仪中的实际值。

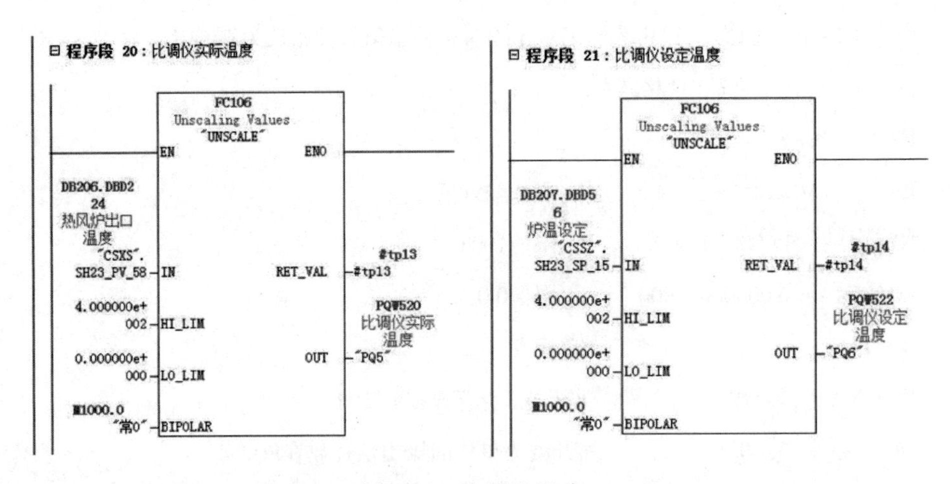

图3-54　比调仪用值

在程序段21中，热风炉温度设定值“DB206.DBD56 温度设定值CSSZ.SH23_SP_15”经过FC106转换以后赋值给模拟量输出模块的外设输出字PQW522中，外设输出字PQW522的值“PQW520 比调仪设定温度PQ6”输入到比调仪中，作为比调仪中的设定值。

二、功能FC14——干燥出口水分PID调节

1. 炉温设定

图3-55是炉温设定，在程序段1中，系统以炉温设定值“DB207.DBD56 炉温设定 CSSZ.SH23_SP_15”为基础，用设定值减去10赋值给存储器双字“MD158 炉温-10”中，用设定值减去20赋值给存储器双字“MD166 炉温-20”中，用设定值减去，40赋值给存储器双字“MD162 炉温-40”中，以便于后面的使用。

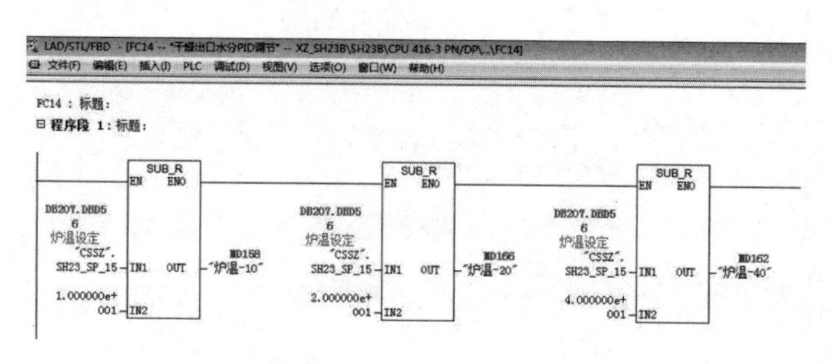

图3-55　炉温设定程序

2. 干燥出口水分PID手动/自动选择

图3-56是干燥出口水分PID手动/自动选择程序，“DB204.DBX8.4干燥出口水分PID手动/自动选择程序 XTKZ.S39”是程序段4的PID控制模块的手/自动的选择输入条件，当为“1”时，PID控制模块为手动控制，当为“0”时，PID控制模块为自动控制。在程序段2中，复位优先型SR双稳态触发器“DB204.DBX8.4干燥出口水分PID手动/自动选择程序XTKZ.S39”置位为“1”的条件有五个：

第一个条件，“系统控制”在“自动”的情况下，点击“预热”按钮后，按照预定的程序进行预热，当“DB206.DBD224 热风炉出口温度CSXS.SH23_PV_58”小于等于存储器双字“MD162 炉温-40”中的值时，首先把“0”赋值给“DB208.DBD172 手动值PID参数.P5.MAN”，接着把“DB204.DBX8.4 干燥出口水分PID手动/自动选择程序XTKZ.S39”置位为“1”。

第二个条件，“系统控制”在“自动”的情况下，点击“预热”按钮，按照预定的程序进行预热，当“DB206.DBD224 热风炉出口温度CSXS.SH23_PV_58”大于等于存储器双字“MD166炉温-20”中的值时，首先把“DB207.DBD32预热温度到风门开度设定CSSZ.SH23_SP_9”赋值给“DB208.DBD172手动值PID参数.P5.MAN”，接着把“DB204.DBX8.4 干燥出口水分PID手动/自动选择程序XTKZ.S39”置位为“1”。

第三个条件略。

第四个条件略。

第五个条件，“系统控制”在“自动”的情况下，生产已经结束，点击“冷却”按钮，首先把“0”赋值给“DB208.DBD172 手动值PID参数.P5.MAN”，接着把“DB204.DBX8.4 干燥出口水分PID手动/自动选择程序XTKZ.S39”置位为“1”。

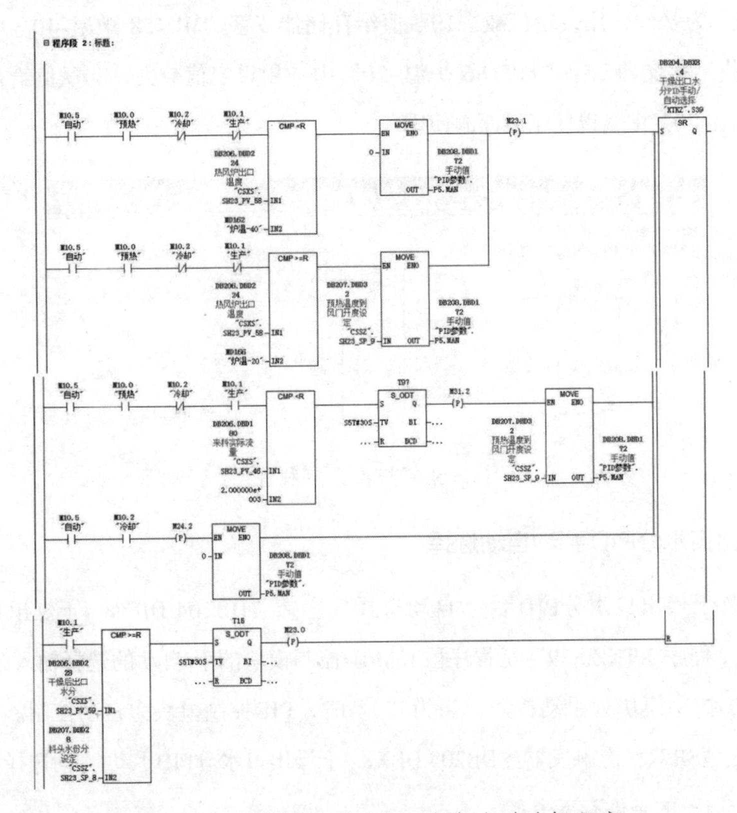

图3-56　干燥出口水分PID手动/自动选择程序

“系统控制”在“自动”的情况下，并且点击了“生产”按钮，按照设计的程序，进料生产，当“DB206.DBD228 干燥后出口水分CSXS.SH23_PV_59”大于等于“DB207.DBD28 料头水分设定CSSZ.SH23_SP_8”时，经过定时器T15的30秒钟延时以后，复位“DB204.DBX8.4 干燥出口水分PID手动/自动选择程序XTKZ.S39”。

3. 干燥出口水分PID控制器的设定值输入

图3-57是干燥出口水分PID控制器的设定值输入程序，“系统控制”在“自动”的情况下，并且已经具备了生产条件，PID控制器也已经进入到自动控制状态，在程序段3中，把“DB206.DBD160 设定值PID参数.P5.SP”赋值给“DB154.DBD6 internal SetPoint 干燥出口水分PID背景块.SP_INT”。在程序段4中的“DB154.DBD6 internal SetPoint 干燥出口水分PID背景块.SP_INT”并没有向形参“SP_INT”进行连接、输入，而是通过PID的背景数据块DB154

进行数据传输的。

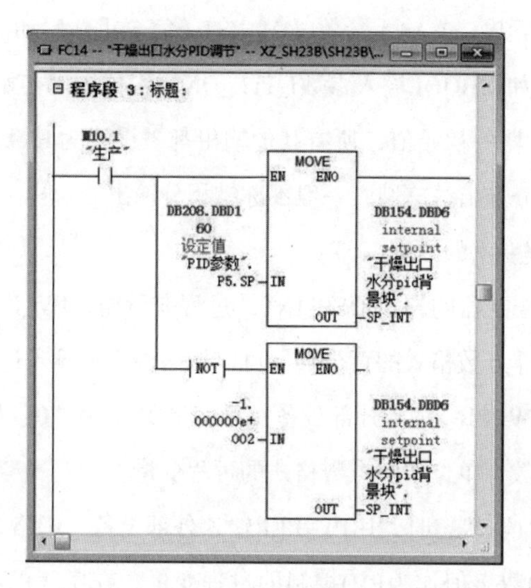

图3-57　干燥出口水分PID控制器的设定值输入程序

4. 干燥出口水分PID控制模块

图3-58，在程序段4中，使用了功能块FB41对增湿蒸汽流量进行PID控制。经过对功能块FB41进行"F1（帮助）"可以知道，功能块FB41是个连续控制器，顾名思义FB41的输出为连续变量。用FB41作为单独的PID恒值控制器，或者在多闭环控制中实现级联控制器、混合控制器和比例控制器。控制器的功能基于模拟信号采样控制器的PID控制算法，如果需要的话，FB41可以用脉冲发生器FB43 进行扩展，产生脉冲宽度调制的输出信号，来控制比例执行机构。下面对FB41简单介绍。

（1）设置FB41控制器的结构

FB41采用位置式PID算法，PID控制器的比例运算、积分运算和微分运算三部分并联，P_SEL、I_SEL和D_SEL为"1"状态时分别启用比例、积分和微分作用，反之则禁止对应的控制作用，因此可以将控制器组态为P、PI、PD和PID控制器。很少使用单独的I控制器或D控制器，默认的控制方式为PI控制。

LMN_P、LMN_I和LMN_D分别是PID控制器输出量中的比例分量、积分分量和微分分量，它们供调试时使用。

GAIN为比例部分的增益（或称为比例系数）。TI和TD分别为积分时间和微分时间。

输入参数TM_LAG为微分操作的延迟时间，FB41的帮助文件建议将TM_LAG设置为TD/5，这样可以减少一个需要整定的参数。

扰动量DISV（Disturbance）可以实现前馈控制，DISV的默认值为0.0。

（2）积分器的初始值

FB41有一个初始化程序，在输入参数COM_RST（完全重新启动）为1状态时该程序被执行，在初始化过程中，如果BOOL输入参数I_ITL_ON（积分作用初始化）为1状态，将输入参数I_ITLVAL作为积分器的初始值，所有其他输出都被设置为其默认值。INT_HOLD为1时积分操作保持不变，积分输出被冻结，一般不冻结积分输出。

（3）实际值与过程变量的处理

在FB41内部，PID控制器的设定值SP_INT、过程变量输入PV_IN（流量计检测到的实际值）和输出值LMN都是浮点数格式的百分数。可以用两种方式输入过程变量（即反馈值）：

① BOOL输入参数PVPER_ON（外部设备过程变量ON）为“0”状态时，用PV_IN（过程变量输入）输入以百分数为单位的浮点数格式的过程变量。

② PVPER_ON为“1”状态时，用PV_PER输入外部设备（IO格式）的过程变量，即用模拟量输入模块输出的数字值作为PID控制的过程变量。在实际的功能块FC41中，有一个转换器就是把外部设备过程变量PV_PER的0～27648或±27648（对应于模拟量输入的满量程）数值，转换为0～100%或±100%的浮点数格式的百分数，即PV_PER×100/27648（%）×PV_FAC+PV_OFF。PV_FAC为过程变量的系数，默认值为1.0；PV_OFF为过程变量的偏移量，默认值为0.0。PV_FAC和PV_OFF用来调节外设输入过程变量的范围。

（4）误差的计算与死区特性

SP_INT（设定值）是以百分数为单位的浮点数设定值。用SP_INT减去浮点数格式的过程变量PV（即反馈值），得到误差值。

在控制系统中，某些执行机构如果频繁动作，将会导致小幅振荡，造成严重的机械磨损。从控制要求来说，很多系统又允许被控量在一定范围内存在误差，以SH23B梗丝低速气流干燥系统出口水分13%±0.5%为例，其中±0.5%就是误差。当死区环节的输入量（即误差）的绝对值小于输入参数死区宽度DEADB_W时，死区的输出量（即PID控制器的输入量）为0，这时PID控制器的输出分量中，比例部分和微分部分为0，积分部分保持不变，因此PID控制器的输出保持不变，控制器不起调节作用，系统处于开环状态。当误差的绝对值超过DEADB_W时，死区环节的输入、输出为线性关系，为正常的PID控制。如果令DEADB_W为0，死区被关闭，死区环节能防止执行机构的频繁动作。为了抑制由于控制器输出量的量化造成的连续的较小的振荡，也可以用死区非线性对误差进行处理。误差ER（error）为FB41输出的中间变量。

（5）手动模式

BOOL变量MAN_ON为“1”状态时为手动模式，为“0”状态时为自动模式。在手动模式，控制器的输出值被手动输入值MAN代替。

在手动模式，控制器输出中的积分分量被自动设置为LMN-LMN_P-DISV，而微分分量被自动设置为0。这样可以保证手动到自动的无扰切换，即切换前后PID控制器的输出值LMN不会突变。

（6）输出量限幅

输出量超出控制器输出值的上限值LMN_HLM时，BOOL输出QLMN_HLM（输出超出上限）为1状态；小于下限值LMN_LLM时，BOOL输出QLMN_LLM（输出超出下限）为1状态。LMN_HLM和LMN_LLM的默认值分别为100.0%和0.0%。

（7）实际的闪蒸蒸汽流量PID调节参数

在功能块FB41中，一共有7个参数可以调整，如图3-58所示。Bool变量“DB204.DBX8.4干燥出口水分PID手动/自动选择程序XTKZ.S39”作为FB41的手动/自动输入选择，Bool变量“DB204.DBX8.4干燥出口水分PID手动/自动选择程序XTKZ.S39”的手动/自动选择在操作站监视屏幕上操作。

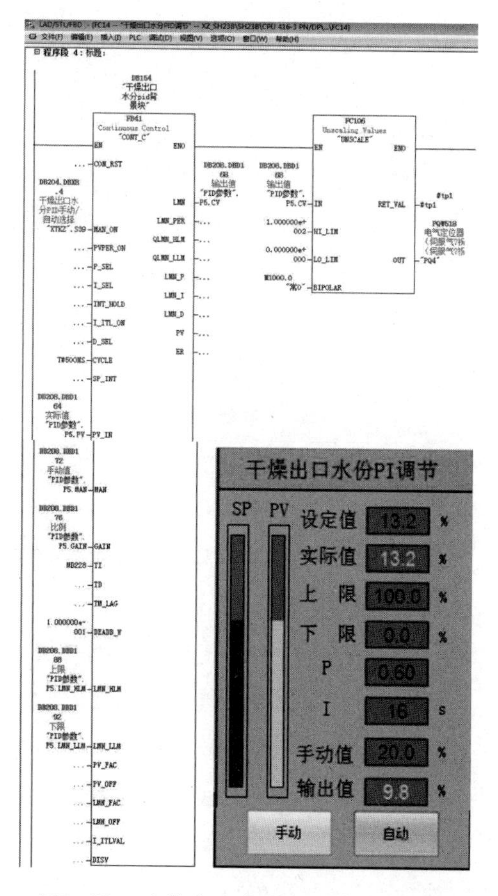

图3-58　干燥出口水分PI调节控制画面

```
注释：A    “XTKZ”.S39
=      L2.2
BLD  103
CALL  “CONT_C”  ，  “ 干燥出口水分pid背景块"
COM_RST  : =                          //启动标志，在OB100被复位
MAN_ON   : =L2.2                      //初始化为FALSE，自动运行
PVPER_ON: =                           //采用默认值FALSE，使用浮点数过程值
P_SEL    : =                          //采用默认值TRUE，启用比例（P）操作
I_SEL    : =                          //采用默认值TRUE，启用积分（I）操作
INT_HOLD: =                           //采用默认值FALSE，不冻结积分输出
I_ITL_ON: =                           //采用默认值FALSE，未设积分器的初值
D_SEL    : =                          //在OB 100被初始化为TRUE，启用微分操作
CYCLE    : =                          //采样时间，在OB100被设置为T#200MS
SP_INT   : =                          //在OB1中修改此设定值
PV_IN    : =”PID参数”.P5.PV           //浮点数格式输出值作为PID的过程变量输入
PV_PER   : =                          //外部设备输入的/O格式的过程变量值，未用
MAN      : =”PID参数”.P5.MAN          //操作员接口输入的手动值，
GAIN     : =”PID参数”.P5.GAIN         //增益，初始值为2.0，可用PID控制参数赋值工具修改
TI       : =MD228                     //积分时间，初始值为4s，可用PID控制参数赋值工具
                                      修改
TD       : =                          //微分时间，初始值为0.2s，可用PID控制参数赋值工具
                                      修改
TM_LAG   : =                          //微分部分的延迟时间，被初始化为0s
DEADB_W  : =1.000000e+001             //死区宽度，采用默认值0.0（无死区）
LMN_HLM  : =”PID参数”.P5.LMN_HLM      //控制器输出上限值，采用默认值100.0
LMN_LLM  : =”PID参数”.P5.LMN_LLM      //控制器输出下限值，在OB100被初始化为-100.0
PV_FAC   : =                          //外设过程变量格式化的系数，采用默认值1.0
PV_OFF   : =                          //外设过程变量格式化的偏移量，采用默认值0.0
LMN_FAC  : =                          //控制器输出量格式化的系数，采用默认值1.0
LMN_OFF  : =                          //控制器输出量格式化的偏移量，采用默认值0.0
I_ITLVAL: =                           //积分操作的初始值，未用
DISV     : =                          //扰动输入变量，采用默认值0.0
LMN      : =”PID参数”.P5.CV           //控制器浮点数输出值，被送给被控对象的输入变量
```

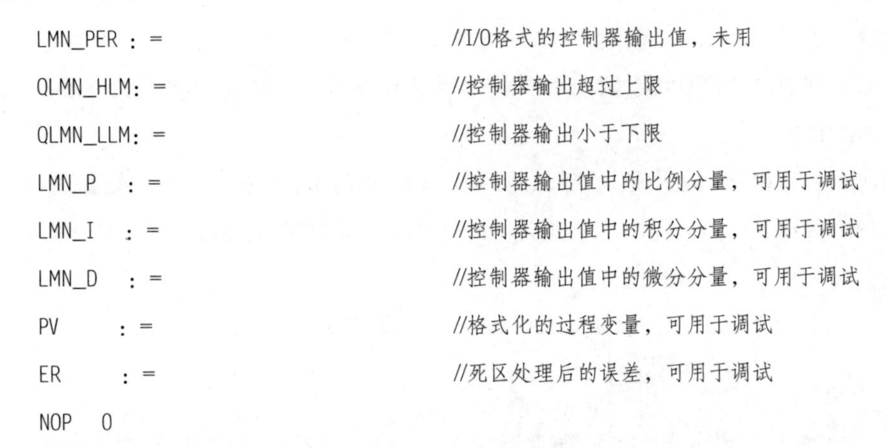

```
INV
    LMN_PER : =                      //I/O格式的控制器输出值，未用
    QLMN_HLM: =                      //控制器输出超过上限
    QLMN_LLM: =                      //控制器输出小于下限
    LMN_P   : =                      //控制器输出值中的比例分量，可用于调试
    LMN_I   : =                      //控制器输出值中的积分分量，可用于调试
    LMN_D   : =                      //控制器输出值中的微分分量，可用于调试
    PV      : =                      //格式化的过程变量，可用于调试
    ER      : =                      //死区处理后的误差，可用于调试
    NOP  0
```

如图3-59，在功能FC7（上下游通讯）的程序段4，出口水分仪检测到的水分值和变量通过工业以太网网传送到SH23B梗丝低速气流干燥系统，并通过系统功能块SFB12存储在“P#DB809.DBX360.0 与CP402通讯.sh23b_To_CP402”中，在程序段14中，“DB809.DBD18 出口水分与CP402通讯.CP402_To_sh23b.out_most”赋值给“DB208.DBD164 实际值PID参数.P5.PV”。

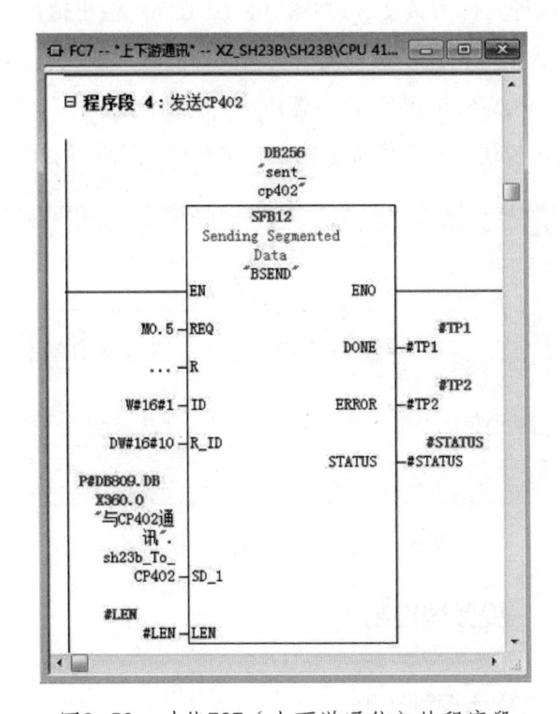

图3-59 功能FC7（上下游通信）的程度段

“DB208.DBD172 手动值PID参数.P5.MAN”是当Bool变量“DB204.DBX8.4 干燥出口水分PID手动/自动选择程序XTKZ.S39”被选择为“1”，FB41处于手动控制状态时，把

"DB208.DBD172 手动值PID参数.P5.MAN"中的值赋值给"LMN"即"DB208.DBD168 输出值 PID参数.P5.CV"。

"DB208.DBD176 比例PID参数.P5.GAIN"作为为比例部分的增益（或称为比例系数），就是图3–58中的P。

"MD228"是积分的输入值，由于从图3–60中输入的值需要转换，所以，实际的输入值"DB208.DBD180 积分PID参数.P5.TI "通过下面程序段5中的转换，再赋值给"MD228"。

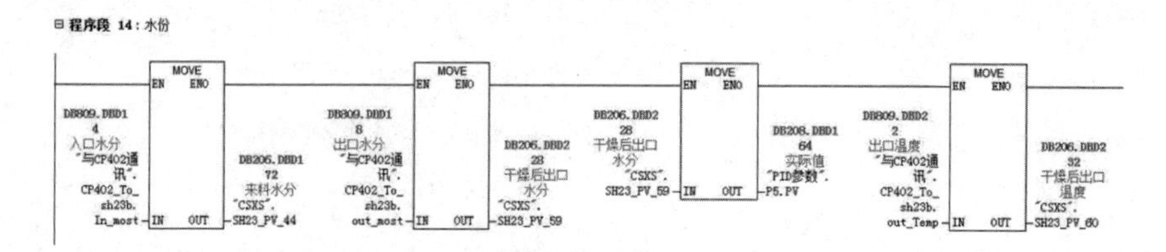

图3–60　FB41控制器及其解释

"DB208.DBD188　上限PID参数.P5.LMN_HLM"和"DB208.DBD192　下限PID参数.P5.LMN_LLM"分别是输出的上限值和下限值，如图3–58中的上限和下限。

"DB208.DBD180 输出值PID参数.P3.CV"作为执行机构的执行值，要经过FC106的转换才能为外部执行元件所接受，"DB208.DBD168 输出值PID参数.P5.CV"中的值经过FC106转换，然后赋值给模拟量输出模块的外设输出字PQW518中，程序用外设输入字PQW518 的值"PQW518　电气定位器PQ4"驱动混合风门气缸，如图3–61所示为地址518的模拟量输出模块。这个模拟量输出模块在1号子站箱的20槽（2AO I ST）。

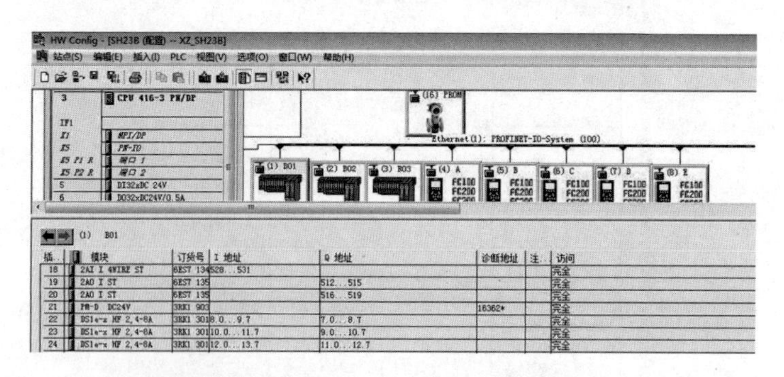

插...	模块	订货号	I 地址	Q 地址	诊断地址	注...	访问
18	2AI I 4WIRE ST	6ES7 134	528...531				完全
19	2AO I ST	6ES7 135		512...515			完全
20	2AO I ST	6ES7 135		516...519			完全
21	PM-D DC24V	3RK1 903			16362*		完全
22	DS1e-x HF 2,4-8A	3RK1 301	8.0...9.7	7.0...8.7			完全
23	DS1e-x HF 2,4-8A	3RK1 301	10.0...11.7	9.0...10.7			完全
24	DS1e-x HF 2,4-8A	3RK1 301	12.0...13.7	11.0...12.7			完全

图3–61　地址518的模拟量输出模块

三、功能块FB13——变频器控制（略）

四、功能FC4——燃烧器控制（略）

第六节　炉膛负压的控制

炉膛负压的控制：点“预热”按钮，系统开始启动，燃烧器点火前，引风机以12HZ的固定频率运行；燃烧器点火后，小火时（小火运行两分钟后自动转大火），固定15HZ的频率运行6s后自动跟踪炉膛压力-5mbar；小火转大火后，引风机先固定25HZ运行10S后，再跟踪炉膛压力设定值，系统自动调整尾气风机的工作频率，使炉膛压力稳定在设定值左右。冷却时引风机以25HZ固定频率运行直到冷却结束停机。

一、功能FC3——模拟量处理

在功能FC3的模拟量处理中，把SH23B梗丝低速气流干燥系统使用的“模拟加水量”“闪蒸蒸汽流量”“增湿蒸汽流量”“热风炉出口温度”“混合风温”“回风温度”“回风管道负压”“水箱液位计”“炉膛负压”“炉膛温度”“尾气温度”“电加热器出口温度”“电加热器内温度”“干燥排潮风门开度调整”“干燥排潮风门”“比调仪实际温度”“比调仪设定温度”共17个模拟量进行处理。

1. 热风炉炉膛负压的硬件配置

在SH23B梗丝低速气流干燥系统中，使用了PROFINET和PROFIBUS-DP两种网络，由PLC作为主站，设备按功能及相对位置划分从站，包括I/O子站箱（ET200S）、变频器和工控机，采用PROFINET网络；在SH23B梗丝低速气流干燥系统，负压传感器检测出来的热风炉炉膛负压值传输给2号子站箱中18槽中的模拟量模块——“2AI I 2WIRE ST”，地址为532，图3-62是地址532的模拟量输出模块。

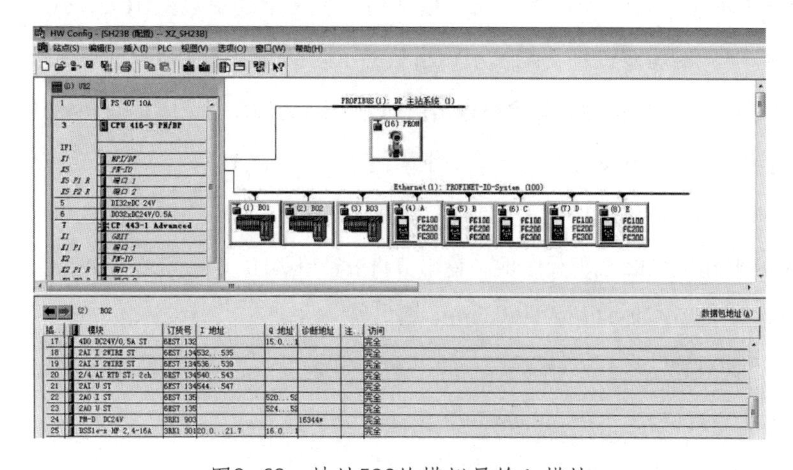

图3-62　地址532的模拟量输入模块

2. 热风炉负压的处理

如图3-63，在程序段9中，模拟量模块——“2AI I 2WIRE ST”把负压传感器检测出来的热风炉负压值经过A/D转换，存放在以PIW532为外设输入地址的模拟量输入模块中，以便程序调用。PIW532中的热风炉负压值的形式不是PLC程序要求的形式，所以要经过“数值转换功能FC105”的转换以后，才能被程序使用。转换过的负压值在除以“-1.0”后存放在“DB206.DBD160 炉膛负压 “CSXS”.SH23_PV_41”中，再把“DB206.DBD160 炉膛负压 “CSXS”.SH23_PV_41”被赋值给“DB208.DBD204 实际值PID参数.P6.PV”，鼠标右击“DB208.DBD204 实际值PID参数.P6.PV”→“跳转”→“应用位置”→功能FC15（炉膛负压PID调节）。

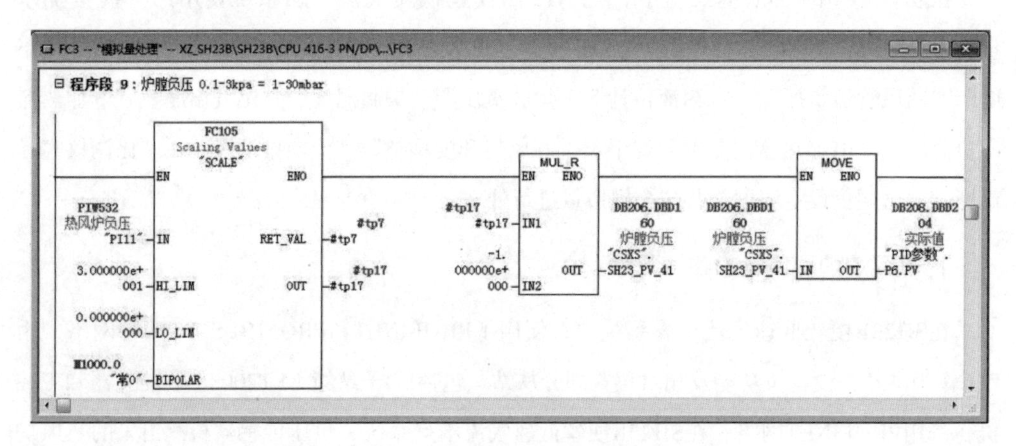

图3-63 热风炉炉膛负压的处理

FC105是库文件夹\Standard Library\TI-S7 Converting Blocks中的 “SCALE”（缩放），将来自AI模块的整数输入参数IN转换为以工程单位表示的实数值OUT。BOOL输入参数BIPOLAR为“1”时为双极性，AI模块输出值的下限K1为-27648.0，上限K2为27648.0。BIPOLAR为“0”时为单极性，AI模块输出值的下限K1为0.0，上限K2为27648.0。HI_LIM和LO_LIM分别是以工程单位表示的实数上、下限值。计算公式为：

OUT=（IN-K1）（HI_LIM-LO_LIM）/（K2-K1）+LO_LIM

输入值IN超出上限K2或下限K1时，输出值将被箝位为HI_LIM或LO_LIM。

图3-63中的FC105的STL格式：

```
CALL  "SCALE"
IN     : = "PI11"              //AI通道的地址
HI_LIM : =3.000000e+001        //上限值30mbr
LO_LIM : =0.000000e+000        //下限值0mbr
```

BIPOLAR：=0　　　　　　　//单极性

RET_VAL：=#tp7　　　　　　//错误信息存放在#tp7

OUT　：= #tp17　　　　　　// mbr为单位的输出值存放在#tp17

#tp17=（IN-K1）（HI_LIM-LO_LIM）/（K2-K1）+LO_LIM=（PIW532 热风炉负压“PI11”）× 30/27648

所以，“DB206.DBD160 炉膛负压CSXS.SH23_PV_41”等于［（PIW532 热风炉负压“PI11”×400）/27648］÷（-1.0）。

3. 功能FC15——炉膛负压PID调节

（1）干燥出口水分PID手动/自动选择

图3-64是炉膛负压PID手动/自动选择程序，“DB204.DBX8.5 炉膛负压PID手动/自动选择XTKZ.S40”是程序段5的PID控制模块的手/自动选择输入条件，当为“1”时，PID控制模块为手动 控制，当为“0”时，PID控制模块为自动控制。

在程序段1中，“DB204.DBX8.5 炉膛负压PID手动/自动选择 “XTKZ”.S40”置位为“1”的条件有四个：

第一个条件，“系统控制”在“自动”的情况下，点击“预热”按钮后，按照预定的程序进行预热，这时，首先把“12”赋值给“DB208.DBD212 手动值PID参数.P6.MAN”，作为后面引风机的运行频率值。为了后面程序更具条理性，定义了一个存储器字“MW116排烟频率控制”，在预热的开始阶段把“0”赋值给存储器字“MW116排烟频率控制”。

第二个条件，“系统控制”在“自动”的情况下，点击“冷却”按钮后，首先把“20”赋值给“DB208.DBD212 手动值PID参数.P6.MAN”，作为后面引风机的运行频率值，把“0”赋值给存储器字“MW116排烟频率控制”。PID控制模块也由原来的“自动”状态，要转为“手动”状态。

第三个条件，“系统控制”在“自动”的情况下，点击“预热”按钮后，按照预定的程序进行预热，经过一定时间的运行，热风炉已经处于小火运行，即“DB2004.DBX6.0 小火状态显示XTKZ.S19”成为闭点，这时，把“15”赋值给“DB208.DBD212 手动值PID参数.P6.MAN”，作为后面引风机的运行频率值，把“1”赋值给存储器字“MW116 ‘排烟频率控制’”。

第四个条件，“DB204.DBX6.3 燃烧器程控器启动 XTKZ.S22”“DB204.DBX6.6 燃烧器运行XTKZ.S25”、“DB204.DBX6.3 大火状态1显示XTKZ.S20”的常开触点成为闭点以后，先把“2”赋值给存储器字“MW116 “排烟频率控制"”，再把“20”赋值给“DB208.DBD212 手

动值 "PID参数".P6.MAN”， 作为后面引风机的运行频率值。

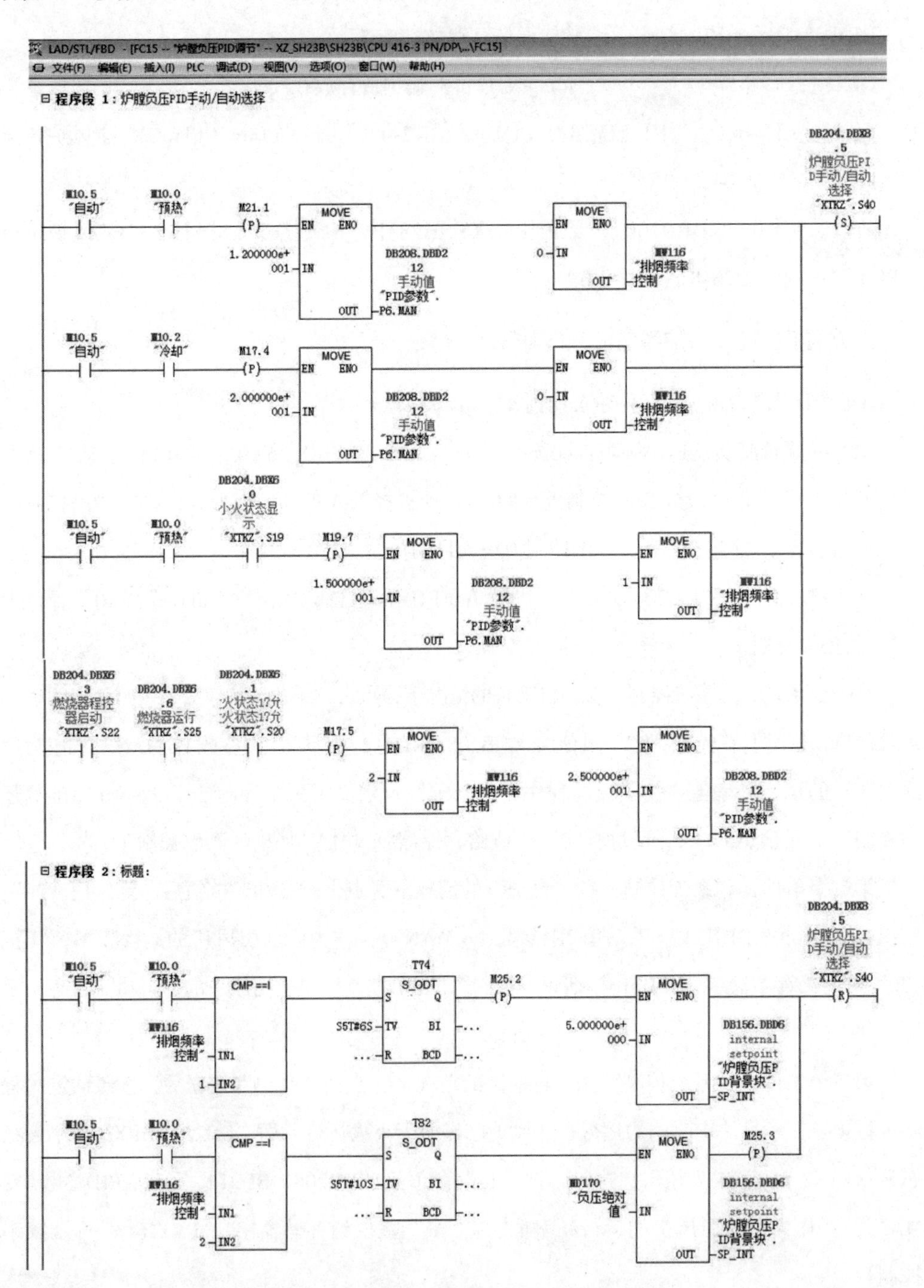

图3-64 炉膛负压PID手动/自动选择程序

在程序段1中，“DB204.DBX8.5 炉膛负压PID手动/自动选择 XTKZ.S40”复位为“0”的条件有两个：

第一个条件，“系统控制”在“自动”的情况下，当点击了“预热”按钮以后，按照预定的程序进行预热，经过一定时间的运行，热风炉已经处于小火运行，即线圈“DB2004.DBX6.0 小火状态显示XTKZ.S19”被激活，把“1”赋值给存储器字“MW116排烟频率控制”，经过定时器T74的6秒钟延时以后，把“5”赋值给“DB156.DBD6 internal setpoint 炉膛负压PID背景块.SP_INT”，作为炉膛负压PID控制模块的设定值，存放在炉膛负压PID控制模块FB41的设定变量，被炉膛负压PID控制模块调用。

第二个条件，当“DB204.DBX8.5 炉膛负压PID手动/自动选择XTKZ.S40”复位为“0”的第一个条件满足以后，热风炉处于自动控制状态，并以“DB156.DBD6 internal setpoint 炉膛负压PID背景块.SP_INT”=5自动运行，这时是小火运行状态。当“DB204.DBX8.5 炉膛负压PID手动/自动选择XTKZ.S40”置位为“1”的第四个条件满足以后，这时是大火运行，把“2”赋值给存储器字“MW116排烟频率控制”，经过定时器T82的10秒钟延时以后，把存储器双字“MD170负压绝对值”赋值给“DB156.DBD6 internal setpoint炉膛负压PID背景块.SP_INT”，作为炉膛负压PID控制模块的设定值，存放在炉膛负压PID控制模块FB41的背景数据块DB156中，被炉膛负压PID控制模块调用。

（2）炉膛负压PID控制模块FB41的设定值和实际值

如图3-65，在程序段3中，在程序处于不是“自动”或不是“预热”时，即程序处于“手动”的“冷却”和“闪蒸清洗”时，把“0”赋值给“DB156.DBD6 internal setpoint炉膛负压PID背景块.SP_INT”。

在程序段4中，设定值“DB208.DBD200设定值PID参数.P6.SP”经过“ABS”的求绝对值后传送给存储器双字“MD170负压绝对值”，通过程序段2，传送给“DB156.DBD6internal setpoint 炉膛负压PID背景块.SP_INT”，作为炉膛负压PID控制模块的设定值，存放在炉膛负压PID控制模块FB41的背景数据块DB156中，被炉膛负压PID控制模块调用。“DB208.DBD204实际值PID参数.P6.PV”经过“ABS”求绝对值后传送给存储器双字“MD174负压反馈绝对值”，作为炉膛负压PID控制模块的设定值，存放在炉膛负压PID控制模块FB41的背景数据块DB156中，被炉膛负压PID控制模块调用。

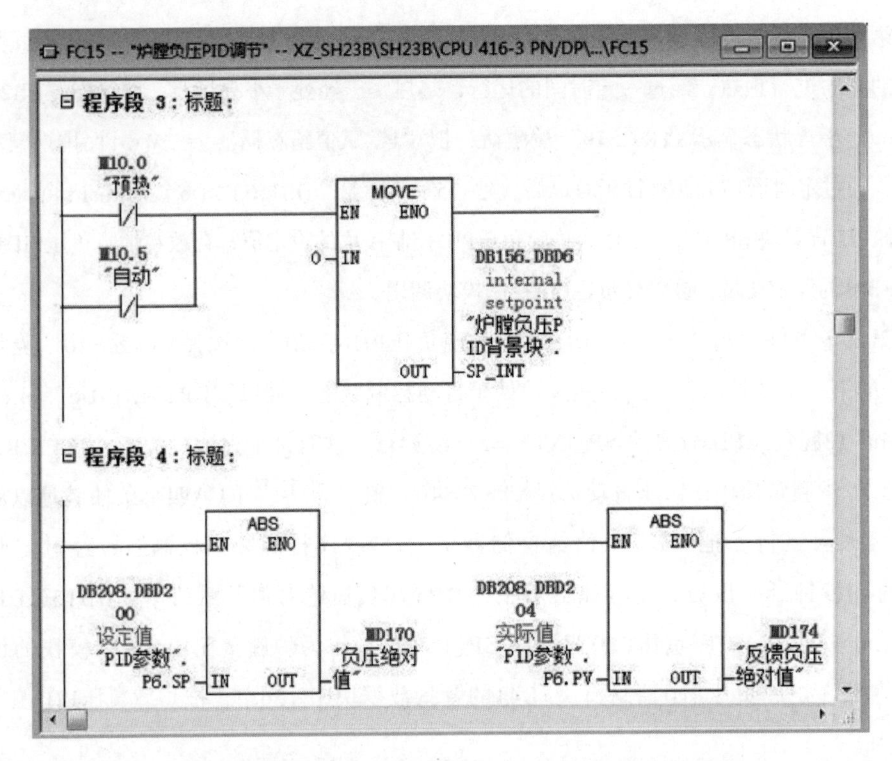

图3-65　炉膛负压PID控制模块FB41的设定值和实际值

（3）炉膛负压PID控制模块

如图3-66，在程序段5中，使用了功能块FB41对增湿蒸汽流量进行PID控制。经过对功能块FB41进行“F1（帮助）”，可以知道，功能块FB41是个连续控制器，顾名思义FB41的输出为连续变量。用FB41作为单独的PID恒值控制器，或者在多闭环控制中实现级联控制器、混合控制器和比例控制器。控制器的功能基于模拟信号采样控制器的PID控制算法，如果需要的话，FB41可以用脉冲发生器FB43 进行扩展，产生脉冲宽度调制的输出信号，来控制比例执行机构。下面对FB41作简单介绍。

① 设置FB41控制器的结构

FB41采用位置式PID算法，PID控制器的比例运算、积分运算和微分运算三部分并联，P_SEL、I_SEL和D_SEL为“1”状态时分别启用比例、积分和微分作用，反之则禁止对应的控制作用，因此可以将控制器组态为P、PI、PD和PID控制器。很少使用单独的I控制器或D控制器，默认的控制方式为PI控制。

LMN_P、LMN_I和LMN_D分别是PID控制器输出量中的比例分量、积分分量和微分分量，它们供调试时使用。

GAIN为比例部分的增益（或称为比例系数）。TI和TD分别为积分时间和微分时间。

输入参数TM_LAG为微分操作的延迟时间，FB41的帮助文件建议将TM_LAG设置为

TD/5，这样可以减少一个需要整定的参数。

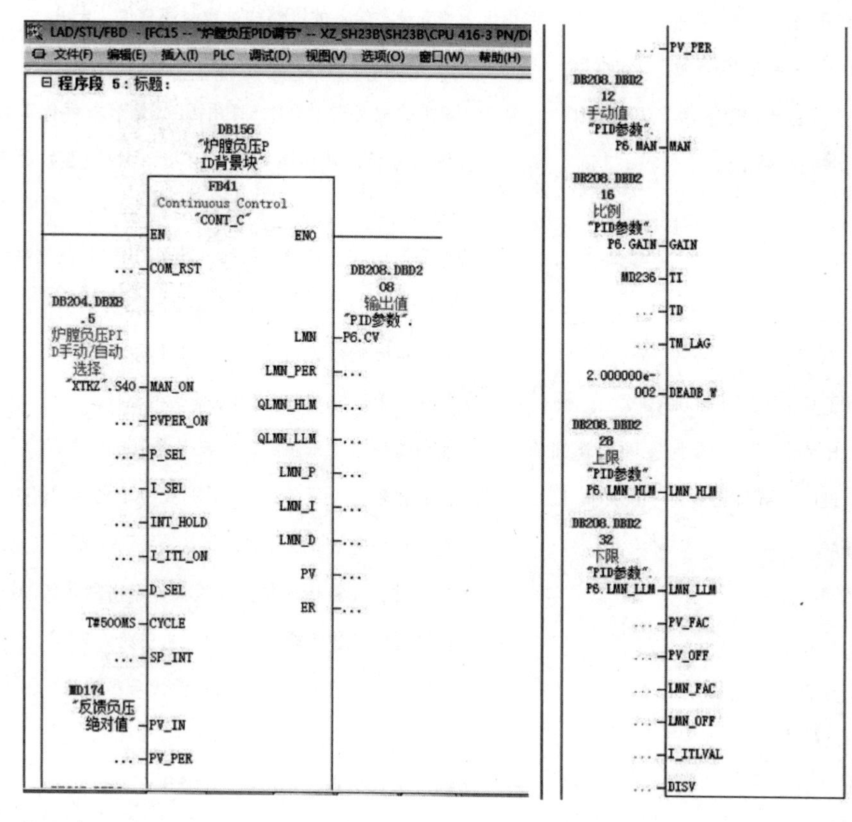

图3-66 FC41控制器

注释：A "XTKZ".S40

= L0.1

BLD 103

CALL "CONT_C" , "炉膛负压PID背景块"

```
COM_RST  : =            //启动标志，在OB100被复位
MAN_ON   : =L0.1        //初始化为FALSE，自动运行
PVPER_ON: =             //采用默认值FALSE，使用浮点数过程值
P_SEL    : =            //采用默认值TRUE，启用比例（P） 操作
I_SEL    : =            //采用默认值TRUE，启用积分（I） 操作
INT_HOLD: =             //采用默认值FALSE，不冻结积分输出
I_ITL_ON: =             //采用默认值FALSE，未设积分器的初值
D_SEL    : =            //在OB 100被初始化为TRUE，启用微分操作
CYCLE    : =            //采样时间，在OB100被设置为T#200MS
SP_INT   : =            //在OB1中修改此设定值
```

```
PV_IN    : =" PID参数" .P6.PV              //浮点数格式输出值作为PID的过程变量输入
PV_PER   : =                               //外部设备输入的I/O格式的过程变量值，未用
MAN      : =" PID参数" .P6.MAN             //操作员接口输入的手动值，
GAIN     : =" PID参数" .P6.GAIN            //增益，初始值为2.0，可用PID控制参数赋值工具修改
TI       : =MD236                          //积分时间，初始值为4s，可用PID控制参数赋值工具
                                           修改
TD       : =                               //微分时间，初始值为0.2s，可用PID控制参数赋值工具
                                           修改
TM_LAG   : =                               //微分部分的延迟时间，被初始化为0s
DEADB_W  : =2.000000e+002                  //死区宽度，采用默认值0.0（无死区）
LMN_HLM  : =" PID参数" .P6.LMN_HLM         //控制器输出上限值，采用默认值100.0
LMN_LLM  : =" PID参数" .P6.LMN_LLM         //控制器输出下限值，在OB100被初始化为-100.0
PV_FAC   : =                               //外设过程变量格式化的系数，采用默认值1.0
PV_OFF   : =                               //外设过程变量格式化的偏移量，采用默认值0.0
LMN_FAC  : =                               //控制器输出量格式化的系数，采用默认值1.0
LMN_OFF  : =                               //控制器输出量格式化的偏移量，采用默认值0.0
I_ITLVAL: =                                //积分操作的初始值，未用
DISV     : =                               //扰动输入变量，采用默认值0.0
LMN      : =" PID参数" .P6.CV              //控制器浮点数输出值，被送给被控对象的输入变量
                                           INV
LMN_PER  : =                               //I/O格式的控制器输出值，未用
QLMN_HLM: =                                //控制器输出超过上限
QLMN_LLM: =                                //控制器输出小于下限
LMN_P    : =                               //控制器输出值中的比例分量，可用于调试
LMN_I    : =                               //控制器输出值中的积分分量，可用于调试
LMN_D    : =                               //控制器输出值中的微分分量，可用于调试
PV       : =                               //格式化的过程变量，可用于调试
ER       : =                               //死区处理后的误差，可用于调试
NOP  0
```

扰动量DISV（Disturbance）可以实现前馈控制，DISV的默认值为0.0。

② 积分器的初始值

FB41有一个初始化程序，在输入参数COM_RST（完全重新启动）为“1”状态时该程序被执行，在初始化过程中，如果BOOL输入参数I_ITL_ON（积分作用初始化）为“1”状态，

将输入参数I_ITLVAL作为积分器的初始值，所有其他输出都被设置为其默认值。INT_HOLD为“1”时积分操作保持不变，积分输出被冻结，一般不冻结积分输出。

③ 实际值与过程变量的处理

在FB41内部，PID控制器的设定值SP_INT、过程变量输入PV_IN（流量计检测到的实际值）和输出值LMN都是浮点数格式的百分数。可以用两种方式输入过程变量（即反馈值）：

A. BOOL输入参数PVPER_ON（外部设备过程变量ON）为“0”状态时，用PV_IN（过程变量输入）输入以百分数为单位的浮点数格式的过程变量。

B. PVPER_ON为1状态时，用PV_PER输入外部设备（IO格式）的过程变量，即用模拟量输入模块输出的数字值作为PID控制的过程变量。在实际的功能块FC41中，有一个转换器就是把外部设备过程变量PV_PER的0～27648或±27648（对应于模拟量输入的满量程）数值，转换为0～100%或±100%的浮点数格式的百分数，即PV_PER×100/27648（%）×PV_FAC+PV_OFF。PV_FAC为过程变量的系数，默认值为1.0；PV_OFF为过程变量的偏移量，默认值为0.0。PV_FAC和PV_OFF用来调节外设输入过程变量的范围。

④ 误差的计算与死区特性

SP_INT（设定值）是以百分数为单位的浮点数设定值。用SP_INT减去浮点数格式的过程变量PV（即反馈值），得到误差值。

在控制系统中，某些执行机构如果频繁动作，将会导致小幅振荡，造成严重的机械磨损。从控制要求来说，很多系统又允许被控量在一定范围内存在误差，以SH23B梗丝低速气流干燥系统出口水分13%±0.5%为例，其中±0.5%就是误差。当死区环节的输入量（即误差）的绝对值小于输入参数死区宽度DEADB_W时，死区的输出量（即PID控制器的输入量）为0，这时PID控制器的输出分量中，比例部分和微分部分为0，积分部分保持不变，因此PID控制器的输出保持不变，控制器不起调节作用，系统处于开环状态。当误差的绝对值超过DEADB_W时，死区环节的输入、输出为线性关系，为正常的PID控制。如果令DEADB_W为0，死区被关闭，死区环节能防止执行机构的频繁动作。为了抑制由于控制器输出量的量化造成的连续的较小的振荡，也可以用死区非线性对误差进行处理。误差ER（error）为FB41输出的中间变量。

⑤ 手动模式

BOOL变量MAN_ON为“1”状态时为手动模式，为“0”状态时为自动模式。在手动模式，控制器的输出值被手动输入值MAN代替。

在手动模式，控制器输出中的积分分量被自动设置为LMN-LMN_P-DISV，而微分分量被自动设置为0。这样可以保证手动到自动的无扰切换，即切换前后PID控制器的输出值LMN

不会突变。

⑥ 输出量限幅

输出量超出控制器输出值的上限值LMN_HLM时，BOOL输出QLMN_HLM（输出超出上限）为“1”状态；小于下限值LMN_LLM时，BOOL输出QLMN_LLM （输出超出下限） 为“1”状态。LMN_HLM和LMN_LLM的默认值分别为100.0%和0.0%。

⑦ 实际的炉膛负压PID调节参数

在功能块FB41中，一共有7个参数可以调整，如图3-67所示：

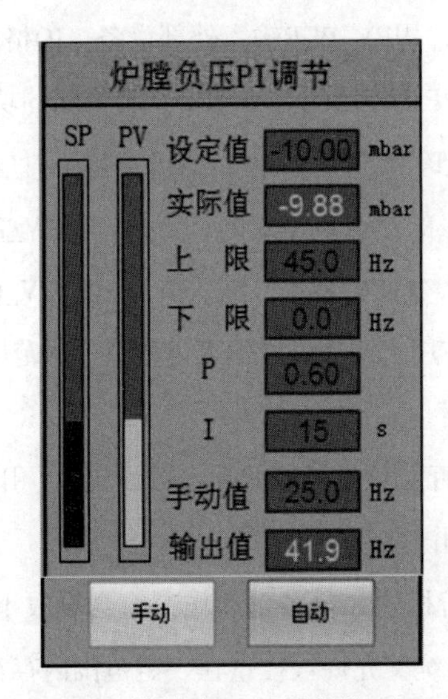

图3-67　炉膛负压PI调节控制画面

Bool变量“DB204.DBX8.5 炉膛负压PID手动/自动选择XTKZ.S40”作为FB41的手动/自动输入选择，Bool变量“DB204.DBX8.5 炉膛负压PID手动/自动选择XTKZ.S40”的手动/自动选择在操作站监视屏幕上操作。

在图3-65的程序段4中，负压传感器检测的炉膛负压值“DB208.DBD204实际值PID参数.P6.PV”经过“ABS”求绝对值后传送给存储器双字“MD174负压反馈绝对值”，作为炉膛负压PID控制模块的设定值，存放在炉膛负压PID控制模块FB41的背景数据块DB156中，被炉膛负压PID控制模块调用。

“DB208.DBD212 手动值PID参数.P6.MAN”是当Bool变量“DB204.DBX8.5 炉膛负压PID手动/自动选择XTKZ.S40”被选择为“1”时，FB41是处于手动控制状态时，把“DB208.DBD212 手动值PID参数.P6.MAN”赋值给“DB208.DBD208 输出值PID参数.P6.CV”，作为控制值。

“DB208.DBD216 比例PID参数.P6.GAIN”作为比例部分的增益（或称为比例系数），就是图3–67中的P。

“MD236”是积分的输入值，由于从图3–67中输入的值需要转换，所以，实际的输入值“DB208.DBD220 积分PID参数.P6.TI ”通过下面程序段7中的转换，再赋值给“MD236”。

“DB208.DBD228 上限PID参数.P6.LMN_HLM”和“DB208.DBD232 下限PID参数.P6.LMN_LLM”分别是输出的上限值和下限值，如图3–67中的上限和下限。

“DB208.DBD208 输出值PID参数.P6.CV”作为执行机构的执行值，在图3–68的程序段6中，“DB208.DBD208 输出值PID参数.P6.CV”直接赋值给“DB207.DBD16 引风机频率设定“CSSZ.SH23_SP_5”，作为引风机变频器的频率设定值。

4. 引风机频率设定值和炉膛负压PID积分值的转换

如图3–68，在程序段6中，只要是在“自动”控制模式，“DB208.DBD208 输出值PID参数.P6.CV”直接赋值给“DB207.DBD16 引风机频率设定 “CSSZ”.SH23_SP_5”，作为引风机变频器的频率设定值。

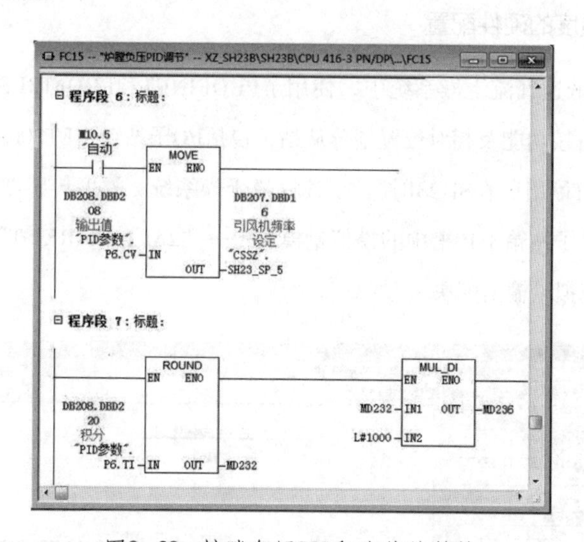

图3–68　炉膛负压PID积分值的转换

在程序段7中，由于从图3–67中输入的I值是秒钟数，可能不符合FB41的数据格式，需要转换，所以，实际的输入值“DB208.DBD100 积分PID参数.P3.TI ”乘以1000后，再赋值给“MD236”，“MD236”才是PID控制模块FB41的积分输入值，如图3–68所示。

第七节 闪蒸蒸汽温度控制

闪蒸蒸汽温度控制：用于加热闪蒸蒸汽，按下“生产”按钮后，闪蒸蒸汽开启，当下游设备运行后，自动启动蒸汽加热器，加热器的出口温度传感器测量温度，将加热器的设定温度和温度传感器采集的实际温度作比较，调节电力调整器的输出值，控制加热器的电流，达到稳定温度的作用。冷却时，蒸汽加热器停止。

一、功能FC3——模拟量处理

在功能FC3的模拟量处理中，把SH23B梗丝低速气流干燥系统使用的“模拟加水量”“闪蒸蒸汽流量”“增湿蒸汽流量”“热风炉出口温度”“混合风温”“回风温度”“回风管道负压”“水箱液位计”“炉膛负压”“炉膛温度”“尾气温度”“电加热器出口温度”“电加热器内温度”“干燥排潮风门开度调整”“干燥排潮风门”“比调仪实际温度”“比调仪设定温度”共17个模拟量进行处理。

1. 闪蒸蒸汽温度的硬件配置

在SH23B梗丝低速气流干燥系统中，使用了PROFINET和PROFIBUS-DP两种网络，由PLC作为主站，设备按功能及相对位置划分从站，包括I/O子站箱（ET200S）、变频器和工控机，采用PROFINET网络；在SH23B梗丝低速气流干燥系统，温度传感器检测出来的闪蒸蒸汽温度值传输给2号子站箱中19槽中的模拟量模块——“2AI I 2WIRE ST”，地址为538，图3-69是地址538的模拟量输出模块。

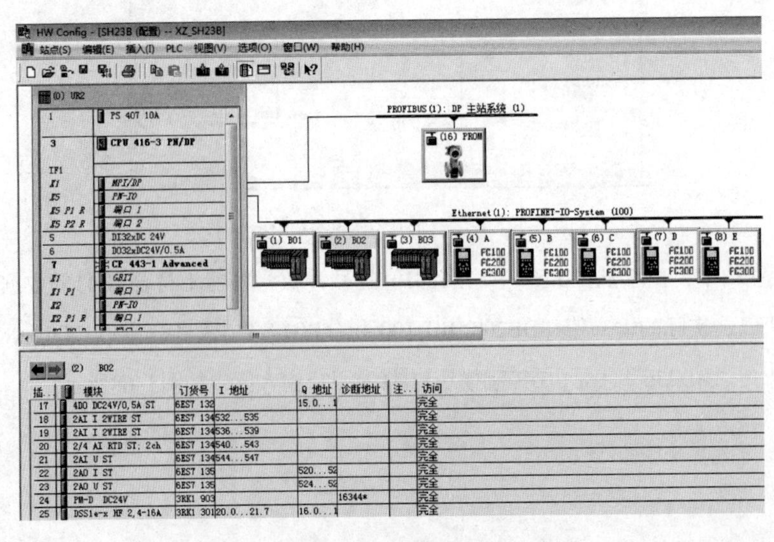

插...	模块	订货号	I 地址	Q 地址	诊断地址	注...	访问
17	4DO DC24V/0,5A ST	6ES7 132		15.0...1			完全
18	2AI I 2WIRE ST	6ES7 134	532...535				完全
19	2AI I 2WIRE ST	6ES7 134	536...539				完全
20	2/4 AI RTD ST; 2ch	6ES7 134	540...543				完全
21	2AI U ST	6ES7 134	544...547				完全
22	2AO I ST	6ES7 135		520...52			完全
23	2AO U ST	6ES7 135		524...52			完全
24	PM-D DC24V	3RK1 903			16344*		完全
25	DSS1e-x HF 2,4-16A	3RK1 301	20.0...21.7	16.0...1			完全

图3-69 地址538的模拟量输入模块

2. 闪蒸蒸汽温度的处理

如图3-70，在程序段12中，PIW538指的是图3-69中I地址，模拟量模块——“2AI I 2WIRE ST”把温度传感器检测出来的闪蒸蒸汽温度值，经过A/D转换，存放在以PIW538为外设输入地址的模拟量输入模块中，以便程序调用。PIW538中的闪蒸蒸汽温度值的形式不是PLC程序要求的形式，所以要经过“数值转换功能FC105”的转换以后，赋值给“DB208.DBD44 实际值PID参数.P2.PV”，鼠标右击“DB208.DBD44 实际值PID参数.P2.PV”→“跳转”→“应用位置”→功能FC11（闪蒸蒸汽温度PID调节）。

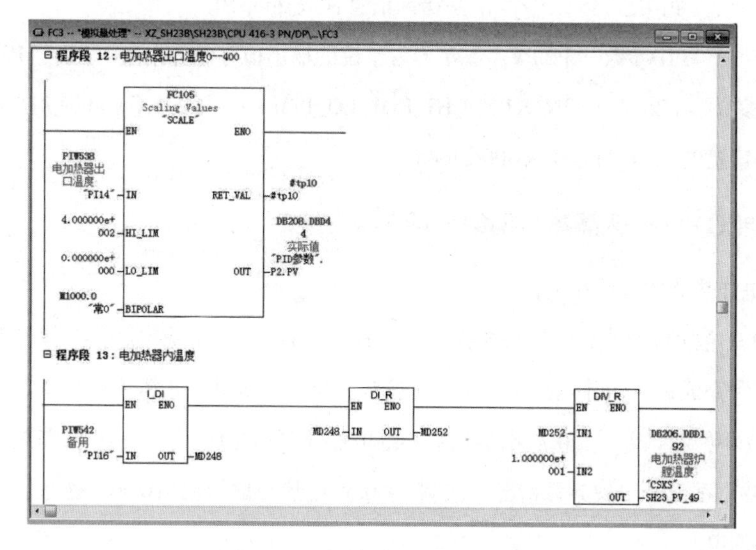

图3-70 闪蒸蒸汽温度的处理

在程序段13中，模拟量模块——“2AI I 2WIRE ST”把温度传感器检测出来的电加热器炉膛温度值，经过A/D转换，存放在以PIW542为外设输入地址的模拟量输入模块中，以便程序调用。PIW542中的电加热器炉膛温度值经过“I_DINT 整型转换为长整型”“DI_REAL 长整型转换为浮点型”，除以10，最后赋值给“DB206.DBD192 电加热器炉膛温度CSXS.SH23_PV_49”，便于FC11（闪蒸蒸汽温度PID调节）调用。

FC105是库文件夹\Standard Library\TI-S7 Converting Blocks中的 “SCALE”（缩放），将来自AI模块的整数输入参数IN转换为以工程单位表示的实数值OUT。BOOL输入参数BIPOLAR为“1”时为双极性，AI模块输出值的下限K1为-27648.0，上限K2为27648.0。BIPOLAR为“0”时为单极性，AI模块输出值的下限K1为0.0，上限K2为27648.0。HI_LIM和LO_LIM分别是以工程单位表示的实数上、下限值。计算公式为：

OUT=（IN-K1）（HI_LIM-LO_LIM）/（K2-K1）+LO_LIM

输入值IN超出上限K2或下限K1时，输出值将被箝位为HI_LIM或LO_LIM。

图3-70中的FC105的STL格式：

```
CALL  "SCALE"
IN    : = "PI14"                  //AI通道的地址
HI_LIM : =4.000000e+002           //上限值400℃
LO_LIM : =0.000000e+000           //下限值0℃
BIPOLAR: =0                       //单极性
RET_VAL: =#tp10                   //错误信息存放在#tp10
OUT   : = "PID参数".P2.PV         // ℃为单位的输出值存放在"PID参数".P2.PV
```

"PID参数".P2.PV =（IN-K1）（HI_LIM-LO_LIM）/（K2-K1）+LO_LIM=（PIW538 电加热器出口温度 "PI11"）×400/27648

3. 功能FC11——闪蒸蒸汽温度PID调节

（1）电加热器的启动和报警

图3-71是电加热器的启动和报警程序，在程序段1中，"系统控制"在"自动"的情况下，"预热"完成以后，并点击了"生产"按钮，整个系统处于正常生产状态，如果这时超温报警 "17.6超温报警""I0.7 电加热器热继电器检测信号DI8""I1.0 电加热器调压模块异常报警DI9"都没有出现异常情况，线圈"Q0.5 电热器信号输出DO6"被激活，电力调整器为加热器通电。

在程序段2中，"系统控制"在"自动"的情况下，"预热"完成以后，并点击了"生产"按钮，整个系统处于正常生产状态，如果这时超温报警 "17.6 超温报警"没有超温，"I0.5 电加热器电源检测DI7""I0.6 电加热器接触器检测信号DI8"处于闭合状态，都没有出现异常情况，线圈"DB204.DBX5.6 电热器启动XTKZ.S17"被激活，作为后面程序控制使用的条件。

在程序段4中，当闪蒸蒸汽出口处的温度实际值"DB208.DBD44 实际值PID参数.P2.PV"大于等闪蒸蒸汽出口处的温度设定值"DB204.DBD40 设定值PID参数.P2.SP"加上20，或者是"DB206.DBD192 电加热器炉膛温度CSXS.SH23_PV_49"大于等于280℃时，经过定时器T50的20秒钟延时，激活了复位优先型SR双稳态触发器"M17.6超温报警"，线圈"DB203.DBX12.4 电加热器超温报警ALARM.ALM101"被激活，信息被存放在共享数据块DB203（ALARM）中，以便被调用。在此用到了复位优先型SR双稳态触发器和其他线圈的组合使用，如果有报警，只要点击"DB204.DBX7.2 总故障复位XTKZ.S29"就可以，简化了程序设计。

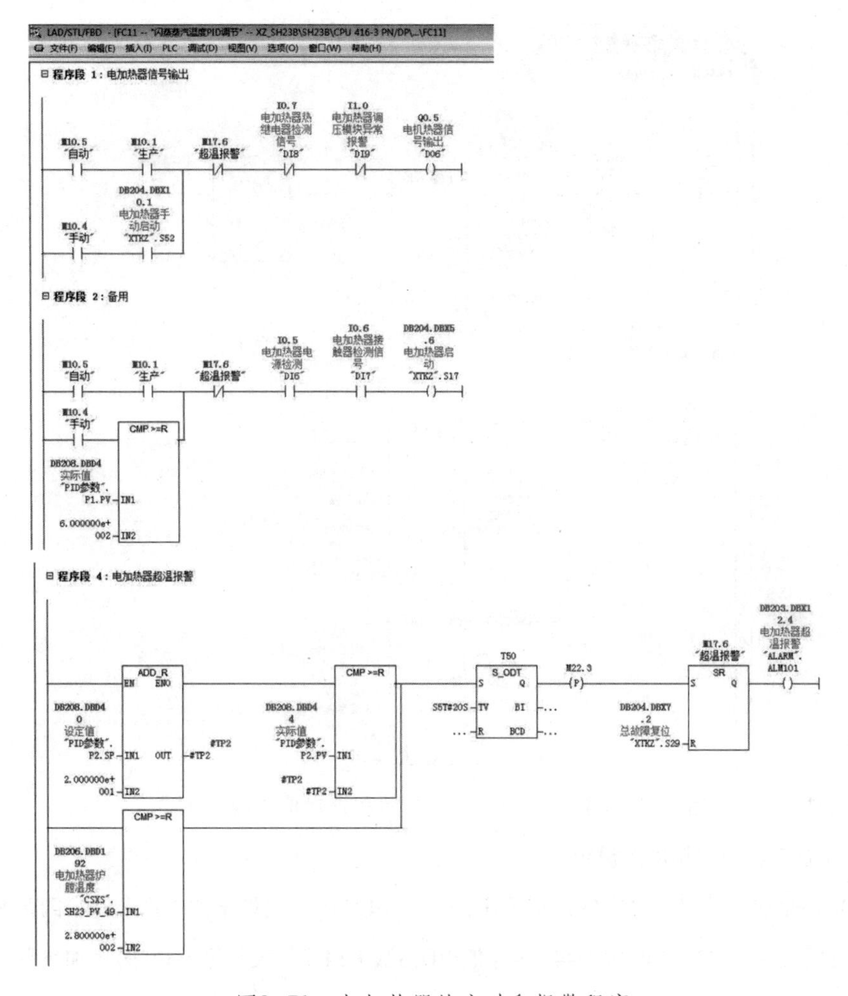

图3-71 电加热器的启动和报警程序

（2）闪蒸蒸汽温度PID启动和设定值的输入

图3-72是闪蒸蒸汽温度PID启动和设定值的输入程序，在程序段3中，在程序段1中，“系统控制”在“自动”的情况下，“预热”完成以后，并点击了“生产”按钮，整个系统处于正常生产状态，电加热器“DB204.DBX5.6 电热器启动XTKZ.S17”已经启动，当检测到闪蒸蒸汽流量“DB208.DBD4 PID参数.P1.PV”大于等于600时，经过定时器T13的30秒钟延时，线圈“M20.2电加热器PID启动”被激活，便于后面的程序调用。

在程序段5中，线圈“M20.2 电加热器PID启动”激活和“M17.6超温报警”处于正常状态，闪蒸蒸汽出口处的温度设定值“DB204.DBD40 设定值PID参数.P2.SP”被赋值给“DB151.DBD34 internal SetPoint闪蒸蒸汽温度pid背景块.SP_INT”，当上面的两个条件不具备以后，通过取反指令/NOT/，把“-100”赋值给“DB151.DBD34 internal SetPoint闪蒸蒸汽温度PID背景块.SP_INT”，作为闪蒸蒸汽温度PID的设定值。

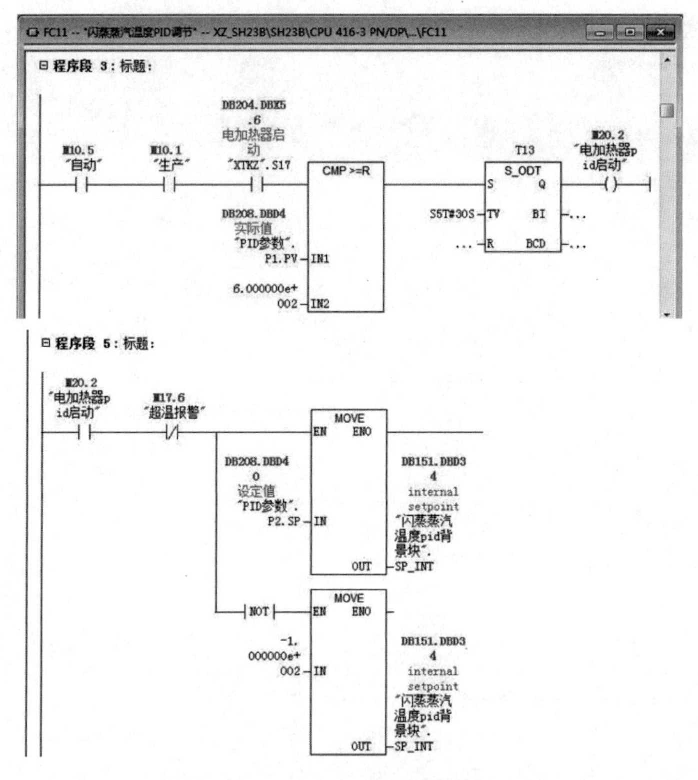

图3-72　闪蒸蒸汽温度PID启动和设定值的输入程序

（3）加热器出口温度的设定

图3-73是加热器出口温度的设定程序，在程序段7中，当处于“生产”时，闪蒸蒸汽出口处的温度实际值“DB208.DBD44 实际值PID参数.P2.PV”大于等于175时，加热器的温度已经达到预定的温度，经过定时器“T92”5秒钟的延时后置位了复位优先型SR双稳态触发器“M27.3 j加热器温度达到要求”。当闪蒸蒸汽出口处的温度实际值“DB208.DBD44 实际值PID参数.P2.PV”小于等于160时，经过定时器T93的10秒钟延时后复位了复位优先型SR双稳态触发器“M27.3j加热器温度达到要求”。

在程序段8中，用“电加热器PID启动”激活和“M17.6超温报警”两个条件定义了一个线圈“DB204.DBX11.0 加热器温度未达到要求指示XTKZ.S59”，用于监视画面上显示加热器的状态。当程序段7中的“M27.3 j加热器温度达到要求”被置位为“1”时，线圈“DB204.DBX11.0 加热器温度未达到要求指示XTKZ.S59”失电，说明加热器温度已经达到了，反之，当程序段7中的“M27.3 j加热器温度达到要求”被复位为“1”时，线圈“DB204.DBX11.0 加热器温度未达到要求指示XTKZ.S59”得电，说明加热器温度没有达到，监视画面中的加热器变成红色。

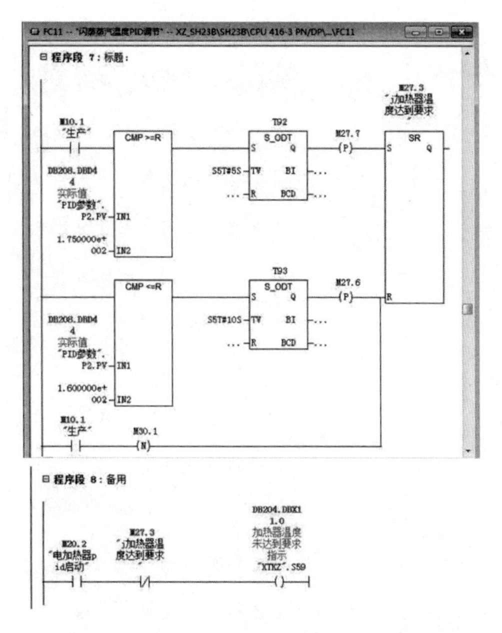

图3-73 加热器出口温度的设定程序

（4）闪蒸蒸汽温度PID控制模块

如图3-74，在程序段6中，使用了功能块FB58对闪蒸蒸汽温度进行PID控制。经过对功能块FB58进行“F1（帮助）”可以知道，功能块FB58是用于控制有连续或脉冲控制信号的温度处理过程，可以通过设置参数以启用或者禁用PID控制器子函数。在SIMATIC Manager中双击背景数据块DB151，如图3-75所示，还可以使用控制器调节功能，将程序块设置为PI/PID参数本身，使其适应处理过程。这些功能基于具有处理温度过程附加功能的PID控制算法，控制器提供各种模拟量操作值和脉冲持续调节驱动信号。

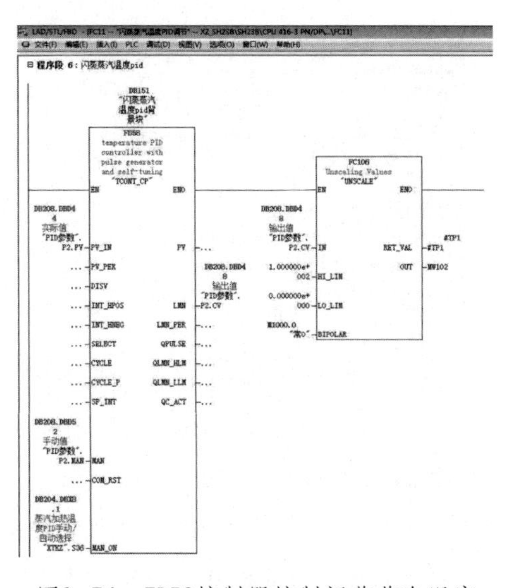

图3-74 FB58控制器控制闪蒸蒸汽温度

```
注解：CALL  “TCONT_CP”， “闪蒸蒸汽温度pid背景块”
PV_IN   ：=”PID参数”.P2.PV         //浮点数格式输出值作为PID的过程变量输入
PV_PER  ：=                        //外部设备输入的I/O格式的过程变量值，未用
DISV    ：=                        //扰动输入变量，采用默认值0.0
INT_HPOS：=                        //保持正方向上的积分作用
INT_HNEG：=                        //保持负方向上的积分作用
SELECT  ：=                        //选择调用PID和脉冲发生器
PV      ：=                        //过程变量
LMN     ：=”PID参数”.P2.CV         //输出端以浮点格式输出有效的操作变量值。
LMN_PER ：=                        //外围操作变量
QPULSE  ：=                        //输出脉冲信号
QLMN_HLM：=                        //达到操作变量的上限
QLMN_LLM：=                        //达到操作变量的下限
QC_ACT  ：=                        //下一个周期，连续控制器正在工作
CYCLE   ：=                        //连续控制器采样时间[秒]
CYCLE_P ：=                        //脉冲发生器采样时间[秒]
SP_INT  ：=                        //内部设定值
MAN     ：=”PID参数”.P2.MAN        //手动值
COM_RST ：=                        //完全重启动
MAN_ON  ：=”XTKZ”.S36              //手动操作打开
A     BR
```

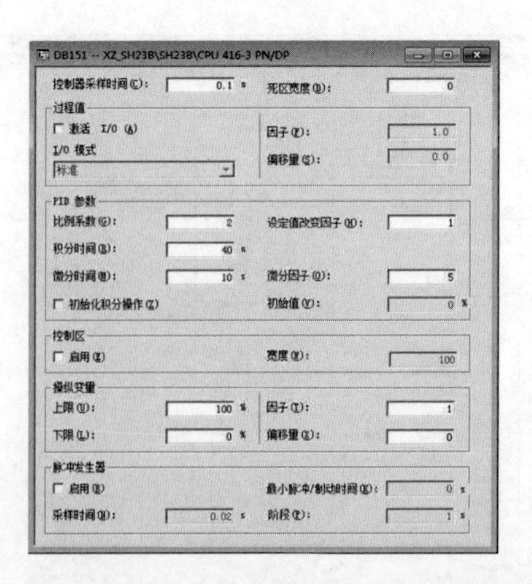

图3-75　FB58的背景数据块DB151的参数设置

控制器将信号输出到一台执行器，也就是说，一台控制器只能进行加热或者冷却操

作，不能同时进行这两种操作。如果使用块来冷却，必须为GAIN分配一个负值。如果温度升高，则增大操作变量LMN，从而增强冷却效果。为了提高温度处理过程的控制响应，程序块包含一个控制区，如果设定值步长变化，则减小P操作。

只有定期调用块，才能正确计算控制器功能块的数值。因此，必须定期在循环中断OB（OB30-38）中调用此控制器功能块。在参数CYCLE中预先定义采样时间。这也是SH23B梗丝低速气流干燥系统中的6个PID控制模块在OB35调用的原因。如图3-76所示。

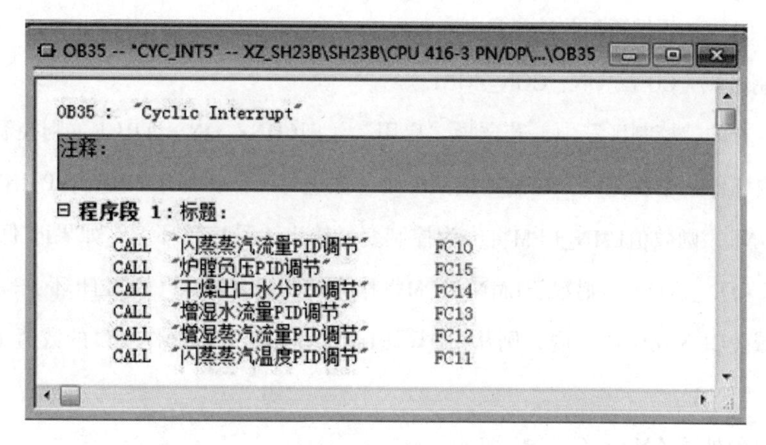

图3-76　循环中断组织块OB35调用PID模块

① 设定值分支

在输入SP_INT处以浮点数格式输入设定值，作为实际数值或者百分比数值。表示出错的设定值和过程值单位必须相同。

② 过程值选项（PVPER_ON）

在图3-75中，过程值选项主要是选择使用外围设备（I/O）格式或是使用浮点数格式的过程值输入。当图3-75过程值中的“激活 I/O”没有被激活时，PVPER_ON 为FALSE，从输入PV_IN中获得浮点数格式的过程值。当图3-75过程值中的“激活 I/O”被激活时，PVPER_ON 为TRUE，在输入PV_PER中，通过模拟量外围设备I/O（PIW xxx）读取过程值。

当图3-75过程值中的“激活 I/O”被激活时，过程值要进行格式转换，在“I/O模式”中，有三种方式可以选择：一种是热电偶，PV_PER × 0.1；第二种是气温（气候），PV_PER × 0.01；第三种是电压/电流，PV_PER × 100/27648。

③ 误差和死区

在死区之前，设定值与过程值之间的差异就是误差。为了抑制由于操作变量量化所引起的小幅持续振荡（例如，在使用PULSEGEN进行的脉宽调制时），可对误差信号使用死区。

如果DEADB_W = 0.0，则禁止死区功能。通过ER参数指示有效误差。

④ PID算法（GAIN、TI、TD、D_F）

FB58所使用的PID算法是位置算法，比例、积分（INT）和微分（DIF）动作是并行连接在一起的，可以单独激活或取消激活，这样便能够组态成P、PI、PD和PID控制器。控制器经调节支持PI和PID控制器，使用负GAIN（增益）实现控制器倒置（冷却控制器），如果把TI和TD设置都为0.0，则将在工作点获得一个纯P控制器。

⑤ 前馈控制（DISV）（扰动变量）

可以在DISV输入端添加前馈变量。

⑥ 控制区域（CONZ_ON、CON_ZONE）

在图3–75的“控制区”中，若选择“启用”，即CONZ_ON = TRUE，则控制器在控制区域范围内工作。也就是说，控制器按照下列算法进行工作：如果PV超出SP_INT的数值大于CON_ZONE，则数值LMN_LLM将作为控制变量输出（受控闭环）；如果PV低于SP_INT的数值大于CON_ZONE，则数值LMN_HLM将作为控制变量输出（受控闭环）；如果PV位于控制区域（CON_ZONE）内，则从PID算法LMN_Sum处获取操作变量的数值（自动闭环控制）。

⑦ 手动值处理（MAN_ON、MAN）

可以在手动与自动操作之间切换。在手动模式下，操作变量被修正到手动数值。将积分作用（INT）内部设置为LMN – LMN_P – DISV，且将微分作用（DIF）设置为0并内部同步。因此，可以平滑地切换到自动模式。

⑧ 操作变量限值LMNLIMIT（LMN_HLM、LMN_LLM）

通过LMNLIMIT功能，可将操作变量的数值限制在LMN_HLM和LMN_LLM限制值之间。如果达到了这些限制值，则通过消息位QLMN_HLM和QLMN_LLM进行指示。如果操作变量受限，则停止I作用。如果误差朝着与I作用相反的操作变量范围方向出现，则可以再次激活I作用。

（5）实际的炉膛负压PID调节参数

在功能块FB58中，一共有4个参数可以调整；实际上监控画面上有8个参数可以调整，如图3–77所示。

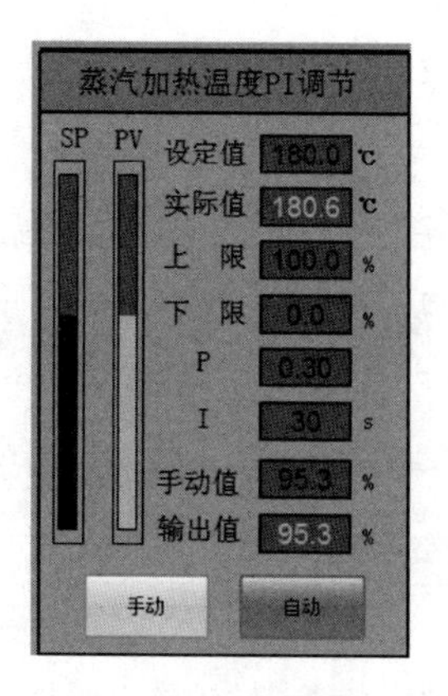

图3-77　蒸汽加热温度PI调节控制画面

Bool变量“DB204.DBX8.1　蒸汽加热温度 PID手动/自动选择XTKZ.S36”　作为FB58的手动/自动输入选择，Bool变量“DB204.DBX8.1　蒸汽加热温度PID手动/自动选择XTKZ.S36”的手动/自动选择在操作站监视屏幕上操作。

在图3-71的程序段5中，闪蒸蒸汽出口处的温度设定值“DB204.DBD40　设定值PID参数.P2.SP”被赋值给“DB151.DBD34　internal SetPoint闪蒸蒸汽温度pid背景块.SP_INT”，作为闪蒸蒸汽出口处的温度PID控制模块的设定值，存放在闪蒸蒸汽出口处的温度PID控制模块FB58的背景数据块DB151中，被闪蒸蒸汽出口处的温度PID控制模块调用。

“DB208.DBD52 手动值PID参数.P2.MAN”是当Bool变量“DB204.DBX8.1 蒸汽加热温度 PID手动/自动选择XTKZ.S36”被选择为“1”时，FB58是处于手动控制状态时，把“DB208.DBD52 手动值‘PID参数’.P2.MAN”赋值给“DB208.DBD48 输出值PID参数.P2.CV”，作为控制值。

“DB208.DBD48 输出值PID参数.P2.CV”作为执行机构的执行值，经过FC106的转换后，赋值给MW102，在图3-78的程序段9中，MW102中的值赋值给模拟量输出模块的外设输出字PQW512中，程序用外设输入字PQW512 的值“PQW512电力调整器动作信号PQ1”驱动电力调整器，如图3-79所示为地址512的模拟量输出模块。这个模拟量输出模块在1号子站箱的19槽（2AO I ST）。

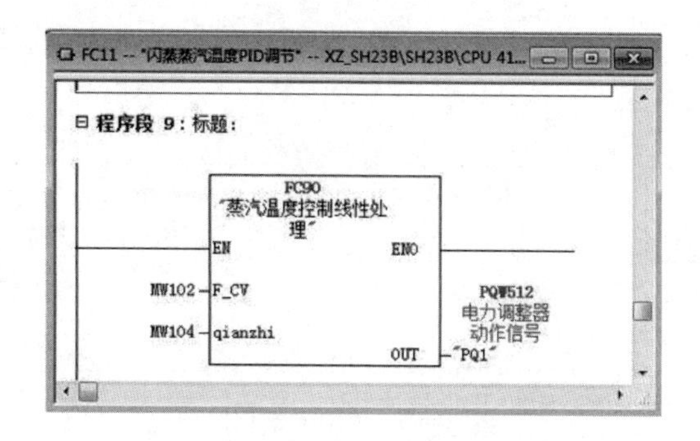

图3-78　蒸汽温度控制线性处理程序

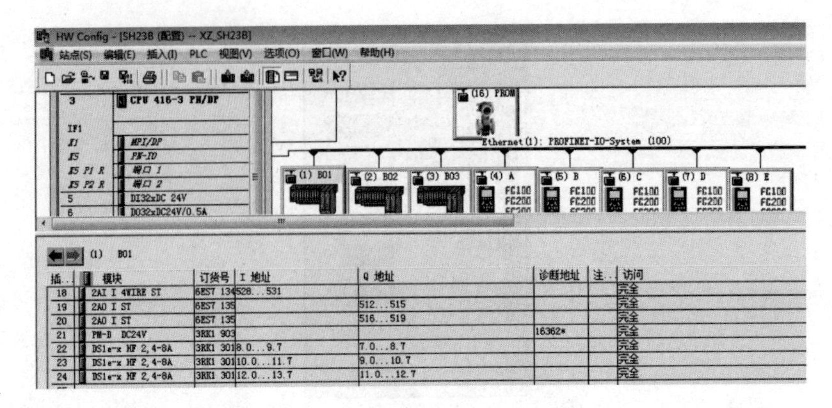

图3-79　地址512的模拟量输出模块

下面6个参数在图3-74中并没有显示，但是在图3-77中显示，就像温度的设定值一样，存放在闪蒸蒸汽出口处的温度PID控制模块FB58的背景数据块DB151中，被闪蒸蒸汽出口处的温度PID控制模块调用。如图3-80所示。

参数“DB208.DBD56　比例PID参数.P2.GAIN”“DB208.DB60　积分PID参数.P2.TI”“DB208.DBD64　微分PID参数.P2.TD”“DB208.DBD68　上限PID参数.P2.LMN_HLM”“DB208.DBD72　下限PID参数.P2.LMN_LLM”和“DB208.DBD76　死区PID参数.P2.DEADBAND”被分别赋值给“DB151.DBD166　proportional gain 闪蒸蒸汽温度pid背景块.GAIN”“DB151.DBD170　reset time [s] 闪蒸蒸汽温度pid背景块.TI”“DB151.DBD174　derivative time [s]闪蒸蒸汽温度pid背景块.TD”“DB151.DBD52　manipulated variable high limit 闪蒸蒸汽温度PID背景块.LMN_HLM”“DB151.DBD56　manipulated variable low limit 闪蒸蒸汽温度pid背景块.LMN_LLM”和“DB151.DBD44　dead band wideth 闪蒸蒸汽温度PID背景块.DEADB_W”。

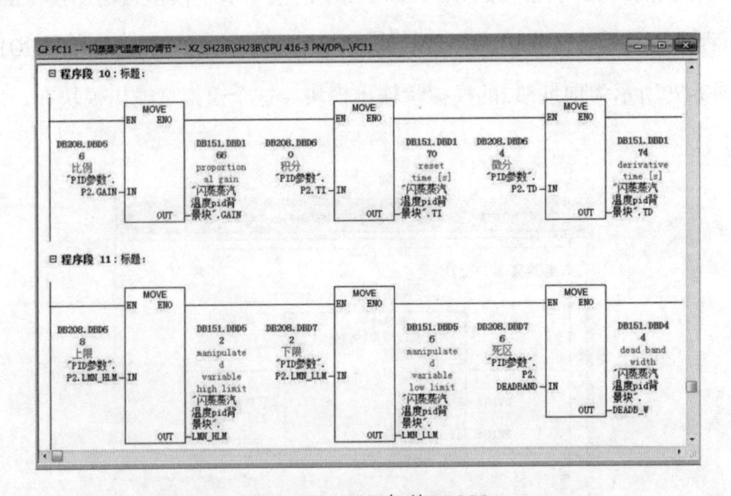

图3-80　PID参数DB208

第八节　变频器控制

在功能块FB13（变频器控制）中，以多重背景的方式把SH23B梗丝低速气流干燥系统使用的“排潮风机（PCFJ）”“均料辊减速机（JLG）”“水泵电机（SHUIB）”“循环风机（XHFJ）”“排烟引风机（YFJ）”共5个变频器进行处理，这和硬件配置中的变频器的数量也是一致的。

一、多重背景

1. 多重背景块的使用

图3-81中，打开左边的指令列表，在指令列表中的多重背景文件夹有“PCFJ”“JLG”“SHUIB”“XHFJ”“YFJ”五个变量，就是在功能块FB13的程序编辑器中，鼠标右击五个变频器控制器中的任意一个（PCFJ）→“被调用块”→“打开”，调用了功能块FB1020（单向VLT变频电机模块）。

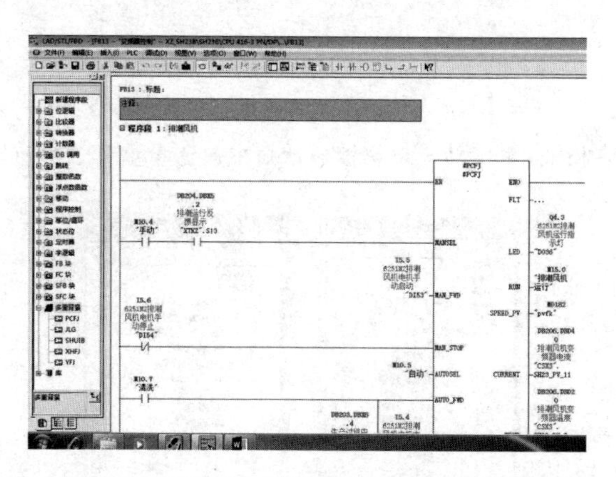

图3-81　FB13——变频器控制的背景数据块

2. 使用多重背景数据块的意义

有的项目需要调用很多功能块，有的功能块可能被多次调用。每次调用都需要生成一个背景数据块，这样在项目中就出现了大量的背景数据块。在用户程序中使用多重背景可以减少背景数据块的数量。

使用多重背景时，需要增加一个功能块FB1020，来调用五次作为“多重背景”的FB13中的程序段。调用FB1020的背景数据存储在FB13的背景数据块DB251中，但是需要在FB13的变量声明表中声明数据类型为FB1020的静态数据变量（STAT）——“PCFJ”“JLG”“SHUIB”“XHFJ”和“YFJ”五个变量，如图3-81所示。

3. 多重背景功能块的生成

生成FB13时（可以是其中一部分），首先在SIMATIC管理器中应生成FB1020。生成FB1020和多重背景功能块FB13时，都应采用默认的设置，激活功能块属性对话框中的复选框“多重背景功能”，如图3-82所示。

实现多重背景的关键，是在FB13的变量声明表中声明五个静态变量（STAT）“PCFJ”“JLG”“SHUIB”“XHFJ”和“YFJ”，其数据类型为FB1020（符号名为“单向VLT变频电机模块”）。程序编辑器左边指令列表里“多重背景”文件夹中的“PCFJ”“JLG”“SHUIB”“XHFJ”和“YFJ”五个变量来自FB13的变量声明表，它们是自动生成的，不是用户在FB13“多重背景”文件夹中输入的，如图3-83所示。

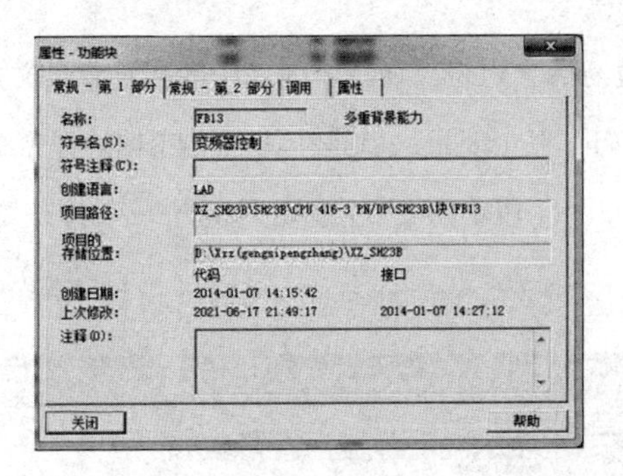

图3-82 在功能块属性对话框中勾选多重背景功能

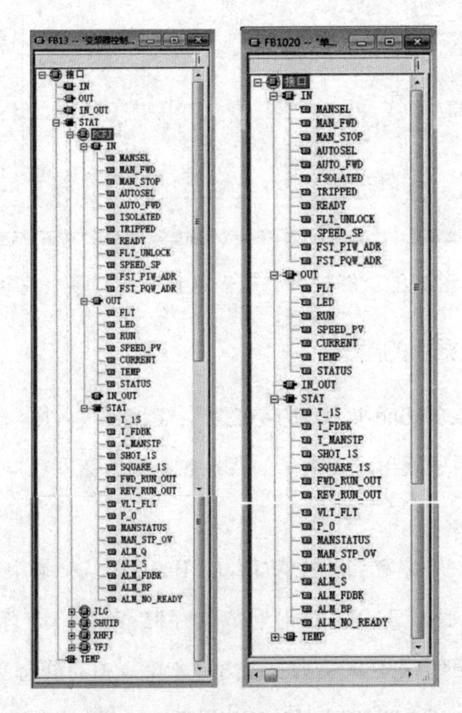

图3-83 FB13（左）和FB1020（右）的变量声明表

4. 调用多重背景功能块

生成静态变量“PCFJ”“JLG”“SHUIB”“XHFJ”和“YFJ”后，它们将出现在程序编辑器左边窗口的“多重背景”文件夹中，如图3-81所示。将它们“拖放”到FB13的程序区，然后指定它们的输入参数和输出参数。

FB13的背景数据块DB251见图3-84，多重背景的局部变量的名称由多重背景的名称和FB1020的局部变量的名称组成，例如“PCFJ.MAN_STOP ”。

DB251 -- XZ_SH23B\SH23B\CPU 416-3 PN/DP

	地址	声明	名称	类型	初始值	实际值	备注
1	0.0	stat:in	PCFJ.MANSEL	BOOL	FALSE	FALSE	段手动状态
2	0.1	stat:in	PCFJ.MAN_FWD	BOOL	FALSE	FALSE	手动启动按钮
3	0.2	stat:in	PCFJ.MAN_STOP	BOOL	FALSE	FALSE	手动停止按钮
4	0.3	stat:in	PCFJ.AUTOSEL	BOOL	FALSE	FALSE	段自动运行
5	0.4	stat:in	PCFJ.AUTO_FWD	BOOL	FALSE	FALSE	自动启动条件
6	0.5	stat:in	PCFJ.ISOLATED	BOOL	FALSE	FALSE	本地开关
7	0.6	stat:in	PCFJ.TRIPPED	BOOL	FALSE	FALSE	空开
8	0.7	stat:in	PCFJ.READY	BOOL	FALSE	FALSE	准备好信号：上电
9	1.0	stat:in	PCFJ.FLT_UNLOCK	BOOL	FALSE	FALSE	自动运行故障解锁
10	2.0	stat:in	PCFJ.SPEED_SP	REAL	0.000000e+000	0.000000e+000	变频器频率设定
11	6.0	stat:in	PCFJ.FST_PIW_ADR	INT	0	0	PP04类型PIW起始地址
12	8.0	stat:in	PCFJ.FST_PQW_ADR	INT	0	0	PP04类型PQW起始地址
13	10.0	stat:out	PCFJ.FLT	BOOL	FALSE	FALSE	故障
14	10.1	stat:out	PCFJ.LED	BOOL	FALSE	FALSE	运行指示
15	10.2	stat:out	PCFJ.RUN	BOOL	FALSE	FALSE	运行输出
16	12.0	stat:out	PCFJ.SPEED_PV	REAL	0.000000e+000	0.000000e+000	变频器实际运行频率
17	16.0	stat:out	PCFJ.CURRENT	REAL	0.000000e+000	0.000000e+000	变频器运行电流
18	20.0	stat:out	PCFJ.TEMP	REAL	0.000000e+000	0.000000e+000	变频器温度
19	24.0	stat:out	PCFJ.STATUS	BYTE	B#16#0	B#16#0	电机状态
20	26.0	stat	PCFJ.T_1S	BYTE	B#16#0	B#16#0	1S定时器地址
21	27.0	stat	PCFJ.T_FDBK	BYTE	B#16#0	B#16#0	反馈报警定时器
22	28.0	stat	PCFJ.T_MANSTP	BYTE	B#16#0	B#16#0	手动再启动延时地址
23	29.0	stat	PCFJ.SHOT_1S	BOOL	FALSE	FALSE	1S尖峰
24	29.1	stat	PCFJ.SQUARE_1S	BOOL	FALSE	FALSE	1S脉冲
25	29.2	stat	PCFJ.FWD_RUN_OUT	BOOL	FALSE	FALSE	正转输出
26	29.3	stat	PCFJ.REV_RUN_OUT	BOOL	FALSE	FALSE	反转输出
27	29.4	stat	PCFJ.VLT_FLT	BOOL	FALSE	FALSE	变频器故障
28	29.5	stat	PCFJ.P_0	BOOL	FALSE	FALSE	上升沿
29	29.6	stat	PCFJ.MANSTATUS	BOOL	FALSE	FALSE	手动启动标志

图3-84　多重背景数据块DB251的数据视图

二、FB1020——单向VLT变频电机模块

在图3-81程序段1中，鼠标右击控制模块→“被调用块→“打开”，即可打开功能块FB1020。功能块FB1020是“单向变频器电机控制”，下面对功能块FB1020进行解读。

1. 放在FB1020前面的解释

本程序块仅适用于PPO4类型（数据传输格式），FCprofile控制协议，并通过175Z0404网卡对VLT5000变频器进行初始化及控制。主要功能是：

（1）对变频器初始化

（2）控制启动/停止

（3）清除报警

（4）速度值给定

（5）读取变频器状态（准备好，故障报警）

（6）读取实际速度

（7）读取电机电流

（8）读取变频器温度

过程通讯字地址及用途分配如下（以PPO4为例）：

输入数据：

PIW300 byte 0 and 1 STW //变频器状态字

PIW302 byte 2 and 3 MAV //变频器实际频率

PIW304 byte 4 and 5 PCD3 //电机电流，在参数par.916中设置

PIW306 byte 6 and 7 PCD4 //变频器温度，在参数par.916中设置

PIW308 byte 8 and 9 PCD5 //未用

PIW310 byte 10 and 11 PCD6 //未用

输出数据：

PQW300 byte 0 and 1 CTW //变频器控制字

PQW302 byte 2 and 3 MRV //变频器频率设定

PQW304 byte 4 and 5 PCD3 //未用

PQW306 byte 6 and 7 PCD4 //未用

PQW308 byte 8 and 9 PCD5 //未用

PQW310 byte 10 and 11 PCD6 //未用

VLT5000变频器内部相关参数设置为：

PAR.502 =SERIAL PORT //总线模式

PAR.904 =PPO4 //数据传输格式

PAR.918 =3 //该变频器的PROFIBUS-DP站址

PAR.512 =FC profile //报文结构

PAR.916： [1]= par.520 //读取电机电流

[2]= par.537 //读取变频器温度 （散热片温度）

PAR.200 =132HZ BOTH DIRICT

另外，变频器控制端子12与27需短接，目的是使能变频器。

2. 程序段2——输入镜像

程序的第一句“L #FST_PIW_ADR”是“PP04类型PIW起始地址”，这个地址是被调用功能块FB584的功能FC38中某个变频器在硬件配置时系统分配给它的起始地址，这个地址在硬件配置中可以找到。“#FST_PIW_ADR”经过“L”指令装载到累加器1中，经过“ITD”（整数变双整数）和“ SLD 3”（左移3位）把变频器的PIW起始地址值变成了寄存器间接寻址的指针形式，便于后面使用。通过“LAR1”把变频器的PIW起始地址的指针值装载到寄存器 1（AR1）中。“L PIW[AR1，P#0.0]”将变频器的PIW起始地址值装载到累加器1中。“T LW0”将累加器1中的PIW[AR1，P#0.0] 传送到局部数据字LW0中，接下来将“PIW [AR1，P#2.0]”中值传送到“#PIW_Speed”（ 变频器运行频率），“PIW [AR1，P#4.0]”中值传送到“#PIW_Current”（ 变频器运行电流），“PIW [AR1，P#6.0]”中值传送到“#PIW_Temp”（ 变频器温度），最后“#PIW_StatusWord.Operation status word Bit 11：”（状态字操作）被系统置位 “#LED”。

```
L    #FST_PIW_ADR           //PPO4类型PIW起始地址
ITD
SLD  3                      //变频器的输入起始地址值变成了寄存器间接寻址的指针形式
LAR1                        //把变频器的输入起始地址的指针值装载到寄存器 1（AR1）中
L    PIW [AR1，P#0.0]       //将变频器的输入起始地址中的值装载到累加器1中
T    LW   0                 //将变频器的输入起始地址中的值传送到局部变量LW0中
L    PIW [AR1，P#2.0]
T    #PIW_Speed             //将变频器的输入起始地址+2中的值传送给局部变量#PIW_Speed
L    PIW [AR1，P#4.0]
T    #PIW_Current           //将变频器的输入起始地址+4中的值传送给局部变量#PIW_Current
L    PIW [AR1，P#6.0]
T    #PIW_Temp              //将变频器的输入起始地址+6中的值传送给局部变量#PIW_Temp
```

3. 程序段3（置位ALWAYS_ON变量，读系统时间）

经过SFC64读取出来的系统时间通过返回参数“RET_VAL”赋值给“#TM_MS”，用“#TM_MS”中的时间值除以100后的值，通过“T”指令传送给局部变量“#TM_01S”。

```
SET
=    #ALWAYS_ON
CALL “TIME_TCK”             //读取系统时间
```

```
RET_VAL：=#TM_MS          //把系统时间赋值给#TM_MS
L   #TM_MS
L   100
/D
T   #TM_01S               //读取的系统时间除以100，再赋值给局部变量#TM_01S
```

4. 程序段4（报警脉冲）

产生1秒报警脉冲。如果要修改报警脉冲的频率，修改L#10。

```
SET
A   #SHOT_1S        //1秒尖峰
JNB  PLS0           //RLO=0时跳转
L   #TM_01S         //读取的系统时间除以100后，通过局部变量#TM_01S装入累加器1中
T   #T_1S           //系统时间除以100传送给#T_1S
PLS0：L   #TM_01S
L   #T_1S
-D          //
SLD  25
SRD  25
L   L#10
>=D
=   #SHOT_1S
JNB  PLS2
A   #SQUARE_1S
JNB  PLS1
R   #SQUARE_1S
JU   PLS2
PLS1：S   #SQUARE_1S
PLS2：NOP  0
```

5. 程序段5（反馈报警）

有运行输出，没有运行反馈，超出3秒后，反馈故障。修改L#30，改变反馈报警的

时间。

```
SET
A    #FWD_RUN_OUT
AN   #PIW_StatusWord.Operation    //
JC   FK                           //RLO=1时跳转
L    #TM_01S                      //只要#FWD_RUN_OUT（正转输出）没有输入变频器
模块，并且#PIW_StatusWord.Operation status word Bit 11：没有置位，
T    #T_FDBK                      //把系统时间的1%即#TM_01S赋值给#T_FDBK
FK:  NOP 0                        //只要#COM_FWD（正转命令）输入变频器模块，并
                                  且#PIW_StatusWord.Operation  status word  Bit 11：已
                                  经置位，
L    #TM_01S
L    #T_FDBK
-D
SLD  25
SRD  25
L    L#30
>=D
=    #FDBK_FLT  //本次的#TM_01S”
```

减去上一次 “#T_FDBK”的差值和30（3秒）相比，如果差值大于30（3秒），说明系统有输入后没有反馈的时间超出了设定值，系统置位“#FDBK_FLT”，为故障报警提供准备。

在后面的程序段10中，“#AUTOSEL 段自动运行”和“#AUTO_FWD 自动启动条件”定义了“#FWD_RUN_OUT”（正传输出）线圈。“#FWD_RUN_OUT”（正传输出）线圈的常开点和“#PIW_StatusWord.Operation status word Bit 11：”（输入状态为操作位）常闭点相串联，检测RLO位的值，当RLO位为0时，说明已经有反馈［“#PIW_StatusWord.Operation status word Bit 11：”（输入状态为操作位）常闭点已经变为开点］，系统把程序段3中读取到的系统时间的1%赋值给“#T_FDBK”（ 反馈报警定时器）。否则当RLO位为1时，说明已经没有反馈［“#PIW_StatusWord.Operation status word Bit 11：”（输入状态为操作位）常闭点没有被使能］，这时程序跳转到“FK”位置，用本次系统时间的1%的“#TM_01S”减去上一次系统时间的1%的“#T_FDBK”的差值和30（3秒）相比，如果差值大于30（3

秒），说明系统有输入后没有反馈的时间超出了设定值，系统置位“#FDBK_FLT”，为故障报警提供准备。

6. 程序段6（再启动延时）

```
SET
AN  #MANSTATUS                    //手动启动标志
AN  #PIW_StatusWord.Operation     //输入状态为操作位
JC  MRST                          //RLO=1时跳转
R   #MAN_STP_OV                   //复位允许再起动
L   #TM_01S
T   #T_MANSTP                     //手动再启动延时地址
MRST: L  #TM_01S
L   #T_MANSTP
-D
SLD  25
SRD  25
L   L#20
>=D
S   #MAN_STP_OV                   //复位允许再起动
```

7. 程序段7（手动状态）

在变频器没有故障的情况下，“#FLT 故障”的闭点和“#MANSEL 段手动状态”的常开点共同激活了线圈“#ALLOW_MAN_START”，为手动启动变频器做准备。

这时“#MAN_FWD 手动启动按钮”被按下，并且“#PIW_StatusWord.Operation status word Bit 11：”没有被置位、“#MAN_STP_OV 允许再起动”三个条件置位了“#MANSTATUS 手动启动标志”线圈。

当点击了“#MAN_STOP 手动停止按钮”、线圈“#ALLOW_MAN_START”失电、“#MAN_FWD 手动启动按钮”没有被点击以及“#PIW_StatusWord.Operation status word Bit 11：”没有被置位，这三个条件中的任意一个都能复位“#MANSTATUS 手动启动标志”线圈。如图3-85所示。

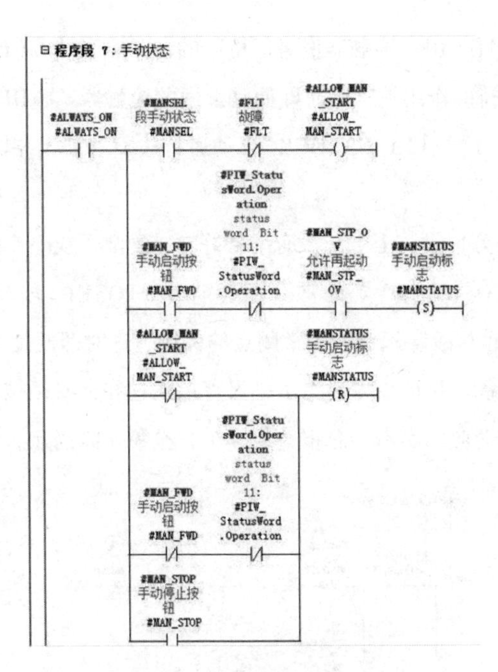

图3-85 程序段7 FB1020操作

8. 程序段8（报警字）

电控柜中与之变频器相对应的空气开关在正常的时候是被合上的，这种开关具有过电流保护功能，如果通过它的电流超过了它的设定值，空气开关就会自动掉电，即“#TRIPPED 空开”成为闭点，这时就激活了线圈“#ALM_Q 过流报警保持”，由于有线圈“#ALM_Q 过流报警保持”的常开点、“#AUTOSEL 段自动状态”的常开点和“#FLT_UNLOCK 自动运行故障解锁”的常闭点的保持，这时即便是把空气开关合上，报警依然存在，必须按下与“#FLT_UNLOCK 自动运行故障解锁” 相对应的实参（总报警复位），报警才能消除。

当子站箱上本地开关“#ISOLATED 本地开关”被人为断开以后，激活了线圈“#ALM_S 本地开关报警保持”， 由于有线圈“#ALM_S 本地开关报警保持”的常开点、“#AUTOSEL 段自动状态”的常开点和“#FLT_UNLOCK 自动运行故障解锁”的常闭点的保持，这时即便是上面的“#ISOLATED 本地开关”被合上，报警依然存在，必须按下与 “#FLT_UNLOCK 自动运行故障解锁” 相对应的实参（总报警复位），报警才能消除。

当“#VLT_FLT 变频器故障”或变频器脱扣“#PIW_StatusWord.Trip status word Bit 03：”分别激活了线圈“#ALM_BP 变频报警保持”，由于有线圈“#ALM_BP 变频报警保持”的常开点、“#AUTOSEL 段自动状态”的常开点和“#FLT_UNLOCK 自动运行故障解锁”的常闭点的保持，这时即便是上面的两个故障消除，报警依然存在，必须按下与“#FLT_UNLOCK 自动运行故障解锁” 相对应的实参（总报警复位），报警才能消除。

当接触器“#FDBK_FLT”出现故障后，激活了线圈“#ALM_FDBK 接触器报警保持”，这时由于有线圈“#ALM_FDBK 接触器报警保持”的常开点和“#FLT_UNLOCK 自动运行故障解锁”的常闭点的保持的作用下，这时即便是上面的接触器“#FDBK_FLT”故障消除，报警依然存在，必须按下与 “#FLT_UNLOCK 自动运行故障解锁” 相对应的实参（总报警复位），报警才能消除。

当“#READY 准备好信号：上电”没有准备好时，激活了线圈“#ALM_NO_READY”，由于有线圈“#ALM_NO_READY”的常开点、“#AUTOSEL 段自动状态”的常开点和“#FLT_UNLOCK 自动运行故障解锁”的常闭点的保持，这时即便是上面的“#READY 准备好信号：上电”没有准备好并且故障消除了，报警依然存在，必须按下与 “#FLT_UNLOCK 自动运行故障解锁” 相对应的实参（总报警复位），报警才能消除。如图3-86所示。

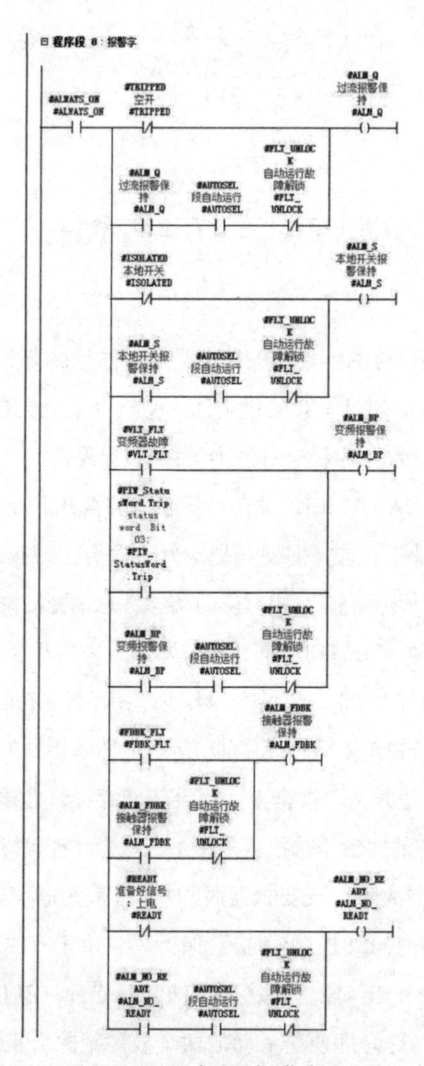

图3-86　程序段8报警字设置

9. 程序段9（STATUS用于上位机显示的状态字的组态）

Bit 0电机设备正向运转

Bit 1电机设备反向运转

Bit 2过载、空开报警

Bit 3本地开关断开

Bit 4变频/软启动器故障

Bit 5接触器故障（得电未合等）

Bit 6未准备好故障

在程序段8中，激活了5个因不同原因造成的报警，“#ALM_S　本地开关报警保持”“#ALM_Q　过流报警保持”“#ALM_BP　变频报警保持”“#ALM_FDBK　接触器报警保持”“#ALM_NO_READY”，这5个报警在程序段9中，分别激活了线圈“#FLT　故障”，这时变频器控制器的输出变量。又用激活这5个报警的条件“#ISOLATED　本地开关”、“#TRIPPED　空开”、“#VLT_FLT　变频器故障”或变频器脱扣“#PIW_StatusWord.Trip status word　Bit 03：”、“#FDBK_FLT”、“#READY　准备好信号：上电”以及“#FWD_RUN_OUT　正传输出”共6个条件分别激活了局部数据线圈“L18.2”“L18.3”“L18.4”“L18.5”“L18.6”“L18.0”，它们的具体状态被存储在局部数据“#L_STATUS”中，如图3-87所示。

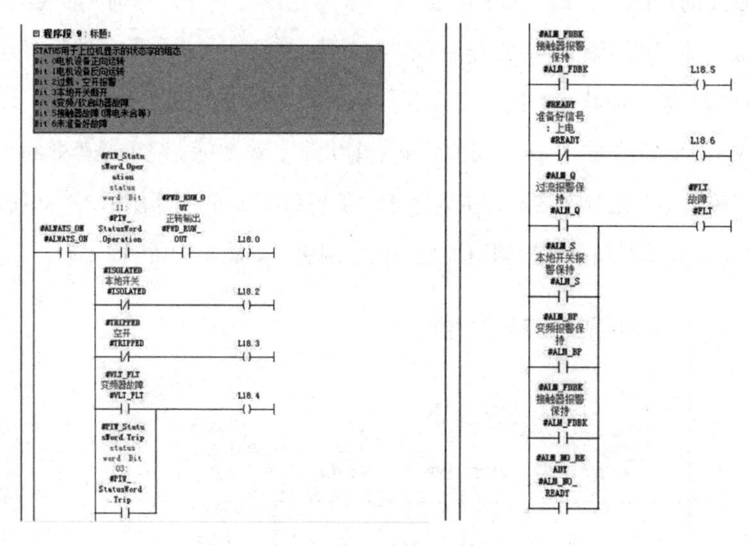

图3-87　程序段9设置

在程序段1中，首先把“0”赋值给“#L_STATUS”，经过上述的变化以后，在程序段15中，把“#L_STATUS”中的值又赋值给“#STATUS　电机状态”，在调用的变频器控制模块中用于监控画面的显示。如图3-88所示。

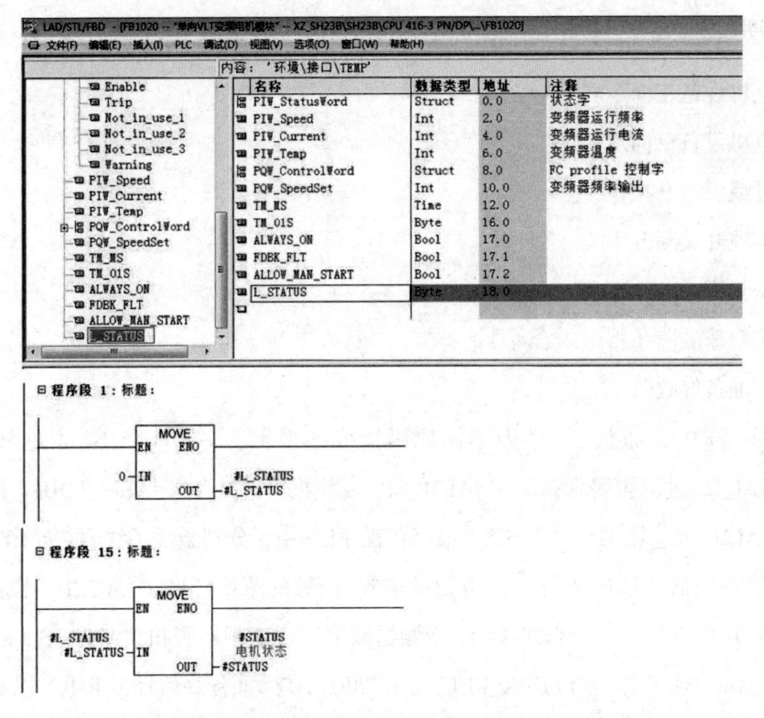

图3-88　程序段1变频器控制模块设置

10. 程序段10（电机运行输出）

在没有故障的情况下，即“#FLT　故障”常闭点没有断开，这时不管是自动状态下的“#AUTOSEL　段自动状态”的常开点和“#AUTO_FWD　自动启动条件”还是手动情况下的“#MANSEL　段手动状态”的常开点和“#MANSTATUS　手动启动标志”，这时激活“#FWD_RUN_OUT　正传输出”和“#RUN　运行输出”，是实际上它们是等效的，“#FWD_RUN_OUT　正传输出”是静态数据，主要用于功能块FB1020的内部使用，“#RUN　运行输出”是输出参数，把执行结果从被调用快返回到主调块。如图3-89所示。

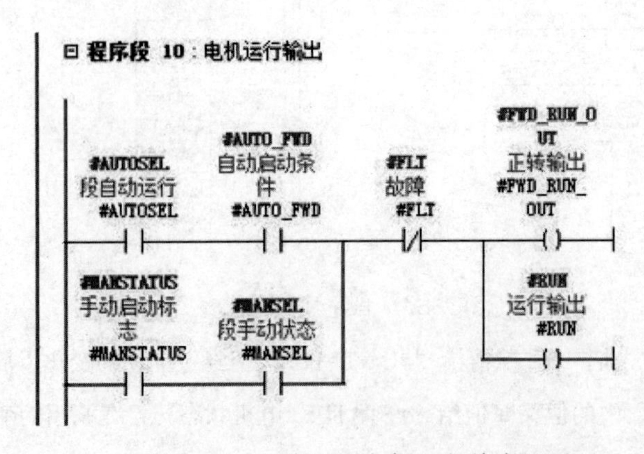

图3-89　程序段10电机运行输出设置

11. 程序段11（运行指示灯）

当状态字“#PIW_StatusWord.Operation status word Bit 11：”被置位为1时，这时变频器已经启动，激活了线圈“#LED 运行指示”，也就是电控柜上与某一个被控制电机对应的按钮中间的指示灯开始常亮，如果出现了故障，变频器控制模块输出“#FLT 故障”信号，这时“#FLT 故障”的常开点和“#SQUARE_1S 1秒脉冲”共同让线圈“#LED 运行指示”呈现出每两秒一次的频闪信号。如图3-90所示。

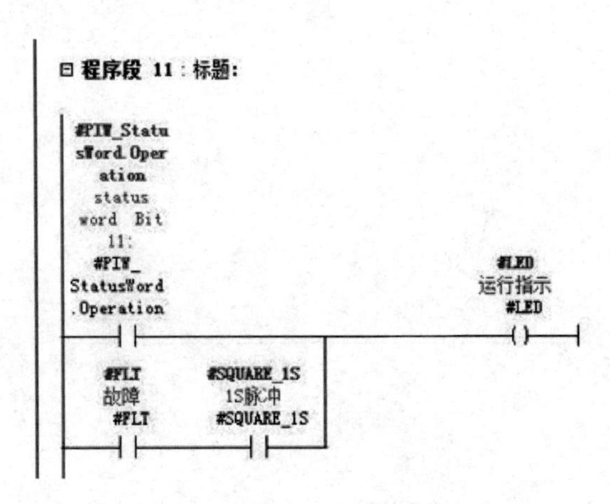

图3-90 运行指示灯设置

12. 程序段12（VLT状态字的读取及解析）

```
A    #PIW_StatusWord.Trip            //如果变频器报警
JC   Trip                            //跳转至报警处理程序
AN   #FWD_RUN_OUT                    //如果设置了停止指令
JC   Norm                            //则无须初始化
A    #PIW_StatusWord.Ready_to_control
A    #PIW_StatusWord.Ready_to_VLT
A    #PIW_StatusWord.Enable
JC   Norm
L    W#16#40E                        //初始化
T    LW   8
JU   END
```

13. 程序段13

（VLT反馈频率字的读取与解析、VLT输出频率字的计算与输出和VLT控制字的计算及输出）

```
//反馈频率字解析
Norm: SET
R    #VLT_FLT
L    #PIW_Speed
ITD
DTR
L    3.276800e+002
/R
T    #SPEED_PV
//提取电机电流
L    #PIW_Current
ITD
DTR
L    1.000000e+002
/R
T    #CURRENT
//提取变频器温度
L    #PIW_Temp
ITD
DTR
T    #TEMP
//输出频率字运算
L    #SPEED_SP                          //装入速度设定值
L    3.276800e+002
*R
RND
T    #PQW_SpeedSet                      //输出频率数据转换
//输出控制字运算
L    W#16#43F                           //初始化控制字
T    LW    8
SET
A    #FWD_RUN_OUT
=    #PQW_ControlWord.Start             //启动变频器
JU   END
```

（1）反馈频率字解析，系统通过装载指令“L”把变频器的频率的实际值“#PIW_Speed”装载到累加器1中，通过“ITD”（整数转换双整数）和“DTR”（双整数转换实数），把读取出的变频器的频率的实际值转换成实数，变频器的频率的实际值除以3.276800e+002，并把这个值传送给输出值“#SPEED_PV”，作为调用块FB13的输出参数。通过这个输出参数把变频器的频率的实际值输出给共享数据块DB251中，以便调用。

（2）提取电机电流，系统通过装载指令“L”把变频器的电流的实际值“#PIW_Current”装载到累加器1中，通过“ITD”（整数转换双整数）和“DTR”（双整数转换实数），把读取出的变频器的电流的实际值转换成实数，变频器的电流的实际值除以1.000000e+002，并把这个值传送给输出值“#CURRENT”，作为调用块FB13的输出参数。通过这个输出参数把变频器的频率的实际值输出给共享数据块DB251中，以便调用。

（3）提取变频器温度，系统通过装载指令“L”把变频器内部温度的实际值“#PIW_Temp”装载到累加器1中，通过“ITD”（整数转换双整数）和“DTR”（双整数转换实数），把读取出的变频器内部温度的实际值转换成实数，并把变频器内部温度的实际值传送给输出值“#TEMPerature”，作为调用块FB13的输出参数。通过这个输出参数把变频器的频率的实际值输出给共享数据块DB251中，以便调用。

（4）输出频率字运算，系统通过装载指令“L”把“#SPEED_SP”（速度设定值）和3.276800e+002相乘后，所得到的数通过“RND”（将浮点数四舍五入成双整数），最终，把经过整定的数传送给“#PQW_SpeedSet”（输出频率数据转换）。

（5）输出控制字运算

经过查看FB1020的变量声明表可以看到图3-87所示，LW8刚好是外设输出控制字，W#16#43F的二进制数为0000 0100　0011　1111，用“#FWD_RUN_OUT”（正转输出）的常开点来判断是电机是否运行，如果有能流输出说明是正转，通过“#PQW_ControlWord.Start”启动变频器。如图3-91所示。

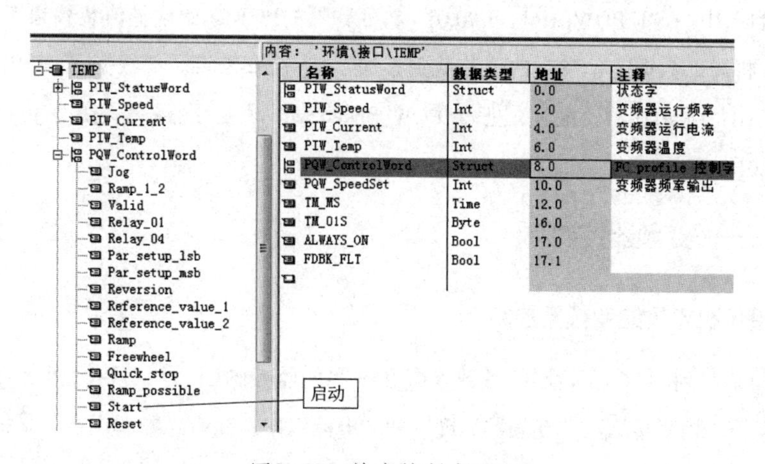

图3-91　输出控制字设置

14. 报警程序的处理

```
Trip： S    #VLT_FLT
L    W#16#43F                    //初始化FC PROFILE控制字
T    LW    8
SET
A    #FLT_UNLOCK                 //将报警复位命令重新传输出去
=    #PQW_ControlWord.Reset
END： L    #FST_PQW_ADR
ITD
SLD  3
LAR1
L    LW    8
T    PQW [AR1，P#0.0]
L    #PQW_SpeedSet
T    PQW [AR1，P#2.0]
```

“#FLT_UNLOCK”是输入参数，主调功能块FB13中，通过该参数把已经报警的变频器复位，最终通过“#PQW_ControlWord.Reset”复位变频器。

程序“L #FST_PQW_ADR”是“PP04类型PQW起始地址”，这个地址是被调用功能块FB1020的功能块FB13中某个变频器在硬件配置时系统分配给它的起始地址，这个地址在硬件配置中可以找到。“#FST_PQW_ADR”经过“L”指令装载到累加器1中，经过“ITD”（整数变双整数）和“SLD 3”（左移3位）把变频器的PQW起始地址值变成了寄存器间接寻址的指针形式，便于后面使用。通过“LAR1”把变频器的PQW起始地址的指针值装载到寄存器1（AR1）中。“L PQW[AR1，P#0.0]”将变频器的PQW起始地址值装载到累加器1中。“L LW8”将局部数据字LW8中的值装载到累加器1，接下来将局部数据字LW8中的值传送给“PQW [AR1，P#0.0]”，最后，把“#PQW_SpeedSet”（变频器频率输出）传送到“PQW [AR1，P#2.0]”。

三、FB13——变频器控制

1. 排潮风机电机的变频器控制

图3-92是用到的5个变频器的参数设置和现实的监控画面。从监控画面上可以看到，“频率设定”“频率显示”“变频器温度”和“电流”中，只有“频率设定”是控制变频器的主要设定参数，也即对应的排潮流量是可以随之调节的。

变频器参数				
	频率设定	频率显示	变频器温度	电流
排潮风机	Hz	50 Hz	36.0 ℃	3.4 A
均料辊	Hz	30 Hz	36.0 ℃	0.9 A
水泵	Hz	0 Hz	29.0 ℃	0.0 A
引风机	Hz	41 Hz	46.0 ℃	14.7 A
循环风机	低频 Hz 高频 Hz	38 Hz	57.0 ℃	109.3 A

图3-92　5个变频器的参数设置和现实的监控画面

2. 排潮风机的运行

图3-93是排潮风机运行程序。在SH23B梗丝低速气流干燥系统设计了两个排潮，一个是车间除尘间提供的总排潮即“DB204.DBX5.3　排潮运行反馈显示XTKZ.S13 ”或者“DB203.DBX6.4　生产过程中总排潮信号丢失ALARM.ALM53”，另一个是本节讲述的排潮，不管是选择手动或者是自动，第一个排潮必须启动，通过上下游通信把信息传递过来。

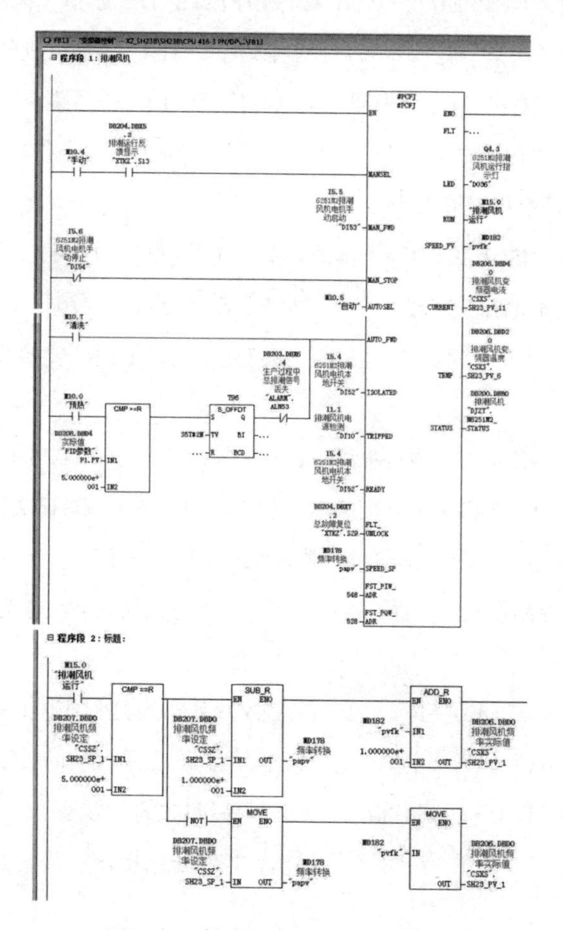

图3-93　排潮风机运行变频器程序

排潮风机的启动有手动和自动两种，当点动监视屏上的“手动”按钮，即图3-93程序段1中的“M10.4手动”闭合触点和“DB204.DBX5.3 排潮运行反馈显示XTKZ.S13 ”信息输送给形参“MANSEL”，为激活变频器控制模块手动启动提供条件。在1号子站箱上面的排潮风机的启动按钮“I5.5 6251M2排潮风机电机手动启动DI53”被点击以后，电机在变频器控制模块的驱动下开始启动，当点击了停止按钮“I5.6 6251M2排潮风机电机手动停止DI54”，电机在变频器控制模块的驱动下开始停止。

变量声明表中的“AUTOSEL”（段自动运行）和“AUTO_FWD”（自动启动条件）都是程序段1中的“形参”，当点击了自动，“M10.5自动”信息被传送到“AUTOSEL”（段自动运行），又点击了“M10.0‘预热’”后，经过一段时间预热，当闪蒸蒸汽流量实际值“DB208.DBD4 实际值PID参数.P1.PV”大于等于50以后，并且总排潮信号没有中断即“DB203.DBX6.4 生产过程中总排潮信号丢失ALARM.ALM53”没有报警，排潮风机按照设定的频率运行。最后停止生产前，要点动“M10.7‘清洗’”，也是在自动运行状态下进行。

变量声明表中的“TRIPPED”（空开）是程序段1中的“形参”，是以“I1.1排潮风机电源检测DI10”作为“实参”输入变频器控制程序，“I1.1 排潮风机电源检测DI10”是数字量输入点，经过鼠标右击“I1.1 排潮风机电源检测DI10”→“跳转”→“应用位置”→功能FC6（报警处理）的程序段6中的““ALARM”.ALM83”，即“I1.1 排潮风机电源检测‘DI10’”被断开以后有报警输出。

变量声明表中的“ISOLATED”（本地开关）也是程序段1中的“形参”，是以“I5.4 6251M2排潮风机电机本地开关DI52”作为“实参”输入变频器控制程序。“I5.4 6251M2排潮风机电机本地开关DI52”是数字量输入点，是1号子站箱上面的转换开关，它控制着水泵的启动和停止。

变量声明表中的“READY”也是程序段1中的“形参”，是以“I5.4 6251M2排潮风机电机本地开关DI52”作为“实参”输入变频器控制程序。“I5.4 6251M2排潮风机电机本地开关DI52”是数字量输入点，是1号子站箱上面的转换开关，只有这个转换开关处于“1”的状态，才有启动变频器控制模块的条件，所以，用这个本地的转换开关作为“READY”的输入点很合适。

变量声明表中的“SPEED_SP”（变频器频率设定）也是程序段1中的“形参”，是以“MD178 频率转换 papv”作为“实参”输入，作为变频器控制模块的实际频率设定值。

变量声明表中的“LED”（运行指示）也是程序段1中的“形参”，是以“Q4.3 6251M2排潮风机运行指示灯DO36”作为“实参”输出，控制子站箱按钮开关中间的排潮风机电机运行状态指示灯。

变量声明表中的“SPEED_PV”（变频器实际运行频率）也是程序段1中的“形参”，是以“MD182 pvfk”作为“实参”输出，以控制其他程序。在程序段2中，“MD182 pvfk”中的值加上10后赋值给“DB206 DBD0 排潮风机频率实际值CSXS.SH23_PV_1”作为监控画面的频率显示变量使用。

变量声明表中的“TEMP”（变频器温度）也是程序段1中的“形参”，是以“DB206 DBD20 排潮风机变频器温度CSXS.SH23_PV_6”作为“实参”输出，作为监控画面的变频器温度变量使用。

变量声明表中的“CURRENT”（变频器运行电流）也是程序段1中的“形参”，是以“DB206 DBD40排潮风机电机变频器电流CSXS.SH23_PV_11”作为“实参”输出，作为监控画面的变频器电流变量使用。

变量声明表中的“RUN”（运行输出）也是程序段1中的“形参”，是以“M15.0‘排潮风机运行’”作为“实参”输出。

变量声明表中的“FLT_UNLOCK”（自动运行故障解锁）也是程序段1中的“形参”，是以“DB204.DBX7.2 总故障复位XTKZ.S29”作为变频器控制模块的唯一一个报警后的复位输入。

变量声明表中的“STATUS”（电机状态）也是程序段1中的“形参”，是以“DB200.DBD0 排潮风机DJZT.M6251M2_STATUS”作为“实参”输出，作为监控画面的变频器电流运行显示变量使用。

图3-94是排潮风机驱动变频器的组态图，变量声明表中的“FST_PIW_ADR”（PP04类型PIW起始地址）也是程序段1中的“形参”，其中的“548”是变频器的输入地址。变量声明表中的“FST_PQW_ADR”（ PP04类型PQW起始地址）也是程序段1中的“形参”，其中的“528”是变频器的输出地址。

在图3-93的程序段2中，当变频器模块有输出即“M15.0排潮风机运行”被置位后，这时如果设定值“DB207.DBD0 排潮风机频率设定CSSZ.SH23_SP_1”等于50，首先把“DB207.DBD0 排潮风机频率设定CSSZ.SH23_SP_1”减去10以后，再赋值给“MD178频率转换papv”，作为变频器控制模块的实际频率设定值。变频器模块的实际输出频率“MD182 pvfk”中的值加上10后赋值给“DB206 DBD0 排潮风机频率实际值CSXS.SH23_PV_1”作为监控画面的频率显示变量使用。

当“DB207.DBD0 排潮风机频率设定CSSZ.SH23_SP_1”不等于50时，通过取反指令/NOT/，把“DB207.DBD0 排潮风机频率设定CSSZ.SH23_SP_1”直接赋值给“MD178频率转换papv”，作为变频器控制模块的实际频率设定值。变频器模块的实际输出频率“MD182 pvfk”中的值直接赋值给“DB206 DBD0 排潮风机频率实际值CSXS.SH23_PV_1”作为监控画面的频率显示变量使用。

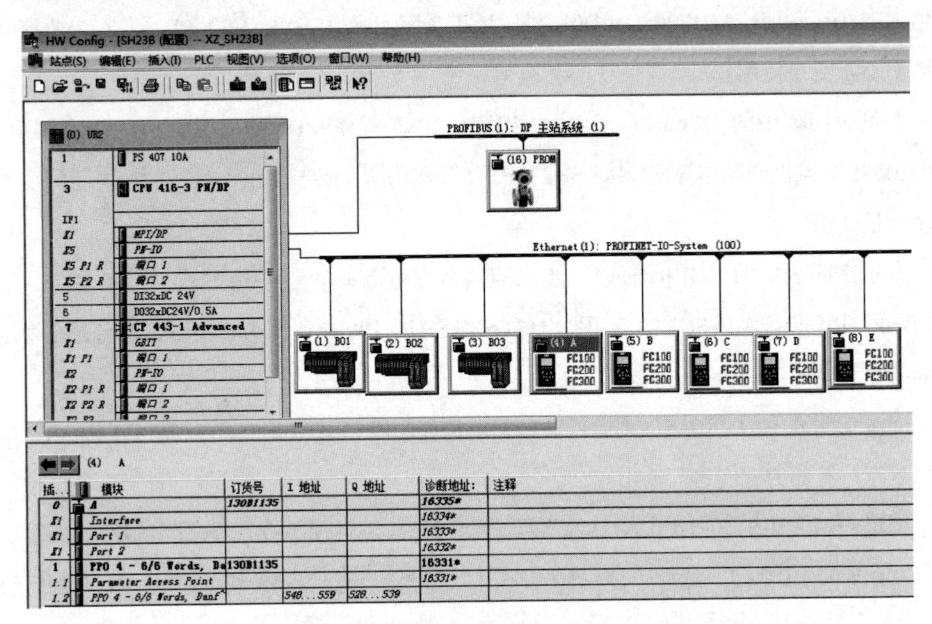

图3-94　排潮风机驱动变频器的组态图

3. 均料辊减速机电机的变频器控制

图3-95是用到的5个变频器的参数设置和现实的监控画面。从监控画面上可以看到，“频率设定”“频率显示”“变频器温度”和“电流”中，只有“频率设定”是控制变频器的主要设定参数，也即对应的均料辊减速机电机的转速是可以随之调节的。

变频器参数

	频率设定	频率显示	变频器温度	电流
排潮风机	50 Hz	50 Hz	36.0 ℃	3.4 A
均料辊	30 Hz	30 Hz	36.0 ℃	0.9 A
水泵	0 Hz	0 Hz	29.0 ℃	0.0 A
引风机	41 Hz	41 Hz	46.0 ℃	14.7 A
循环风机	低频 32 Hz 高频 38 Hz	38 Hz	57.0 ℃	109.3 A

图3-95　5个变频器的参数设置和现实的监控画面

图3-95是均料辊减速机电机的变频器控制程序，排潮风机的启动有手动和自动两种，当点动监视屏上的“手动”按钮，即图3-96程序段3中的“M10.4手动”闭合触点并将信息输送给形参“MANSEL”，为激活变频器控制模块手动启动提供条件。在1号子站箱上面的排潮风机的启动按钮“I14.5　6251M4均料辊减速机手动启动DI69”被点击以后，电机在变频器控制模块的驱动下开始启动，当点击了停止按钮“I4.6　6251M4均料辊减速机手动停止DI70”，电机在变频器控制模块的驱动下停止，监控画面的水泵电机运行点变成红色点。

变量声明表中的“AUTOSEL”（段自动运行）和“AUTO_FWD”（自动启动条件）都是程序段1中的“形参”，当点击了自动，“M10.5‘自动’”信息被传送到“AUTOSEL”（段自动运行），又点击了“M10.0预热”后，“M10.0‘预热’”信息被传送到“AUTO_FWD”（自动启动条件）均料辊减速机电机自动运行。

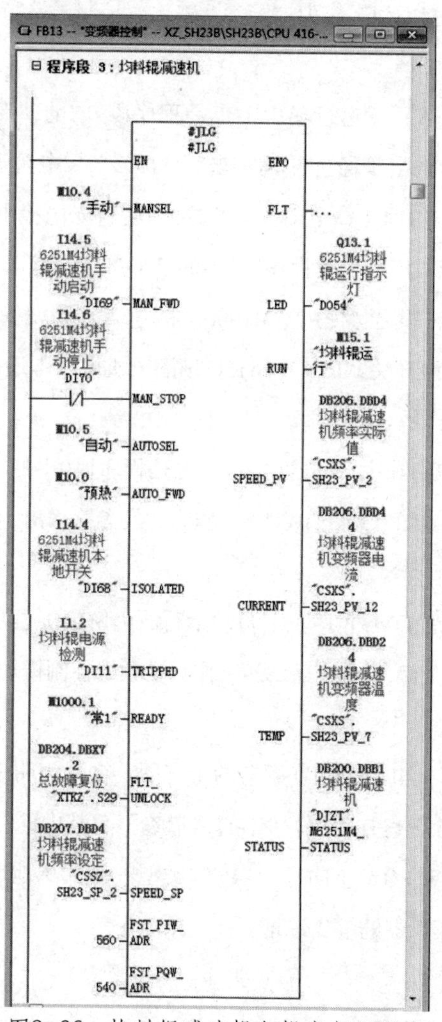

图3-96　均料辊减速机电机变频器程序

在程序段3中，变量声明表中的“TRIPPED”（空开）也是程序段9中的“形参”，是以“I1.2均料辊电源检测‘DI11’”作为“实参”输入变频器控制程序，“I1.2均料辊电源检测‘DI11’”是数字量输入点，经过鼠标右击“I1.2均料辊电源检测‘DI11’”→“跳转”→“应用位置”→功能FC6（报警处理）的程序段6中的“ALARM.ALM84”，即“I1.2均料辊电源检测‘DI11’”被断开以后有报警输出。

变量声明表中的“ISOLATED”（本地开关）也是程序段9中的“形参”，是以“I14.4 6251M4均料辊减速机本地开关‘DI68’”作为“实参”输入变频器控制程序，“I14.4 6251M4均料辊减速机本地开关‘DI68’”是数字量输入点，是子站箱上面的转换开关，它控制着均料辊减速机电机的启动和停止。

变量声明表中的“LED”（运行指示）也是程序段9中的“形参”，是以“Q13.1 6251M4 均料辊运行指示灯DO54”作为“实参”输出，控制子站箱按钮开关中间的电机运行状态指示灯。

变量声明表中的“RUN”（运行输出）也是程序段9中的“形参”，是以“M15.1 均料辊运行”作为“实参”输出。经过鼠标右击“M15.2水泵电机运行”→“跳转”→“应用位置”，分别在功能块FB14（馈电器）和FC20（堵料光电检测）中使用。

变量声明表中的“READY”也是程序段1中的“形参”，是以“M1000.1常1”作为“实参”输入变频器控制程序，很显然使用“M1000.1常1”点作为设备准备好的条件，就没有排潮风机变频器控制中用本地开关“I5.4 6251M2排潮风机电机本地开关DI52”作为数字量输入点恰当，起到了控制的作用。

变量声明表中的“STATUS”（电机状态）也是程序段9中的“形参”，是以“DB200.DBB1 均料辊减速机DJZT.M6251M4_STATUS”作为“实参”输出，作为监控画面的变频器电流运行显示变量使用。

变量声明表中的“FLT_UNLOCK”（自动运行故障解锁）也是程序段9中的“形参”，是以“DB204.DBX7.2 总故障复位XTKZ.S29”作为变频器控制模块的唯一一个报警后的复位输入。

图3-97是均料辊减速机电机驱动变频器的组态图，变量声明表中的“FST_PIW_ADR”（PP04类型PIW起始地址）也是程序段9中的“形参”，其中的“560”是变频器的输入地址。变量声明表中的“FST_PQW_ADR”（PP04类型PQW起始地址）也是程序段9中的“形参”，其中的“540”是变频器的输出地址。

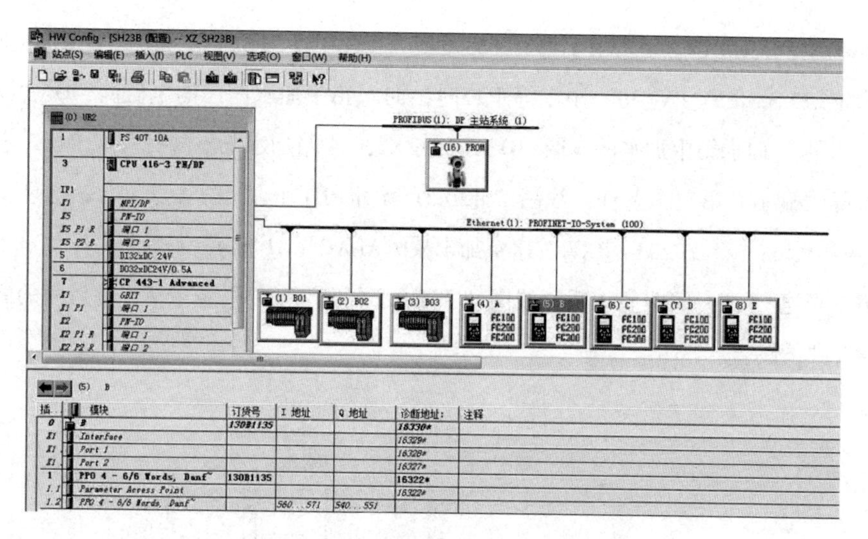

图3-97　水泵驱动变频器的组态图

4. 增湿水泵电机的变频器控制

（1）水泵启动条件

如图3-98，在程序段4中，有4个条件可以激活线圈“M22.0水泵启动条件”。第一个条件；当水箱的“DB206.DBD152 水箱水位CSXS.SH23_PV_39”大于等于10的时候。第二个条件；“DB202.DBX2.0 增湿水电磁阀打开JC.B17”触点闭合，经过鼠标右击“DB202.DBX2.0 增湿水电磁阀打开JC.B17”触点→“跳转”→“应用位置”→功能FC5（DO输出控制）。如图3-99所示，在程序段6中，在“自动”的情况下，且在“M22.0‘水泵启动条件’”闭合以后，控制增湿水阀门的电磁阀“Q5.2 水阀2‘DO43’”得电，线圈“DB202.DBX2.0 增

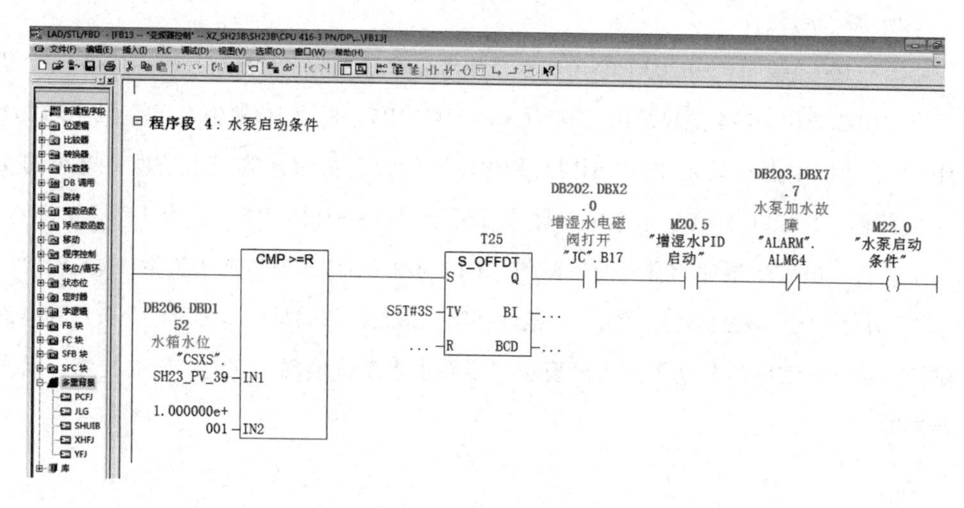

图3-98　水泵的启动条件

湿水电磁阀打开JC.B17”主要用于监视屏的显示。在程序段7中，当水箱的“DB206.DBD152 水箱水位CSXS.SH23_PV_39”小于等于15时，向水箱中加水阀门的电磁阀“Q5.2 水阀2 DO43”得电，向水箱中加水的线圈“DB202.DBX2.1 水箱加水电磁阀打开JC.B18”主要用于监视屏的显示。第三个条件：线圈“M20.5增湿水PID启动”的触点闭合，这是主要条件。第四个条件：“DB203.DBX7.7 水泵加水故障ALARM.ALM64”不断开，即加水不会出现故障。当这4个条件都具备以后，线圈“M22.0水泵启动条件”被激活，为后面的变频器的启动提供条件。

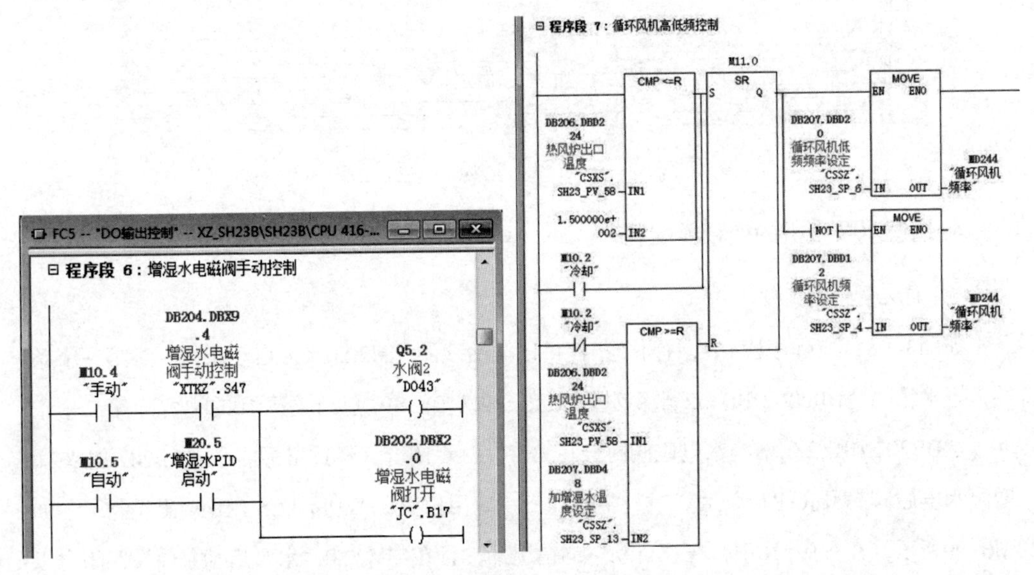

图3-99　功能FC5（DO输出控制）的水箱进水阀和出水阀的控制程序

（2）加水故障

如图3-100，线圈“DB203.DBX7.7 水泵加水故障ALARM.ALM64”被激活，第一个条件：当“DB206.DBD224 热风炉出口温度CSXS.SH23_PV_58”的检测值大于等于“DB207.DBD48 加增湿水温度设定CSSZ.SH23_SP_13”的设定值时。第二个条件：电机的实际输出频率“DB206.DBD8 水泵电机频率实际值CSXS.SH23_PV_3”大于等于15Hz。第三个条件：电磁流量计测量到的实际值“DB206.DBD128 模拟加水流量CSXS.SH23_PV_33”小于等于20kg/小时。当第一个条件和第二个条件都满足以后，第三个条件即电磁流量计测量到的实际值却达不到实际要求，说明供水系统出现了问题，需要检修，随之就要报警。

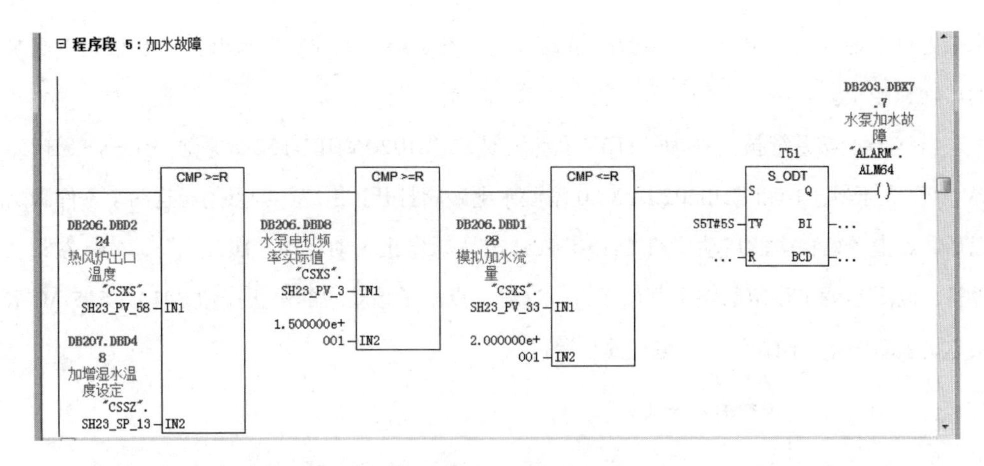

图3-100　加水故障程序

（3）水泵电机的变频器控制

图3-101是用到5个变频器的参数设置和现实的监控画面。从监控画面上可以看到，“频率设定”“频率显示”“变频器温度”和“电流”中，只有“频率设定”是控制变频器的主要设定参数，也即对应的水泵输出流量是可以随之调节的。

变频器参数

	频率设定	频率显示	变频器温度	电流
排潮风机	50 Hz	50 Hz	36.0 ℃	3.4 A
均料辊	30 Hz	30 Hz	36.0 ℃	0.9 A
水泵	0 Hz	0 Hz	29.0 ℃	0.0 A
引风机	41 Hz	41 Hz	46.0 ℃	14.7 A
循环风机	低频 32 Hz 高频 38 Hz	38 Hz	57.0 ℃	109.3 A

图3-101　5个变频器的参数设置和现实的监控画面

图3-102是水泵电机的变频器控制程序，在程序段6中，变量声明表中的“TRIPPED”（总开）也是程序段6中的“形参”，是以“I1.3 水泵电源检测‘DI12’”作为“实参”输入变频器控制程序，“I1.3 水泵电源检测‘DI12’”是数字量输入点，经过鼠标右击“I1.3 水泵电源检测‘DI12’”→“跳转”→“应用位置”→功能FC6（报警处理）的程序段6中的“ALARM.ALM85”，即“I1.3 水泵电源检测‘DI12’”被断开以后有报警输出。

变量声明表中的“ISOLATED”（本地开关）也是程序段6中的“形参”，是以“I15.0 6251M5水泵电机本地开关‘DI72’”作为“实参”输入变频器控制程序，“I15.0　6251M5

水泵电机本地开关‘DI72’”是数字量输入点，是子站箱上面的转换开关，它控制着水泵的启动和停止。

当整个干燥系统被选择为“I10.4手动”时，“DB206.DBD152 水箱水位CSXS.SH23_PV_39”大于等于10和“DB202.DBX2.0 增湿水电磁阀打开JC.B17”触点闭合这两个条件满足以后，点击子站箱中的启动按钮“I15.1 6251M5水泵电机手动启动‘DI73’”，变频器驱动电机，以图3-98中设定的频率开始运行。这时，点击子站箱中的停止按钮“I15.2 6251M5水泵电机手动停止‘DI74’”，电机停止运行。

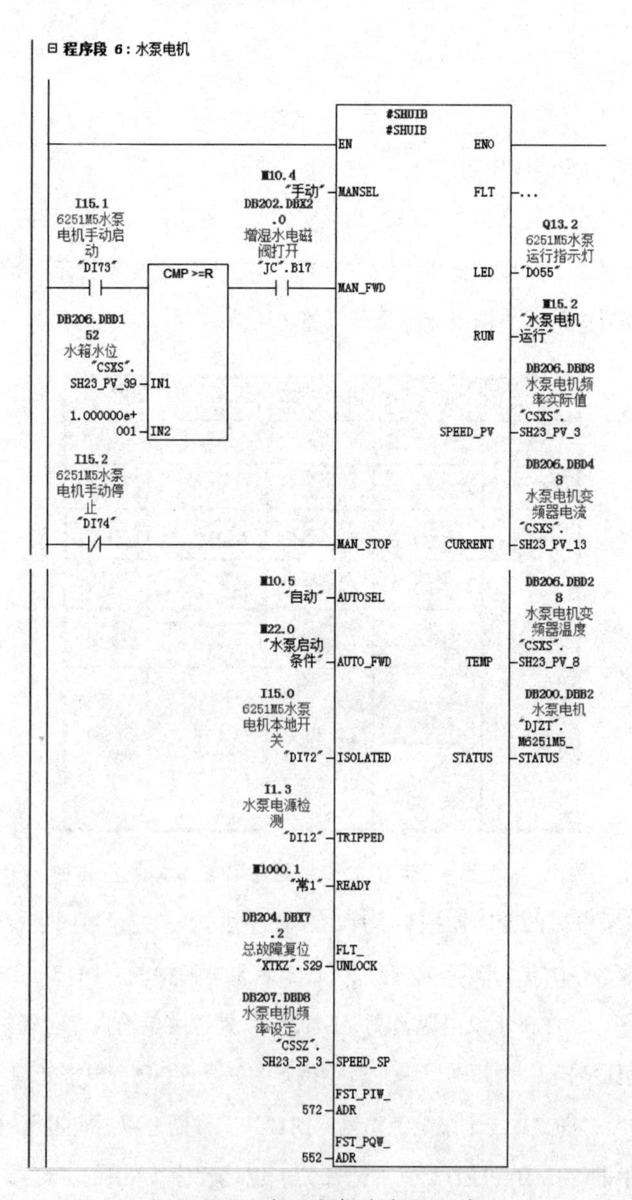

图3-102　水泵电机变频器程序

变量声明表中的“AUTOSEL”（段自动运行）和“AUTO_FWD”（自动启动条件）都是程序段6中的“形参”，当点击了自动，“M10.5‘自动’”信息被传送到“AUTOSEL”（段自动运行），以程序段4中的“M22.0水泵启动条件”作为“AUTO_FWD”（自动启动条件）的实参输入点，水泵电机自动运行。

变量声明表中的“LED”（运行指示）也是程序段6中的“形参”，是以“Q13.2 6251M5水泵电机运行指示DO55”作为“实参”输出，控制子站箱按钮开关中间的电机运行状态指示灯。

变量声明表中的“SPEED_PV”（变频器实际运行频率）也是程序段6中的“形参”，是以“DB206 DBD8水泵电机频率实际值CSXS.SH23_PV_3”作为“实参”输出，以控制其他程序。在图3-102中“DB206 DBD8水泵电机频率实际值CSXS.SH23_PV_3”作为监控画面的频率显示变量使用。

变量声明表中的“TEMP”（变频器温度）也是程序段6中的“形参”，是以“DB206 DBD28水泵电机变频器温度CSXS.SH23_PV_8”作为“实参”输出，以控制其他程序。在图3-102中“DB206 DBD28水泵电机变频器温度CSXS.SH23_PV_8”作为监控画面的变频器温度变量使用。

变量声明表中的“CURRENT”（变频器运行电流）也是程序段6中的“形参”，是以“DB206 DBD84水泵电机变频器电流CSXS.SH23_PV_13”作为“实参”输出。在图3-102中“DB206 DBD84水泵电机变频器电流CSXS.SH23_PV_13”作为监控画面的变频器电流变量使用。

变量声明表中的“RUN”（运行输出）也是程序段6中的“形参”，是以“M15.2水泵电机运行”作为“实参”输出。经过鼠标右击“M15.2水泵电机运行”→“跳转”→“应用位置”，除了在这个程序段使用外，没有找到其他使用的地方。

变量声明表中的“STATUS”（电机状态）也是程序段6中的“形参”，是以“DB200.DBB2水泵电机DJZT.M6251M5_STATUS”作为“实参”输出，作为监控画面的变频器电流运行显示变量使用。

变量声明表中的“FLT_UNLOCK”（自动运行故障解锁）也是程序段1中的“形参”，是以“DB204.DBX7.2　总故障复位XTKZ.S29”作为变频器控制模块的唯一一个报警后的复位输入。

图3-103是水泵驱动变频器的组态图，变量声明表中的“FST_PIW_ADR”（PP04类型PIW起始地址）也是程序段6中的“形参”，其中的“572”是变频器的输入地址。变量声明表中的“FST_PQW_ADR”（ PP04类型PQW起始地址）也是程序段6中的“形参”，其中的

“552”是变频器的输出地址。

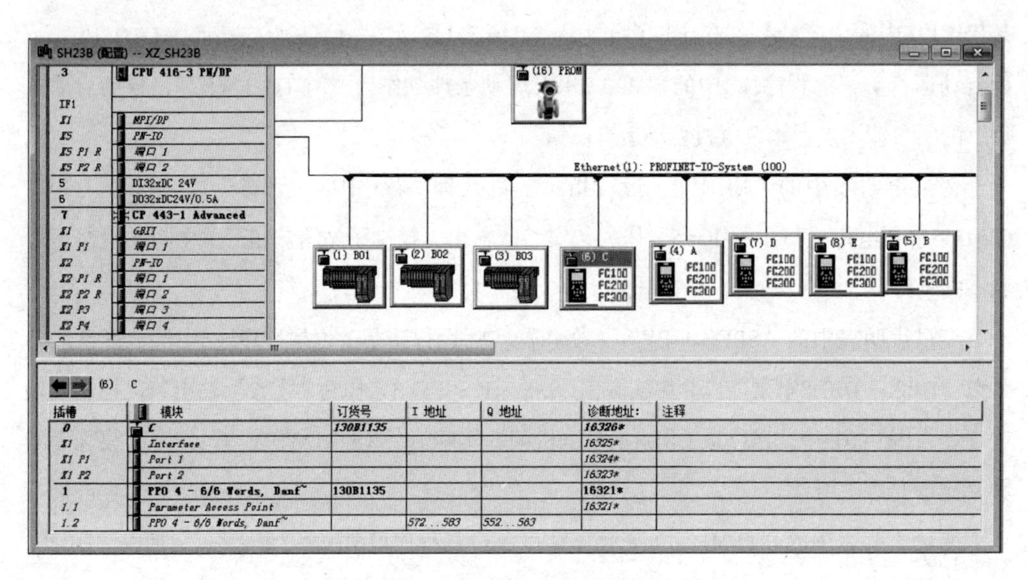

图3-103　水泵驱动变频器的组态图

5. 循环风机电机的变频器控制

（1）循环风机高低频控制

图3-104是用到的5个变频器的参数设置和现实的监控画面。从监控画面上可以看到，“频率设定”“频率显示”“变频器温度”和“电流”中，只有“频率设定”是控制变频器的主要设定参数，也即对应的循环风机电机的速度是可以随之调节的，并且，根据外部条件的变化，循环风机处在不同的频率下运行。

变频器参数

	频率设定	频率显示	变频器温度	电流
排潮风机	50 Hz	50 Hz	36.0 ℃	3.4 A
均料辊	30 Hz	30 Hz	36.0 ℃	0.9 A
水泵	0 Hz	0 Hz	29.0 ℃	0.0 A
引风机	41 Hz	41 Hz	46.0 ℃	14.7 A
循环风机	低频 32 Hz 高频 38 Hz	38 Hz	57.0 ℃	109.3 A

图3-104　5个变频器的参数设置和现实的监控画面

在程序段7中，当“DB206.DBD224 热风炉出口温度CSXS.SH23_PV_58”小于150或者是干燥机处于“M10.2冷却”状态，复位优先型SR双稳态触发器“M11.0”就置位，把“DB207.DBD20 循环风机低频率设定CSSZ.SH23_SP_6”赋值给“M22.4循环风机频率”，用于循环风机电机的变频器控制模块的频率设定值的输入。当干燥机不处于“M10.2冷却”状态，并且当“DB206.DBD224 热风炉出口温度CSXS.SH23_PV_58”大于等于“DB207.DBD48 加增湿水温度设定CSSZ.SH23_SP_13”时，复位优先型SR双稳态触发器“M11.0”就复位，在取反指令/NOT/的作用下，把“DB207.DBD12 循环风机频率设定CSSZ.SH23_SP_4”赋值给“M22.4循环风机频率”，用于循环风机电机的变频器控制模块的频率设定值的输入。如图3-105所示。

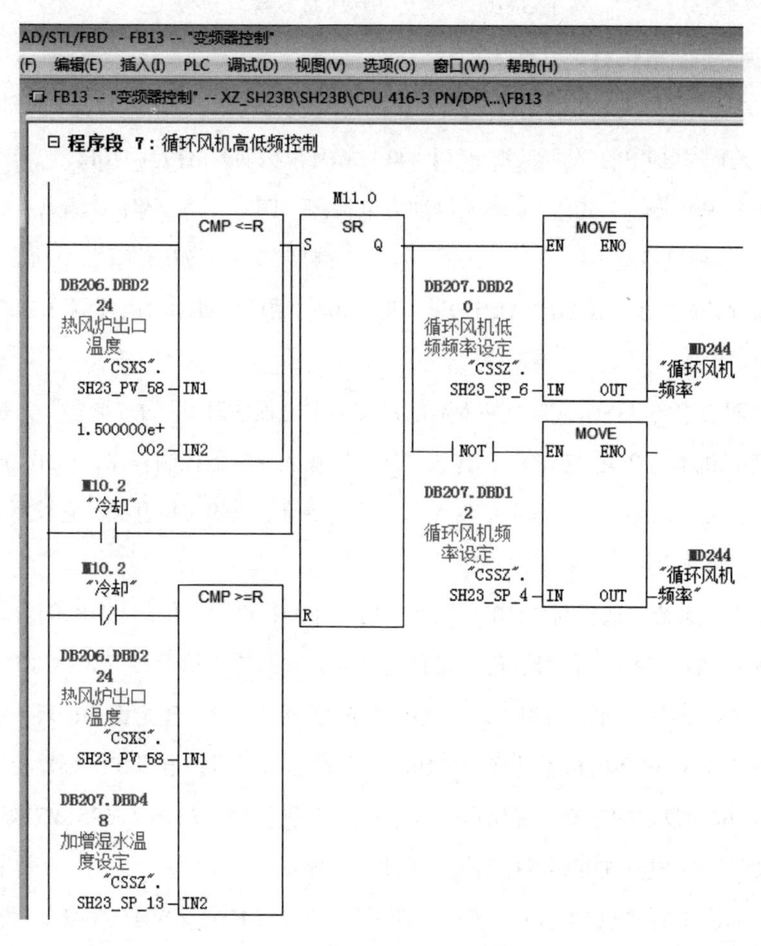

图3-105 循环风机高低频控制

（2）防止循环风机频繁启动

图3-106防止循环风机频繁启动的控制程序，在程序段8中，当循环风机电机变频器控制模块的运行输出“M15.3循环风机运行”信号正常输出时，对程序的运行没有影响，但是，

当“M15.3 循环风机运行”信号断开以后，“-（ N ）-（RLO负跳沿检测）”检测地址中“1”到“0”的信号变化，并在指令后，将“M17.3”赋值为“1”，随后激活了扩展脉冲S5定时器T24，用于循环风机电机变频器控制模块的控制。

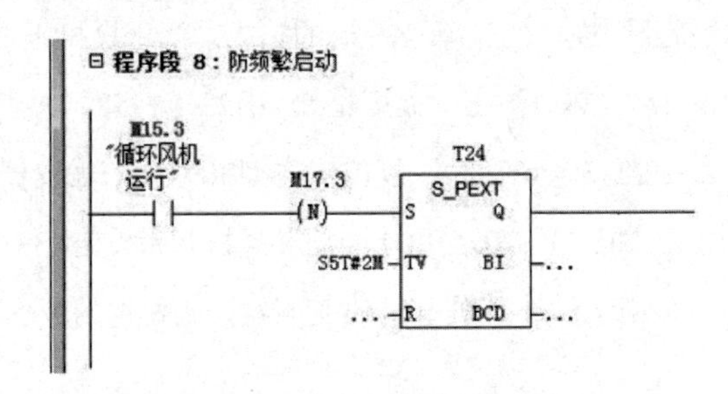

图3-106 防止循环风机频繁启动

（3）循环风机电机的变频器控制

图3-107是循环风机电机的变频器控制程序，在程序段9中，变量声明表中的“TRIPPED”（空开）也是程序段9中的“形参”，是以“I0.1 循环风机动力电检测‘DI2’”作为“实参”输入变频器控制程序，“I0.1 循环风机动力电检测‘DI2’”是数字量输入点，经过鼠标右击“I0.1 循环风机动力电检测‘DI2’” →“跳转”→“应用位置”→功能FC6（报警处理）的程序段6中的“ALARM.ALM79”，即“I0.1 循环风机动力电检测‘DI2’”被断开以后有报警输出。

变量声明表中的“ISOLATED”（本地开关）也是程序段9中的“形参”，是以“I16.0 6251M7循环风机本地开关‘DI80’”作为“实参”输入变频器控制程序，“I16.0 6251M7循环风机本地开关‘DI80’”是数字量输入点，是子站箱上面的转换开关，它控制着循环风机电机的启动和停止。

当整个干燥系统被选择为“I10.4 手动 ”时，车间排潮间提供的“DB204.DBX5.3 排潮运行反馈显示XTKZ.S13 ”信号也已经被传送过来，共同传送给形参“MANSEL（段手动状态）”，为激活变频器控制模块手动启动提供条件。在2号子站箱上面的循环风机的启动按钮“I16.1 6251M7循环风机手动启动‘DI81’”被点击以后，电机在变频器控制模块的驱动，以图3-104中设定的频率，开始运行。当点击了停止按钮“I16.2 6251M7循环风机手动停止‘DI82’”，电机在变频器控制模块的驱动下停止。

变量声明表中的“AUTOSEL”（段自动运行）和“AUTO_FWD”（自动启动条件）都是程序段9中的“形参”，当点击了自动，“M10.5‘自动’”信息被传送到“AUTOSEL”（段自动运行），以“M10.0‘预热’”和定时器T24的常闭点共同作为“AUTO_FWD”（自动启动条件）的实参输入点，循环风机电机自动运行。在此，利用了定时器T24的常闭点，结合程序段8，当循环风机停止以后，必须经过2分钟的延时，才能再次启动。

变量声明表中的“LED”（运行指示）也是程序段9中的“形参”，是以“Q13.4 6251M7循环风机运行指示灯DO57”作为“实参”输出，控制子站箱按钮开关中间的电机运行状态指示灯。

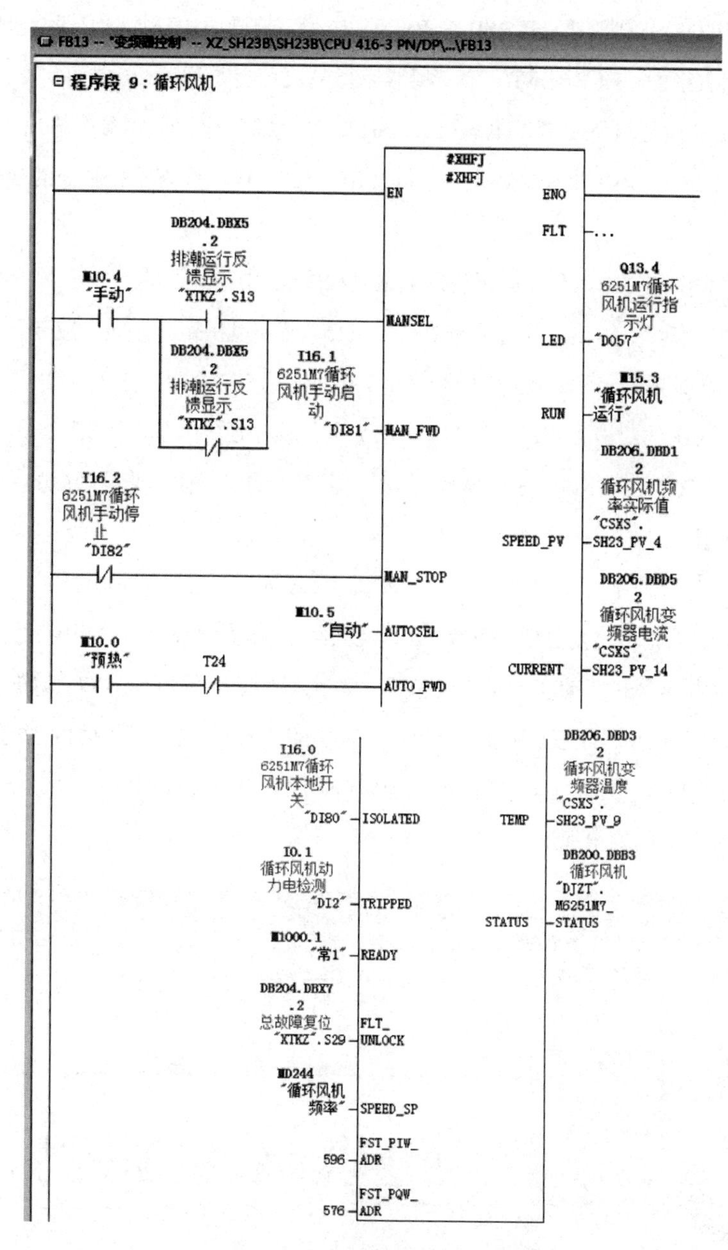

图3-107　水泵电机变频器程序

变量声明表中的“SPEED_PV”（变频器实际运行频率）也是程序段9中的“形参”，是以“DB206 DBD12　循环风机频率实际值CSXS.SH23_PV_4”作为“实参”输出，以控制其他程序。在图3-107中“DB206 DBD12　循环风机电机频率实际值CSXS.SH23_PV_4”作为监控画面的频率显示变量使用。

变量声明表中的“TEMP”（变频器温度）也是程序段9中的“形参”，是以“DB206 DBD32 循环风机变频器温度CSXS.SH23_PV_9”作为“实参”输出。在图3-107中“DB206 DBD32 循环风机变频器温度CSXS.SH23_PV_9”作为监控画面的变频器温度变量使用。

变量声明表中的“CURRENT”（变频器运行电流）也是程序段9中的“形参”，是以“DB206 DBD62循环风机变频器电流CSXS.SH23_PV_14”作为“实参”输出。在图3-107中“DB206 DBD62循环风机变频器电流CSXS.SH23_PV_14”作为监控画面的变频器电流变量使用。

变量声明表中的“RUN”（运行输出）也是程序段9中的“形参”，是以“M15.3循环风机运行”作为“实参”输出。经过鼠标右击“M15.3循环风机运行”→“跳转”→“应用位置”，在FB14（馈电器）和FC4（燃烧器控制）中 使用了“M15.3循环风机运行”。

变量声明表中的“STATUS”（电机状态）也是程序段9中的“形参”，是以“DB200.DBB3 水泵电机DJZT.M6251M5_STATUS”作为“实参”输出，作为监控画面的变频器电流运行显示变量使用。

变量声明表中的“FLT_UNLOCK”（自动运行故障解锁）也是程序段9中的“形参”，是以“DB204.DBX7.2 总故障复位XTKZ.S29”作为变频器控制模块的唯一一个报警后的复位输入。

图3-108是循环风机驱动变频器的组态图，变量声明表中的“FST_PIW_ADR”（PP04类型PIW起始地址）也是程序段6中的“形参”，其中的“596”是变频器的输入地址。变量声明表中的“FST_PQW_ADR”（PP04类型PQW起始地址）也是程序段6中的“形参”，其中的“576”是变频器的输出地址。

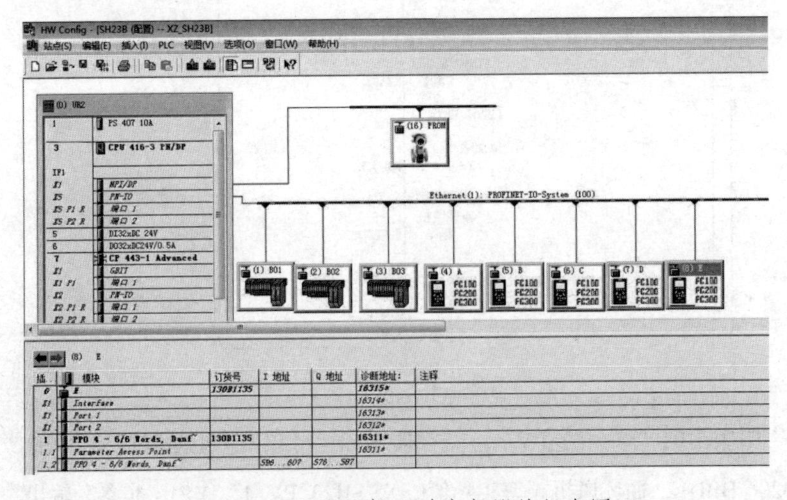

图3-108 循环风机驱动变频器的组态图

6. 排烟引风机的变频器控制

图3-109是排烟引风机的变频器控制程序，在程序段10中，变量声明表中的“TRIPPED”（空开）也是程序段10中的“形参”，是以“I1.4 引风机电源检测‘DI13’”作为“实参”输入变频器控制程序，“I1.4 引风机电源检测‘DI13’”是数字量输入点，经过鼠标右击“I1.4 引风机电源检测‘DI13’”→“跳转”→“应用位置”→功能FC6（报警处理）的程序段6中的“ALARM.ALM86”，即“I1.4 引风机电源检测‘DI13’”被断开以后有报警输出。

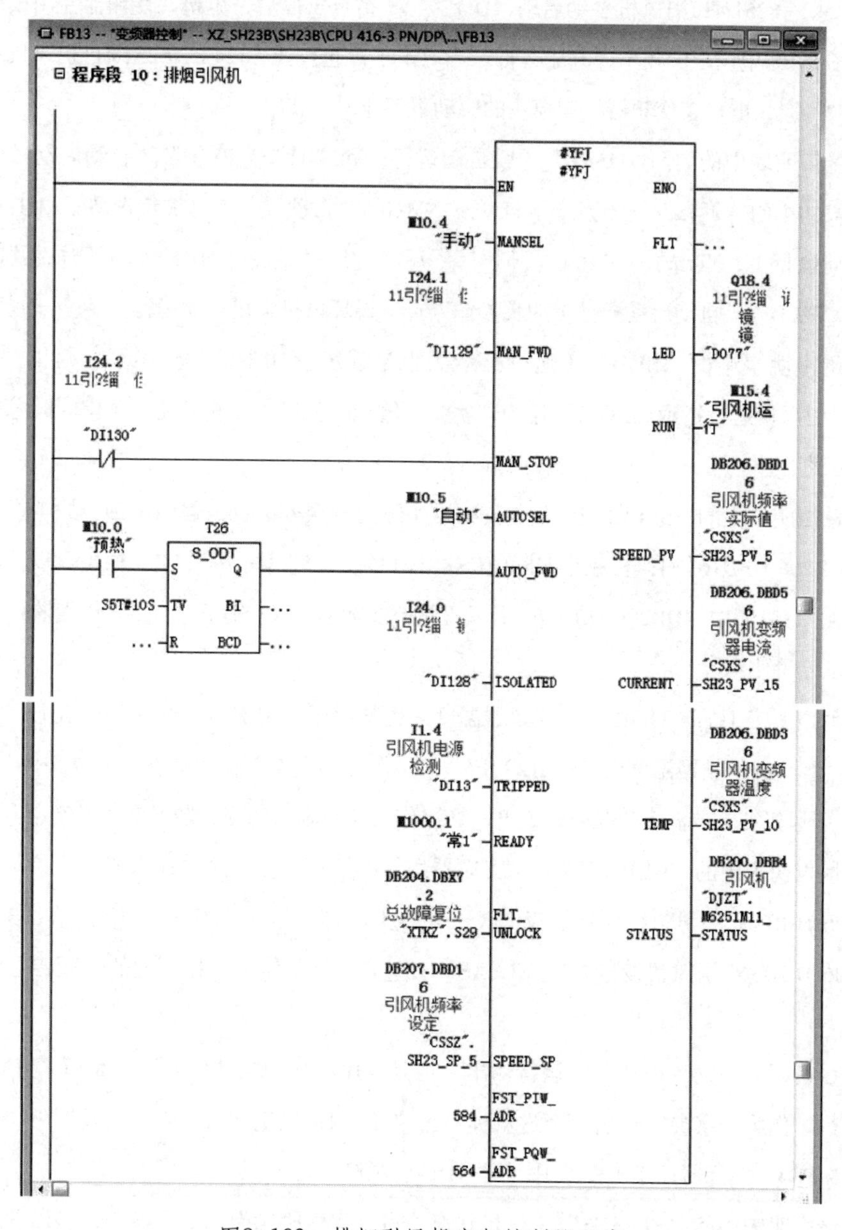

图3-109　排烟引风机变频控制器程序

变量声明表中的“ISOLATED”（本地开关）也是程序段10中的“形参”，是以“I24.0 6251M11引风机本地开关‘DI128’”作为“实参”输入变频器控制程序，“I24.0 6251M11引风机本地开关‘DI128’”是数字量输入点，是子站箱上面的转换开关，它控制着引风机电机的启动和停止。

当整个干燥系统被选择为“I10.4‘手动’”时，信号传送给形参“MANSEL（段手动状态）”，为激活变频器控制模块手动启动提供条件。在3号子站箱上面的循环风机的启动按钮“I24.1 6251M11引风机手动启动‘DI129’”被点击以后，电机在变频器控制模块的驱动，以图3-109中设定的频率，开始运行。当点击了停止按钮“I24.2 6251M11引风机手动停止‘DI82’”，电机在变频器控制模块的驱动下停止。

变量声明表中的“AUTOSEL”（段自动运行）和“AUTO_FWD”（自动启动条件）都是程序段10中的“形参”，当点击了自动，“M10.5‘自动’”信息被传送到“AUTOSEL”（段自动运行），点击了“M10.0‘预热’”后经过定时器T26的10秒钟的延时后共同作为“AUTO_FWD”（自动启动条件）的实参输入点，循环风机电机自动运行。

变量声明表中的“LED”（运行指示）也是程序段10中的“形参”，是以“Q18.4 6251M11引风机运行指示灯DO77”作为“实参”输出，控制子站箱按钮开关中间的电机运行状态指示灯。

变量声明表中的“SPEED_PV”（变频器实际运行频率）也是程序段10中的“形参”，是以“DB206 DBD16 引风机频率实际值CSXS.SH23_PV_5”作为“实参”输出，以控制其他程序。在图3-109中“DB206 DBD16 引风机频率实际值CSXS.SH23_PV_5”作为监控画面的频率显示变量使用。

变量声明表中的“TEMP”（变频器温度）也是程序段10中的“形参”，是以“DB206 DBD36 引风机变频器温度CSXS.SH23_PV_10”作为“实参”输出。在图3-109中“DB206 DBD36 引风机变频器温度CSXS.SH23_PV_10”作为监控画面的变频器温度变量使用。

变量声明表中的“CURRENT”（变频器运行电流）也是程序段10中的“形参”，是以“DB206 DBD56 引风机变频器电流CSXS.SH23_PV_15”作为“实参”输出。在图3-109中“DB206 DBD56 引风机变频器电流CSXS.SH23_PV_15”作为监控画面的变频器电流变量使用。

变量声明表中的“RUN”（运行输出）也是程序段10中的“形参”，是以“M15.4 引风机运行”作为“实参”输出。经过鼠标右击“M15.4引风机运行”→“跳转”→“应用位置”，在FC4（燃烧器控制）中 使用了“M15.4引风机运行”。

变量声明表中的“STATUS”（电机状态）也是程序段10中的“形参”，是以“DB200.

DBB4 引风机DJZT.M6251M11_STATUS”作为“实参”输出，作为监控画面的变频器电流运行显示变量使用。

变量声明表中的“FLT_UNLOCK”（自动运行故障解锁）也是程序段9中的“形参”，是以“DB204.DBX7.2　总故障复位XTKZ.S29”作为变频器控制模块的唯一一个报警后的复位输入。

图3-110是引风机驱动变频器的组态图，变量声明表中的“FST_PIW_ADR”（PP04类型PIW起始地址）也是程序段6中的“形参”，其中的“596”是变频器的输入地址。变量声明表中的“FST_PQW_ADR”（PP04类型PQW起始地址）也是程序段6中的“形参”，其中的“576”是变频器的输出地址。

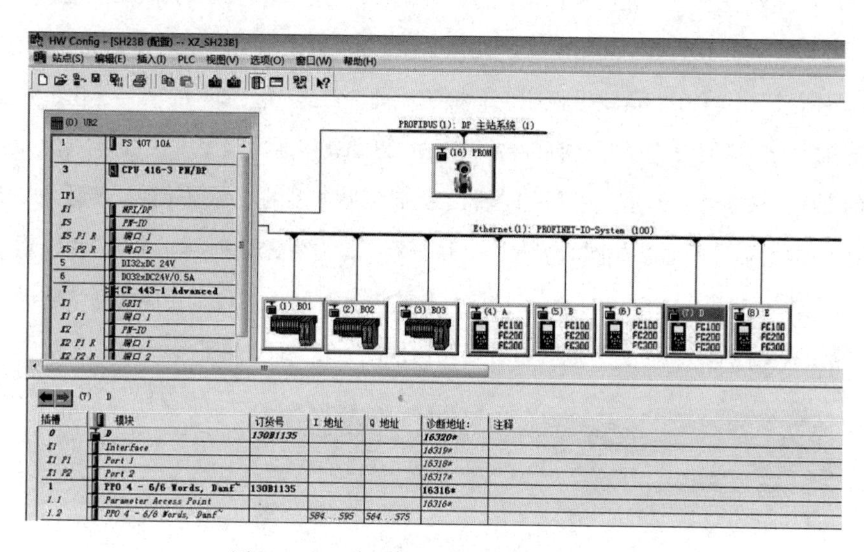

图3-110　引风机驱动变频器的组态图

第九节　DO输出控制

功能FC5—DO输出控制，主要是对SH23B梗丝低速气流干燥系统的所有的数字量输出进行统一控制，共有“切向落料喷吹阀”“主蒸汽切断阀”“出料气锁消防水电磁阀手动控制”“进料气锁消防水电磁阀手动控制”“增湿水电磁阀手动控制”“水箱进水切断阀”“进料罩清洗切断阀”“回风管冷却风门蝶阀开”“回风管冷却风门蝶阀关”“6252.1M1振动输送机翻板手动开”“b01子站故障”“b02子站故障”“b03子站故障”13个数字量输出点。

1. 切向落料喷吹阀

图3-111是切向落料喷吹阀程序和操作按钮。在程序段1中，在“I10.4‘手动’”的情况下，按动“切向落料喷吹阀”画面上的“启动”按钮，即“DB204.DBX10.0 切向落料器喷吹阀手动控制XTKZ.S51”成为闭点，切向落料喷吹阀“Q4.5 压空用隔膜阀电磁阀DO38”打开，同时用于监视屏显示的“DB202.DBX2.4 切向落料喷吹阀打开JC.B21”的线圈也被激活。

在“M10.5‘自动’”的情况下，只要“M15.7膨化进料气锁运行”已经运行，切向落料喷吹阀“Q4.5 压空用隔膜阀电磁阀DO38”在扩展脉冲S5定时器T22和T23的配合下实现“喷吹2秒钟，停10秒钟”的设计。具体动作过程如下：

“M15.7 膨化进料气锁运行”的常开点闭合以后，扩展脉冲S5定时器T22就接通，“Q4.5 压空用隔膜阀电磁阀DO38”开始喷吹，在程序段2中，扩展脉冲S5定时器T22的常闭点被断开，在“-（ N ）-（RLO负跳沿检测）”检测地址中“1”到“0”的信号变化，并在指令后，将“M21.2”赋值为“1”，扩展脉冲S5定时器T23就接通，程序段1中的扩展脉冲S5定时器T23的常闭点被断开，但是，由于定时器T22是扩展脉冲型的，必须等到扩展脉冲S5定时器T22的2秒钟延时后才断开，相同的情况，必须等到扩展脉冲S5定时器T23的12秒钟延时后才断开，重复上一个动作。由于两个定时器有2秒的重复时间，实现了切向落料喷吹阀“Q4.5 压空用隔膜阀电磁阀DO38”“喷吹2秒钟，停10秒钟”的设计。

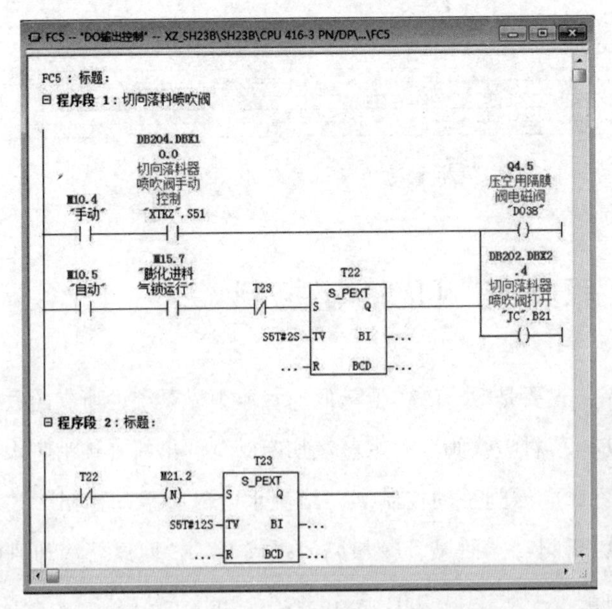

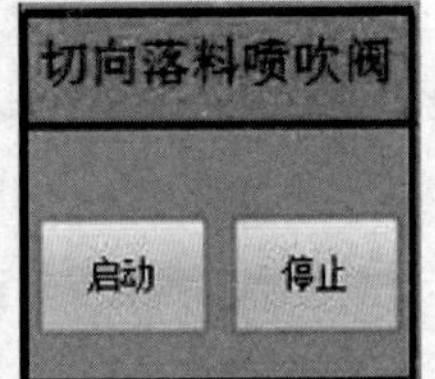

图3-111 切向落料喷吹阀程序

2. 主蒸汽切断阀

图3–112是主蒸汽切断阀程序和操作按钮。在程序段3中，主蒸汽切断阀的打开有三个条件：

第一个条件，在“I10.4‘手动’”的情况下，按动“主蒸汽切断阀”画面上的“启动”按钮，即“DB204.DBX9.1 主蒸汽切断阀XTKZ.S44”成为闭点。

第二个条件，在“M10.5‘自动’”的情况下，点击了“M10.7‘清洗’”按钮。

第三个条件，在“M10.5‘自动’”的情况下，点击了“M10.0‘预热’”按钮以后，经过一段时间的预热，“DB206.DBD224　热风炉出口温度CSXS.SH23_PV_58”大于等于“DB207.DBD26 干燥机冷却停机温度设定CSSZ.SH23_SP_14”时。

上面三个条件任意一个就能激活线圈切向落料喷吹阀“Q4.7　主蒸汽切断阀DO40”，同时用于监视屏显示的“DB202.DBX1.5 主蒸汽切断阀打开JC.B21”的线圈也被激活。

当“DB206.DBD224　热风炉出口温度CSXS.SH23_PV_58”不大于等于“DB207.DBD26 干燥机冷却停机温度设定CSSZ.SH23_SP_14”时，经过定时器T83的3秒钟的延时，线圈切向落料喷吹阀“Q4.7　主蒸汽切断阀DO40”失电，同时用于监视屏显示的“DB202.DBX1.5 主蒸汽切断阀打开JC.B21”的线圈失电。

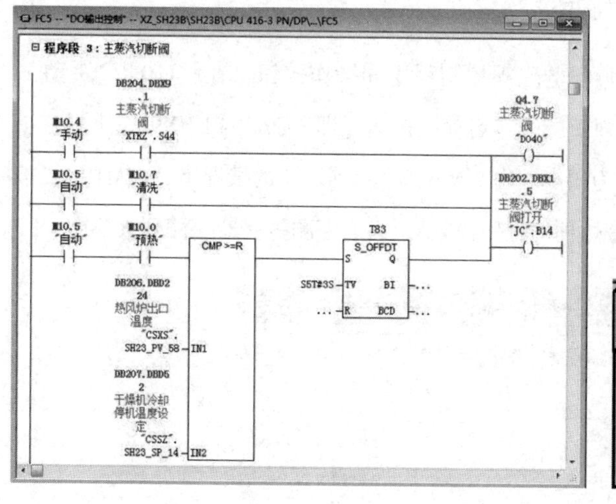

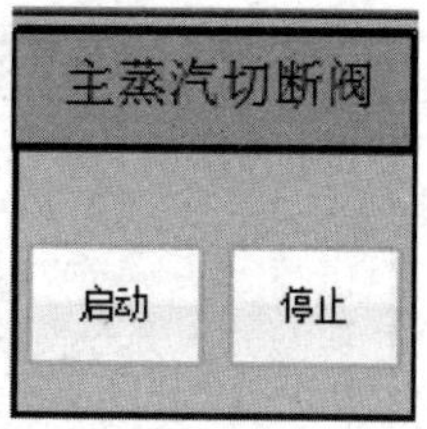

图3–112　主蒸汽切断阀程序和操作按钮

3. 出料气锁消防水电磁阀控制

图3–113是出料气锁消防水电磁阀控制程序和操作按钮。在“I10.4‘手动’”的情况下，按动“出料气锁消防阀”画面上的“启动”按钮，即“DB204.DBX9.7 出料气锁消防水电磁阀手动控制XTKZ.S44”成为闭点。在“M10.5‘自动’”的情况下，“M19.5消防喷水条件”满足后（在FC6—报警处理的程序段9中，火焰探测报警器探测到火焰即“I27.5 火焰探

测报警”点成为闭点，经过3秒钟的延时，激活中间线圈“M19.5消防喷水条件”），激活了线圈出料气锁消防水电磁阀“Q5.0 出料气锁消防水电磁阀手动控制DO41”，同时用于监视屏显示的“DB202.DBX2.3 出料气锁消防水电磁阀打开 “JC”.B21”的线圈也被激活。

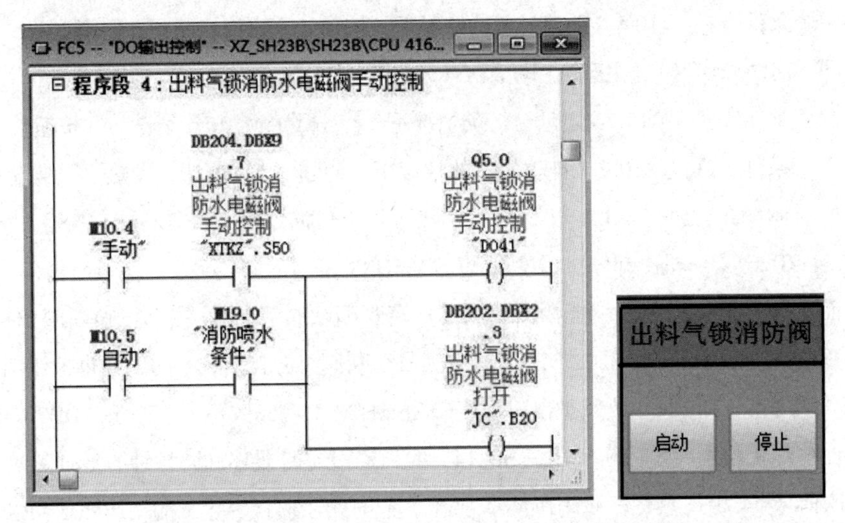

图3-113 出料气锁消防水电磁阀控制程序和操作按钮

4. 进料气锁消防水电磁阀控制

图3-114是进料气锁消防水电磁阀控制程序和操作按钮。在“I10.4‘手动’”的情况下，按动“干燥管消防阀”画面上的“启动”按钮，即“DB204.DBX9.6 进料气锁消防水电磁阀手动控制XTKZ.S49”成为闭点。在“M10.5‘自动’”的情况下，“M19.5‘消防喷水条件’”满足后（在FC6—报警处理的程序段9中，火焰探测报警器探测到火焰即“I27.5‘火焰

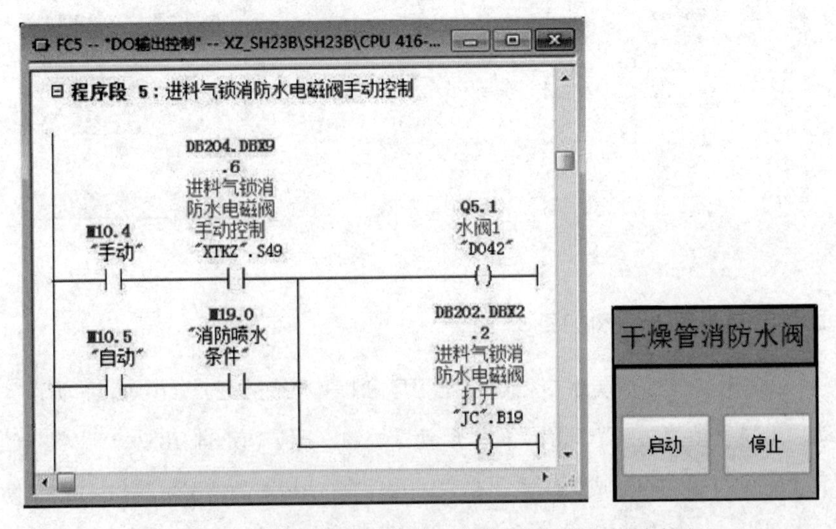

图3-114 进料气锁消防水电磁阀控制程序和操作按钮

探测报警’”点成为闭点，经过3秒钟的延时，激活中间线圈“M19.5‘消防喷水条件’”），激活了线圈进料气锁消防水电磁阀“Q5.1　进料气锁消防水电磁阀手动控制DO42”，同时用于监视屏显示的“DB202.DBX2.2　进料气锁消防水电磁阀打开JC.B19”的线圈也被激活。

5. 增湿水电磁阀控制

图3–115是增湿水电磁阀控制程序和操作按钮。在“I10.4手动”的情况下，按动“增湿水消防阀”画面上的“启动”按钮，即“DB204.DBX9.4　增湿水电磁阀手动控制XTKZ.S47”成为闭点。在“M10.5自动”的情况下，“M20.5增湿水PID启动”满足后，激活了线圈增湿水电磁阀“Q5.2　水阀2DO43”，同时用于监视屏显示的“DB202.DBX2.0　增湿水电磁阀打开JC.B17”的线圈也被激活。

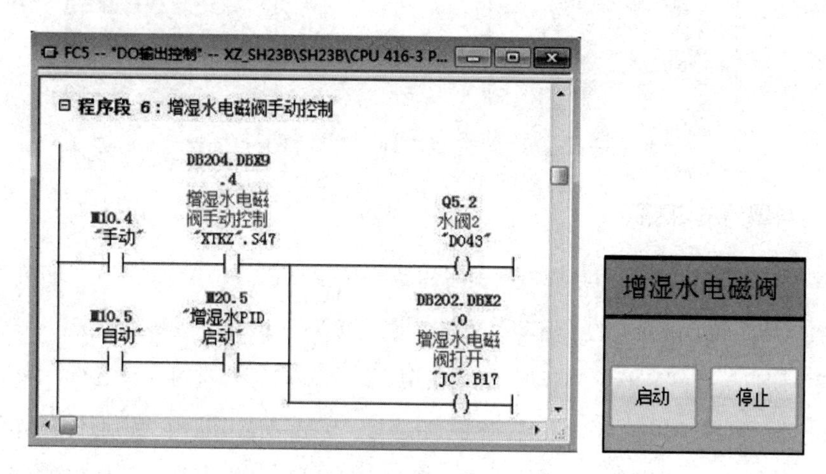

图3–115　增湿水电磁阀控制程序和操作按钮

6. 水箱进水切断阀

图3–116是水箱进水切断阀程序和操作按钮。在程序段7中，使用复位优先型SR双稳态触发器“M17.2水箱加水启动”操纵水箱进水切断阀“Q5.3　水阀3DO44”线圈和用于监视屏显示的“DB202.DBX2.1　水箱加水电磁阀打开JC.B18”线圈。

使用两个条件置位线圈“M17.2水箱加水启动”。第一个条件：在“I10.4‘手动’”的情况下，按动“水箱加水切断阀”画面上的“启动”按钮，即“DB204.DBX9.5　水箱加水电磁阀手动控制XTKZ.S48”成为闭点。第二个条件：在“M10.5‘自动’”的情况下，当“DB206.DBD152　水箱水位CSXS.SH23_PV_39”小于等于150时。

不管是“I10.4‘手动’”“M10.5‘自动’”或是“M10.6‘闭锁’”情况，只要“DB206.DBD152　水箱水位CSXS.SH23_PV_39”大于等于80，就复位线圈“M17.2水箱加水

启动”，为再次启动做准备。

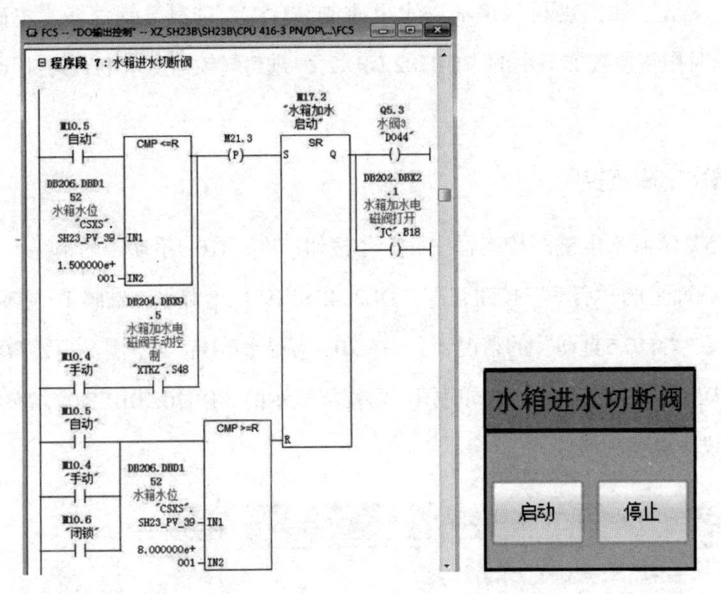

图3-116　水箱进水切断阀程序和操作按钮

7. 进料罩清洗切断阀

图3-117是进料罩清洗切断阀控制程序和操作按钮。在“I10.4‘手动’”的情况下，按动“进料罩清洗阀”画面上的“启动”按钮，即“DB204.DBX9.2 进料罩清洗切断阀 XTKZ.S45”成为闭点。在“M10.5‘自动’”的情况下，“M5.7膨化进料气锁运行”满足后（在FB14馈电器的程序段4中，膨化进料气锁开始运行，“M5.7膨化进料气锁运行”激活），激活线圈进料罩清洗切断阀“Q5.4 水阀4DO45”，同时用于监视屏显示的“DB202.DBX1.6 进料罩清洗切断阀打开JC.B17”的线圈也被激活。

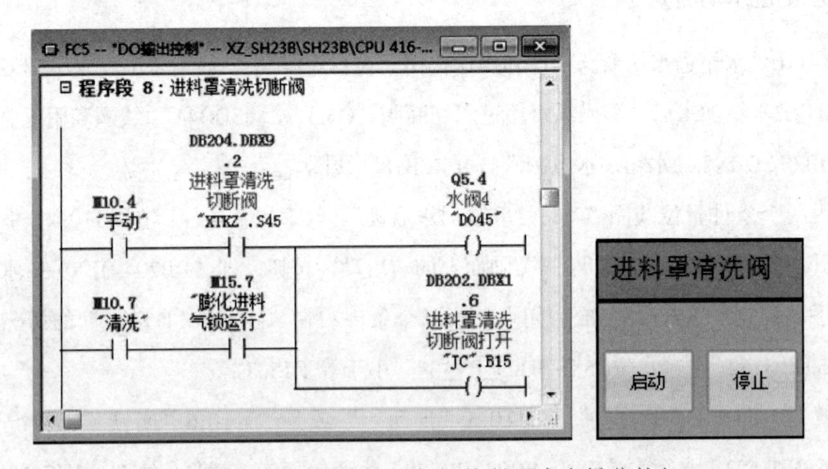

图3-117　进料罩清洗切断阀控制程序和操作按钮

8. 回风管冷却风门蝶阀

图3–118是回风管冷却风门蝶阀控制程序和操作按钮。在程序段9中，在“I10.4‘手动’”的情况下，按动“回风冷风门蝶阀”画面上的“启动”按钮，即“DB204.DBX9.3回风管冷却风门蝶阀XTKZ.S46”成为闭点；在“M10.5‘自动’”的情况下，并点击了“M10.2‘冷却’”，激活了线圈回风管冷却风门蝶阀“Q13.5回风管冷却风门蝶阀开DO58”，同时用于监视屏显示的“DB202.DBX1.7回风管冷却风门蝶阀打开JC.B16”的线圈也被激活。

在程序段10中，在“I10.4‘手动’”的情况下，按动“回风冷风门蝶阀”画面上的“启动”按钮，即“DB204.DBX9.3回风管冷却风门蝶阀XTKZ.S46”成为闭点；在“M10.5‘自动’”的情况下，并点击“M10.2‘冷却’”，激活了线圈回风管冷却风门蝶阀“Q13.6回风管冷却风门蝶阀管DO59”，回风冷风门蝶阀关闭。

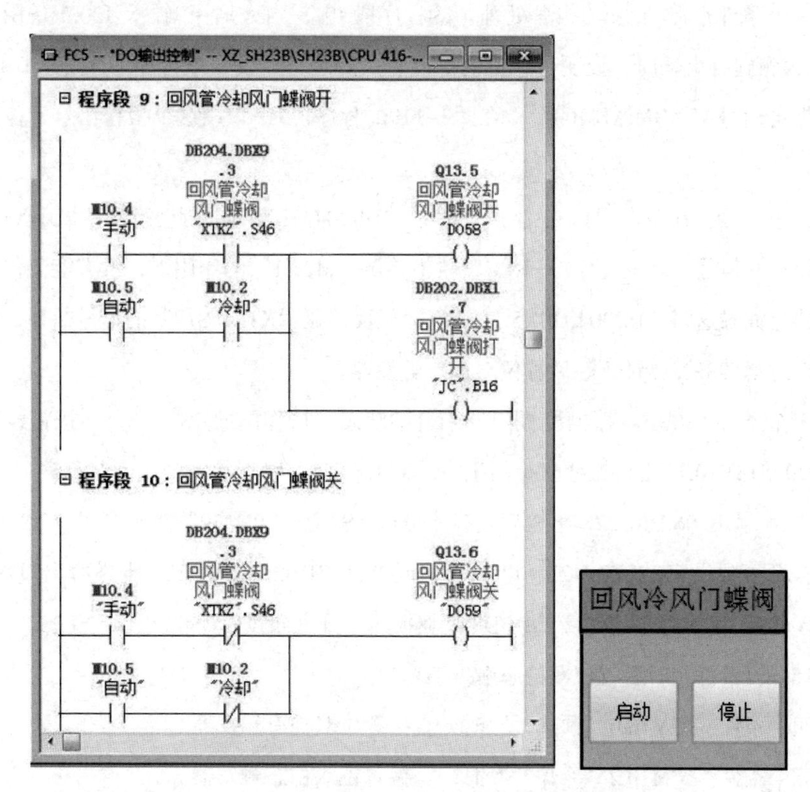

图3–118　回风管冷却风门蝶阀控制程序和操作按钮

9. 出料振槽翻板门手/自动

（1）出料振槽帆板门的控制：

从SH23B梗丝低速气流干燥系统出来的梗丝进入一台拥有气动控制翻板门的振动输送机，在干燥系统处于预热、冷却、故障、报警的时候，翻板门在气缸的驱动下，自动打开，让梗丝自动退出生产线之外，避免事故和不合格的梗丝进入生产线。

图3-119是出料振槽帆板门手/自动程序和操作按钮，为了能更好地对出料振动输送机进行控制和显示，设计了一个复位优先型SR双稳态触发器“DB809.DBX360.5出口翻版门（0关，1开）与CP402通讯.sh23b_To_CP402.S2”，当它被置位为“1”时，翻板门在气缸的驱动下，自动打开；当它被复位为“0”时，翻板门在气缸的驱动下，自动关闭。同时将出料振动输送机的状态信息通过功能FC7（上下游通讯）传送给CP402电控柜，并将“DB202.DBX2.5 6252.1M1振动输送机翻板门开JC.B22”的信息以变量的形式输送给“出料翻板门”的开和关按钮。

置位复位优先型SR双稳态触发器“DB809.DBX360.5 出口翻版门（0关，1开）”与“CP402通讯.sh23b_To_CP402.S2”有六个条件：

第一个条件：在功能6（报警处理）的程序段9中，当火焰探测器“I20.7 备用火焰探测报警” 探测到有火焰时，说明干燥机内部有着火的地方，发出报警即“DB203.DBX6.7火焰探测器报警信号ALARM.ALM63”，在图3-119的程序段1中，用这个报警信号置位双稳态触发器。

第二个条件：在正常“M10.1生产”时，“DB204.DBX5.1下游运行反馈显示XTKZ.S12”也正常传送，但是，在—（N）—RLO负跳沿检测“M28.1”的作用下，没有能流传送给双稳态触发器。如果这时“DB204.DBX5.1 下游运行反馈显示XTKZ.S12”的信号断掉，在经过断电延时定时器T98的1秒钟延时后置位双稳态触发器。

第三个条件：在出料振槽翻板门处于自动状态，操作画面上的手/自动按钮没有按动，即“DB204.DBX10.4 出料振槽帆板门手自动XTKZ.S55”触点是闭合点，在正常“M10.1‘生产’”时，“DB206.DBD228 干燥后出口水分CSXS.SH23_PV_59”小于等于“DB207.DBD80 翻板门打开下限设定CSSZ.SH23_SP_21”，或者是“DB206.DBD228 干燥后出口水分CSXS.SH23_PV_59”大于等于“DB207.DBD84 翻板门打开上限设定CSSZ.SH23_SP_22”时，经过定时器T84的1秒钟延时后置位双稳态触发器。

第四个条件：“M10.0‘预热’”时，直接置位双稳态触发器。

第五个条件：“M10.2‘冷却’”时，直接置位双稳态触发器。

第六个条件：操作画面上的自动按钮被按动。即“DB204.DBX10.4 出料振槽翻板门手/自动XTKZ.S55”常开触点成为闭合点和操作画面上的“开”按钮被按动，“DB204.DBX10.3 6252.1M1振动输送机翻板手动开XTKZ.S54” 常开触点成为闭合点中的任意一个，置位双稳态触发器。

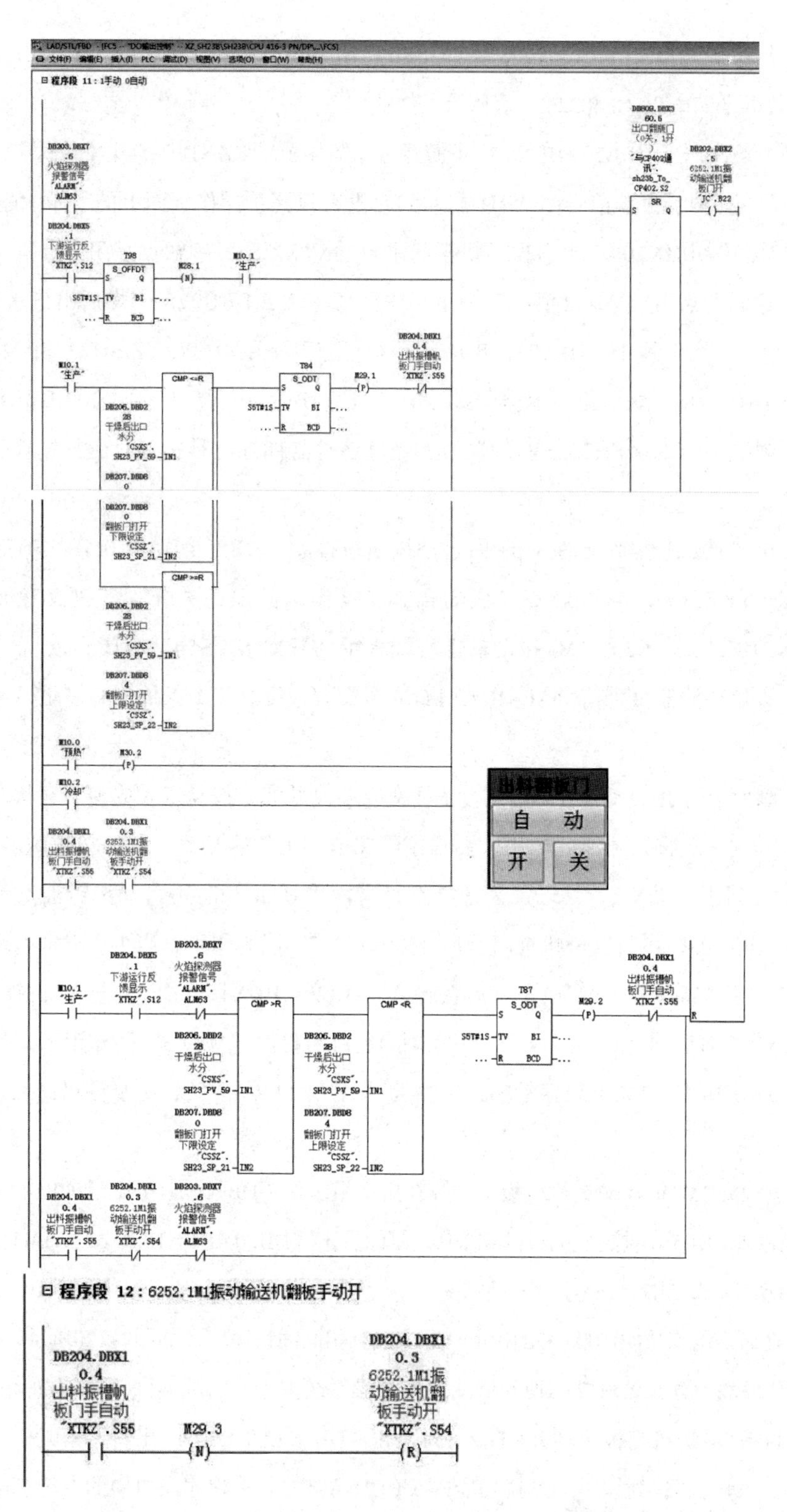

图3-119 出料振槽帆板门手/自动程序和操作按钮

复位复位优先型SR双稳态触发器“DB809.DBX360.5 出口翻版门（0关，1开）”与“CP402通讯.sh23b_To_CP402.S2”有两个条件：

第一个条件，当“DB204.DBX5.1 下游运行反馈显示XTKZ.S12”也正常传送、“DB203.DBX6.7 火焰探测器报警信号ALARM.ALM63”没有报警、操作画面上的手/自动按钮没有按动即“DB204.DBX10.4 出料振槽帆板门手自动XTKZ.S55” 触点是闭合点三个条件同时满足，这时，点击“M10.1生产”按钮，并且“DB206.DBD228 干燥后出口水分CSXS.SH23_PV_59”大于等于“DB207.DBD80 翻板门打开下限设定CSSZ.SH23_SP_21”，和“DB206.DBD228 干燥后出口水分CSXS.SH23_PV_59”小于等于“DB207.DBD84 翻板门打开上限设定 CSSZ.SH23_SP_22”时，经过定时器T87的1秒钟延时后复位双稳态触发器。

第二个条件，当操作画面上的手/自动按钮被按动“DB204.DBX10.4 出料振槽翻板门手自动XTKZ.S55”常开触点变成闭合点、操作画面上的“开”按钮没有被按动即“DB204.DBX10.3 6252.1M1振动输送机翻板手动开XTKZ.S54”为闭合点、“DB203.DBX6.7 火焰探测器报警信号ALARM.ALM63”没有报警这三个条件同时满足以后，复位双稳态触发器。

操作画面上的手/自动按钮在正常状态下处于自动状态，按动以后成为手动状态，下面的“开”和“关”按钮才能起作用，在程序段10中，正常情况下，“DB204.DBX10.4 出料振槽帆板门手自动XTKZ.S55”为常开点，当操作画面上的手/自动按钮被点动以后，“DB204.DBX10.4 出料振槽帆板门手自动XTKZ.S55”成为闭点，当再次点击操作画面上的手/自动按钮以后，这时变成了自动状态，“DB204.DBX10.4 出料振槽帆板门手自动XTKZ.S55”变成常开点，在—（ N ）— RLO负跳沿检测“M29.3”的作用下，复位线圈“DB204.DBX10.3 6252.1M1振动输送机翻板手动开XTKZ.S54”，为复位双稳态触发器做准备。

（2）6252.1M1振动输送机翻板手动开在启动组织块（OB100、OB101和OB102）中的应用在功能FC5（DO输出控制）程序段12中，鼠标右击“DB204.DBX10.3 6252.1M1振动输送机翻板手动开 “XTKZ”.S54”→“跳转”→“应用位置”→启动组织块OB100、OB101和OB102，在启动组织块OB100、OB101和OB102都有相同的程序段，如图3-120所示。

在程序段2中，只要SH23B梗丝低速气流干燥系统上电，首先对线圈“DB204.DBX10.3 6252.1M1振动输送机翻板手动开XTKZ.S54”和“DB204.DBX10.4 出料振槽帆板门手自动XTKZ.S55”进行复位处理，为复位功能FC5（DO输出控制）程序段11中的双稳态触发器做准备。

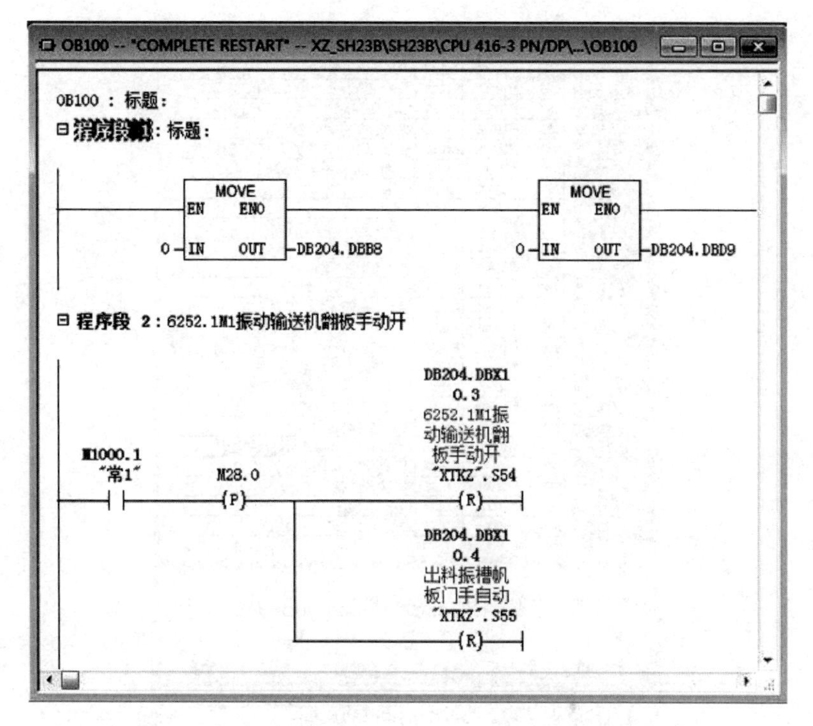

图3-120 启动组织块OB100（OB101和OB102）中的程序

在程序段1中，把“0”赋给数据块DB204中的DBB8和DBB9两个字节，经过查看DB204. DBB8和DB204. DBD9中的变量如图3-120所示。在三个字节内部把“闪蒸蒸汽流量PID手动/自动选择”“蒸汽加热温度PID手动/自动选择”“增湿蒸汽流量PID手动/自动选择”“增湿水PID手动/自动选择”“干燥出口水分PID手动/自动选择”“炉膛负压PID手动/自动选择”“闪蒸电加热器手动控制”“主蒸汽切断阀”“进料罩清洗切断阀”“回风管冷却风门蝶阀”“增湿水电磁阀手动控制”“水箱加水电磁阀手动控制”“进料气锁消防水电磁阀手动控制”“出料气锁消防水电磁阀手动控制”“切向落料器喷吹阀手动控制”“电加热器手动启动”“燃烧器手动启动”“6252.1M1振动输送机翻板手动开”“出料振槽帆板门手自动”“本控0/远控1”“请求油泵运行”“油泵运行正常允许预热”共22项变量的初始值赋值为“0”，为程序的运行准备条件。

以DB204. DBX8.0为例，在图3-121中，鼠标右击“S35”→“跳转到位置”→“FC15（闪蒸蒸汽流量PID调节”→程序段8，如图3-122所示。在程序段8中，系统上电，第一次扫描，首先把置位优先型RS双稳态触发器“DB204.DBX8.0 闪蒸蒸汽流量PID手动/自动选择XTKZ.S35”复位为“0”，为程序的运行准备条件。

DB204 -- "XTKZ" -- XZ_SH23B\SH23B\CPU 416-3 PN/DP\...\D...

+8.0	S35	BOOL	FALSE	闪蒸蒸汽流量PID手动/自动选择
+8.1	S36	BOOL	FALSE	蒸汽加热温度PID手动/自动选择
+8.2	S37	BOOL	FALSE	增湿蒸汽流量PID手动/自动选择
+8.3	S38	BOOL	FALSE	增湿水PID手动/自动选择
+8.4	S39	BOOL	FALSE	干燥出口水分PID手动/自动选择
+8.5	S40	BOOL	FALSE	炉膛负压PID手动/自动选择
+8.6	S41	BOOL	FALSE	备用
+8.7	S42	BOOL	FALSE	备用
+9.0	S43	BOOL	FALSE	闪蒸电加热器手动控制
+9.1	S44	BOOL	FALSE	主蒸汽切断阀
+9.2	S45	BOOL	FALSE	进料罩清洗切断阀
+9.3	S46	BOOL	FALSE	回风管冷却风门蝶阀
+9.4	S47	BOOL	FALSE	增湿水电磁阀手动控制
+9.5	S48	BOOL	FALSE	水箱加水电磁阀手动控制
+9.6	S49	BOOL	FALSE	进料气锁消防水电磁阀手动控制
+9.7	S50	BOOL	FALSE	出料气锁消防水电磁阀手动控制
+10.0	S51	BOOL	FALSE	切向落料器喷吹阀手动控制
+10.1	S52	BOOL	FALSE	电加热器手动启动
+10.2	S53	BOOL	FALSE	燃烧器手动启动
+10.3	S54	BOOL	FALSE	6252.1M1振动输送机翻板手动开
+10.4	S55	BOOL	FALSE	出料振槽帆板门手自动
+10.5	S56	BOOL	FALSE	本控0/远控1
+10.6	S57	BOOL	FALSE	请求油泵运行
+10.7	S58	BOOL	FALSE	油泵运行正常允许预热

图3-121　DB204. DBB8和DB204. DBB9中的变量

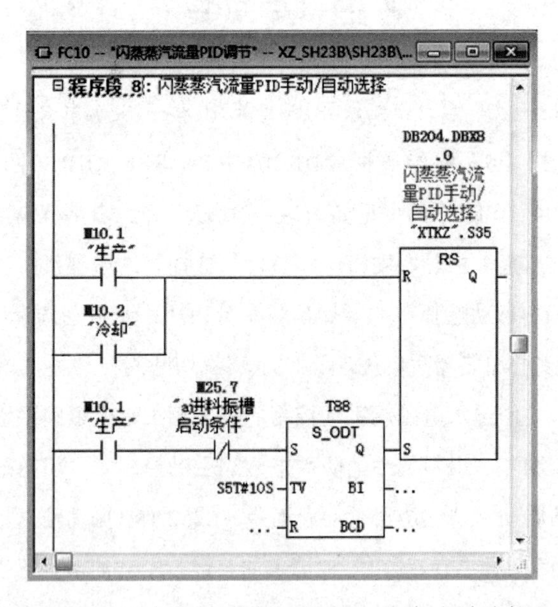

图3-122　FC15中的闪蒸蒸汽流量PID手动/自动选择程序

10. b01、b02、b03子站故障

程序段13、14、15分别是b01、b02、b03子站故障，如图3-123是b01子站故障程序，当“DB203.DBX11.0　B01动力电源检测ALARM.ALM89”“DB203.DBX11.1　B01急停信号ALARM.ALM90”“DB203.DBX8.0　B01子站通信故障ALARM.ALM65”三个故障中的任意一个报警，连同时钟存储器“M0.5”的时钟脉冲，激活了线圈“Q4.0 故障指示DO33”，b01子站箱上的故障指示灯出现频闪。

b02、b03子站故障和b01子站故障相同，在此不再赘述。

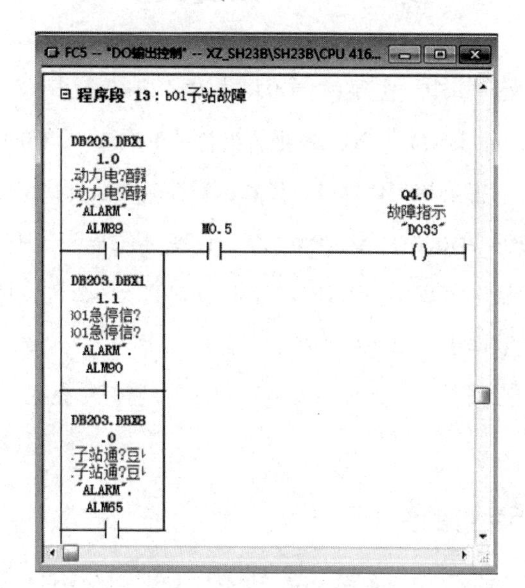

图2-123　b01子站故障程序

11. 本节7个阀门的复位

图3-124为本节7个阀门的复位，在前面提到，“系统上电，第一次扫描，把DB204. DBB8和DB204.DBD9三个字节中的变量初始值赋值为“0”，为程序的运行准备条件”。当经过操作人员的操作以后，这些值可能会发生变化，在此，当重新选择“M10.5‘自动’”时，在程序段16中，对这些变量又进行了统一复位，为程序的运行准备条件。

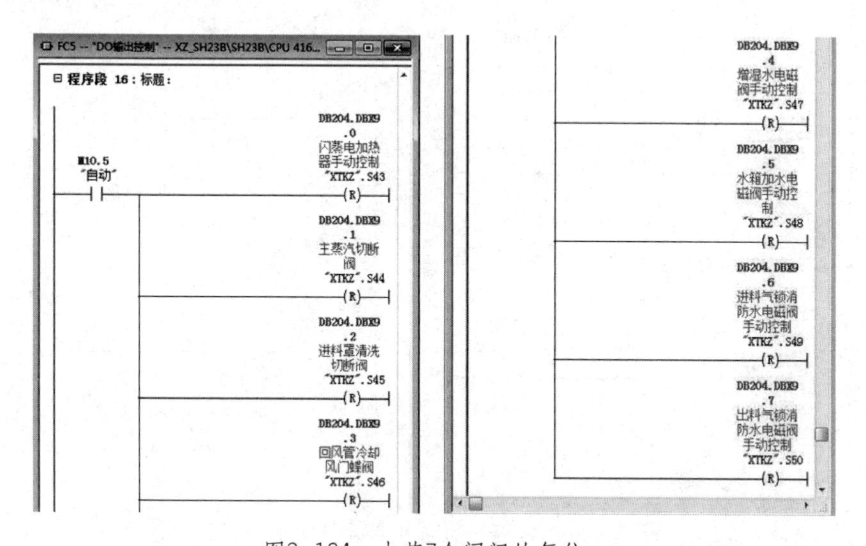

图3-124　本节7个阀门的复位

第十节 报警处理

在功能FC6（报警处理）中，主要对“Q0.0 报警组合红灯DO1”“Q0.1 报警组合绿灯DO2”“Q0.2 报警组合黄灯DO3”“Q0.3 报警组合警笛DO4”“Q0.4 电铃DO5”共5个 拥有数字量输出点的电铃、警笛和组合灯进行设置；对存放在数据块DB200（电机状态）中的52个报警状态传送到数据块DB203（ALARM）中，以便对它统一处理；拥有数字量输入点的系统报警信息传送到数据块DB203（ALARM），以便对它统一处理；把拥有数字量输入点的检测开关的信息传送到数据块DB202（检测开关量）；网络报警。最后通过FB1040（报警处理功能块）对出现的95个报警统一处理，要么“M22.2报警灯”亮起，要么“M22.1 报警响铃”响起。

一、电铃、警笛和组合灯的使用

图3-125是电铃、警笛和组合灯使用的程序，在程序段1中，当“M10.3‘响铃’”或“M22.1‘警报响铃’”或“M99.0”中的一个就能激活“Q0.3 报警组合警笛DO4”和“Q0.4 电铃DO5”，这时警笛和电铃都响起。其中条件“M10.3‘响铃’”在“系统控制”那一节中已经详细讲述。条件“M22.1‘报警响铃’”是功能FC6（报警处理）程序段20中的信息。

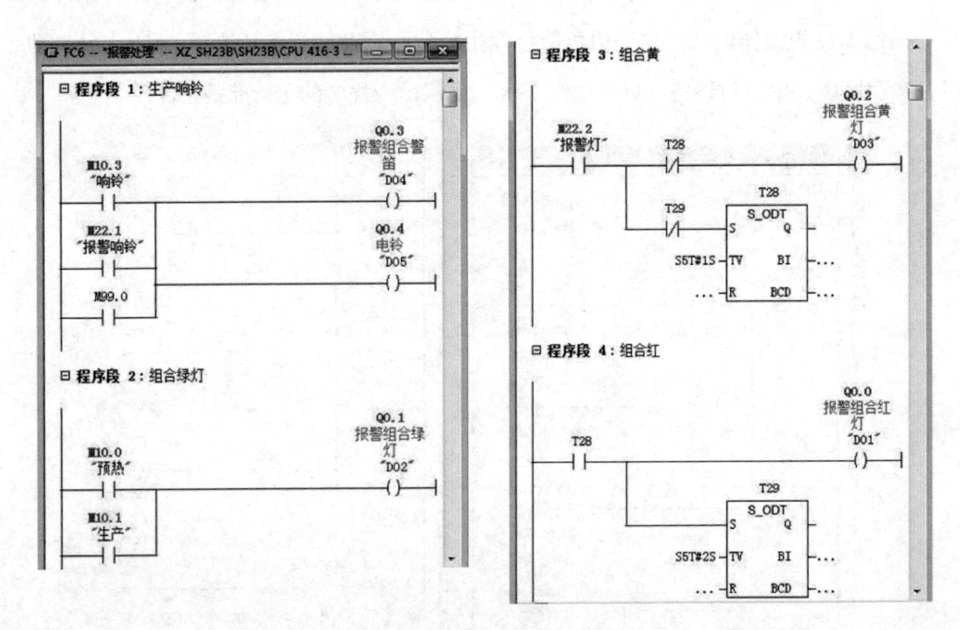

图3-125 电铃、警笛和组合灯使用的程序

在程序段2中，当处于“M10.0 ‘预热’”或者“10.1 ‘生产’”时，“Q0.1 报警组合

绿灯‘DO2’”直接亮起。

当干燥系统有报警以后，经过程序段20的处理，输出了“M22.2‘报警灯’”和“M22.1‘报警响铃’”，其中，在程序段3和4中，用“M22.2‘报警灯’”、定时器T28和定时器T29共同使“Q0.2 报警组合黄灯DO3”亮起1秒钟后“Q0.0 报警组合红灯DO1”再亮起2秒钟，一直循环下去，直到“M22.2‘报警灯’”的信号消除。

二、电机报警状态

在SH23B梗丝低速气流干燥系统总共使用了“排潮风机”“均料辊减速机”“水泵电机”“循环风机”“引风机”“6250M1振动输送机”“6251M1膨化进料气锁”“6251M3切向落料器”“6251M6干燥进料气锁”“6251M8除杂减速机”“6251M9落料器出料速机1”“6251M10落料器出料速机2”“6252M1振动输送机”共13台电机，其中上面5台使用变频器控制，其他的8台使用馈电器控制。每台都有4个变量，显示出电机的状态。下面以“排潮风机”为例进行介绍：

图3–126是排潮风机的变频器控制，在FB13（变频器控制）的程序段1中，排潮风机的变频器控制模块把信息通过形参“STATUS”传送到数据块“DB200.DBB0 排潮风机 “DJZT”.

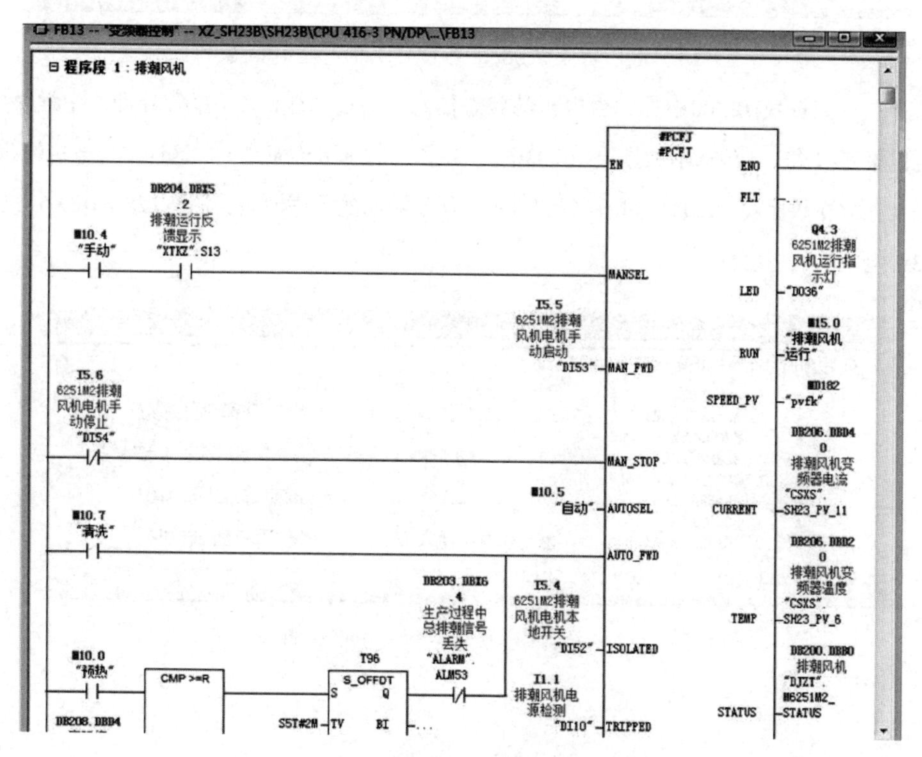

图3–126 排潮风机的变频器控制程序

M6251M2_STATUS”中，如图3-127所示，在图3-127中，上面提到的13台电机的状态信息要么通过变频器的形参“STATUS”，要么通过馈电器的形参“STATUS”传送到数据块DB200（电机状态）中。

DB200 -- "DJZT" -- XZ_SH23B\SH23B\CPU 416-3 PN/DP\...\DB200

地址	名称	类型	初始值	注释
0.0		STRUCT		
+0.0	M6251M2_STATUS	BYTE	B#16#0	排潮风机
+1.0	M6251M4_STATUS	BYTE	B#16#0	均料辊减速机
+2.0	M6251M5_STATUS	BYTE	B#16#0	水泵电机
+3.0	M6251M7_STATUS	BYTE	B#16#0	循环风机
+4.0	M6251M11_STATUS	BYTE	B#16#0	引风机
+5.0	M6250M1_STATUS	BYTE	B#16#0	6250M1振动输送机
+6.0	M6251M1_STATUS	BYTE	B#16#0	6251M1膨化进料气锁
+7.0	M6251M3_STATUS	BYTE	B#16#0	6251M3切向落料器
+8.0	M6251M6_STATUS	BYTE	B#16#0	6251M6干燥进料气锁
+9.0	M6251M8_STATUS	BYTE	B#16#0	6251M8除杂减速机
+10.0	M6251M9_STATUS	BYTE	B#16#0	6251M9落料器出料速机1
+11.0	M6251M10_STATUS	BYTE	B#16#0	6251M10落料器出料速机2
+12.0	M6252M1_STATUS	BYTE	B#16#0	6252M1振动输送机
+13.0	M6252_1_M1_STATUS	BYTE	B#16#0	6252.1M1振动输送机

图3-127　数据块DB200中13台电机的状态信息

存放在数据块DB200中的13台电机的状态信息，通过功能FC6（报警处理）中程序段5（电机报警状态），传送给数据块DB203中，如图3-128所示（部分），这样13台电机的状态信息就存放在数据块DB203，如图3-129所示，便于后面的程序使用，图3-128中DBX6.3之前是13台电机的状态信息。

FC6 -- "报警处理" -- XZ_SH23B\SH23B\CPU 416-3 PN/DP\...\FC6

```
⊟ 程序段 5：电机报警状态
      A     DB200.DBX    0.2
      =     "ALARM".ALM1              DB203.DBX0.0      -- 排潮风机本地开关断开
      A     DB200.DBX    0.3
      =     "ALARM".ALM2              DB203.DBX0.1      -- 排潮风机过流空气开关跳闸
      A     DB200.DBX    0.4
      =     "ALARM".ALM3              DB203.DBX0.2      -- 排潮风机变频器故障
      A     DB200.DBX    0.5
      =     "ALARM".ALM4              DB203.DBX0.3      -- 排潮风机接触器故障
```

图3-128　功能FC6（报警处理）中电机报警状态

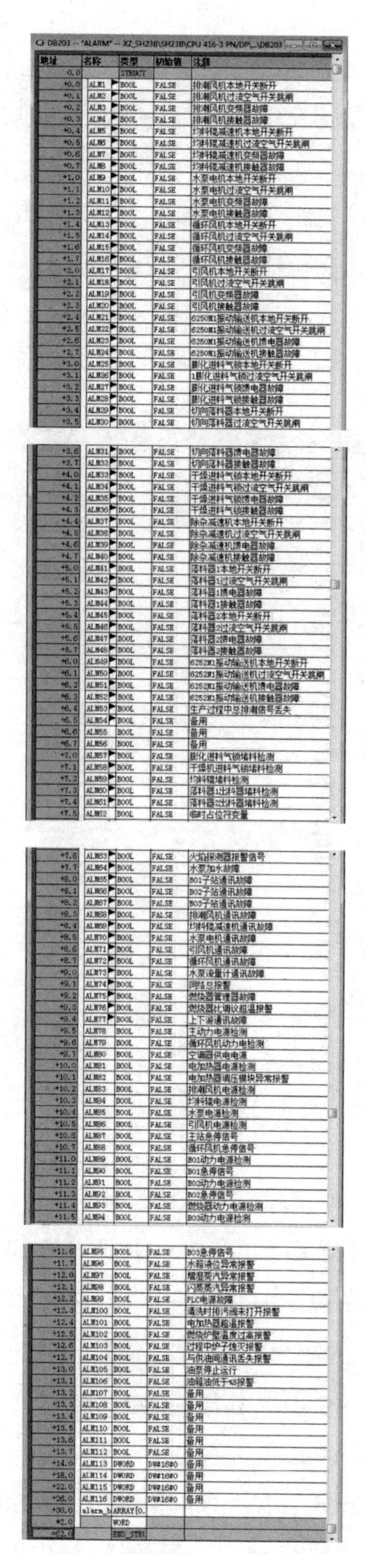

DB203 -- "ALARM" -- XZ_SH23B\SH23B\CPU 416-3 PN/DP\...\DB203

地址	名称	类型	初始值	注释
0.0		STRUCT		
+0.0	ALM1	BOOL	FALSE	排潮风机本地开关断开
+0.1	ALM2	BOOL	FALSE	排潮风机过流空气开关跳闸
+0.2	ALM3	BOOL	FALSE	排潮风机变频器故障
+0.3	ALM4	BOOL	FALSE	排潮风机接触器故障
+0.4	ALM5	BOOL	FALSE	均料辊减速机本地开关断开
+0.5	ALM6	BOOL	FALSE	均料辊减速机过流空气开关跳闸
+0.6	ALM7	BOOL	FALSE	均料辊减速机变频器故障
+0.7	ALM8	BOOL	FALSE	均料辊减速机接触器故障
+1.0	ALM9	BOOL	FALSE	水泵电机本地开关断开
+1.1	ALM10	BOOL	FALSE	水泵电机过流空气开关跳闸
+1.2	ALM11	BOOL	FALSE	水泵电机变频器故障
+1.3	ALM12	BOOL	FALSE	水泵电机接触器故障
+1.4	ALM13	BOOL	FALSE	循环风机本地开关断开
+1.5	ALM14	BOOL	FALSE	循环风机过流空气开关跳闸
+1.6	ALM15	BOOL	FALSE	循环风机变频器故障
+1.7	ALM16	BOOL	FALSE	循环风机接触器故障
+2.0	ALM17	BOOL	FALSE	引风机本地开关断开
+2.1	ALM18	BOOL	FALSE	引风机过流空气开关跳闸
+2.2	ALM19	BOOL	FALSE	引风机变频器故障
+2.3	ALM20	BOOL	FALSE	引风机接触器故障
+2.4	ALM21	BOOL	FALSE	6250M1振动输送机本地开关断开
+2.5	ALM22	BOOL	FALSE	6250M1振动输送机过流空气开关跳闸
+2.6	ALM23	BOOL	FALSE	6250M1振动输送机馈电器故障
+2.7	ALM24	BOOL	FALSE	6250M1振动输送机接触器故障
+3.0	ALM25	BOOL	FALSE	膨化进料气锁本地开关断开
+3.1	ALM26	BOOL	FALSE	1膨化进料气锁过流空气开关跳闸
+3.2	ALM27	BOOL	FALSE	膨化进料气锁馈电器故障
+3.3	ALM28	BOOL	FALSE	膨化进料气锁接触器故障
+3.4	ALM29	BOOL	FALSE	切向落料器本地开关断开
+3.5	ALM30	BOOL	FALSE	切向落料器过流空气开关跳闸
+3.6	ALM31	BOOL	FALSE	切向落料器馈电器故障
+3.7	ALM32	BOOL	FALSE	切向落料器接触器故障
+4.0	ALM33	BOOL	FALSE	干燥进料气锁本地开关断开
+4.1	ALM34	BOOL	FALSE	干燥进料气锁过流空气开关跳闸
+4.2	ALM35	BOOL	FALSE	干燥进料气锁馈电器故障
+4.3	ALM36	BOOL	FALSE	干燥进料气锁接触器故障
+4.4	ALM37	BOOL	FALSE	除杂减速机本地开关断开
+4.5	ALM38	BOOL	FALSE	除杂减速机过流空气开关跳闸
+4.6	ALM39	BOOL	FALSE	除杂减速机馈电器故障
+4.7	ALM40	BOOL	FALSE	除杂减速机接触器故障
+5.0	ALM41	BOOL	FALSE	落料器1本地开关断开
+5.1	ALM42	BOOL	FALSE	落料器1过流空气开关跳闸
+5.2	ALM43	BOOL	FALSE	落料器1馈电器故障
+5.3	ALM44	BOOL	FALSE	落料器1接触器故障
+5.4	ALM45	BOOL	FALSE	落料器2本地开关断开
+5.5	ALM46	BOOL	FALSE	落料器2过流空气开关跳闸
+5.6	ALM47	BOOL	FALSE	落料器2馈电器故障
+5.7	ALM48	BOOL	FALSE	落料器2接触器故障
+6.0	ALM49	BOOL	FALSE	6252M1振动输送机本地开关断开
+6.1	ALM50	BOOL	FALSE	6252M1振动输送机过流空气开关跳闸
+6.2	ALM51	BOOL	FALSE	6252M1振动输送机馈电器故障
+6.3	ALM52	BOOL	FALSE	6252M1振动输送机接触器故障
+6.4	ALM53	BOOL	FALSE	生产过程中总排潮信号丢失
+6.5	ALM54	BOOL	FALSE	备用
+6.6	ALM55	BOOL	FALSE	备用
+6.7	ALM56	BOOL	FALSE	备用
+7.0	ALM57	BOOL	FALSE	膨化进料气锁堵料检测
+7.1	ALM58	BOOL	FALSE	干燥机进料气锁堵料检测
+7.2	ALM59	BOOL	FALSE	均料辊堵料检测
+7.3	ALM60	BOOL	FALSE	落料器1出料器堵料检测
+7.4	ALM61	BOOL	FALSE	落料器2出料器堵料检测
+7.5	ALM62	BOOL	FALSE	临时占位符变量
+7.6	ALM63	BOOL	FALSE	火焰探测器报警信号
+7.7	ALM64	BOOL	FALSE	水泵加水故障
+8.0	ALM65	BOOL	FALSE	B01子站通讯故障
+8.1	ALM66	BOOL	FALSE	B02子站通讯故障
+8.2	ALM67	BOOL	FALSE	B03子站通讯故障
+8.3	ALM68	BOOL	FALSE	排潮风机通讯故障
+8.4	ALM69	BOOL	FALSE	均料辊减速机通讯故障
+8.5	ALM70	BOOL	FALSE	水泵电机通讯故障
+8.6	ALM71	BOOL	FALSE	引风机通讯故障
+8.7	ALM72	BOOL	FALSE	循环风机通讯故障
+9.0	ALM73	BOOL	FALSE	水泵流量计通讯故障
+9.1	ALM74	BOOL	FALSE	网络总报警
+9.2	ALM75	BOOL	FALSE	燃烧器管理器故障
+9.3	ALM76	BOOL	FALSE	燃烧器比调议超温报警
+9.4	ALM77	BOOL	FALSE	上下游通讯故障
+9.5	ALM78	BOOL	FALSE	主动力电源检测
+9.6	ALM79	BOOL	FALSE	循环风机动力电检测
+9.7	ALM80	BOOL	FALSE	空调器供电电源
+10.0	ALM81	BOOL	FALSE	电加热器电源检测
+10.1	ALM82	BOOL	FALSE	电加热器调压模块异常报警
+10.2	ALM83	BOOL	FALSE	排潮风机电源检测
+10.3	ALM84	BOOL	FALSE	均料辊电源检测
+10.4	ALM85	BOOL	FALSE	水泵电源检测
+10.5	ALM86	BOOL	FALSE	引风机电源检测
+10.6	ALM87	BOOL	FALSE	主站急停信号
+10.7	ALM88	BOOL	FALSE	循环风机急停信号
+11.0	ALM89	BOOL	FALSE	B01动力电源检测
+11.1	ALM90	BOOL	FALSE	B01急停信号
+11.2	ALM91	BOOL	FALSE	B02动力电源检测
+11.3	ALM92	BOOL	FALSE	B02急停信号
+11.4	ALM93	BOOL	FALSE	燃烧器动力电源检测
+11.5	ALM94	BOOL	FALSE	B03动力电源检测
+11.6	ALM95	BOOL	FALSE	B03急停信号
+11.7	ALM96	BOOL	FALSE	水箱液位异常报警
+12.0	ALM97	BOOL	FALSE	增湿蒸汽异常报警
+12.1	ALM98	BOOL	FALSE	闪蒸蒸汽异常报警
+12.2	ALM99	BOOL	FALSE	PLC电源故障
+12.3	ALM100	BOOL	FALSE	清洗时排污阀未打开报警
+12.4	ALM101	BOOL	FALSE	电加热器超温报警
+12.5	ALM102	BOOL	FALSE	燃烧炉壁温度过高报警
+12.6	ALM103	BOOL	FALSE	过程中炉子熄灭报警
+12.7	ALM104	BOOL	FALSE	与供油间通讯丢失报警
+13.0	ALM105	BOOL	FALSE	油泵停止运行
+13.1	ALM106	BOOL	FALSE	油箱油低于%5报警
+13.2	ALM107	BOOL	FALSE	备用
+13.3	ALM108	BOOL	FALSE	备用
+13.4	ALM109	BOOL	FALSE	备用
+13.5	ALM110	BOOL	FALSE	备用
+13.6	ALM111	BOOL	FALSE	备用
+13.7	ALM112	BOOL	FALSE	备用
+14.0	ALM113	DWORD	DW#16#0	备用
+18.0	ALM114	DWORD	DW#16#0	备用
+22.0	ALM115	DWORD	DW#16#0	备用
+26.0	ALM116	DWORD	DW#16#0	备用
+30.0	alarm_b	ARRAY[0.		
*2.0		WORD		
=62.0		END_STRU		

图3-129　存放在数据块DB203中干燥系统的所有报警信息

三、系统报警

在SH23B梗丝低速气流干燥系统中，当某些故障出现以后，把信息输入到数字量输入模块中，能够更好地进行检测和控制，如图3-130所示，这些信息通过程序段6传送到数据块DB203中，如图3-129中所示，便于后面的程序调用。以程序段6中的“B03急停信号”为例，把3号子站箱上急停按钮中的常开触点接到2号槽的第2组接点上，即“I22.1”，如图3-131所示，当由于故障，3号子站箱上急停按钮被按下去以后，信息通过“I22.1”传送到数据块DB203.DBX11.6中，便于程序执行相应的动作。

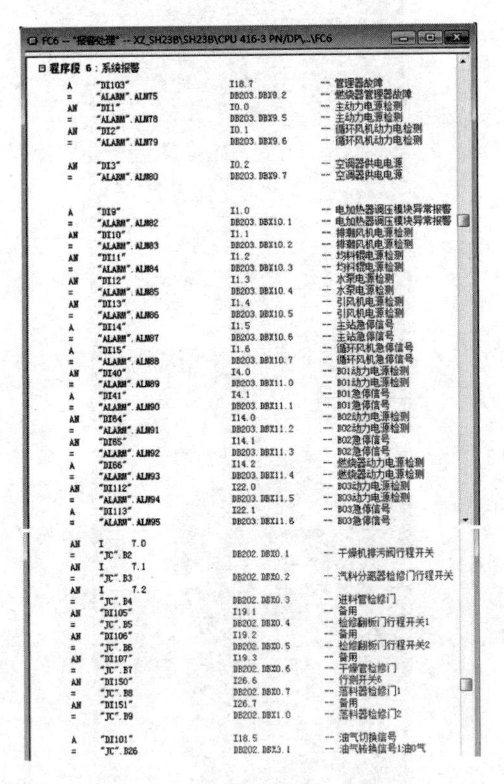

```
FC6 -- "报警处理" -- XZ_SH23B\SH23B\CPU 416-3 PN/DP\...\FC6
程序段 6：系统报警
A    "DI103"          I18.7           -- 管理器故障
=    "ALARM".ALM75    DB203.DBX9.2    -- 燃烧器管理器故障
AN   "DI1"            I0.0            -- 主动力电源检测
=    "ALARM".ALM78    DB203.DBX9.5    -- 主动力电源检测
AN   "DI2"            I0.1            -- 循环风机动力电检测
=    "ALARM".ALM79    DB203.DBX9.6    -- 循环风机动力电检测

AN   "DI3"            I0.2            -- 空调器供电电源
=    "ALARM".ALM80    DB203.DBX9.7    -- 空调器供电电源


A    "DI9"            I1.0            -- 电加热器调压模块异常报警
=    "ALARM".ALM82    DB203.DBX10.1   -- 电加热器调压模块异常报警
AN   "DI10"           I1.1            -- 排潮风机电源检测
=    "ALARM".ALM83    DB203.DBX10.2   -- 排潮风机电源检测
AN   "DI11"           I1.2            -- 均料辊电源检测
=    "ALARM".ALM84    DB203.DBX10.3   -- 均料辊电源检测
AN   "DI12"           I1.3            -- 水泵电源检测
=    "ALARM".ALM85    DB203.DBX10.4   -- 水泵电源检测
AN   "DI13"           I1.4            -- 引风机电源检测
=    "ALARM".ALM86    DB203.DBX10.5   -- 引风机电源检测
A    "DI14"           I1.5            -- 主站急停信号
=    "ALARM".ALM87    DB203.DBX10.6   -- 主站急停信号
A    "DI15"           I1.6            -- 循环风机急停信号
=    "ALARM".ALM88    DB203.DBX10.7   -- 循环风机急停信号
AN   "DI40"           I4.0            -- B01动力电源检测
=    "ALARM".ALM89    DB203.DBX11.0   -- B01动力电源检测
A    "DI41"           I4.1            -- B01急停信号
=    "ALARM".ALM90    DB203.DBX11.1   -- B01急停信号
AN   "DI64"           I14.0           -- B02动力电源检测
=    "ALARM".ALM91    DB203.DBX11.2   -- B02动力电源检测
AN   "DI65"           I14.1           -- B02急停信号
=    "ALARM".ALM92    DB203.DBX11.3   -- B02急停信号
A    "DI66"           I14.2           -- 燃烧器动力电源检测
=    "ALARM".ALM93    DB203.DBX11.4   -- 燃烧器动力电源检测
AN   "DI112"          I22.0           -- B03动力电源检测
=    "ALARM".ALM94    DB203.DBX11.5   -- B03动力电源检测
A    "DI113"          I22.1           -- B03急停信号
=    "ALARM".ALM95    DB203.DBX11.6   -- B03急停信号

AN   I     7.0
=    "JC".B2          DB202.DBX0.1    -- 干燥机排污阀行程开关
AN   I     7.1
=    "JC".B3          DB202.DBX0.2    -- 汽料分离器检修门行程开关
AN   I     7.2
=    "JC".B4          DB202.DBX0.3    -- 进料管检修门
AN   "DI105"          I19.1           -- 备用
=    "JC".B5          DB202.DBX0.4    -- 检修翻板门行程开关1
AN   "DI106"          I19.2           -- 备用
=    "JC".B6          DB202.DBX0.5    -- 检修翻板门行程开关2
AN   "DI107"          I19.3           -- 备用
=    "JC".B7          DB202.DBX0.6    -- 干燥管检修门
AN   "DI150"          I26.6           -- 行程开关6
=    "JC".B8          DB202.DBX0.7    -- 落料器检修门1
AN   "DI151"          I26.7           -- 备用
=    "JC".B9          DB202.DBX1.0    -- 落料器检修门2

A    "DI101"          I18.5           -- 油气切换信号
=    "JC".B26         DB202.DBX3.1    -- 油气转换信号1油0气
```

图3-130　系统报警程序

在SH23B梗丝低速气流干燥系统中共有“I18.7→DB203.DBX9.2　燃烧器管理器故障”“I0.0→DB203.DBX0.0　主动力电源检测”“I0.1→DB203.DBX9.6　循环风机动力电检测”“I0.2→DB203.DBX9.7　空调器供电电源”“I1.0→DB203.DBX10.1　电加热器调压模块异常报警”“I1.1→DB203.DBX10.2　排潮风机电源检测”“I1.2→DB203.DBX10.3　均料辊电源检测”“I1.3→DB203.DBX10.4　水泵电源检测”“I1.4→DB203.DBX10.5　引风机电源检测”“I1.5→DB203.DBX10.6　主站急停信号”“I1.6→DB203.DBX10.7　循环风机急停信号”“I4.0→DB203.DBX11.0　B01动力电源检测”“I4.1→DB203.DBX11.1　B01急停信号”“I14.0→DB203.DBX11.2　B02动力电源检测”“I14.1→DB203.DBX11.3　B02急停信

号”“I14.2→DB203.DBX11.4 燃烧器动力电源检测”“I22.0→DB203.DBX11.5 B03动力电源检测”“I22.1→DB203.DBX11.6 B03急停信号”18个信息被传送到数据块DB203中。

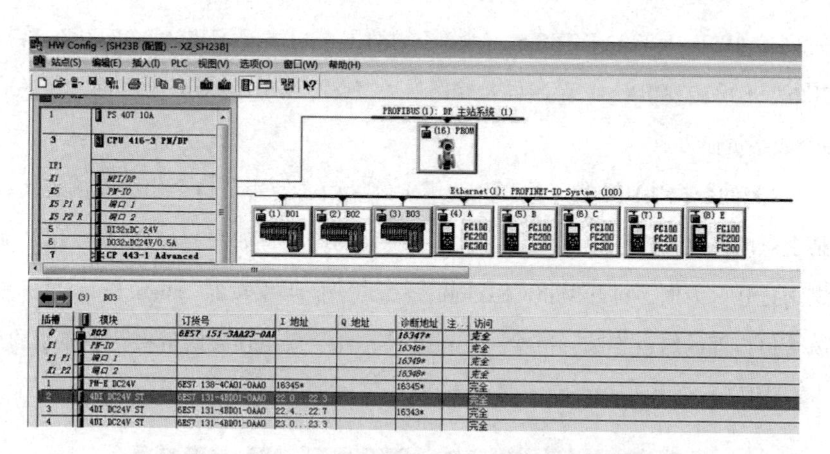

图3-131　3号子站箱上急停按钮对应的数字量输入点

四、检测开关量

图3-132中，程序段6的后半部分是SH23B梗丝低速气流干燥系统使用的所有检测开关，通过数字量输入模块把信息传送给PLC中，这些信息又通过程序段6传送到数据块DB202（检测开关量）中，便于后面的程序调用。

DB202 -- "JC" -- XZ_SH23B\SH23B\CPU 416-3 PN/DP\...\DB202

地址	名称	类型	初始值	注释
0.0		STRUCT		
+0.0	B1	BOOL	FALSE	探料光电开关
+0.1	B2	BOOL	FALSE	干燥机排污阀行程开关
+0.2	B3	BOOL	FALSE	汽料分离器检修门行程开关
+0.3	B4	BOOL	FALSE	进料管检修门
+0.4	B5	BOOL	FALSE	检修翻板门行程开关1
+0.5	B6	BOOL	FALSE	检修翻板门行程开关2
+0.6	B7	BOOL	FALSE	干燥管检修门
+0.7	B8	BOOL	FALSE	落料器检修门1
+1.0	B9	BOOL	FALSE	落料器检修门2
+1.1	B10	BOOL	FALSE	备用
+1.2	B11	BOOL	FALSE	
+1.3	B12	BOOL	FALSE	
+1.4	B13	BOOL	FALSE	
+1.5	B14	BOOL	FALSE	主蒸汽切断阀打开
+1.6	B15	BOOL	FALSE	进料罩清洗切断阀打开
+1.7	B16	BOOL	FALSE	回风管冷却风门蝶阀打开
+2.0	B17	BOOL	FALSE	增湿水电磁阀打开
+2.1	B18	BOOL	FALSE	水箱加水电磁阀打开
+2.2	B19	BOOL	FALSE	进料气锁消防水电磁阀打开
+2.3	B20	BOOL	FALSE	出料气锁消防水电磁阀打开
+2.4	B21	BOOL	FALSE	切向落料器喷吹阀打开
+2.5	B22	BOOL	FALSE	6252.1M1振动输送机翻板门开
+2.6	B23	BOOL	FALSE	6252.1M1振动输送机翻板门关
+2.7	B24	BOOL	FALSE	油库运行反馈信号
+3.0	B25	BOOL	FALSE	
+3.1	B26	BOOL	FALSE	油气转换信号1油0气
+3.2	B27	BOOL	FALSE	备用
+3.3	B28	BOOL	FALSE	备用
+3.4	B29	BOOL	FALSE	备用
=4.0		END_STRUCT		

图3-132　存放在数据块DB202中干燥系统使用的所有输入/输出检测开关

在SH23B梗丝低速气流干燥系统使用了“I7.0→DB202.DBX0.1　干燥机排污阀行程开关”“I7.1→DB202.DBX0.2　汽料分离器检修门行程开关”“I7.2→DB202.DBX0.3　进料管检修门”“I19.1→DB202.DBX0.4　检修翻板门行程开关1”“I9.2→DB202.DBX0.5　检修翻板门行程开关2”“19.3→DB202.DBX0.6　干燥管检修门”“I26.6→DB202.DBX0.7　落料器检修门1”“I26.7→DB202.DBX1.0　落料器检修门2”“I18.5→DB202.DBX3.1　油气转换信号1油0气”共9个数字量输入点。

在图3-132的数据块DB202（检测开关量）的后面，使用了11个用于间接表达数字量输出模块某个点的信息，这些信息主要用于监控画面的显示，如图3-133所示，以“回风管冷却风门蝶阀打开”为例，打开WinCCExplorer→点击→图形编辑器→main.Pdl→鼠标右击画面上的回风管道口部的绿色半圆→链接→变量连接，在“变量连接的链接”中显示的“SH2B/JC.B16”就是图3-133中的“JC.B16　回风管冷却风门蝶阀打开”。

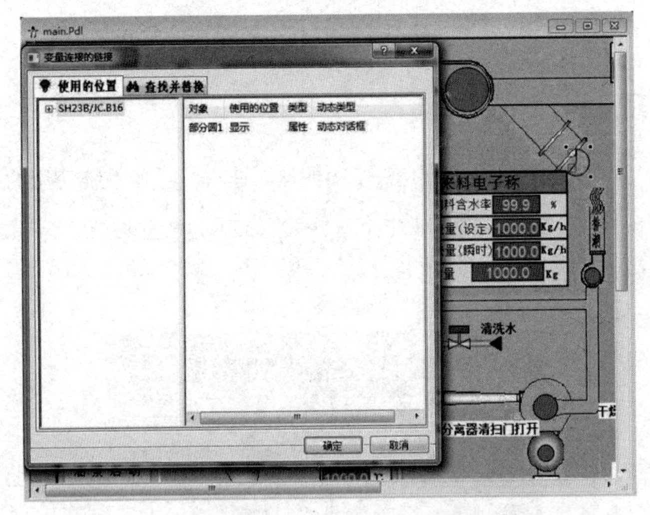

图3-133　监视画面用的变量“JC.B16　回风管冷却风门蝶阀打开”

之所以叫做间接表达，还是以“回风管冷却风门蝶阀打开”为例来说明。在图3-132中，鼠标右击“B16”→“跳转到位置”→“功能FC5（DO输出控制），打开了功能FC5（DO输出控制）的程序段9，如图3-134所示。

在程序段9中，在“I10.4　手动”的情况下，按动“回风冷风门蝶阀”画面上的“启动”按钮，即“DB204.DBX9.3　回风管冷却风门蝶阀XTKZ.S46”成为闭点；在“M10.5　自动”的情况下，并点击了“M10.2冷却”后；激活了线圈回风管冷却风门蝶阀“Q13.5　回风管冷却风门蝶阀开DO58”，同时用于监视屏显示的“DB202.DBX1.7　回风管冷却风门蝶阀打开JC.B16”的线圈也被激活。

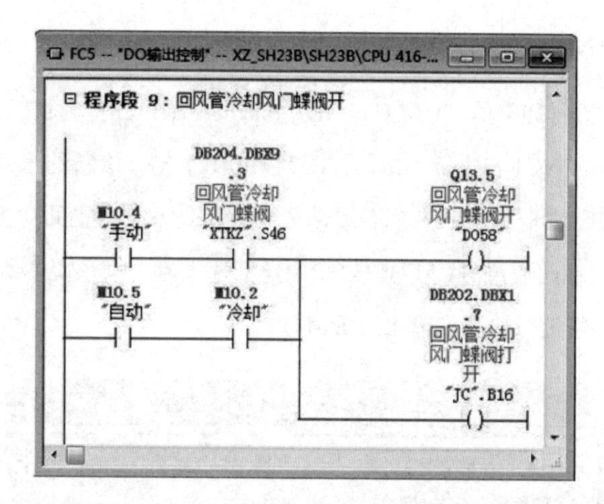

图3-134 数据块DB202中输出点和监视画面用点之间的间接联系

像上面提到的间接表达数字量输出模块某个点信息的，在SH23B梗丝低速气流干燥系统中使用了“Q4.7 →DB202.DBX1.5 主蒸汽切断阀打开JC.B14”“Q5.4→DB202.DBX1.6 进料罩清洗切断阀打开JC.B15”“Q13.5→DB202.DBX1.7 回风管冷却风门蝶阀打开JC.B16”“Q5.2→DB202.DBX2.0 增湿水电磁阀打开JC.B17”“Q5.3→DB202.DBX2.1 水箱加水电磁阀打开JC.B18”“Q5.1→DB202.DBX2.2进料气锁消防水电磁阀打开JC.B19”“Q5.0→DB202.DBX2.3 出料气锁消防水电磁阀打开JC.B20”“Q*.*→DB202.DBX2.5 6252.1M1振动输送机翻板门开JC.B22”和“Q*.*→DB202.DBX2.6 6252.1M1振动输送机翻板门关JC.B23”（把振动输送机翻板门的信息通过上下游通讯传送给干燥机的“DB809.DBX360.5 出口翻板门0关1开与CP402通讯.sh23b_To_CP402.S2”，用于监视画面的显示，因为数字量输出模块的输出点在CP402控制柜中，所以，在干燥系统中不显示）、“Q*.*→DB202.DBX2.7 油库运行反馈信号JC.B24”（数字量输出模块的输出点也在另一个控制柜中）。

五、网络报警

图3-135为FC6（报警处理）中网络报警程序段，在程序段18中，有两种网络诊断：一种是NET诊断，另一种是DP诊断。

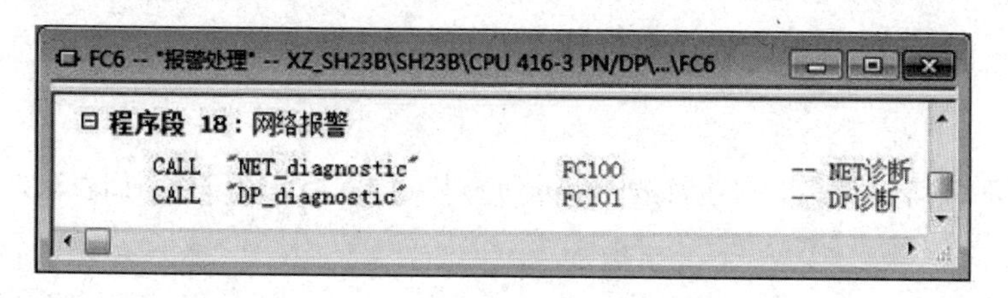

图3-135 FC6（报警处理）中网络报警程序段

1. FC100——NET诊断

鼠标右键单击图3-135中的“CALL “NET_diagnostic” ”→“跳转”→“应用位置”，打开系统功能SFC51（NET_diagnostic），图3-136用于NET诊断的系统功能SFC51程序，SFC51是“RDSYSST”读取系统状态列表或部分列表，是系统内置的功能，只能调用不能打开内部的具体情形。在此通过SFC51对SH23B梗丝低速气流干燥系统的所有以太网、DP网以及与它们相连接的子网进行检测和输出报警信息。

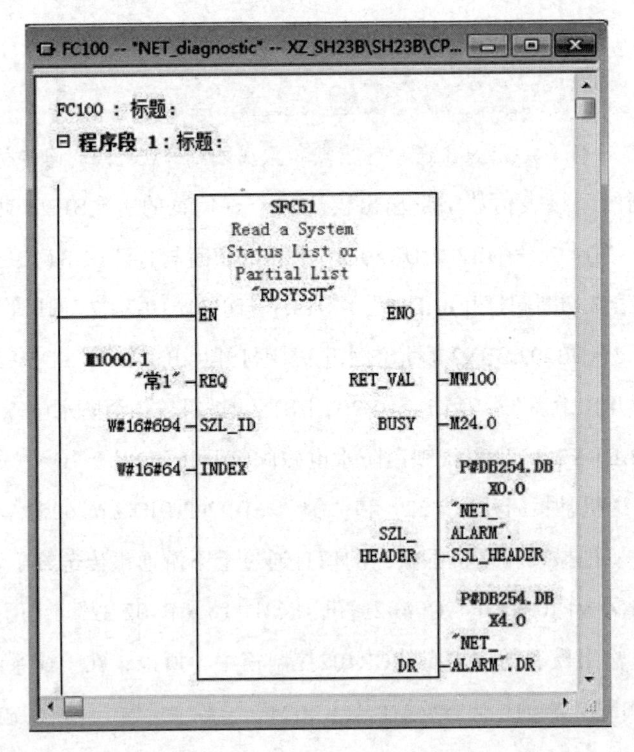

图3-136 FC100中FC51“RDSYSST”对NET网络读取系统状态程序

（1）系统功能SFC51的解读

通过系统功能SFC51“RDSYSST”（读取系统状态），可以读取系统状态列表或部分系统状态列表。

① REQ，输入参数，通过将值“1”赋给输入参数REQ来启动读取系统状态列表。

② SZL_ID，输入参数，是个常数，将要读取的系统状态列表或部分列表的SZL-ID，如表3-1。

③ INDEX，输入参数，是个常数，部分列表中对象的类型或编号，如表3-1。

表3-1　SZL_ID和INDEX部分参数意义

SZL_ID （W#16#…）	部分列表 模块标识符	INDEX （W#16#…）
0111	一个标识数据记录 模块的标识 系统扩展卡的标识 基本硬件的标识 基本固件的标识 CPU 特征	 0001 0004 0006 0007
0012	所有特征	无关
0112	一个组的特征 MC7 处理单元 时间系统 系统特性 MC7 语言描述 SFC87 和 SFC88 的可用性	 0000 0100 0200 0300 0400
0794	IO 控制系统的中央机架 / 站中的机架的维护状态 （IO 控制器系统的中央机架 / 站的诊断 / 维护状态 （状态位 = 0：无故障，无维护要求；状态位 = 1： 机架 / 站有问题，和 / 或有维护要求或维护请求））	0 / PNIO 子系统 ID （0：中央模块 1–32：PROFIBUS DP 上的分布式模块 100–115：PROFINET IO 上的分布式模块）
………	………	

在“F1”中可以看到“SZL_ID”输入参数有70个不同含义的选择数字，以及对应的输入参数“INDEX”输入值。点击不同的“SZL_ID”输入参数，会出现更多的本参数中的信息，以FC100中使用的“W#16#794”为例：

用途：“SZL-ID”为W#16#0x94的部分列表包含有关中央组态中的模块机架及PROFIBUS DP主站系统/PROFINET IO控制系统的站的期望组态和实际组态的信息。

“SZL-ID”为W#16#0794：IO控制器系统的中央机架/站的诊断/维护状态（状态位 = 0：无故障，无维护要求；状态位 = 1：机架/站有问题，和/或有维护要求或维护请求）。

“INDEX”为0：中央模块。

1–32：（16#1–20）PROFIBUS DP上的分布式模块。

100–115：（16#64–73）PROFINET IO上的分布式模块。

双击“硬件配置”（HWConfig）页面的“PROFINET IO 系统”的主网，出现图3–137所示的“属性–PROFNET IO系统”对话框，可以看到“IO系统的编号”为100，意思为PROFINET IO上的分布式模块，也是“INDEX”=100（16#64）的由来。

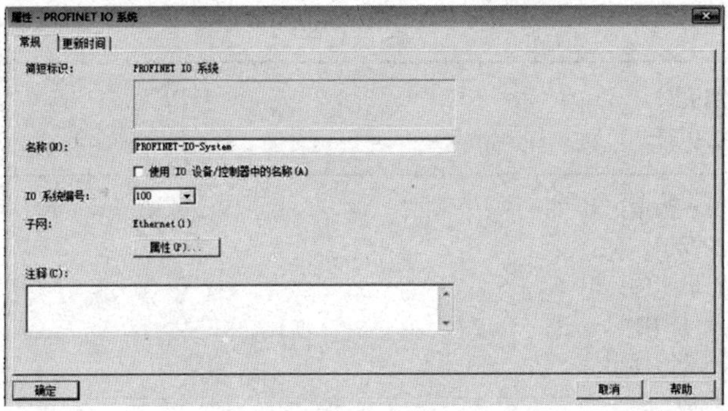

图3-137　属性-PROFINET IO系统显示的IO系统的编号

④ RET_VAL，输出参数，如果执行SFC时出错，则RET_VAL参数将包含错误代码，如表3-2。

在“F1”可以看到RET_VAL参数可以返回20个错误代码，使用时可以查找。

表3-2　RET_VAL参数将包含错误代码

错误代码（W#16#…）	描述
0000	无错。
0081	结果域过短。（但是，仍然将尽可能多地提供数据记录。SSL 标题指示此数值。）
7000	首次调用 REQ=0：没有数据传输；BUSY 的值为 0
7001	首次调用 REQ=1：已启动数据传送；BUSY 的值为 1。
7002	中间调用（REQ 无关联）：数据传送已经激活；BUSY 的值为 1。
………	………

⑤ BUSY，输出参数，如果可以立即读取系统状态，则SFC将在BUSY输出参数中返回值0。如果BUSY的值为1，则尚未完成读取功能。

⑥ SZL_HEADER，输出参数，

SZL_HEADER参数是一个如下的结构：

```
SZL_HEADER：STRUCT
   LENTHDR：WORD
      N_DR：WORD
           END_STRUCT
```

LENTHDR是SZL列表或SZL部分列表的数据记录的长度。如果仅读取了SSL列表的标题信息，则N_DR包含属于它的数据记录数。否则，N_DR包含传送到目标区域的数据记录数。

⑦ DR，输出参数，SSL列表读取或SSL部分列表读取的目标区域：如果仅读取了SSL列表

的标题信息，则不能评估DR的值，而只能评估SSL_HEADER的值。否则，LENTHDR和N_DR的乘积将指示已在DR中输入了多少字节。系统定义了30（一个站占用10个字节）以太网中的子网，实际上只是使用了8个子站。

图3-138是真实使用的数据块DB254中的关于SZL_HEADER、N_DR和DR的结构。

DB254 -- "NET_ALARM" -- XZ_SH23B\SH23B\CPU 416-3 PN/DP\...

地址	名称	类型	初始值	注释
0.0		STRUCT		
+0.0	SSL_HEADER	STRUCT		
+0.0	LENTHDR	WORD	W#16#0	
+2.0	N_DR	WORD	W#16#0	
=4.0		END_STRUCT		
+4.0	DR	ARRAY[0..300]		
*1.0		BYTE		
=306.0		END_STRUCT		

图3-138　数据块DB254中的SZL_HEADER结构以及DR对应的“DP_NET1_FLT”

（2）SFC51输出数据的使用

系统读取出来的信息存放在数据块DB254中，具体来说就是把主站信息通过形参“SZL_HEADER”传送到“P#DB254.DBD0.0“NET_ALARM”.SSL_HEADER”，把从站信息通过形参“DR”传送到“P#DB254.DBD4.0“NET_ALARM”.DR”。

图3-139是B01子站通信故障程序，在程序段2中，当B01子站出现通信故障时，DB254.DBX6.1中的信息被置位为1，系统激活了“DB203.DBX8.0　B01子站通信故障ALARM.ALM65”的线圈，即把报警信息存储到数据块DB203（ALARM），以便其他程序调用。

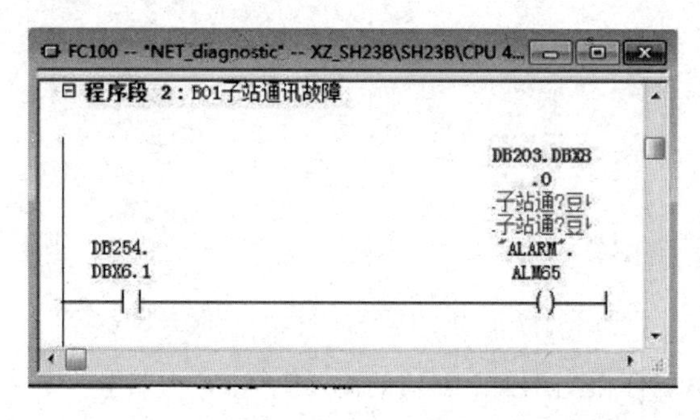

图3-139　B01子站通信故障程序

在FC100（NET_NET诊断）中，以同样的方式，把8个子站出现了网络故障，传送到数据块DB203中。

具体有：“DB203.DBX8.0　B01子站通信故障ALARM.ALM65”“DB254.DBX6.2→DB203.DBX8.1　B02子站通信故障ALARM.ALM66”“DB254.DBX6.3→DB203.DBX8.2 B03子站通信故障ALARM. ALM67”“DB254.DBX6.4→DB203.DBX8.3　排潮风机通信故障ALARM.ALM68”“DB254.DBX6.5→DB203.DBX8.4　均料辊减速机通信故障ALARM.ALM69”“DB254.DBX6.6→DB203.DBX8.5水泵电机通信故障ALARM.ALM70”“DB254.

DBX6.7→DB203.DBX8.6引风机通信故障ALARM.ALM71”“DB254.DBX7.0→DB203.DBX8.7循环风机通信故障ALARM.ALM72”。

2. FC101——DP诊断

鼠标右键单击图3-135中的“CALL “DP_diagnostic” ”→“跳转”→“应用位置”，打开功能FC125（DP_diagnostic），图3-140是用于DP诊断的功能FC125程序。由于程序段1是用语句表编写的，不太容易辨识，所以，以程序段1中的变量，把功能FC125变成了梯形图的形式。在程序段1中，鼠标选中功能FC125，点击“F1”，没有出现相应的解释，说明它不是系统提供功能，没有办法对功能FC125进行解读，但是根据“FC100——DP诊断”的介绍，一些信息可以推测出它的含义：

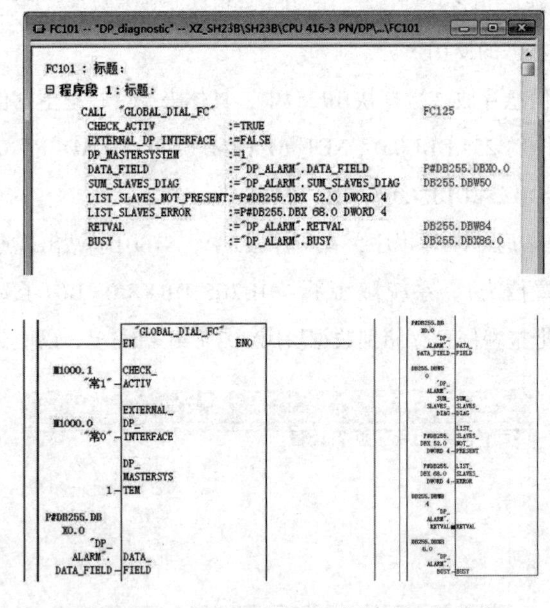

图3-140 用于DP诊断的功能SFC125程序

一是形参“DP_MASTERSYSTEM”对应的输入值“1”，双击“硬件配置”（HWConfig）页面的“PROFIBUS DP 系统”的主网，出现图3-141所示的“属性-DP主站系统”对话框，可以看到“主站系统编号”为1。

二是DP网络所有的信息都存放在数据块DB255中，如图3-142所示。

三是模拟加水量使用的电磁流量计是使用的PROFIBUS-DP网络，当出现网络故障时，如图3-143所示，存放在“DB255.DBX69.7”或者“DB255.DBX53.7”中的故障激活了“DB203.DBX8.0 水泵流量计通信故障ALARM.ALM73”的线圈，即把报警信息存储到数据块DB203（ALARM），以便其他程序调用。

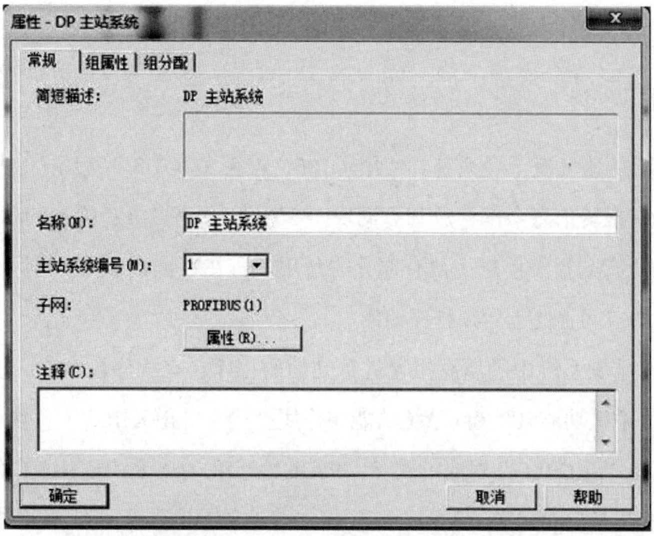

属性 - DP 主站系统
常规
组属性
组分配
简短描述:
DP 主站系统
名称(N):
DP 主站系统
主站系统编号(M):
1
子网:
PROFIBUS(1)
属性(R)...
注释(C):
确定
取消
帮助

图3-141　属性-DP主站系统显示的系统的编号

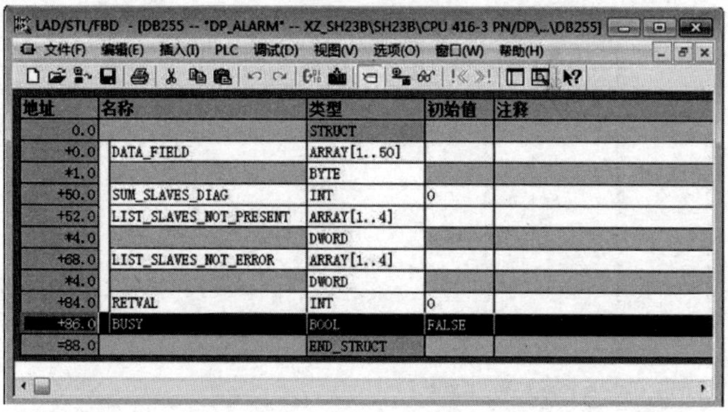

LAD/STL/FBD - [DB255 -- "DP_ALARM" -- XZ_SH23B\SH23B\CPU 416-3 PN/DP\...\DB255]
文件(F) 编辑(E) 插入(I) PLC 调试(D) 视图(V) 选项(O) 窗口(W) 帮助(H)
地址
名称
类型
初始值
注释
0.0
STRUCT
+0.0
DATA_FIELD
ARRAY[1..50]
*1.0
BYTE
+50.0
SUM_SLAVES_DIAG
INT
0
+52.0
LIST_SLAVES_NOT_PRESENT
ARRAY[1..4]
*4.0
DWORD
+68.0
LIST_SLAVES_NOT_ERROR
ARRAY[1..4]
*4.0
DWORD
+84.0
RETVAL
INT
0
+86.0
BUSY
BOOL
FALSE
=88.0
END_STRUCT

图3-142　存放在数据块DB255的DP网络所有的信息

FC101 -- "DP_diagnostic" -- XZ_SH23B\SH23B\CPU...
程序段 2：水泵流量计通讯故障
DB203.DBX9
.0
水泵流量计
通讯故障
"ALARM".
ALM73
DB255.
DBX69.7
DB255.
DBX53.7

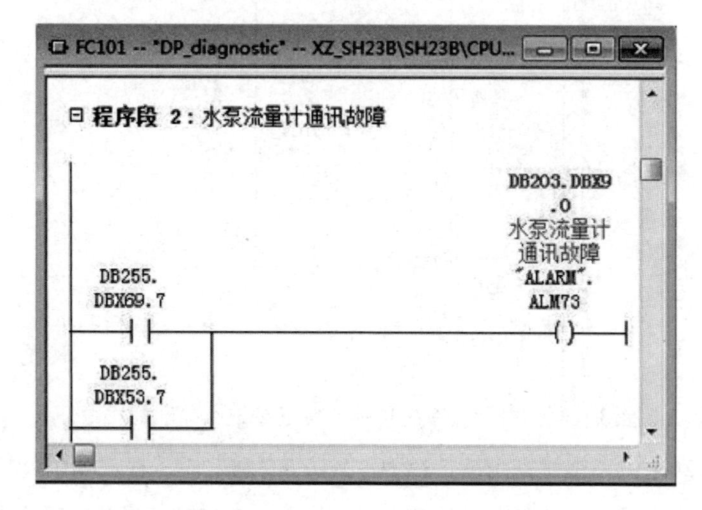

图3-143　水泵流量计通信故障程序

六、报警功能

1. 报警功能

在SH23B梗丝低速气流干燥系统共使用了106个报警（其中3个备用），把来自不同功能或功能块中的所有报警信息全部存放到数据块DB203中，如图3-129所示。在DB203的前面30个字节用于存放所有的报警信息（留有部分的备用），在数据块DB203的后面又定义了30个字节的数组类型的空间，便于后续程序使用。

图3-144是对干燥系统中的所有报警进行处理的程序。在程序段19中，使用了块移动的系统功能SFC20。系统功能SFC20的系统功能的作用就是［“BLKMOV”（块移动）］，顾名思义，就是把形参“SRCBLK”对应的实参“P#DB203.DBX0.0 BYTE 30”中的一组数据传送到形参“DSTBLK”对应的实参“P#DB203.DBX30.0 ALARM.alarm_buf”一组数据中来。这样做的目的是把比较分散的数据存放到一个具有统一名称的数据包里面。

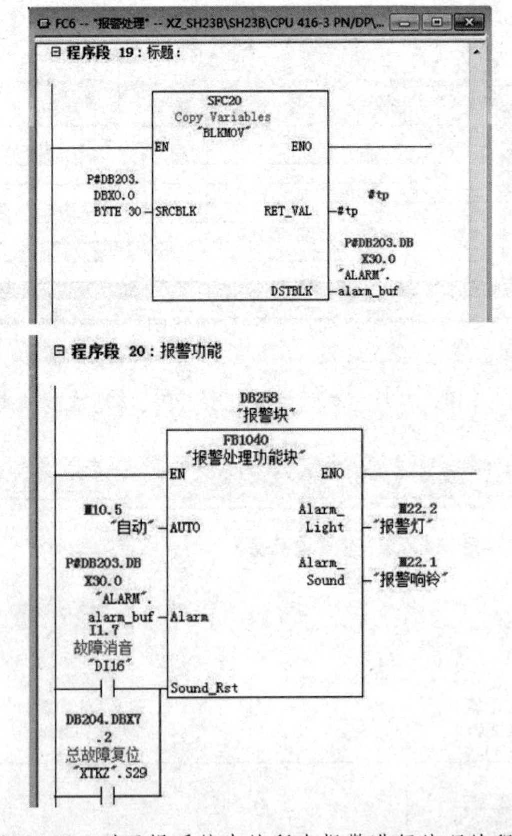

图3-144　对干燥系统中的所有报警进行处理的程序

在程序段20中，当干燥系统被选择为“M10.5自动”时，存放在DB203中的所有报警信息“P#DB203.DBX30.0 ALARM.alarm_buf”通过FB1040（报警处理功能块）的形参

"ALARM"传送到FB1040（报警处理功能块）中，当干燥系统出现报警以后，通过形参"Alarm_LIGHT"传送出"M22.2报警灯、形参'Alarm_sound'"传送给"M22.1'报警响铃'"。在程序段1中，"M22.1报警响铃"参与激活了"Q0.3　报警组合警笛DO4"和"Q0.4　电铃DO5"，这时警笛和电铃都响起。在程序段3和4中，用"M22.2报警灯"、定时器T28和定时器T29共同使"Q0.2　报警组合黄灯DO3"亮起1秒钟后"Q0.0　报警组合红灯DO1"再亮起2秒钟，一直循环下去，直到"M22.2报警灯"的信号消除。

当出现故障以后，可以按动电控柜上具有模拟量输入点的按钮"I1.7　故障消音DI16"或者监控画面上的"DB204.DBX7.2　总故障复位XTKZ.S29"，这也是当出现报警以后只要按动这两个按钮就可以消除报警的原因。

2. FB1040（报警处理功能块）

```
TAR1                        //把地址寄存器AR1中的数据传送到累加器1
T    #AR1_Buf               //把累加器1中的数据传送到#AR1_Buf
TAR2                        //把地址寄存器AR2中的数据传送到累加器1
T    #AR2_Buf               //把累加器1中的数据传送到#AR2_Buf
L    P##Alarm               //把输入参数Alarm的实参的地址指针值送到累加器1
T    #Pointer_Alarm         //把累加器1中的数据传送到#Pointer_Alarm
L    P##Alarm_Buf           //把静态变量#Alarm_Buf的地址指针值送到累加器1
T    #Pointer_Alarm_Buf     //把累加器1中的数据传送到#Pointer_Alarm_Buf
SET                         //将RLO置1
R    #Alarm_Light_Flg       //复位#Alarm_Light_Flg为0
R    #Alarm_Sound_Flg       //复位#Alarm_Sound_Flg为0
L    #Size                  /把#Size装载到累加器1
Next：T    #LoopCnt         //把累加器1中的数据传送到#LoopCnt=#Size
L    #Size                  //把#Size装载到累加器1
L    #LoopCnt               //把#LoopCnt装载到累加器1，把#Size装载到累加器2
-I                          //
T    #WordCnt               //把前后两个#Size值相减传送给#WordCnt
L    2                      //
*I                          //
SLW  3                      //
T    #Pointer_Alm           //
```

```
L    #Pointer_Alarm            //
LAR1                           //
L    #Pointer_Alm              //
+AR1                           //
L    DIW [AR1, P#0.0]          //
T    #Alarm_RD                 //
L    #Pointer_Alarm_Buf        //
LAR1                           //
L    #Pointer_Alm              //
+AR1                           //
L    DIW [AR1, P#0.0]          //
T    #AlarmBuf_RD              //
L    #Alarm_RD                 //
T    DIW [AR1, P#0.0]          //
L    #Alarm_RD                 //
L    W#16#0                    //
<>I                            //
=    #Alarm_Flg                //
L    #Alarm_RD                 //
L    #AlarmBuf_RD              //
XOW                            //
L    #Alarm_RD                 //
AW                             //
T    #NewAlarm_Value           //
A (                            //
L    #NewAlarm_Value           //
L    W#16#0                    //
<>I                            //
)                              //
A    #Alarm_Flg                //
=    #NewAlarm_Flg             //
O    #Alarm_Light_Flg          //
```

```
O   #Alarm_Flg          //
=   #Alarm_Light_Flg    //
O   #Alarm_Sound_Flg    //
O   #NewAlarm_Flg       //
=   #Alarm_Sound_Flg    //
L   #LoopCnt            //
LOOP Next               //
```

第十一节　燃烧器控制

SH23B梗丝低速气流干燥系统使用的是RDK160-00型间接式油气两用热风炉，使用德国Weishaupt公司的燃烧器，燃烧器的型号为W-FM54，当开关选择“0”时使用天然气，选择为“1”时使用柴油。燃烧管理器由自带的PLC对各个信号进行管理和控制，当热风炉具备点火条件以后向燃烧管理器发出“Q14.4 允许管理器启动 DO65”和“Q14.5 允许燃烧器启动的信号DO66”信号，当燃烧管理器接收到信号以后，开始启动燃烧器，燃烧管理器向干燥系统发出“I18.4助燃风机运行DI100”和“I18.6 燃烧器运行信号DI102”，热风炉按照设定的程序开始运行。

一、允许燃烧器启动

图3-145是允许燃烧器运行程序，在程序段2中，当干燥系统处于“M10.5自动”的情况下，循环风机和引风机在变频器控制下已经运行，即“M15.3循环风机运行”和“M15.4引风机运行”的常开触点已经闭合，“DB203.DBX7.7 水泵加水故障ALARM.ALM64”和“DB203.DBX7.6 火焰探测器报警故障ALARM.ALM63”常闭点闭合，即没有这两个方面的故障发生。当“DB206.DBD12 循环风机频率实际值CSXS.SH23_PV_4”大于等于20和“DB206.DBD16 引风风机频率实际值CSXS.SH23_PV_5大于等于10时。这时如果点击了“M10.2预热”按钮以后，激活了线圈“DB204.DBX6.3 燃烧器程控器启动XTKZ.S22”“Q14.4 允许管理器启动DO65”和“Q14.5 允许燃烧器启动的信号DO66”。“Q14.4 允许管理器启动DO65”和“Q14.5 允许燃烧器启动的信号DO66”用硬线连接的方式和燃烧管理器进行联络，把允许燃烧器启动的信息传送给燃烧管理器。当上面提到的信息发生闪断时，如果在断电延时定时器T19的3秒钟延时时间内又恢复了，不会影响三个线圈通、断，如果在3秒钟以内没有恢复，说明干燥系统出现了故障，需要燃烧器停止供热，三个线圈失电，燃烧

器停止燃烧。

手动启动燃烧器的条件和自动时基本相同。

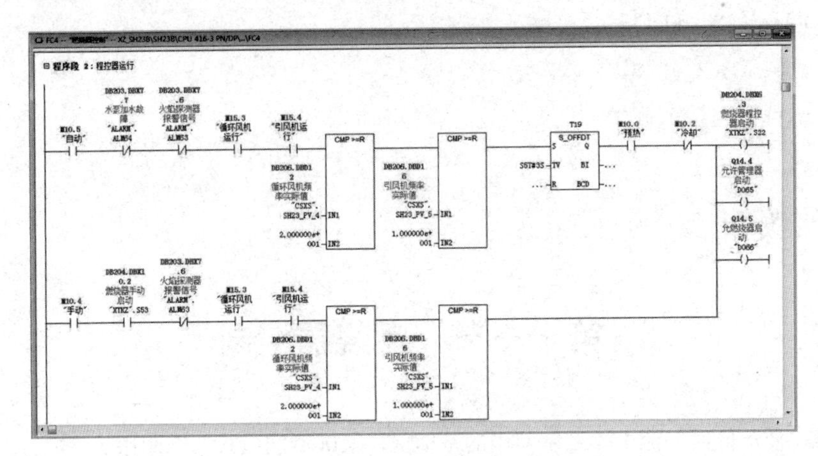

图3-145 允许燃烧器运行程序

二、燃烧器启动

图3-146是燃烧器启动后反馈给SH23B梗丝低速气流干燥系统的程序，当燃烧器启动以后，燃烧管理器向SH23B梗丝低速气流干燥系统发出已经启动的信息，这些信息使用硬线和SH23B梗丝低速气流干燥系统的数字量输入点“I18.4 助燃风机运行‘DI100’”和“I18.5 燃烧器运行信号‘DI102’”进行联络。

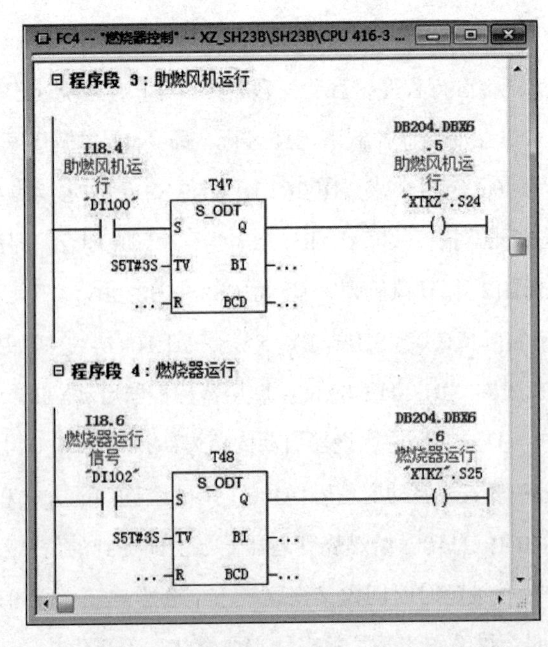

图3-146 燃烧器启动后反馈给SH23B梗丝低速气流干燥系统的程序

在程序段3中，来自燃烧管理器PLC上的“助燃风机运行”信号传送给SH23B梗丝低速气流干燥系统的数字量输入点“I18.4”，当“I18.4 助燃风机运行DI100”常开点成为闭点，经过定时器T47的3秒钟延时后，激活了线圈“DB204.DBX6.5 助燃风机运行XTKZ.S24”，便于后面程序调用。

同样，在程序段4中，当“I18.6 燃烧器运行信号DI102”常开点成为闭点，经过定时器T48的3秒钟的延时后，激活了线圈“DB204.DBX6.6 燃烧器运行信号XTKZ.S25”，便于后面程序调用。

三、小火转大火

当SH23B梗丝低速气流干燥系统发出启动燃烧器的信号以后，燃烧器开始点火，刚开始是小火运行，小火运行两分钟后自动转大火，这些是在燃烧管理器进行的，为了把燃烧管理器中的信息反映出来，编制了图3-147的程序。

在程序段5中，当线圈“DB204.DBX6.3 燃烧器程控器启动XTKZ.S22”“DB204.DBX6.5 助燃风机运行XTKZ.S24”和“DB204.DBX6.6 燃烧器运行信号XTKZ.S25”常开触点成为闭点以后，激活了线圈“DB204.DBX6.0 小火状态显示XTKZ.S19”，作为监控画面使用的变量，显示小火状态。

在程序段6中，在和程序段5相同的条件下，经过定时器T21的2分钟延时后，激活了线圈“Q14.6 燃烧器大火切换DO67”和“DB204.DBX6.1 大火状态1显示XTKZ.S20”，其中“Q14.6 燃烧器大火切换DO67”常闭触点使程序段5中的线圈“DB204.DBX6.0 小火状态显示XTKZ.S19”失电。“DB204.DBX6.1 大火状态1显示XTKZ.S20” 作为监控画面使用的变量，用于显示大火状态。

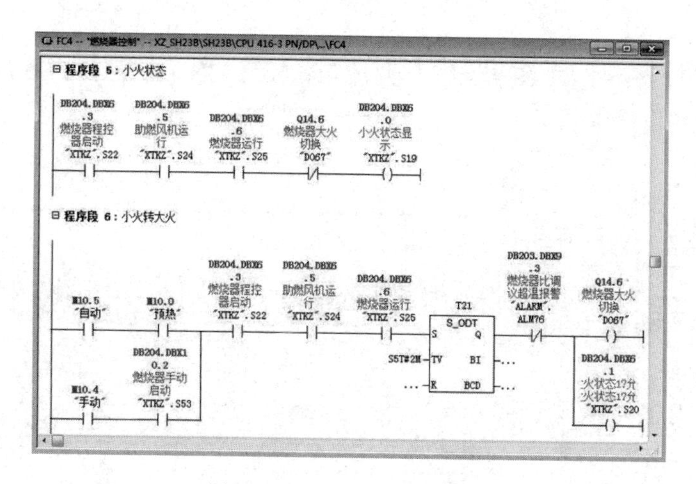

图3-147　小火转大火程序

四、燃烧器的超温报警

在SH23B梗丝低速气流干燥系统使用了一台比调仪，比调仪也叫比例调节仪，根据“DB207.DBD56 炉温设定值CSSZ.SH23_SP_15”和“DB206.DBD224 热风炉出口温度 CSXS.SH23_PV_58”调节燃料的供应量，进而调节热风炉出口温度。

图3-148是FC3（模拟量处理）中对比调仪的赋值程序，在程序段20中，“DB206.DBD224 热风炉出口温度CSXS.SH23_PV_58”经过功能FC106的标定以后赋值给模拟量输出模块“PQW520 比调仪实际温度PQ5”；在程序段21中，“DB207.DBD56 炉温设定 CSSZ.SH23_SP_15”经过功能FC106的标定以后赋值给模拟量输出模块“PQW522 比调仪实际温度“PQ6””，如图3-149所示，2号子站箱的22号槽中的模拟量输出模块，这些值通过模拟量输出模块把信息输送给比调仪，作为比调仪的输入值。

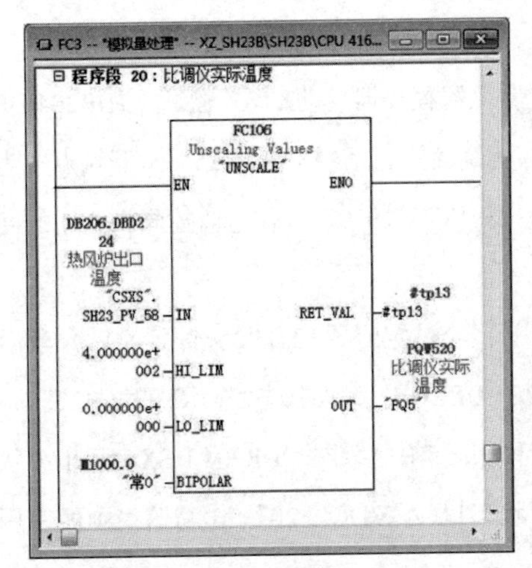

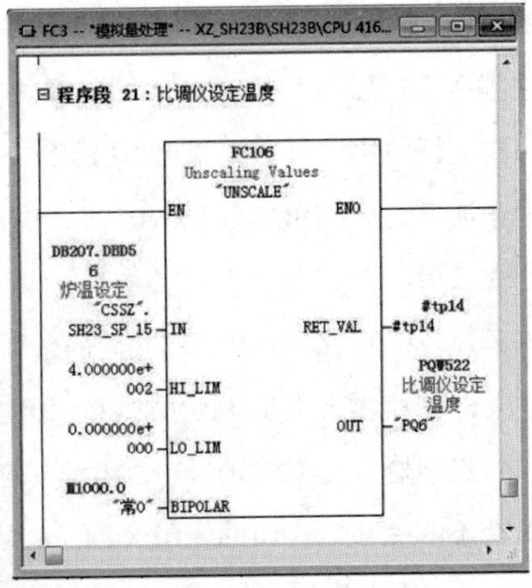

图3-148　FC3（模拟量处理）中对比调仪的赋值程序

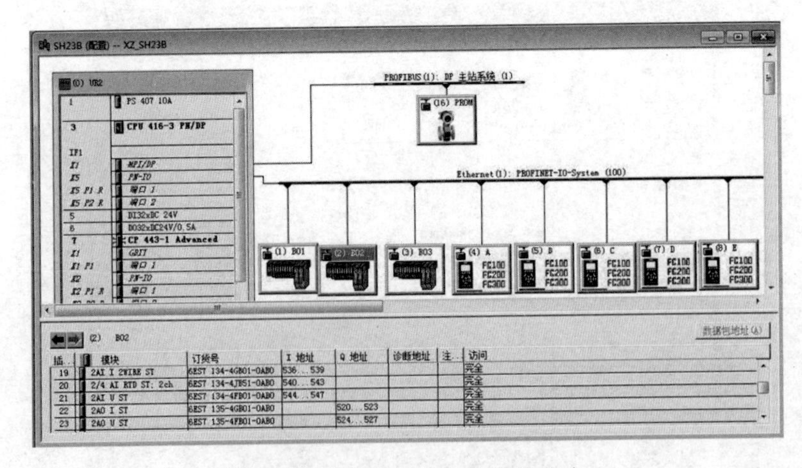

插...	模块	订货号	I 地址	Q 地址	诊断地址	注...	访问
19	2AI I 2WIRE ST	6ES7 134-4GB01-0AB0	536...539				完全
20	2/4 AI RTD ST: 2ch	6ES7 134-4JB51-0AB0	540...543				完全
21	2AI U ST	6ES7 134-4FB01-0AB0	544...547				完全
22	2AO I ST	6ES7 135-4GB01-0AB0		520...523			完全
23	2AO U ST	6ES7 135-4FB01-0AB0		524...527			完全

图3-149　比调仪使用的模块信息

图3-150是燃烧器超温报警程序，在FC4（燃烧器控制）的程序段7中，当热风炉出口温度超过设定值后，由比调仪向SH23B梗丝低速气流干燥系统发出超温报警，把信息通过“I19.0比调仪超温报警DI104”传送给SH23B梗丝低速气流干燥系统；另一个条件就是当“DB206.DBD224 热风炉出口温度CSXS.SH23_PV_58”大于等于“DB207.DBD56炉温设定CSSZ.SH23_SP_15”加20时；它们分别置位“DB203.DBX9.3 燃烧器超温报警ALARM.ALM76”。

当监视画面上的“总故障复位”“DB204.DBX7.2 总故障复位XTKZ.S29”被按下以后，这时如果“DB206.DBD224 热风炉出口温度CSXS.SH23_PV_58”小于等于“DB207.DBD56炉温设定CSSZ.SH23_SP_15”，复位“DB203.DBX9.3燃烧器超温报警ALARM.ALM76”。

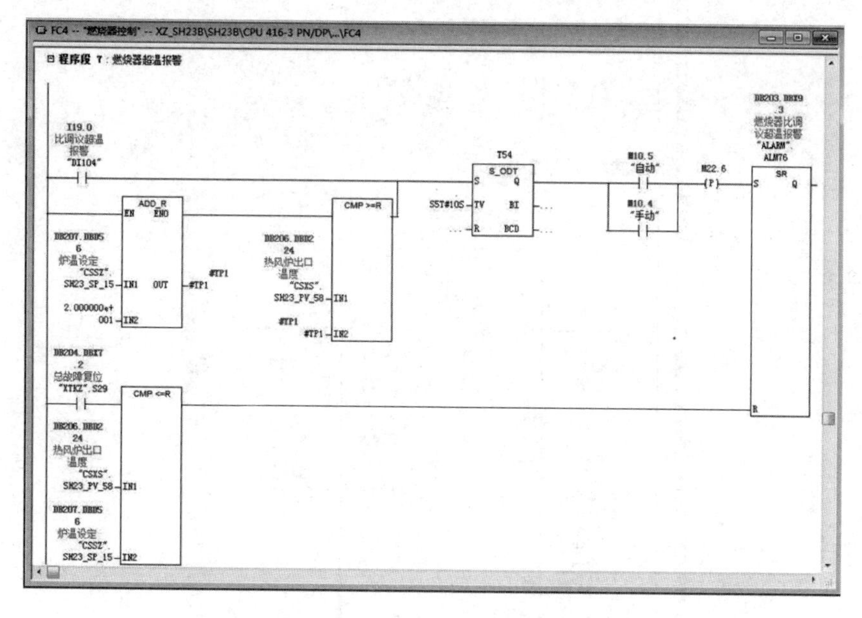

图3-150　燃烧器超温报警程序

第十二节　通讯

SH23B梗丝低速气流干燥系统与上下游间的联锁信号采用网络联锁方法，通过工业以太网实现，所有联锁状况通过网络传送给中控。SH23B梗丝低速气流干燥系统与上下游间和油库之间的数据传输使用了系统功能块SFB12（“BSEND”发送分段数据）/SFB13（“BRCV”接收分段数据）和SFB14（“GET”从远程CPU中读取数据）/SFB15（“PUT”向远程CPU写入数据）。

一、SH23B梗丝低速气流干燥系统与上下游间的数据传输

1. 利用SFB13接受从CP402传送来的数据

图3-151是接受从CP402传送来的数据的程序，在程序段1中，把360赋值给临时变量“#LEN2”，作为接收的数据字节数。与SH23B梗丝低速气流干燥系统连接的上下游的设备编号为CP402配电柜，在程序段2中，通过工业以太网从CP402配电柜传送过来的数据经过SFB13（“BRCV”接收分段数据）就收后，被存放在数据块DB809.DBX0.0 开始的360字节的空间中，如图3-152所示。

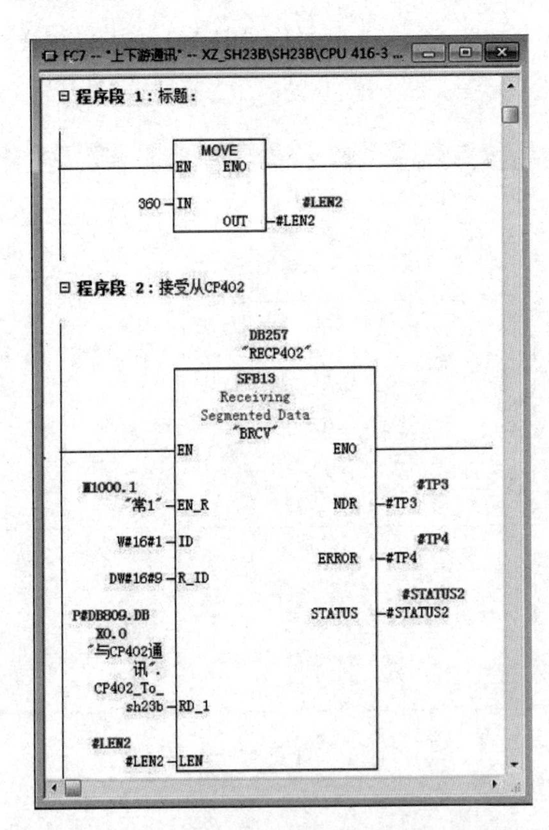

图3-151　接受从CP402传送来的数据的程序

```
注解：CALL  “BRCV”，” RECP402 “      //调用SFB13 DB257
EN_R   ：=TRUE                       //接收请求，为1（TURE） 时允许接收
ID     ：=W#16#1                     //S7连接号
R_ID   ：=DW#16#9                    //发送与接收请求号
NDR    ：=#tp3                       //任务被正确执行时为1
ERROR  ：=#tp4                       //错误标志位，通信出错时为1
STATUS ：= #STATUS2                  //状态字
```

```
RD_1   : = "与CP402通讯".CP402_To_sh23b      //存放接收的数据的地址区
LEN    : = #LEN2                             //已接收的数据字节数
```

DB809 -- "与CP402通讯" -- XZ_SH23B\SH23B\CPU 416-3 PN/DP\...\DB809

地址	名称	类型	初始值	注释
0.0		STRUCT		
+0.0	CP402_To_sh23b	STRUCT		
+0.0	Wave_1S	BOOL	FALSE	通讯检测
+0.1	Start	BOOL	FALSE	请求烘梗机启动(1，启动；0，停止)
+0.2	In_Start	BOOL	FALSE	烘梗入口设备已运行
+0.3	Out_Start	BOOL	FALSE	烘梗出口设备已运行
+0.4	Undefined5	BOOL	FALSE	排潮运行
+0.5	Undefined6	BOOL	FALSE	
+0.6	Undefined7	BOOL	FALSE	
+0.7	Undefined8	BOOL	FALSE	
+1.0	Undefined9	BOOL	FALSE	
+1.1	Undefined10	BOOL	FALSE	
+2.0	SP_Flow	REAL	0.000000e+000	入口秤设定值
+6.0	Flux_Set	REAL	0.000000e+000	入口秤瞬时流量
+10.0	Total	REAL	0.000000e+000	入口秤累计量
+14.0	In_most	REAL	0.000000e+000	入口水分
+18.0	out_most	REAL	0.000000e+000	出口水分
+22.0	out_Temp	REAL	0.000000e+000	出口温度
+26.0	Spare4	REAL	0.000000e+000	设定出口水份
+30.0	Spare5	REAL	0.000000e+000	设定出口温度
+34.0	Spare6	REAL	0.000000e+000	jxcksf
+38.0	Spare61	REAL	0.000000e+000	预留
+42.0	Batch	STRING[30]	''	批次
+74.0	reserve1	ARRAY[32..39]		
*1.0		BYTE		
+82.0	Brand	STRING[30]	''	烟牌编码
+114.0	reserve2	ARRAY[72..79]		
*1.0		BYTE		
+122.0	BrandName	STRING[30]	''	烟牌名称(中文)
+154.0	reserve3	ARRAY[112..119]		
*1.0		BYTE		
+162.0	Mat_ID	STRING[30]	''	工单
+194.0	reserve4	ARRAY[152..159]		
*1.0		BYTE		
+202.0	Erp_Order	STRING[30]	''	ERP订单
+234.0	reserve5	ARRAY[192..199]		
*1.0		BYTE		
+242.0	Blend_Version	STRING[30]	''	版本号
+274.0	reserve6	ARRAY[232..235]		
*1.0		BYTE		
+278.0	spare	ARRAY[236..299]		
*1.0		BYTE		
+342.0	spare11	DWORD	DW#16#0	
+346.0	spare12	DWORD	DW#16#0	
+350.0	spare13	DWORD	DW#16#0	
+354.0	spare14	DWORD	DW#16#0	
+358.0	spare15	BYTE	B#16#0	
=360.0		END_STRUCT		
+360.0	sh23b_To_CP402	STRUCT		

图3-152 从CP402配电柜传送过来的数据存放在数据块DB809.DBX0.0 开始360字节

SFB13的输入参数ID为连接的标识符， R_ID用于区分同一连接中不同的数据包传送。同一个数据包的发送方与接收方的R_ID应相同。CP402发送和接收的数据包的R_ID分别为9和10，SH23B梗丝低速气流干燥系统发送和接收的数据包的R_ID分别为10和9（见图3-151和3-153）。IN_OUT参数LEN是要发送的数据的字节数，数据类型为WORD。因为不能使用常数，设置LEN的实参为"#LEN2"。ERROR和STATUS是状态参数，出错显示，需要时可以通过出现的具体值通过点击"F1"查询。

在和SH23B梗丝低速气流干燥系统有通讯联系的其他控制器，在此时CP402，当CP402控制器的SFB13发出传送信号以后，在程序段2中，SFB12接受这些数据块，并存放在"DB809.DBX0.0 '与CP402通讯'.CP402_To_sh23b"中，便于后面程序使用。

2. 利用SFB12向CP402发送的数据

图3-153是向CP402发送的数据的程序，在程序段1中，把40赋值给临时变量“#LEN2”，作为发送的数据字节数。在程序段2中，把存放在数据块DB809.DBX360.0 开始的40字节的数据，通过工业以太网从SH23B梗丝低速气流干燥系统控制柜经过SFB12 “BSEND”发送分段数据）发送给CP402配电柜，如图3-154所示。

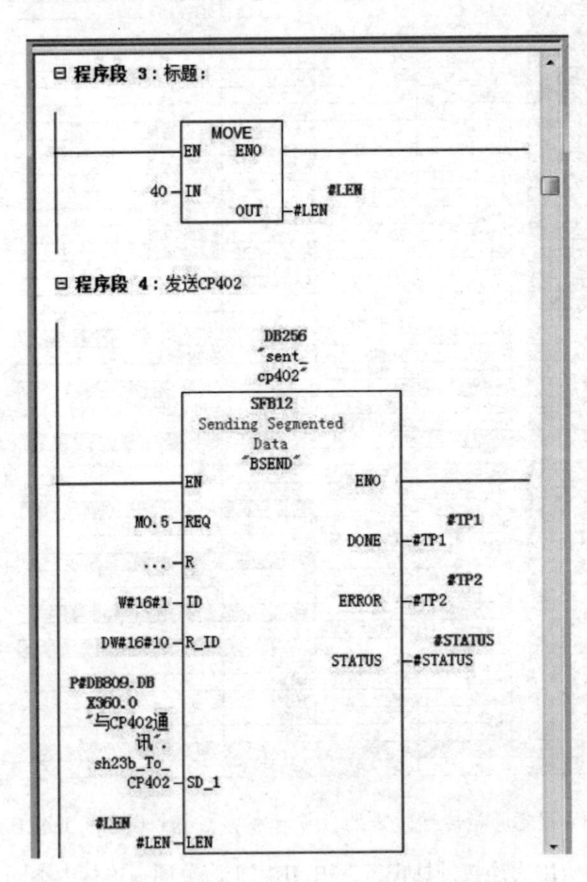

图3-153　向CP402发送数据的程序

注解：CALL “BSEND”，” sent_cp402”　　　　//调用SFB12 /DB256

REQ　：=M0.5　　　　//使用系统的时钟存储器M0.5，当为1时，接收数据

R　　：=　　　　//没有使用

ID　　：=W#16#1　　　　//S7连接号

R_ID　：=DW#16#10　　　　//发送与接收请求号

DONE　：=#TP1　　　　//任务被正确执行时为1

ERROR　：=#TP2　　　　//错误标志位，为1时出错

```
STATUS ：=STATUS                                //状态字
SD_1   ：= 与CP402通讯".sh23b_To_CP402           //存放要发送的数据的地址区
LEN    ：=#LEN                                  //要发送的数据字节数
```

DB809 -- "与CP402通讯" -- XZ_SH23B\SH23B\CPU 416-3 PN/DP\...\DB809

地址	名称	类型	初始值	注释
+360.0	sh23b_To_CP402	STRUCT		
+0.0	Wave_1S1	BOOL	FALSE	通讯检测
+0.1	Runing	BOOL	FALSE	烘丝机已运行
+0.2	Errr	BOOL	FALSE	烘丝机故障
+0.3	Local_remote	BOOL	FALSE	本远控
+0.4	S1	BOOL	FALSE	排潮请求
+0.5	S2	BOOL	FALSE	出口翻版门（0关，1开）
+0.6	S3	BOOL	FALSE	
+0.7	S4	BOOL	FALSE	
+1.0	S5	BOOL	FALSE	
+2.0	s6	REAL	0.000000e+000	
+6.0	s61	REAL	0.000000e+000	
+10.0	s62	REAL	0.000000e+000	
+14.0	s63	REAL	0.000000e+000	
+18.0	s64	REAL	0.000000e+000	
+22.0	s65	REAL	0.000000e+000	
+26.0	s66	REAL	0.000000e+000	
+30.0	s68	DWORD	DW#16#0	
+34.0	s69	DWORD	DW#16#0	
+38.0	s79	BYTE	B#16#0	
=40.0		END_STRUCT		
=400.0		END_STRUCT		

图3-154 存放在数据块DB809.DBX360.0 开始40字节的数据传送给CP402配电柜

SFB 12的输入参数ID为连接的标识符，R_ID用于区分同一连接中不同的数据包传送。同一个数据包的发送方与接收方的R_ID应相同。CP402发送和接收的数据包的R_ID分别为9和10，SH23B梗丝低速气流干燥系统发送和接收的数据包的R_ID分别为10和9（见图3-153和3-155）。IN_OUT参数LEN是要发送的数据的字节数，数据类型为WORD。因为不能使用常数，设置LEN的实参为“#LEN2”。ERROR和STATUS是状态参数，出错显示，需要时可以通过出现的具体值通过点击“F1”查询。

在和SH23B梗丝低速气流干燥系统有通讯联系的其他控制器，在此时CP402，当SH23B梗丝低速气流干燥系统的SFB13向CP402控制器发出传送信号以后，在程序段3中，SFB13就把这数据块发送给CP402控制器，这个数据块存放在“DB809.DBX360.0与CP402通讯.sh23b_To_CP402”中，便于后面程序使用。

3. 通讯检测

图3-155是SH23B梗丝低速气流干燥系统和CP402的通讯程序。在程序段5中，时钟存储器“M0.7‘两秒脉冲’”以通1秒断1秒的周期运行，当时钟存储器“M0.7‘两秒脉冲’”导通的1秒钟，激活了线圈“DB809.DBX360.0 通讯检测‘与CP402通讯’.sh23b_To_CP402.Wave_1S1”，并把这个信号通过SFB13发送给CP402控制器。

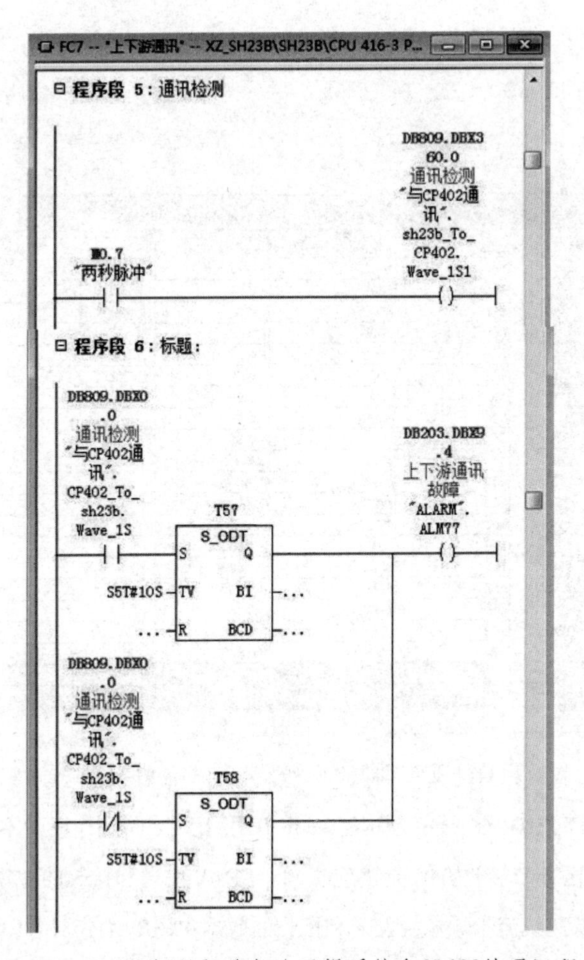

图3-155　SH23B梗丝低速气流干燥系统和CP402的通讯程序

在程序段6中，经过定时器T57和T58相互配合，在10秒钟延时内，接收不到通过SFB12从CP402控制器传送过来的数据“DB809.DBX0.0 通信检测与CP402通讯.CP402_To_sh23b.Wave_1S”，系统就发出“DB203.DBX9.4 上下游通讯故障ALARM.ALM77”。

4. 上下游设备启动

在CP402电控柜向SH23B发送信息的数据块DB809中，在程序段7中，当“DB809.DBX0.2 烘梗入口设备已运行与CP402通讯.CP402_To_sh23b.In_Start”闭合以后，经过定时器T59的2秒钟延时后，激活了线圈“DB204.DBX5.1 上游运行反馈显示‘XTKZ’.S11”，以便后面的程序使用。同样，在程序段8中，当“DB809.DBX0.3 烘梗出口设备已运行‘与CP402通讯’.CP402_To_sh23b.Out_Start”闭合以后，经过定时器T60的2秒钟延时后，激活了线圈“DB204.DBX5.2 下游运行反馈显示XTKZ.S12”，以便后面的程序使用。如图3-156所示。

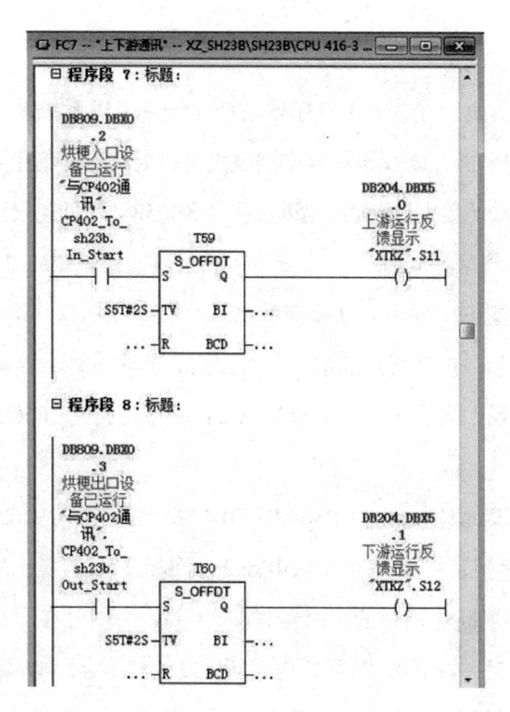

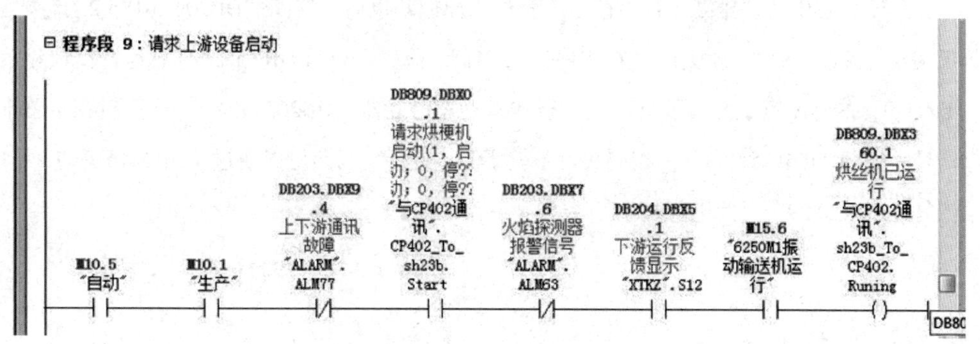

图3-156　上下游设备运行

在程序段9中，在“M10.5自动”情况下，预热已经完成，这时点击了“M10.1　生产”按钮，两个报警的常闭点“DB203.DBX9.4　上下游通信故障ALARM.ALM77”和“DB203.DBX7.6　火焰探测器报警信号ALARM.ALM63”没有出现故障；下游设备已经运行，“DB204.DBX5.2　下游运行反馈显示XTKZ.S12”的常开点已经闭合，出口处的振动输送机“M15.6　6250M1振动输送机运行”也已运行；当下游设备要求SH23B梗丝低速气流干燥系统启动时，就发出请求信号“DB809.DBX0.1　请求烘梗机启动（1，启动；0，停止）与CP402通讯.CP402_To_sh23b.Start”，上述这些条件都具备以后，向CP402配电柜发出SH23B梗丝低速气流干燥系统已经运行的信号“DB809.DBX360.1　烘丝机已运行与CP402通讯.sh23b_To_CP402.Runing”，以供CP402系统使用。

5. 启动总排潮

图3-157是启动总排潮程序，在SH23B梗丝低速气流干燥系统有三个排潮控制，一是闪蒸出口处的本地的排潮风机，以及与本地排潮风机出口处相连的集中排潮，从工艺风中抽取一部分的集中排潮，两处的集中排潮必须先期运行，SH23B梗丝低速气流干燥系统才会启动。

在程序段10中，不管是“M10.1生产”“M10.0预热”还是“M10.2冷却”中的那个按钮被按动，都会向CP402配电柜发出启动排潮的信号“DB809.DBX360.4 排潮请求与CP402通讯.sh23b_To_CP402.S1”，在接到排潮请求信号以后，集中的两台排潮风机开始启动，并向SH23B梗丝低速气流干燥系统发出“DB809.DBX0.4 排潮运行与CP402通讯.CP402_To_sh23b.Undefined5”信号。

在程序段11中，干燥系统接到“DB809.DBX0.4 排潮运行与CP402通讯.CP402_To_sh23b.Undefined5”信号后，激活了线圈“DB204.DBX5.2 排潮运行反馈显示XTKZ.S13”，便于后面的程序使用，在此使用了断电延时的定时器T90，主要因为信号在通过网络传输的过程中，当出现闪断时，只要在5秒钟的延时时间之内重新恢复，就不会影响系统的运行。

在程序段11中的“排潮运行”信号不管什么原因断以后，线圈“DB204.DBX5.2 排潮运行反馈显示XTKZ.S13”就失电，在程序段12中，线圈“DB204.DBX5.2 排潮运行反馈显示XTKZ.S13”的常闭点就激活了复位优先型SR双稳态触发器“DB203.DBX6.4 生产过程中总排潮信号丢失ALARM.ALM53”，相应的设备就要停止运行。当然可以通过“DB204.DBX7.2 总故障复位XTKZ.S29”对此进行复位。

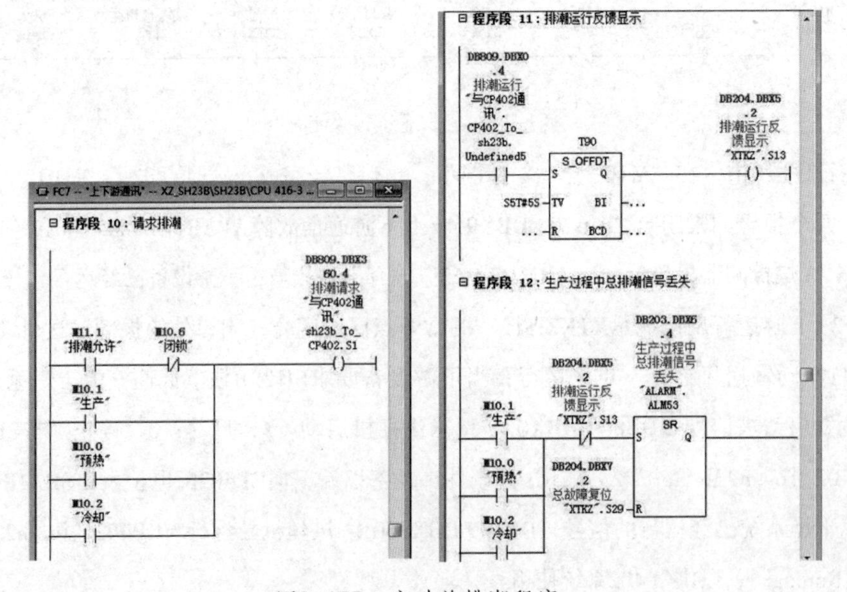

图3-157　启动总排潮程序

6. 皮带秤流量

SH23B梗丝低速气流干燥系统的设计生产能力是3000kg/h，在干燥系统的下游使用电子皮带秤保证3000kg/h的流量和流量的稳定，电子皮带秤的瞬时流量、累计流量和设定流量都在电子皮带秤的监视画面上进行操作，这些信息通过网络传送到数据块DB809中，便于后面的程序调用。

图3-158是SH23B梗丝低速气流干燥系统对皮带秤流量处理的程序，在程序段13中，皮带秤的瞬时流量值“DB809.DBD6　入口秤瞬时流量与CP402通讯.CP402_To_sh23b.Flux_Set”传送给“DB206.DBD180　来料实际流量CSXS.SH23_PV_46”，经过对“DB206.DBD180　来料实际流量CSXS.SH23_PV_46”鼠标双击→跳转→应用位置，可以看到在“闪蒸蒸汽流量PID调节”“增湿蒸汽流量PID调节”“增湿水流量PID调节”“干燥出口水分PID调节”中都用到了“来料实际流量”这个变量，以便对程序进行控制。“DB809.DBD10　入口秤累计量‘与CP402通讯’.CP402_To_sh23b.Toal”传送给“DB206.DBD188　来料累计量CSXS.SH23_PV_46”。在程序段15中，“DB809.DBD2　入口秤设定值与CP402通讯.CP402_To_sh23b.SP_Slow”传送给“DB206.DBD180 来料实际流量　“CSXS”.SH23_PV_47”。这三个变量都作为监控换面的变量使用，如图3-158所示。

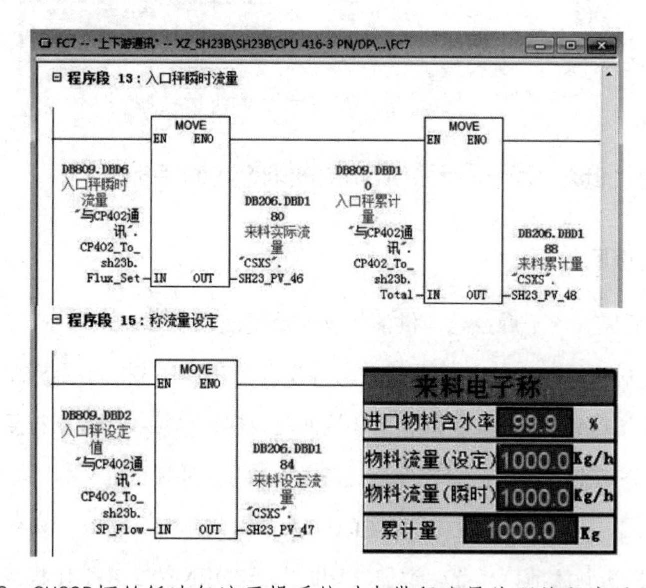

图3-158　SH23B梗丝低速气流干燥系统对皮带秤流量处理的程序及显示画面

7. 梗丝水分值

图3-159是进、出口水分值使用程序，SH23B梗丝低速气流干燥系统前后共使用了两台水分仪，用于检测梗丝的进、出口水分值，CP402传送过来的“入口水分”“出口水分”出

口温度”“设定出口水分”“设定出口温度”，这些信息通过网络传送到数据块DB809中，便于后面的程序调用。

在程序段14中，入口水分仪检测出来的“DB809.DBD14　入口水分与CP402通讯.CP402_To_sh23b.In_most”赋值给“DB206.DBD172　来料水分CSXS.SH23_PV_44”，用于监视画面的显示；出口水分仪检测出来的“DB809.DBD18　出口水分与CP402通讯.CP402_To_sh23b.out_most”赋值给“DB206.DBD228　干燥后出口水分CSXS.SH23_PV_59”，用于其他程序使用和监视画面的显示；还有出口温度、设定出口水分、设定出口温度等变量。

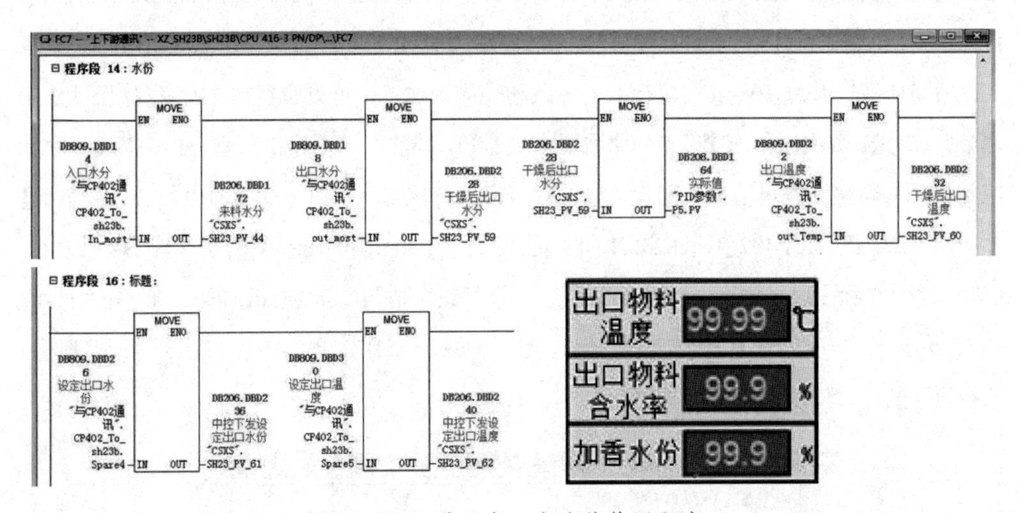

图3-159　进、出口水分值使用程序

二、SH23B梗丝低速气流干燥系统与供油间的数据传输

1. 从供油间读取数据

SH23B梗丝低速气流干燥系统向供油间读取数据使用了SFB14“GET”，从远程CPU中读取数据，在控制输入REQ的上升沿处启动SFB14“GET”，指向要读取区域的相关指针（ADDR_i）将被发送到伙伴CPU，远程伙伴返回此数据，已接收的数据被复制到组态的接收区（RD_i）中。在这期间，必须要确保通过参数ADDR_i和RD_i定义的区域在长度和数据类型方面要相互匹配，通过状态参数NDR数值为1来指示此作业已完成，只有在前一个作业已经完成之后，才能重新激活读作业。远程CPU可以处于RUN或STOP工作状态。如果正在读取数据时发生访问故障，或如果数据类型检查过程中出错，则出错和警告信息将通过ERROR和STATUS输出表示。

在通信请求信号REQ的上升沿时激活SFB14（GET）的数据传输。为了实现周期性的数据传输，用时钟存储器位提供的时钟脉冲M0.5作为REQ信号。SFB14（GET）最多可以读、写4个数据区，本程序只读、写了各一个数据区。

图3-160是从供油间读取数据的程序，供油间控制器的标号为CP801，来自CP801要传送给SH23B梗丝低速气流干燥系统的数据存放在数据块DB237中，在程序段1中，存放在数据块DB237中的“P#DB237.DBX 0.0 BYTE 50”共50个字节的数据通过SFB14传送到“DB239.DBX0，0 “与CP801通讯供油间”.CP801_To_HGS”，如图3-161所示。

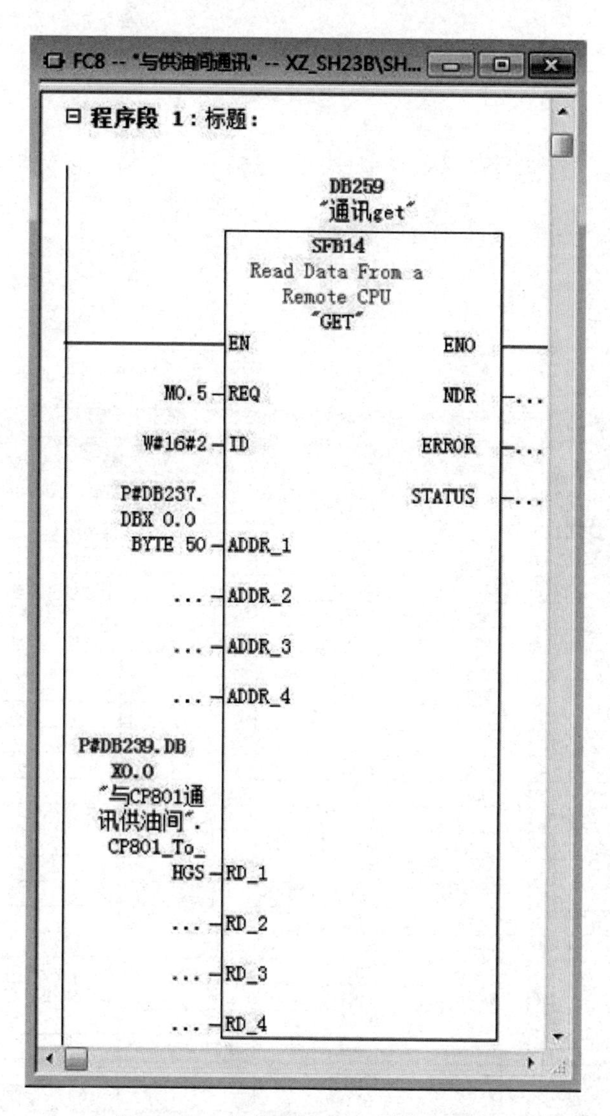

图3-161 从供油间读取数据的程序

注解：CALL “GET”， “通讯GET” //调用SFB14 /DB259

REQ : =M0.5 //上升沿时激活数据传输，每1S读取一次

ID : =W#16#2 //S7连接号

```
NDR       : =                                              //每次读取完成产生一个脉冲
ERROR     : =                                              //错误标志，出错时为1
STATUS    : =                                              //状态字，为0时表示没有警告和错误
ADDR_ 1   : = P#DB237.DBX 0.0 BYTE 50                      //要读取的通信伙伴的1号地址区
ADDR_ 2   : =                                              //要读取的通信伙伴的2号地址区
ADDR_ 3   : =
ADDR_ 4   : =
RD_1      : = “与CP801通讯供油间”.CP801_To_HGS              //本站存放读取到的数据的1号地址区
RD_2      : =
RD_3      : =
RD_4      : =
```

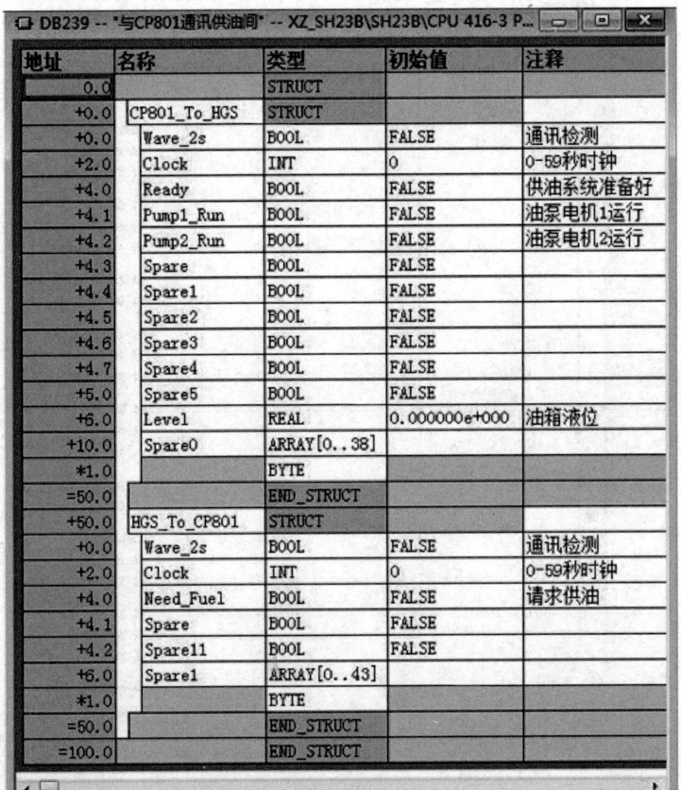

DB239 -- "与CP801通讯供油间" -- XZ_SH23B\SH23B\CPU 416-3 P...

地址	名称	类型	初始值	注释
0.0		STRUCT		
+0.0	CP801_To_HGS	STRUCT		
+0.0	Wave_2s	BOOL	FALSE	通讯检测
+2.0	Clock	INT	0	0-59秒时钟
+4.0	Ready	BOOL	FALSE	供油系统准备好
+4.1	Pump1_Run	BOOL	FALSE	油泵电机1运行
+4.2	Pump2_Run	BOOL	FALSE	油泵电机2运行
+4.3	Spare	BOOL	FALSE	
+4.4	Spare1	BOOL	FALSE	
+4.5	Spare2	BOOL	FALSE	
+4.6	Spare3	BOOL	FALSE	
+4.7	Spare4	BOOL	FALSE	
+5.0	Spare5	BOOL	FALSE	
+6.0	Level	REAL	0.000000e+000	油箱液位
+10.0	Spare0	ARRAY[0..38]		
*1.0		BYTE		
=50.0		END_STRUCT		
+50.0	HGS_To_CP801	STRUCT		
+0.0	Wave_2s	BOOL	FALSE	通讯检测
+2.0	Clock	INT	0	0-59秒时钟
+4.0	Need_Fuel	BOOL	FALSE	请求供油
+4.1	Spare	BOOL	FALSE	
+4.2	Spare11	BOOL	FALSE	
+6.0	Spare1	ARRAY[0..43]		
*1.0		BYTE		
=50.0		END_STRUCT		
=100.0		END_STRUCT		

图3-161　供油间向SH23B梗丝低速气流干燥系统传送的数据

2. 向供油间发送数据

SH23B梗丝低速气流干燥系统向供油间发送数据使用了SFB15“PUT”，将数据写入到远程CPU，在控制输入REQ的上升沿处启动SFB14“GET”，指向即将写入的区域和数据（SD_i）的指针（ADDR_i）将被发送到伙伴CPU，远程伙伴将所发送的数据保存在随数据一起提供的地址下面，并返回一个执行确认。在这期间，必须要确保通过参数ADDR_i和SD_i定义的区域在长度和数据类型方面要相互匹配，如果没有发生错误，则在下一次SFB调用时通过状态参数DONE设为值1来指示。远程CPU可以处于RUN或STOP工作状态。如果正在读取数据时发生访问故障，或如果数据类型检查过程中出错，则出错和警告信息将通过ERROR和STATUS输出表示。

在通信请求信号REQ的上升沿时激活SFB15（PUT）的数据传输。为了实现周期性的数据传输，用时钟存储器位提供的时钟脉冲M0.5作为REQ信号。SFB15（PUT）最多可以读、写4个数据区，本程序只读、写了各一个数据区。

图3-162是向供油间发送数据的程序，供油间控制器的标号为CP801，来自SH23B梗丝低速气流干燥系统要传送给CP801的数据存放在数据块DB237中，在程序段2中，存放在数据块DB239中的“P#DB239.DBX 50.0与CP801通讯供油间.HGS_To_CP801”的数据通过SFB15传送到“P#DB237.DBX 50.0 BYTE 50”共50个字节中，如图3-162所示。

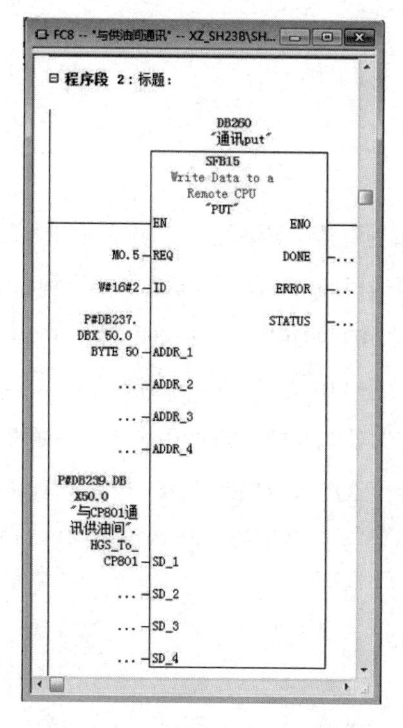

图3-162 向供油间发送数据程序

```
注释：CALL "PUT"，" 通讯put"                                    //调用SFB15 /DB260
REQ      : =M0.5                                               //上升沿时激活数据交换，每1S写一次
ID       : =W#16#2                                             //S7连接号
DONE     : =                                                   //每次写操作完成产生一个脉冲
ERROR    : =                                                   //错误标志，出错时为1
STATUS   : =                                                   //状态字，为0时表示没有警告和错误
ADDR_1   : = P#DB237.DBX 50.0 BYTE 50                          //要写入数据的通信伙伴的1号地址区
ADDR_2   : =                                                   //要写入数据的通信伙伴的2号地址区
ADDR_3   : =
ADDR_4   : =
SD_1     : = "与CP801通讯供油间".HGS_To_CP801                  //存放本站要发送的数据的1号地址区
SD_2     : =                                                   //存放本站要发送的数据的2号地址区
SD_3     : =
SD4      : =
```

3. 通讯检测

图3-163是SH23B梗丝低速气流干燥系统和CP801的通讯程序。在程序段3中，时钟存储器“M0.7‘两秒脉冲’”以通1秒断1秒的周期运行，当时钟存储器“M0.7‘两秒脉冲’”导通的1秒钟，激活了线圈“DB239.DBX50.0 通讯检测与CP801通讯供油间.HGS_To_CP801.Wave_2s”，并把这个信号通过SFB13发送给CP801控制器。

在程序段4中，经过定时器T102和103相互配合，在延时10秒钟时间内，接收不到通过SFB12从CP801控制器传送过来的数据“DB239.DBX10.0 通讯检测与CP801通讯供油间.CP801_To_HGS.Wave_2s”，系统就发出“DB203.DBX12.7 与供油间通讯丢失报警ALARM.ALM77”。

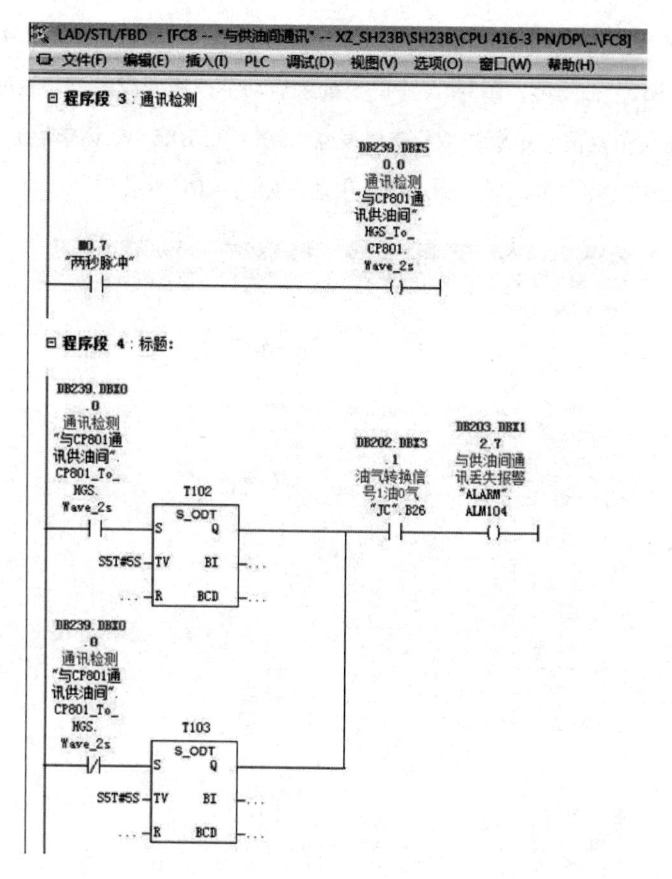

图3-163　SH23B梗丝低速气流干燥系统和CP801的通讯程序

4. 请求供油

在监控画面中设置了一个对供油间发出信号的界面，如图3-164所示，启动SH23B梗丝低速气流干燥系统之前，先点击图3-164中的“油泵启动”按钮，在程序段5中，与“油泵启动”按钮相链接的“DB204.DBX10.6 请求油泵运行XTKZ.S57”成为闭合点，当“DB239.DBX4.0 供油系统准备好与CP801通讯供油间.CP801_To_HGS.Ready”准备好以后，置位复位优先型SR双稳态触发器“DB239.DBX54.0 请求供油与CP801通讯供油间.HGS_To_CP801.Need_Fuel”，请求供油成功。

图3-164　油泵的启动画面

在程序段6中，当生产结束后，点击了“M10.2‘冷却’”按钮，“DB204.DBX10.6 请求油泵运行XTKZ.S57”被复位，图3-164中的“油泵启动”按钮变成白色，经过定时器T105的20秒钟延时，复位位复位优先型SR双稳态触发器“DB239.DBX54.0 请求供油与CP801通讯供油间.HGS_To_CP801.Need_Fuel”，请求停止供油，如图3-165所示。

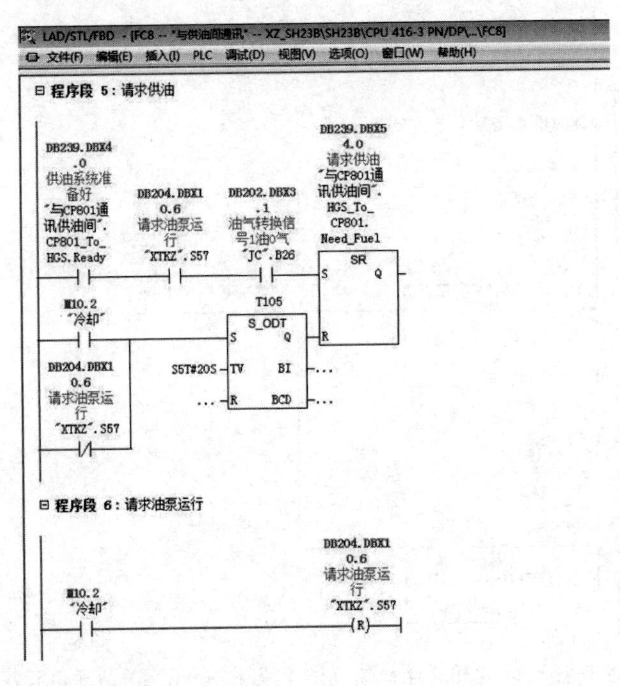

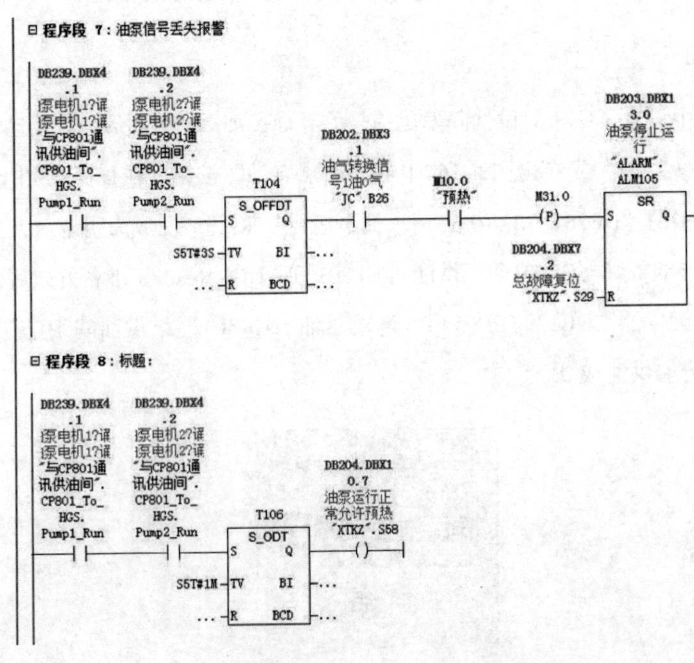

图3-165 请求供油的相关程序

在程序段5中，“DB202.DBX3.1 油气转换信号1油0气JC.B26”是燃烧管理器中的PLC发送给SH23B梗丝低速气流干燥系统的信号，选择“1”时，相当于为程序段5的置位提供条件；选择“0”时，相当于不选择油作为燃料。

在程序段7中，点击“M10.0预热”按钮后，CP801传送给SH23B梗丝低速气流干燥系统的“DB239.DBX4.1油泵电机1运行与CP801通讯供油间.CP801_To_HGS.Pump1_Run”和“DB239.DBX4.2 油泵电机2运行与CP801通讯供油间.CP801_To_HGS.Pump2_Run”传送给图3-164中的“油泵1”和“油泵2”按钮，同时，使用-（P）-RLO正跳沿检测“M31.0”激活复位优先型SR双稳态触发器“DB203.DBX13.5油泵停止运行ALARM.ALM105”，上面的两个信号中断时间超过3秒钟以后，“DB203.DBX13.5油泵停止运行ALARM.ALM105”复位报警。

在程序段8中，“DB239.DBX4.1 油泵电机1运行与CP801通讯供油间.CP801_To_HGS.Pump1_Run”和“DB239.DBX4.2 油泵电机2运行与CP801通讯供油间.CP801_To_HGS.Pump2_Run”两个条件满足后，经过定时器T106的1分钟延时，激活了线圈“DB204.DBX10.7 油泵运行正常允许预热XTKZ.S58”，以供监视画面使用。

第十三节　馈电器

在功能块FB14（馈电器）中，以多重背景的方式把SH23B梗丝低速气流干燥系统使用的“6250M1振动输送机3KW（zdssj1）”“6251M1膨化进料气锁2.2kw（phjlqs）”“6251M3切向落料器（qxllq）”“6251M6干燥进料气锁（gzjjlqs）”“6251M8除杂减速机1.5kw（czjsj）”“6251M9落料器出料速机1 1.5kw（llclqi）”“落料器出料速机2(llq2)”“6252M1振动输送机(zzssj2)”共8个电动机的馈电器进行处理，这和硬件配置中的馈电器的数量也是一致的。

第四章　监控部分

第一节　项目的创建

一、创建项目前的准备

在创建项目之前，应该对项目进行初步规划，确定项目的组态方式、项目类型以及项目路径等。在开始规划项目的时候，应该已经确定整个系统的架构，即采用的是单用户系统、多用户系统还是分布式系统，然后明确当前创建的项目类型是单用户项目还是多用户项目或客户机项目，明确创建WinCC项目的以上信息后，才可以开始创建新的项目了。

1. 确定项目的类型

WinCC是模块化的可扩展的系统，项目类型有单用户项目、多用户项目和客户机项目。

用户在创建项目时，可根据项目的实际需求选择项目类型，也可创建项目后在“Project Properties”中更改项目类型。

（1）单用户项目

单用户项目用于实现单用户系统，整个系统中只有一台计算机进行工作，运行WinCC 项目的计算机在系统中称为操作站（OS），实际上是进行数据处理的服务器和操作员输入站。其他计算机不能通过WinCC访问该项目。

单用户项目在自动化网络系统中，除了在监控级有一台计算机作为WinCC项目服务器外不存在项目客户机，其他方面如与控制级的通信连接等，与多用户项目没有区别。

（2）多用户项目

多用户项目用于创建多用户系统或分布式系统的服务器项目。如果系统架构为多用户系统，则无须在客户机上创建单独的客户机项目。如果系统是具有多个服务器的分布式系统，则必须在客户机上创建单独的客户机项目。这种情况同样适用于只想访问一个服务器但又需要客户机上的附加组态数据的情况。

（3）客户机项目

如果在WinCC中创建了多用户项目，则随后必须创建对服务器进行访问的客户机，并在用作客户机的计算机上创建一个客户机程序。

如果组态的是多用户系统的客户机，则该客户机只访问一台服务器。由于WinCC项目在服务器上，所有的数据也在服务器上，客户机上没有单独的客户机项目，因此，必须在服务器的WinCC项目中将客户机添加到该项目的计算机列表中，客户机的计算机属性也是在服务器上进行组态的。

如果组态的是分布式系统的客户机，则该客户机可以访问系统中的多台服务器，则应该在客户机上创建一个客户机项目，并组态其项目属性。由于分布式系统中系统的组态数据和运行数据分布在不同的服务器上，因此需要在这些服务器上创建各自的数据包，并将其自动或手动装载到需要访问它们的客户机上。其装载过程只需一次，如果服务器上的组态数据被修改了，则WinCC可以自动更新对应的数据包，并将更新的数据包自动下载到已经装载过此数据包的客户机上。另外，分布式系统的客户机项目还可以保存客户机本身的组态数据，如过程画面、脚本和变量等。

对于WinCC客户机，存在下面两种情况：

① 具有一台或多台服务器的多用户系统。客户机访问多台服务器，运行系统数据存储在不同的服务器上。多用户项目中的组态数据位于相关服务器上，客户机上的客户机项目可以存储本机的组态数据如画面、脚本和变量等。在这样的多用户系统中，必须在每个客户机上创建单独的客户机项目。

② 只有一台服务器的多用户系统客户机访问一台服务器。所有数据均位于服务器上，并在客户机上进行引用。在这样的多用户系统中，不必在WinCC客户机上创建单独的客户机项目。

2. SIMATIC WinCC与AS站之间的通信组态方式

SIMATIC WinCC与AS站之间的通信组态包括两种方式：

一种为独立组态方式，即将AS站和OS分别进行组态，他们之间的通信组态是通过WinCC中的变量通信通道来完成的，在相应的通信通道中定义变量，并设置变量地址来读写AS站的内容，这是大部分工程组态的方法。

另一种就是集成组态方式，采用STEP 7的全集成自动化框架来管理WinCC工程，这种方式中WinCC不用组态变量和通信，在STEP 7中定义的变量和通信参数可以直接传输到WinCC工程中，工程组态的任务量可以减少一半以上，并且可以减少组态错误的发生。

使用集成组态方式，需要用到WinCC中的AS-OS Engineering组件，同时要求计算机中已经安装相应版本的STEP 7软件。在安装WinCC的过程中，AS-OS Engineering组件默认是不安装的，如要使用集成组态方式，需要选择AS-OS Engineering组件与WinCC一起安装。

二、独立组态方式创建项目

1. 启动WinCC

用鼠标双击Windows桌面的“SIMATIC WinCC Explorer”图标或单击“开始”→“所有程序”→“SIMATIC”→“WinCC”→“WinCC Explorer”，启动WinCC即启动WinCC项目管理器。

如果是首次启动WinCC，将弹出“WinCC Explorer”对话框，如图4-1所示，用户可以通过该对话框开始创建新项目或打开已经存在的项目。如果不是首次启动WinCC，则WinCC会自动打开上次启动时最后打开的项目。如果希望启动WinCC项目管理器而不打开某个项目，则可以在启动WiCC的同时按（<Shi>+<ALT>）组合键并保持，直到出现WnCC项目管理器窗口。如果退出WinCC项目管理器前打开的项目处于激活状态（运行），则重新启动WinCC时将自动激活该项目（可通过同时按（<Shift>+<Ctrl>）组合键并保持取消自动激活）。

图4-1 “WinCC Explorer”对话框

2. 新建项目

首次启动WinCC可以自动开始新建项目的过程，也可以在WinCC项目管理器窗口的工具栏单击新建图标或菜单栏选择“File”→“New”等方式开始新建WinCC项目。新建项目中最重要的工作是选择项目类型、设置项目名称和路径等。项目类型选择如图4-2所示，选择所需要的项目类型，并单击“OK”按钮进行确认，“创建新项目”对话框，如图4-3所示。项目名称选择为“SH23B（2021）”，保存在“d：\sh23b2021”。

图4-2　项目类型选择

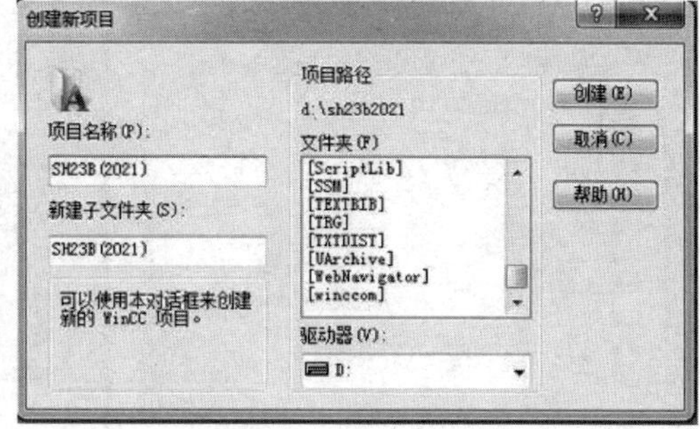

图4-3　“创建新项目”对话框

3. 设置项目属性

在新生成的WinCC项目的基础上，或者在项目的组态的基础上，或者在项目的组态过程中都可以对该项目的属性进行设置。如图4-4为新生成的项目管理器“SH23B（2021）”，在浏览窗口中，利用鼠标右键单击项目名称“SH23B（2021）”，在弹出的菜单中选择“属性”，即可进入“项目属性”对话框进行设置，如图4-5所示。

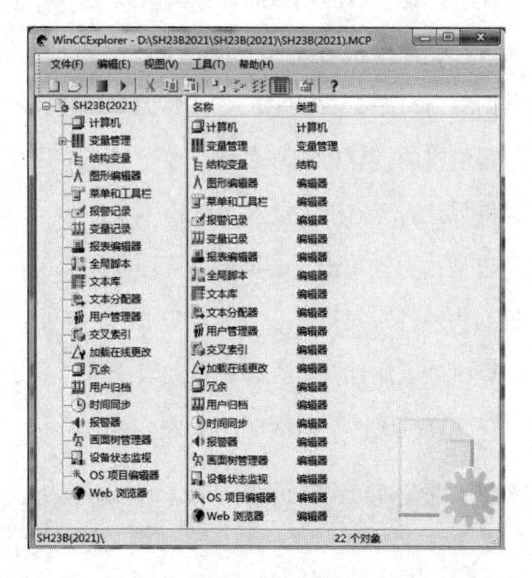

图4-4　新生成的项目管理器“SH23B（2021）

“项目属性”对话框常用的是“常规”“更新周期”“热键”“选项”“操作模式”以及“用户界面和设计”六个选项卡。“常规”选项卡用于显示和编辑当前项目的一些常规信息，如项目类型、创建者、创建日期、修改者以及修改日期等；“更新周期”选项卡中可以查看项目的画面窗口和画面对象可设置的更新周期，用户还可以自定义5个范围在100ms ~ 10h的更新周期，如图4-6所示；“热键”选项卡中可以定义WinCC用户登录和退出以及硬拷贝等操作的热键（快捷键）；“选项”选项卡提供了一些附加的项目选项供用户选择，例如ES上允许激活、运行系统中可使用帮助等。

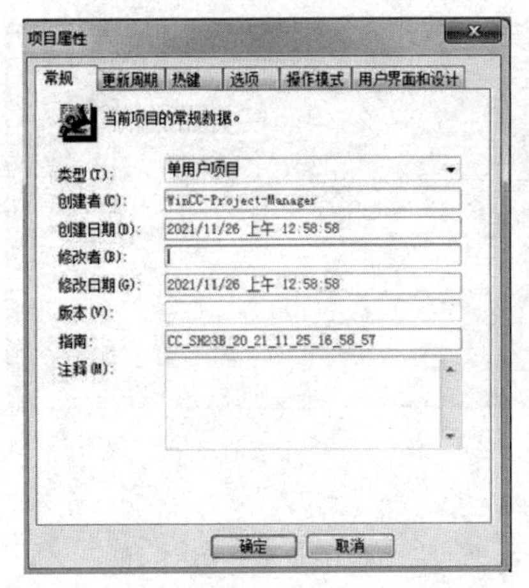

图4-5 “项目属性”对话框的“常规”选项卡

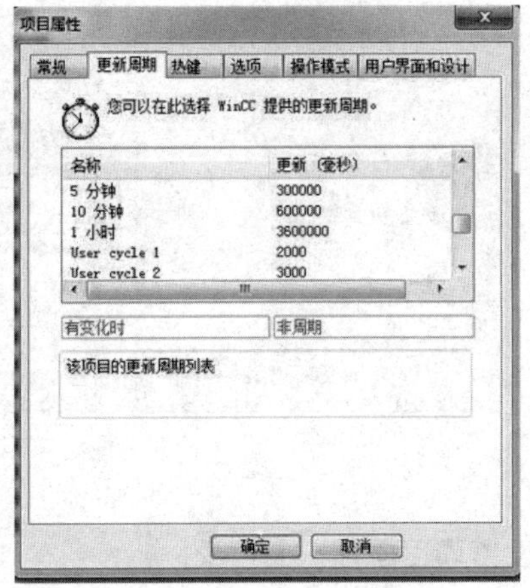

图4-6 “项目属性”对话框的“更新周期”选项卡

4. 设置计算机属性

创建项目时，必须设置将在其上激活项目的计算机的属性。

对于多用户项目，如果在创建项目时没有添加访问服务器项目的客户机或还需要添加新的客户机，在项目管理器浏览窗口中，右键单击“计算机”，选择添加新计算机…”→为新添加的客户机命名（要与客户机的计算机物理名称一致）。在多用户系统中，必须单独为每台创建的计算机（服务器和所有的客户机）设置属性。

设置计算机属性的方法是：右键单击WinCC项目管理器浏览窗口中的“计算机”，选择“属性”，弹出“计算机列表属性”对话框，如图4-7所示。也可以在WinCC 项目管理器的数据窗口中显示所有“计算机列表属性”。在计算机列表中选择要设置属性的计算机，单击选择“属性”按钮，弹出“计算机属性”对话框，如图4-8所示。

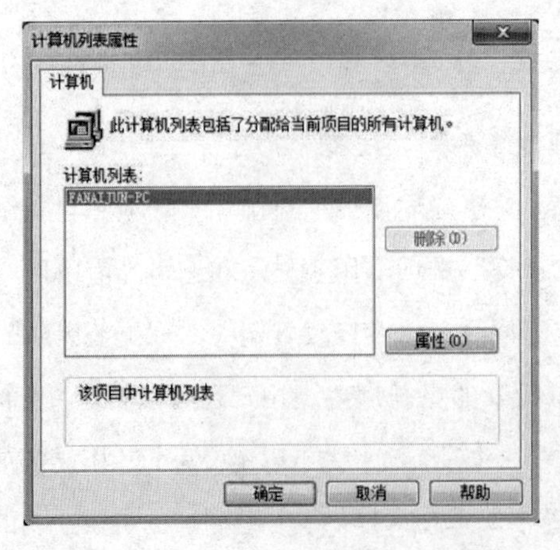

图4-7 “计算机列表属性”对话框

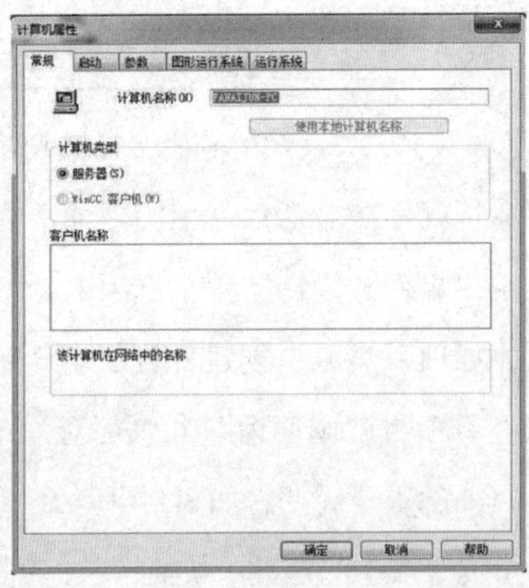

图4-8 “计算机属性”对话框

（1）常规选项卡（如图4-8所示）

显示计算机名称和当前计算机的类型是服务器还是客户机。检查“计算机名称”输入框中是否输入了正确的计算机名称，也可在此更改计算机名称。WinCC修改了计算机名称后，必须重新打开项目，才能接受更改后的计算机名称。

（2）启动选项卡（如图4-9所示）

① 服务器计算机的启动属性

选择当前服务器计算机需要启动的运行系统——全局脚本运行系统、报警记录运行系统、变量记录运行系统、报表运行系统、图形运行系统、消息顺序报表/SEQROP和用户归档。

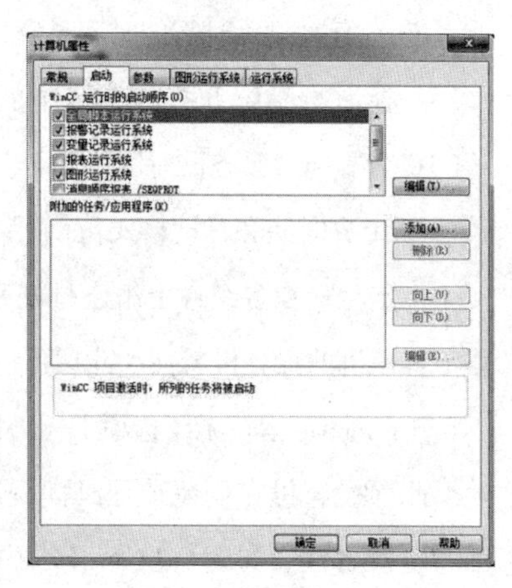

图4-9　“启动”选项卡

② 客户机计算机的启动属性

选择当前客户机计算机需要启动的运行系统——全局脚本运行系统、报警记录运行系统、变量记录运行系统、报表运行系统、图形运行系统和消息顺序报表/SEQROP和用户归档（其中报警记录运行系统、变量记录运行系统和用户归档在客户机上不可选，即在客户机上不能保存此三项运行系统的数据）。

③ 单用户计算机的启动属性

选择当前单用户计算机需要启动的运行系统——全局脚本运行系统、报警记录运行系统、变量记录运行系统、报表运行系统、图形运行系统和消息顺序报表/SEQROP和用户归档（其中全局脚本运行系统、报警记录运行系统、变量记录运行系统、报表运行系统和消息顺序报表/SEQROP和用户归档在单用户计算机上不可选，即在客户机上不能保存此六项运行系统的数据）。

（3）参数选项卡（如图4-10所示）

① 运行的语言设置

选择当前计算机运行时显示的语言。作为客户机的计算机属性，此项可选。

② 运行时的默认语言

如果在“运行时的默认语言”中指定语言的相应译文不存在，那么选择用来显示图形对象文本的其他语言。作为客户机的计算机属性，此项不可选。

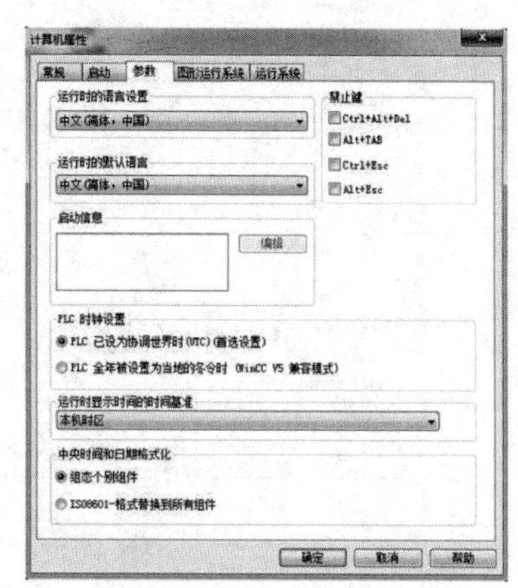

图4-10　“参数”选项卡

③ 禁止键

为了避免在运行系统中出现操作员错误，可禁止Windows系统典型的组合键。在复选框中打勾，就可以禁用运行系统中的相应组合键。作为客户机的计算机属性，此项可选。

④ PLC时钟设置

选择适用于PLC的时钟设置。作为客户机的计算机属性，此项不可选。

⑤ 运行时显示时间的时间基准

选择运行系统和报表系统中的时间显示模式。可以选择“本机时区”“协调世界时（UTC）”和“服务器时区”。

⑥ 中央时间和日期格式化

指定是应在各组件上组态日期和时间格式，还是应对所有组件强制使用ISO8601 格式。作为客户机的计算机属性，此项不可选。

（4）图形运行系统选项卡（如图4-11所示）

此项设置可在创建过程画面完成后进行。可设置WinCC项目在当前计算机上的启动画面和窗口属性，如图4-11所示。根据项目实际情况，可对服务器和各个客户机设置不同的启动画面。

在WinCC V7.0中新增加了“独立的画面窗口”选项，即运行系统多实例的功能。

（5）运行系统选项卡（如图4-12所示）

启动调试程序，如果激活此功能，当运行系统中启动了全局脚本中的VB脚本时，调试程序也将启动。该功能可加快排错的速度。

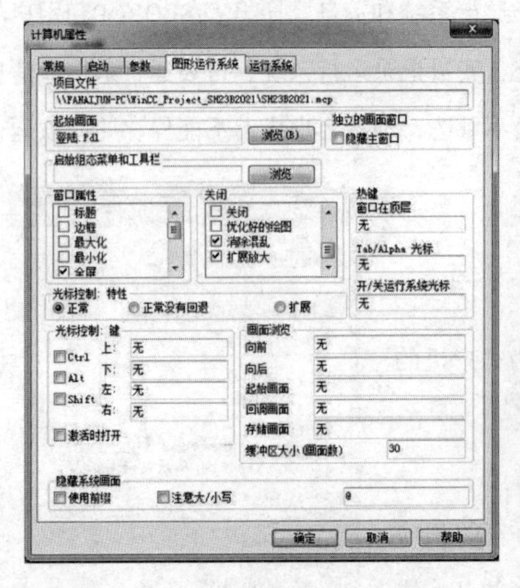

图4-11 “图形运行系统”选项卡

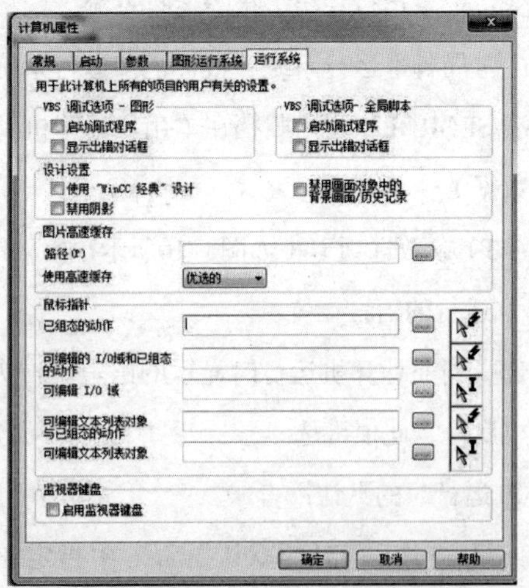

图4-12 运行系统选项卡

可设置是否启用监视键盘（软键盘）。

WinCC V7.0增加了WinCC项目计算机设计属性。可选择使用“WinCC 经典设计”禁用画面对象的背景画面/历史记录，禁用阴影。

三、集成组态方式创建项目

在STEP7项目中，SIMATIC PC站代表一台类似于自动化站AS的PC，包括自动化站AS需要的软件和硬件组件。为了能够将WinCC与STEP 7集成，需要在所建立的PC站中添加一个WinCC应用程序。WinCC应用程序具有不同的类型，可根据需要进行选择：

（1）多用户项目中的主站服务器，在PC站中的名称为“WinCC Appl.”。

（2）多用户项目中用作冗余伙伴的备用服务器，在PC站中的名称为“WinCCApp（Stby）”。

（3）多用户项目中的客户机，在PC站中的名称为“WnCC Appl.Client”。

WinCC作为PC站集成于STEP 7中的组态步骤如下：

1. 在SIMATIC Manager中插入SIMATIC PC站

在SIMATIC Manager中插入SIMATIC PC站，将PC站的名称修改为WinCC工程所在的计算机名称，在PC站的硬件组态中分别加入通信卡（这里使用以太网通信，插入IE General）和WinCC应用程序，在通信卡属性对话框中设置通信参数（以太网卡的IP地址设置为WinCC服务器的IP地址），如图4-13所示。

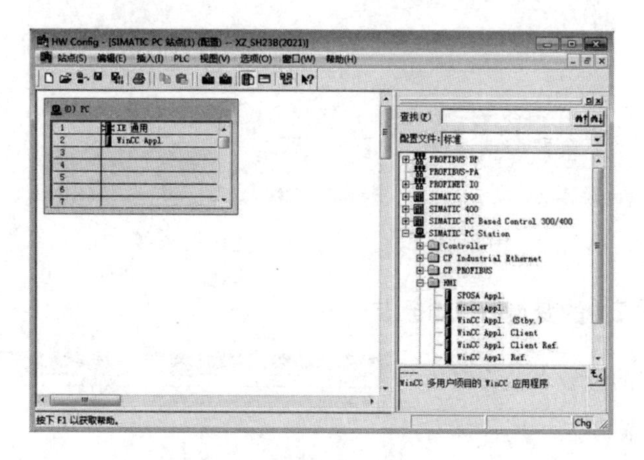

图4-13　PC站的硬件组态

2. 在PC站中的WinCC应用程序下插入OS

用鼠标右键单击刚建立的PC站中的WinCC应用程序，在出现的菜单中选择“插入新对象”→“OS”，并将OS名称更改为WinCC工程名称SH23B（2021），系统自动在STEP 7工程的“wincproj”目录下建立所插入的WinCC应用程序，如图4-14所示。

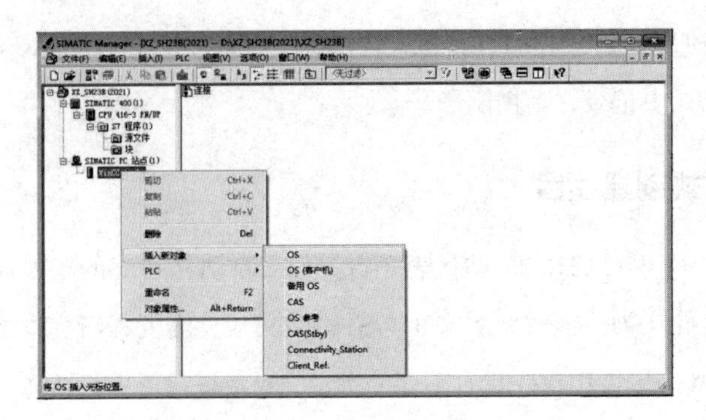

图4-14　在PC站中建立WinCC工程

3. 建立PC站与AS之间的通信连接

利用网络配置工具建立PC站与AS之间的通信连接，设置连接类型，如果不建立连接，在OS编译时可选择使用MAC地址与AS连接，这里使用S7 Connection连接，如图4-15所示。

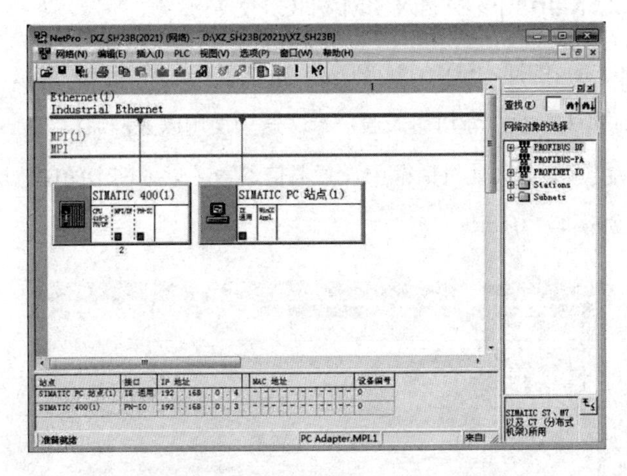

图4-15　建立PC站与AS之间的连接

4. 为STEP 7中的变量加传输标志

打开STEP 7的符号表，为要传递的变量打上传输标志，用鼠标右键选取变量，在出现的菜单中选择“特殊对象属性”→“操作员监控”→“操作员监控”，在出现的对话框中勾选“操作员监控”，确认后，变量前会出现绿色小旗，如图4-16和图4-17所示。

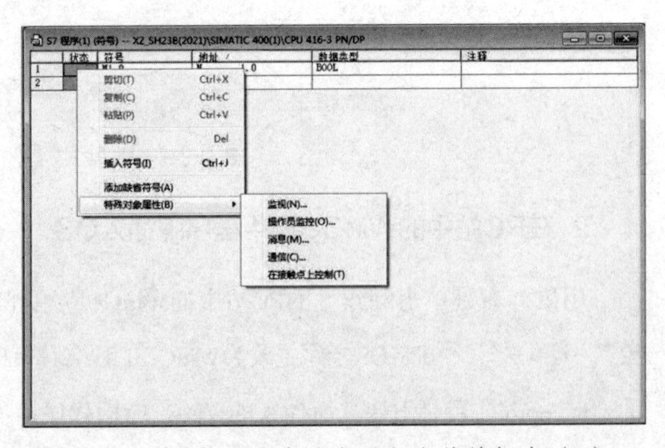

图4-16　为符号表中的变量加上传输标志（1）

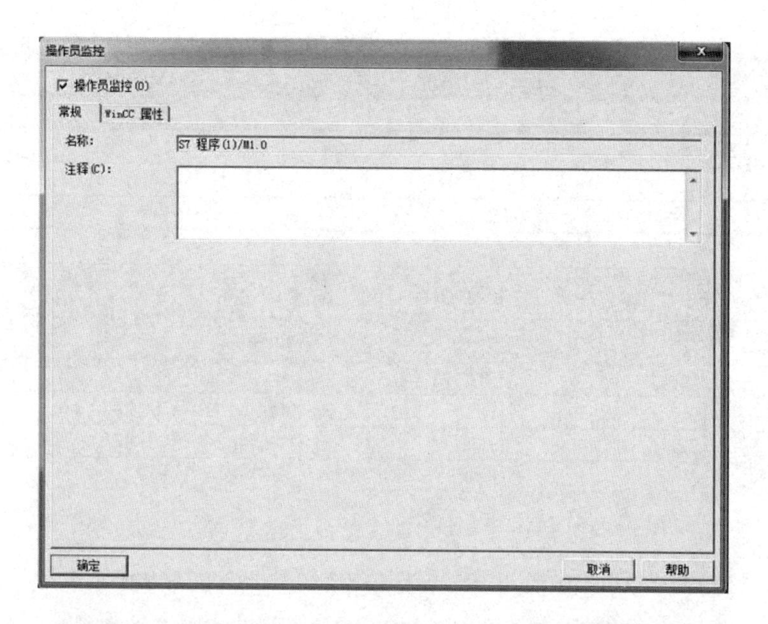

S7 程序(1) (符号) -- XZ_SH23B(2021)\SIMATIC 400(1)\CPU 416-3 PN/DP

	状态	符号	地址		数据类型	注释
1		M1.0	M	1.0	BOOL	
2						

图4-17　为符号表中的变量加上传输标志（2）

对于DB中定义的变量，如需要传递至WinCC中，首先需要对变量加上标志，打开DB块，在变量属性对话框的属性中输入“S7_m_c”，并设置Value为“true”，确认后，变量的后面会出现小旗标志，如图4-18和图4-19所示。

DB204 -- "XTKZ" -- XZ_SH23B\SH23B\CPU 416-3 PN/DP\...\DB204

地址	名称	类型	初始值	注释
0.0		STRUCT		
+0.0	S1	INT	0	0闭锁，1手动，2自动
+2.0	S2	INT	0	1预热,2生产,4冷却,8清洗,0待机
+4.0	S3			
+4.1	S4			
+4.2	S5			
+4.3	S6			
+4.4	S7			
+4.5	S8			
+4.6	S9			
+4.7	S10			
+5.0	S11			
+5.1	S12			
+5.2	S13			
+5.3	S14	BOOL	FALSE	电子秤运行反馈显示
+5.4	S15	BOOL	FALSE	油库运行反馈显示
+5.5	S16	BOOL	FALSE	预热完成
+5.6	S17	BOOL	FALSE	电加热器启动
+5.7	S18	BOOL	FALSE	预热完成显示

剪切(T)　Ctrl+X
复制(C)　Ctrl+C
删除(L)　Del
跳转到位置...　Ctrl+Alt+Q
选择之前的声明行(B)
选择之后的声明行(A)
对象属性(O)　Alt+Return

图4-18　为DB中的变量加上标志（1）

属性 - 参数

	属性	数值
1	S7_m_c	true
2		
3		

DB204 -- "XTKZ" -- XZ_SH23B\SH23B\CPU 416-3 PN/DP\...\DB204

地址	名称	类型	初始值	注释
0.0		STRUCT		
+0.0	S1	INT	0	0闭锁，1手动，2自动
+2.0	S2	INT	0	1预热，2生产，4冷却，8清洗，0待机
+4.0	S3	BOOL	FALSE	（0本控，1远控）

图4-19　为DB中的变量加上标志（2）

DB里的变量被标志后，须启动DB“操作员监控”功能才能启动变量传输。在SIMATIC Manager窗口中用鼠标右键单击所需传送变量的DB，在弹出的菜单中选择“特殊的对象属性”→“操作员监控”，在弹出的对话框中将“操作员监控”复选框勾上。选中该复选框后，在“WinCC Attributes”选项卡中就可以查看所有被标志过的变量，如图4-20和图4-21所示。

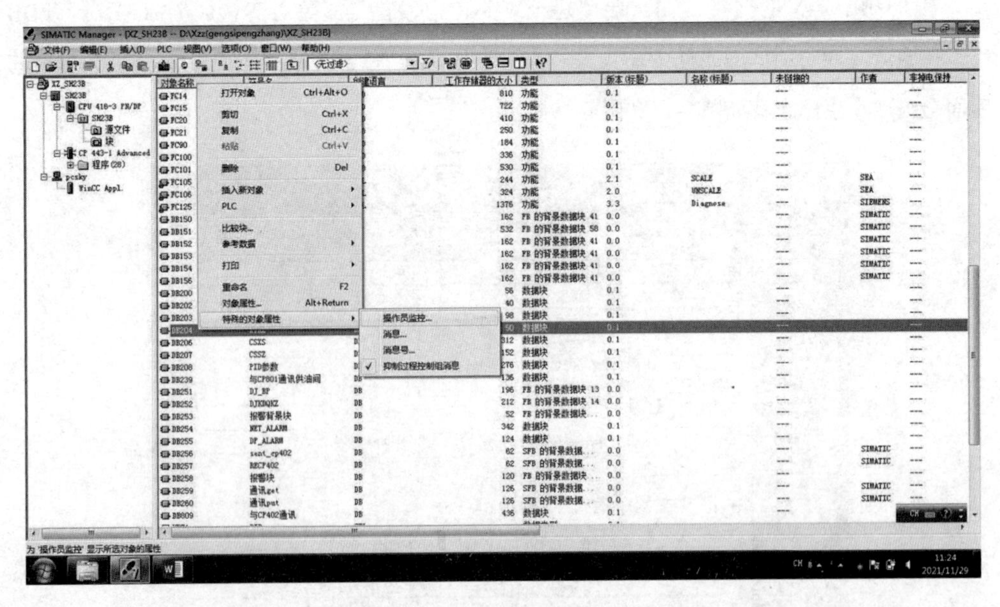

图4-20　开启DB传输标志（1）

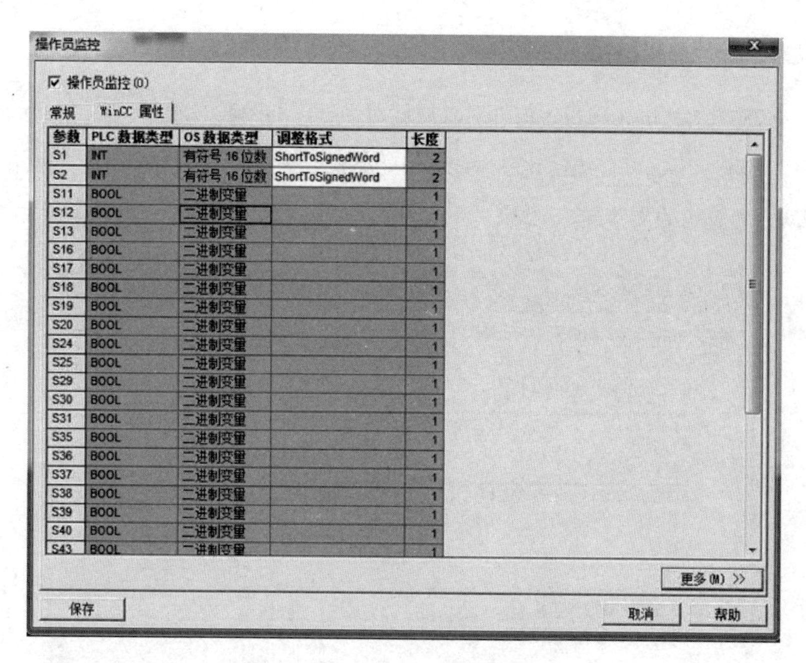

参数	PLC 数据类型	OS 数据类型	调整格式	长度
S1	INT	有符号 16 位数	ShortToSignedWord	2
S2	INT	有符号 16 位数	ShortToSignedWord	2
S11	BOOL	二进制变量		1
S12	BOOL	二进制变量		1
S13	BOOL	二进制变量		1
S16	BOOL	二进制变量		1
S17	BOOL	二进制变量		1
S18	BOOL	二进制变量		1
S19	BOOL	二进制变量		1
S20	BOOL	二进制变量		1
S24	BOOL	二进制变量		1
S25	BOOL	二进制变量		1
S29	BOOL	二进制变量		1
S30	BOOL	二进制变量		1
S31	BOOL	二进制变量		1
S35	BOOL	二进制变量		1
S36	BOOL	二进制变量		1
S37	BOOL	二进制变量		1
S38	BOOL	二进制变量		1
S39	BOOL	二进制变量		1
S40	BOOL	二进制变量		1
S43	BOOL	二进制变量		1

图4-21　开启DB传输标志（2）

5. 将变量从STEP 7传输至WinCC中

在SIMATIC Manager中用鼠标右键单击WinCC应用程序，在弹出的菜单中选择“编译”，启动变量编译， 在编译过程中选择要使用的网络连接，如图4-22所示，其中包含了使用MAC地址连接和在上面建立的S7 Connection连接。

在编译完成后，系统会提示编译是否成功，如果失败会弹出相应的记录文件，编译成功后，打开WinCC项目文件，系统已经在变量管理器里自动生成了相应的WinCC变量，通信接口同时也被自动生成。

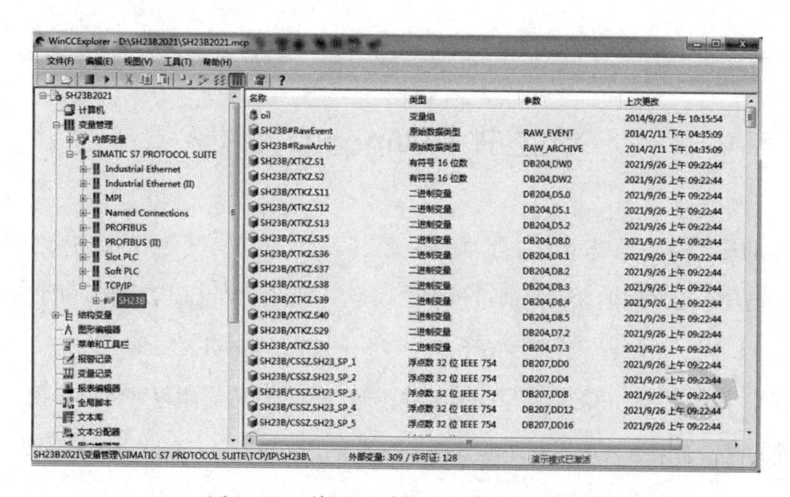

名称	类型	参数	上次更改
oil	变量组		2014/9/28 上午 10:15:54
SH23B#RawEvent	原始数据类型	RAW_EVENT	2014/2/11 下午 04:35:09
SH23B#RawArchiv	原始数据类型	RAW_ARCHIVE	2014/2/11 下午 04:35:09
SH23B/XTKZ.S1	有符号 16 位数	DB204,DW0	2021/9/26 上午 09:22:44
SH23B/XTKZ.S2	有符号 16 位数	DB204,DW2	2021/9/26 上午 09:22:44
SH23B/XTKZ.S11	二进制变量	DB204,D5.0	2021/9/26 上午 09:22:44
SH23B/XTKZ.S12	二进制变量	DB204,D5.1	2021/9/26 上午 09:22:44
SH23B/XTKZ.S13	二进制变量	DB204,D5.2	2021/9/26 上午 09:22:44
SH23B/XTKZ.S35	二进制变量	DB204,D8.0	2021/9/26 上午 09:22:44
SH23B/XTKZ.S36	二进制变量	DB204,D8.1	2021/9/26 上午 09:22:44
SH23B/XTKZ.S37	二进制变量	DB204,D8.2	2021/9/26 上午 09:22:44
SH23B/XTKZ.S38	二进制变量	DB204,D8.3	2021/9/26 上午 09:22:44
SH23B/XTKZ.S39	二进制变量	DB204,D8.4	2021/9/26 上午 09:22:44
SH23B/XTKZ.S40	二进制变量	DB204,D8.5	2021/9/26 上午 09:22:44
SH23B/XTKZ.S29	二进制变量	DB204,D7.2	2021/9/26 上午 09:22:44
SH23B/XTKZ.S30	二进制变量	DB204,D7.3	2021/9/26 上午 09:22:44
SH23B/CSSZ.SH23_SP_1	浮点数 32 位 IEEE 754	DB207,DD0	2021/9/26 上午 09:22:44
SH23B/CSSZ.SH23_SP_2	浮点数 32 位 IEEE 754	DB207,DD4	2021/9/26 上午 09:22:44
SH23B/CSSZ.SH23_SP_3	浮点数 32 位 IEEE 754	DB207,DD8	2021/9/26 上午 09:22:44
SH23B/CSSZ.SH23_SP_4	浮点数 32 位 IEEE 754	DB207,DD12	2021/9/26 上午 09:22:44
SH23B/CSSZ.SH23_SP_5	浮点数 32 位 IEEE 754	DB207,DD16	2021/9/26 上午 09:22:44

图4-22　编译后为WinCC传输的变量

6. 设置目标计算机路径

在STEP 7中选择WinCC项目，打开对象属性对话框，如图4-23所示，在“目标 OS和备用OS 计算机”选项卡中，可直接输入目标计算机的路径或通过“搜索”按钮选择网络中WinCC应用程序所在计算机的文件夹。

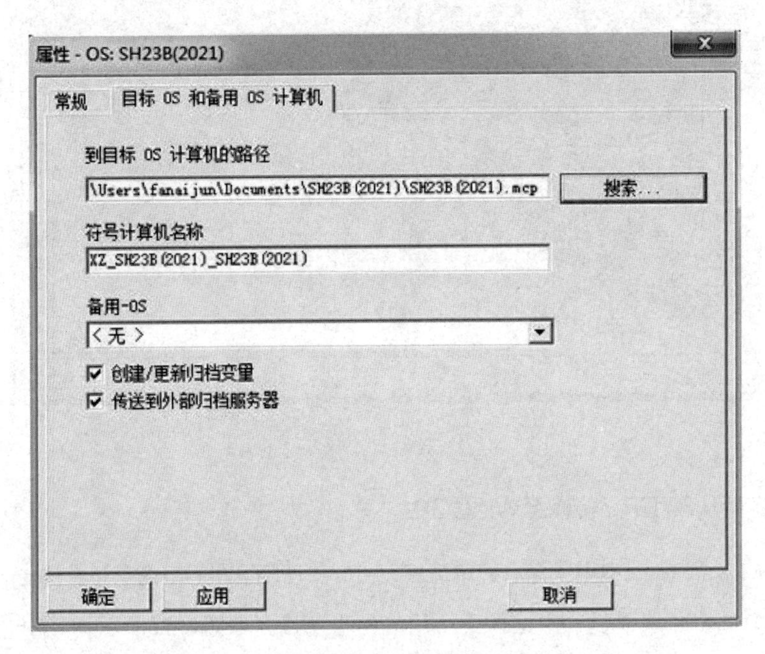

图4-23　设定目标计算机的路径

确定WinCC应用程序所在的目标路径后，就可以在STEP 7中实现WinCC应用程序的下载功能，首先选择WinCC应用程序，在工具栏中选择“下载”按钮，在弹出的对话框中选择下载操作的范围，下载范围分为“The entire WinCC Project”和“Changes”，可根据实际情况进行选择。

第二节　Wincc的通信

WinCC的通信主要是WinCC与自动化系统之间及WinCC与其他应用程序之间的通信。WinCC与自动化系统之间的通信是通过过程总线来实现的；WinCC与其他应用程序的通信，例如Microsoft Excel、Matlab等，借助于OPC［Object Linking and Embeding（OLE）for Process Control］接口来实现。WinCC可以以OPC服务器的角色为这些应用程序提供数据，也可以以OPC客户端的身份访问这些应用程序的数据。主要介绍WinCC与自动化系统之间的通信。

一、WinCC的通信结构

WinCC与自动化系统进行工业通信就是通过变量和过程值交换信息。WinCC的通信结构如图4-24所示。

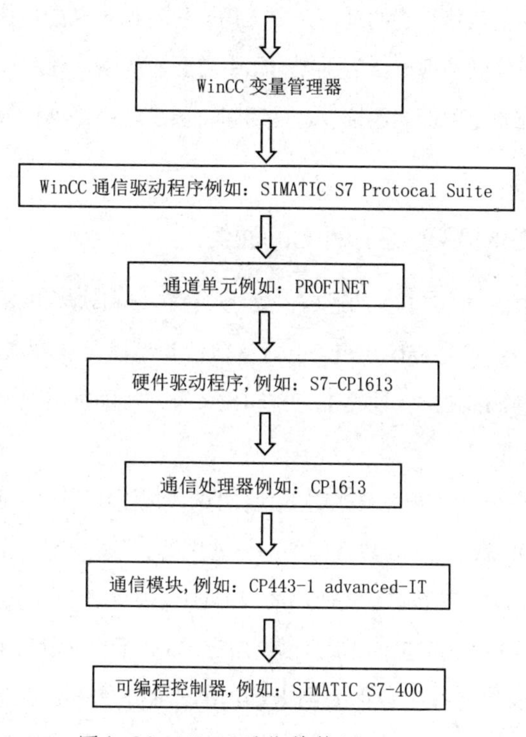

图4-24　WinCC通信结构图

WinCC变量管理器在运行模式执行过程中管理WinCC变量，各种WinCC应用程序向变量管理器提出变量请求。为了采集过程值，变量管理器通过WinCC通信驱动程序向自动化系统发送请求报文，而自动化系统则在相应的响应报文中将所请求的过程值发送回WinCC。

1. 通信驱动程序

通信驱动程序是用于在自动化系统和WinCC的变量管理器之间建立连接的软件组件。在WinCC中，提供了许多用于不同总线系统连接各自动化系统的通信驱动程序。每个通信驱动程序一次只能绑定到一个WinCC项目。

WinCC中的通信驱动程序也称为“通道”，其文件扩展名为“.chn”。计算机中安装的所有通信驱动程序都位于WinCC安装目录的子目录“\bin”中。

2. 通道单元

每个通信驱动程序针对不同的通信网络会有不同的通道单元。

每个通道单元相当于一个基础硬件驱动程序的接口，进而也相当于与PC中的一个通信处理器的接口。因此，每个使用的通道单元必须分配到各自的通信处理器。

3. 连接（逻辑）

连接是两个通信伙伴组态的逻辑分配，用于执行已定义的通信服务。一旦对WinCC和自动化系统进行了正确的物理连接后，WinCC中需要通信驱动程序和相应的通道单元来创建和组态与自动化系统的（逻辑）连接。运行期间将通过此连接进行数据交换。每个通道单元下可以创建多个连接。

二、WinCC与SIMATIC S7 PLC的通信

对WinCC与SIMATIC S7 PLC的通信，要从硬件连接和软件组态两个方面来考虑。

硬件连接方面：首先要确定PLC上通信口的类型以及WinCC所在计算机上的通信卡类型；其次，要确定WinCC所在计算机与自动化系统连接的网络类型，网络类型决定了WinCC项目中的通道单元类型。

S7-300/400CPU至少集成了MPI接口，还有的集成了DP口或工业以太网接口，此外，PLC上还可以配置PROFIBUS或工业以太网的通信处理器。

SH23B梗丝低速气流干燥系统使用的CPU416-3PN/DP，集成有一个MPI/DP接口、两个PROFINET接口，MPI/DP接口可以根据需要组态成MPI接口或者DP接口。

计算机上的通信卡有工业以太网卡和PROFIBUS网卡，插槽有ISA插槽、PCI插槽和PCMCIA槽，通信卡有Hardnet和Softnet两种类型。Hardnet卡有自己的微处理器，可减轻CPU的负担，可同时使用两种以上的通信协议；Softnet卡没有自己的微处理器，同一时间只能使用一种通信协议。表4-1列出了常用的通信卡的类型。

表4-1　计算机上的通信卡类型

通信卡型号	插槽类型	类型	通信网络
CP5412	ISA	Hard net	PROFIBUS/MPI
CP5611	PCI	Softnet	PROFIBUS/MPI
CP5613	PCI	Hard net	PROFIBUS/MPI
CP5611	PCMCIA	Softnet	PROFIBUS/MPI
CP1413	ISA	Hard net	工业以太网
CP1413	ISA	Softnet	工业以太网
CP1613	PCI	Hard net	工业以太网
CP1612	PCI	Softnet	工业以太网
CP1512	PCMCIA	Softnet	工业以太网

软件组态方面：WinCC与SIMATIC S7 PLC的通信一般使用“SIMATIC S7 Protocol Sute”通信驱动程序，添加S7驱动程序后产生了在不同网络上应用的S7协议组，用户需要在其中选择与其物理连接相应的通道单元。SH23B梗丝低速气流干燥系统WinCC管理器中的“SIMATIC S7 Protocol Sute”通信驱动程序，如图4-25所示，其含义见表4-2。以下将分别以不同协议介绍WinCC与SIMATIC S7 PLC的通信。

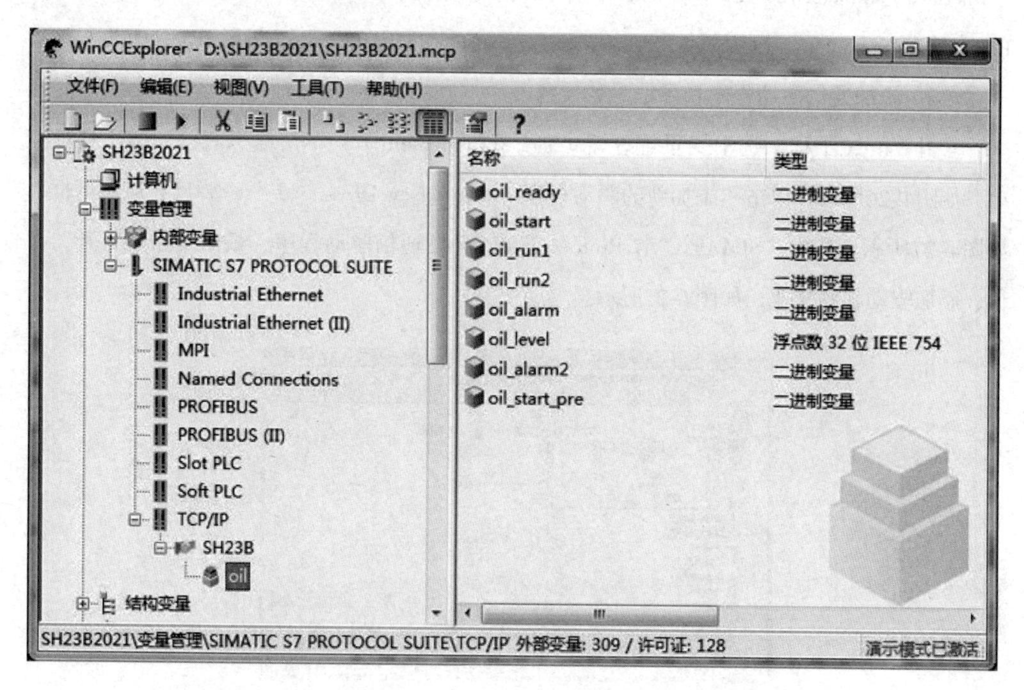

图4-25 “SIMATIC S7 Protocol Sute”通信驱动程序

表4-2 SIMATIC S7 Protocol Suite通道单元含义

通道单元的类型	含义
Industrial Ethernet Industrial Ethernet（Ⅱ）	皆为工业以太网通道单元，使用 SIMATIC NET 工业以太网，通过安装在计算机的通信卡与 S7PLC 通信，使用 ISO 传输协议
MPI	通过编程设备上的外部 MPI 端口或计算机上的通信处理器在 MPI 网络与 PLC 进行通信
Named Connections	通过符号连接与 STEP 7 进行通信，这些符号连接是使用 STEP 7 组态的，且当与 S7-400 的 H/F 冗余系统进行高可靠性通信时，必须使用此命名链接
PROFIBUS PROFIBUS PROFIBUS PROFIBUS（Ⅱ）	实现与现场总线 PROFIBUS 上的 S7PLC 的通信
Slot PLC	实现与 SIMATIC 基于 PC 的控制器 WinAC Slot 412/416 的通信
Soft PLC	实现与 SIMATIC 基于 PC 的控制器 Win AC BASIS/RTX 的通信
TCP/IP	通过工业以太网进行通信，使用的通信协议为 TCP/IP

1. WinCC使用CP5611通信卡与SIMATIC S7 PLC的MPI通信

（1）PC上CP5611通信卡的安装和设置

在PC的插槽中插入通信卡CP5611，在PC的控制面板中选择“Set PG/PC Interface”，打开设置对话框，在“Access Point of the Application”的下拉列表中选择“MPI（WinCC）”，而后在“Interface Parameter Assignment Used”的下拉列表中选择“CP5611（MPI）”，而后“Access Point of the Appli ation”中将显示“MPI（WinCC）→CP 5611（MPI）”，最后单击“OK”按钮。

（2）添加通信驱动程序和系统参数设置

打开WinCC工程，选中变量管理器（Tag Management），单击鼠标右键，弹出快捷菜单，如图4-26所示，单击“添加新的驱动程序…（Add New Driver…）”，弹出相应对话框，如图4-27所示，选中“SIMATIC S7 Protocol Suit.chn”通信驱动程序，最后单击“打开”按钮，添加驱动程序完成，如图4-27所示。

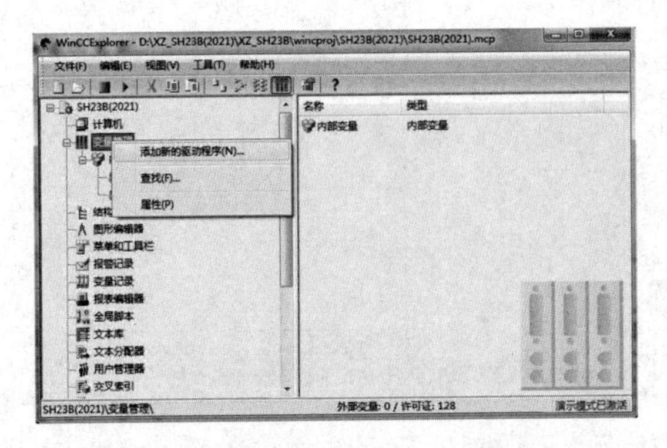

图4-26　添加新的驱动程序

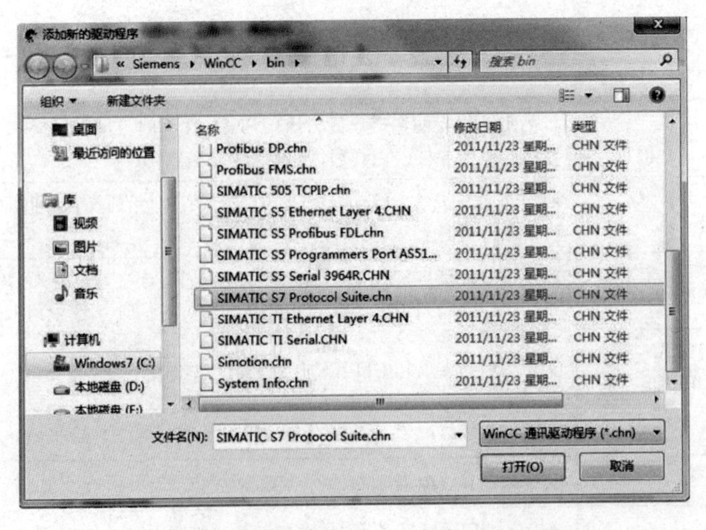

图4-27　选择所要添加的通信驱动程序

将WinCC变量管理器中添加的“SIMATIC S7 Protocol Suite.chn”通信驱动程序展开，选择其中的“MPI”通道单元，再鼠标右键单击“MPI”，选择“系统参数（System Parameter）”，打开“系统参数-MPI”设置对话框，对话框有两个选项卡，“SIMATIC S7”选项卡如图4-28和“Unit”选项卡如图4-29所示。

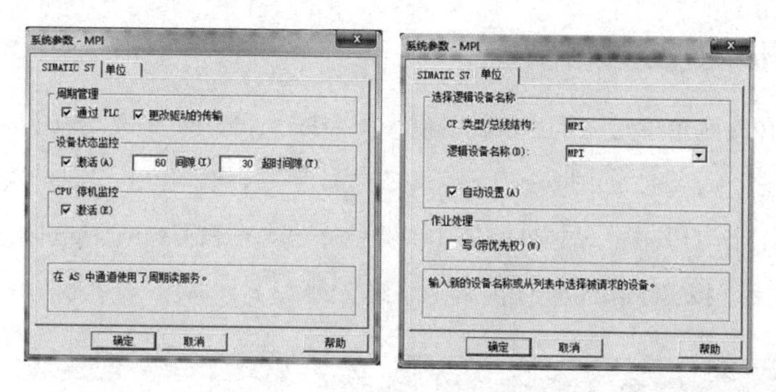

图4-28 “SIMATIC S7”选项卡 图4-29 “Unit”选项卡

在“SIMATIC S7”选项卡中，最上面设置项为“周期管理”，其中有“通过 PLC”和“更改驱动的传输”两个可选项，因为WinCC和PLC的通信是“请求-响应”机制，所以不同的选择对通信的影响是不一样的，如果选择“通过 PLC”选项，WiCC只需向PLC发送一次请求，对于同一变量，PLC会自动响应，无须WinCC重复请求；如果再选择“更改驱动的传输”选项，PLC会检测变量的变化，只有变量变化，PLC才会向WiCC发送数据，否则，如果都不选择，PLC会周期性地给PLC发送数据。默认情况下，上述两项都会被勾选上。

中间设置项为“设备状态监控”，其中有“间隙”和“超时间隙”两个参数，最下面设置项为“停机监控”，其含义分别为：

①“间隙”：为了检测PLC的状态，WinCC以此时间间隔不停地发包给PLC以检测通信状态，单位为秒。

②“超时间隙”：PLC在此时间内若无响应，WinCC将报通信错误。

③“停机监控”：如果激活，那么当CPU停机，连接被中断。

在图4-28中下面出现“在AS中通道使用了周期读服务”，周期性读取服务的数目取决于S7 PLC中可用的资源。对于S7-300，最多有4个周期性服务可用，对于S7-416或S7-417，则最多为32个。该数目适用于与PLC进行通信的所有成员。对于多个WinCC系统与S7 PLC通信，如果超过资源的最大数目，则超出的周期性读取服务访问将被拒绝。

在“Unit”选项卡中，进行“选择逻辑设备名称”的设置，此处设置有两种选择：

① CP类型/总线结构，即WinCC所在计算机与外部自动化系统通信所用的实际通信卡，如MPI（CP 5611）。

② 逻辑设备名称，这类名称只是一个符号，没有具体含义。因此想让WinCC通过该名称找到具体通信设备，需要在“Set PG/PC Interface”中将该名称指向一个具体的通信设备，即此处所填的“Logical device name”与PC里的“Set PG/PC Interface”的“Interface Parameter Assignment Used”要一致。这里“逻辑设备名称”选择“MPI”。

三、创建连接和连接参数设置

选择“MPI”通道单元，再用鼠标右键单击“MPI”，选择“新驱动程序的连接...”，弹出“连接属性”对话框，如图4-30所示，单击“属性”按钮，弹出“连接参数-MPI”对话框，如图4-31所示。其中，站地址就是PLC的地址，机架号就是CPU所处机架号，插槽号就是CPU的槽位号。按实际情况进行相应参数的修改设置。

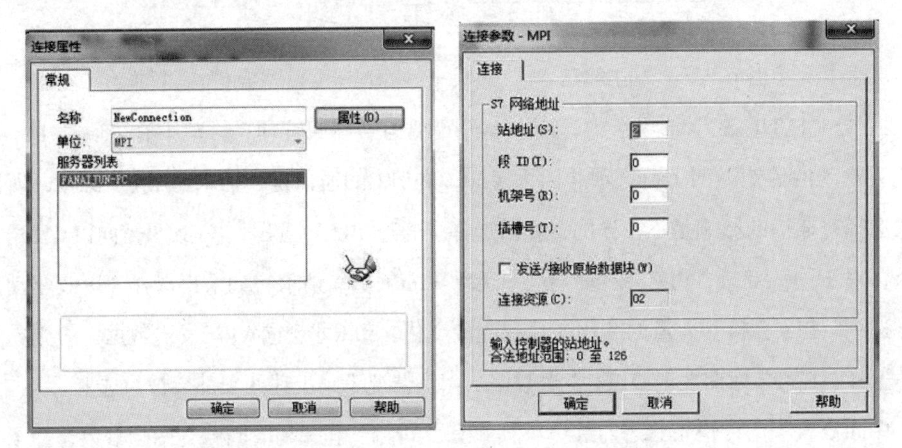

图4-30 “连接属性”对话框　　图4-31 “Connection Parameter-MPI”对话框

1. WinCC使用CP5611通信卡与SIMATIC S7 PLC的PROFIBUS通信

（1）PC上CP5611通信卡的安装和设置

在PC的插槽中插入通信卡CP5611，在PC的控制面板中选择“Set PG/PC Interface”，打开设置对话框，在“Access Point of the Application”的下拉列表中选择“CP_L2_1：”，而后在“Interface Parameter Assignment Used”的下拉列表中选择“CP5611（PROFIBUS）”，而后“Access Point of the Application”中将显示“CP_L2_1：→CP5611（PROFIBUS）”，最后单击“确定”按钮。

（2）添加通信驱动程序和系统参数设置

在WinCC变量管理器中添加的“SIMATIC S7 Protocol Suite.chn”通信驱动程序中选择“PROFIBUS”通道单元，再用鼠标右键单击“PROFIBUS”，选择“系统参数”，打开“系统参数-PROFIBUS”设置对话框，在“单位”选项卡中，“逻辑设备名称”选择

“CP_L2_1：”。

（3）创建连接和连接设置

选择“PROFIBUS”通道单元，再用鼠标右键单击“PROFIBUS”，选择“新驱动链接…”，弹出“连接属性”对话框，单击“属性”按钮，弹出“连接-PROFIBUS”对话框。其中，站地址就是PLC的地址，机架号就是CPU所处机架号，插槽号就是CPU的槽位号，按实际情况进行相应参数的修改设置。

2. WinCC使用以太网卡与SIMATIC S7 PLC的TCP/IP通信

（1）PC上以太网卡的安装和设置

在PC的插槽中插入以太网卡，在PC的控制面板中选择“Set PG/PC Interface”，打开设置对话框，在“Access Point of the Application”的下拉列表中选择“CP-TCPIP”，而后在“Interface Parameter Assignment Used”的下拉列表中选择“CP1613 ”，而后“Access Point of the Appliation”中将显示“MPI（WinCC）→CP5611（MPI）”，最后单击“OK”按钮。

在“Access Point of the Application”的下拉列表中如果没有“CP-TCP/IP”，需要手动添加这个应用程序访问点，如图4-32所示，选中“<Add/Delete>”后，弹出“Add/Delete Access Point”对话框，如图4-33所示，在“New Access Point”中输入“CP-TCPIP”而后单击“Add”按钮，应用程序访问点被添加到访问点列表中，在“Interface Parameter Assignment Used”的下拉列表中选择所使用的以太网卡的名称，而后“Access Point of the Application”中将显示相应内容。最后单击“OK”按钮。

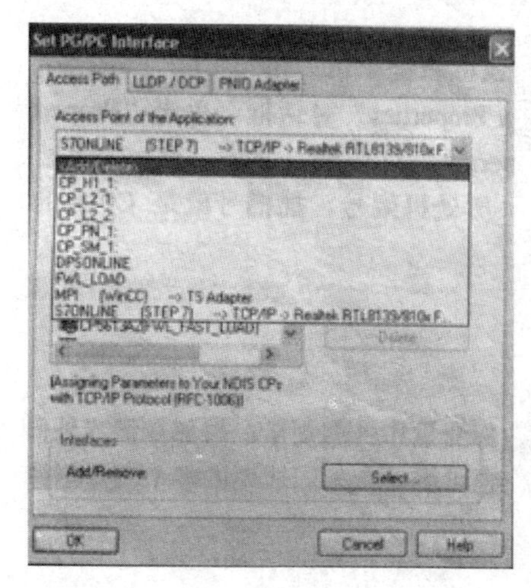

图4-32 “Set PG/PC Interface”对话框

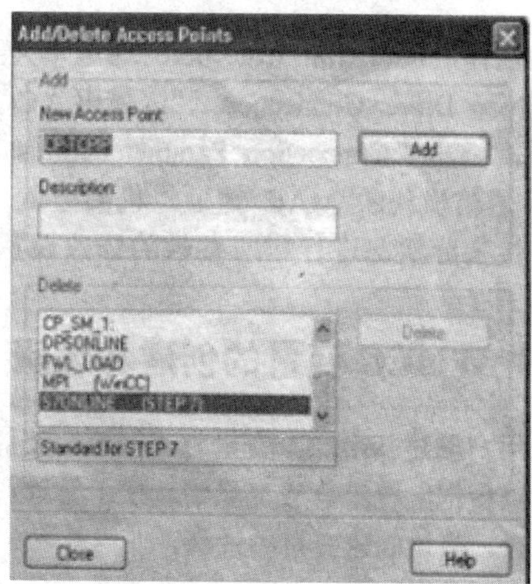

图4-33 Add/Delete Access Point

（2）设置IP地址

设置安装有WinCC计算机的Windows操作系统的TCP/IP参数，将WinCC组态计算机的IP地址设置成和PLC以太网通信模块或者PN-IO的IP地址保证是一个网段，注意子网掩码的设置。如图4-34和图4-35。

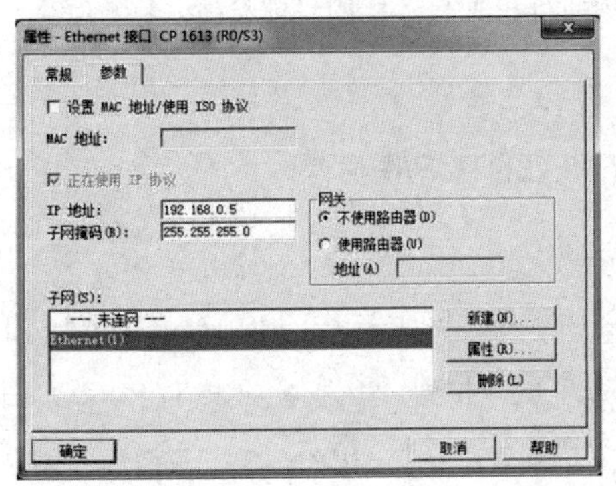

图4-34 WinCC组态计算机的IP地址设置

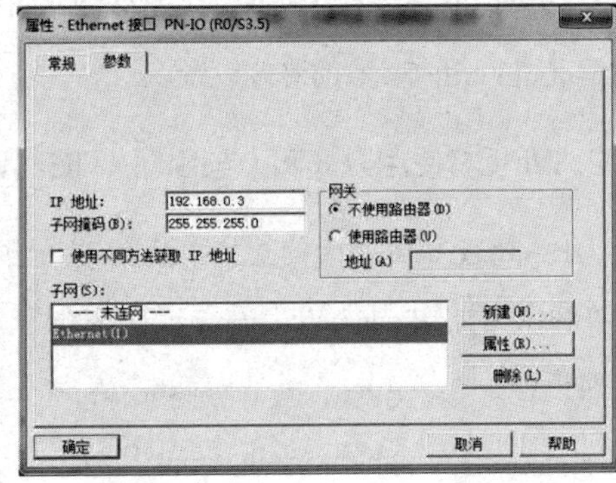

图4-35 PLC PN-IO的IP地址设置

（3）添加通信驱动程序和系统参数设置

在WinCC变量管理器中添加的“SIMATIC S7 Protocol Suite.chn”通信驱动程序中选择“TCP/IP”通道单元，再用鼠标右键单击“TCP/IP”，选择“系统参数”，打开“系统参数-TCP/IP”设置对话框，在“单位”选项卡中，“CP类型/总线结构”选择“TCP/IP”。“逻辑设备名称”选择“TCP/IP（Auto） -> Intel（R） 82567LM Gigab…”，如图4-36所示。

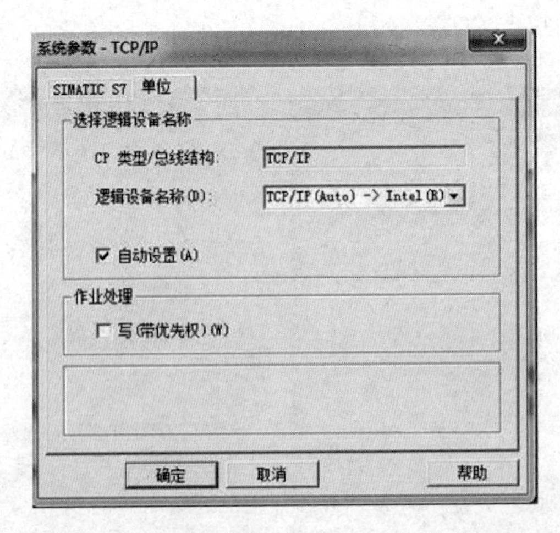

图4-36 “系统参数-TCP/IP”设置对话框

（4）创建连接和连接设置

选择“TCP/IP”通道单元，再用鼠标右键单击“TCP/IP”，选择“添加新连接…”，弹出“连接属性”对话框，单击“属性”按钮，弹出“连接参数-TCP/IP”对话框。其中，IP地址就是PLC的PN模块或以太网通信模块的IP地址，机架号就是CPU所处机架号，插槽号就是CPU的槽位号。按实际情况进行相应参数的修改设置。如图4-37所示。

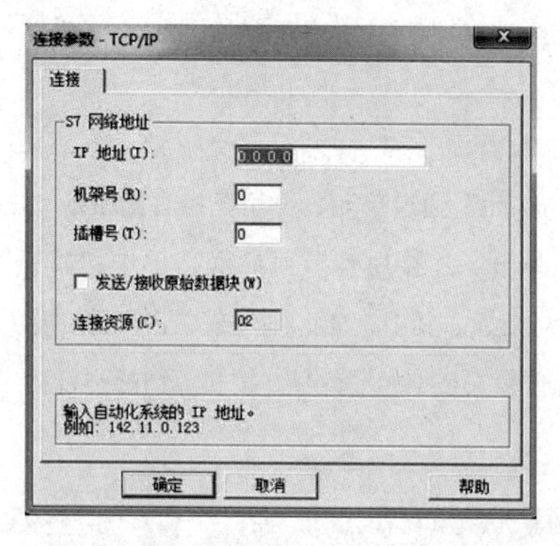

图4-37　“连接参数-TCP/IP”对话框

3. WinCC使用以太网卡与SIMATIC S7 PLC的Industrial Ethernet通信

（1）PC上以太网卡的安装和设置

在PC的插槽中插入以太网卡，在PC的控制面板中选择“Set PG/PC Interface”，打开设置对话框，在“Access Point of the Application”的下拉列表中选择“CP_H1_1：”，而后在“Interface Parameter Assignment Used”的下拉列表中选择所使用的以太网卡的名称，而后“Access Point of the Application”中将显示相应内容，最后单击“确定”按钮。如图4-38所示。

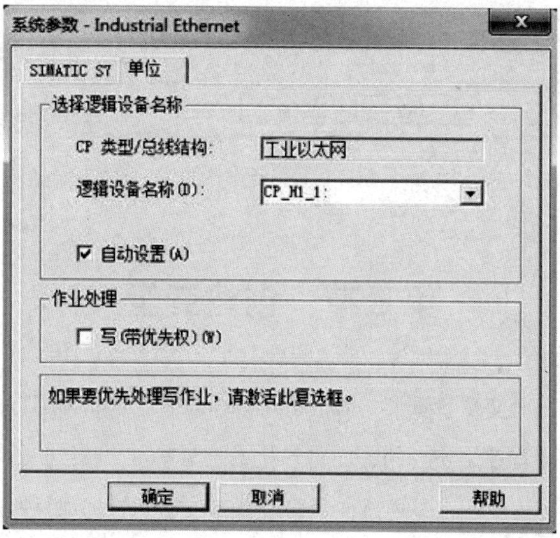

图4-38　“系统参数-Industrial Ethernet”设置对话框

（2）添加通信驱动程序和系统参数设置

在WinCC变量管理器中添加的“SIMATIC S7 Protocol Suite.chn”通信驱动程序中选择“Industrial Ethernet”通道单元，再用鼠标右键单击“Industrial Ethernet”，选择“系统参数”，打开“系统参数-Industrial Ethernet”设置对话框，在“单位”选项卡中，“逻辑设备名称”选择“CP_H 1_1：”。

（3）创建连接和连接设置

选择“Industrial Ethernet”通道单元，再用鼠标右键单击“Industrial Ethernet”，选择“新设备连接…”，弹出“连接属性”对话框，单击“属性”按钮，弹出“连接参数-Industrial Ethernet”对话框。其中，MAC地址就是PLC通信模块的MAC地址，机架号就是CPU所处机架号，插槽号就是CPU的槽位号。按实际情况进行相应参数的修改设置。如图4-39所示。

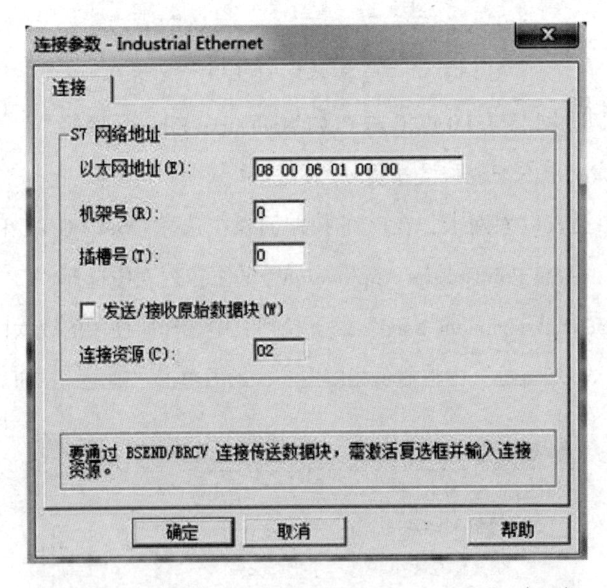

图4-39 “连接参数-Industrial Ethernet”对话框

第三节 创建变量

WinCC的变量系统是变量管理器（Tag Management）。WinCC运行系统与自动化系统间的通信是依靠通信驱动程序来实现的，而自动化系统与WinCC项目间的数据交换是通过外部变量来实现的。在WinCC中，正是通过变量管理器来组态和管理项目所需要的变量和通信驱动程序。

一、变量的功能类型

1. 外部变量

外部变量就是过程变量，它有一个在WinCC项目中使用的变量名以及一个与外部自动化系统（如PLC）连接的数据地址，外部变量正是通过其数据地址与自动化系统进行数据通信的。WinCC可以通过外部变量采集外部自动化系统的过程数据，也可以通过外部变量控制外部自动化系统，即WinCC通过外部变量实现对外部自动化系统的监测和控制。

外部变量在其所属的通道驱动程序的通道单元下的连接目录下创建，外部变量的使用数量由Power Tags授权限制，最小是128个，最大是256K个（1K=1024），因此，用户必须根据项目的实际需要配置相应的Power Tags授权数目。

SH23B梗丝低速气流干燥系统使用的是“WinCC使用以太网卡与SIMATIC S7 PLC的TCP/IP通信”方式，所以，外部变量是在通道驱动程序“SIMATIC S7 Protocol Suite”的通道单元“TCP/IP”下的连接目录下创建——SH23B，如图4-40所示。

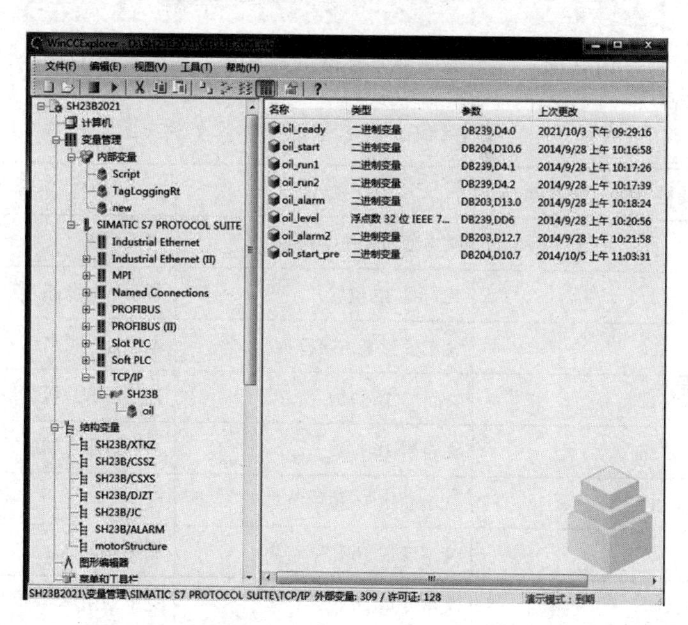

图4-40 SH23B梗丝低速气流干燥系统的外部变量

2. 内部变量

内部变量不连接到外部自动化系统，因此没有对应的过程驱动程序和通道单元，也不需要建立相应的通道连接，内部变量可以用于管理WinCC项目中的数据或将数据传送给归档，内部变量在变量管理器的“内部变量”目录中创建，其创建的数目不受限制。

3. WinCC系统变量

WinCC系统预先定义好的以“@”字符开头的变量，称为系统变量。它们是由WinCC 自动创建的，用户不能创建，但是可以读取它们的值。每个系统变量均有明确的定义，一般用来表示WinCC运行的状态。“内部变量”目录系统自带一些系统变量，如图4-41所示，其含义见表4-3。另外，还包括Script和Tag Logging Rt两个变量组，其中变量含义见表4-4和表4-5。

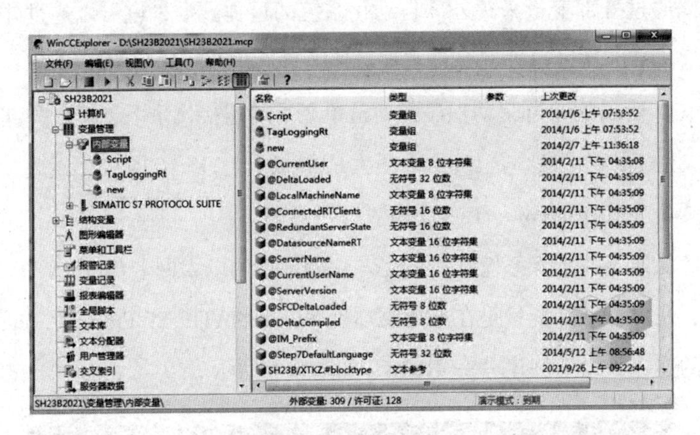

图4-41 “内部变量”目录系统自带“系统变量”

表4-3 “内部变量”目录系统自带“系统变量”的含义

变量名称	类型	含义
@Current User	文本变量 8 位字符集	当前用户
@Delta Loaded	无符号 32 位数	指示下载状态
@Local Machine Name	文本变量 8 位字符集	本地计算机名称
@Connected RT Clients	无符号 16 位数	连接的客户机数量
@Redundant Server State	无符号 16 位数	显示该服务器的冗余状态
@Datasource Name RT	文本变量 16 位字符集	
@ServerName	文本变量 16 位字符集	服务器名称
@Current UserName	文本变量 16 位字符集	完整的用户名称

表4-4 Script 变量组相关变量含义

变量名称	类型	含义
@SCRIPT_COUNT_TAGS	无符号 32 位数	通过脚本请求的变量的当前数值
@SCRIPT_COUNT_REQUESTS_IN_QUEUES	无符号 32 位数	请求的当前数量
@SCRIPT_COUNT_ACTIONS_IN_QUEUES	无符号 32 位数	正等待处理的动作的当前数目

表4-5　Tag Logging Rt变量组相关变量含义

变量名称	类型	含义
@TLGRT_SIZEOF_NOTIFY_QUEUE	64 位浮点数	此变量包含 Client Notify 队列中条目的当前数量，所有的本地趋势和表格窗口通过此队列接收当前数据
@TLGRT_SIZEOF_NLL_INPUT_QUEUE	64 位浮点数	此变量包含了标准 DLL 队列中条目的当前数量，此队列用于存储通过原始数据变量建立的值
@TLGRT_TAGS_PER_SECOND	64 位浮点数	此变量每秒周期性地将变量记录的平均归档率指定为一个归档变量
@TLGRT_AVERAGE_TAGS_PER_SECOND	64 位浮点数	此变量在启动运行系统后，每秒周期性地将变量记录的平均归档率的算术平均值指定为一个归档变量

4. S7系统变量

基于TIA（全集成自动化）的项目，在编译完成OS站后，STEP7会向WinCC传递系统变量，包括PLC变量、归档和报警等，S7系统变量默认以“S7$Program”开头。

5. 系统信息变量

在WinCC的系统信息通道下，可建立专门记录系统信息的变量，系统信息功能包括：在过程画面中显示时间、通过在脚本中判断系统信息来触发事件、在趋势图中显示CPU负载、显示和监控多用户系统中不同服务器上可用的驱动器的空间、触发消息。系统信息通道可用的系统信息如下：

（1）日期、时间。

（2）年、月、日、星期、时、分、秒、毫秒。

（3）计数器。

（4）定时器。

（5）CPU负载。

（6）空闲驱动器空间。

（7）可用的内存。

（8）打印机监控。

6. 脚本变量

脚本变量是在WinCC的全局脚本及画面脚本中定义并使用的变量。它只能在其定义所规定的范围内使用。

二、变量的数据类型

创建WinCC变量时，除了要给变量指定一个变量名外，还必须定义该变量的数据类型。由于外部变量通过数据地址与自动化系统的相应的数据区相关联，因此外部变量的数据类型必须与自动化系统中的数据类型相匹配，主要是占用存储空间的字节数以及取值范围要匹配。

WinCC变量按照数据类型大致可以分为数值型变量、字符串型变量、文本参考型变量、原始数据类型变量和结构类型变量。

1. 数值型变量

数值型变量是组态WinCC项目过程中最常用的数据类型。创建数值型外部变量时，WinCC数值型变量的类型声明可能会与自动化系统中所使用的数据类型声明不一样，因此必须注意匹配问题。表4-6对比了各种数值型变量在WinCC、STEP7以及WinCC的C脚本中创建时的类型声明。

表4-6　数值型变量的WinCC、STEP 7和C脚本变量类型声明

变量类型名称	WinCC 变量	STEP 7 变量	C 脚本变量	取值范围
二进制变量	Binary Tag	BOOL	BOOL	TRUE 和 FALSE（1 和 0）
有符号 8 位数	Signed 8-bit Value	BYTE	char	-128 ~ 127
无符号 8 位数	Unsigned 8-bit Value	BYTE	Unsigned char	0 ~ 255
有符号 16 位数	Signed 16-bit Value	INT	short	-32768 ~ 32767
无符号 16 位数	Unsigned 16-bit Value	WORD	Unsigned short，WORD	0 ~ 65535
有符号 32 位数	Signed 32-bit Value	DINT	int	-2147483648 ~ 2147483647
无符号 32 位数	Unsigned 32-bit Value	DWORD	Unsigned int，DWORD	0 ~ 4294967295
32 位浮点数	Floating-point 32-bit IEEE 754	REAL	float	± 3.402823E+38
64 位浮点数	Floating-point 64-bit IEEE754		Double	± 1.79769313486231E+308

2. 字符串型变量

WinCC使用的字符串型变量根据可表示的字符集分为8位字符集文本变量和16位字符集文本变量两种。

（1）8位字符集文本变量：该变量中必须显示的每个字符将为一个字节长。使用8位字符集，可显示ASCII字符集。

（2）16位字符集文本变量：该变量中必须显示的每个字符将为两个字节长。使用16位

字符集，可显示Unicode字符集。

3. 原始数据类型变量

原始数据类型变量是WinCC的一种允许用户自定义的数据类型变量。它多用于数据报文或用于从自动化系统传送数据块和将用户数据块传送到自动化系统。

外部和内部“原始数据类型”变量均可在WinCC变量管理器中创建。原始数据变量的格式和长度均不是固定的，其长度范围为1～65535个字节。它既可以由用户来定义，也可以是特定应用程序的结果。原始数据类型变量的内容是不固定的，只有发送者和接受者能解释原始数据变量的内容，WinCC不能对其进行解释。

原始数据类型变量无法在WinCC的“图形编辑器”中显示，主要用于WinCC的以下功能模块中：

（1）报警记录：用于与具有消息的自动化系统上的消息块进行数据交换，以及消息系统的确认处理。

（2）全局脚本：使用“Get/SetTagRaw”函数进行数据交换。

（3）变量记录：用于过程值归档中具有过程控制变量的过程控制归档。

（4）用户归档：用于WinCC与自动化系统之间的作业、数据以及过程确认的传送。

4. 文本参考型变量

文本参考型变量指的是WinCC文本库中的条目。只可将文本参考组态定为内部变量。例如，当希望交替显示不同语言的文本块时，可使用文本参考型变量，并将文本库中条目的相应文本ID分配给该变量。

5. 结构类型变量

结构类型同样是WinCC提供的一种自定义数据类型，类似于C语言的结构体类型，是一种复合数据类型，包括多个结构元素。通过使用结构类型，用户仅执行一个操作便能同时创建该结构类型的多个变量。使用结构类型可创建内部变量和外部变量，表4-7对结构类型变量涉及的几个概念进行了解释。

表4-7　结构类型变量相关概念注解

概念名称	定义
结构类型	描述具有相同属性的多个对象，属性由结构元素描述和定义，至少包含一个结构元素
结构元素	结构类型的组件，每一个结构元素描述一种属性，需配置结构元素名和数据类型
结构实例	通过结构类型创建的按照结构类型定义的对象，需指定实例名（类似于变量名）
结构变量	结构变量的模板是结构元素，结构变量的名称由所使用的结构实例名称和结构元素名称组成，中间由“.”隔开

三、WinCC变量的创建

用户按照需要可创建内部变量和外部变量，内部变量或外部变量都可以根据主题组合成变量组，便于管理和查找，也可将具有相同属性的多个变量创建为结构变量、简化创建变量的过程。

变量具有变量名、地址、限制值、起始值、替换值、数据类型、调整格式、线性标定等属性。变量的这些属性可以在创建它们的过程中进行设置。

1. 创建外部变量

创建外部变量之前，必须安装通信驱动程序，并创建与PLC的连接，详细过程见“WinCC通信”。

WinCC使用以太网卡与自动化系统的PLC建立TCP/IP通信后，如图4-42所示，用鼠标右键单击通道单元“TCP/IP”，点击“新驱动程序的连接”，在“连接属性”对话框中，名称输入“SH23B”，然后点击“属性”按钮。在“连接参数”对话框中，IP地址就是PLC的PN模块或以太网通信模块的IP地址，机架号就是CPU所处机架号，插槽号就是CPU的槽位号，按实际情况进行相应参数的修改设置。点击“确定”按钮以后，建立了“SH23B”的连接。

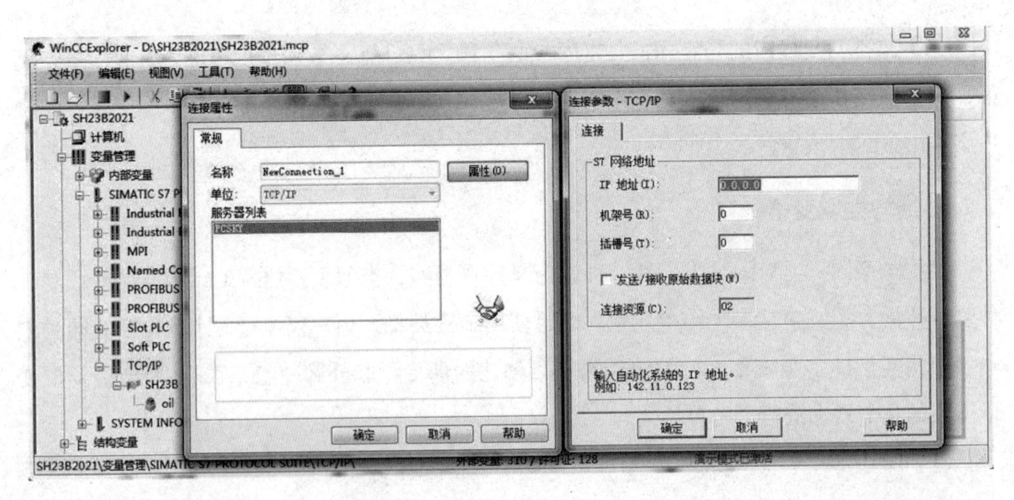

图4-42　建立“SH23B”的连接

下面以SH23B梗丝低速气流干燥系统“SH23B”中的“排潮风机电源检测”为例介绍外部变量的创建方法：

如图4-43所示，用鼠标右键单击相应链接（SH23B），并从快捷菜单中选择“新建变量…”选项，打开“变量属性”对话框，“变量属性”对话框有两个选项卡，即“常规”选项卡和“限制/报告”选项卡，如图4-44所示。

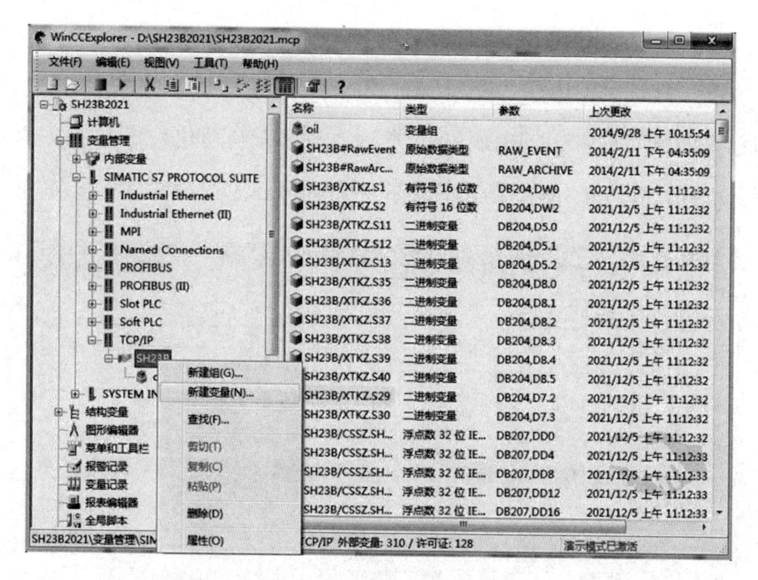

图4-43 新建外部变量

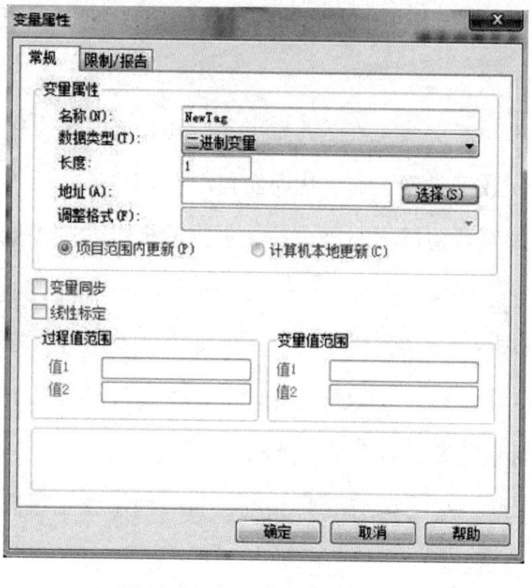

图4-44 “常规”选项卡

在“General”选项卡中，可以进行变量的变量名、地址、数据类型、类型转换、线性标定等属性的设置：

（1）变量名：“排潮风机电源检测”的变量名称在项目中是唯一的，且不区分大小写，变量名长度不能超过128个字符。

（2）数据类型：选择与自动化系统数据类型相匹配的数据类型，如图4-46所示。在此选择与“排潮风机电源检测”相匹配“二进制变量”的数据类型。

（3）地址：在自动化系统中，“排潮风机电源检测”对应的是输入点“I1.1”，如图

4–45所示。单击“选择”按钮，如图4–47所示，弹出“地址属性”对话框，在“数据”中选择“输入”，在“地址”中选择“位”，在“I”中选“1”，在“位”中选“1”，即变量“排潮风机电源检测”是和SH23B梗丝低速气流干燥系统自动化系统中“I1.1”相连接的，单击“确定”按钮，对话框关闭。新建的变量“排潮风机电源检测”在图4–48中。

SH23B (符号) -- XZ_SH23B\SH23B\CPU 416-3 PN/DP

	状态	符号 /	地址	数据类型	注释
19		CPU_FLT	OB 84	OB 84	CPU Fault
20		CSSZ	DB 207	DB 207	参数设置
21		CSXS	DB 206	DB 206	参数显示
22		CTU	SFB 0	SFB 0	Count Up
23		CYC_INT5	OB 35	OB 35	Cyclic Interrupt 5
24		CYCL_FLT	OB 80	OB 80	Cycle Time Fault
25		DI1	I 0.0	BOOL	主动力电源检测
26		DI10	I 1.1	BOOL	排潮风机电源检测
27		DI100	I 18.4	BOOL	助燃风机运行
28		DI101	I 18.5	BOOL	油气切换信号
29		DI102	I 18.6	BOOL	燃烧器运行信号
30		DI103	I 18.7	BOOL	管理器故障
31		DI104	I 19.0	BOOL	比调议超温报警
32		DI105	I 19.1	BOOL	备用

图4–45　SH23B梗丝低速气流干燥系统符号表中“排潮风机电源检测”对应的是输入点“I1.1”

（4）调整格式：WinCC中某些数据类型定义时还要同时定义格式调整。具体的“调整格式”随着上面所选择“数据类型”的变化而变化。

（5）线性标定：如果希望以不同于自动化系统所提供的过程值进行显示时，可使用线性标定。

在“限制/报告”选项卡中，可以进行变量的限制值、起始值、替换值等属性的设置：

（1）限制值：对变量的取值可设置上限值和下限值。

（2）起始值：运行系统激活后赋给变量的初始值。

（3）替换值：当出现上下限或连接出错时，可以使用预先定义的替换值来代替。使用替换值的条件可以进行勾选。

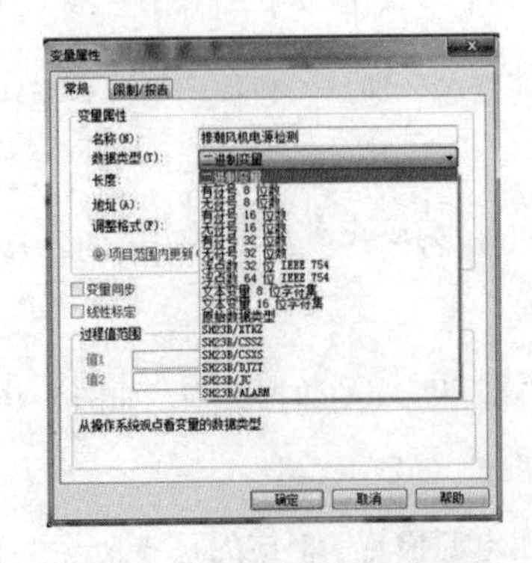

图4–46　“变量属性”对话框

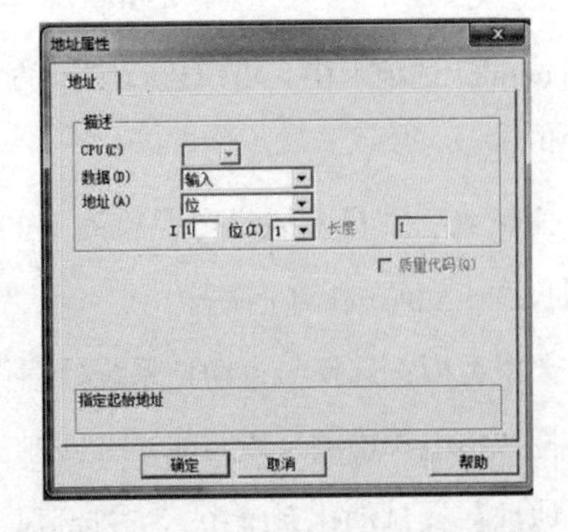

图4–47　“地址属性”对话框

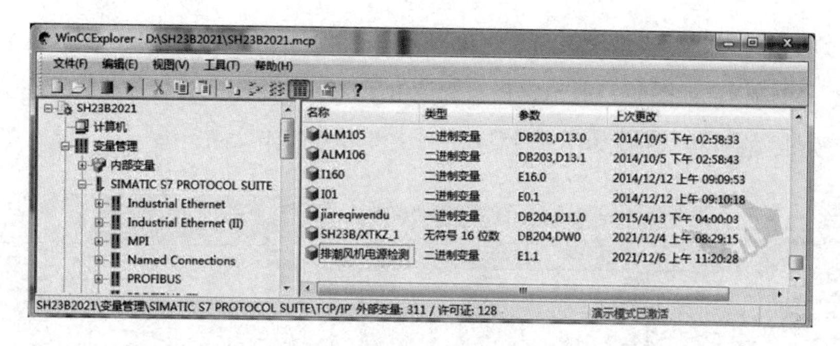

图4-48 新建的变量“排潮风机电源检测”

2. 创建内部变量

展开WinCC项目管理器的浏览窗口中的“变量管理器”，用鼠标右键单击“内部变量”，并从快捷菜单中选择“新建变量…”选项，打开“变量属性”对话框，“变量属性”对话框有两个选项卡，即“常规”选项卡和“极限/报告”选项卡，如图4–49和图4–50所示。

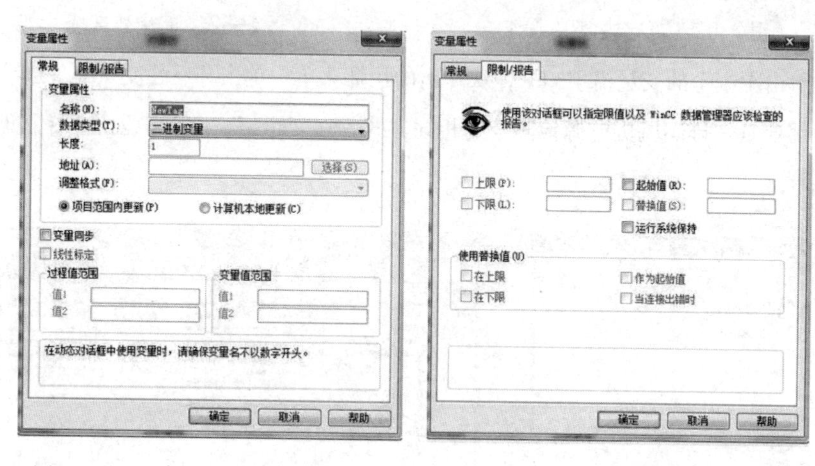

图4–49 “常规”选项卡图　　图4–50 “极限/报告”选项卡

与外部变量相比，内部变量没有地址（Address）、调整格式（Adapt format）、线性标定（Linear scaling）和替换值（Substitute value）等属性，在选项卡中不能进行相关操作，其他与外部变量相关设置相同。但是，对于内部变量，在“极限/报告”选项卡中，它具有“运行系统保持”选项，具有保留内部变量值的功能，表明对于数值型变量及字符集型变量，可以在关闭运行系统时保留内部变量的值，保存的值用作重启运行系统的起始值。

3. 创建变量组

变量组就是将一类变量创建一个组，相当于一个“文件夹”的作用，这样便于变量的管理和查找。以下将以创建一个变量组“oil”为例，说明创建变量组的过程。

如图4–51和图4–52所示，用鼠标右键单击“内部变量”（创建内部变量组）或右键单击连接（SH23B）（创建外部变量组），并从快捷菜单中选择“新建组…”选项，打开“变量组属性”对话框，如图4-53所示，将“变量组属性”对话框中的名称改为“oil”，单击“确定”按钮，在连接“SH23B”下拉菜单下面产生了变量组“oil”。

图4-51　新建内部变量组　　　　图4-52　新建外部变量组

右键单击刚产生的变量组“oil”，从弹出的快捷菜单中单击“新建变量…”选项，和上面产生外部变量“排潮风机电源检测”的相同方式，在变量组“oil”中创建了8个变量，如图4-54所示。

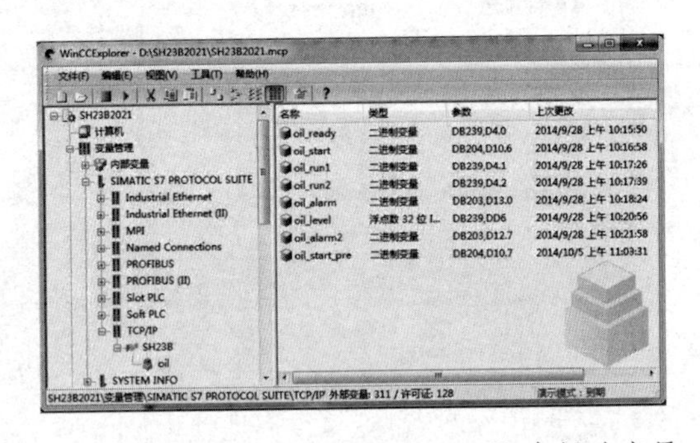

图4-53　“变量组属性”对话框　　　　图4-54　在变量组“oil”中新建变量

用户除了可在变量组中创建变量，也可在创建变量后将其移到变量组中。

4. 创建结构变量

要创建结构变量必须先创建相应的结构类型，在创建结构类型时，将创建不同的结构元素。创建变量时，可将所创建的结构类型分配为数据类型，从而可创建在结构类型中定义的所有结构元素所对应的变量。图4-55中是SH23B梗丝低速气流干燥系统创建的六个结构类型：“SH23B/XTKZ”“SH23B/CSSZ”“SH23B/CSXS”“SH23B/DJZT”“SH23B/JC”“SH23B/ALARM”。

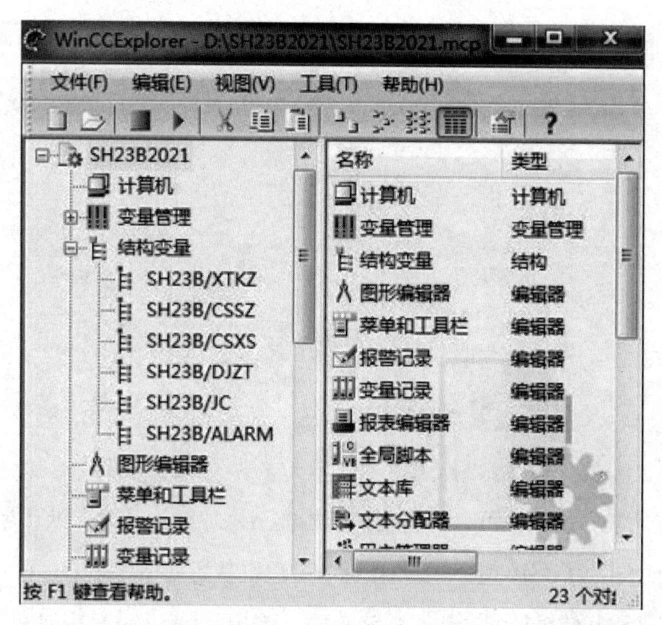

图4-55　SH23B梗丝低速气流干燥系统创建的六个结构变量

（1）创建结构类型“SH23B/XTKZ”

用鼠标右键单击项目管理器浏览窗口的“结构变量”，在弹出的菜单中选择“新建结构类型”，如图4-56所示。打开“结构属性”对话框，如图4-57所示，列表框中“New Structure”为新建的结构类型名称，用鼠标右键单击该名称，在弹出的菜单中选择“重命名”为其分配一个新的名称：“SH23B/XTKZ”。

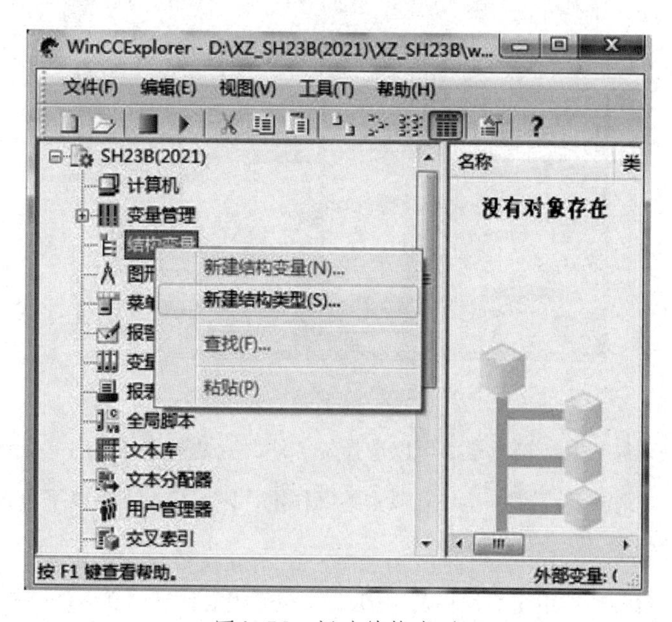

图4-56　新建结构类型

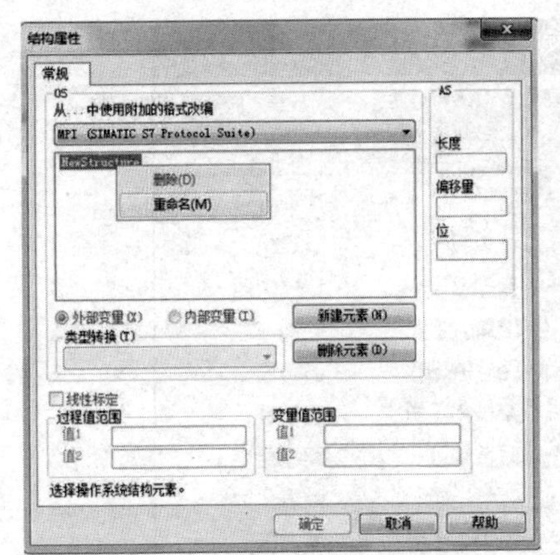

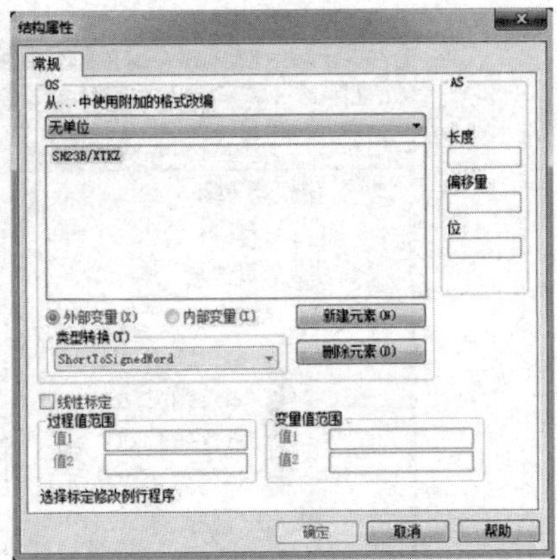

图4-57 结构类型重命名和新名称“SH23B/XTKZ”

单击“新建元素”按钮，可以为新建的结构类型添加结构元素，默认名称为“SHORT New Tag”，数据类型为“SHORT”，用鼠标右键单击新建的结构元素，在弹出的菜单中可以修改结构元素名称和数据类型，如图4-58所示。选中已经添加的结构元素，然后单击“删除元素”按钮，可以删除该结构元素。

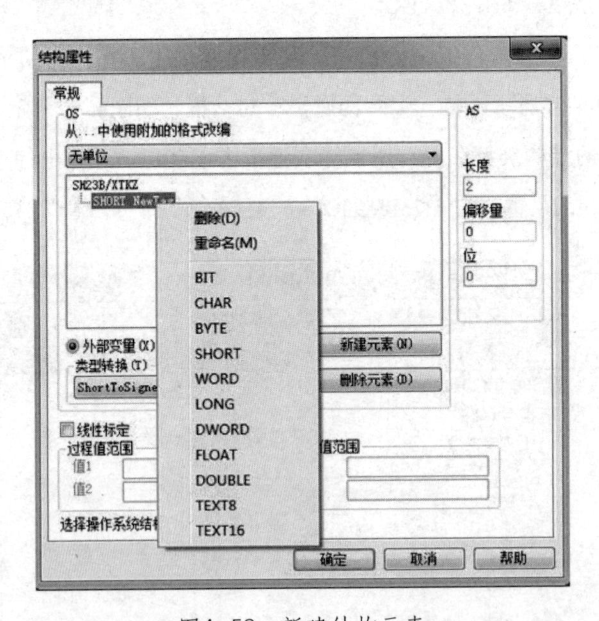

图4-58 新建结构元素

结构类型中的每一个结构元素都可以选择是“外部变量”或是“内部变量”。如果选择为“外部变量”，则需要设置在“AS”段中的偏移量，该偏移量确定以字节为单位的结构元素与起始地址的距离。

所有结构元素添加并编辑后，单击“OK”按钮关闭对话框。新建的结构类型“SH23B/XTKZ”将出现在项目管理器浏览窗口的“结构变量”目录下。如图4-59所示。

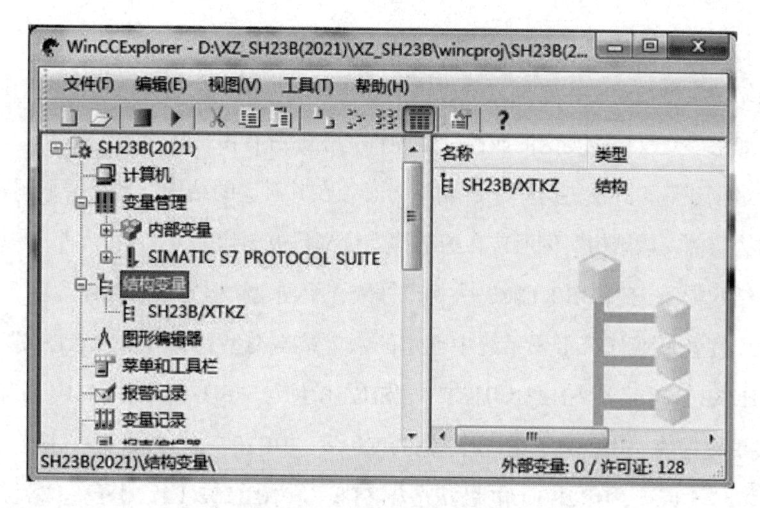

图4-59　创建的结构类型

（2）创建结构变量

创建结构数据类型后，就可以创建结构变量了。由于结构类型中包含有多个元素，一个结构元素对应的是一个结构变量，因此会同时生成多个结构变量，该过程被称为创建一个结构实例，一个结构实例是由多个结构变量组成的。创建结构实例的过程和创建单个外部变量或内部变量的过程类似，只是在选择数据类型时选择相应的结构类型就可以了。如图4–60所示。

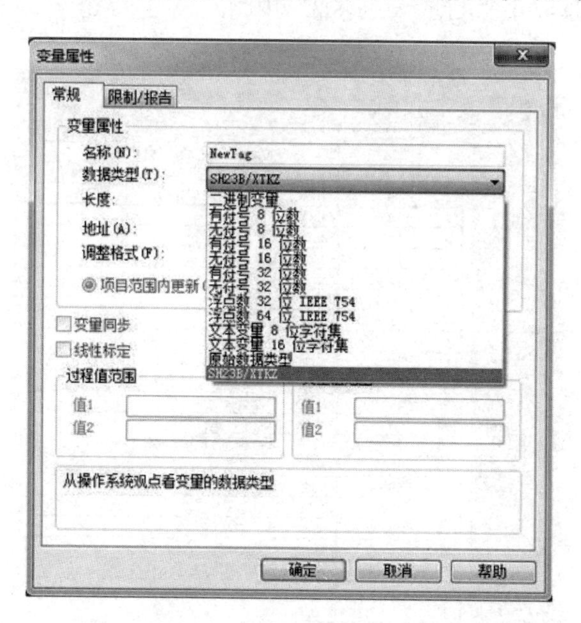

图4-60　创建结构类型实例

如果所创建的结构类型中包含类型为外部变量的结构元素，则结构类型对应的结构实例必须在相应的逻辑连接目录下创建，该实例创建后，实例中包含的类型为外部变量的结构变量存放在逻辑连接目录下。在“内部变量”目录下无法创建，类型为内部变量的结构变量在

“内部变量”目录下显示。

在应用结构类型创建结构实例之前应该完成所有的设置，随后只可修改所创建的结构变量的属性，如果要修改结构类型的属性，必须首先删除所有相关联的结构变量。

结构变量创建后，无法进行单个的删除，必须在其对应的结构类型目录下删除该结构变量所属的结构实例，该结构实例所包含的结构变量都将被删除。

下面以结构类型“SH23B/XTKZ”为例，详细介绍创建结构变量的过程。

在SH23B梗丝低速气流干燥系统中创建的六个结构类型，“SH23B/XTKZ”“SH23B/CSSZ”“SH23B/CSXS”“SH23B/DJZT”“SH23B/JC”“SH23B/ALARM”分别与自动化系统中的共享数据块“DB204（系统控制XTKZ）”“DB207（参数设置CSSZ）”“DB206（参数显示CSXS）”“DB200（电机状态DJZT）”“DB202（检测开关JC）”“DB203（ALARM）”相对应，在每一个共享数据块中的变量之所以放在一起，就是因为它们具有相似的性质，这样的特性刚好符合“结构变量”的特点。在“项目创建”栏目中介绍，为了把自动化系统中的变量传输到WinCC中，首先为“STEP 7中的变量加传输标志”，如图4–61所示。在数据块DB204中，共有31个变量做了传输标志，这和结构类型“SH23B/XTKZ”中的31个结构元素刚好相对应，如图4–62所示。所有的结构元素都要和自动化系统中的对应的变量的数据类型相一致，这样图4–62中“长度”“偏移量”和“位”才会一致。

DB204 -- "XTKZ" -- XZ_SH23B\SH23B\CPU 416-3 PN/DP\...\DB204

地址	名称	类型	初始值	注释
0.0		STRUCT		
+0.0	S1	INT	0	0闭锁，1手动，2自动
+2.0	S2	INT	0	1预热,2生产,4冷却,8清洗,0待机
+4.0	S3	BOOL	FALSE	（0本控，1远控）
+4.1	S4	BOOL	FALSE	备用
+4.2	S5	BOOL	FALSE	备用
+4.3	S6	BOOL	FALSE	备用
+4.4	S7	BOOL	FALSE	备用
+4.5	S8	BOOL	FALSE	备用
+4.6	S9	BOOL	FALSE	备用
+4.7	S10	BOOL	FALSE	备用
+5.0	S11	BOOL	FALSE	上游运行反馈显示
+5.1	S12	BOOL	FALSE	下游运行反馈显示
+5.2	S13	BOOL	FALSE	排潮运行反馈显示
+5.3	S14	BOOL	FALSE	电子秤运行反馈显示
+5.4	S15	BOOL	FALSE	油库运行反馈显示
+5.5	S16	BOOL	FALSE	预热完成
+5.6	S17	BOOL	FALSE	电加热器启动
+5.7	S18	BOOL	FALSE	预热完成显示
+6.0	S19	BOOL	FALSE	小火状态显示
+6.1	S20	BOOL	FALSE	大火状态1显示
+6.2	S21	BOOL	FALSE	大火状态2显示
+6.3	S22	BOOL	FALSE	燃烧器程控器启动
+6.4	S23	BOOL	FALSE	燃烧器程控器手动启动
+6.5	S24	BOOL	FALSE	助燃风机运行
+6.6	S25	BOOL	FALSE	燃烧器运行
+6.7	S26	BOOL	FALSE	备用
+7.0	S27	BOOL	FALSE	总故障

图4–61　数据块DB204中做了传输标志的31个变量

图4-62 与数据块DB204变量对应的31个结构元素

当结构类型的“SH23B/XTKZ”被创建以后，右键点击连接“SH23B”，选择“新建变量”，如图4-63所示，在弹出的“变量属性”对话框中，名称为“SH23B/XTKZ”，数据类型为刚创建的“SH23B/XTKZ”，如图4-64所示，单击“地址”后面的“选择”按钮，弹出图4-65的“地址属性”对话框，数据选择“DB”，DB号选择“204”，地址选择“字”，点击“确定”按钮，在数据窗口中产生了“SH23B/XTKZ.S1”“SH23B/XTKZ.S2”等31个结构型的外部变量，如图4-66所示。新产生的结构型外部变量的名称由所使用的结构实例名称“SH23B/XTKZ”和结构元素名称“S★”组成，中间由“.”隔。

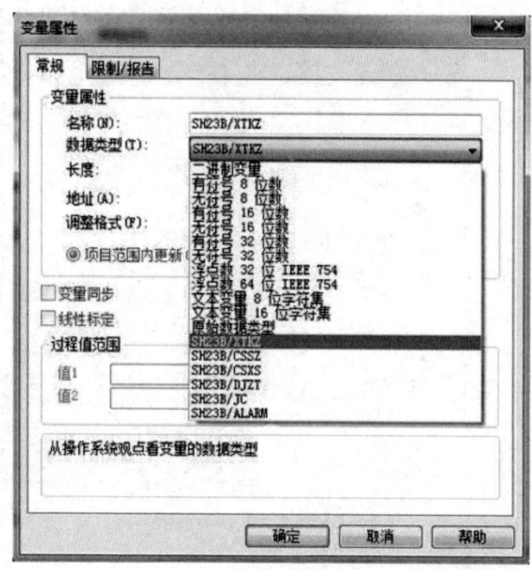

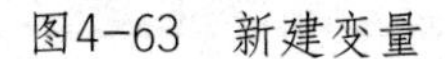
图4-63 新建变量

图4-64 变量属性

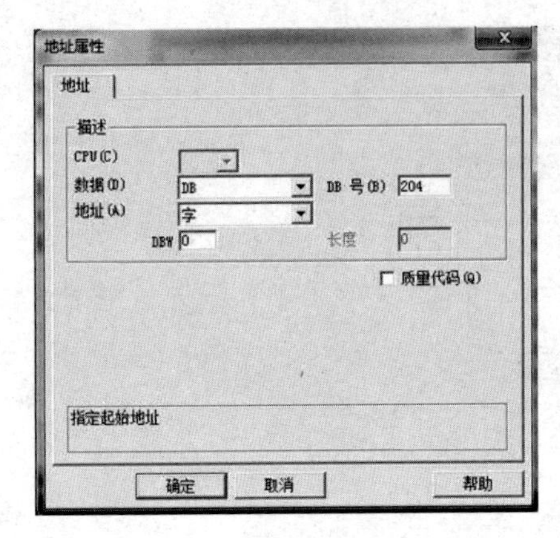

图4-65　地址属性

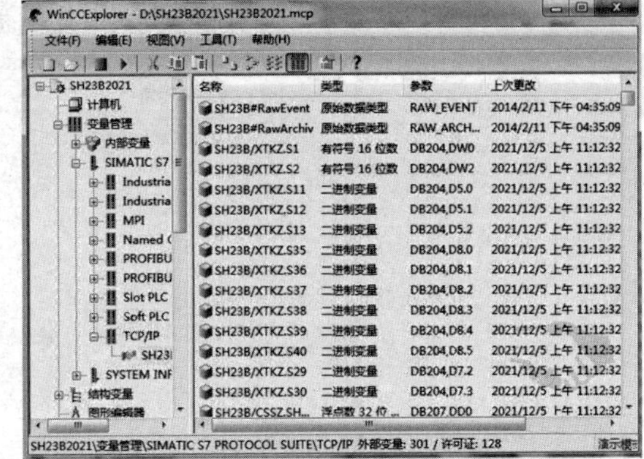

图4-66　31个结构型的外部变量

（5）创建系统信息变量

组态系统信息无须另外的硬件或授权。用鼠标右键单击“变量管理器”选择“添加新的驱动程序…”，在“添加新的驱动程序”对话框中选择“System Info.chn”，如图4-67所示，在变量管理器中增加了“System Info”通道单元。用鼠标右键单击“System Info”通道单元（系统信息）选择“新驱动程序的连接…”，打开连接属性对话框，输入连接名称“NewConnection”，单击“确定”按钮创建一个连接“NewConnection”，在这个连接下创建系统信息变量。右键单击“NewConnection”，选择“新建变量”，弹出“变量属性”对话框，单击“选择”按钮，打开“系统信息”对话框，在“函数”栏选择变量的信息类型，在“格式化”栏选择信息的显示方式，如图4-68所示。

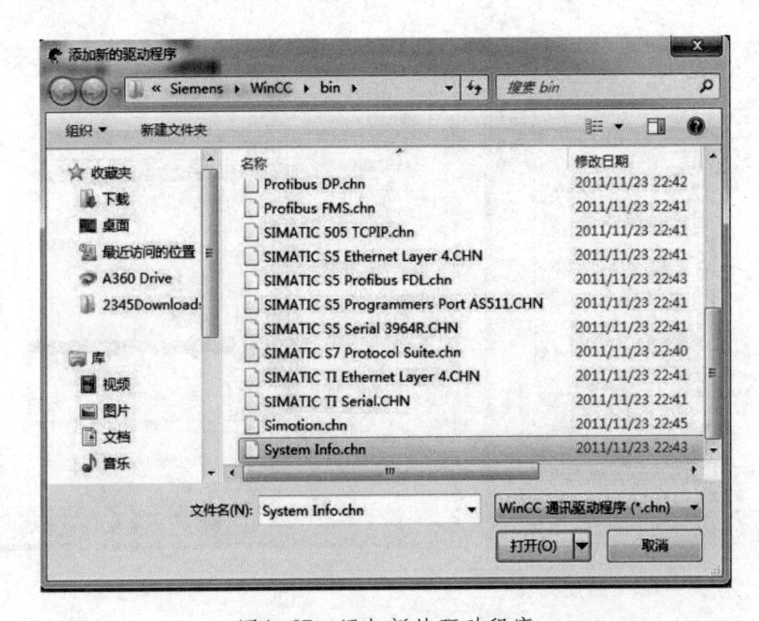

图4-67　添加新的驱动程序

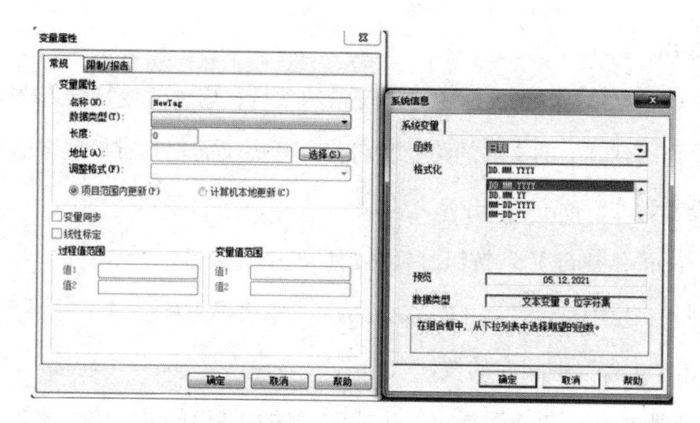

图4-68　创建系统信息变量

四、WinCC变量的导入和导出

变量的导入/导出功能可高效地处理大批量的变量，WinCC可以通过两种方法来实现变量的导入/导出功能。一种方法是通过“WinCC Smart tools”（WinCC智能工具）的变量导入/导出工具来实现，另一种方法是使用“WinCC Configuration Tools”（WinCC组态工具）在Microsoft Excel中导入/导出变量。

1.“WinCC Smart Tools”智能工具导入/导出WinCC变量

WinCC变量要使用“WinCC Smart Tools”智能工具导入/导出变量，必须首先安装了“WinCC Smart Tools”。

单击Windows“开始”菜单，并选择“所有程序”→“SIMATIC”→“WinCC”→“Tools”→“TAG EXPORT IMPORT”，可以启动“变量导入/导出”工具，如图4-69所示。在使用“变量导入/导出”智能工具导入或导出变量时，WinCC项目必须处于打开并取消激活的状态。

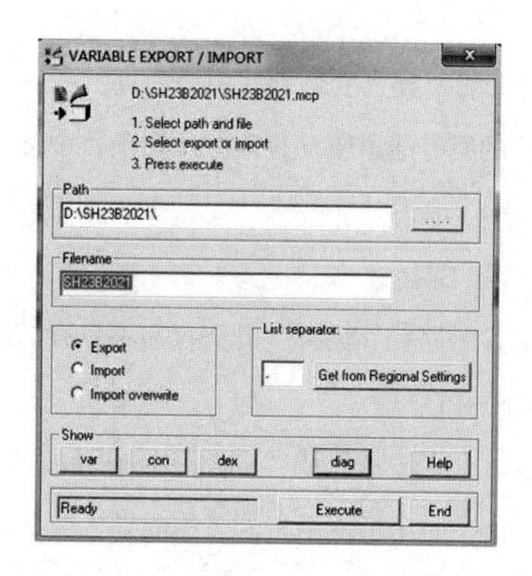

图4-69　“变量导入/导出”智能工具

（1）变量导出

① 首先启动WinCC并打开想要从中导出变量的项目，启动“变量导入/导出”工具。

② 选择想要导出到其中的文件的路径和名称。开头仅需不具有扩展名的文件名称。

③ 将模式设置为“Export（导出）”。

④ 单击“Execute（执行）”按钮，确认消息框中的条目。

⑤ 一直等到状态栏中显示“End Export Import（结束导出/导入）”。

⑥ 通过单击“Show”中相应的按钮“var”（变量）“con”（连接）“dex”（结构）和“diag”（记录册），可以查看导出后生成的文件。导出的SH23B梗丝低速气流干燥系统的部分变量，如图4-70所示。

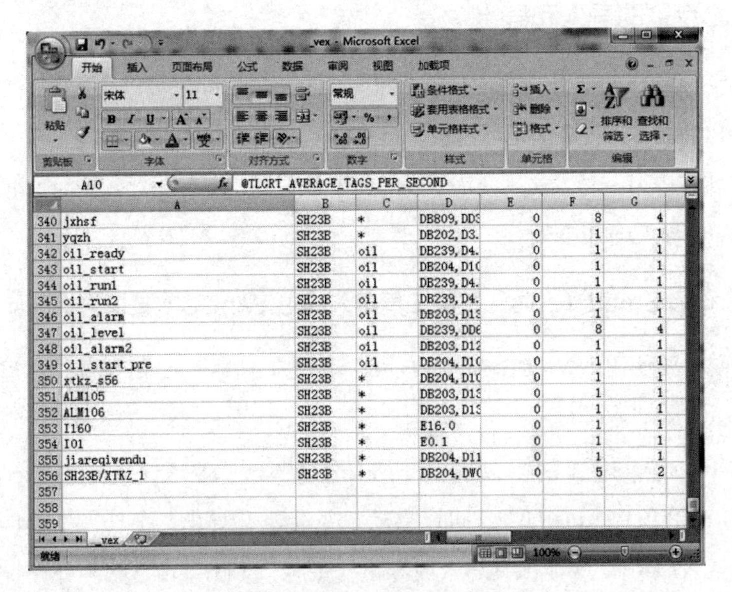

A10 @TLGRT_AVERAGE_TAGS_PER_SECOND

	A	B	C	D	E	F	G
340	jxhsf	SH23B	*	DB809, DD3	0	8	4
341	yqzh	SH23B	*	DB202, D3.	0	1	1
342	oil_ready	SH23B	oil	DB239, D4.	0	1	1
343	oil_start	SH23B	oil	DB204, D10	0	1	1
344	oil_run1	SH23B	oil	DB239, D4.	0	1	1
345	oil_run2	SH23B	oil	DB239, D4.	0	1	1
346	oil_alarm	SH23B	oil	DB203, D13	0	1	1
347	oil_level	SH23B	oil	DB239, DD6	0	8	4
348	oil_alarm2	SH23B	oil	DB203, D12	0	1	1
349	oil_start_pre	SH23B	oil	DB204, D10	0	1	1
350	xtkz_s56	SH23B	*	DB204, D10	0	1	1
351	ALM105	SH23B	*	DB203, D13	0	1	1
352	ALM106	SH23B	*	DB203, D13	0	1	1
353	I160	SH23B	*	E16.0	0	1	1
354	I01	SH23B	*	E0.1	0	1	1
355	jiareqiwendu	SH23B	*	DB204, D11	0	1	1
356	SH23B/XTKZ_1	SH23B	*	DB204, DW0	0	5	2
357							
358							
359							

图4-70　导出SH23B梗丝低速气流干燥系统的变量

（2）变量导入

① 首先启动WinCC并打开想要导入变量到其中的项目。

② 将要导入连接到其中的所有通道驱动程序必须在项目中都可用。如果需要，将缺少的驱动程序添加到项目中。

③ 启动“变量导入/导出”工具。

④ 选择想要从中导入文件的路径和名称。开头仅需不具有扩展名的文件名称。使用选择对话框时，单击三个导出文件中的一个。

⑤ 将模式设置为“Import（导入）”或“Import Overwrite（导入重写）”。在“导入重写”模式中，目标项目中已存在的变量使用相同名称的导入变量进行重写。在“导入”模式中，一条消息将写到日志文件中，目标项目中的变量保持不变。

⑥ 单击“Execute（执行）”按钮，确认消息框中的信息。

⑦ 一直等到状态栏中显示“End Export/Import（结束导出/导入）”。

⑧ 在WinCC变量管理器中查看生成的数据。

2.“WinCC Configuration Tool”在Microsoft Excel中导入/导出变量

在WinCC安装光盘中，安装了“WinCC Configuration Tool”后，在Microsoft Excel的菜单栏的“加载项”中新增了“WinCC”菜单，在Microsoft Excel中可以打开WinCC项目中的变量列表，如图4-71所示。

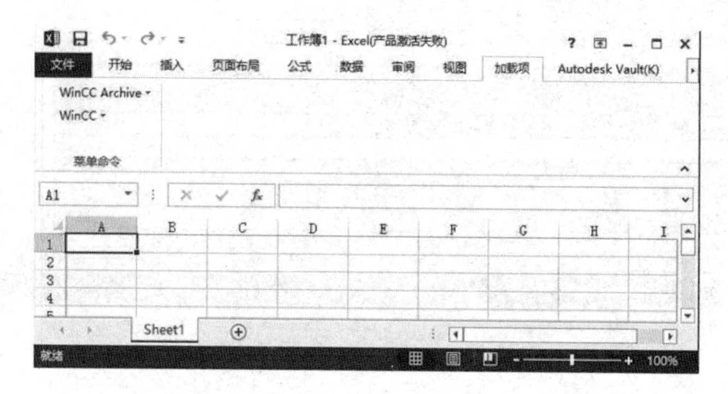

图4-71 Microsoft Excel新增的WinCC菜单

单击“WinCC”菜单中的“Create project folder”，将打开“New project folder”对话框。在该对话框中，可以建立一个新的WinCC项目的连接（“Establish connection to new project”）（如图4-72），也可以建立已存在的WinCC项目的连接（“Establish connection to existing project”）。如果WinCC处于打开状态且存在打开的项目，在对话框中选择“Establih connection to existing project”选项并单击“Continue”按钮，则在接下来的对话框中自动显示WinCC已经打开的项目的路径。单击“Complete（完成）”按钮，即可在Microsoft Excel中打开此WinCC项目中的列表。选择“Tags”选项，可以查看导出到Microsoft Excel列表中的WinCC项目变量，如图4-73所示。

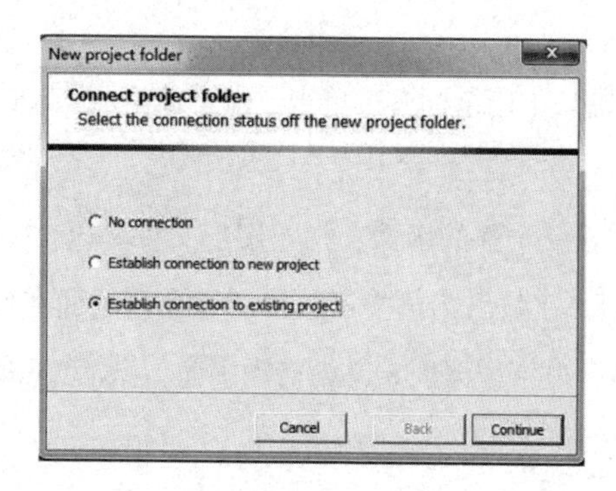

图4-72 “New project folder”对话框

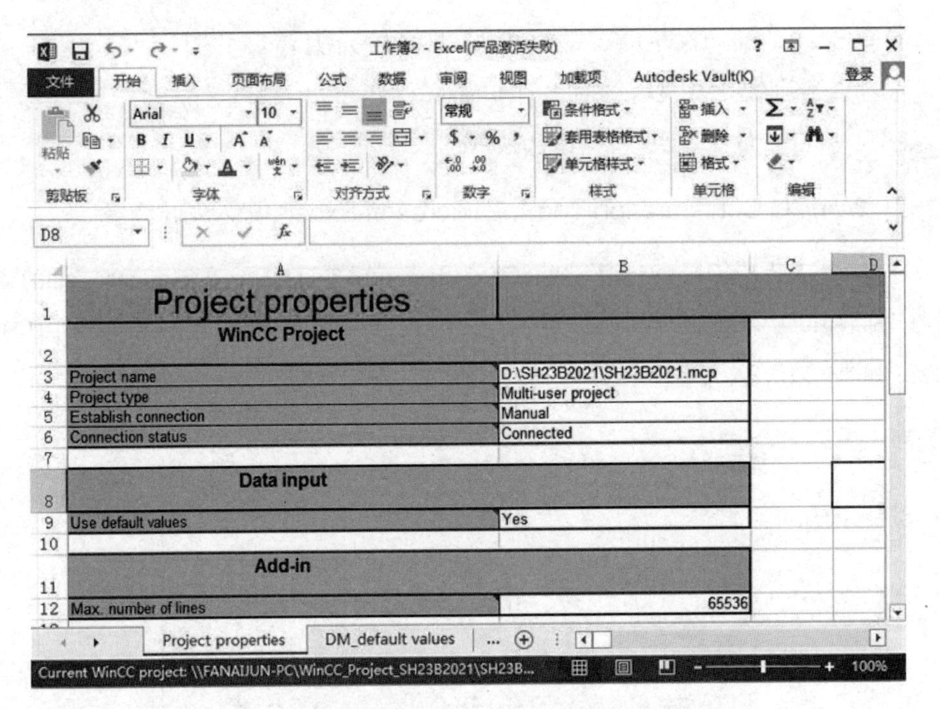

图4-73　Microsoft Excel中WinCC项目变量表

第四节　生产画面

在SH23B梗丝低速气流干燥系统的图形编辑器中，一共有19个画面。

一、WinCC图形编辑器

WinCC图形编辑器是创建过程画面并使其动态化的编辑器。WinCC项目管理器可以显示当前项目中可用画面的总览。WinCC项目管理器所编辑的画面文件的扩展名为“.PDL”，WinCC项目所创建的画面保存在项目目录“GraCS”文件夹中，项目之间的画面复制可通过此文件夹进行复制。

在WinCC项目浏览器窗口中用鼠标右键单击“图形编辑器”（Graphics Designer），在弹出菜单中选择

“新建画面”，将创建一个新的画面，初始图形文件名以“New.Pdl”开始排序，如图4-74所示。单击画面名称，在弹出菜单中可选择“重命名画面”修改画面的名称。如果选择“定义画面为启动画面”可将该画面定义为启动画面，激活WinCC运行系统时将首先进入该画面。

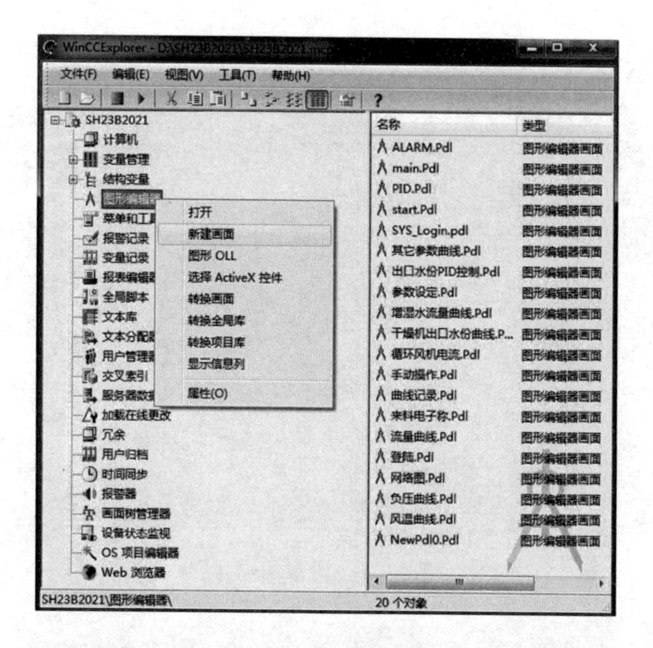

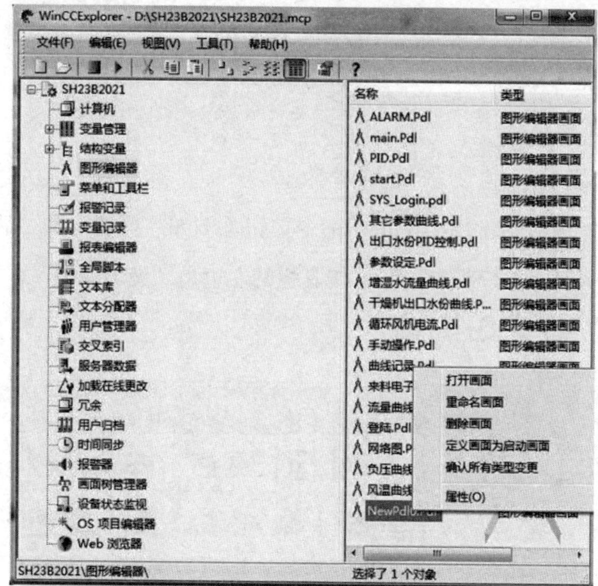

图4-74　新建画面

1. 图形编辑器的组成

双击刚创建图形画面名称“NewPdl0.PDL”，或双击浏览窗口中的“图形编辑器”等可以进入图形编辑器的组态界面。打开的图形编辑器界面如图4-75所示，其中集成了图形画面编辑的常用工具和选项板。在图形编辑器的菜单栏中选择“视图”→“工具栏”，在弹出的“工具栏”对话框中可以设置打开或隐藏各种工具和选项板。

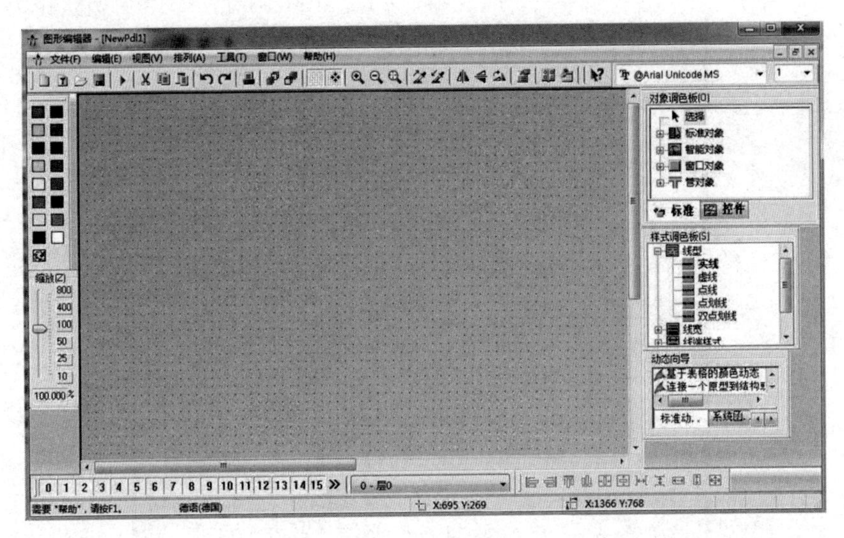

图4-75 图形编辑器

（1）绘图区

绘图区位于图形编辑器的中央，在绘图区中，水平方向为X轴，垂直方向为Y轴，画面的左上角为坐标原点（X=0，Y=0），坐标以像素为单位。在绘图区中可插入图形对象、改变图形对象和组态图形对象。

（2）标准工具栏

标准工具栏的按钮包括常用的Widows命令按钮（例如“剪切”和“插入”）和图形编辑器的特殊按钮（例如“运行系统”）。工具栏的左边是“夹形标记”，它可用于将工具栏移动到画面的任何位置，如图4–76所示。

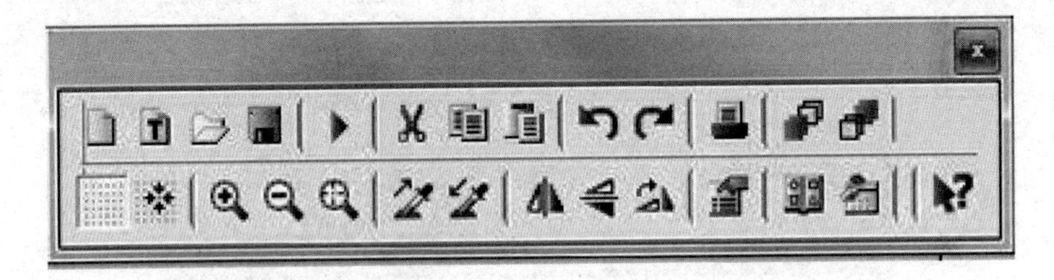

图4-76 标准工具栏

（3）对象选项板

对象选项板中包含了在组态过程画面中频繁使用的各种类型的对象，包括“标准”和“控件”两个选项卡，如图4–77所示。

①“标准”选项卡

“标准”选项卡中包含四类画面对象：标准对象、智能对象、窗口对象和管对象。

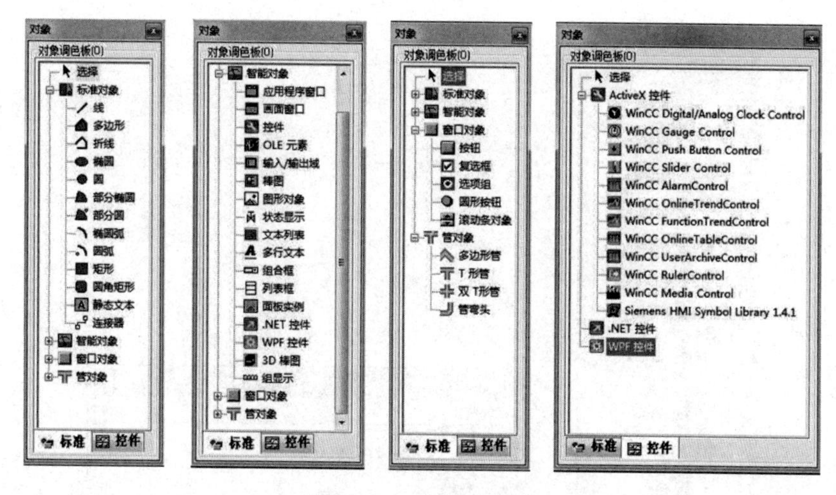

图4-77　对象选项板

标准对象：包含用于生成复杂图形的各种基本图形（例如线条、多边形、椭圆、圆、矩形）以及可以作为生成对象的文字标题的静态文本。

智能对象：提供了创建复杂过程画面的画面对象，这些对象预定义了一些属性，用户只需设置相应的参数或进行相应的组态就可以使其动态化。智能对象是组态过程画面过程中最常用的一类画面对象之一。例如， 应用程序窗口、画面窗口、OLE对象、I/O域、棒图以及状态显示等。

窗口对象：提供了类似于按钮、复选框、选项组和滚动条等窗口应用程序的元素。可以采用多种方法对窗口对象进行编辑并使其动态化，用户可以通过窗口对象实现过程事件的操作和过程的控制。

管对象：主要用于绘制管路。例如，多边形管、T形管、双T形管以及管弯头。

②“控件”选项卡

“控件”选项卡中包含由WinCC提供的最重要的ActiveX控件，也可以使用在Windows系统中注册的， 通过注册还可以使用第三方供应商的ActiveX控件。

（4）样式选项板

样式选项板如图4-78所示，包括了线型、线宽、线端样式和填充图案等样式的各种属性，根据需要设置相应的样式属性。

“线型”样式组：包含不同的线条显示选项，如虚线、点划线等。

“线宽”样式组：可以设置线的宽度，线宽按像素指定。

“线端样式”样式组：允许显示线尾端的形状，如箭头或圆形。

“填充图案”样式组：可以为封闭对象选择透明背景或实心背景以及各种填充图案。

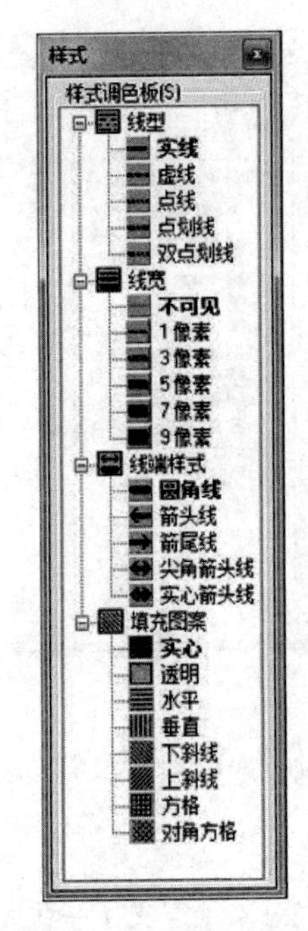

图4-78　样式选项板

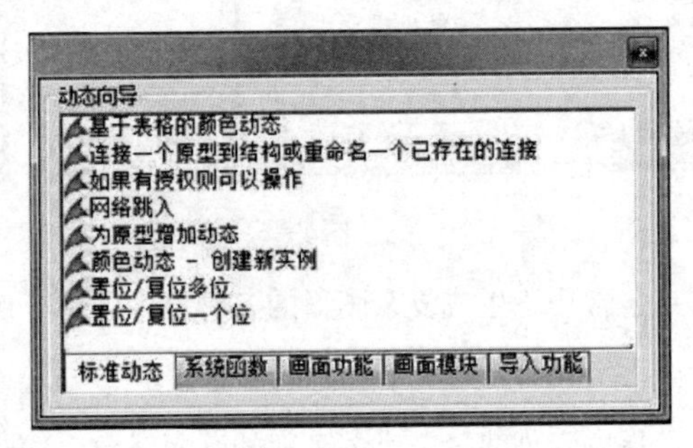

图4-79　动态向导

（5）动态向导

动态向导如图4-79所示，动态向导提供大量的预定义的C动作，可以简化频繁重复出现的过程的组态。动态向导按类分为“标准动态”“系统函数”“画面功能”“画面模块”“导入功能”等多个选项卡，各选项卡中包含不同的C动作。

（6）对齐选项板

对齐选项板如图4-80所示，可用于同时处理多个对象。这些功能也可以从“Arrange”一“Align”菜单中调用。主要功能包括：

对齐：所选择的对象向左、向右、向上或向下对齐。

居中：所选择的对象水平或垂直居中。

分散：所选择的对象水平或垂直分散。最外面对象的位置保持不变。各个对象相互平均地间隔。

调整宽度和高度：所选对象在宽度或高度上调整为一致。

图4-80　对齐选项板

（7）图层选项板

在图形编辑器中，画面由32个可放置对象的图层组成。对象总是添加到激活的图层中，但是可以快速移动到其他图层上。对象的图层分配可以使用“对象属性”窗口中的“图层”属性来改变。

当打开画面时，画面的全部32个图层都将被显示。图层选项板可以用于隐藏除激活图层外的全部图层。用此方法，可以集中编辑激活图层上的对象。在预备画面包含许多不同类型的对象时，图层尤其有用。

默认情况下，对象被添加到当前激活的图层上。对象图层可以改变。改变对象分配图层的步骤如下：

①右击需要改变图层的对象。

②从快捷菜单中选择“属性”菜单项，打开“对象属性”窗口。

③选择“属性”选项卡上的对象类型，双击“图层”属性，然后输入所期望的图层的编号，如图4-81所示。

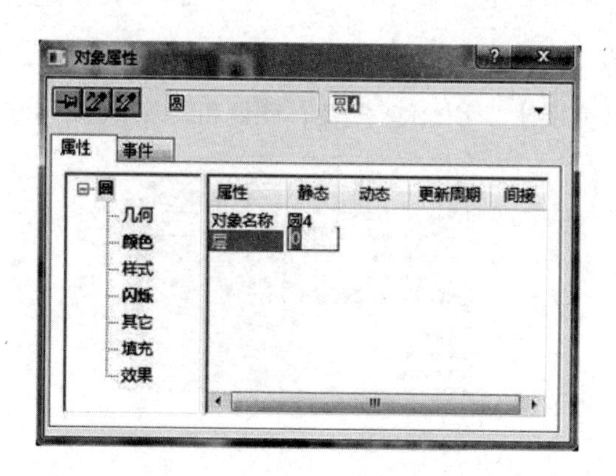

图4-81　更改对象的图层

对象的图层可以显示和隐藏，如图4-82所示，图层1、2、3、4为隐藏，其他图层为显示。激活的图层为0层，单击右边的下拉列表框的按钮▾可以改变激活的图层。

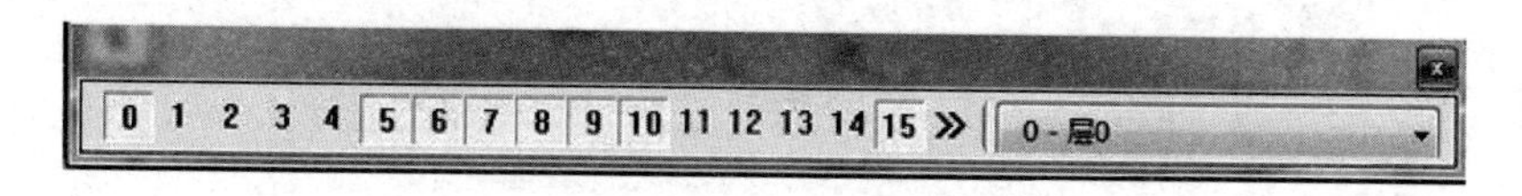

图4-82　图层选项板

（8）缩放选项板

图形编辑器提供了独立的缩放选项板，允许在过程画面中非常方便地进行缩放，如图4-83所示。通过滚动条参照右侧的缩放因子滚动缩放，当前设置的缩放因子以百分比形式显示在滚动条下。

（9）调色板

根据所选择的对象，调色板允许快速更改线或填充颜色。它提供了16种标准颜色，如图4-84所示，单击调色板底部的按钮▣，可以打开“颜色选项”对话框，可以为对象分配用户定义的颜色或全局调色板中的颜色。此操作要求在对象属性的“效果”中将“全局颜色方案”设置为“否”。

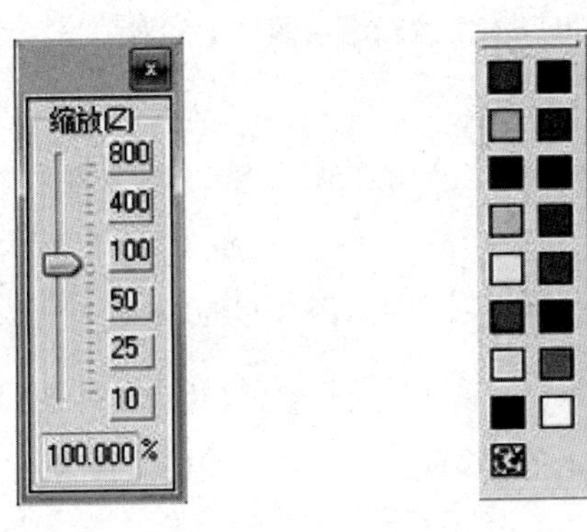

图4-83　缩放选项板　　　　图4-84　调色板

（10）字体选项板

字体选项板允许改变字体、字体大小、字体颜色和线条颜色，如图4-85所示。

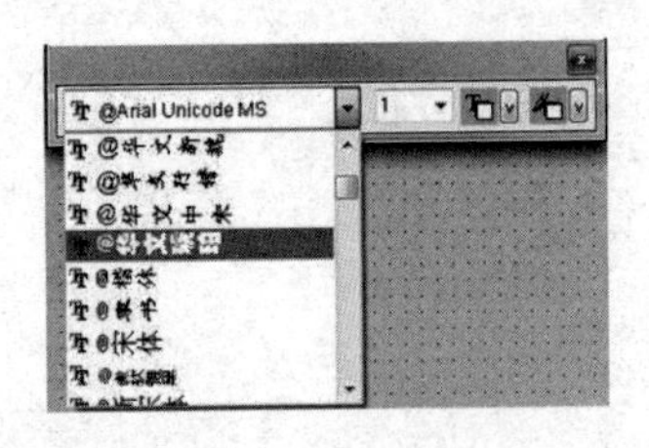

图4-85　字体选项板

（11）变量选项板

变量选项板如图4-86所示，包含项目中所有可用过程变量的列表以及内部变量的列表。

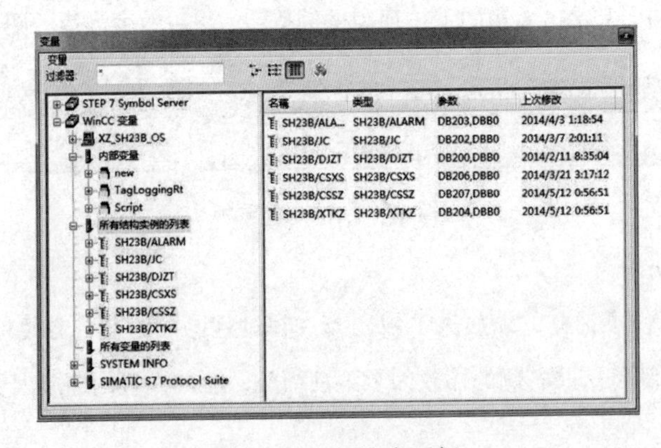

图4-86　变量选项板

2. 图形编辑器的基本操作

（1）公共属性设置

在图形编辑器中，单击“工具”→“设置”选项，可以打开“设置”对话框，如图4–87所示。它包含“网络”“选项”“可见层”“缺省对象设置”“菜单/工具栏”“显示/隐藏层”等选项卡。

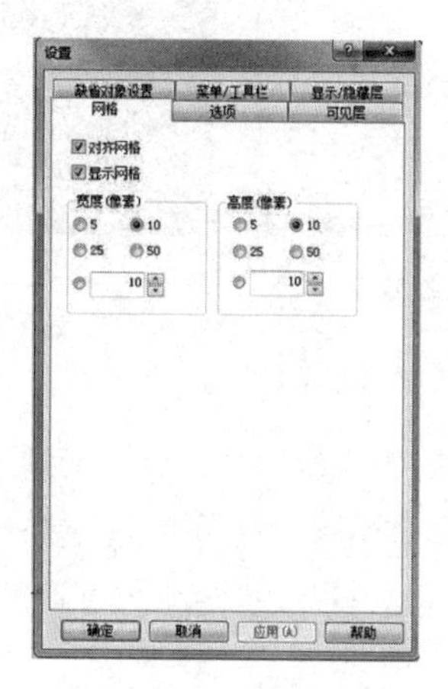

“网络”选项卡

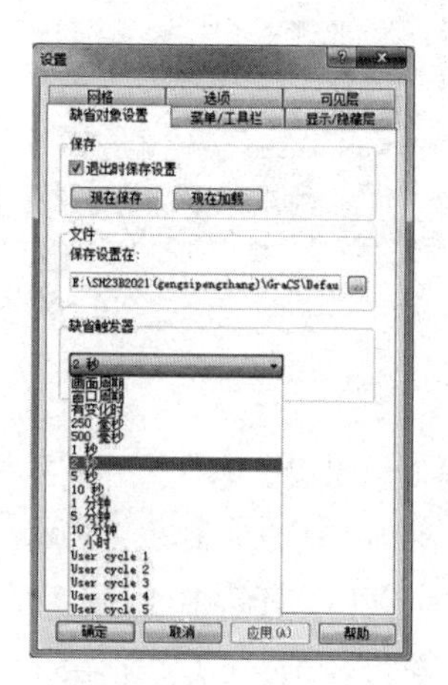

“缺省对象设置”选项卡

图4–87 图形编辑器的“设置”对话框

“设置”对话框的“网络”选项卡，可以设置图形编辑器绘图区的网格。系统默认的网格像素为10，为了在设计过程画面时更加精细，可以将网格像素的值减小。

“设置”对话框的“缺省对象设置”选项卡，可以设置过程画面中画面对象的默认触发器。触发器用于在运行系统中执行画面或画面对象的动态。除非在组态过程中为某个特定的画面对象单独分配一个触发器，否则所有画面对象在运行系统中以默认触发器执行动态。在“设置”对话框中修改默认触发器，只对修改后组态的画面对象有效，修改前组态的画面对象仍保持原来的默认触发器。

（2）导出功能

在图形编辑器中，导出功能位于“文件”菜单下，可将画面或选择的画面对象导出到其他的文件中。画面或画面对象可以从图形编辑器以EMF（增强型图元文件）和WMF（Windows图元文件）文件格式导出。然而，在这种情况下，动态设置和一些对象特定属性将丢失，因为图形格式不支持这些属性。还可以以程序自身的PDL格式导出图形。然而，以PDL格式只能导出整个画面，而不能是单个画面对象。另外，画面导出为PDL文件时，动态设置得以保留，导出的画面可以插入画面窗口中，也可以作为画面文件打开。

点击“文件”菜单下的“导出”栏目，弹出“保存为图元文件”对话框，在项目目录

“GraCS”文件夹中找到需要导出的画面对象“main1.pdl”，在“保存类型”中选择“.emf”或者“.Pdl”格式，位置保存在“桌面”，如图4–88所示。

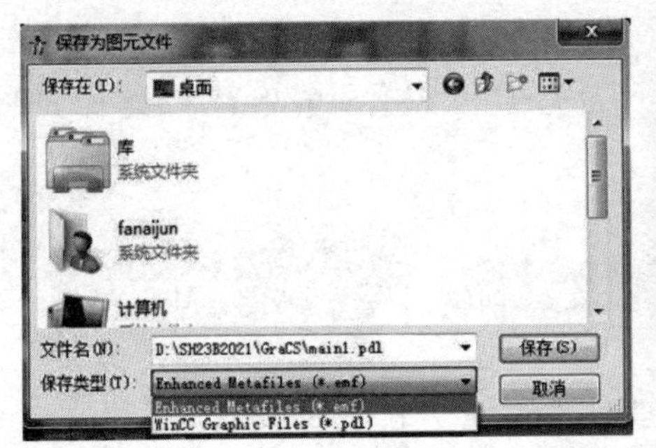

图4–88　导出功能

（3）激活WinCC运行系统

在图形编辑器中，单击“文件”→“激活运行系统”，或单击工具栏的按钮▶，都可以激活WinCC运行系统。在图形编辑器中激活运行系统，首先激活的画面是图形编辑器当前打开的过程画面，而项目管理器中激活运行系统始终以项目的起始画面为起点。在本节中，已经介绍了，如何把某个项目作为起始画面。

（4）组对象

组对象位于“编辑”菜单下。当需要将多个对象当作一个整体使用时，可使用组对象。选择需要编组的各个对象，单击菜单中的“编辑”→“组对象”→“编组”菜单项，可完成对象编组（也可通过快捷菜单来完成）。对象编组后，可对组进行操作。

（5）控件

“控件”在对象调色板中，控件提供了将控制和监控系统过程的元素集成到过程画面中的选项。WinCC支持下列控件类型：

● ActiveX控件。ActiveX控件是来自任意供应商的控件元素，可通过基于OLE的定义接口由其他程序来使用这些控件。在WinCC中除了使用第三方的ActiveX控件外，WinCC也自带了一些ActiveX控件。

● NET控件。.NET控件是来自Microsoft的.NET framework 2.0的任意供应商的控件元素。

● WPF控件。WPF控件是来自Microsoft的.NET framework 3.0的任意供应商的控件元素。

二、常用的WinCC ActiveX控件

1. 时钟控件（WinCC Digital/Analog Clock Control）

使用“WinCC Digital/Analog Clock Control”控件，可将时间显示集成到过程画面中。在运行系统中，将显示操作系统的当前系统时间。时间可显示为模拟或数字式时间。此外，数

字显示包含当前日期。

点击 “WinCC Digital/Analog Clock Control（时钟控件）”，在“现场绘图区”出现钟表形状的画面，鼠标双击钟表形状的画面，出现“WinCC Digital/Analog Clock Control属性”对话框，出现“常规”“字体”“颜色”和“图片”四个选项卡。在“常规”选项卡中，可以选择“数字”和“模拟”形状的钟表形式；在“字体”中可以选择字体的大小和字型；以及钟表的底色、指针的颜色和整个钟表的背景图片等。显示的时间和使用的监控计算机同步。如图4-89所示。

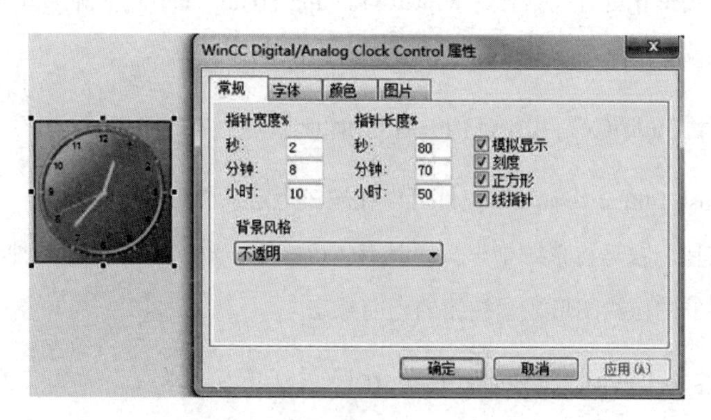

图4-89 时钟控件的设置

2. 量表控件（WinCC Gauge Control）

“WinCC Gauge Control”控件用于显示以模拟测量时钟形式表示的监控测量值。警告和危险区域以及指针运动的极限值均用颜色进行了标记，如图4-90所示。

图4-90 量表控件的设置

3. 在线表格控件（WinCC Online Table Control）

“WinCC Online Table Control”控件显示来自归档变量表单中的数值。

4. 在线趋势控件（WinCC Online Trend Control）

“WinCC Online Trend Control”控件以趋势曲线的形式显示来自归档变量表单中的数值。

5. 报警控件（WinCC Alarm Control）

“WinCC Alarm Control”控件可用于组态报警消息的输出，在运行系统中显示报警消息。

6. 函数趋势控件（WinCC Function Trend Control）

对于变量的图形化处理而言，“WinCC Function Trend Control”控件提供了将某一变量显示为另一变量的函数的选项。

7. 按钮控件（WinCC Push Button Control）

“WinCC Push Button Control”控件可以在按钮上定义图形。可以组态一个与命令的执行相关联的命令按钮。在运行系统中，按钮具有“已按下”和“未按下”两种状态。两种状态均可以分配不同的图像给图形表示按钮的当前状态。

8. 滚动条控件（WinCC Slider Control）

“WinCC Slider Control”控件可用于显示以滚动条控件形式表示的监控测量值。当前值将显示在滚动条下面，且所控制的测量区可显示为刻度标签。

三、添加ActiveX控件

添加ActiveX控件步骤如下：

1. 用鼠标右键单击“ActiveX控件”选项卡，选择“添加/删除…”，打开“选择 OCX 控件”对话框。如图4-91所示。

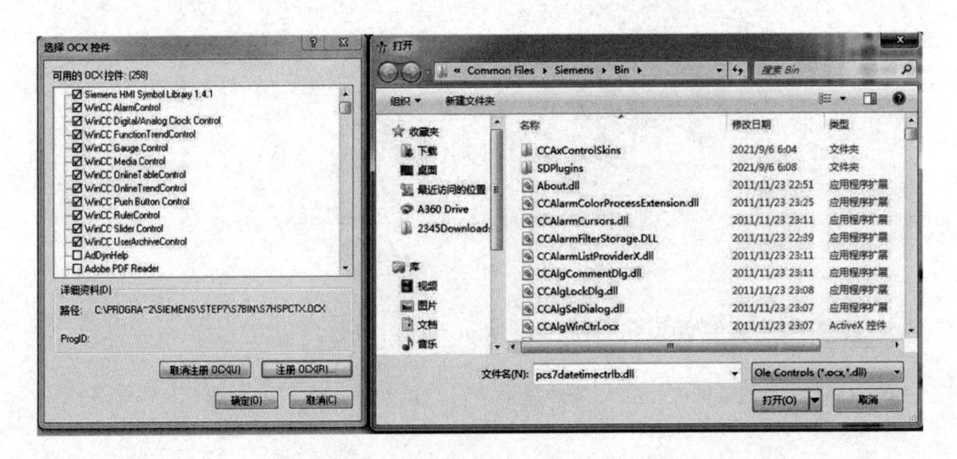

图4-91 “选择 OCX 控件”对话框

2. 在“选择 OCX 控件”对话框的“可用的 OCX 控件”区域中，显示了在操作系统中注册的所有ActiveX控件。在控件列表中选择需要添加的控件，所选择的控件前的复选标记有红色“√”标记，再单击所选控件，在下面的“详细资料”区域中显示所选择的ActiveX 控件的路径和程序标识号。

3. 单击“注册 OCX”后，弹出“打开”对话框，按照“详细资料”区域中显示的ActiveX控件的路径， 打开程序。

4. 单击“OK”按钮后，所选控件将添加到ActiveX控件中。

四、WinCC图库

WinCC中虽然提供了一些标准对象用于绘制图形，但对于一些比较复杂的图形，用标准对象绘制不仅费时费力，也不够美观。WinCC提供了丰富的图库元件供用户使用。使用“视图”→“库”对话框中的工具可进行下列设置：

A. 在库中可以创建或删除按主题对库对象进行排序的文件夹。

B. 复制、移动和删除库对象，或将其添加到当前画面。

C. 可以使用用户定义对象扩展库。

D. 对库对象的显示进行组态。

单击图形编辑器工具栏中的“显示库”按钮，或在菜单栏中选择“视图”→“库”命令，打开图形编辑器的库，如图4-92所示。选中某个库，单击库工具栏中的“超大图表”按钮和“预览”按钮，在库的右侧窗口中将显示该库中的所有对象。

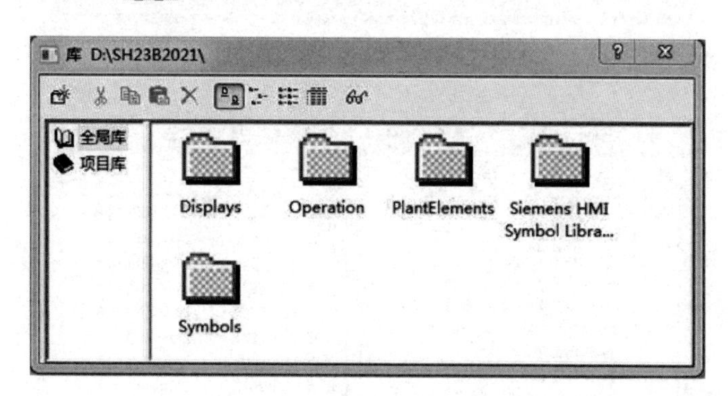

图4-92　图形编辑器的库

WinCC图库分为“全局库”和“项目库”两个区域：

“全局库”提供了多种预先完成的图形对象，这些对象可作为库对象插入到画面中，并根据需要进行组态。以文件夹目录树结构形式按主题进行排序后，可提供机器与系统零件、仪器、控件元素以及建筑物的图形视图。使用用户自定义的对象可扩展“全局库”，以便使其适用于其他项目。但是，这些对象不一定要动态链接，以避免在将其嵌入到其他项目时出现错误。

“项目库”允许建造一个项目特定的库。通过创建文件夹和子文件夹，可按主题对对象进行排序。此处可将用户自定义对象作为副本进行存储，使其有多个用途。因为项目库只适用于当前项目，因此，动态对象应只放在该库中。插入库中的自定义对象的名称可自由选取。

以SH23B梗丝低速气流干燥系统的主画面“main.Pdl”为例，鼠标双击画面中的“储水罐”，弹出“Siemens HMI Symbol Library 1.4.1 属性”对话框。如图4–93所示。点击图形编辑器中的按钮，弹出图4–92的对话框，在“全局库”的“Siemens HMI Symbol Library”的库中，可以找到与“main.Pdl”中的“储水罐”一样的“罐3”，如图4–94所示。

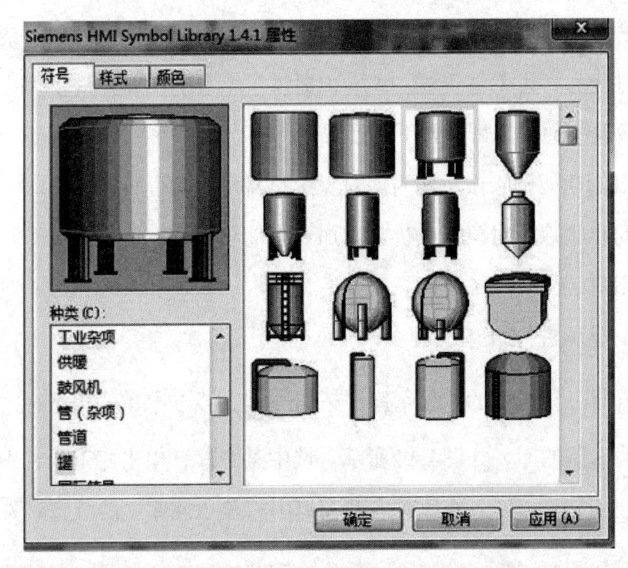

图4–93 “储水罐”处于“Siemens HMI Symbol Library 1.4.1”中

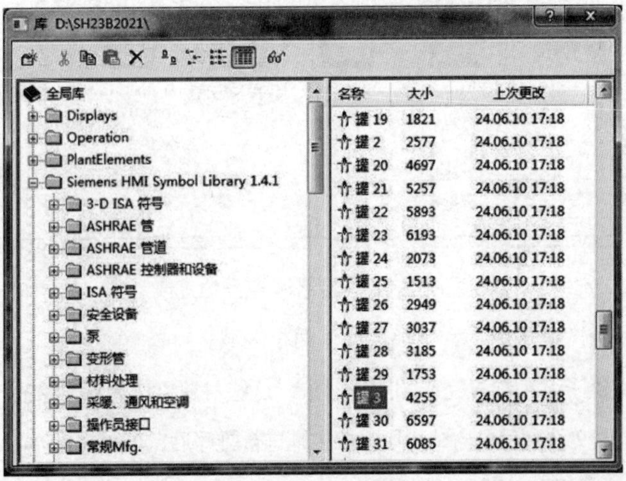

图4–94 “储水罐”是“Siemens HMI Symbol Library 1.4.1”的“罐3”

五、组态过程画面

1. 设计过程画面的结构

一个WinCC项目一般包含多幅过程画面，且各个画面之间应能按要求互相切换。根据项目的总体要求和规划，首先需要对过程画面的总体结构进行设计，确定需要创建的过程画面以及每个画面的主要功能等；其次需要分析各个画面之间的关系，并根据操作的需要安排画面之间的切换顺序。各画面之间的相互关系应该层次分明、操作方便。

一般来说，一个WinCC监控项目在设计时，应该包括以下几个画面：

（1）工艺流程画面：针对系统的总体流程，给操作员一个直观的操作环境，同时对系统的各项运行数据也能实时显示。

（2）操作控制画面：操作员可能对系统进行启动、停止、手动/自动等一系列的操作，通过此界面可以很容易地操作。

（3）趋势曲线画面：在过程控制中，许多过程变量的变化趋势对系统的运行起着重要的影响，因此趋势曲线在过程控制中尤为重要。

（4）数据归档画面：为了方便用户查找以往的系统运行数据，需要将系统运行状态进行归档保存。

（5）报警提示画面：当出现报警时，系统会以非常明显的方式来告诉操作员，同时对报警的信息也进行归档。

（6）参数设置画面：有些系统随着时间的运行，一些参数会发生改变，操作员可根据自己的经验对相应的参数进行一些调整。

2. 设计过程画面的布局

首先需要设计画面的大小及布局，再在画面中添加对象和组态对象属性。画面的布局按照功能分为3个区域，即总览区、按钮区和现场画面区。

总览区：组态标识符、画面标题、带日期的时钟、当前用户和当前报警行。

按钮区：组态在每个画面中显示的按钮盒，通过这些按钮可实现画面的切换功能。

现场画面区：组态各个设备的过程画面。

图4-95为SH23B梗丝低速气流干燥系统的开始画面的布局图。

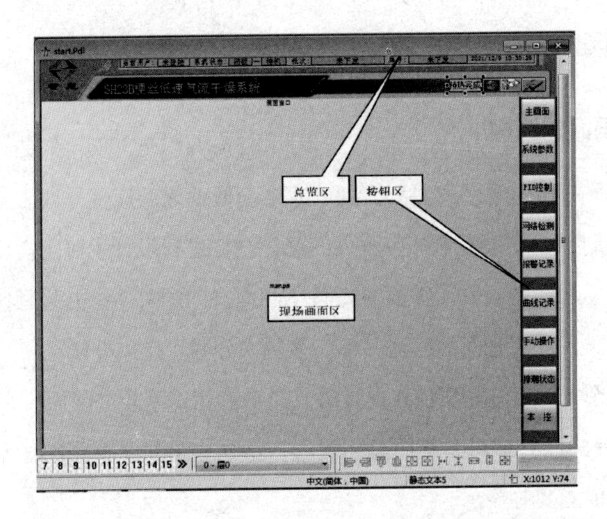

图4-95　SH23B梗丝低速气流干燥系统的开始画面的布局图

3. 画面对象

图形编辑器中的“对象”是预先完成的图形元素，存放在对象调色板中，可以轻松地将所有对象从对象调色板中插入到画面中，再对插入到画面中的对象进行组态、与过程动态链接以及对象的动态化，用来控制和监视过程。

对象调色板提供4种对象，见表4-8。

表4-8　对象选项板中的对象

标准对象	智能对象	窗口对象	管对象
线 多边形 折线 椭圆 圆 椭圆部分 扇形 椭圆弧 圆弧 矩形 圆角 矩形 静态文本 连接线	应用程序窗口 画面窗口 控件 OLE 对象 I/O 对象 棒图 图形对象 状态显示 文本列表 多行文本 组合框 列表框 面板实例 .NET 控件 WPF 控件 3D 棒图 组显示 状态显示（扩展） 模拟显示（扩展）	按钮 复选框 单选框 圆形按钮 滚动条对象	多边形管 T 形管 双 T 形管 管弯头

（1）插入画面对象

以向画面中插入一个“按钮”为例子来说明插入画面对象的过程。

① 在对象调色板中展开“按钮”所在的“窗口对象”，选择“窗口对象”中的“按钮”，这时“按钮”变成蓝色，鼠标变成的形状。

② 将鼠标移动到画面中想要插入画面对象的位置。

③ 按下鼠标的左键，完成“按钮”对象的插入，随即弹出“按钮组态”对话框，如图4-96所示。

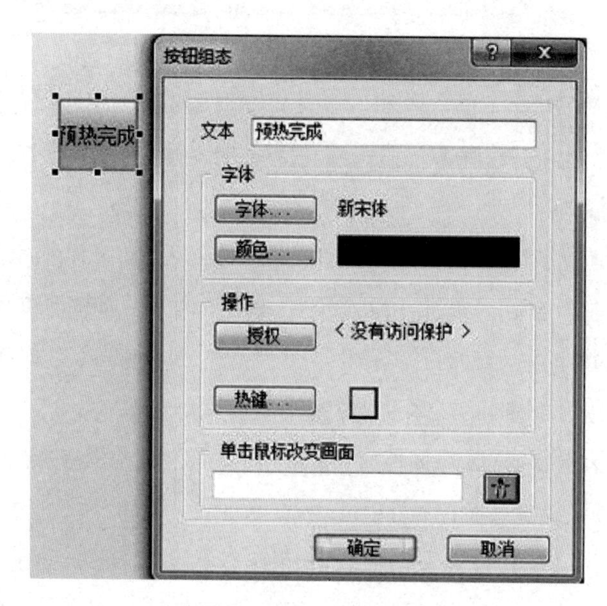

图4-96 插入“按钮”对象

（2）对象的静态属性

对象的静态属性就是改变对象的静态数值，如对象的形状、外观、位置或可操作性。具体包含对象的几何（X、Y位置和大小）、颜色（边框颜色、边框背景颜色、背景颜色、填充图案颜色和字体颜色）、字体（字体、字号、粗体、斜体、下划线、文本方向、X对齐和Y 对齐）和样式（边框粗细、边框样式和充填图案）等。以改变图4-96中的“按钮”的位置（X和Y）为例，说明改变静态属性的方法。

① 选中“按钮”，单击鼠标右键，弹出快捷菜单，单击“属性”命令，弹出“对象属性”对话框，如图4-97所示。

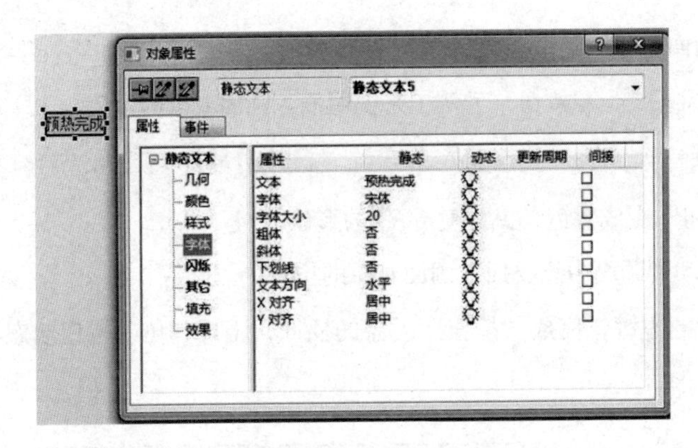

图4-97　改变静态属性

② 选中“属性”选项卡下的“字体”，可以看到，在右面“属性”列中的“字体大小”对应的“静态”列，输入新数值就可以改变位置参数字体的大小了。

（3）对象的动态属性

要创建过程画面，最重要的是组态对象的动态属性，从而将过程画面制作成动态。

“对象属性”窗口包括 “属性”和“事件”两个选项卡，如图4-98所示。在“属性”选项卡的右边数据窗口中显示的列有“属性”、“静态”、动态”、“时间”和“间接”。

“属性”列：指对象属性的名称，如位置x、宽度等。

“静态”列：表示静态的对象属性值，如果在“动态”列中没有进行组态，则在运行状态下对象呈现出的是“静态”列的属性值。

“动态”列：定义对象的动态属性值。如果组态了该列，在项目运行状态下，对象的属性值可以动态变化。对象的动态链接属性可用动态对话框、C动作、VBS动作和变量来实现，如图4-98所示，对象的某一属性通过不同方式实现动态链接时，在“动态”列将显示不同的图标。

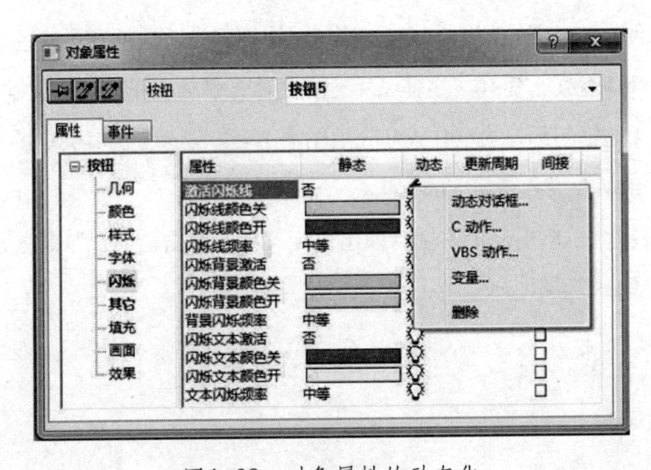

图4-98　对象属性的动态化

白色灯泡：没有动态链接。

绿色灯泡：用变量连接。

红色闪电：通过动态对话框实现动态链接。

带“VB”缩写的浅蓝色闪电：用VBS动作实现的动态。

带“C”缩写的绿色闪电：用C动作实现的动态。

带“C”缩写的黄色闪电：用C动作实现的动态，但C动作还未通过编译。

下面还以“按钮”为例子来说明如何使用上述的动态链接。

以下步骤为使用4种方法前都要完成的过程：

● 右击画面上的“按钮”对象。

● 从快捷菜单中选择“属性”菜单项，打开“对象属性”对话框。

● 选择“对象属性”选项卡上的“闪烁”和“其他”属性。

● 选择右边窗口中的“激活闪烁线”，右击此行“动态”列上的灯泡，如图4-98所示。

① 用动态对话框实现

● 从快捷菜单中选择“动态对话框”，打开“动态值范围”对话框，如图4-99所示。

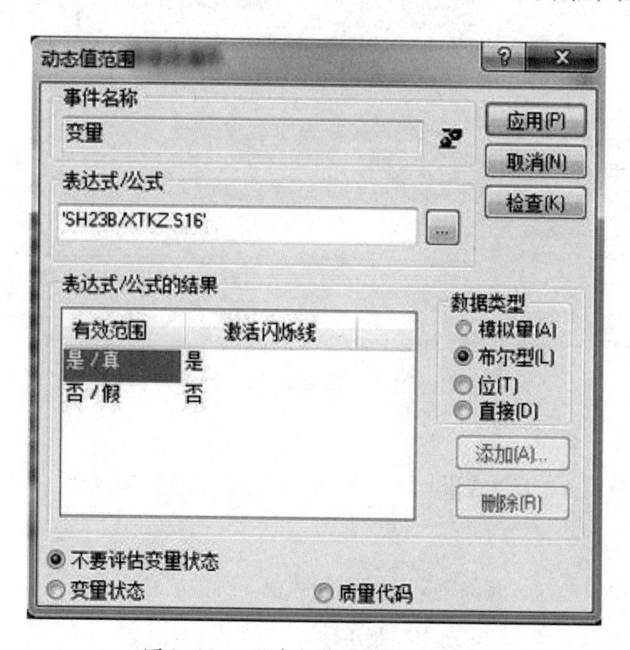

图4-99　“动态值范围”对话框

● 在“数据类型”列表框中选择“布尔型”单选项。

● 单击“表达式/公式”文本框右边的按钮，从菜单中选择“变量”。

● 从打开的“变量选择”对话框中选择变量“SH23B/XTKZ.S16”（预热完成），单击“确定”按钮确认。

● 单击“应用”按钮，关闭“动态值范围”对话框。

● 单击图形编辑器工具栏上的图标，保存画面。

● 当程序的控制方式发生变化时，“按钮”的颜色也会发生改变。

② 用C动作实现

● 从快捷菜单中选择“删除”菜单项，删除前面所做的动态对话框链接。

● 从快捷菜单中选择“C动作”菜单项。

● 打开的“编辑动作”对话框，如图4-100所示，选择“内部函数”→“tag”→“get”→“wait”→“GetTagBitWait”，点击“GetTagBitWait”，弹出“分配参数”对话框，点击“分配参数”对话框中“值”列的按钮，接着弹出“变量_项目”对话框，从结构变量列表中选择“SH23B/XTKZ.S16”（预热完成）。

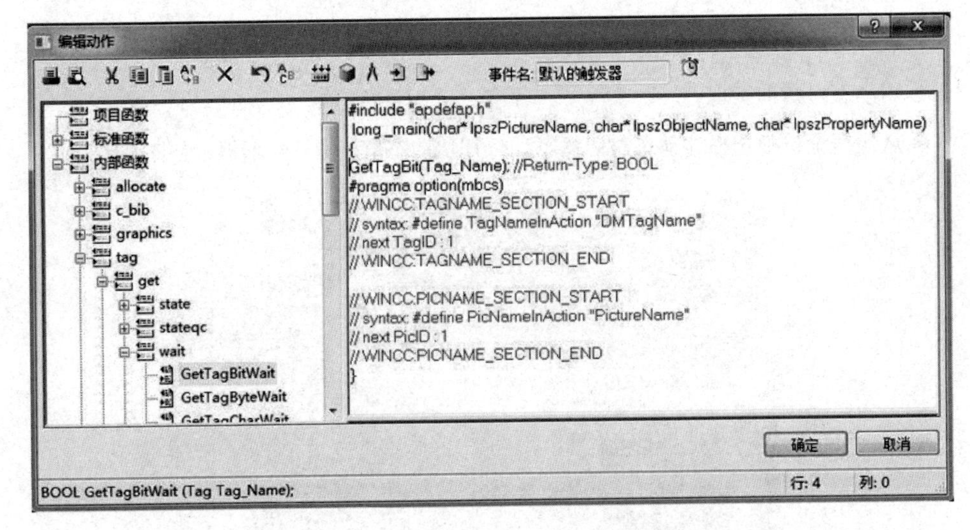

图4-100 “编辑动作”对话框

● 单击“确定”按钮。

● 当程序的控制方式发生变化时，“按钮”的颜色也会发生改变。

③ 用VBS动作实现

● 从快捷菜单中选择“删除”菜单项，删除前面所做的C动作连接。

● 从快捷菜单中选择“VBS动作”菜单项。

● 打开“编辑VB动作”对话框，如图4-101所示，单击工具栏中的按钮，弹出“变量_项目”对话框，从结构变量列表中选择“SH23B/XTKZ.S16”（预热完成）。

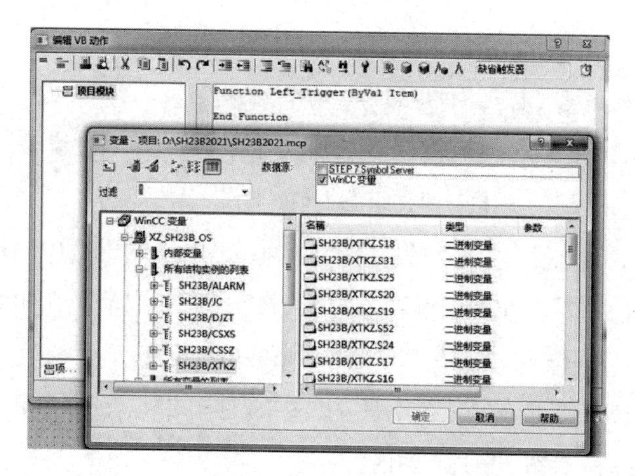

图4-101 “编辑VB动作”和“变量_项目”对话框

● 单击“确定”按钮。

● 当程序的控制方式发生变化时，“按钮”的颜色也会发生改变。

④ 用变量连接实现

● 从快捷菜单中选择“变量”菜单项。

● 在打开的“变量_项目”对话框中从结构变量列表中选择“SH23B/XTKZ.S18”（预热完成显示），单击“确定”按钮确认，如图4-102所示。

● 当程序的控制方式发生变化时，“按钮”的颜色也会发生改变。

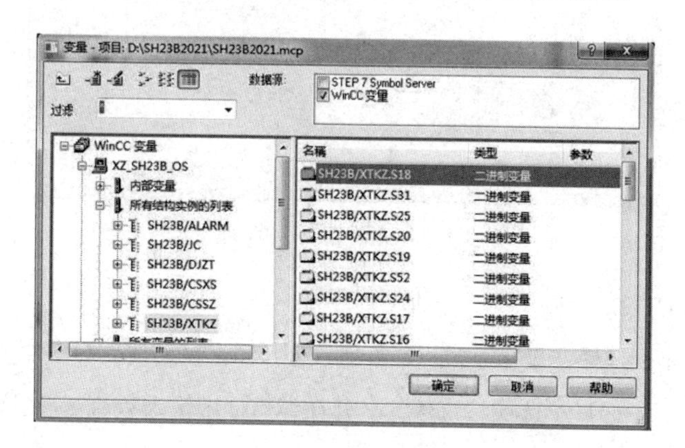

图4-102 “变量_项目”对话框

（4）对象的事件属性

在“对象属性”窗口中，“事件”是由系统或操作员给对象发送的。如果在对象的事件中组态了一个动作，那么当有事件产生时，相应的动作将被执行。可组态的事件动作有C动作、VBS动作和直接连接。

对象的事件属性组态不同的动作有不同的图标显示。

白色闪电：事件没有组态动作。

蓝色闪电：事件组态为直接连接的动作。

带“C”缩写的绿色闪电：事件组态为C动作。

带“C”缩写的黄色闪电：事件组态为C动作，但C动作还未通过编译。

带“VB”缩写的浅蓝色闪电：事件组态为VBS动作。

在SH23B梗丝低速气流干燥系统的启动换面“start.Pdl”中，共有10个生产按钮分别是：“主画面”“系统参数”“PID控制”“网络监测”“报警记录”“曲线记录”“手动操作”“排潮状态”“本控”“退出”用于监控画面的相互转换。

这10个生产按钮除了具有“对象属性”中的“属性”之外，还有“事件”属性，下面以“主画面”按钮为例，介绍“事件”属性。

右键单击图4-103中的“主画面”按钮→“属性”，打开“对象属性”对话框，点击“事件”属性，选择“事件”选项卡上的“鼠标”事件，在右边窗口选择“鼠标动作”行“动作”列，右击白色闪电图标，弹出快捷菜单。

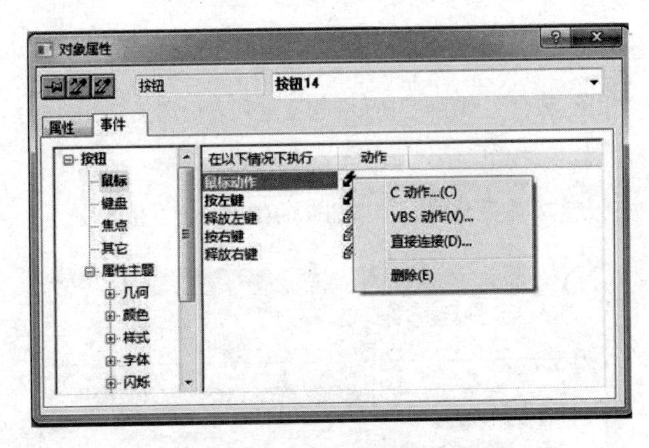

图4-103 组态对象事件的属性

① 事件组态为直接连接

● 从快捷菜单中选择“直接连接”菜单项，打开“直接连接”对话框。

● 在“源”框中选择单选项“常数”，并在编辑框中输入数值7，在这10个画面中要统一规划数值。

● 在“目标”框中选择单选项“变量”，单击旁边的按钮，打开“变量选择”对话框，选择变量P3。经过查找，“P3”是专门用于“项目范围内更新“的内部变量。如图4-104所示。

● 单击“确定”按钮确认，如图4-105所示。

● 单击“确定”按钮，关闭“直接连接”对话框。

● 单击图形编辑器工具栏上的图标 ，保存画面。

● 单击图形编辑器工具栏上的图标 ，单击“主画面”按钮，测试效果。

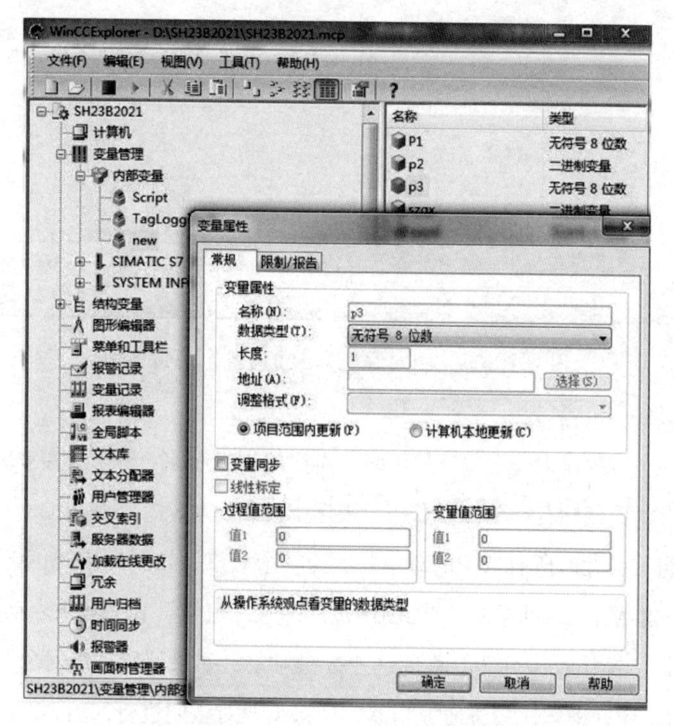

图4-104　“P3”为专门用于“项目范围内更新“的内部变量

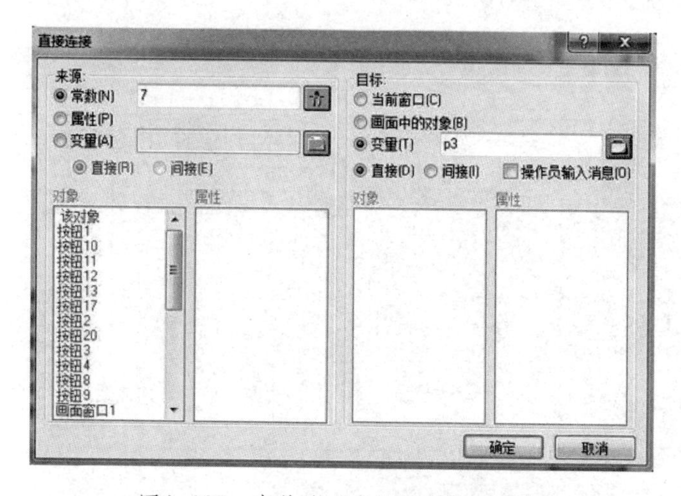

图4-105　事件的“直接连接”对话框

② 事件组态为C动作

右键点击图4-103中的“按左键”行“动作”列，右击白色闪电图标，弹出快捷菜单，从快捷菜单中选择“C动作”菜单项，打开“编辑动作”对话框，如图4-106所示。

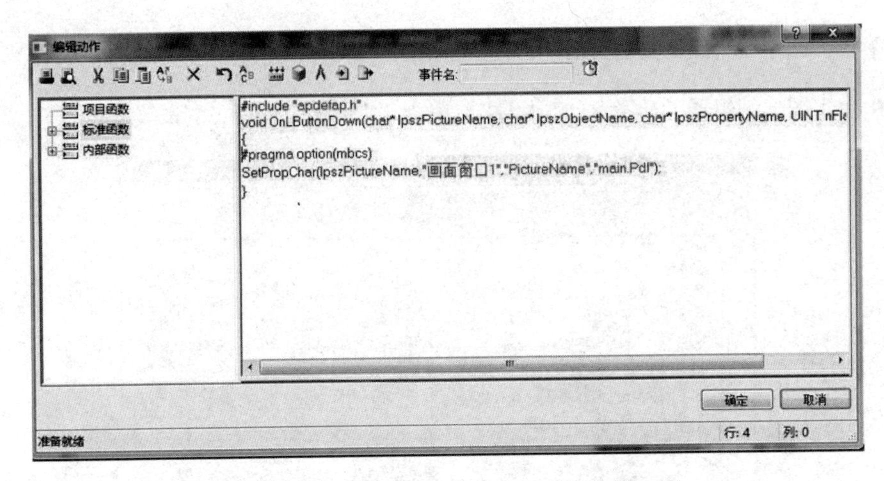

图4-106 “主画面”转换的C动作编辑画面

（5）组对象

当需要将多个对象作为一个整体使用时，可以使用组对象。在所有需要编组的画面对象被选中的前提下，用鼠标右键单击任意一个被选中的画面对象，在弹出的对话框中选择“组对象”→“编组”，此时所有选中的对象就成为一个对象，如图4-107所示，与油泵有关的信息“备妥”“油泵1”“油泵2”“油箱油位”“实际流量”和“油泵启动按钮”共6个对象。如果在编辑、操作时，可能会移动这些按钮对象，如果使用“组对象”，就能把水泵的6个对象成为一体，操作比较方便。当然，如果需要对它们进行编辑，可以使用“取消编组”，把它们重新变成单个的对象。

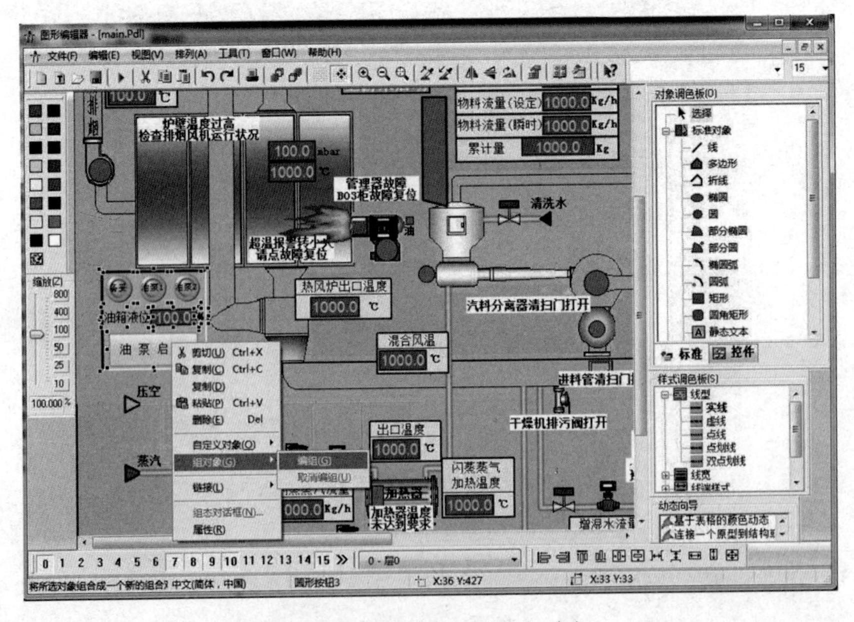

图4-107 编组油泵的6个对象

五、过程画面的动态化

1. 画面动态化基础

（1）触发器和更新周期

创建过程画面最重要的工作是组态过程画面和画面对象的动态属性，从而使得过程画面和画面中的对象可以反映过程的变化，这被称为画面的和画面对象的动态化。组态动态变化时必须涉及触发器和更新周期的概念，指定触发器和更新周期是组态系统的重要设置，它影响画面、画面对象的更新以及后台脚本的处理等。

WinCC的触发器类型主要有：

① 周期性触发器：是WinCC中处理周期性动作的方法，周期性触发器的动作将在固定时间间隔内重复执行。周期性触发器的第一个时间间隔的起始点要与运行系统的起始点一致，间隔时间由周期确定。可选择250ms ~ 1h之间的周期，也可使用自定义的用户周期。对于过程画面和画面对象，还可以选择基于窗口周期的周期性触发器和基于画面的周期性触发器。

② 非周期性触发器：非周期性触发器的动作只执行一次，起始点由日期/时间确定。

③ 变量触发器：变量触发器由一个或多个指定的变量组成。如果这些变量中某一个数值的变化在启动查询时被检测到，则与这样的触发器相连接的动作将执行。“循环监视变量值”是按一定的时间间隔查询变量的值，第一个时间间隔的起始点与运行系统的起始点一致，间隔时间由周期确定；“Upon Change”无论变量的值何时发生变化，该触发器关联的动作都执行。对于过程变量，“Upon Change”模式相当于一个有1s周期的循环读作业。

④ 事件驱动的触发器：只要事件一发生，与该事件相连接的动作就将执行。例如，事件可以是鼠标控制、键盘控制或焦点的变化等。

画面周期：将周期性的触发器周期时间由画面的属性“Update Cycle”定义。该周期提供了一个选项，可集中定义在画面中使用的所有动作的周期。

窗口周期：周期时间由“Picture Window”对象的“Update Cycle”对象属性定义。该周期提供了一个选项，可集中定义在“Picture Window”对象中使用的所有动作的周期。

2. 动态化类型

WinCC提供了对过程画面的对象进行动态化的各种不同的方法，具体包括：利用变量连接进行动态化、通过直接连接进行动态化、使用动态对话框进行动态化、使用C动作进行动态化、使用VBS动作进行动态化和使用动态向导进行动态化。

（1）变量连接

当变量与对象的属性连接时，变量的值将直接传送给对象属性，使其动态化。

① 变量连接的组态方法

选中组态变量连接的对象，并打开“对象属性”窗口，在“属性”选项卡中选择想要动态化的属性，用鼠标右键单击“动态”列上的白色灯泡，在弹出的快捷菜单中选择“变量…”命令，打开“变量–项目”窗口中选择需要连接的变量。完成后“动态”列上的绿色灯泡和连接的变量名称说明了该属性已经组态了变量连接的动态化。

“更新周期”列如果没有进行修改，图形编辑器中的默认触发器设置将作为其更新周期。

② I/O域的组态方法

打开主画面，在SH23B梗丝低速气流干燥系统的“主画面”中共使用了24个I/O域的组态。右键点击“增湿水流量”中的数量显示框“1000.0”，选择“组态对话框”，弹出“I/O域组态”对话框，如图4–108所示。在“变量”栏目中，点击，弹出“变量–项目”对话框，选择增湿水流量的实际值“P4_PV”，如图4–109所示，“更新”栏目选择“2秒”，即每隔2秒钟采集一次增湿水流量的实际值“P4_PV”的值。如果没有进行修改，图形编辑器中的默认触发器设置将作为其更新周期。“类型”栏目选择“输出”，“格式化”栏目中的颜色，也即监控画面中显示的字体的大小。

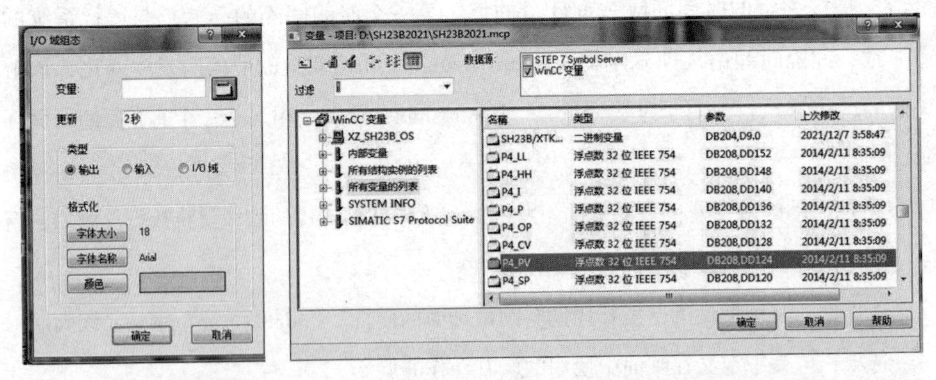

图4–108 “I/O域组态” 图4–109 选择与增湿水流量相对应的变量的实际流量值“P4_PV”

选择“属性”选项，如图4–110所示，打开“对象属性”窗口，在“属性”选项卡中选择“输出/输入”的属性，用鼠标右键单击“动态”列上的白色灯泡，在弹出的快捷菜单中选择“变量…”命令，打开“变量–项目”窗口，选择与增湿水流量相对应的变量的实际流量值——“P4_PV”，如图4–109所示。完成后，“动态”列上的绿色灯泡和连接的变量名称“P4_PV”弹出，说明该属性已经组态了变量连接的动态化。

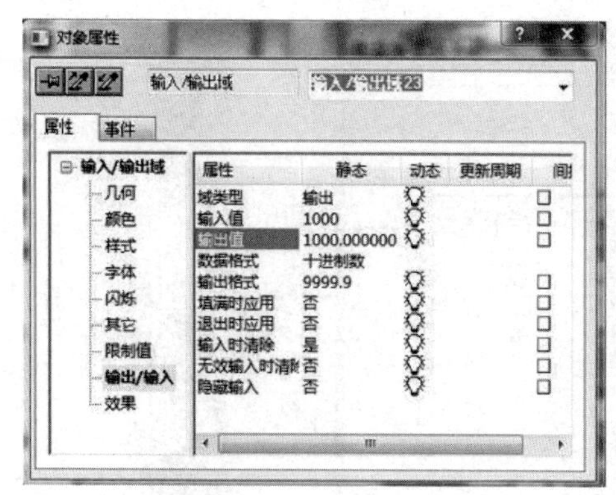

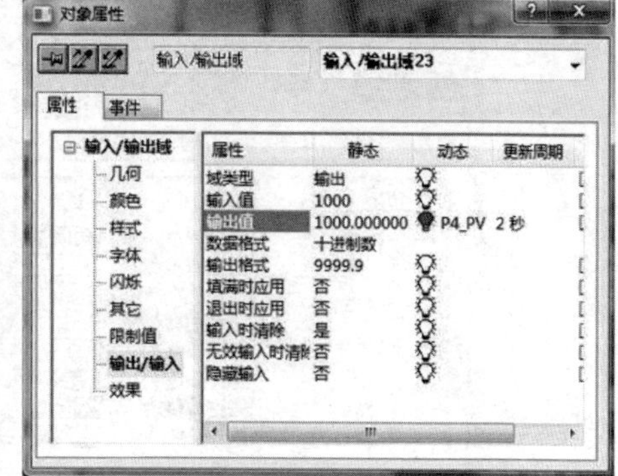

图4-110　“增湿水流量”的“对象属性”对话框

③ 棒图的组态方法

在SH23B梗丝低速气流干燥系统的“PID.PDl”中主要是对使用的6个PID控制参数进行控制与显示，有“增湿水控制”“闪蒸蒸汽流量控制”“增湿蒸汽流量控制”“干燥出口水分控制”“炉膛负压控制”“闪蒸蒸汽温度控制等。在每一个画面中，都有“设定值”“实际值”“上限”“下限”“P”“I”“手动值”“输出值”等的I/O域的组态和设定值“SP”和实际值“PV”的棒图的组态以及按钮“手动”和“自动”的按钮组态，如图4-111所示。下面介绍实际值“PV”的棒图的组态。

● 在图形编辑器对象选项板的“标准”选项卡中，选择“智能对象”→“棒图”，并将其添加到画面的工作区，如图4-112所示为原始态的棒图。用右键单击图4-112的原始态的棒图，选择“属性”选项，弹出“对象属性”对话框，如图4-113所示。在“对象属性”对话框的“属性”→“轴”→“范围”中的“静态”中的“是”变为“否”，就变成了如图4-114所示的没有了标尺的棒图，在“颜色”中可以调整不同的颜色。

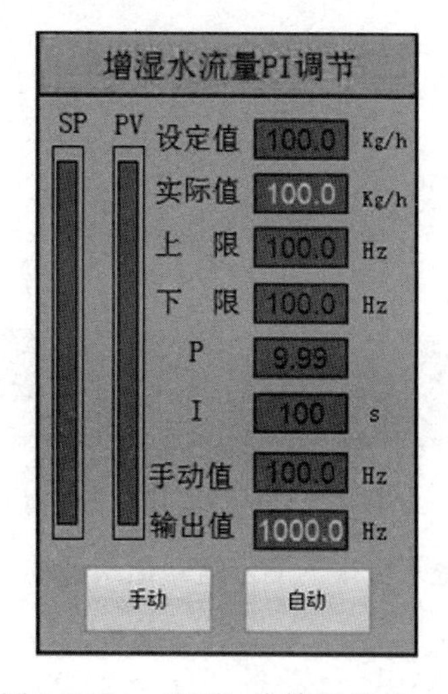

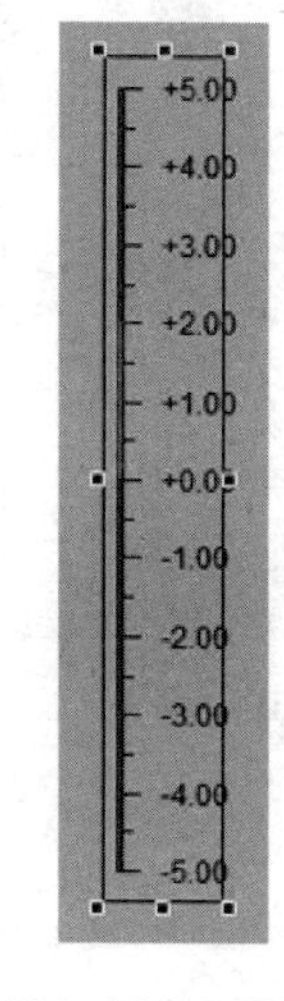

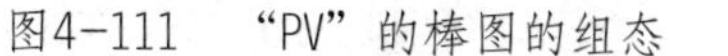

图4-111　“PV”的棒图的组态　　图4-112　原始态的棒图

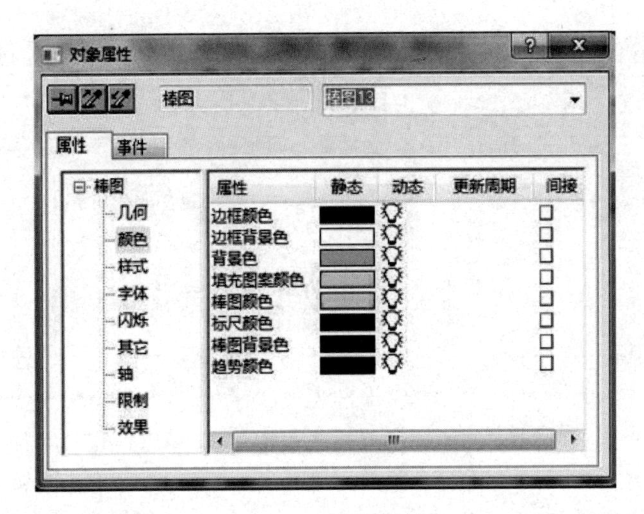

图4-113 对象属性

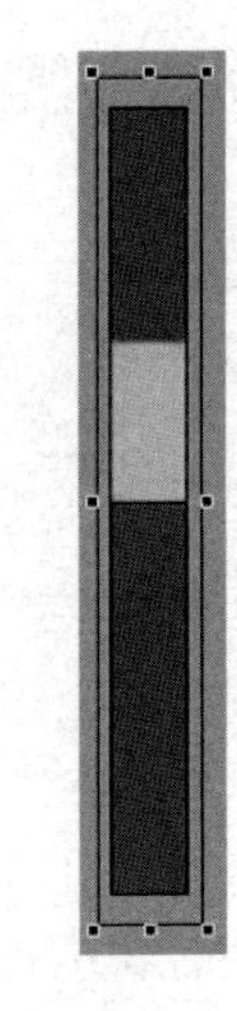

图4-114 没有标尺的棒图

● 用右键单击图4-114的棒图，选择“组态对话框”选项，弹出“组态对话框”，在“组态对话框”的“变量”栏目中，点击▭，选择与增湿水流量相对应的变量的实际流量值——“P4_PV”，如图4-109所示；在“更新”栏目选择“2秒”作为更新周期；在“限制”栏目中，“最大”和“最小”中填入与实际相同的值，在SH23B梗丝低速气流干燥系统的增湿水流量的最大值为400kg/小时，最小值为“0kg/小时”；如图4-115为棒图的组态，“棒图对齐”栏目，主要调整棒图的方向，图4-116为“棒图对齐”方向“左”的棒图。

图4-115 棒图的组态

图4-116 方向向左的棒图

● 右键单击图4-109的“PV”（增湿水流量的实际流量值）的棒图，选择“属性”选项，弹出“对象属性”对话框，如图4-117所示，只有在“属性”→“棒图”→“其他”中的“过程驱动程序链接”发生了组态的变化，当变量“P4_PV”变化时，棒图中就发生相应变化。

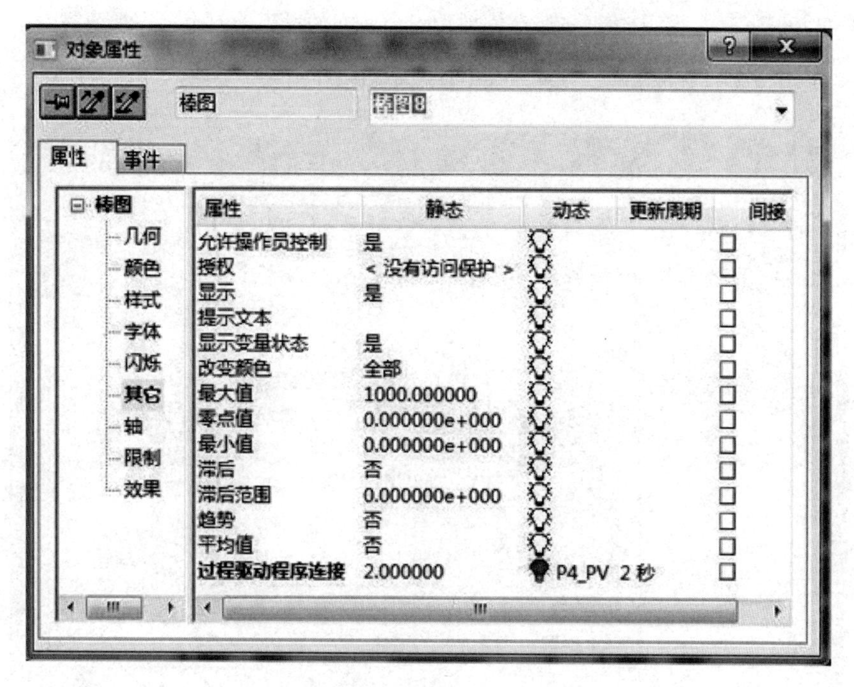

图4-117　组态后的对象属性对话框

（2）直接连接

直接连接允许用户在一个对象事件基础上，组态从源到目标直接动态传递任何类型的数据。直接连接可用于组态画面切换键，读或写数据到过程变量中，或将数字值传给图形显示，它在画面中提供最快速的动态并可获得最好的运行性能。但直接连接只能用在过程画面中，并且只能创建一个连接。

① 直接连接的组态窗口

打开“对象属性”窗口后，选择“事件”选项卡，在左侧窗口的列表中选择事件组（例如“鼠标”事件组），在右侧窗口，用鼠标右键单击要组态动作的事件的“动作”列，在弹出的快捷菜单中选择“直接连接”，打开直接连接的组态窗口，如图4–118所示。

直接连接组态窗口的左侧是“来源”框，右侧是“目标”框，直接连接组态的事件动作是一个赋值操作， 即：“目标” = “来源” 。“来源”可以是常数、对象的属性和变量等元素，目标可以是当前窗口（过程画面）的属性、画面对象的属性和变量等目标元素。当事件在运行系统中发生时，其对应的时间动作将“来源”的元素值赋给“目标”元素。可以看出，直接连接与变量连接相比，具有应用范围更广泛的赋值动态。

② 画中画显示主画面的10个按钮

在实际应用中，对于一些过程画面中的监控对象，例如电动机、电磁阀和泵等，当需要监控的参数较多时，可以考虑采用画中画显示。也就是将监控这些对象需要的画面元素组态到一个单独的画面中，一般情况下隐藏在监控对象所在的过程画面中，当需要查看或设置其参数时，单击相应的画面元素，打开为其单独组态的画面。

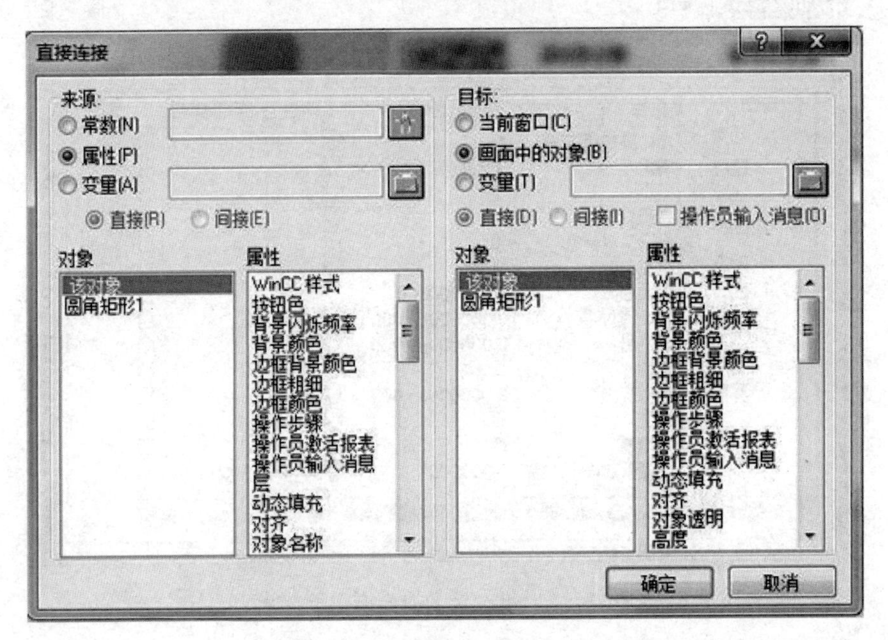

图4-118　直接连接的组态窗口

在SH23B梗丝低速气流干燥系统的开机后的画面中使用了“主画面”“系统参数”“PID控制”“网络检测”“报警记录”“曲线记录”“手动操作”“排潮允许”“本控”“退出”共10个按钮。当点击某一个按钮以后，与之对应的画面被显现出来，形成画中画效果。下面以“主画面”为例介绍。

A. 先建立“main.PDI”的画面。“main.PDl”的画面由一组SH23B梗丝低速气流干燥系统工作画面、控制按钮、内部设备的运行状态等组成。建立的图形画面如图4-119所示。

B. 组态画面窗口。新建一个画面，名称为“start.PDI”，在画面中添加一个“画面窗口”（对象选项板→“标准”选项卡→“智能对象”→“画面窗口”），如图4-119所示。用鼠标右键单击“画面窗口”，在弹出的快捷菜单中选择“属性”，打开“对象属性”窗口。在“属性”选项卡中选择“几何”属性，设置“画面窗口”的X位置设为-1，Y的位置设为118，宽度为1188，高度为905，这些值是随着设计图的大小而变化的。在左侧窗口选择“其他”属性，在右侧窗口设置“显示”属性的静态值为“是”，“边框”属性的静态值为“否”，“画面窗口”属性的静态值为“main.PDI”，如图4-120所示。

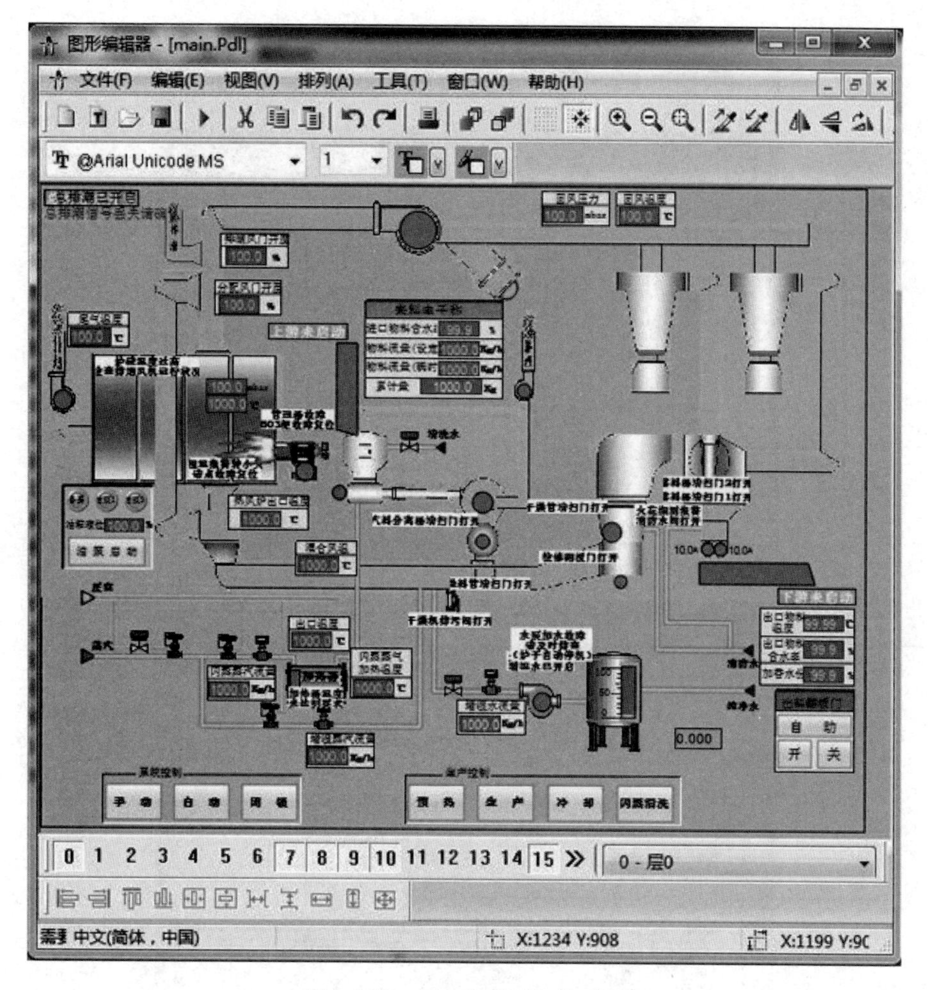

图4-119　“main.PDl”的画面

C. 组态显示画中画的按钮。在“start.Pdl”画面上，在对象选项板中→“标准”选项卡→“窗口对象”→“按钮”，文本（名称）为“主画面”，如图4-120所示，用鼠标右键单击图4-120中的“主画面”按钮，打开“对象属性”窗口，如图4-121所示。在“事件”选项卡中选择“鼠标”（如图4-122），在右侧窗口中用鼠标右键单击“鼠标动作”事件“动作”列上的白底色闪电，在弹出的快捷菜单中选择“直接连接”，打开组态窗口。左侧“源”选择常数7，右侧“目标”选择“变量”→“P3” →“直接”，如图4-123所示。“按左键”事件“动作”列上的白底色闪电，在弹出的快捷菜单中选择“C动作”，打开“编辑动作”窗口，如图4-124所示（“C动作”的组态后面讲述）。

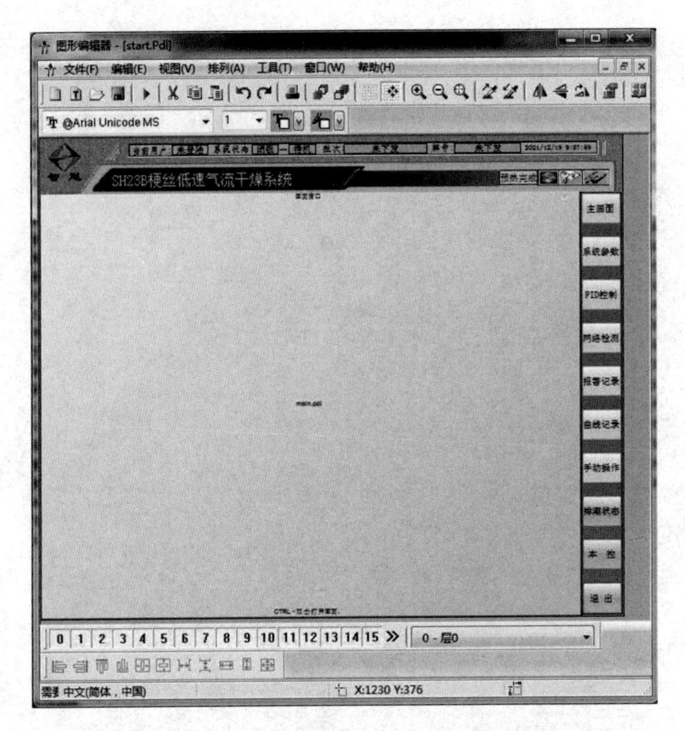

图4-120 “start.Pdl”画面

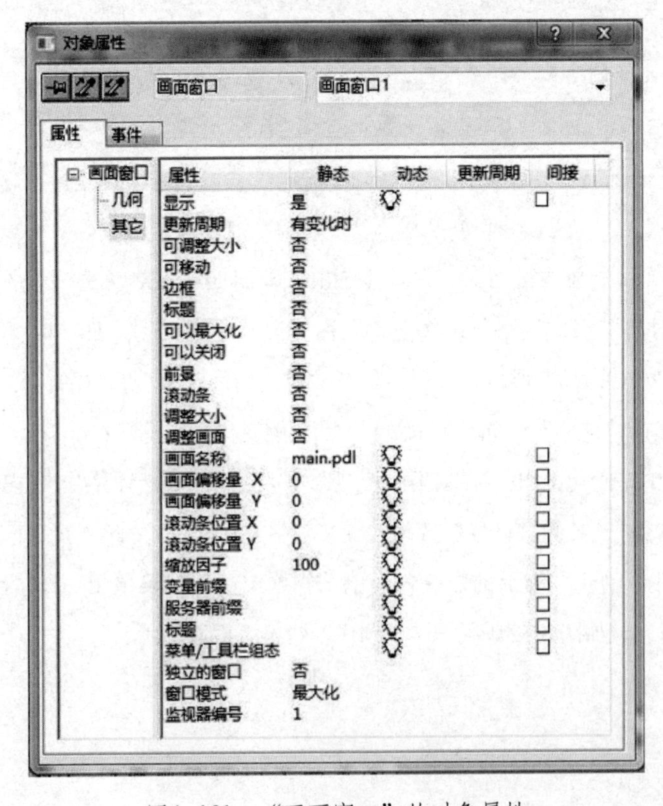

图4-121 “画面窗口”的对象属性

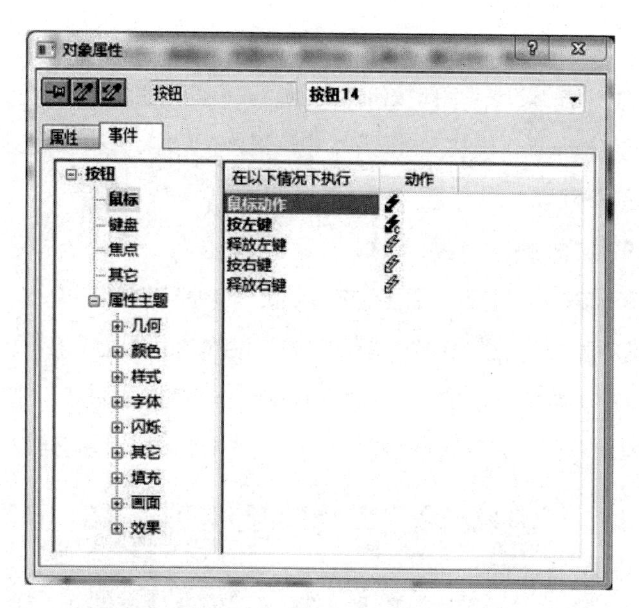

图4-122　“主画面”按钮的对象属性

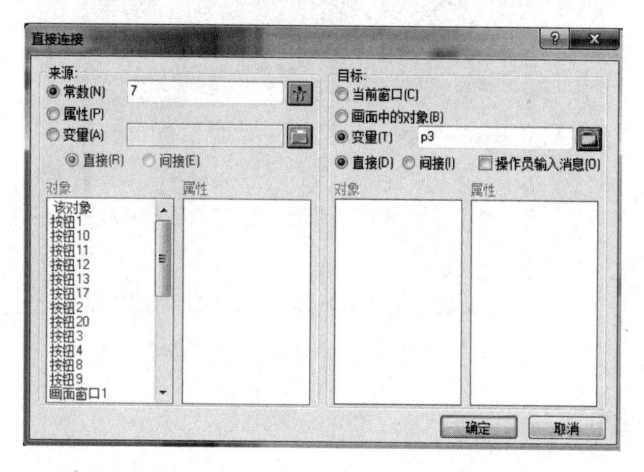

图4-123　“直接连接”窗口组态显示画中画的按钮

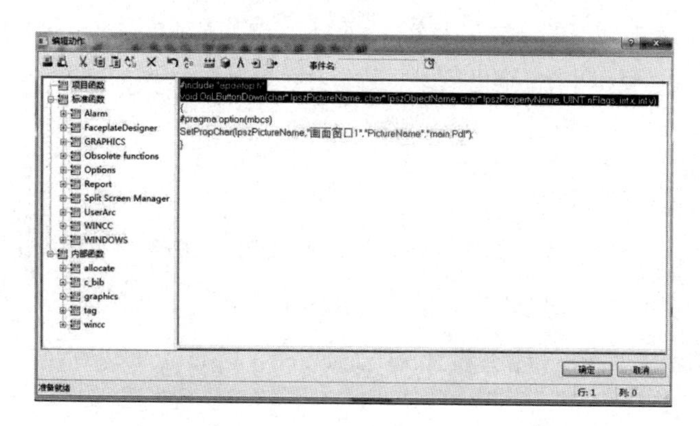

图4-124　“主画面”按钮中的“C动作”

D. 组态关闭画面小窗口。

在一些画面中，有的设计了关闭按钮“Close”，有的是用作为关闭画面的按钮，在SH23B梗丝低速气流干燥系统“手动操作”中使用这个功能，但是其他地方用得很多。下面以创建为例介绍。

打开图4-119创建的画面，在画面的上方添加一个按钮，文本为“X”，背景颜色为红色。用鼠标右键单击该按钮，打开“属性”窗口。在“事件”选项卡中选择“鼠标”，在右侧窗口中用鼠标右键单击“按左键”事件“动作”列上的白色闪电，在弹出的快捷菜单中选择“直接连接”，打开“直接连接”组态窗口，如图4-125所示。左侧“Source”选择常数0，右侧“目标”选择“当前窗口”的“显示”属性进行直接连接，保存画面，画面名称为“main.PDI”。

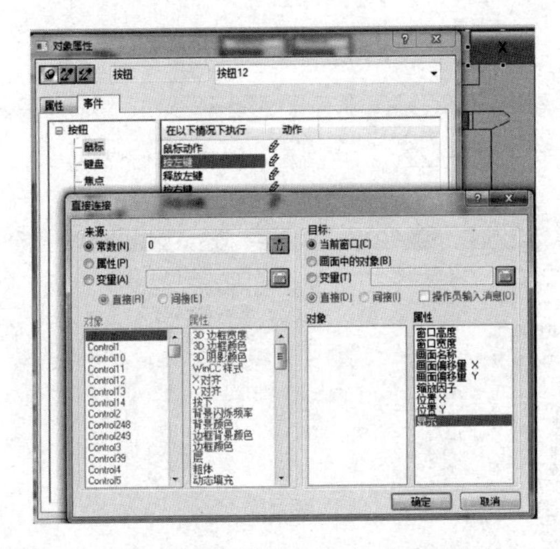

图4-125 应用直接连接组态“Close”按钮

3. 动态对话框

如果实现对象的属性动态变化需要执行范围选择、状态判断以及函数运算等复杂的控制，则可以借助动态对话框的方法来组态。实际上，动态对话框是一个简化的脚本编程，根据用户输入的信息将其转化为C脚本程序。动态对话框只能用于组态对象的属性，不能用于组态对象的事件。

（1）动态对话框组态窗口

在“对象属性”窗口选择“属性”选项卡，在右侧窗口用鼠标右键单击需要动态化的属性的白色灯泡，在弹出的快捷菜单中选择“动态对话框…”，将打开动态对话框的组态窗口，如图4-126所示。其选项和参数设置说明如下：

① 事件名称

“事件名称”框用于设置动态对话框所组态的动态触发器，如果没有设置触发器，则由系统指定触发事件的默认值，默认值取决于动态对话框中“表达式/公式”的内容。单击按钮，打开“改变触发器”对话框，如图4-127所示。在“事件”区域选择触发器的类型，可以是变量触发器，也可以是基于时间触发器类型的标准周期、画面周期或窗口周期。在“触发器名称”框可以为组态的触发器指定一个名称，而“标准周期”框设定的是时间触发器的更新周期。

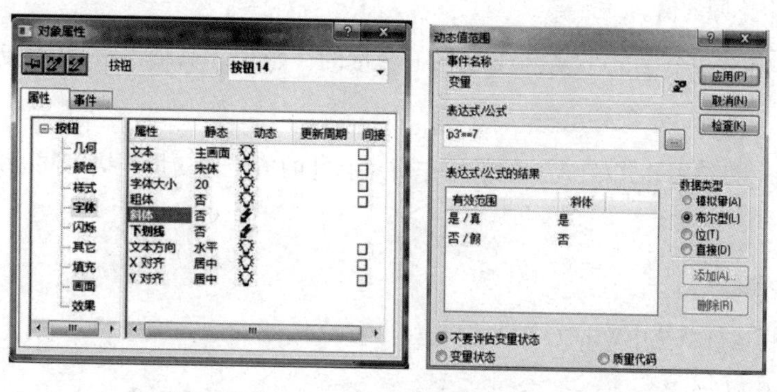

图4-126　“动态值范围”组态窗口

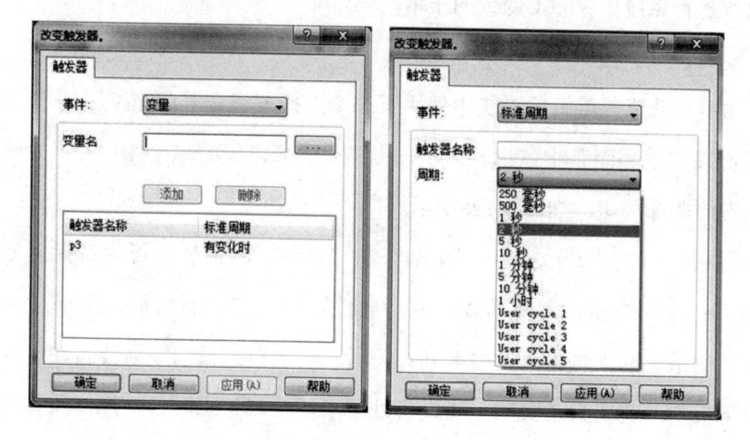

图4-127　设置触发器

② 表达式/公式

指定用于定义对象属性的表达式，表达式可以是一个变量形式的简单表达式，也可以是包含算术运算（加+、减-、乘x、除+）和逻辑运算（与&&、或||、非！）的复杂表达式，还可以是C脚本函数。可以直接在框中输入表达式，也可以单击...将变量、C脚本函数和操作符添加到表达式中。单击“检查”按钮，可以对表达式的语法进行检查。

③ 表达式/公式的结果

根据表达式/公式的结果，进行范围选择和状态判断等，从而定义对象属性不同的属性值。表达式/公式的结果还与“数据类型”的设置相关。

④ 数据类型

有4种数据类型可供选择，分别如下：

● 模拟量：可以单击“添加…”按钮，添加模拟量限制值内的多个数值范围，对象属性的值随数值范围变化而变化。

● 布尔型：用“TRUE”（1）和“FALSE”（0）定义两种不同的状态，对象属性的值也因此有两个不同的值。

● 位：定义某个字节（或字或双字）变量的一个位，其值（0/1）决定了对象属性的值。

● 直接：将“表达式/公式”的值用作对象属性的值（与变量连接不同的是只能用于输出量）

⑤ 变量状态

用于监视运行系统中WinCC变量的状态。

⑥ 质量代码

用于监视运行系统中WinCC变量的质量代码。

（2）选择按钮的组态

在SH23B梗丝低速气流干燥系统中使用了36个选择按钮和开/关按钮，它们的组态形式基本相同。下面以“主画面”中“出料翻板门”的“手动/自动”、“开/关”为例介绍使用动态对话框组态的选择按钮，如图4–128所示。

“出料翻板门”的“开/关”有“手动”和“自动”两种情况可供选择。当设备处于自动运行状态时，使用按钮“对象属性”的“属性”中的“动态对话框”连接，实现动态变化。假如自动化系统的火焰检测器检测到火焰后，“出料翻板门”就要自动打开，当火焰消失，“出料翻板门”就要自动关闭。当设备处于手动检修状态时，使用按钮“对象属性”的“事件”中的“C动作”连接，实现动态变化。

① 自动状态的组态

● 鼠标右键单击图4–128中的“开”按钮，弹出“对象属性”对话框，如图4–129所示。点击“属性”选项卡，在“按钮”→“颜色”→“背景颜色”中的“动态”列是红色的闪电，使用的是“动态对话框”连接。右键单击，选择“动态对话框”连接，弹出“动态值范围”对话框，如图4–130所示。在“事件名称”框中，使用“变量”作为触发器；在“表达式/公式”框中，使用变量“SH23B/JC.B22”，点击后面的按钮，选择“变量”，弹出“变量–项目”对话框，如图4–131所示。变量“SH23B/JC.B22”是数据块DB202中的D2.5即DB202.DBX2.5；经过查找SH23B梗丝低速气流干燥自动化系统，如图4–132所示。变量“SH23B/JC.B22”对应的是“6252.1M1振动输送机翻板门开”；在“数据类型”选择“布尔型”，这是因为变量“SH23B/JC.B22”是布尔型的开关量；在“表达式/公式结果”中，有两个状态供选择，便于当出现不同状态时，按钮“开”能够以不同的颜色显示。当变量“SH23B/JC.B22”为“是/真”状态时，呈现出绿色；当变量“SH23B/JC.B22”为“否/假”状态时，呈现出白色。

图4-128　“主画面”中“出料翻板门”的“手动/自动”和“开/关”按钮

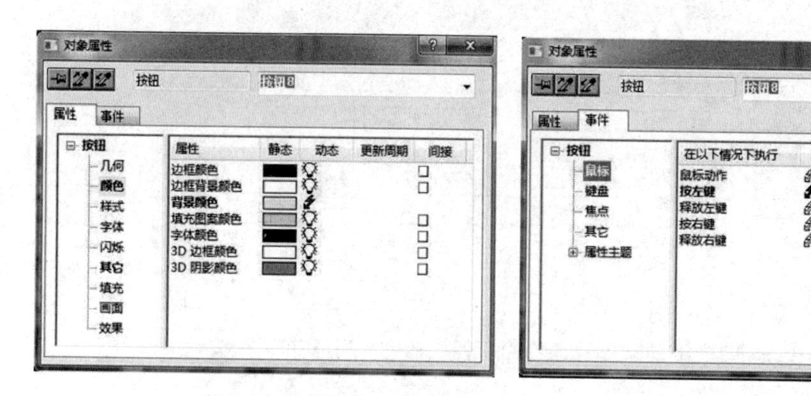

图4-129　变量“SH23B/JC.B22”的“对象属性”对话框

动态值范围

事件名称

变量

应用(P)

取消(N)

表达式/公式

'SH23B/JC.B22'

检查(K)

表达式/公式的结果

有效范围	背景...
是 / 真	
否 / 假	

数据类型

◎ 模拟量(A)

◉ 布尔型(L)

◎ 位(T)

◎ 直接(D)

添加(A)...

删除(R)

◉ 不要评估变量状态

◎ 变量状态

◎ 质量代码

图4-130　“开”按钮的“动态值范围”对话框

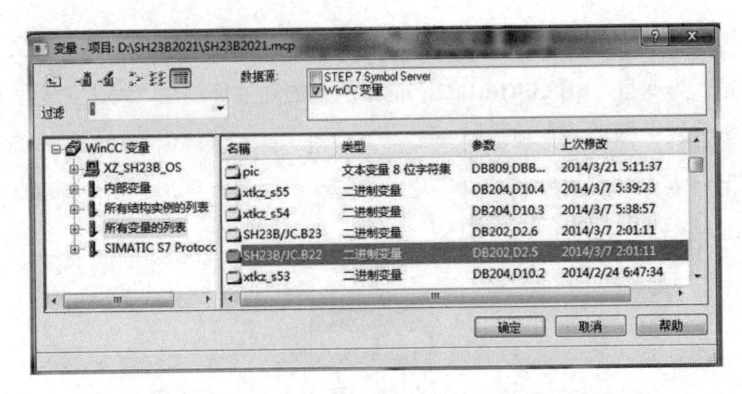

图4-131 “开”按钮的“变量-项目”对话框

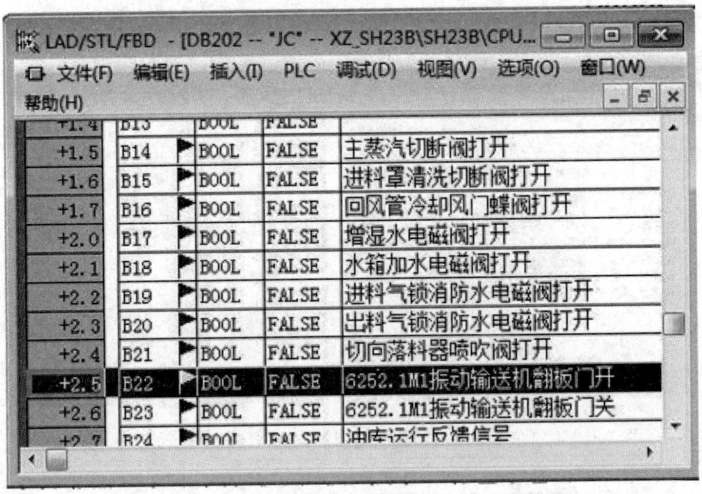

图4-132 变量“SH23B/JC.B22”对应的“6252.1M1振动输送机翻板门开”

● 在图4-129中点击“属性”选项卡，在“其他”→“允许操作员控制”中的“动态”列是红色的闪电，使用的是“动态对话框”连接。右键单击，选择“动态对话框”连接，弹出“动态值范围”对话框，如图4-133所示。在“表达式/公式”中使用变量“xtkz_s55”，点击后面的按钮[...]，选择“变量”，弹出“变量-项目”对话框，如图4-134所示。变量“xtkz_s55”是数据块DB204中的D10.4即DB204.DBX10.4；经过查找SH23B梗丝低速气流干燥自动化系统，如图4-135所示，变量“xtkz_s55”对应的是“出料振槽帆板门手自动”；在“数据类型”选择“布尔型”，这是因为变量“xtkz_s55”是布尔型的开关量；在“表达式/公式结果”中，有两个结果供选择，当变量“xtkz_s55”为“是”状态时，设备处于自动状态，表示“不允许操作员控制”；当变量“xtkz_s55”为“否”状态时，设备处于手动检修状态，表示“允许操作员控制”。

把“允许操作员控制”中的“动态”列设置为“动态”，为后面的可以实现“出料翻板门”的手动控制提供了条件。即后面讲到的用“事件”来实现“出料翻板门”的“开/关”。

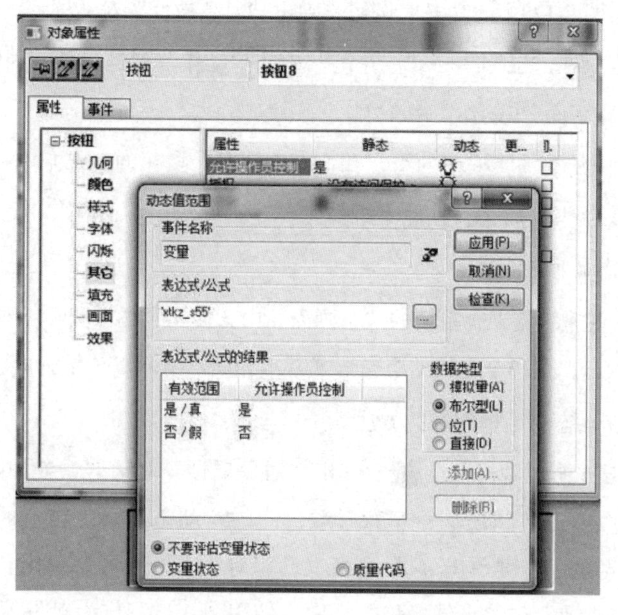

图4-133　“允许操作员控制”的“动态值范围”对话框

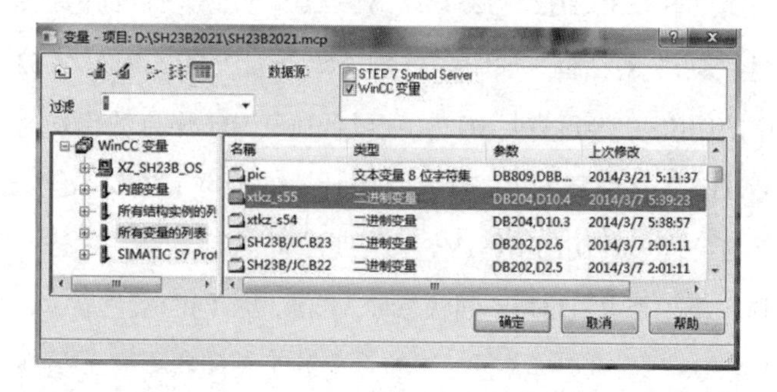

图4-134　变量“xtkz_s55”的“变量-项目”对话框

DB204 -- "XTKZ" -- XZ_SH23B\SH23B\CPU 416-3 PN/...

地址	名称	类型	初始值	注释
+9.7	S50	BOOL	FALSE	出料气锁消防水电磁阀手动控制
+10.0	S51	BOOL	FALSE	切向落料器喷吹阀手动控制
+10.1	S52	BOOL	FALSE	电加热器手动启动
+10.2	S53	BOOL	FALSE	燃烧器手动启动
+10.3	S54	BOOL	FALSE	6252.1M1振动输送机翻板手动开
+10.4	S55	BOOL	FALSE	出料振槽帆板门手自动
+10.5	S56	BOOL	FALSE	本控0/远控1
+10.6	S57	BOOL	FALSE	请求油泵运行
+10.7	S58	BOOL	FALSE	油泵运行正常允许预热
+11.0	S59	BOOL	FALSE	加热器温度未达到要求指示
+11.1	S60	BOOL	FALSE	备用

图4-135　“xtkz_s55”对应“出料振槽帆板门手自动”

② 手动状态的组态

鼠标右键单击图4-128中的“开”按钮，弹出“对象属性”对话框，如图4-129所示。点击“事件”选项卡，在“鼠标”→“按左键”中的“动作”列是绿色的闪电和C，使用的是“C动作”连接。在下面“C动作”中介绍。

注：图4-128中的“关”按钮的组态和上面的“开”按钮的组态基本一样，用的是变量“SH23B/JC.B22”的“0”状态，在此不再赘述。

（3）电机状态显示的组态

在SH23B梗丝低速气流干燥系统的“主画面”中，使用了13个圆●，来表示系统使用的13个电机的运行状态，这13个电机的组态形式基本相同。下面以“主画面”中“循环风机”的●为例介绍使用动态对话框组态的方法。

鼠标右键单击“循环风机”的●，弹出“对象属性”对话框，如图4-136所示，在已经组态好的“属性”→“颜色”→“背景颜色”的“动态”列是红色的闪电，使用的是“动态对话框”连接。右键单击⚡，选择“动态对话框”连接，弹出“动态值范围”对话框，如图4-137所示。在“事件名称”框中，使用“变量”作为触发器；在“表达式/公式”框中，使用变量“SH23B/DJZT.6251M7_STATUS”，点击后面的按钮[...]，选择“变量”，弹出“变量-项目”对话框，如图4-138所示，变量“SH23B/DJZT.6251M7_STATUS”是数据块DB200中的DBB3；经过查找SH23B梗丝低速气流干燥自动化系统，变量“SH23B/DJZT.6251M7_STATUS”是循环风机的状态，如图4-139所示；在“数据类型”选择“模拟量”，这是因为变量“SH23B/DJZT.6251M7_STATUS”是字节；在“表达式/公式结果”中，有三个状态供选择，便于当电机出现不同状态时，能够以不同的颜色显示，当变量“SH23B/DJZT.6251M7_STATUS”为“0”状态时，即点击处于关闭状态时，呈现出白色；当变量“SH23B/DJZT.6251M7_STATUS”为“1”状态时，呈现出绿色；当处于停机或者故障状态，呈现

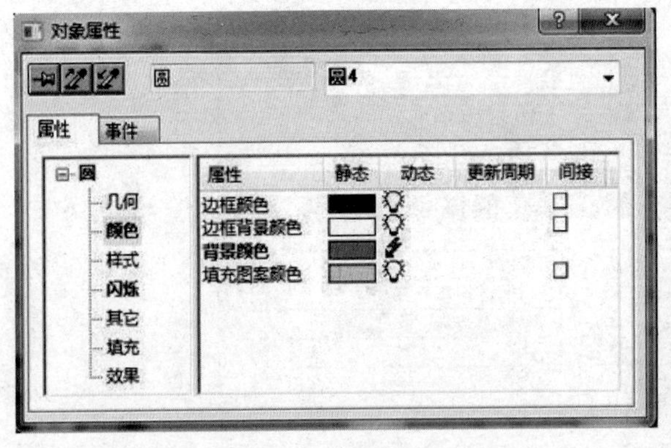

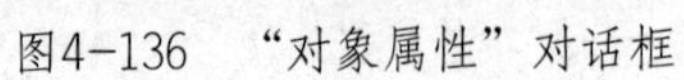
图4-136 “对象属性”对话框

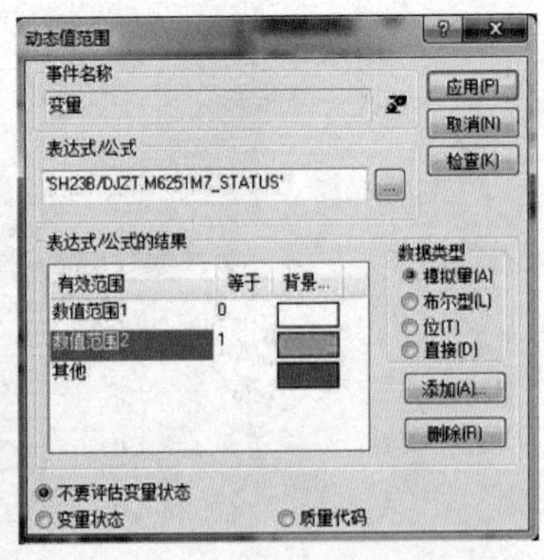

图4-137 “动态值范围”对话框

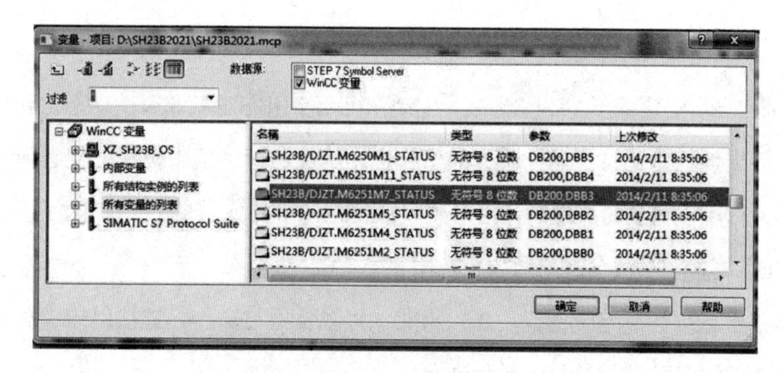

图4-138　弹出“变量-项目”对话框

DB200 -- "DJZT" -- XZ_SH23B...

地址	名称	类型	初始值
0.0		STRUCT	
+0.0	M6251M2_STATUS	BYTE	B#16#0
+1.0	M6251M4_STATUS	BYTE	B#16#0
+2.0	M6251M5_STATUS	BYTE	B#16#0
+3.0	M6251M7_STATUS	BYTE	B#16#0
+4.0	M6251M11_STATUS	BYTE	B#16#0
+5.0	M6250M1_STATUS	BYTE	B#16#0

图4-139　“SH23B/DJZT.6251M7_STATUS”为循环风机的状态

出灰色。如图4-140示，在已经组态好的“属性”→“闪烁”→“闪烁背景激活”的“动态”列是红色的闪电，使用的是“动态对话框”连接。右键单击，选择“动态对话框”连接，弹出“动态值范围”对话框，如图4-141所示。经过比较图4-141和图4-137可以发现，这两个属性选择的变量是一样的，只是在“表达式/公式结果”中略有不同，实际当中，在“数值范围1”和“数值范围2”选择的“闪烁背景激活”都是“否”，只有“其他”时候闪烁，这为循环风机故障时闪烁红色，提供了条件；当“SH23B/DJZT.6251M7_STATUS”的“数值范围”不是“0”和“1”时，这时的循环风机呈现出红色圆点，并不停地闪烁，直到故障消除为止。

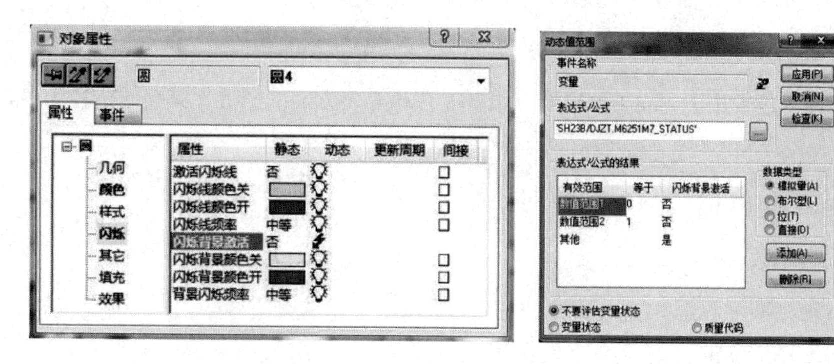

图4-140　“对象属性”对话框　　图4-141　“动态值范围”对话框

4. C动作

WinCC的C脚本语言基于ANSI C标准，C动作可用于组态对象的属性动态化和事件动作。当组态对象的属性动态化时，对象属性的值将由C 函数的返回值来确定，且必须组态属性动态的触发器。作用于对象的事件动作由对象属性变化的事件或其他事件来激活。

（1）几个概念——触发器、函数、动作

触发器用于在运行系统中执行动作。为此，将触发器与动作相链接以构成对动作进行调用的触发事件。没有触发器的动作不会执行。

函数是一段代码，可在多处使用，但只能在一个地方定义。WinCC包括许多函数。此外，用户还可以编写自己的函数和动作。函数一般由特定的动作来调用。

动作用于独立于画面的后台任务，例如打印日常报表、监控变量或执行计算等。动作的功能一般通过调用特定的函数来实现，动作的执行由触发器启动。

① 函数的分类

A. 项目函数（Project Functions）

如果在C动作中经常需要相同的功能，则该功能可以在项目函数中公式化。在WinCC 项目的所有C动作中都可以按照调用其他函数一样的方式来调用项目函数。

项目函数只能在项目内使用，其存储路径为WinCC项目安装目录的子目录“library”中，并在相同文件夹中的ap_pbib.h文件内定义。

项目函数可用于：

● 其他项目函数。

● 全局脚本动作。

● 图形编辑器的C动作中以及动态对话框内。

● 报警贿赂功能中的报警记录。

● 启动和释放归档时以及换出的循环归档时的变量记录中。

B. 标准函数（Standard Functions）

标准函数包含用于WinCC编辑器、报警、存档等多方面的函数，其存储路径为WinCC 项目安装目录的子目录“\aplib”中。

标准函数可用于：

● 项目函数。

● 其他标准函数。

● 全局脚本动作。

● 图形编辑器的C动作中以及动态对话框内。

● 报警赠赂功能中的报警记录。

● 启动和释放归档时以及换出的循环归档时的变量记录中。

C. 内部函数（Internal Functions）

内部函数是C语言常用函数，它们是标准的C函数，用户不能对其进行更改，也不能创建新的内部函数。其存储路径为WinCC安装目录的子目录“\aplib”中。

内部函数可用于：

● 项目函数。

● 标准函数。

● 动作。

● 图形编辑器的C动作中以及动态对话框内。

② 动作的分类

A. 局部动作

局部动作用于独立于画面的后台任务，例如打印日常报表、监控变量或执行计算等。局部动作的存储路径为WinCC项目目录的“\<computer_name\Pas”子目录中。局部动作可指定给单独的计算机。因此，可以确保只在服务器上打印报表。

B. 全局动作

全局动作用于后台任务，例如打印日常报表、监视变量或执行计算等。局部动作的存储路径为WinCC项目目录的“\Pas”子目录中。与局部动作相反，全局动作在客户机-服务器项目的所有项目计算机上执行。在单用户项目中，全局动作和局部动作之间不存在任何区别。此外，动作由为其组态的触发器启动。为了使动作得以执行，全局脚本运行系统必须包含在启动列表中，启动步骤如下：

● 在WinCC项目管理器的计算机快捷菜单中选择“属性”，弹出“计算机属性”对话框。

● 单击“启动”标签。

● 选择“全局脚本运行系统”选项，如图4-142所示。

● 单击“确定”按钮关闭对话框。

一旦项目启动，全局脚本运行系统在计算机的启动列表中被选中，这时属于该计算机的所有全局动作和所有局部动作都将被激活。

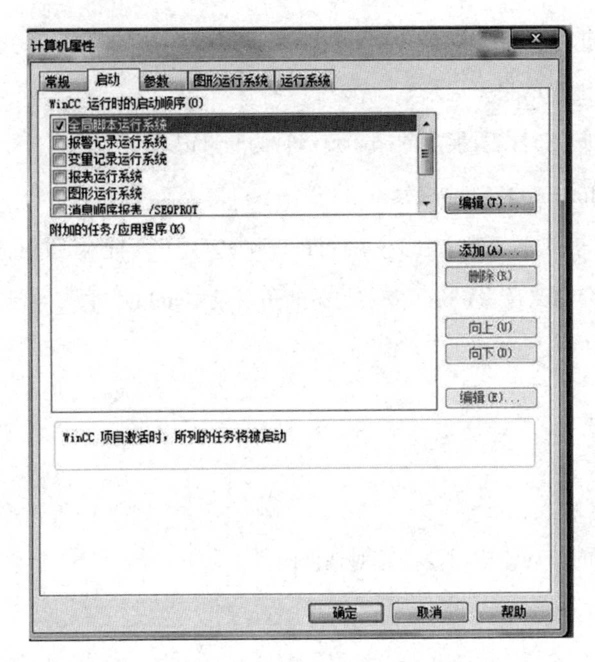

图4-142 计算机属性启动列表

③ 触发器分类

A. 非周期性触发器

这些触发器包括指定的日期和时间。由此类触发器所指定的动作将按所指定的日期的时间来完成。

B. 周期性触发器

这些触发器包括指定的时间周期和起始点。周期性触发器有下列类型：

● 默认周期：第一个时间间隔的开始点与运行系统的开始点一致。间隔时间由周期确定。

● 每小时：间隔时间的开始点按分钟和秒钟指定。间隔时间是一小时。

● 每日：间隔时间的开始点由时间（小时、分钟和秒）来指定。

● 每周：间隔时间的开始点由星期（星期一、星期二等）和时间来指定。间隔时间是一个星期。

● 每月：间隔时间的开始点由日期和时间来指定。间隔时间是一个月。

● 每年：间隔时间的开始点由日、月和年来指定。间隔时间是一年。

C. 变量触发器

这些触发器包括一个或多个变量的详细规范。每当检测到这些变量的数值发生变化时，都将执行与此类触发器相关联的动作。

如果动作仅与一个触发器相关联，例如，周期性触发器和变量触发器。在此情况下，无论两个触发事件之一何时发生，动作都将执行。如果两个事件同时发生，则动作将按先后顺序执行两次。如果两个变量触发器在同一时刻启动，则动作将只执行一次。

（2）C动作编辑器

在图形编辑器中，可以通过C动作使对象属性动态化，也可以使用C动作来响应对象事件。

对于C动作的组态，可以使用动作编辑器来实现。此编辑器可以在对象属性对话框中通过以下方法打开，即单击鼠标右键，选中期望的属性或事件，然后从弹出的菜单中选择C动作。已经存在的C动作在属性或事件处用绿色箭头标记。

在动作编辑器中，可以编写C动作。对于属性的C动作，必须定义触发器；对于事件的C动作，由于事件本身就是触发器，所以不必再定义。如图4-143所示，属性的C动作和事件的C动作的差别就在于图中的“事件名”，完成的C动作必须进行编译，如果编译程序没有检测到错误，则可以通过单击“确定”按钮退出动作编辑器。

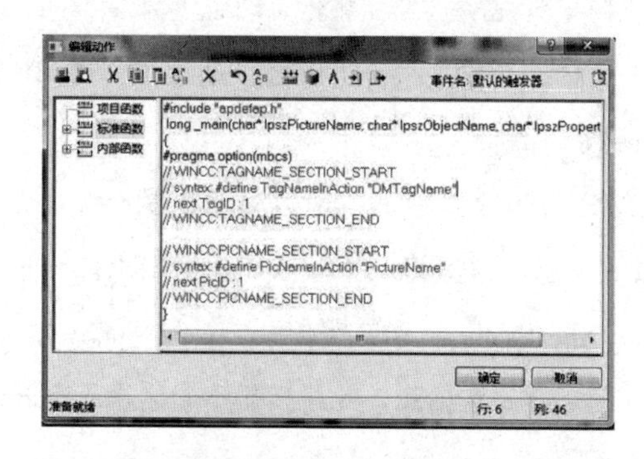

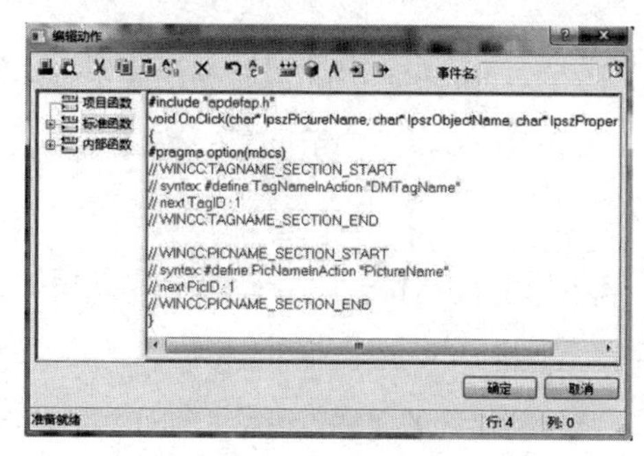

图4-143 C动作编辑器

① C动作的结构

通常，一个C动作相当于C中的一个函数。C动作有两种不同的类型：为属性创建的动作和为事件创建的动作。通常，属性的C动作用于根据不同的环境条件控制此属性的值（例如变量的值）。对于这种类型的C动作，必须定义触发器来控制其执行，而事件的C动作用来响应此事件。

② 属性的C动作

● 标题（黑底）：黑底字段显示的两行构成C动作的标题，该标题自动生成并且不能更改。除返回值类型之外，所有属性的函数标题都完全相同。如图4-144所示。

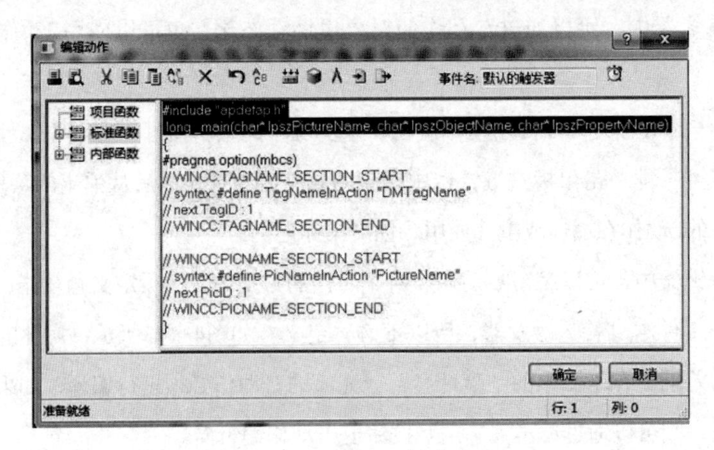

图4-144　属性C动作实例

在C动作标题的第一行内，包含文件apdefap.h。通过该文件向C动作预告所有的项目函数、校准函数以及内部函数。

C动作标题的第二部分为函数标题。该函数标题提供有关C动作的返回值和可以在C动作中使用的传送参数的信息。这里将三个参数传递给C动作，即画面名称（Ipsz Picture Name）、对象名称（Ipsz ObjectName）和属性名称（Ipsz Property Name）。

C动作标题的第三部分是开始花括弧，此花括弧不能删除。在开始大括弧和结束大括弧之间编写C动作的实际代码。

● 编译器设置（1）：#pragma option用来设置编译器，mbcs指的是多字节字符集。因此，本实例中语句#pragma option（mbcs）表示设置WinCC的C脚本编译器，使其支持多字节字符集。

● 变量声明（2）：在可以编辑的第一个代码段中声明使用的变量。

● 数值计算（3）：在本段中，执行属性值的计算。

● 数值返回（4）：将计算得到的属性值赋给C动作对应的属性。这通过return命令来完成。

● 其他自动生成的代码：包括两个注释块。若要使交叉索引编辑器可以访问C动作的内部信息，则需要这两个块，要允许C动作中语句重新排列也需要这两个块。如果这些选项都不用，则也可以删除这两个注释块。

第一个注释块用于定义C动作中所使用的WinCC变量。在程序代码中，必须使用所定义的变量名称，而不是实际的变量名称。

第二个注释块用于定义C动作中使用的WinCC画面。在程序代码中也必须使用定义的画面名称，而不是实际的画面名称。

另外，注意到图中黑底方框处显示EventName（事件名称）默认选项为默认的触发器。点击按钮，如图4-145所示，该属性事件按照2s的“标准周期”周期性地执行。

属性动作的触发信号共分为四类：变量、标准周期、图形周期和窗口周期。用户可根据需要自行选择。

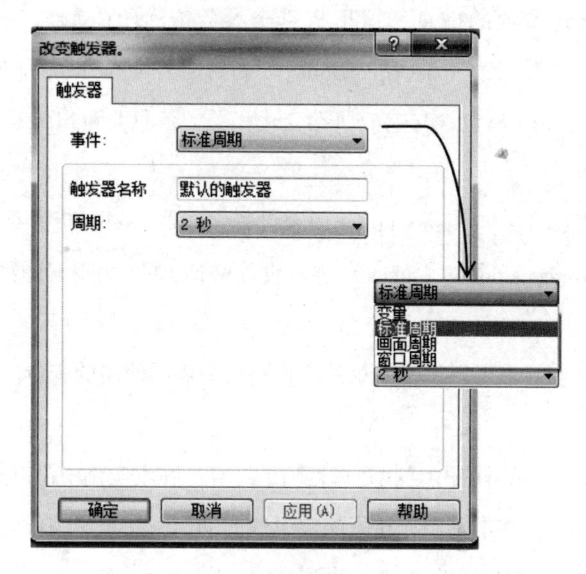

图4-145　“改变触发器”对话框

③事件的C动作

图4-146所示实例是一个典型的事件的C动作。各部分的含义描述如下：

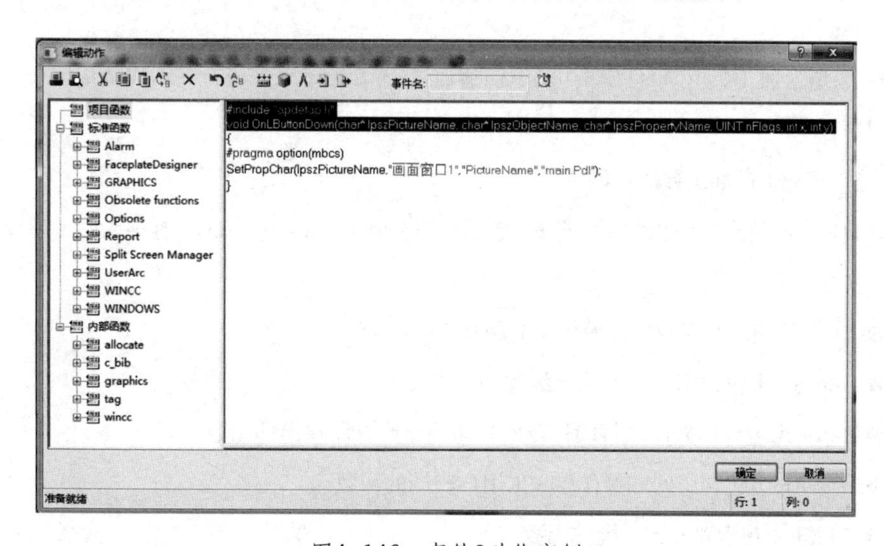

图4-146　事件C动作实例

● 标题（黑底）：黑底字段显示的两行构成C动作的标题。OnLButtonDown表示该动作对应事件为“按左键”，该标题自动生成并且不能更改，但与属性动作相反，对于不同类型的事件，其函数标题也不相同。

在C动作标题的第一行内，包含文件apdefap.h，通过该文件向C动作预告所有的项目函数、校准函数以及内部函数。

C动作标题的第二部分为函数标题。该函数标题提供有关C动作的返回值和可以在C 动作中使用的传送参数的信息。这里将三个参数传递给C动作，即将参数画面名称（IpszPitureName）、对象名（IpszObjectName） 和属性名（lpszProporyName）传递给C动作，参数lpszProporyName只包含与响应属性变化相关的信息。可以传送附加的事件指定的参数。

● 编译器设置（1）：#pragma option用来设置编译器，mbcs指的是多字节字符集。因此，本实例中语句#pragma option（mbcs） 表示设置WINCC的C脚本编译器，使其支持多字节字符集。

● 变量声明（2）：在可以编辑的第一个代码段中声明使用的变量。在本实例代码中，没有使用变量。

● 数值计算（3）：在本段中，执行属性值的计算。在本实例中没有进行属性值计算。

● 事件处理（4）：在本段中，执行响应事件的动作，在本实例代码中，SetPropChar是一种函数，功能是增加一个项目，修改一个现有项；IpszPictureName中Ip表示指针，sz表示字符串；“IpszPictureName，

“画面窗口1”， “main.Pdl””表示现有的画面是“画面窗口1”，要弹出的画面为“main.Pdl”。

● 数值返回（4）：事件C动作的返回值通过return命令来完成，在本实例代码中，不需要返回值。

（3）WinCC标准函数的功能

WinCC在浏览窗口中提供了一些标准函数，这些Standard Functins（标准函数）主要提供了以下功能：

● Alarm组包含与WinCC报警相关的函数。

● Graphics组包含用于图形系统编程的函数。

● Report组包含用来启动打印作业的打印预览或打印输出的函数。

● User Arc组包含访问和操作WinCC用户归档的函数。

● WinCC组包含WinCC系统的函数。

● Windows组仅包含Program Execute函数。

WinCC内部函数提供的主要功能如下：

● Allocate组包含分配和释放内存的函数。

● C_bib组包含来自C库的C函数。

● Graphics组中的函数可以读取或设置WinCC图形对象的属性。

● Tag组的函数可以读取或设置WinCC变量。

● WinCC组的函数可以在运行系统中定义各种设置。

WinCC在浏览窗口中提供的标准函数和内部函数的具体含义在《WINCC全局脚本手册》中可以查找。

（3）C动作的组态

● 接上面，在“start.Pdl”画面上右键单击“主画面”按钮。“‘按左键’事件“动作”列上的白底色闪电，在弹出的快捷菜单中选择“C动作”，打开“编辑动作”窗口。如图4-146所示（“C动作”的组态后面讲述）。

如图4-146所示，打开的“编辑动作”窗口，就是C动作编辑器，在右边的编辑窗口编写与设计思想相应的动作和调用函数。

在此设置C动作的目的就是当左键点击了“主画面”按钮以后，以画中画的形式把“主画面”呈现在监控画面中。如图4-147所示，是从“主画面”按钮到“主画面”的完全的C动作信息。

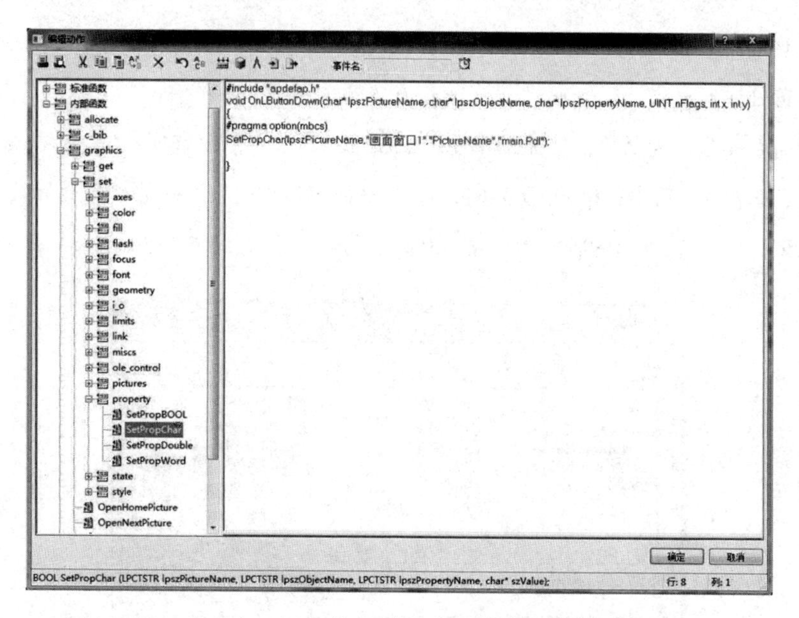

图4-147 从“主画面”按钮到“主画面”的完全的C动作信息

● 标题

编辑窗口显示的前两行是C动作的标题。OnLButtonDown表示该动作对应事件为“按左键”，该标题自动生成并且不能更改。

在标题的第一行内，通过文件apdefap.h向C动作预告所有的项目函数、校准函数以及内部函数。

C动作标题的第二部分为函数标题，这里将三个参数传递给C动作，即将参数画面名称（IpszPitureName）、对象名（IpszObjectName）和属性名（lpszProporyName）传递给C动作，参数lpszProporyName只包含与响应属性变化相关的信息。可以传送附加的事件指定的参数。

● 编译器设置

#pragma option用来设置编译器，mbcs指的是多字节字符集。因此，本实例中语句#pragma option（mbcs）表示设置WINCC的C脚本编译器，使其支持多字节字符集。

● 事件的处理

在花括弧内编写执行期望计算的函数主题、动作等。

在浏览窗口找到“内部函数”→“graphics”→“set”→“properpy”→“SetPropChar”，点击“SetPropChar”，弹出如图4-148所示的“分配参数”对话框。对话框中包含所有必须输入的参数及其数据类列表。该函数可以在数值列中进行参数化。除简单的文本输入之外，每个参数的后面都有一个按钮，根据实际选择其中的变量、图形对象和画面，点击后，弹出图4-149的“画面选择”对话框，完成参数设置后，单击“确定”按钮，在C动作中的当前光标位置处插入函数。

SetPropChar是一种函数，功能是增加一个项目，修改一个现有项；IpszPictureName中Ip表示指针，sz表示字符串；IpszPictureName，“画面窗口1”，“main.Pdl”表示现有的画面是“画面窗口1”，要弹出的画面为“main.Pdl”。

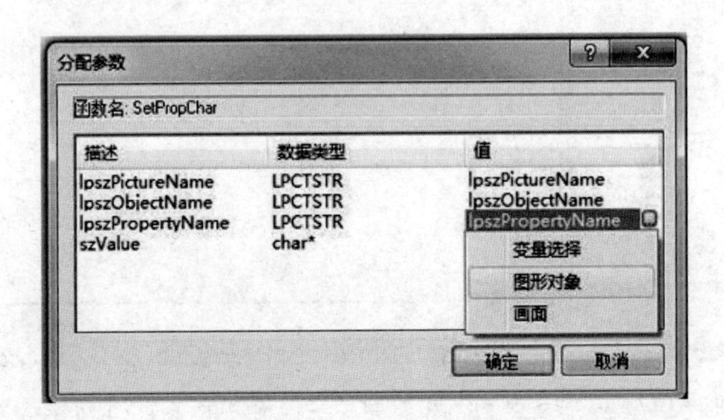

图4-148 “分配参数”对话框

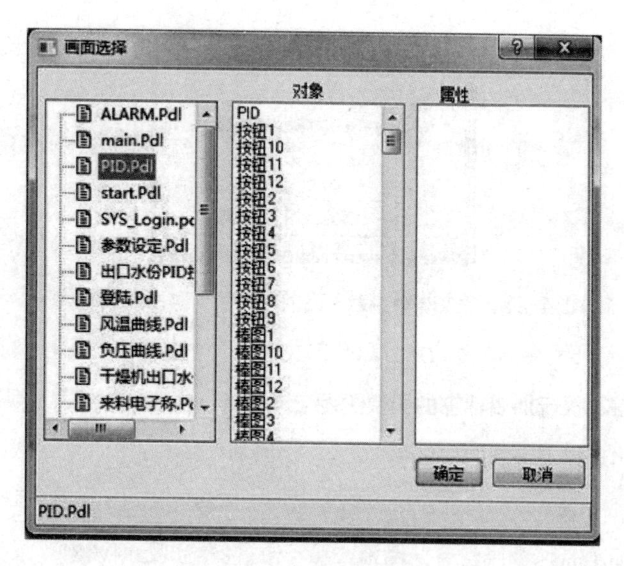

图4-149　“画面选择”对话框

● 接上面，鼠标右键单击图4-150中的“开”按钮，弹出“对象属性”对话框，如图4-129所示。点击“事件”选项卡，在“鼠标”→“按左键”中的“动作”列是绿色的闪电，使用的是“C动作”连接。在下面“C动作”中介绍。

如图4-150所示，打开的“编辑动作”窗口，就是C动作编辑器，在右边的编辑窗口编写与设计思想相应的动作和调用函数。左边编辑窗口中是从“开”按钮到“询问”对话框完全的C动作信息。

在此设置C动作的目的就是当左键点击了“开”按钮以后，以画中画的形式把“询问”画面呈现在监控画面中，如图4-151所示。当点击了“确定”按钮以后，自动化系统打开“出料翻板门”。

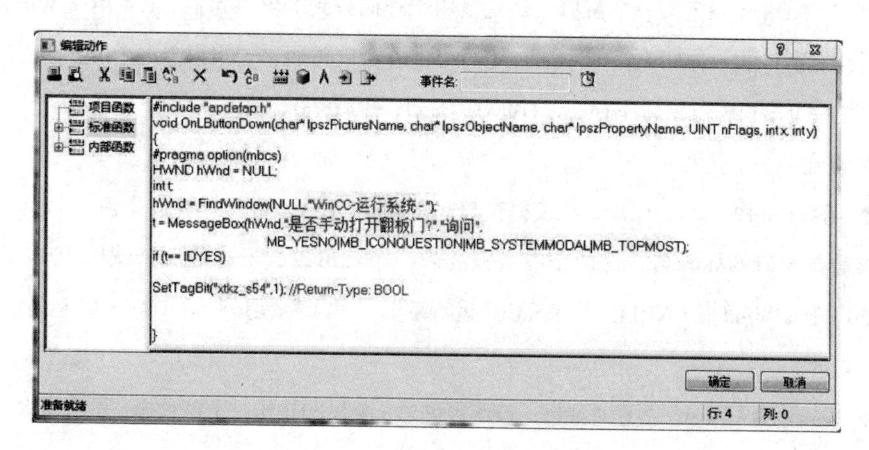

图4-150　“开”按钮的“编辑动作”窗口

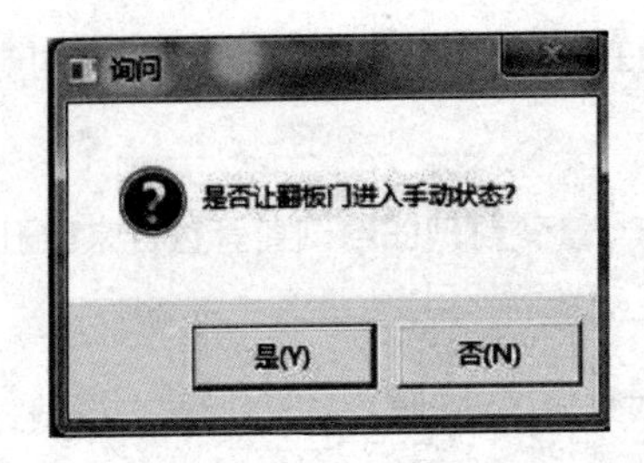

图4-151 “出料翻板门”打开的“询问”对话框

事件的处理：

在花括弧内编写执行期望计算的函数主题、动作等。

在编辑窗口出现如下编制的程序：

```
{
#pragma option（mbcs）
HWND hWnd = NULL;
int t;
hWnd = FindWindow（NULL，" WinCC-运行系统 - "）;
t = MessageBox（hWnd，" 是否手动打开翻板门?"，" 询问"，MB_YESNO|MB_
ICONQUESTION|MB_SYSTEMMODAL
|MB_TOPMOST）;
if（t== IDYES）
SetTagBit（"xtkz_s54"，1）;//Return-Type: BOOL
}
```

● HWND hWnd定义一个窗口句柄变量用于存储找到的窗口句柄。HWND是Windows系统中对所有窗口的一种标识，即handle of window（窗口句柄），相当于一个id值，通过句柄可以定位一个窗口，若窗口不存在，HWND为null，也就是0。

● 设定了一个整型的“t”。

● 函数FindWindow（），是获得窗口名的窗口句柄，第一个参数是窗口的类名，第二个参数是窗口的标题名，这两个参数只要填一个就可以，没有的那个就用NULL代替。“hWnd = FindWindow（NULL，” WinCC-运行系统 - “）”就是获得“WinCC-运行系统 ”的窗口句柄。

● MessageBox（），消息对话框，该函数创建、显示和操作一个消息框，消息框含有应用程序定义的消息和标题，和预定义图标与Push（下按）按钮的任意组合。它的四个参数分别是：

hWnd：被创建的消息框所有拥有的窗口，在此时“WinCC-运行系统 - ”窗口，如果为

NULL，则消息框没有拥有窗口。

lpText：一个以NULL结尾的、含有被显示消息的字符串的指针。即"是否手动打开翻板门?"。

lpCaption：一个以NULL结尾的、用于对话框标题的字符串的指针。即“询问”。

uType：指定一个对话框的内容和行为的位标志集，通过“MB_****”，可以有很多的按钮，例如，“MB_YESNO”“MB_OKCANCEL”“MB_ABORTRETRYIgnore”等。

有的设备不能随意启停，系统要求给出提示对话框进行二次确认，MessageBox（）就能很好地实现这个功能。

● 当在消息框中选择“YES”按钮以后，函数“SetTagBit”就把变量“xtkz_s54”赋值为“1”，即“6252.1M1振动输送机翻板手动开”。

5. 动态向导

动态向导为图形编辑器带来了附加的功能，它提供大量的预定义C动作以支持频繁重复出现的过程的组态。利用动态向导，可使用C动作使对象动态化。当执行一个向导时，预组态的C动作和触发事件被定义，并被传送到对象属性中。动态向导提高了组态的效率，同时降低了发生组态错误的风险。用户可以用自己创建的函数对动态向导中的C动作进行扩展。

（1）动态向导窗口

在图形编辑器的菜单栏中选择“视图”-“工具栏”命令，在弹出的“工具栏”对话框中可以设置动态向导窗口的显示或隐藏。

在创建一个动态向导时，首先用鼠标选择对象，再在“动态向导”中选择需要的动态向导，打开动态向导选择窗口，根据提示选择触发器。完成后在所选择的对象中会自动产生所选择的动态的C动作。预组态的C动作分为系统函数、标准动态、画面功能、导入功能和画面模块。如图4-152所示，在这5个板块中，共有25条预定义C动作供选择使用。

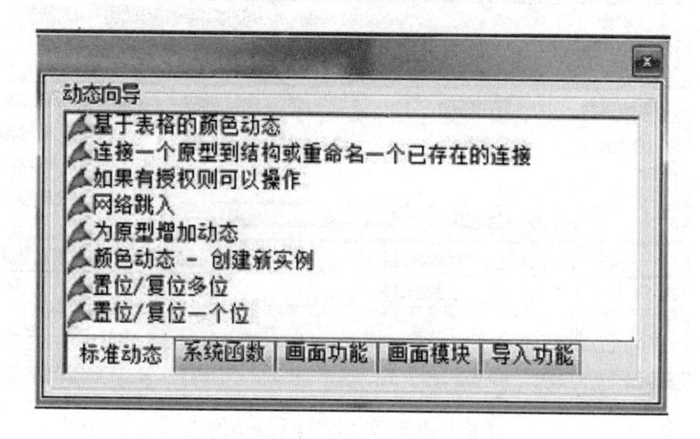

图4-152　动态向导对话框

（2）退出系统和关闭计算机按钮的组态

如图4-153所示是SH23B梗丝低速气流干燥系统监控系统的登录画面，在上面使用了“退出系统”和“关闭计算机”两个按钮作为对监控系统的处理。用鼠标右键点击“退出系统”按钮→“属性”→“对象属性”→“事件”→“鼠标动作”，右键单击 ，弹出图4-154所示的“编辑动作”，在用户程序“{}”内部的程序

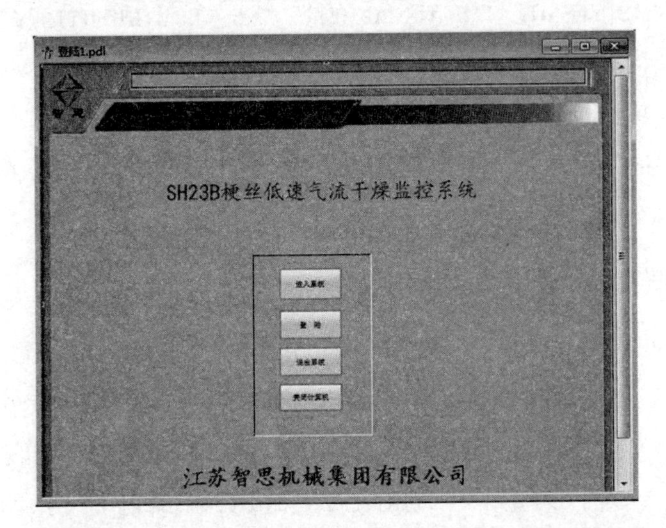

图4-153　SH23B梗丝低速气流干燥系统监控系统的登录画面

只有“DeactivateRTProject（）”，如图4-154所示。用同样的方法按钮“关闭计算机”对应的程序是DMExitWinCCEx（DM_SDMODE_POWEROFF），如图4-155所示。

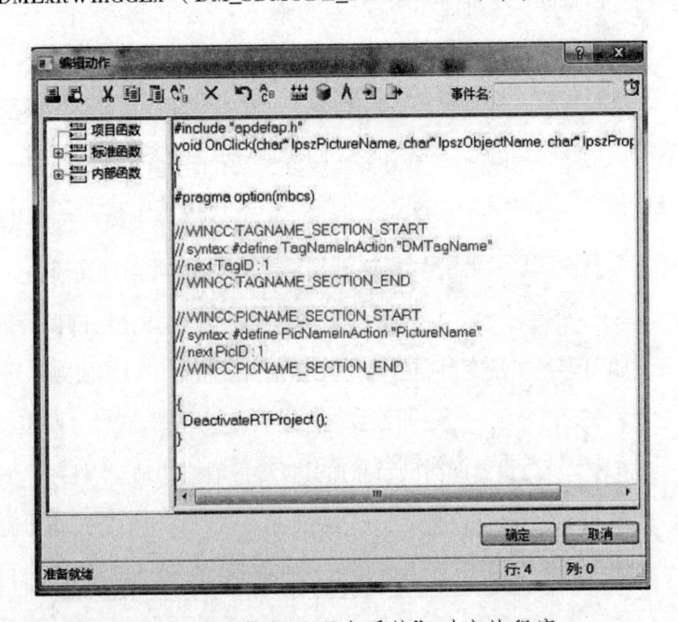

图4-154　按钮“退出系统”对应的程序

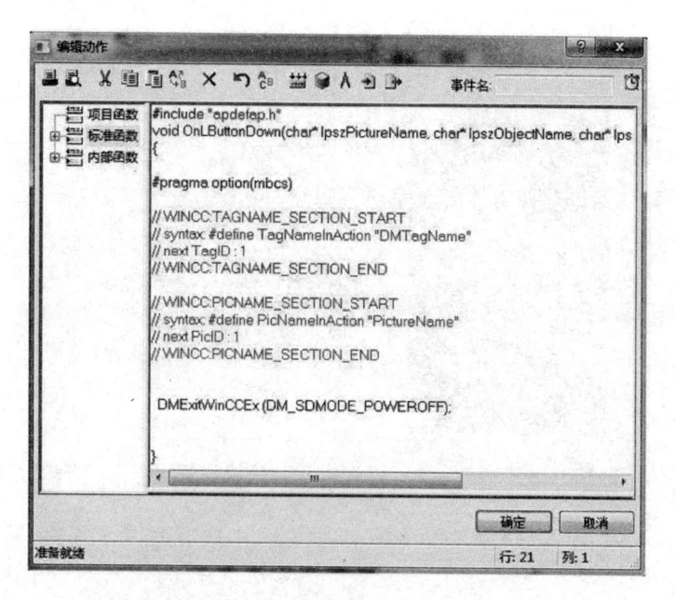

图4-155　按钮“关闭计算机”对应的程序

“退出系统”和“关闭计算机”两个按钮是如何建立的呢？

在图4-156监控画面的任意位置，新建两个按钮，分别是“退出系统1”和“关闭计算机1”，选中新建的“退出系统1”按钮，双击“动态向导”的“系统函数”选项卡中的“退出WinCC运行系统”，会出现如图4-157所示的对话框。单击图中的“先一步（N）”按钮，进入选择触发器对话框，如图4-158所示，选择鼠标左键作为触发器，点击“完成”。

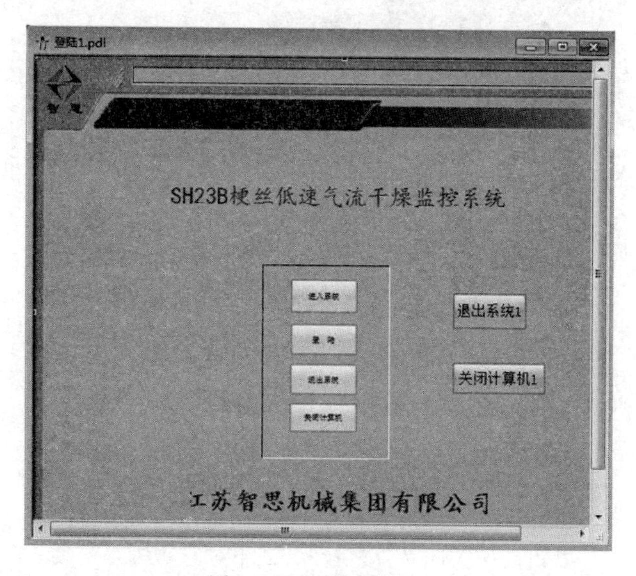

图4-156　新建按钮

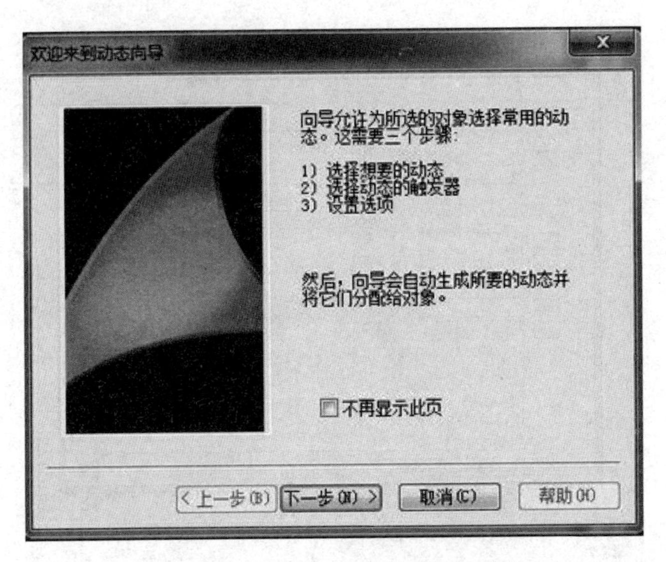

图4-157 欢迎来到动态向导对话框

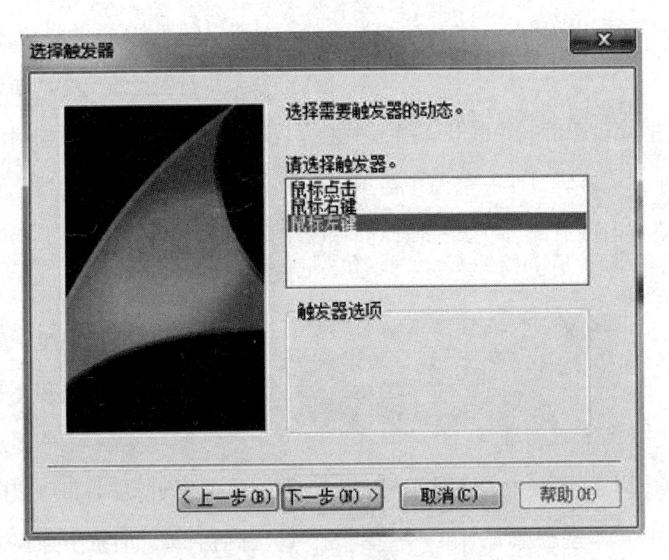

图4-158 选择触发器

鼠标右键单击新组态的“退出系统1”按钮，“属性”→“对象属性”→“事件”→“鼠标动作”，右键单击 ，弹出图4-154所示的“编辑动作”，在用户程序“{ }”内部的程序就是为“DeactivateRTProject（ ）”，原来的“退出系统”按钮也是这样组态而来。

用同样的方法可以组态“关闭计算机1”，只不过它用的是“动态向导”中的“退出WinCC或Windows”。

第五节 生产曲线

在SH23B梗丝低速气流干燥系统共使用了“干燥机出口水分曲线”“循环风机电流”“来料电子称”“流量曲线”“负压曲线”“风温曲线”“其他参数曲线”“增湿水流量曲线”8个随着时间变化而变化，并且还要数据归档的变量，所以，系统设计了8个分别由“WinCC Online Trend Control”和“WinCC Ruler Control”组成的画面。下面以“干燥机出口水分曲线”为例介绍。

一、“干燥机出口水分曲线.PDl”画面的形成

已经由设备厂家建立的“干燥机出口水分曲线.PDl”的图形画面如图4-159所示。“干燥机出口水分曲线.PDl”的画面由“WinCC Online Trend Control”和“WinCC Ruler Control”两部分内容组成，WinCC图形编辑器“对象调色板”中“ActiveX控件”的控件“WinCC Online Trend Control”用于显示过程值归档。“WinCC Online Trend Control”以趋势的形式显示已归档的过程变量的历史值和当前值，“WinCC Ruler Control”以表格的形式显示趋势控件的坐标值或统计值等。

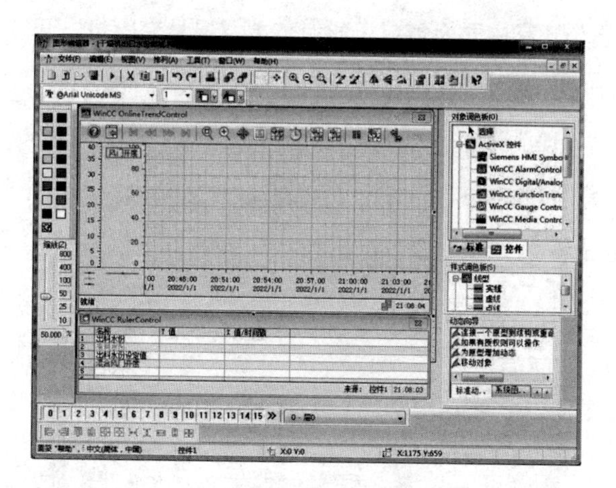

图4-159 “干燥机出口水分曲线.PDl”的画面

1. 在画面中组态趋势控件

在画面中组态趋势控件的步骤如下：

（1）在图形编辑器的“对象调色板”上，如图4-160所示，选择“ActiveX 控件”选项卡上的“WinCC Online Trend Control”，将其拖入到画面编辑区，至满意尺寸后释放，此时，“WinCC Online Trend Control属性”对话框自动打开，如图4-161所示。关闭属性对话框后也可通过鼠标右键单击选择“组态对话框…”来打开“属性”对话框。

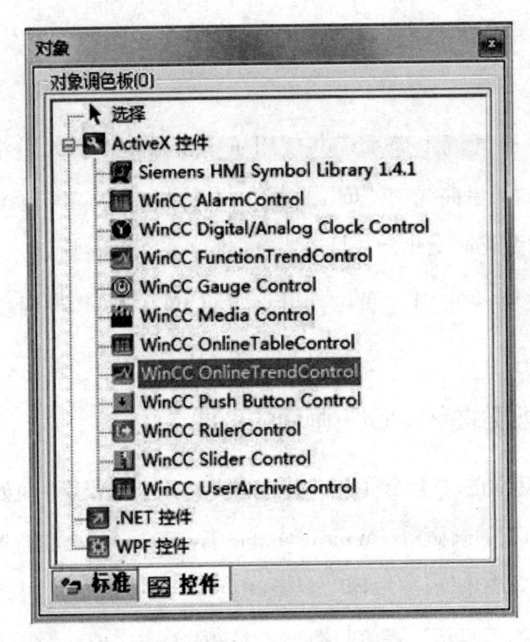

图4-160 对象调色板

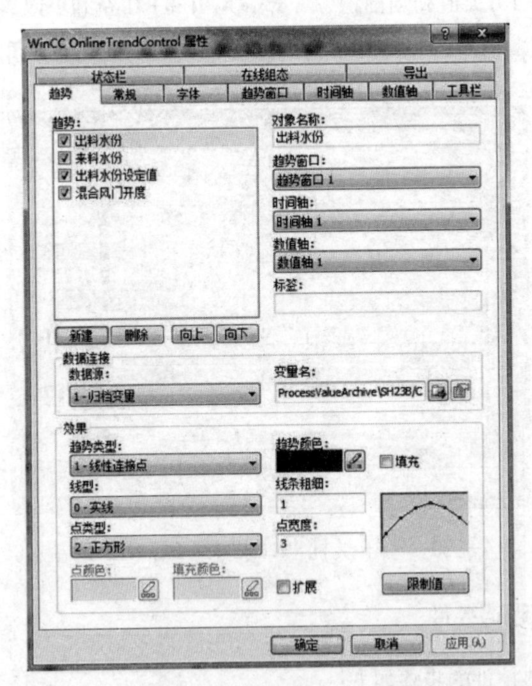

图4-161 “WinCC Online Trend Control属性”对话框

（2）“常规”选项卡中，组态在线趋势控件的基本属性

● 控件的窗口属性，在窗口标题中，有“无”“正常”和“窄”三种选择以及和后面的“文本”共同定义了趋势图画面的标题，可通过修改“文本”中的内容而修改标题名称。在

“样式”中可以调整趋势图画面的呈现形式。在“滚动条”中，可以在趋势图画面下面定义是否使用“滚动条”。

● 控件的效果属性，内部的“背景”“边框”和“窗口分割线”主要用于趋势图画面的显示效果。

● 控件的属性，主要是趋势图画面中曲线的呈现方向。

（3）“趋势窗口”选项卡，在趋势窗口区域，可以定义一个或多个趋势窗口并进行相关组态。

（4）“时间轴”和“数值轴”选项卡，可以组态一个或多个时间轴和数值轴及与之相对应的属性，将坐标轴分配到趋势窗口中。“时间轴1”分布在“趋势窗口1”中，并且在“底部”对齐。“数值轴”区域中有两个，“数值轴1”就是图1中的“0、5、10、15……”这列数值，为了更好地观察到风门开度，又增加了“风门开度”数值轴，图4-159中的风门开度是在“标签”中设置。

（5）通过设置“在线组态”选项卡，用户可以在运行期间对WinCC控件进行参数化。

（6）在“工具栏”和“状态栏”选项卡中，组态趋势控件的工具栏和状态栏。

（7）“趋势”选项卡，在趋势画面中显示的趋势并将其分配到趋势窗口，趋势的时间轴和数值轴应该是已分配给趋势窗口的时间轴和数值轴，每个组态的趋势必须与在线变量或归档变量相连接。“趋势”选项卡是这所有10个选项卡中最重要的一个，首先在“趋势”区域，用“新建”按钮建立“出料水分”“来料水分”“出料水分设定值”和“混合风门开度”四个在趋势画面中显示的曲线，以“出口水分”为例，如图4-161所示，点击“趋势”区域中的“出口水分”，与之对应的设置都发生了变化，它处于“趋势窗口1”中、以“时间轴1”为时间轴、以“数值轴1”为数值轴；“趋势颜色”用蓝色，当然可以通过点击来改变趋势图的颜色；在“数据连接”区域，要使用“归档变量”，与“出口水分”对应的归档变量为“ProcessValue Archive\SH23B/CSXS.SH23_PV_59”，“来料水分”对应的归档变量为“ProcessValueArchive\SH23B/CSXS.SH23_PV_44”，“出料水分设定值”对应的归档变量为“ProcessValueArchive\P5_SP”，“混合风门开度” 对应的归档变量为“ProcessValueArchive\P5_CV”，至于这些变量的归档方法在下面详细介绍。

2. 在画面中组态标尺控件

如果希望显示趋势控件的坐标值或统计值，则需要组态WinCC Ruler Control控件，将其与趋势控件相连接。

在画面中组态标尺控件的步骤如下：

（1）在图形编辑器的“对象调色板”上，选择“ActiveX 控件”选项卡上的WinCC Ruler Control，如图4-160所示，将其拖入到画面编辑区至满意尺寸后释放，此时，“WinCC Ruler Control属性”对话框自动打开，如图4-162所示。关闭属性对话框后也可通过鼠标右键单击选择“组态对话框…”来打开“属性”对话框。

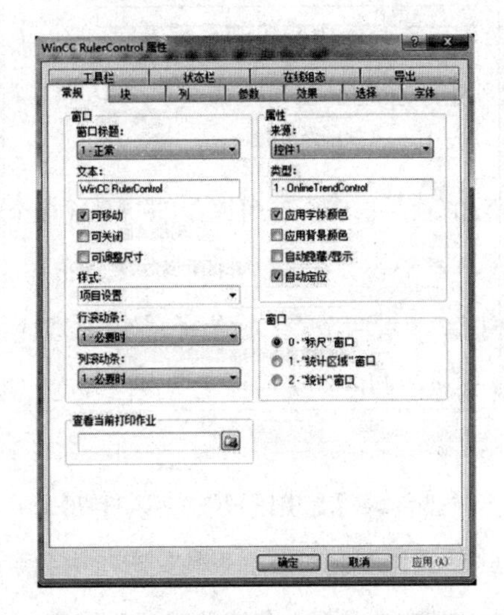

图4-162 “WinCC Ruler Control属性”对话框

（2）“工具栏”和“状态栏”选项卡组态控件的基本属性。

（3）“常规”选项卡，在“常规”选项卡的“来源”域中，选择所组态控件的对象名称，控件的类型显示在“类型”域中。在图4-161的“WinCC Online Trend Control”的画面中，鼠标右键单击，选择“属性”选项，弹出“对象属性”对话框，选择“属性”，在“对象名称”对应的“静态”中输入“控件1”；同样的方法在“WinCC Ruler Control”的画面中，输入“控件2”。这时，在图4-162的“WinCC Ruler Control”的画面中，鼠标右键单击，选择“组态对话框”选项，弹出图4-162对话框，在“来源”中选择“控件1”，这时“WinCC Online Trend Control”的画面和“WinCC Ruler Control”的画面相联系的唯一途径。如图4-163所示。

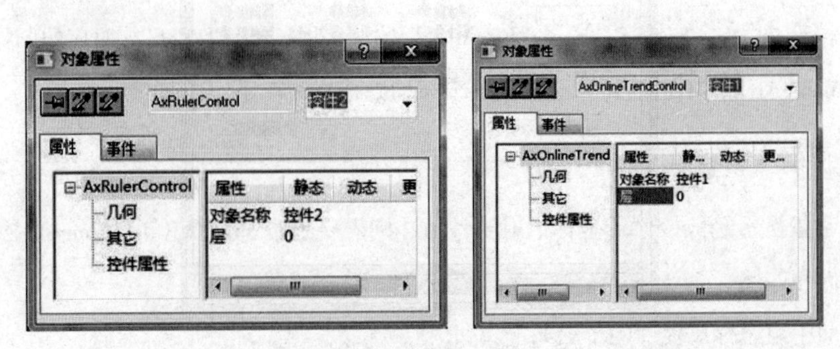

图4-163 画面的命名

（3）“块”选项卡如图4-164所示，每个块对应一个列。在图4-164中“块”区域内有25个项目，在形成的画面中最多有25列，要定义或改变选定列的属性，请单击相应的块。如果块中存在特殊格式，则可以组态块的格式。如果此时不采用已连接控件的格式设置，则禁用选项“从来源应用”，定义所需的格式。

（4）“列”选项卡如图4-165所示。使用箭头键选择要为已分配控件显示的窗口类型的列，使用“向上”和“乡下”按钮定义列的顺序。在图4-165中“窗口”区域内有3个选项，选择不同的选项，在画面中出现不同的形式。根据三个选项的不同，系统把图4-164中“块”区域内的25个项目做合理的分配。

（5）“参数”“选择”和“效果”选项卡组态表格的显示和属性。

（6）通过设置“在线组态”选项卡，用户可以在运行期间对WinCC控件进行参数化。

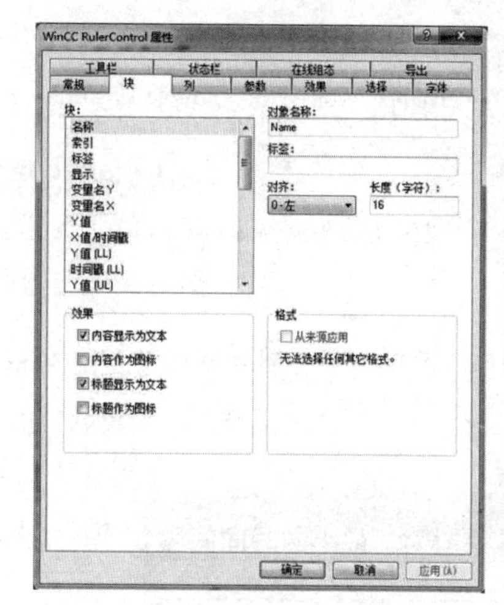

图4-164　“块”选项卡

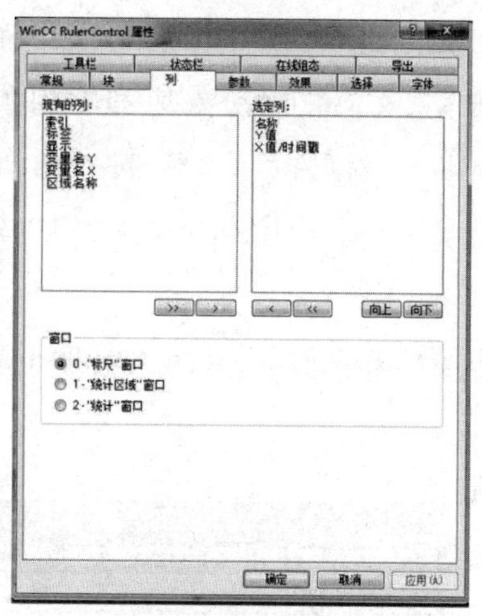

图4-165　“列”选项卡

二、过程值归档

在“干燥机出口水分曲线” 实际的生产画面中，有四条“蓝”“橙”“黑”和“红”四种颜色的曲线，分别代表“出料水分”“来料水分”“出料水分设定值”和“混合风门开度”，在SH23B梗丝低速气流干燥系统中与这四个项目相对应的变量分别为“SH23_PV_59”“SH23_PV_44”“P5_SP”“P5_CV”，但是，在图4-161中与它们对应的变量却是“ProcessValueArchive\SH23B/CSXS.SH23_PV_59”“Process ValueArchive\SH23B/CSXS.SH23_PV_44”“ProcessValueArchive\P5_SP”“ProcessValueArchive \P5_CV”，这就是对SH23B梗丝低速气流干燥系统中使用的变量进行过程值归档的需要。

1. 过程值归档方法

过程值归档（变量记录）的目的主要是采集、处理和归档过程数据。通过它可以对工业现场的历史生产数据做一个完备的记录。首先变量管理器（DM）通过通信驱动程序采集自动化系统（AS）中的过程数据，接着归档系统（Archive System）处理采集到的过程值，最后数据库（DB）保存要归档的过程值。

处理方式取决于组态归档的方式，包括是否以及何时采集过程值等。

过程值归档的数据在WinCC运行系统中可以以趋势图或表格形式显示，也可以打印输出。

（1）相关概念

① 事件

事件可发生在各种窗口中，可用事件启动和停止过程值归档，触发事件的条件可以链接到变量或脚本，在WinCC中分为以下类型的事件或动作：

二进制事件：对布尔类型变量的改变做出响应。

限制值事件：对限制值做出响应。可以分为超出上限值、低于下限值、到达限制值等情况。

计时事件：以某一个预先设定的时间间隔进行归档（时间设定值、班次改变、启动后时间段等）。

② 周期

需要为过程值的采样和归档建立不同的时间周期。最小的时间间隔长度是500ms，所有可以设置的时间都是此长度的整数倍。

采集周期：采集周期是从自动化系统中读出过程变量的周期。

归档周期：归档周期是将已获得和经过处理的WinCC变量传送到归档中的周期，它是采集周期的整数倍。

③ 归档函数

因为归档周期是采集周期的整数倍，所以进行归档之前，从过程变量中读取的所有过程值都将由归档函数进行处理。

在过程值归档中，可以使用的归档函数有当前值、总值、最大值、最小值、平均值以及动作。

A. 当前值：保存所采集的最后一个过程值。

B. 总值：保存所有采集到的过程值的总和。

C. 最大值：保存所有采集到的过程值的最大值。

D. 最小值：保存所有采集到的过程值的最小值。

E. 平均值：保存所有采集到的过程值的平均值。

F. 动作：保存的过程值由全局脚本中创建的函数进行计算。

（2）过程值的存储

① 存储方式

过程值可存储在归档数据库的硬盘上，也可以存储在变量运行系统的主存储器中。

与存储在归档数据库中不同，在主存储器中归档的过程值只在系统激活时有效，而且存储在主存储器中的过程值无法进行备份。然而，存储在主存储器中的数据可以快速地写入和读出数据。

压缩归档无法存储在主内存中。

② 存储过程

这里是指存储在归档数据库中的过程值的存储过程，要归档的过程值存储在归档数据库的两个独立的循环归档中（A—快速归档；B—慢速归档），循环归档由数目可组态的数据缓冲区组成。数据缓冲区根据大小和时间周期定义。

快速归档：对于归档周期小于等于1min（软件默认，可以修改）的归档称为快速归档。此类过程值归档以压缩方式存储在归档数据库中。

慢速归档：对于归档周期大于1min的归档称为慢速归档。此类过程值归档以非压缩方式存储在归档数据库中。

过程值被连续写入缓冲区中，如果达到数据缓冲区组态的大小或超出时间段，系统切换到下一个缓冲区。当所有数据缓冲区满时，第一个数据缓冲区中的过程数据会被覆盖。为了使过程数据不被覆盖过程破坏，可以将其进行备份。

2. 在变量记录中组态过程值归档

可在变量记录中对定时器和要归档的过程值进行组态，还可以在变量记录中定义硬盘上的数据缓冲区以及如何导出数据。

（1）变量记录编辑器

变量记录用于创建和管理过程值归档。在WinCC项目管理器的浏览窗口，双击变量记录，打开变量记录编辑器窗口，如图4-166所示。

① 浏览窗口：此处可选择对定时器、归档或归档组态进行编辑，其中在归档项中可通过归档向导创建过程值归档或压缩归档。

② 数据窗口：根据浏览窗口中所做的选择，可在此处创建或编辑归档或定时，也可组态快速归档和慢速归档。

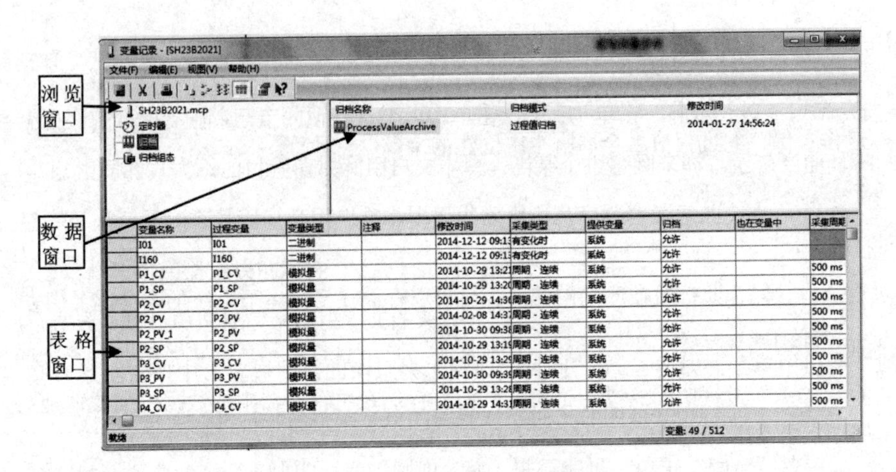

图4-166　变量记录编辑器

③ 表格窗口：表格窗口是显示归档变量或压缩变量的地方，这些变量存储于数据窗口所选的归档中。可以在此改变显示的变量的属性或添加一个新的归档变量或压缩变量。

（2）定时器组态

单击变量记录浏览窗口中的“定时器”，右边数据窗口将显示所有已经组态的定时器。默认情况下系统提供了5个定时器：500ms、1second、lminute、1hour、1day。

如果要使用不同于默认的定时器，可以根据工程需要组态一个新的定时器。例如组态一个5 minute的定时器。

① 在浏览窗口中，用鼠标右键单击“定时器”，从弹出菜单中选择“新建…”命令，打开“定时器属性”对话框，如图4-167所示。

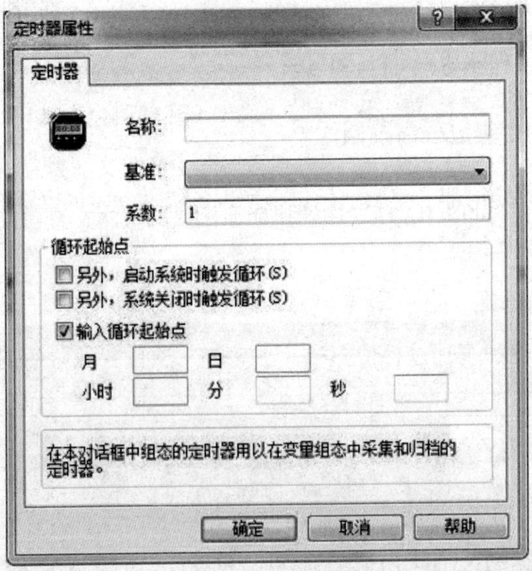

图4-167　“定时器属性”对话框

②定义新的定时器：输入名称，从列表中选择期望的基数，然后输入整数因子，定时器的时间是时间基准乘以系数的结果。

③如果激活“输入循环起始点”复选框，通过输入新的起始点，可指定何时执行周期归档，通过此项设置可使归档负载均匀分布。

④单击“确定”按钮应用新的定时器。它将显示在数据窗口中，并可选择作为采集或归档周期。

（3）归档组态

单击变量记录浏览窗口中的“归档组态”，在右边的数据窗口中显示“TagLoggingFast”和“Tag LoggingSlow”，双击“TagLoggingFast”或“TagLoggingSlow”，打开“TagLoggingFast”或“Tag LoggingSlow”对话框，如图4-168所示。对话框中有“归档组态”“备份组态”和“归档内容”三个选项卡。

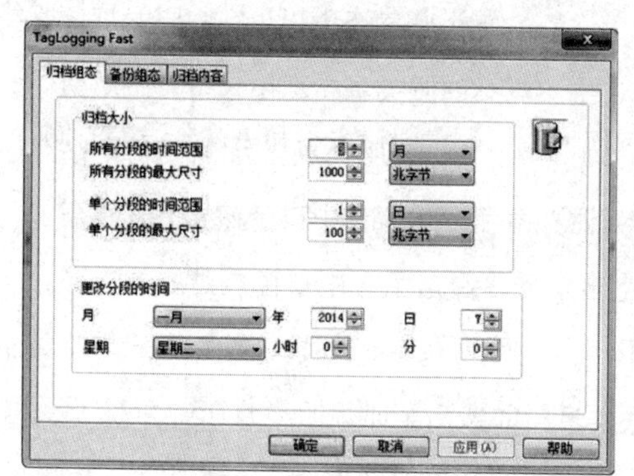

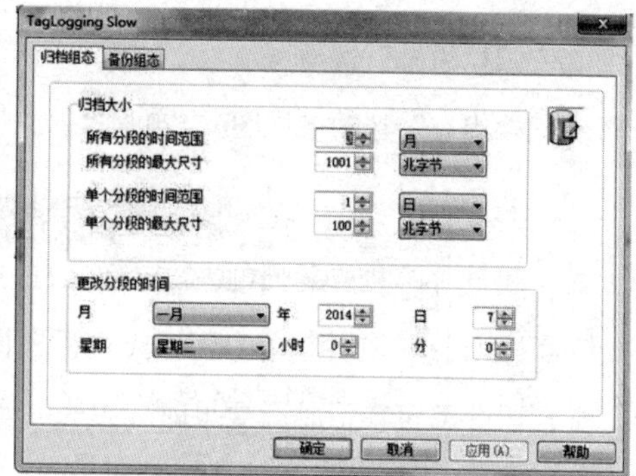

图4-168　“Tag Logging Fast”和“Tag Logging Slow”对话框

①“归档内容”选项卡

“归档内容”选项卡如图4-169所示，总共有四个复选框可供设置：

若激活“通过事件驱动采集测量值”复选框，则通过事件驱动采集的测量值被归档在“Tag Logging Fast”中；若不激活，则通过事件驱动采集的测量值被归档在“Tag Logging Slow”中。

若激活第二个复选框，则归档周期小于等于1分钟的测量值归档在“Tag Loggig Fast”中，归档周期大于1分钟的测量值归档在“Tag Logging Slow”中，时间可进行设置，默认为1分钟。

第三个复选框是针对“压缩归档”，默认不激活，即压缩归档的压缩值默认归档在“Tag Logging Slow”中。

若激活“过程控制测量值”，则通过过程控制归档的测量值被归档在“Tag Logging Fast”；若不激活，则通过过程控制归档的测量值被归档在“Tag Logging Slow”中。

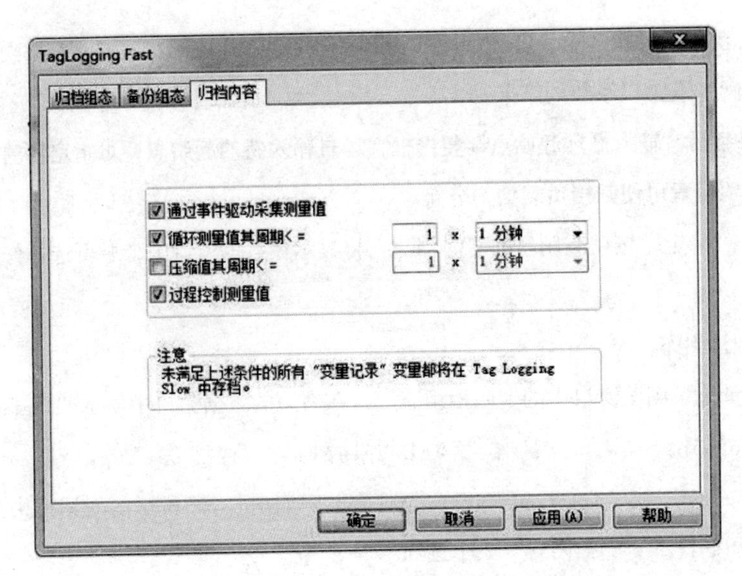

图4-169 “归档内容”选项卡

②“归档组态”选项卡

“归档组态”选项卡如图4-170所示，此选项卡可以设置归档大小和更改分段的时间。

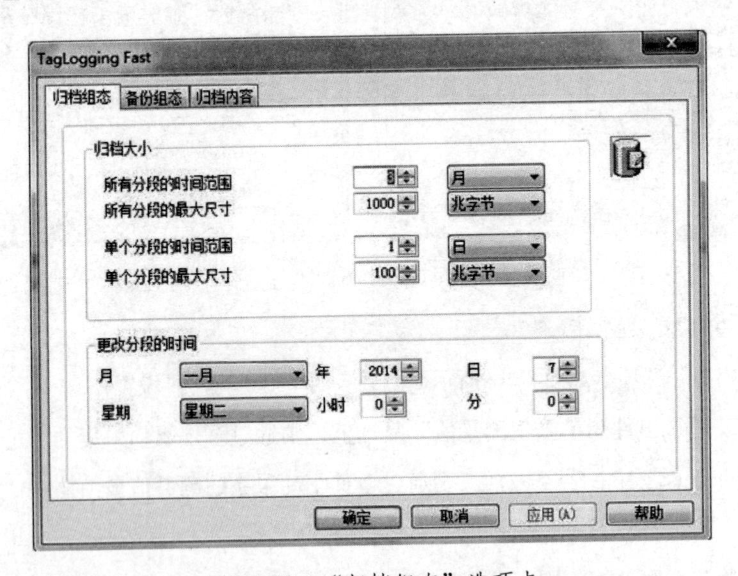

图4-170 “归档组态”选项卡

“归档大小”中分为“所有分段的时间范围/所有分段的最大尺寸”和“单个分段的时间范围/单个分段的最大尺寸”。

“所有分段的时间范围/所有分段的最大尺寸”：此处可以定义归档数据库的大小，如果超出其中任意一个标准，则启动新的分段并删除最旧的分段。

“单个分段的时间范围/单个分段的最大尺寸”：此处可以定义归档数据库中每段的大

小，如果超出其中任意一个标准，则将启动一个新的分段；如果超出“所有的时间范围”标准，则最早的单个分段将被删除。

“更改分段时间”用来定义首次改变段的开始日期和开始时间。

③“备份组态”选项卡

定期进行归档数据的备份，可以确保过程数据的可靠完整。

“备份归档”选项卡如图4–171所示，此选项卡可以设置归档是否备份以及归档备份的目标路径和备选目标路径。通常在与时间相关的分段首次改变15min后开始备份。

“激活签名”为已交换的归档备份文件进行签名，通过签名可使系统能够识别归档备份文件在交换后是否发生变化。

如果要备份归档数据，则选中“激活备份”复选框；如果要在“目标路径”和“备选目标路径”两个目录下均保存已归档的数据，那么激活“备份到两个路径”复选框。然后在“目标路径”和“备选目标路径”的文本框中输入存储备份文件的目标路径。“备选目标路径”在下列情况下使用：

A. 备份介质上的存储空间已满。

B. 原始目标路径不可用。

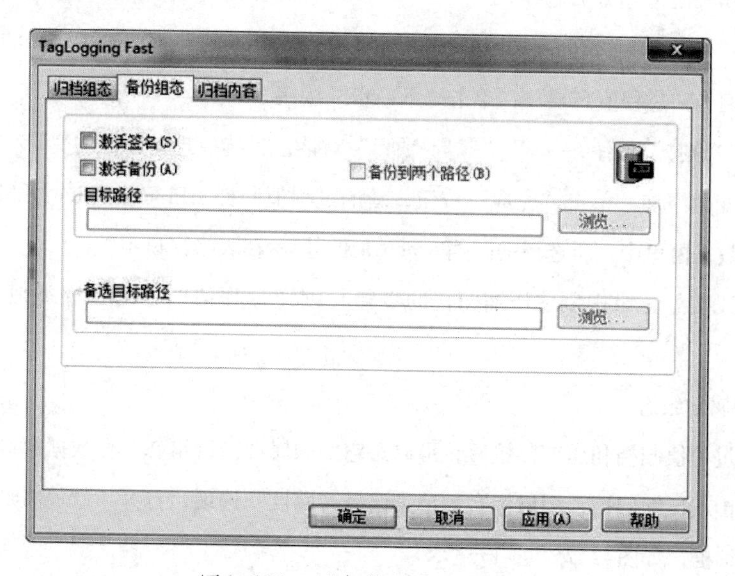

图4–171　“备份组态”选项卡

3. 创建并组态归档变量

（1）通过归档向导创建归档

① 创建归档

在通过归档向导创建归档时，有两种归档类型可以选择：过程值归档和压缩归档。

A. 过程值归档：过程值归档存储归档变量中的过程值。在组态过程值归档时，选择要归档的过程变量和存储位置。

B. 压缩归档：压缩归档压缩来自过程值归档的归档变量。在组态压缩归档时，选择计算方法和压缩时间段。

在WinCC变量记录中通过归档向导创建过程值归档的步骤如下：

A. 在变量记录的浏览窗口中，用鼠标右键单击“归档”选项，在弹出的菜单中选择“归档向导…”命令，打开“创建归档”对话框。如图4–172所示。

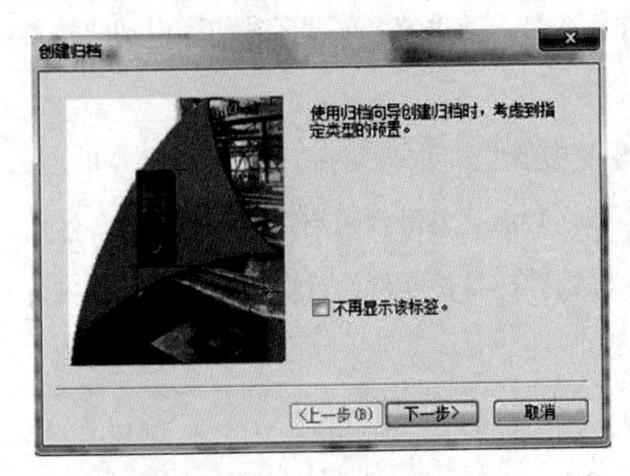

图4–172　创建归档（1）

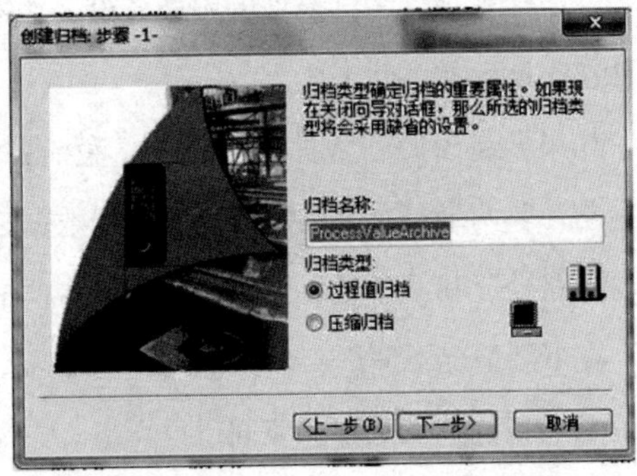

图4–173　创建归档（2）

B. 单击“下一步”按钮，如图4–173所示，在“归档名称”框中输入合适的归档名称，选择归档类型为“过程值归档”，单击“下一步”按钮，如图4–174所示。

C. 单击“选择”按钮，打开“变量_项目”对话框，选择想要归档的变量，也可以创建完之后进行变量添加。单击“完成”按钮，新的过程值归档（ProcessValueArchive）包含在变量记录的数据窗口中，所选择的归档变量（I01）显示在表格窗口中。

在WinCC变量记录中创建压缩归档的步骤与创建过程值归档的步骤类似，在此不再赘述。

② 归档属性组态

创建完过程值归档和压缩归档后，可以对它们的属性进行组态。在数据窗口中选择创建的过程值归档或压缩归档，用鼠标右键单击选择“属性”选项，打开“过程值归档或压缩归档属性”对话框，如图4–175和4–176所示。

在过程值归档的“存储位置”选项卡，选择过程值归档的存储位置，归档变量的值可以存储在硬盘上也可存储在主存储器中。

在压缩归档的“压缩”选项卡中可以指定进行压缩的归档变量的时间区间和对压缩的归档变量的处理方法。

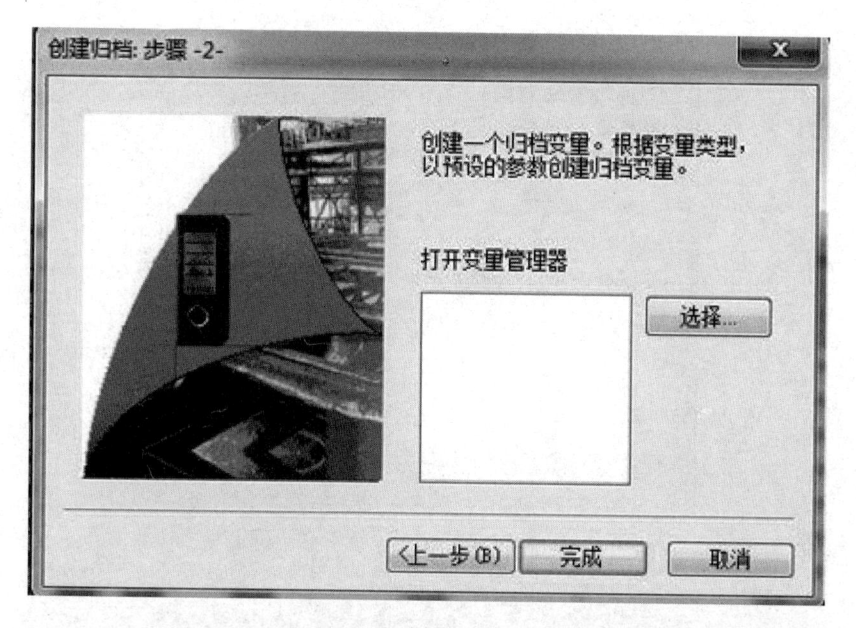

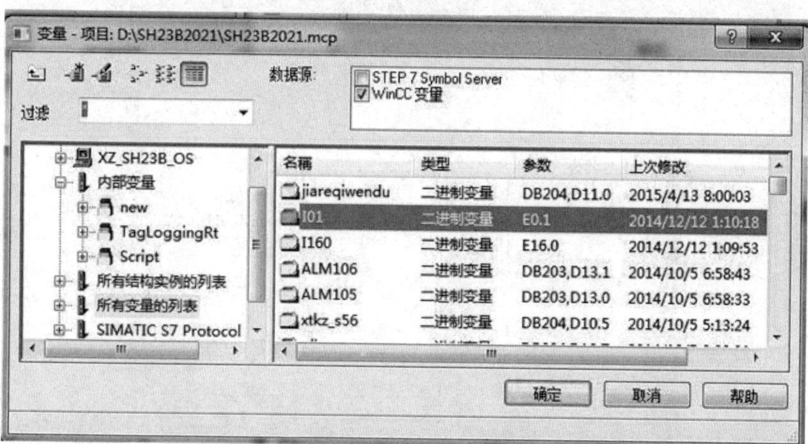

变量记录 - [SH23B2021]
文件(F) 编辑(E) 视图(V) 帮助(H)
SH23B2021.mcp
定时器
归档
归档组态
归档名称 归档模式 修改时间
ProcessValueArchive 过程值归档 2014-01-27 14:56:24
变量名称 过程变量 变量类型 注释 修改时间
I01 I01 二进制 2014-12-12 09:13:19
就绪 1 归档

图4-174　创建归档（3）

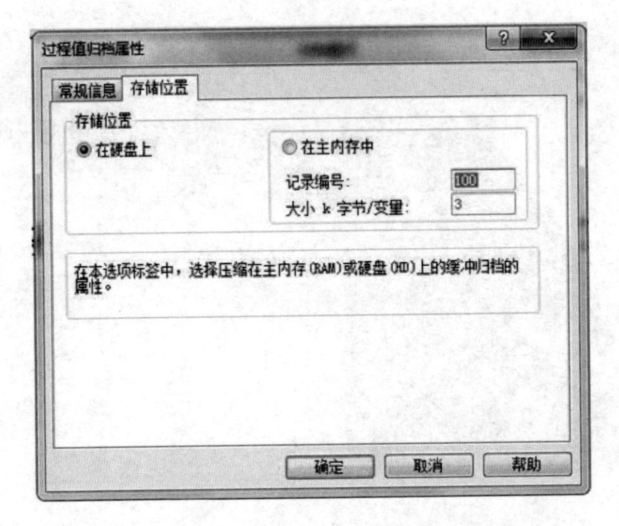

图4-175 “过程值归档属性”对话框

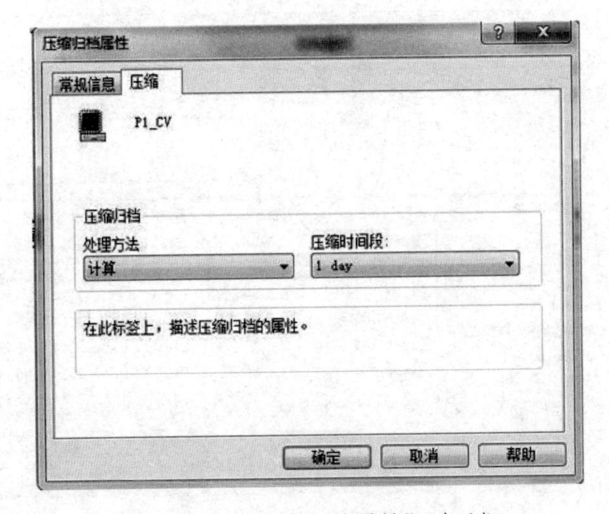

图4-176 “压缩归档属性”对话框

（2）创建并组态归档变量

① 在创建的过程值归档中添加变量

在创建的过程值归档中添加变量的步骤如下：

A. 在变量记录数据窗口中，选择需要在其中创建归档变量的过程值归档，右键单击选择“新建变量…”选项，打开“变量_项目”选择对话框。

B. 在“变量_项目”窗口中选择想要对其值进行归档的变量。

C. 单击“确定”按钮以接受所选择的变量。

在数据窗口，可以看到，归档的变量类型，只有“二进制”和“模拟量”两种类型，下面把这两种类型的归档变量的组态方法做以介绍：

② 组态二进制归档变量

在表格窗口中用鼠标右键单击上一步中创建的二进制归档变量，以自动化系统中的变量I0.1即“循环风机动力电检测”，在弹出的菜单中选择“属性”选项，将打开“过程变量属性”对话框，如图4-177所示。该对话框中有三个选项卡，即“归档变量”选项卡、“归档”选项卡和“参数”选项卡。

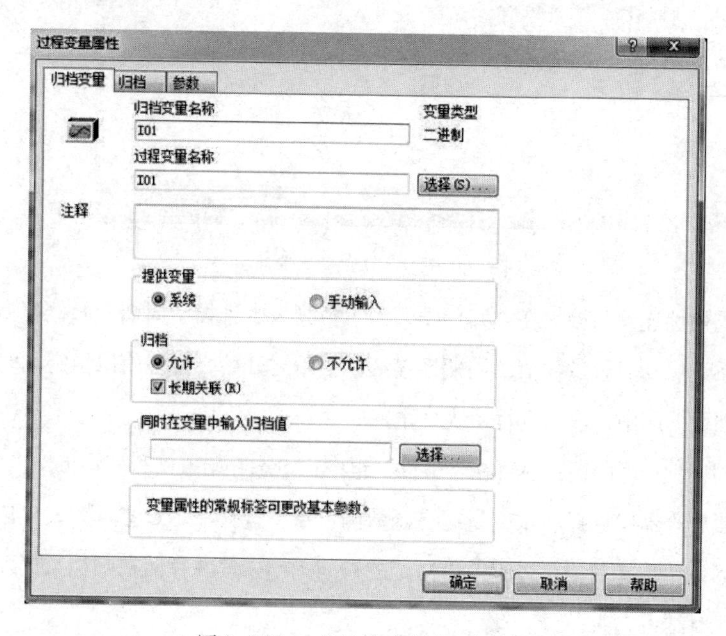

图4-177　“归档变量”对话框

A.“归档变量”选项卡

“归档变量”选项卡如图4-177所示，其设置如下：

第一，在“归档变量名称”处，根据需要改变归档变量的名称。归档变量名称也可以与过程变量名一致。

第二，定义归档变量是手动提供还是由系统提供。

第三，在“归档”选项组中，定义是否在系统启动时激活归档。如果中央归档服务器（CAS）将归档变量视为具有长期关联性的变量，则激活控件框“长期关联”。

第四，也可将归档变量值写入其他变量中，以便归档变量用于其他用途。单击“选择”按钮，选择待写入的变量。

B.“归档”选项卡

“归档”选项卡如图4-178所示，在此选项卡中可以选择周期性连续归档、周期性选择归档、非周期性事件驱动归档、非周期性值变化驱动归档四种归档方法并进行相应组态。

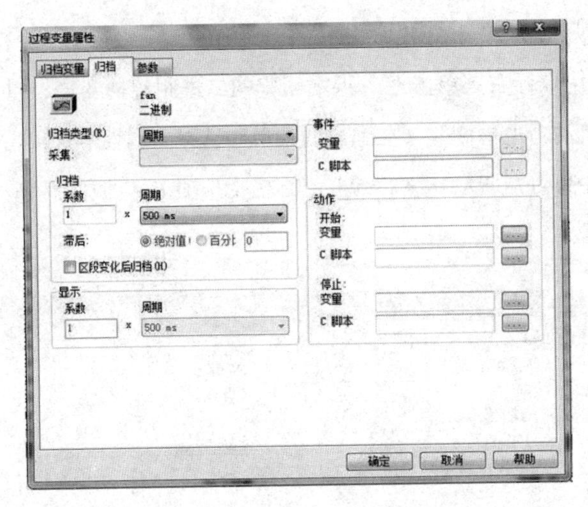

图4-178 “归档”选项卡

第一，周期性连续归档：在“归档类型”下拉列表中选择“周期”归档类型，设置归档周期。运行系统启动时，过程值的周期性连续归档随之开始，过程值以恒定的时间周期采集并存储在归档数据库中，直至运行系统终止。

第二，周期性选择归档：还可在“事件”组中，组态开始事件和停止事件，单击“”按钮，在变量管理器中选择一个变量或在函数浏览器中选择一个C脚本。发生启动事件时，过程值开始周期性选择归档，过程值以恒定的时间周期采集并存储在归档数据库中，归档在发生以下情况时结束。

●运行系统停止。

●启动事件不再存在。

●发生停止事件。

第三，非周期性事件驱动归档：在“归档类型”下拉列表中选择“非周期”归档类型，在“采集”下拉列表中选择“事件控制”，在“事件”组中，组态基本事件。单击“”按钮，在变量管理器中选择一个变量或在函数浏览器中选择一个C脚本。事件控制的过程值归档，通过布尔量或C脚本触发一次归档，将当前过程值保存在归档数据库中。

第四，非周期性值变化驱动归档：当过程值发生变化时，触发一次归档。选择“归档类型”为“非周期”，“采集”为“变化时”，在WinCC画面控件中，定义一个显示周期以显示长时间未修改的值，在区段更改期间，如果在变量的过程值未更改的情况下还要归档该值，需要激活“区段变化后归档”的复选框。

C.“参数”选项卡

“参数”选项卡如图4-179所示，其设置如下：

第一，在“归档”区域中，指定何时归档过程值。如果当前过程值始终要在趋势图中显示，则选择“一直”。

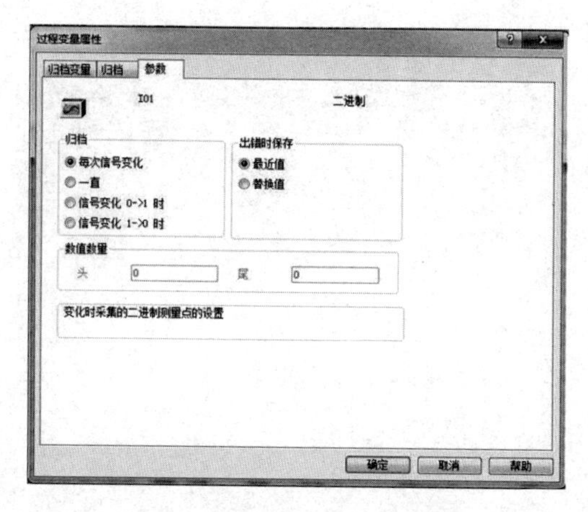

图4-179　“参数”选项卡

第二，在“出错时保存”区域中，定义读取过程值错误时，用于归档的值。“最近值”指成功地从过程读取的最后一个值：“替换值”指在变量属性框中组态的过程值的替换值。

③ 组态模拟量归档变量

在表格窗口中，用鼠标右键单击上一步中创建的模拟量归档变量，在弹出的菜单中选择“属性”选项，将打开“过程变量属性”对话框，该对话框中有五个选项卡，即“归档变量”选项卡、“归档”选项卡、“参数”选项卡、“显示”选项卡和“压缩”选项卡。

A.“归档变量”选项卡和“归档”选项卡组态与二进制变量类似，在此不再赘述。

B.“参数”选项卡如图4-180所示。对于周期性归档，在“处理”区域中选择一个归档函数。如果选择的是“动作”选项，则通过全局脚本创建的函数计算最近记录的过程值。使用“选择”按钮调用函数浏览器。

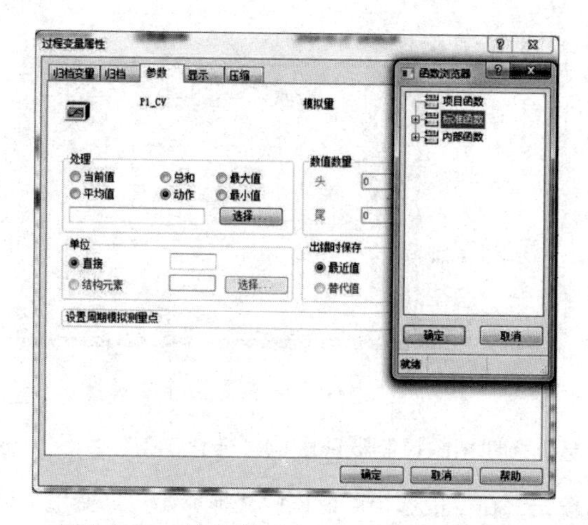

图4-180　模拟量“Parameters”选项卡

C.“显示”选项卡如图4-181所示，要归档和显示介于下限和上限的过程值，则在“显示”选项卡中选择“直接组态”选项。

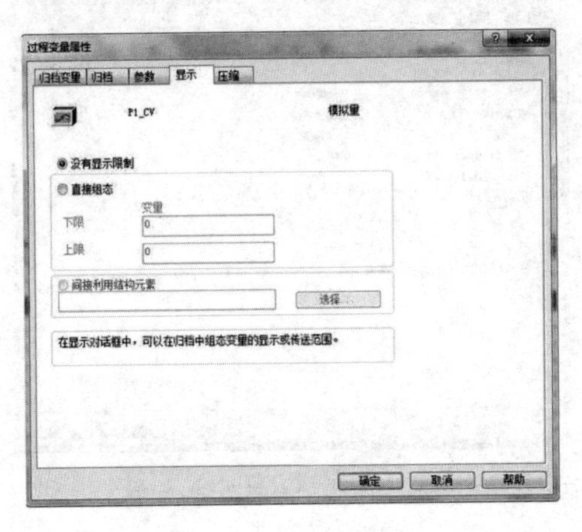

图4-181 模拟量“显示”选项卡

④ 创建过程控制变量

创建过程控制变量的步骤如下：

A. 在变量记录数据窗口中选择要在其中创建新的过程控制变量的过程值归档，用鼠标右键单击选择的过程值归档，在弹出的菜单中选择“新建过程控制变量…”选项，打开“过程控制变量属性”对话框，如图4-182所示。

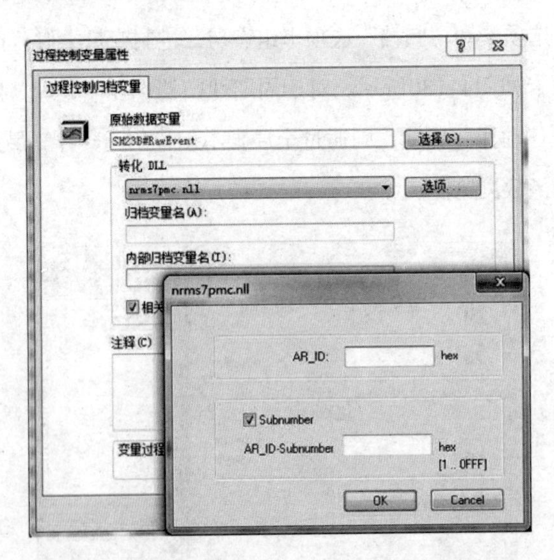

图4-182 “过程控制变量属性”对话框

B. 从列表中选择与正在使用的控制器匹配的“转化DLL”。

C. 单击“选择”按钮，在变量选择对话框中选择原始数据变量。当选择了原始数据变量时，会提示用户输入一个或多个ID号。ID号的数量取决于所选择的格式DLL。数值用于形成内部归档变量名。

D. 也可在“归档变量名”下输入过程控制变量别名。如果没有在该域内输入名称，则使用WinCC中的内部归档变量名。

E. 如果中央归档服务器（CAS）将归档变量视为具有长期关联性的变量，则勾选控件框“相关长期”。

F. 单击“OK”按钮，完成过程控制变量的创建。

⑤ 创建并组态压缩变量

创建压缩变量步骤如下：

A. 在变量记录数据窗口中选择要添加压缩变量的压缩归档，用鼠标右键单击选择的压缩归档，在弹出的菜单中选择“选择变量”选项，打开“选择压缩变量”对话框，如图4-183所示。

B. 所有可选择的过程值归档变量显示在左半窗口，在其中选择要成为压缩变量的过程值归档变量，单击“>”按钮后，再单击“确定”按钮以传送压缩变量，每一个所选归档变量的压缩变量在表格窗口中显示。

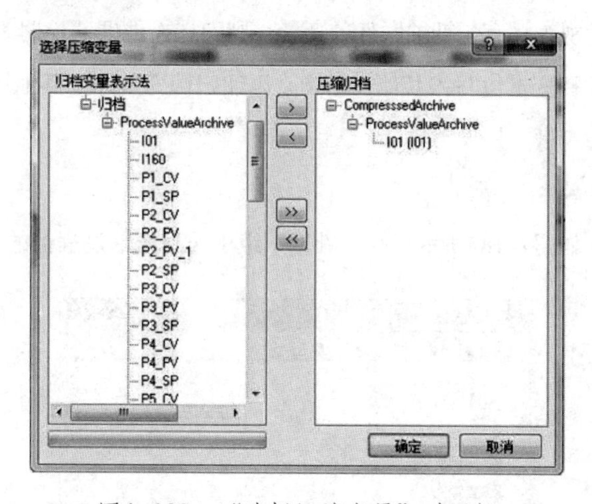

图4-183　“选择压缩变量”对话框

创建完压缩变量后，可以对压缩变量进行组态，在表格窗口中选择要组态的压缩变量，用鼠标右键单击选择“属性”选项，打开“压缩属性变量”对话框。该对话框中有两个选项卡，即“归档变量”选项卡和“参数”选项卡。

A. “归档变量”选项卡

“归档变量”选项卡如图4-184所示，其设置如下：

第一，在“归档变量名称”选项处，根据需要改变归档变量的名称。归档变量名称也可以与过程变量名一致。

第二，定义归档变量是手动提供还是由系统提供。

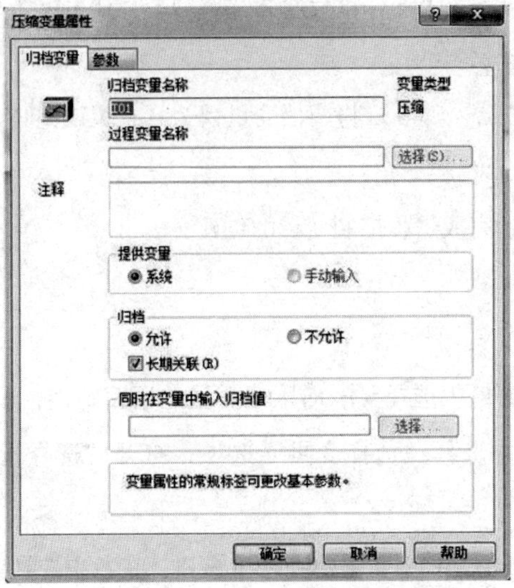

图4-184 “归档变量”对话框

第三，在“归档”选项组中，定义是否在系统启动时激活归档。如果中央归档服务器（CAS）将归档变量视为具有长期关联性的变量，则勾选控件框“长期关联”。

第四，也可将归档变量值写入其他变量中，以便归档变量用于其他用途。单击“选择”按钮，选择待写入的变量。

B.“参数”选项卡

“参数”选项卡如图4-185所示，在“处理”组中选择压缩过程值的数学函数。

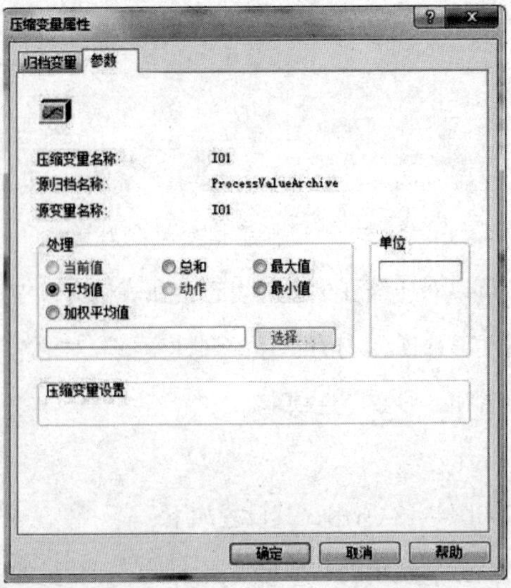

图4-185 “参数”选项卡

第六节　报警系统

自动化系统和WinCC系统中，消息系统用来处理监控过程动作的函数所产生的结果。消息系统通过图像和声音的方式指示所检测的报警事件，并进行电子归档和书面归档，直接访问消息和各消息的补充信息确保能够快速定位和排除故障。

在SH23B梗丝低速气流干燥系统组态“ALARM.Pdl”的报警画面，这个报警画面是在图形编辑器中组态WinCC报警控件“WinCC Alarm Control”而形成的。在组态报警控件前，WinCC系统必须已经进行了下列配置：

① 已使用“Alarm Logging”编辑器设置了消息系统。

② 已根据“Alarm Logging”中组态的要求，组态了必需的消息块、消息类别和消息类型。

③ 在“Alarm Logging”中组态了必需的单个消息和组消息及其属性。

一、报警记录的组态

1. 报警记录编辑器

在WinCC项目管理器里打开报警记录编辑器，如图4-186所示。报警记录界面由导航窗口、数据窗口和表格窗口组成。

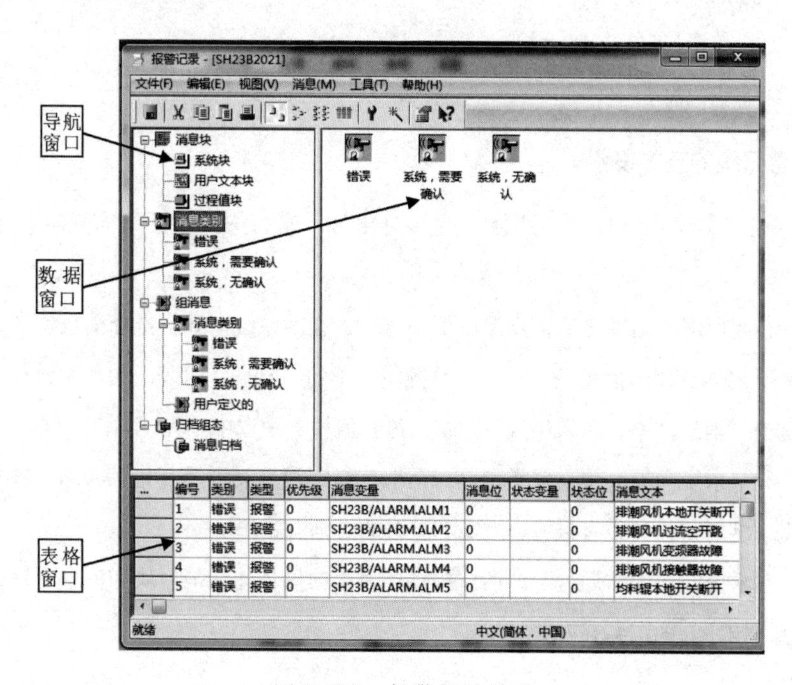

图4-186　报警记录界面

（1）导航窗口

如果要组态消息，可按指定顺序访问树形视图中的文件夹。快捷菜单可访问单个区域及其元素。

（2）数据窗口

数据窗口包含可用对象的图标。双击对象，可访问相应的消息系统设置，也可使用快捷菜单显示对象属性。这些属性会随选定的对象而不同。

（3）表格窗口

表格窗口包含一个具有所有已生成的单个消息和已组态消息属性的表格。可通过双击，编辑单个域，也可用“查找”菜单在所有列或选定列中搜索术语和数字。如果要搜索文本字符串，那么可以在搜索关键字之前或之后使用通配符“*”。

2. 报警记录中组态消息

在报警记录中，可指定哪些消息和内容将会显示在消息窗口中，并进行归档。消息的组态分为以下步骤：

（1）使用系统向导指定消息系统的基本设置。

（2）按用户先决条件组态消息块。

（3）组态消息类别。

（4）组态消息类型。

（5）组态单个消息。

（6）组态组消息。

3. 消息系统的基本设置

（1）在“文件”菜单中，选择“选择向导”，然后选择“系统向导”，单击“确定”按钮。

（2）在起始屏幕出现之后，点击“下一步”，在“系统向导：选择消息块”对话框来指定要由系统向导创建的消息块。选中“系统块”中的“日期、时间、编号”，在“用户文本块”中选择“消息文本，错误位置”，在“过程值块”中选中“无”。

（3）在“系统向导：预设置类别”对话框，指定消息类别及其相应的确认方法和相关的消息类型。这时选择“带有报警，故障和警告的类别有错误。

（4）“系统向导：结局！”对话框提供了将由向导创建的消息块和消息类别的概况，单击“完成”按钮。如图4–187所示。

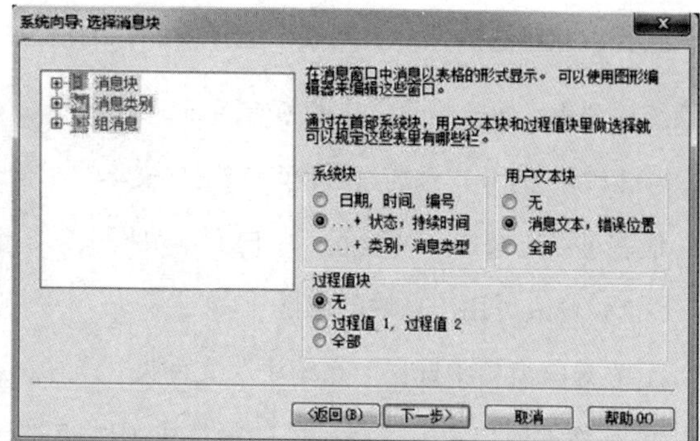

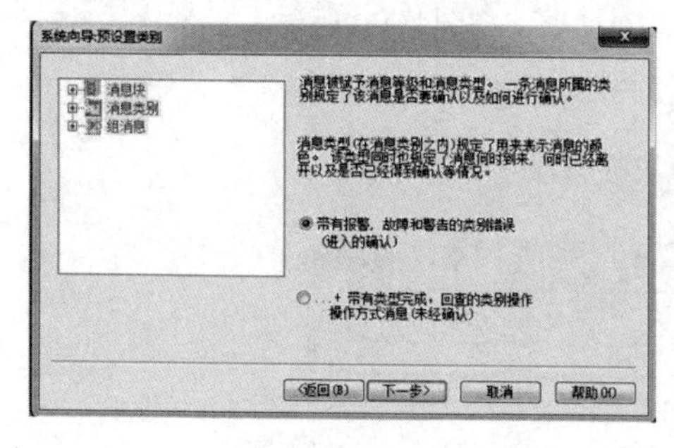

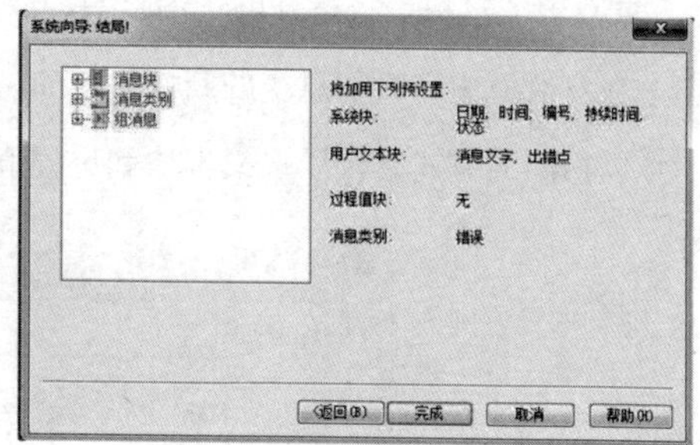

图4-187　系统向导进行消息系统的基本设置

4. 按用户先决条件组态消息块

（1）添加/删除已选择列表中的消息块

① 在导航窗口中，选择“消息块”文件夹。如图4-188所示。

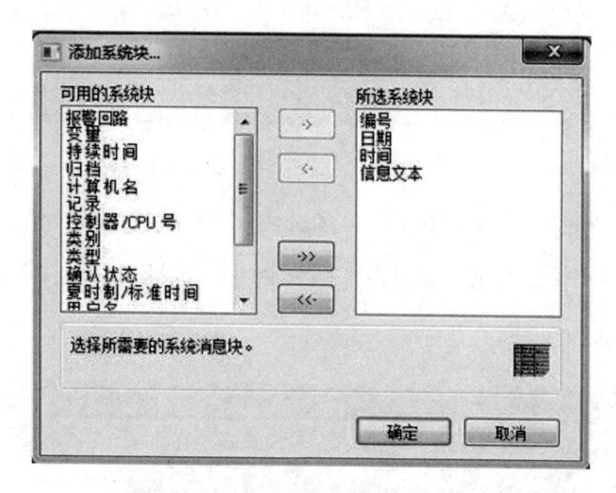

图4-188　系统消息块列表

② 在数据窗口中选择所需的消息块，然后用鼠标右键单击选择“添加/删除”命令。

③ 在可用的系统块列表中选择需要的系统块，如图4-188所示。单击 -> 将这些消息块添加到已选的系统块列表中，单击 ->> ，将添加所有可选的系统块，单击“确定”按钮以

确认选择。从已选的系统块列表中选择要删除的消息块。单击 <- 将这些消息块移动至可用系统块列表。如要删除已定的所有系统块，单击 <<- 。单击“确定”按钮以确认选择。

④ 以相同的方式添加过程值块和用户文本块。当某个报警到来时，记录当前时刻的过程值，最多可以记录10个过程值；用户文本块提供常规消息和综合消息的文本。

（2）修改可用消息块的属性

① 在导航窗口中选择“系统块”文件夹。

② 在数据窗口中，选择所需的消息块（例如“时间”）。在快捷菜单中选择“属性”命令，或双击消息块。将打开已选消息块的属性对话框，如图4–189所示。

③ 在对话框中，对消息块的属性（例如名称）进行编辑。单击“确定”按钮。

④ 以相同的方式修改用户文本块和过程值块的属性。

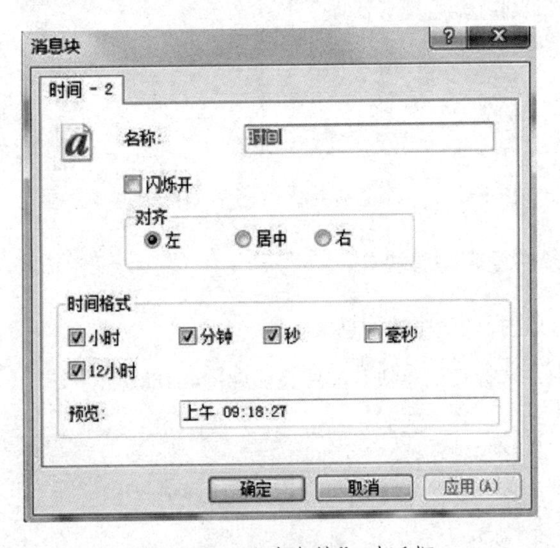

图4–189 “消息块”对话框

导航窗口中的“消息块”文件夹中的“系统块”文件夹中的四个消息块“日期”、“时间”、“编号”、和“信息文本”就是图形编辑器中“ALARM.Pld”的标题上面的内容，如图4–190所示。

图4–190 “ALARM.Pld”

（3）组态消息类别

组态消息系统时，必须为每条消息分配一个消息类别。这样可以不必单独为每个消息定义大量基本设置，而只需为整个消息类别定义全局应用的设置。具有相同确认方法的消息可以归入单个消息类别。消息类型为消息类别的子类，可根据消息状态的颜色进行区分。WinCC提供16个消息类别和2个预设的系统消息类别（系统，需要确认；系统，没有确认）。报警记录编辑器默认提供下列标准消息类别：错误：系统，需要确认；系统，没有确认。

① 需要确认的系统消息类别

必须对分配给需要确认的系统消息类别的到达消息进行确认，以便从队列中删除该消息。确认后消息立即消失。在系统消息类别的“组态消息类别”对话框中，可以组态参数设置。

② 不需要确认的系统消息类别

分配给不需要确认的系统消息类别，且无须确认的消息。在系统消息类别的“组态消息类别”对话框中，可以组态参数设置。

使用报警记录组态消息类别的步骤：

A. 添加或删除消息类别。

第一，在导航窗口中，选择“消息类别”文件夹。

第二，在数据窗口中，用鼠标右键单击空白处选择“添加/删除”选项，打开“添加消息类别…”对话框， 如图4-191所示。从可用的消息类别列表中选择所需的消息类别，单击 -> .将这些消息类别添加至已选的消息类别列表中。如果要添加所有可用的消息别，单击 ->> 。最后单击“确定”按钮以确认选择。

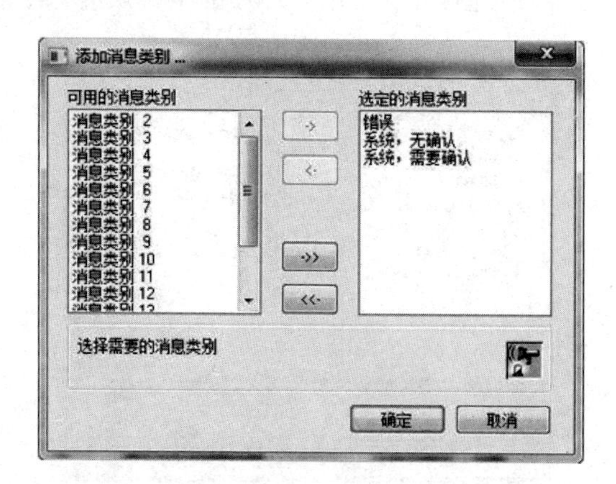

图4-191 “添加消息类别”对话框

第三，从已选的消息类别列表中选择要删除的消息类别，单击 <- 将这些消息类别移动至可用的消息类别列表。如果要删除所有已选的消息类别，单击 <<- 。单击“确定”按钮以确认选择。注意：不能删除“系统，需要确认”和“系统，没有确认”消息类别。

B. 对消息类别进行组态。

第一，在导航窗口中，选择“消息类别”文件夹。

第二，在数据窗口中选择要组态的消息类别，右键单击打开已选消息类别的“属性”对话框，如图4–192所示。

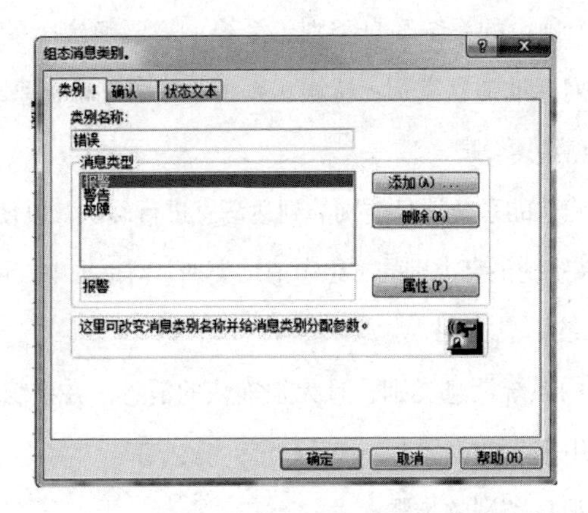

图4–192 “组态信息类别”对话框

第三，在“组态信息类别”对话框中，选择要显示和编辑消息类别的“属性”选项卡，“类别名称”、“确认”及其相关的“状态文本”。

第四，单击“OK”按钮，关闭对话框。

C. 组态消息类别的确认。

对消息进行确认，就是定义在“Came In”和“Went Out”状态之间，在运行系统中显示和处理消息，确认组态对话框如图4–193所示。下面是所有确认选项的意义。

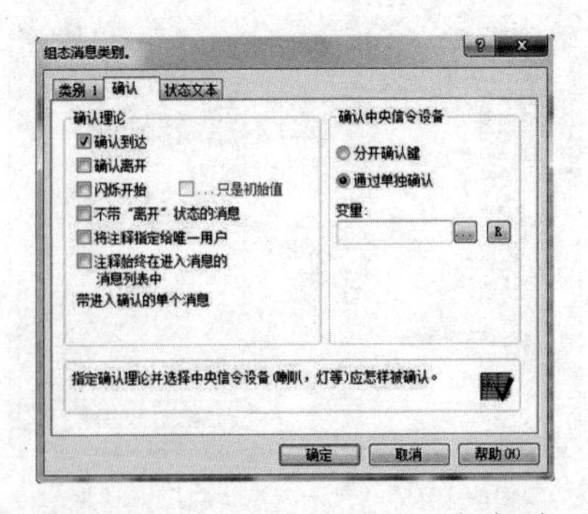

图4–193 “Acknowledgment”组态对话框

第一，确认到达：选中带“确认到达”的单个消息的复选框。必须确认该消息类别的到达消息。否则，在确认前，消息一直保留未决状态。

第二，确认离开：选中需要双模式确认的单个消息复选框。必须确认该消息类别的离去消息。

第三，闪烁开始：选中带单模式或双模式确认的新数值消息的复选框，当其显示在消息窗口中时，该消息类别的消息将闪烁。为了使消息的消息块在运行系统中闪烁，则必须在相关消息块的属性中启用闪烁。

第四，只是初始值：选中需要单模式确认的初始值消息复选框。只有此消息类别中的第一条消息在消息窗口中显示闪烁，“闪烁开始”复选框必须预先选中。

第五，不带“离开”状态的消息：选中带或不带确认的无“离开”状态的消息的复选框。如果选择该选项，则消息将不具有“离开”状态；如果消息仅识别“到达”状态，则不将该消息输入到消息窗口中，而是只进行归档。

第六，将注释指定给唯一用户：如果选中了此复选框，则将消息窗口中的注释分配给已登录的用户，需在“用户文本块”系统块中输入用户。如果至今没有输入任何注释，则任何用户都可输入第一个注释。在输入第一个注释之后，所有其他用户只能对注释进行读访问。

第七，注释始终在进入消息的消息列表中：如果选中了此复选框，到达消息的注释总是与动态组件“@100%s@”“@101%s@”“@102%s@”和“@103%s@”一起显示在用户文本块中。随后的显示则取决于消息列表中消息的状态。

如果已选择了某些选项，可能将不再能选择其他选项。要选择这些选项，必须撤销先前的选择。如果消息类型不需要进行确认，且不具有“离开”状态，则它将不会显示在消息窗口中，仅对消息进行归档。如果在组消息内使用这样的消息，则这种消息的出现不会触发组消息。

（4）组态消息类型

① 添加/删除消息类型

A. 在导航窗口中选择“消息类别”文件夹下某个具体的消息类别。

B. 在数据窗口空白处右键单击选择“添加/删除 消息类型”命令，打开“添加消息类型”对话框，如图4–194所示。

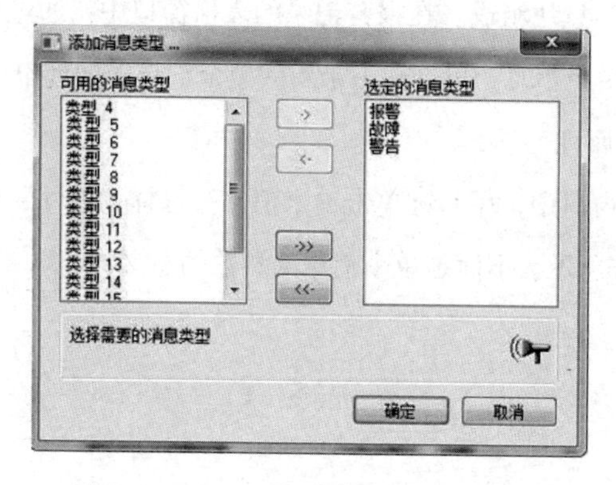

图4–194　“添加消息类型”对话框

C. 从可用的消息类型列表中选择所需的消息类型，单击 › 将这些消息类型添加至已选的消息类型列表中。要添加所有可用的消息类型，单击 »，单击“确定”按钮以确认选择。

D. 在已选的消息类型列表中选择要删除的消息类型，单击将这些消息类型移动至可用的消息类型列表中。要删除所有已选的消息类型，单击 «。单击“确定”按钮以确认选择。

② 对消息类型属性进行修改

A. 在导航窗口中，选择需更改消息类型的消息类别。

B. 在数据窗口中选择消息类型，右键单击选择“属性”命令，打开“类型”对话框，如图4-195所示。

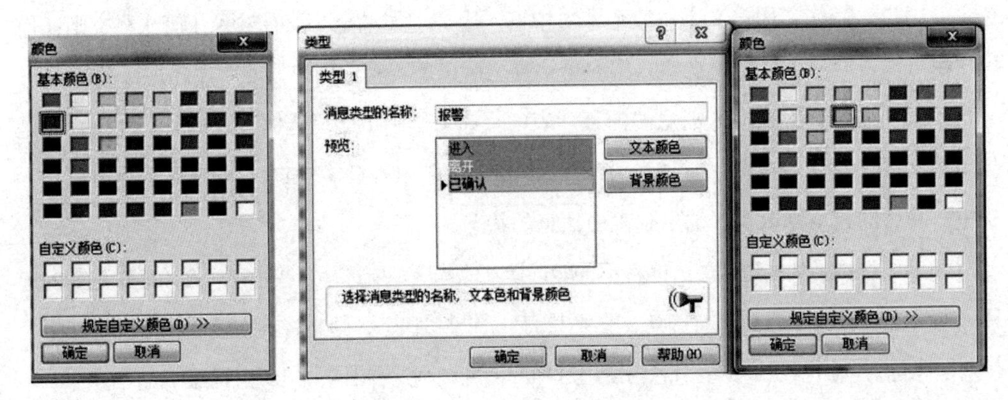

图4-195 “类型”对话框

C. 在对话框中更改消息类型的属性。例如，“已确认”状态的文本颜色和背景颜色。单击“确定”按钮，关闭对话框。

（5）组态单个消息

① 单个消息的创建与删除

单个消息由定义的消息块组成。在报警记录的表格窗口中，通过鼠标右键插入新的一行或复制并粘贴已存在的单个消息，可创建一条新的单个消息；同理也可删除一条单个消息。

② 修改单个消息的属性

在报警记录的表格窗口中，用右键单击单个消息，选择“属性”命令，打开单个消息的属性对话框，如图4-196所示。下面是单个消息的参数的意义。

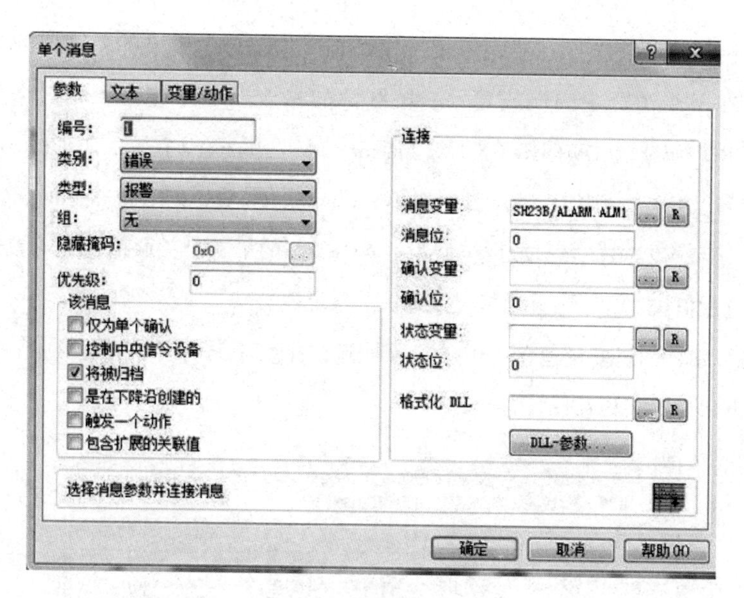

图4-196　单个消息的参数

A. 编号：单个消息的编号。只能在表格窗口中设置该编号。

B. 类别：单个消息的消息类别。

C. 类型：单个消息的消息类型。

D. 组：将单个消息分配给用户自定义的组消息时，可在选择列表中选择已组态的组消息。

E. 隐藏码：定义用于隐藏于十六进制数值的消息的条件，如果隐藏变量编号的值对应于运行系统中的某个系统状态，则在消息列表或短期/长期归档列表中自动隐藏该消息。必须将单个消息指派给用户自定义的组消息，且对于组消息，隐藏变量必须已组态。

F. 优先级：定义消息的优先级。可根据优先级，对消息进行选择和排序。数值范围是0～16。在WinCC中，没有指定对应于最高优先级的数值。在PCS7环境中，数值16对应于最高优先级。

G. 仅为单个确认：必须单独确认该消息。不能使用组确认按钮进行确认。

H. 控制中央信令设备：激活消息将触发中央信令设备。

I. 将被归档：消息将被保存在归档中。

J. 是在下降沿创建的：指定是在信号的上升沿还是下降沿触发离散报警消息的生成。对于所有其他消息，将始终在信号上升沿触发消息生成。对于在下降沿触发的消息变量，必须为其分配起始值“1”。

K. 触发一个动作：读消息将触发默认函数GMsgFunction，使用“全局脚本”编辑器可对该函数进行编辑。在全局脚本函数浏览器中的“标准函数/报警”下提供了该函数。

L. 包含扩展的关联值：是指通过原始数据变量来评估消息块中的消息事件。如果该选项已激活，则过程值将按照在“报警记录”动态文本部分中定义的关联值的数据类型进行评估，并在单个消息中归档或显示。关联值的12个字节可包含下列数据类型：Byte（Y）、WORD（W）、DWORD（X）、Integer（I）、Integer（D）、BOOL（B）、CHAR（C）和REAL（R）。例如，@1Y%d@、@2W%d@、@3W%d@、@3X%d@、@5W%d@、@6Y%d@、“@2W%d@”表示数据类型为“WORD”的第二个关联值，无论该选项是否激活，都可在过程值块“10”中显示特定消息块的系统值。

M. 消息变量：消息变量包含用于触发当前选定消息的位，点击右面的…，弹出“变量_项目”对话框，如图4–197所示。

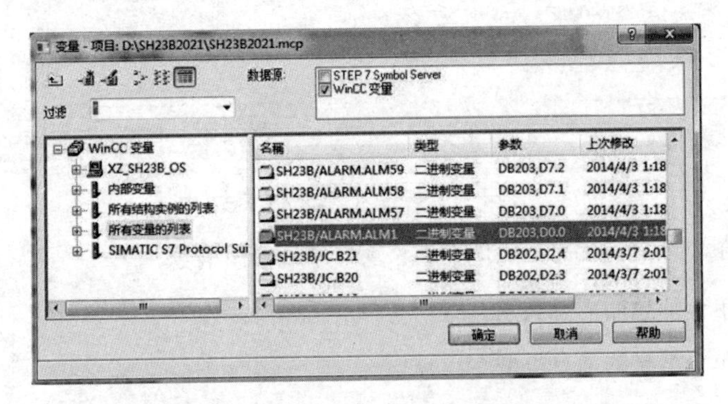

图4–197 触发当前选定消息的位（变量）

N. 消息位：用于触发当前选定消息的消息变量位的编号。

O. 确认变量：选择此字段以指定确认变量。

P. 确认位：用于确认消息的确认变量位的编号。如图4–198所示。

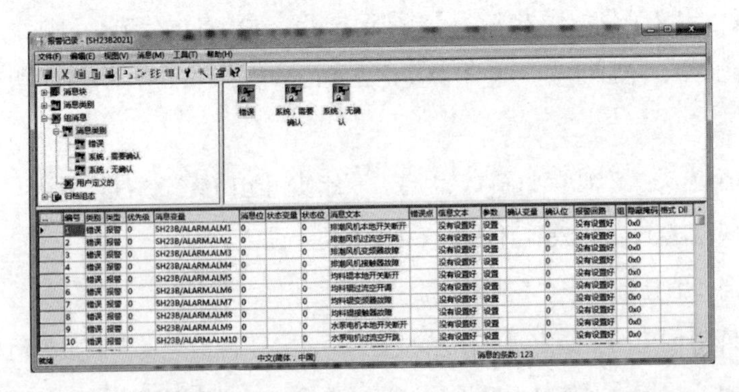

图4–198 单个消息的参数基本上和报警记录中表格窗口的标题相对应

Q. 状态变量：选择此域以指定要在其中保存单个消息状态的变量（“已激活/已禁用”和确认状态）。

R. 状态位：用于指示消息状态的状态变量位的编号。用于强制确认的位将自动确定。

S. 格式化 DLL：如果消息变量是原始数据变量，则必须在此域中选择相应的编译程序。

T. DLL 参数：在该域中输入特定接口的DLL消息参数（格式DLL），仅当该消息属于通过ODK互连的单独“格式化 DLL”时，才需此设置。

图4-196中的单个消息的参数基本上和报警记录中表格窗口的标题相对应，如图4-198所示。

在“单个信息”对话框的“文本”选项卡中，指定单个消息的可组态文本。其中信息文本最多可输入255个字符，且不能在运行系统中更改信息文本。

在“单个信息”对话框的“变量/动作”选项卡中设置变量来表示过程变量，为单个消息组态的过程值块必须连接到相关的WinCC变量。在报警回路中，可为单个消息显示一个系统图形，以代表产生该消息的过程部分。

（6）组态组消息

组消息用于将多条单个消息组合成一条完整的消息。可将下列变量分配给组消息：

返回消息状态的状态变量。

可使用锁定变量来评估组消息的锁定。

可使用确认变量来定义组消息的确认。

使用用户自定义组消息的隐藏变量来为组的单个消息定义条件，即消息应何时在消息列表、短期归档列表和长期归档列表中自动隐藏。

①组态“组消息”中的“组类别”

对组消息的属性进行设置的步骤如下：

A. 在浏览窗口的消息类别的三个组消息中任意选择一个组消息，或从数据窗口的消息类别中的某个组消息内选择一个消息类型，然后右键单击，在快捷菜单中选择“属性”选项，打开“属性”对话框，如图4-199所示。

图4-199　“组消息”属性

B. 在组消息的消息类别中更改对状态变量、锁定变量和确认变量的指定。

C. 单击“确认”按钮，保存设置。

下面是消息类别中组消息的参数意义：

状态变量：在此处，指定将在其中存储组消息的各种状态的变量（“已到达/已离去”和确认状态）。

状态位：状态位用于指定状态变量中存储当前已选择组消息状态的两位。

锁定变量：如果打算使用锁定对话框在运行系统中锁定组消息，则可在此处定义的变量中设置相关的位。

锁定位：如果为多个组消息使用一个锁定变量，那么使用一个锁定位来为组消息赋值。

确认变量：选择此字段以指定确认变量。

确认位：指定确认变量中用于确认消息的位。

② 组态“组消息”中“用户定义的”

用户自定义组消息可用于组态满足个人需要的消息体系，可以将单个消息和其他组消息汇总成一个综合消息。然而，单个消息只能包含在一个用户自定义的组消息中。用户自定义的组消息最多可以嵌套六层。自定义组消息的组态步骤如下：

A. 插入和组态自定义组消息。

B. 显示和更改用户自定义组消息的属性。

C. 将更多单个消息添加到一个现有的组消息中。

D. 将更多组消息添加到一个现有的组消息中。

（7）组态消息归档

WinCC中的归档管理功能可用于归档过程值和消息，以便为特定的操作故障和错误状态创建文档。Microsoft SQL服务器可用于归档。如果发生相关事件，例如出现错误或超出限值，则在运行期间输出报警记录中所组态的消息。如果事件作为如下消息事件产生，则要对消息进行归档：

A. 产生消息。

B. 消息状态改变（例如从“消息到达”变为“消息已确认”）。

用户可在归档数据库中保存消息事件，并将其归档为书面形式的消息报表。例如在数据库中归档的消息可在消息窗口中输出。

与消息关联的所有数据（包括组态数据）均保存在消息归档中。因此可从归档读出消息的所有属性，包括消息类型、时间标志和文本等。当消息的组态数据发生更改时，系统将产生新组态数据来创建新的归档，以确保该变化对在变化前归档的消息不产生影响。

① 消息归档的原理

WinCC存储归档文件，以使它们为本地计算机的相关项目使用。同时，WinCC使用可组态大小的短期归档来归档消息，对其组态可进行或不进行备份。WinCC消息归档由多个单独的分段组成，并可在WinCC中组态消息归档的大小和单个分段的大小，消息归档的大小为100MB，每个单个分段的大小为32MB。WinCC始终可同时组态两个条件（即消息归档的大小和单个分段的大小），如果超出两个标准之一，将发生下列情况：

A. 超出消息归档（Database）的标准：最旧的消息（即最旧的单个分段）将被删除。

B. 超出单个分段的标准：将创建新的单个分段Database（ES）。

在启动运行系统时，系统会检查所计算的单独分段的组态大小是否足够大。如果组态大小太小，则系统会自动将分段调整到最小值。

②组态要归档的消息

组态消息归档步骤如下：

A. 打开报警记录，并从报警记录浏览窗口中选择“归档组态”。

B. 选择“消息归档”，然后从快捷菜单中选择“属性”命令，打开“Alarm Logging”对话框，如图4-200所示。

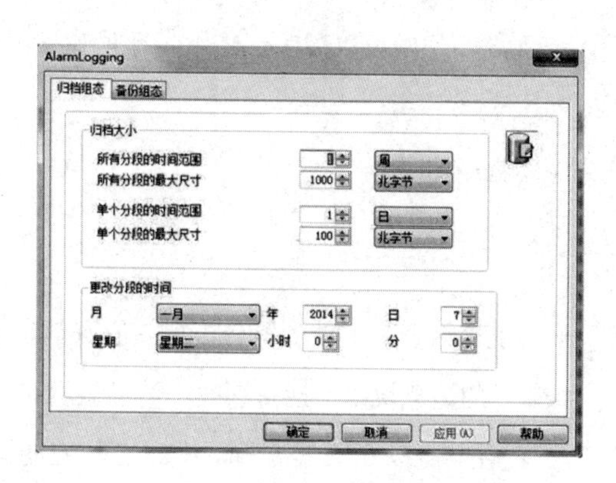

图4-200　消息归档设置

C. 为归档作下列设置：

a. 所有分段的时间段及其最大长度。这个规范定义了归档数据库的大小。如果违反了其中一个标准，则启动新的分段并删除最早的分段。

b. 单个分段所包含的时间段和单个分段最大尺寸。如果违反了其中任意一个限制，则将启动一个新的单个分段；如果违反了“所有分段的最大尺寸”标准，则最早的单独分段也将被删除。

D. 在“更改分段时间”域中输入首次更改分段的开始日期和开始时间。开始新的单个分段时，也要考虑组态“更改分段时间”。

E. 单击“确认”按钮以确认输入。

注意：

A. 只有在归档分段更改之后，才会在运行系统中显示报警记录更改。

B. 在报警记录最后一次更改30s之后，归档分段才更改。最多2min之后，会将包含已更改组态数据的消息写入新的归档分段中。即在此操作完成前，无法读取归档更改，同时，也可在取消激活运行系统后再次将其激活。

C. 如果在运行系统中修改归档大小（时间范围），那么该修改将在下一次分段变化时生效。

D. 在“消息归档”快捷菜单中选择“重置”命令后，运行系统数据将从归档中删除。

③ 输出消息归档数据

可通过下列方式在运行系统中输出存储在消息归档中的消息：

A. 在消息窗口中显示归档消息。如果发生电源故障，则在排除电源故障后重新装载消息时，那些排队等待从归档装载到消息系统的消息会按照正确的时间标志进行加载。

B. 打印归档报表。

C. 通过OLE-DB访问消息归档数据库，以输出归档的消息。

D. 通过OPC O&I服务器访问消息数据。

E. 如果使用WinCC/Data Monitor，则可以用Data Monitor评估和显示归档数据。

F. 通过ODK访问。

G. 通过相应的客户机应用程序访问。

二、报警记录的运行

WinCC报警控件是一个用于显示消息事件的消息窗口。所有消息均在单独的消息行中显示。消息行的内容取决于要显示的消息块。在运行期间，消息显示在消息窗口中。

完成了以上的配置工作之后，可以在图形编辑器中组态相应的WinCC报警控件，如图4-201所示是为SH23B梗丝低速气流干燥系统的103个报警点组态的“ALARM.Pdl”的报警画面。报警控件的组态步骤如下：

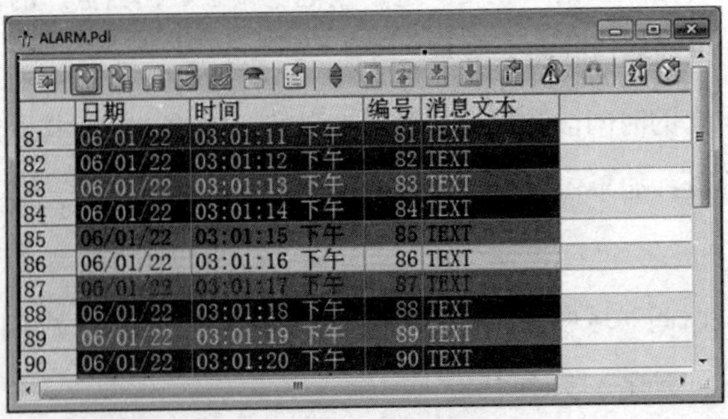

图4-201 报警控件

（1）将报警控件插入图形编辑器的画面中。

（2）在“常规”选项卡中，组态报警控件的基本属性，如图4-202所示；

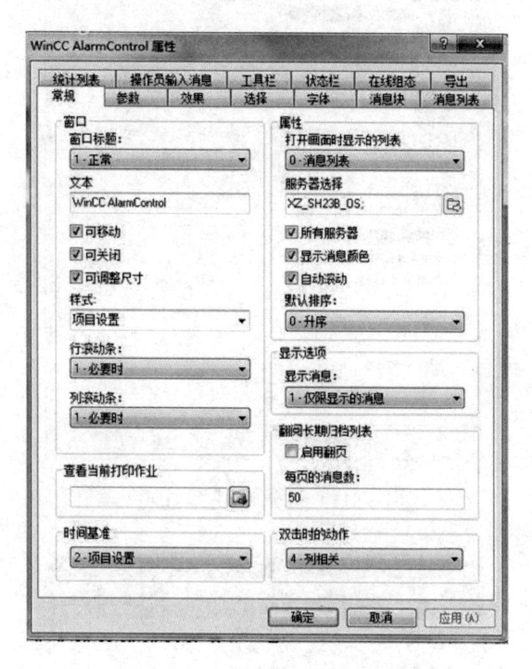

图4-202　WinCC报警控件属性

① 消息窗口属性。

② 控件的常规属性。

③ 控件的时间基准。

④ 消息记录在表格中默认的排列顺序。

⑤ 长期归档列表的属性。

⑥ 消息行中要通过双击触发的操作。

（3）在“消息块”中组态消息行的内容。

要在消息行中显示的消息内容取决于组态的消息块。在“报警记录”编辑器中组态的消息块可以直接应用而无须更改，也可在报警控件中进行组态。消息块选项卡如图4-203和4-204所示，组态消息块的步骤如下：

① 在“消息块”选项卡。在“报警记录”编辑器中组态的所有消息块均在“可用的消息块”中列出，同时也列出了统计列表的消息块。

② 如果激活了“应用项目设置”复选框，则会在报警控件中激活在“报警记录”中组态的消息块及其属性。消息块与这些属性一起显示在消息窗口中，并且只能通过报警记录进行更改。统计列表的消息块取决于“报警记录”，可以根据需要组态这些消息块。

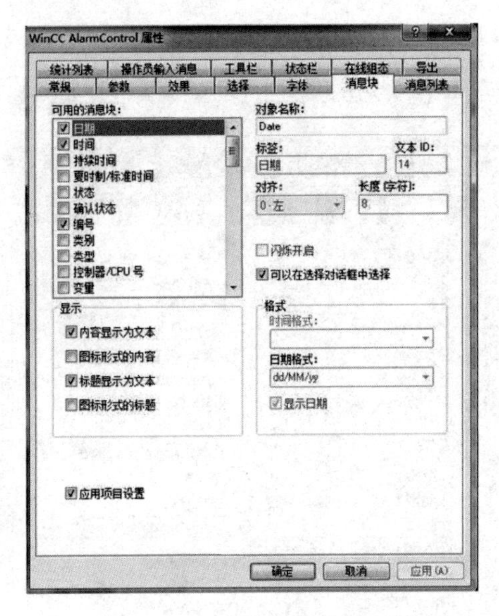

图4-203　“消息块”选项卡

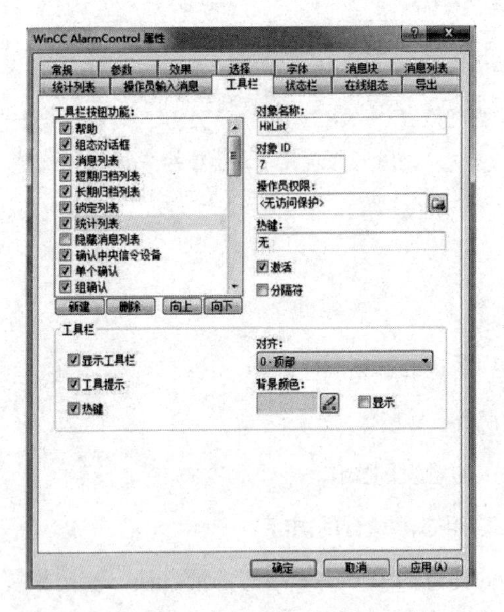

图4-204　“工具栏”选项卡

③禁用“应用项目设置”选项后，可以添加或移除消息列表的消息块，或者组态消息块属性，更改的属性存储在画面中。在“报警记录”中进行的属性更改会被忽略。

④在“可用的消息块”列表中，勾选要在消息窗口中使用的消息块名称左边的复选框。

⑤通过勾选消息块的“可以在选择对话框中选择”复选框，可以将此消息块设置为选择对话框中的标准。

（4）选择“消息列表”选项卡，以定义要在消息窗口中显示为列的消息块。

（5）在“参数”“效果”和“选择”选项卡中组态消息窗口的布局和属性。

（6）组态消息窗口的工具栏；

在运行期间，可使用工具栏按钮的功能对WinCC控件进行操作。状态栏包含了有关WinCC控件当前状态的信息。可以在进行组态时或者在运行期间调整所有WinCC控件的工具栏和状态栏。

① “工具栏”选项卡，如图4-204所示。

② 在列表中激活在运行期间操作WinCC控件所需的按钮功能。

③ 确定用于显示工具栏中按钮功能的排列顺序。从列表中选择按钮功能，并使用“向上”和“向下”按钮移动这些功能。

④ 为工具栏按钮的功能定义快捷键。

⑤ 任何分配有操作员权限的按钮功能只能在运行系统中由获得授权的用户使用。

⑥ 如果禁用了已激活按钮功能的“激活”选项，则会在运行期间显示该按钮功能，但无法对其进行操作。

⑦ 可以在按钮功能间设置分隔符。激活按钮功能的“分隔符”选项，以由分隔符对其进行限制。

⑧ 组态工具栏的常规属性，例如对齐或背景颜色。

（7）组态消息窗口的状态栏：

① 转到“状态栏”选项卡，如图4-205所示。

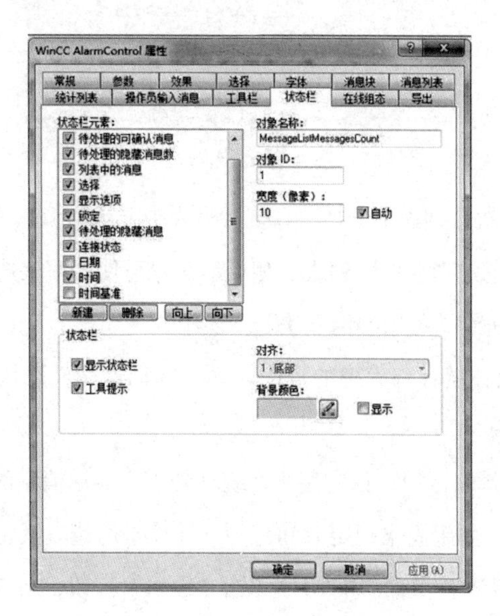

图4-205 “状态栏”选项卡

② 在状态栏元素的列表中，激活运行期间所需的元素。

③ 确定用于显示状态栏元素的排序顺序。从列表中选择元素，并使用“向上”和“向下”按钮移动这些功能。要调整状态栏元素的宽度，需禁用“自动”选项，并输入宽度的像素值。

④ 组态状态栏的常规属性，例如对齐或背景颜色。

（8）组态报警控件消息的统计列表：

统计列表在消息窗口中显示已归档消息的统计计算数据信息，还显示已组态的消息块。带有格式规范“@….@”的可修改内容，不显示在用户文本块中。统计列表属性设置步骤如下：

① “统计列表”选项卡，如图4-206所示。

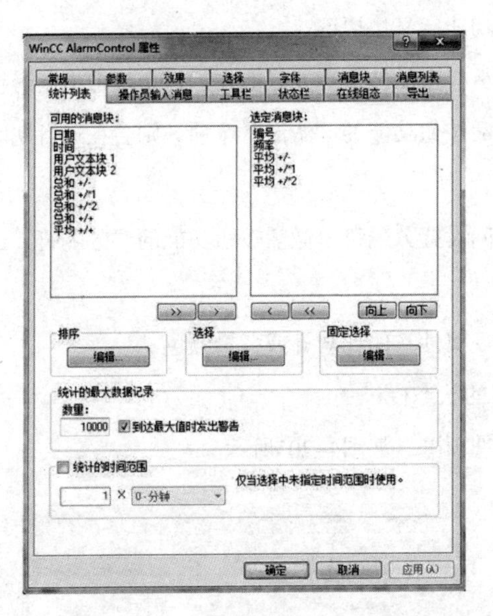

图4-206 “统计列表”选项卡

② 从“可用的消息块”列表中选择要在统计列表中显示的消息块。使用箭头按钮[→]，将这些消息块移动到“选定消息块”列表。相反地，也可使用箭头按钮[←]从统计列表中移除消息块，然后将其还原到“可用的消息块”列表中。

③ 可以改变消息块在统计列表中的排序顺序，选择这些消息块，然后使用“向上”和“向下”按钮对其进行移动。

④ 在选项卡的“选择”区域，指定用于在统计列表中显示消息的标准，例如具体的消息类别或具体的时间范围。如果尚未指定时间范围，计算平均值时会包括所有时间（选择的时间范围较长可能会对性能产生负面影响）。单击“编辑”按钮，组态或导入选择内容。在这种情况下，导入的选择内容将替换现有的选择内容。导入选择内容不需要导出，也可以使用“Select in dialog”按钮定义运行系统中统计列表的选择标准。

⑤ 在选项卡的“排序”区域定义各统计列表列的排序标准，例如，先根据日期按降序排序，然后根据消息号按升序排序。单击“编辑”按钮，组态排序顺序，也可以通过“Sort dialog”按钮定义运行系统中统计列表的排序标准。

⑥ 在选项卡的下部，定义数量和时间限制值的设置，以便创建统计数据。

（9）组态操作员输入消息的显示，以根据需要对这些消息进行调整。

（10）保存组态数据。

三、报警控件在运行系统中的操作

1. 报警系统的运行要求

在WinCC项目管理器的浏览窗口中选择“计算机”，在数据窗口用鼠标右键单击当前组态消息系统的计算机名称，在弹出的菜单中选择“属性”选项，打开“计算机属性”对话框，选择“启动”选项卡，在“WinCC运行时的启动顺序”列表框选择“报警记录运行系统”的复选框，如图4-207所示。

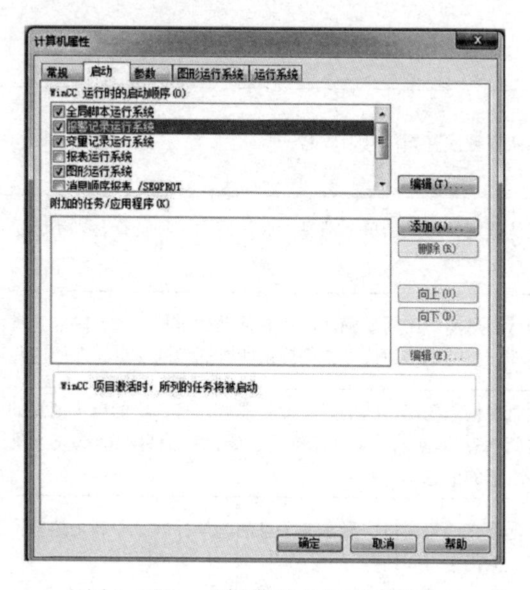

图4-207　“报警记录运行系统”

2. 运行期间操作报警控件

在运行期间，使用工具栏按钮操作消息窗口，见表4-9，状态栏按钮操作消息窗口，见表4-10。

表4-9　工具栏按钮说明

图标	名称	描述	ID
	帮助	调用 WinCC 报警控件帮助	1
	组态对话框	打开用于编辑报警控件属性的组态对话框	2
	消息列表	列出当前激活的消息	3
	短期归档列表	列出短期归档列表中的已归档消息	4
	长期归档列表	显示保存到长期归档列表中的消息	5
	锁定列表	显示系统中所有被锁定的消息	6
	统计列表	显示在报警控件的“统计列表”选项卡上组态的消息块和统计数据	7
	要隐藏的消息列表	显示消息列表中所有自动或手动隐藏的消息	8
	确认中央信号发送设备	确认视频或音频信号生成器	9
	单个确认	确认选定且可见的单个消息。如果使用多项选择，则不会确认需要单个确认的选定消息	10
	组确认	确认消息窗口中需要确认的所有活动的可见消息，除非这些消息需要单个确认，如果使用多项选择，则确认所有标记的消息，即使这些消息为隐藏状态	11
	紧急确认	紧急确认需要确认的消息。此功能可以将选定的单个消息的确认信号直接传送到 AS，即使该消息并未激活。未激活消息的确认仅涉及按照正确时间顺序组态的消息	18
	选择对话框	指定要在消息窗口中显示的消息的选择标准。不满足这些标准的消息将不显示，但仍进行归档	13
	显示选项对话框	定义要在消息窗口中显示的消息。 如果激活了“所有消息”（All Messages）选项，则消息窗口会同时显示隐藏的和显示的消息； 如果激活了“仅显示的消息”（Only Displayed Messages）选项，则只有显示的消息会显示在消息窗口中； 如果激活了“仅隐藏的消息”（Only Hidden Messages）选项，则只有隐藏的消息会显示在消息窗口中	14

续表

图标	名称	描述	ID
	锁定对话框	定义锁定标准。满足这些标准的所有消息均不显示，也不进行归档	15
	打印	开始打印选定列表中的消息。在组态对话框的“常规”（General）选项卡中定义打印作业	17
	导出数据	使用该按钮可以将所有或选定的运行系统数据导出到CSV文件。如果启用“显示对话框”选项，则会打开一个对话框，从中可以查看导出设置以及启动导出。如果被授予了相应的权限，则可选择导出文件和目录。如果不显示此对话框，数据会被立即导出到默认文件中	35
	自动滚动	如果激活“自动滚动”，则会在消息窗口中选择按时间顺序排在最后的一条消息。必要时，可以移动消息窗口的可见区域； 如果禁用“自动滚动”，则不会选择新消息。消息窗口的可见范围不变。仅当禁用“自动滚动”后，才能显示选择消息	12
	第一条消息	选择当前激活的第一条消息。必要时，可以移动消息窗口的可见区域。只有在禁用“自动滚动”时，此按钮才可用	19
	上一条消息	选择在当前选定消息之前激活的消息。必要时，可以移动消息窗口的可见区域。只有在禁用“自动滚动”时，此按钮才可用	20
	下一条消息	选择相对于当前选定消息的下一条消息。必要时，可以移动消息窗口的可见区域。只有在禁用“自动滚动”时，此按钮才可用	21
	最后一条消息	选择当前激活的最后一条消息。必要时，可以移动消息窗口的可见区域。只有在禁用“自动滚动”时，此按钮才可用	22
	信息文本对话	打开一个用于查看信息文本的对话框	23
	注释对话框	打开一个用于输入注释的文本编辑器	24
	报警回路	为选择的消息显示画面或触发脚本	25
	锁定消息	所选消息在消息列表和消息归档列表中锁定	26
	释放消息	启用锁定列表中选择的消息	27
	隐藏消息	隐藏已在消息列表、短期归档列表或长期归档列表中选择的消息，该消息被输入到“要隐藏的消息列表”中	28

续表

图标	名称	描述	ID
	取消隐藏消息	在消息列表、短期归档列表或长期归档列表中重新激活已在“要险藏的消息列表”中选定消息的显示。该消息会从“要隐藏的消息列表”中删除	29
	排序对话框	打开一个用于为所显示消息设置自定义排序标准的对话框。自定义排序顺序的优先级高于在“Msg Ctrl Flags”属性中设置的排序顺序	30
	时间基准对话框	打开一个用于为消息中显示的时间设置时间基准的对话框	31
	复制行	复制选定的消息。可以将副本粘贴到表格编辑器或文本编辑器	32
	连接备份	使用此按钮可以打开一个用于将选定备份文件与 WinCC 运行系统互连的对话框	33
	断开备份	使用此按钮可以打开一个用于从 WinCC 运行系统中断开选定备份文件的对话框	34
	第一页	返回到长期归档列表的第一页。此按钮只有在长期归档列表中启用了分页功能时才可用。可以在组态对话框的“常规”选项卡中激活该设置	36
	上一页	返回到期表的上一页。此按钮只有在长期归档列表中启用了分页功能时才可用。可以在组态对话框的“常规”选项卡中激活该设置	37
	下一页	打开长期归档列表的下一页。此按钮只有在长期归档列表中启用了分页功能时才可用。可以在组态对话框的“常规”选项卡中激活读设置	38
	最后一页	打开长期归档列表的最后一页。此按钮只有在长期归档列表中启用了分页功能时才可用。可以在组态对话框的“常规”选项卡中激活该设置	39

表4-10　状态栏图标说明

图标	名称	描述
待处理：0	未决消息	显示消息列表中当前消息的数量。该计数包括消息列表中的隐藏消息
待确认：0	未决的可确认消息	显示需要确认的未决消息数量
已隐藏 0	未决的隐藏消息数	显示隐藏的未决消息数量
列表：100	列表中的消息	显示当前消息窗口中的消息数量

续表

图标	名称	描述
	选项	存在消息选择
	显示选项	过滤标准已激活。选项“显示所有消息”或“仅显示隐藏消息”当前已激活
	已锁定	对消息设置了锁定
	未决的隐藏消息	存在未决的隐藏消息
	连接状态	显示与报警服务器的连接状态·无连接错误，存在连接故障·所有连接都有故障
2021/8/14	日期	显示系统日期
星期六 上午 8:32	时间	显示系统时间
	时间基准	显示用于显示时间的时间基准

第七节　登录系统

在SH23B梗丝低速气流干燥系统被送上电以后，监控画面呈现出如图4-208所示的登录画面，这时如果点击“进入系统”“退出系统”和“进入系统”按钮，就会出现如图4-209所示的许可权检查对话框，并显示“没有许可权”，这时只有点击“登录”后，弹出图4-210所示的WinCC运行系统对话框，当点击“操作员”或者“管理员”以后，在图4-210的数字区域输入相应的密码，再点击“登录”，出现图4-210左边的“请等待，正在验证登录信息”的画面；当输入的密码正确时，出现图4-210中间的“恭喜，登录成功”的画面；如果输入的密码不正确时，出现图4-210右边的“密码错误”的画面。点击“注销“按钮，把刚才做的“操作员”或者“管理员”和密码都注销，以便其他人再做登录；点击“关闭”按钮，图4-210的画面隐藏。

这时，点击图4-208中的“进入系统”按钮，系统自动进入开机时的主画面，如图4-211所示。

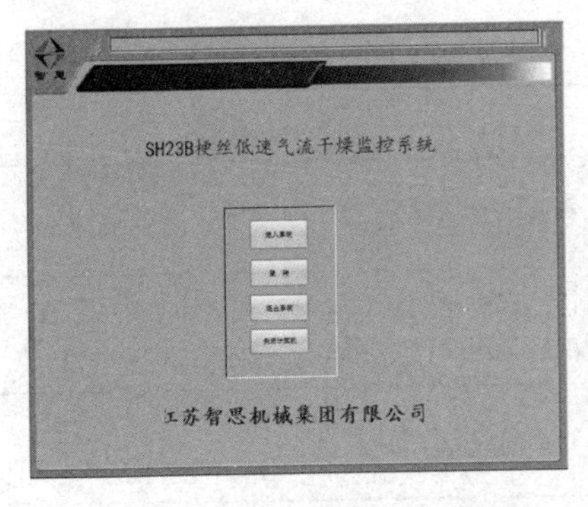

图4-208　SH23B梗丝低速气流干燥系统登录画面　　　图4-209　许可权检查对话框

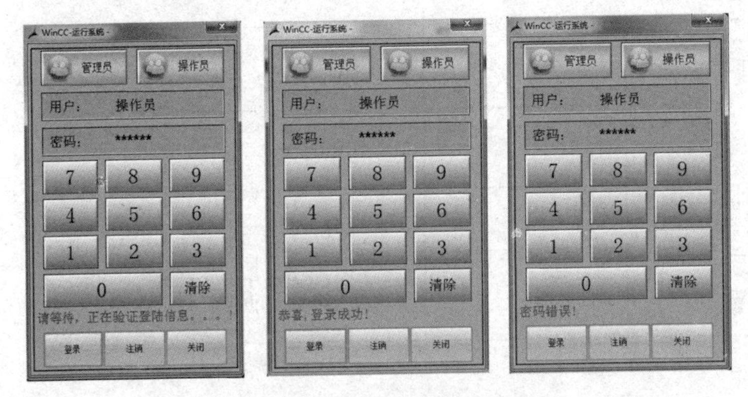

图4-210　WinCC运行系统对话框

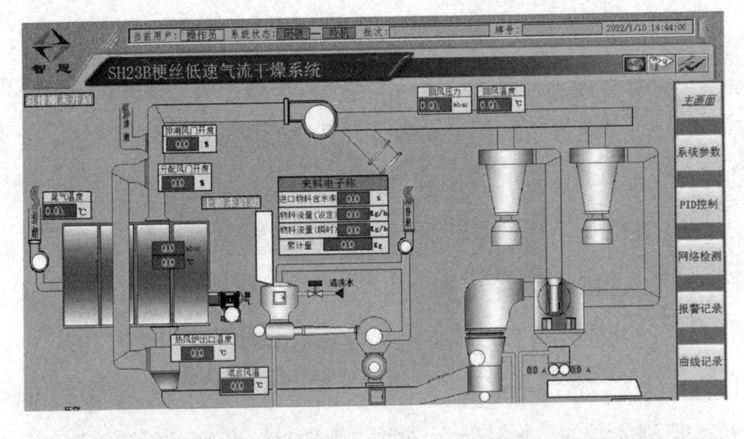

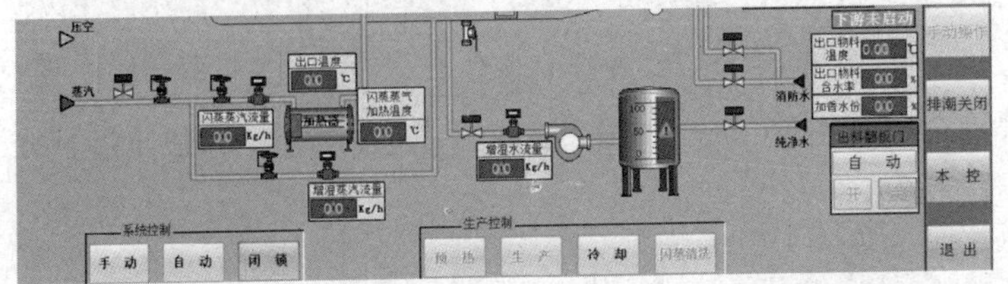

图4-211　SH23B梗丝低速气流干燥系统开机时主画面

一、用户管理器组态系统

1. 用户管理器概述

“用户管理器”编辑器用于设置用户管理系统。其主要功能就是分配用户，指派和管理用户的访问权限，以便杜绝未经授权的访问。在“用户管理器”中将对WinCC功能的访问权限即“授权”进行分配。这些授权，既可以分配给单个用户，也可以分配给用户组。一个用户最多可分配999种不同的权限。用户权限可在系统运行时分配。

当用户登录到系统时，用户管理将检查该用户是否已注册。如果用户没有注册，将不会为其赋予任何授权。也就是说，用户既不能调用或查看数据，也不能执行控制操作。

如果已注册的用户调用一个受访问权限保护的功能，则用户管理器将检查用户是否具有允许其如此操作的相应授权。如果没有，用户管理器将拒绝用户访问所期望的功能。

用户管理器还提供“变量登录”功能的组态功能，该功能将允许用户通过诸如使用功能切换键所设置的变量值登录到工作站。一段时间后自动注销用户也将在“用户管理器”中进行组态。

用户管理器被分为用户管理器组态系统和用户管理器运行系统两个组件。用户管理器组态系统用来创建和管理用户、分配用户权限和设置用户密码等，该用户的权限将记录在一个表格中；用户管理器运行系统的主要任务是对系统登录和访问权限进行监视。

WinCC用户管理器的主要任务概括如下：

（1）创建、编辑用户（最多创建128个）和用户组（最多创建10个）。

（2）分配和管理用户的访问权限。

（3）设置访问保护。

（4）有选择地防止未授权访问单个系统功能。

（5）在指定的时间长度内用户未进行任何操作时，使用户自动退出登录，防止未授权的访问。

在WinCC项目管理器的浏览目录中，用鼠标右键单击“用户管理器”，选择“打开”或双击即可进入WinCC用户管理器，如图4-212所示。可以看出，用户管理器包括菜单栏、工具栏、状态栏以及项目窗口。

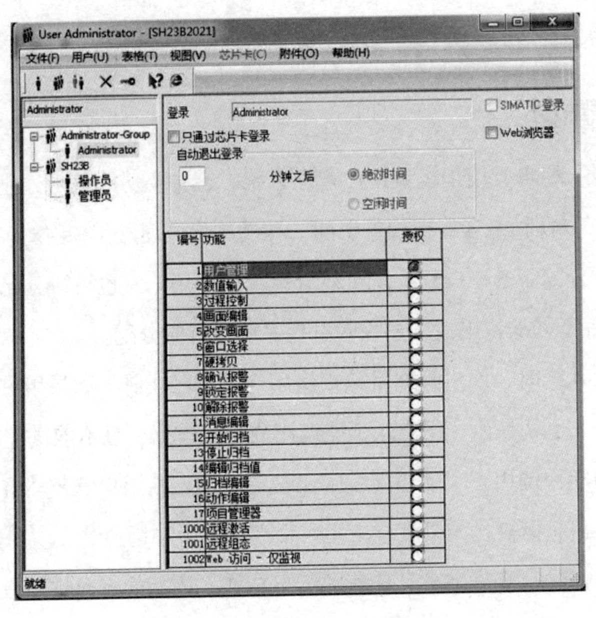

图4-212 WinCC用户管理器

（1）菜单栏

菜单栏包括“文件”菜单、“用户”菜单、“表格”菜单、“视图”菜单、“附件”等。

①“文件”菜单

“文件”菜单下有打印项目文档、查看项目文档、设置项目文档和退出命令。

②“用户”菜单

在“用户”菜单下有添加用户、复制用户、添加用户组、删除用户/组、更改密码和Web选项。

使用“添加用户”菜单项可以打开“添加新用户”对话框（或先添加用户组，再在用户组中添加用户），如图4-213所示。在“登录”文本框中输入用户名，输入字符长度最少有4个字符、最多不超过24个字符。

图4-213 “添加新用户”对话框

在“密码”文本框中输入不少于6个字符、最多不超过24个字符。为对其进行确认，在“验证密码”文本框中再次输入新密码。如果已经添加了新用户的用户组的授权也要应用到新用户上，则应选择“同时复制组设置”复选框。

③“表格”菜单

使用“表格”菜单可修改或扩展表格窗口中的用户权限，但不能删除“用户管理器”权限，它是为“用户组”的成员永久设置的。在“表格”菜单下有插入授权、删除授权和设备指定授权命令选项。

A. 使用“插入授权”命令可将具有新授权的一行插入到表格窗口的表格中。

B. 使用“删除授权”命令可删除授权表中的一行，所有已注册的用户都将丢失已删除的授权。只能在组态系统中删除授权，且系统禁止删除某些授权。

C. 使用“设备指定授权”命令可以为LTO-/PCS7项目指定是应该为整个设备还是只为单个区域启用某一功能。

④“附件”菜单

“附件”菜单项包含“变量记录”功能。“变量记录”功能将为某用户分配一个变量值。该用户随后将在运行系统中通过设置变量值登录工作站。

（2）工具栏

工具栏中的符号将允许更快地执行操作。

：在所选的组下生成新用户。

：生成新用户组。

：复制所选用户的属性。

：删除所选用户和用户组。

：改变所选用户的口令。

：所选项的在线帮助。

（3）状态栏

状态栏的左侧包含了常规的程序信息，右侧的域提供了关于键盘设置的信息。

（4）项目窗口

项目窗口包括了左边的浏览窗口和右边的表格窗口。通过浏览器窗口可以查看已建立的组及相应用户的树形结构。表格窗口上半部分包含选择的名称或用户标识符，所有与该用户有关的设置均显示在表格窗口中；表格窗口下半部分显示了选择用户的权限（也称为授权）。

在与用户有关的参数设置中，如果只允许用户通过芯片卡登录，则需要勾选“只通过芯片卡登录”复选框。“自动退出登录”选项用于设置用户登录运行系统后的退出方式，避免用户登录后未退出被其他人员通过此用户访问运行系统。如果时间框中输入为“0 分钟后”，则用户直到系统关闭访问后才退出登录。组态的自动退出登录时间从用户登录时开始计算，分为绝对时间和空闲时间。绝对时间表示达到设定的时间后用户将无条件地自动退出登录，空闲时间表示用户在该时间长度内没有任何操作时自动退出登录。

首次打开“用户管理器”时，表格窗口中包含一些WinCC预置的授权，这些预置的授权包含标准授权和系统授权两部分，如图4-212所示。编号1～17为预置的标准授权，编号1000～1002的是3个预置的系统授权。

WinCC预置的标准授权的含义见表4-11。除“用户管理（User Administration）”授权以外，其他标准授权都可以进行删除或编辑。具有较低编号的授权不包含在具有较高编号的授权中，但将独立代替每个授权功能。“用户组”的成员始终具有“用户管理”授权，标准授权将在组态系统中进行分配，但只在运行系统中产生作用，这将避免已登录的用户在运行系统中对所有系统区的未经许可的访问。

表4-11　WinCC中的标准授权

编号	名称	含义
1	用户管理（User Administration）	该授权允许用户访问用户管理器，如果设置了该授权，则用户可以调用用户管理器并进行改变
2	数值输入（Value input）	该授权允许用户在I/O域中手动输入数值
3	过程控制（Process controlling）	该授权将使用户能够完成控制操作，例如手动 / 自动切换
4	画面编辑（Picture Editing）	该授权允许用户改变画面和画面元素（例如通过ODK）
5	切换通面（Change Picture）	该授权允许用户触发画面切换，从而打开另一个已组态的画面
6	窗口选择（Window Selection）	该授权允许用户在Windows中切换应用程序窗口
7	硬拷贝（Hardcopy）	该授权允许用户硬拷贝当前的过程画面
8	确认报警（Confirm alarms）	该授权将使用户能够确认消息
9	锁定报警（Lock alarms）	该授权允许用户选定消息
10	释放报警（Free alarms）	该授权允许用户解锁（释放）消息
11	消息编辑（Message Editing）	该授权允许用户改变报警记录中的消息（例如通过ODK）
12	启动归档（Start archive）	授权允许用户启动归档过程
13	停止归档（Stop archive）	该授权允许用户停止归档过程
14	编辑归档值（Edit archive values）	该授权允许用户组织归档变量的计算过程

续表

编号	名称	含义
15	归档编辑（Archive Editing）	该授权允许用户控制或改变归档过程
16	动作编辑（Action Editing）	该授权允许用户执行和改变脚本（例如通过ODK）
17	项目管理器（Project Manager）	该授权允许用户访问WinCC项目管理器

1000～1099之间的授权是系统授权。WinCC预置的3个系统授权的含义见表4-12，它们由系统自动生成，用户不能对其进行创建、修改或删除。正如任何其他授权一样，可将系统授权分配给用户。系统授权在组态系统中以及在运行系统中都是有效的。在组态系统中，系统授权将避免未在项目中登录的用户未经许可访问诸如服务器项目等操作。

表4-12　系统授权

编号	名称	含义
1000	远程激活（Activate remote）	如果存在该设置，则用户可从其他计算机上启动或停止该项目的运行系统
1001	远程组态（Configure remote）	如果设置了该条目，则用户可从其他计算机上进行组态，并对项目进行修改
1002	仅进行监视（Web Access monitoring only）	如果设置了该条目，则用户从其他计算机上只能打开项目，而不能进行修改或执行控制操作

2. 组态用户管理

组态用户管理系统时必须采取下列基本操作：

A. 添加所需要的用户组。

B. 设置用户组的相应授权。

C. 添加用户，并分配各自的登录名称和口令。当添加新的用户时，可对组的属性进行复制。此时，建议为用户分配具备相应授权的组。

D. 为各种不同用户选择特定的授权。此时可以设置用户自动退出登录的时间，该时间段结束以后，系统将自动注销用户，以防止发生未经授权的输入。也可确定用户是否能够只通过芯片卡进行登录，以及如果用户通过Web连接到系统时应使用哪些设置。

（1）创建用户组和用户

打开WinCC用户管理器后，可以在原有的管理员组下建立新的管理员用户并设置密码。用鼠标右键单击浏览窗口的“Administrator-Group”，在弹出的菜单中选择“添加用户”，将弹出“添加用户”对话框，如图4-213所示。

在图4-213中“登录 ”文本框中输入新用户的用户名：Admi（用户名要求不少于4个字符），在“密码”文本框中输入新用户的登录口令即密码：123123（密码要求不少于6个字符），在“验证密码”文本框中输入的密码必须与“密码”文本框中设置的密码完全一致，否则将出现错误提示。单击“确定”按钮完成新用户的创建，新创建的用户在浏览窗口的管理员组下可以查看，如图4-214所示。

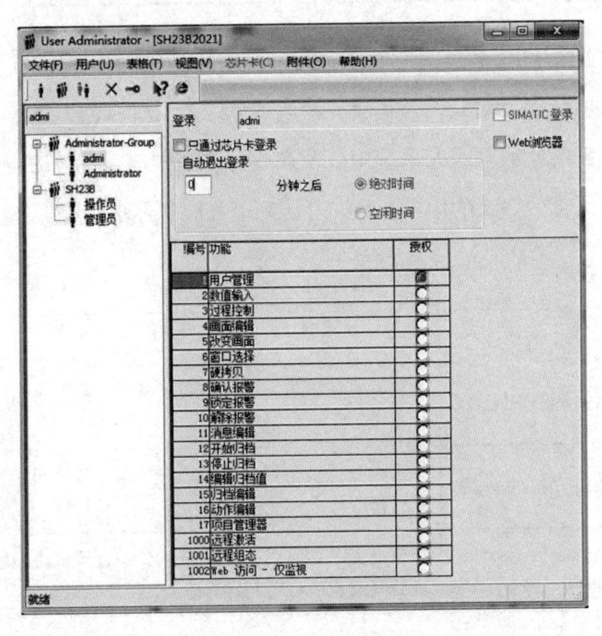

图4-214　查看用户

对于一个用户管理系统，只能有少数几个用户属于管理员组。在用户管理器的浏览窗口用鼠标右键单击，在弹出的菜单中选择“添加组”，将自动添加一个用户组到浏览窗口中，可以对用户组的名称进行修改。添加新的用户组后，可以在组中按照上面介绍的方法添加用户。

（2）添加授权

新的用户组和新的用户添加完成后，需要给每个用户添加相应的授权。用户可以直接继承用户组所设置的授权，也可以单独进行授权。在用户管理器的浏览窗口中，选中需要设置授权的用户组或用户，双击表格窗口中要设置给当前用户组或用户的授权后的圆圈，当小圆圈变为红色时，该授权被选中，表示此用户组或用户拥有该项授权。如图4-215所示，名称为“操作员 ”的用户具有“用户管理”“数值输入”“过程控制”“改变画面”“窗口选择”“确认报警”和“解除报警”七项授权。

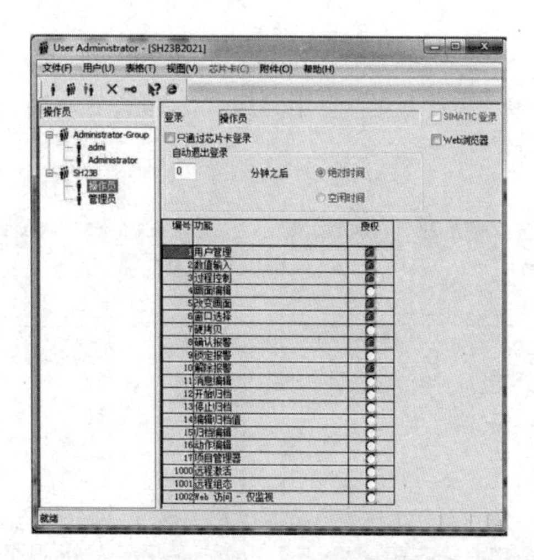

图4-215 设置授权

用户拥有权限的高低主要从两个方面体现：一个方面是拥有的授权数量，另一方面是拥有的授权的重要程度。如果当前用户拥有而其他用户没有这个授权，该用户的权限级别自然就高。

此时用户管理器组态完成，无须保存，直接关闭用户管理器即可。

在组态用户和组时，建议首先分配好组并组态其授权，在新建组下的用户时，默认情况下是勾选了“同时复制组设置”复选框，如图4-213所示，则该组的所有设置复制到新建的用户中.当然，也可以对单个用户进行组态.

（3）插入和删除授权

除了WinCC预置的标准授权和系统授权，还可以根据项目的需要添加自定义的授权。单击用户管理器的菜单命令“表格”→“插入授权”，将打开“插入行”对话框，可以设置新添加的授权的行号，单击“确定”按钮后，将在表格窗口的指定行号增加一项授权，接下来可以编辑该项授权的功能。

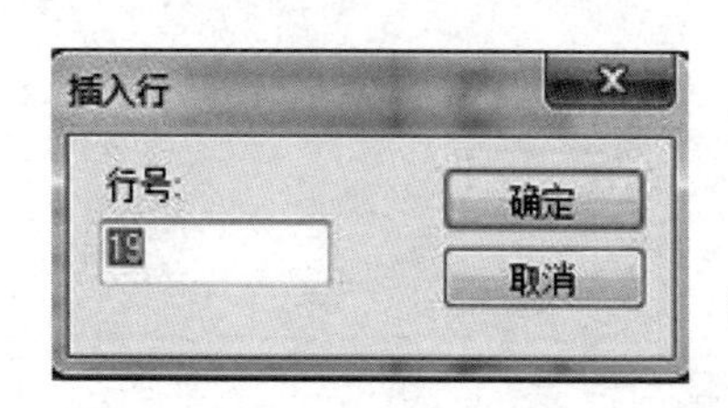

图4-216 插入授权

如图4-216所示，插入一个行编号为19，在表格窗口为行号为19的功能列添加 “控制” 的授权。

除了“用户管理”授权和系统授权，用户选中表格窗口中任意一项授权，通过单击用户管理器的菜单命令“表格”→“删除授权”，可以删除该项授权。

二、用户管理器运行系统

1. 为画面对象分配访问权限

在用户管理器中组态用户组和用户的授权后，接下来就要在过程画面中对那些需要设置访问保护的画面对象进行组态。

在图4-217中，有“进入系统”“登录”“退出系统”和“关闭计算机”四个按钮，这四个按钮“对象属性”中“事件”对话框用的都是“C动作”，通过左键点击实现不同的操作效果。

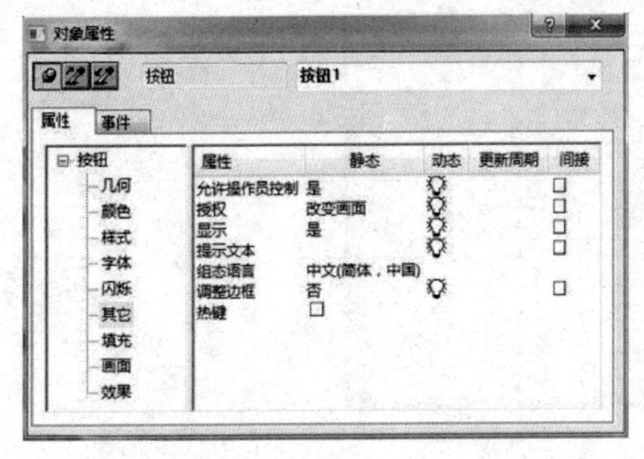

“进入系统”的“对象属性”

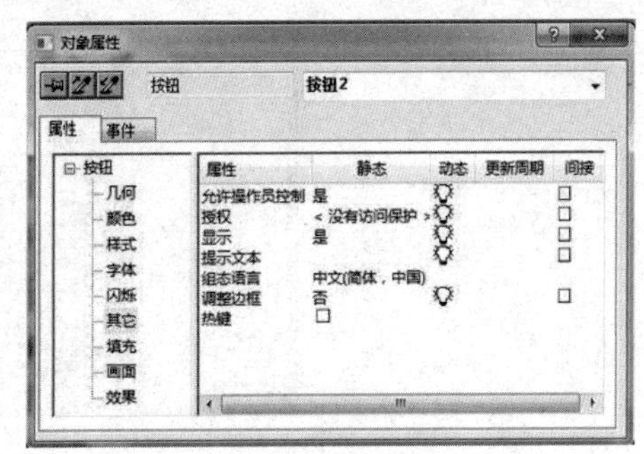

“登录”的“对象属性”

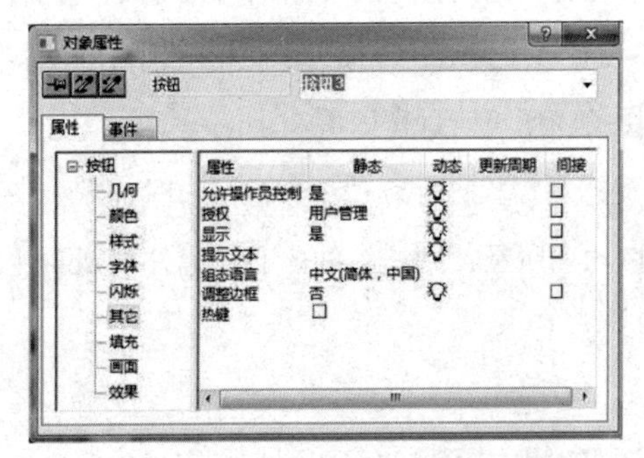

“退出系统”的“对象属性”

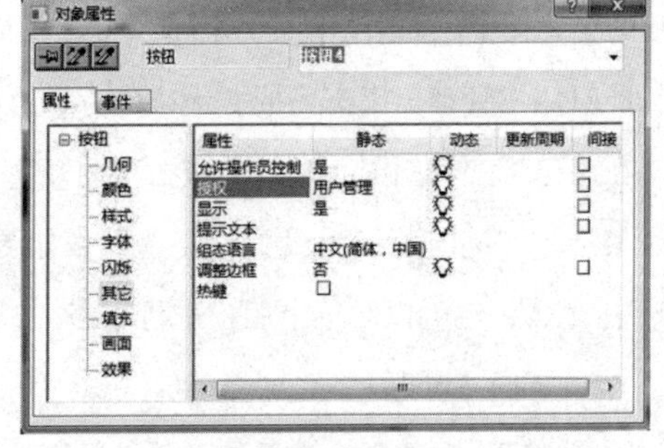

“关闭计算机”的“对象属性”

图4-217　“进入系统”“登录”“退出系统”和“关闭计算机”四个按钮的“对象属性”。

当WinCC项目运行时，只有拥有“改变画面”权限的用户登录后，才能操作该按钮。如果没有“用户管理”权限的用户登录后单击此按钮则将提示“不被许可”。

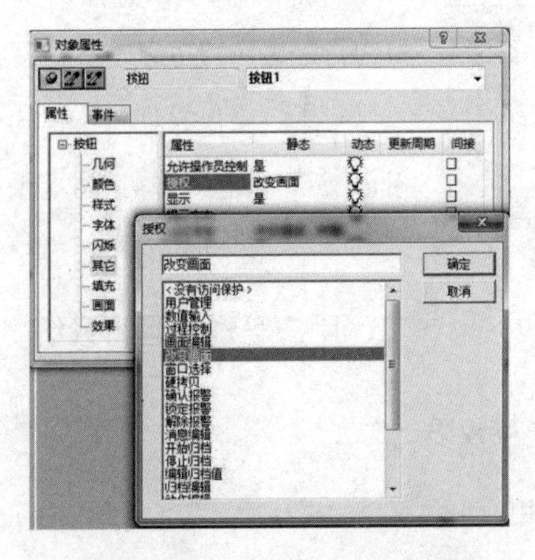

图4-218　设置按钮的访问权限

过程画面中其他画面对象的访问保护组态与上述过程类似。

2. 组态用户登录和注销的对话框

系统运行后需要弹出用户登录的对话框，将前述的用户名和密码输入后，该用户可以进行相应的操作，如改变变量输入值、切换画面等，用户登录的对话框如图4-219所示。如果没有输入用户名和密码，则用户不能操作任何设置了授权的对象。执行注销操作后，系统恢复到没有登录之前的状态，用户只能观看起始画面的信息，不能进行任何操作。

图4-219　系统登录对话框

如果要弹出用户登录对话框，可以通过两种方式实现：一种方式是通过单击按钮弹出登录对话框，按钮的“鼠标”事件必须组态了相应的C动作；另一种方式是通过按下预先设置的热键来调出登录对话框。

（1）使用按钮

WinCC项目运行后，也可以通过单击按钮来弹出用户登录对话框，但必须为该按钮的“鼠标”事件组态相应的脚本程序。

在图4-208中其文本分别为“进入系统”和“登录”的两个按钮。“进入系统”按钮组态的“鼠标”事件的C脚本程序如图4-220所示。“登录”按钮组态的“鼠标”事件的C脚本程序如图4-221所示。

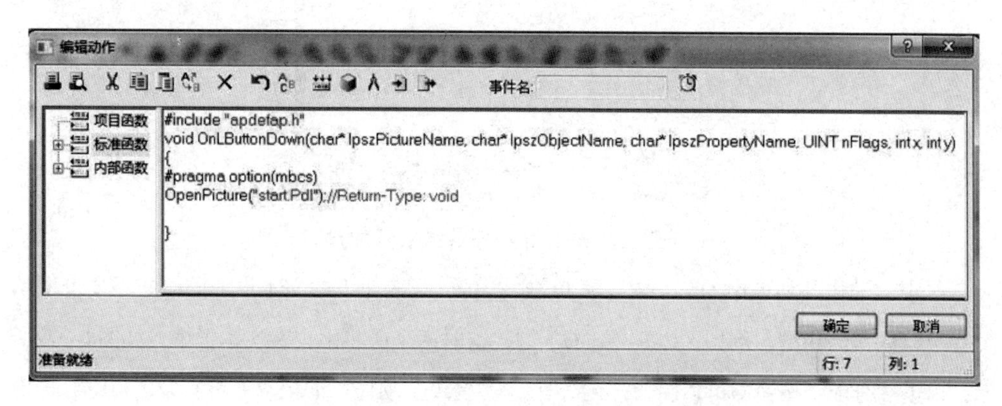

图4-220　“进入系统”按钮的C脚本程序

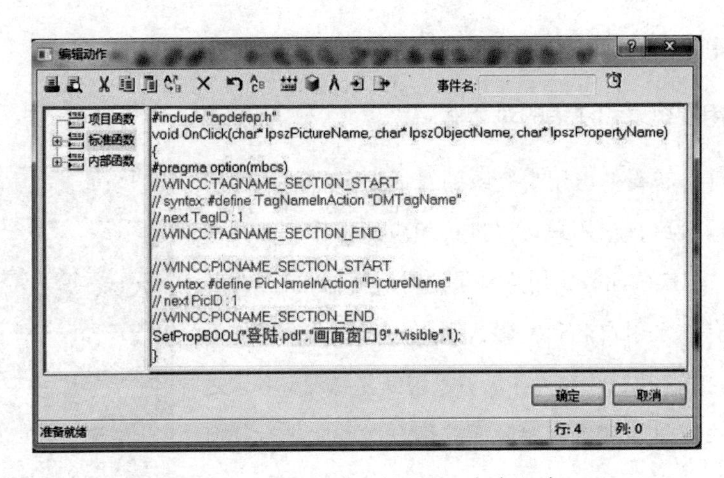

图4-221　“登录”按钮的C脚本程序

（2）使用热键

在WinCC项目管理器的浏览窗口中，用鼠标右键单击项目名称，在弹出的菜单中选择“属性”，打开“项目属性”对话框，激活“热键”选项卡，可以设置用户登录和注销的热键，如图4-222所示。

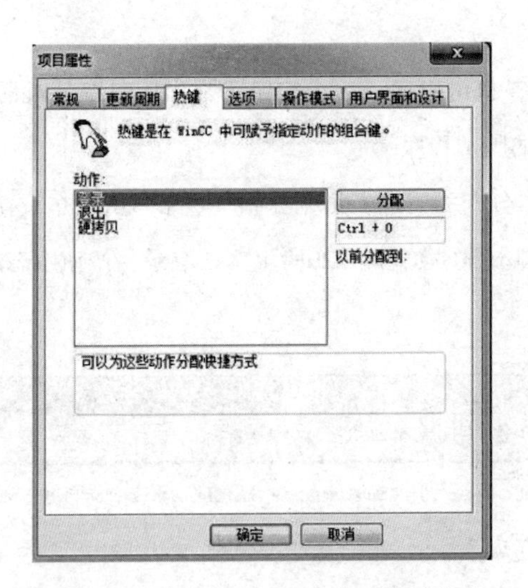

图4-222　设置用户登录和注销的热键

选中“动作”列表中的“登录”，单击 分配 按钮下的文本框，同时按下要分配给“登录”动作的热键，例如〈Ctrl〉+〈O〉键，这时两个键将出现在文本框中，如图4-222所示，单击“分配”按钮即可以将该热键分配给 “登录”动作。如果动作没有设置热键，选中该动作时文本框中将显示“无”。

用同样的方法可以将热键〈Ctrl〉+〈C〉分配给“退出”动作，则项目运行时可以通过按下Ctrl〉+〈O〉和〈Ctrl〉+〈C〉来进行用户的登录和注销。

3. 使用与用户登录相关的内部变量

在WinCC项目运行时，如果希望在过程画面或报表中显示已登录的用户的相关信息，可以使用系统提供的两个内部变量中的一个，见表4-13。

表4-13　与用户登录相关的内部变量

变量名称	WinCC 用户管理器中的描述
@Current User	用户 ID
@Current UserName	用户名

根据使用了两个变量中的哪个变量，显示已登录用户ID或完整的用户名。

在图4-211中的上面有 当前用户: 操作员 小画面，内部的“操作员”是随着画面的变化而变化的。当系统还没有登录的时候，显示的是“未登录”；当用的是“操作员”权限登录时，显示“操作员”，或者其他的操作用户。

在过程画面中插入一个静态文本框，用鼠标右键单击这个静态文本框→“属性”，在“对象属性”对话框中，“属性”→“字体”→“属性”列中选择“文本”。在“文本”的“静态”列中输入“未登录”，右键单击“动态”列中的 ，选择“变量链接”，弹出“变量-项目”对话框，如图4-223所示，选择内部变量“CurrentUserName”作为链接变量，被组态的“对象属性”如图4-224所示。

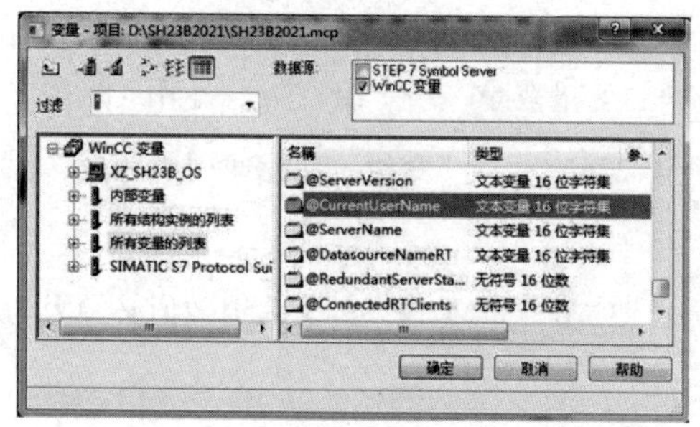

图4-223　内部变量“CurrentUserName”作为链接变量

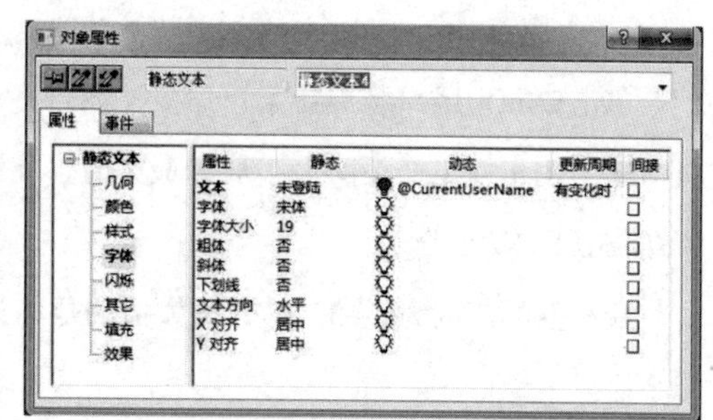

图4-224　显示“CurrentUserName”的值

有时也可以将IO域与@Curent User或@Current UserName建立变量链接，设置I/O域的数据格式为字符串，运行项目可以看到，当有用户登录时，登录的用户名显示在此I/O域中。

4. 使用附件——变量登录

WinCC用户管理器提供了用于“变量登录”的组态功能，该功能为某些用户分配一个变量值，该用户随后将在运行期间通过设置变量值，例如通过功能键操作切换登录到工作站。

组态“变量登录”功能的步骤如下：

A. 将操作站分配给一个已组态的变量。

B. 确定将用于“变量登录”功能的数值范围的最小值和最大值。

C. 将特定变量值分配给特定的用户。

一旦完成其工作，用户就可通过将变量值设置为所组态的注销值，再次退出登录。如果用户通过“变量登录”登录到运行系统，则不可能通过用户对话框登录到同一台计算机上。

（1）计算机分配

单击WinCC用户管理器菜单命令“附件（O）”→“变量登录” →“计算机分配”，打开“分配计算机-变量”对话框，如图4-225所示，此处将计算“FANAIJUN-PC”分配到指定的变量“SH23B/XTKZ.S2”。既可为每个计算机分配一个不同的变量，也可为所有计算机分配同样的变量。所使用的变量必须是二进制的8位、16位以及32位数值。

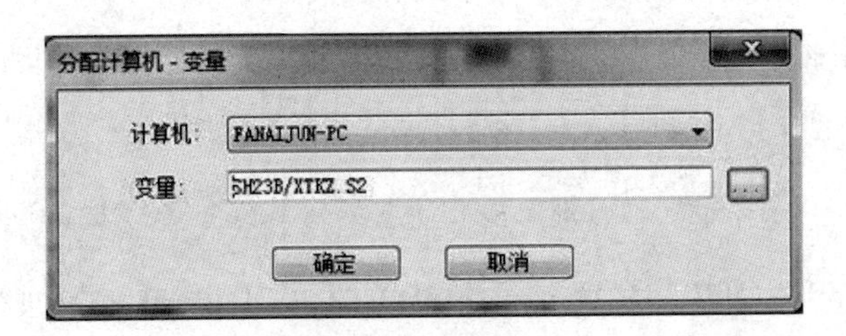

图4-225　“分配计算机-变量”对话框

（2）组态

单击WinCC用户管理器菜单命令“附件” →“变量登录”→“组态”，打开“组态”对话框，用于指定变量的最小值和最大值，如图4-226所示。“变量”功能使用该变量，即“SH23B/XTKZ.S2”。

最小值的范围为0 ~ 32767，最大值的范围为1 ~ 32767，但是输入的最大值数值必须大于最小值。

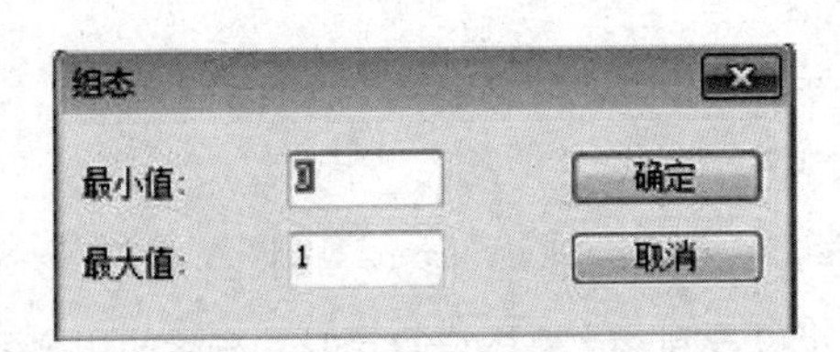

图4-226　“组态”对话框

（3）分配用户

单击WinCC用户管理器菜单命令“附件”→ “变量登录” →“用户分配”，打开“分配用户——数值”对话框，用于把变量值分配给指定用户，如图4-227所示。如果打开该对话框以前已经在用户管理器中选择了用户，就会在对话框中直接显示已存在的分配。

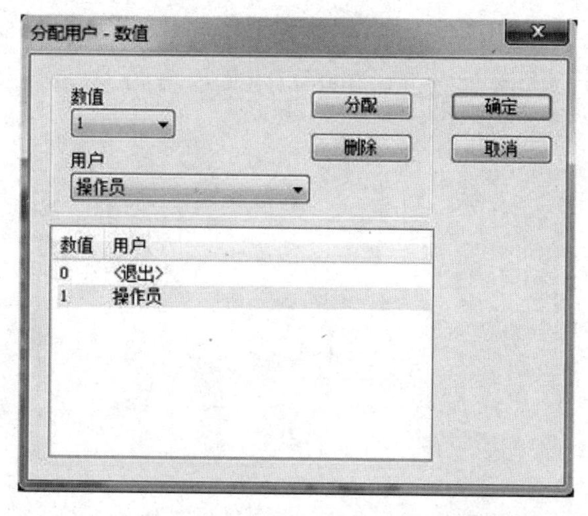

图4-227　“分配用户-数值”对话框按钮

在“数值”下拉列表中选择变量的数值，从“用户”下拉列表中选择希望分配给的用户，所有在用户管理器创建的用户都会显示，之后单击“分配”即将该数值分配给相应的用户，并在下面的表格中显示，选中某一分配，单击“删除”按钮，可以删除选择的分配。

每个变量值只能分配给一个用户。

（4）远程操作

对于多用户系统，当WinCC客户机访问项目服务器时，会弹出远程访问权限“System Login”对话框， 如图4-219所示，这时需要输入登录的用户名及密码。这样的登录操作属于远程操作，以此登录的用户应该在用户管理中添加，并且必须具有远程激活和远程组态的权限。

远程激活是编号1000的系统授权，如果设置该权限，用户可以从其他计算机上激活或取消激活该项目的运行系统。

远程组态是编号1001的系统授权，如果设置该权限，用户可以从其他计算机上组态和修改项目。